KB085658

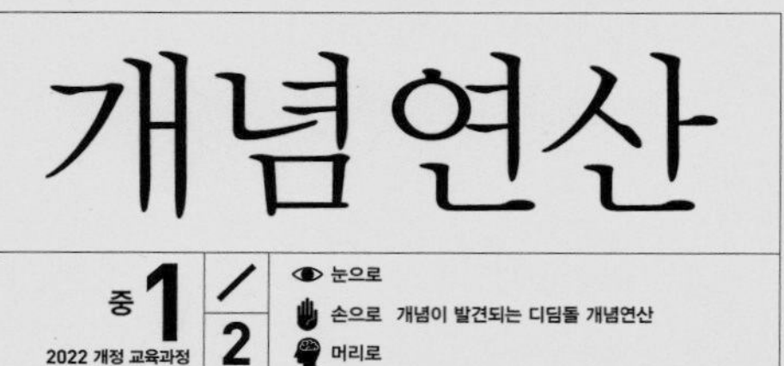

디딤돌수학 개념연산 중학 1-2

펴낸날 [초판 1쇄] 2023년 10월 3일 [초판 2쇄] 2024년 8월 1일
펴낸이 이기열
펴낸곳 (주)디딤돌 교육
주소 (03972) 서울특별시 마포구 월드컵북로 122 청원선와이즈타워
대표전화 02-3142-9000
구입문의 02-322-8451
내용문의 02-336-7918
팩시밀리 02-335-6038
홈페이지 www.didimdol.co.kr
등록번호 제10-718호

1 눈으로 이해되는 개념

디딤돌수학 개념연산은 보는 즐거움이 있습니다.
핵심 개념과 연산 속 개념, 수학적 개념이
이미지로 빠르고 쉽게 이해되고, 오래 기억됩니다.

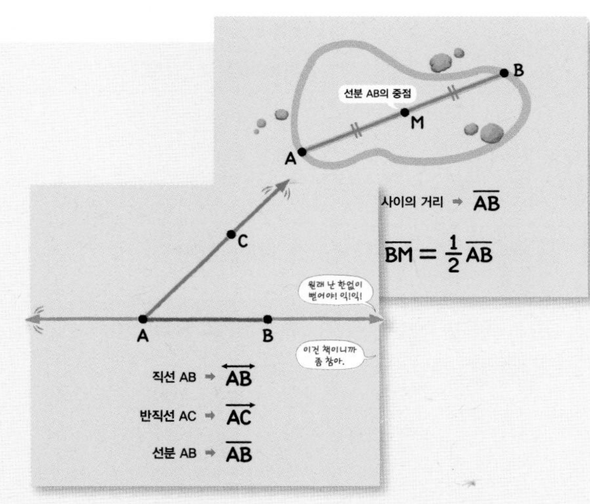

● **핵심 개념의 이미지화**
핵심 개념이 이미지로 빠르고 쉽게 이해됩니다.

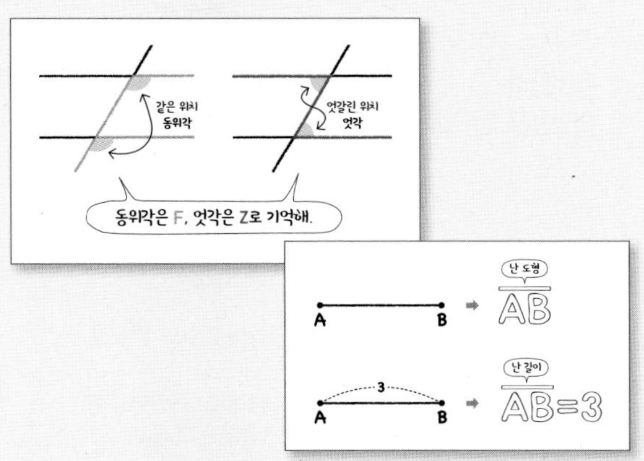

● **연산 개념의 이미지화**
연산 속에 숨어있던 개념들을 이미지로 드러내 보여줍니다.

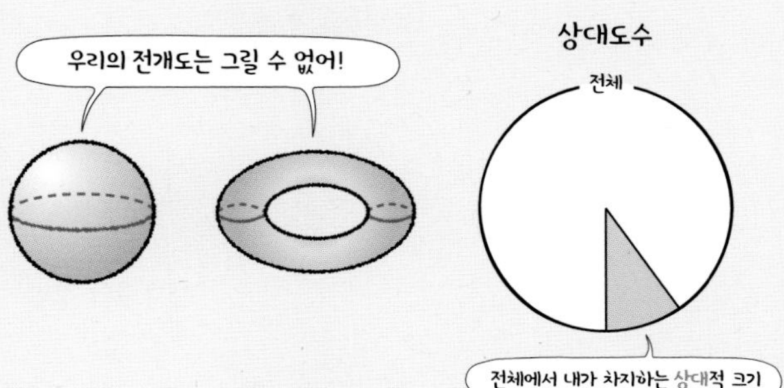

● **수학 개념의 이미지화**
개념의 수학적 의미가 간단한 이미지로 쉽게 이해됩니다.

Ⅳ 통계

Ⅲ 입체도형

2 손으로 익히는 개념

디딤돌수학 개념연산은 문제를 푸는 즐거움이 있습니다.
학생들에게 가장 필요한 개념을 충분한 문항과 촘촘한 단계별 구성으로
자연스럽게 이해하고 적용할 수 있게 합니다.

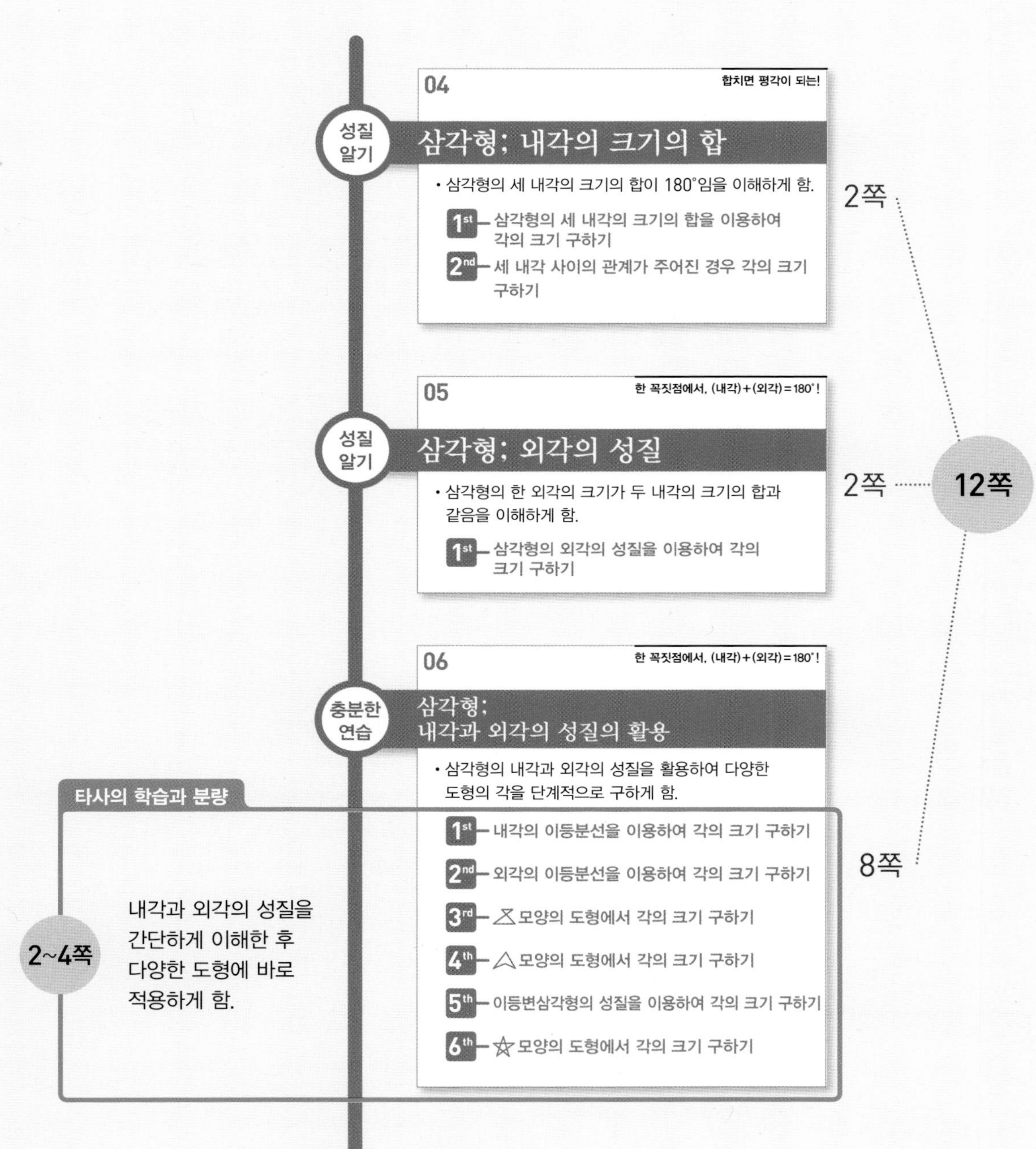

3 머리로 발견하는 개념

디딤돌수학 개념연산은 개념을 발견하는 즐거움이 있습니다.
생각을 자극하는 질문들과 추론을 통해 개념을 발견하고
개념을 연결하여 통합적 사고를 할 수 있게 합니다.

● 내가 발견한 개념

문제를 풀다보면 실전 개념이
저절로 발견됩니다.

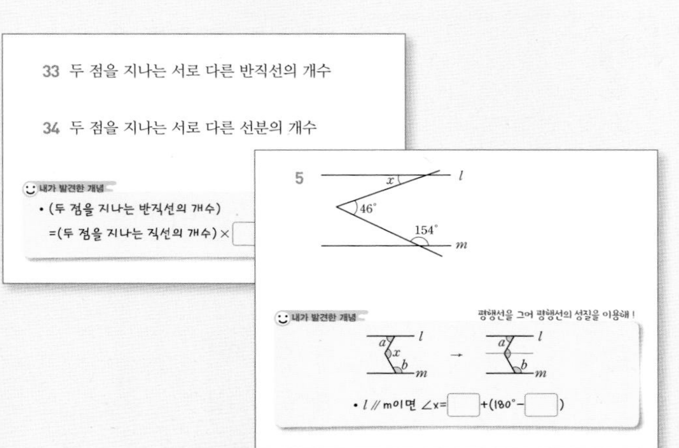

● 개념의 연결

나열된 개념들을 서로 연결하여
통합적 사고를 할 수 있게 합니다.

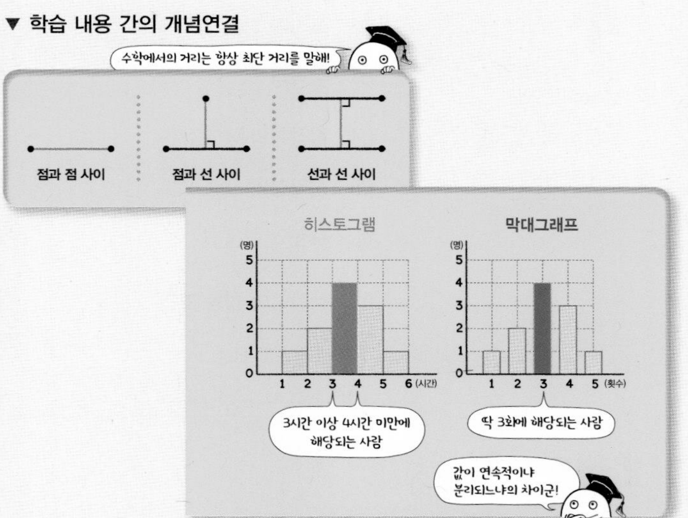

1/2 학습 계획표

Ⅰ 도형의 기초

Ⅱ 평면도형

수학은 개념이다!

디딤돌수학

개념연산

중 1-2

눈으로 손으로 머리로 개념이 발견되는 디딤돌 개념연산

디딤돌

이미지로 이해하고 문제를 풀다 보면 개념이 저절로 발견되는 디딤돌수학 개념연산

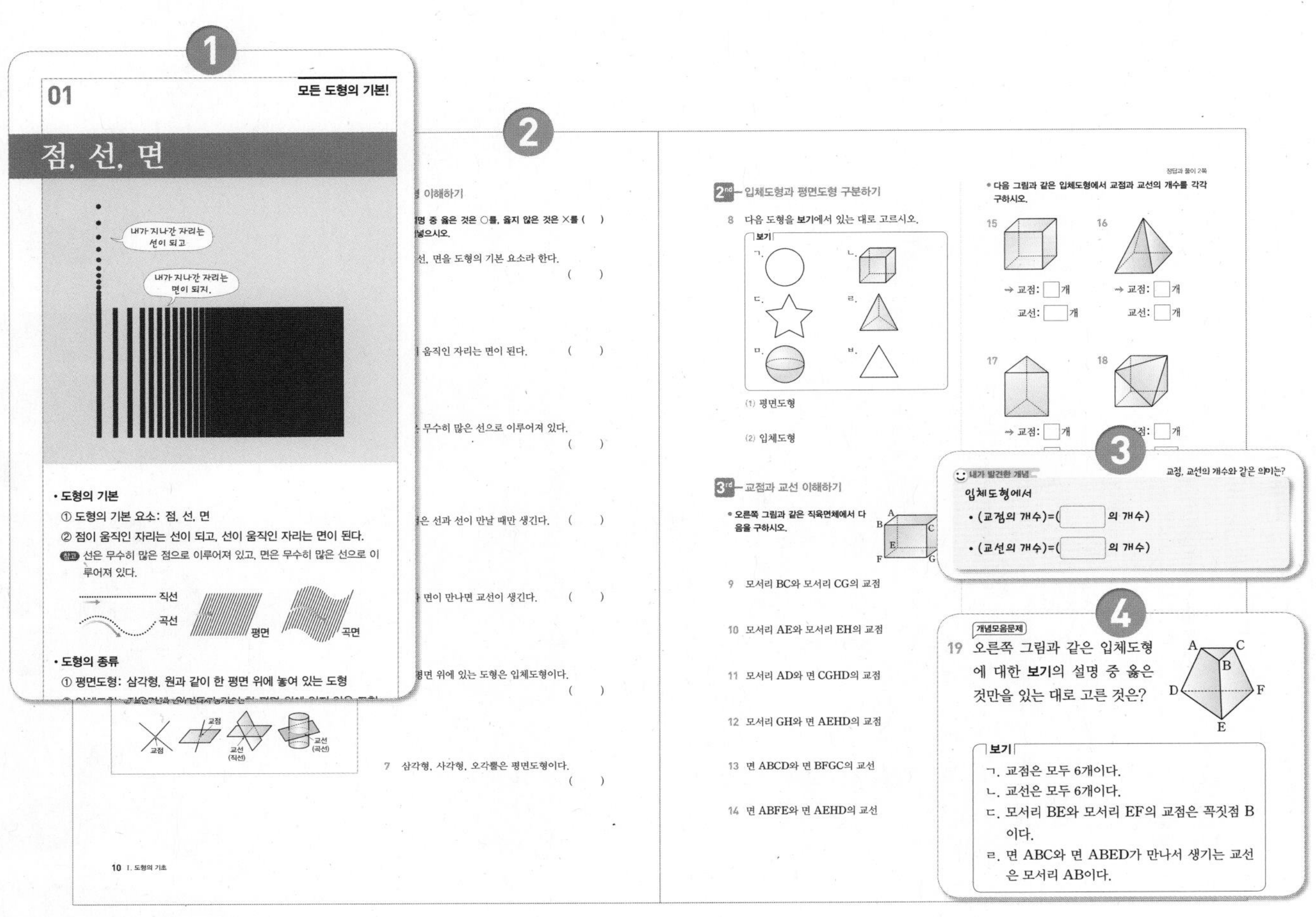

1 이미지로 개념 이해

핵심이 되는 개념을 이미지로
먼저 이해한 후 개념과 정의를
읽어보면 딱딱한 설명도 이해가 쏙!
원리확인 문제로 개념을
바로 적용하면 개념을 확인!!

2 단계별·충분한 문항

문제를 풀기만 하면
저절로 실력이 높아지도록
구성된 단계별 문항!
문제를 풀기만 하면
개념이 자신의 것이 되도록
구성된 충분한 문항!

3 내가 발견한 개념

문제 속에 숨겨져 있는
실전 개념들을 발견해 보자!
숨겨진 보물을 찾듯이 놓치기
쉬운 실전 개념들을 내가 발견하면
흥미와 재미는 덤! 실력은 쑥!

4 개념모음문제

문제를 통해 이해한 개념들은
개념모음문제로 한 번에 정리!
개념의 활용과 응용력을 높이자!

발견된 개념들을 연결하여
통합적 사고를 할 수 있는 디딤돌수학 개념연산

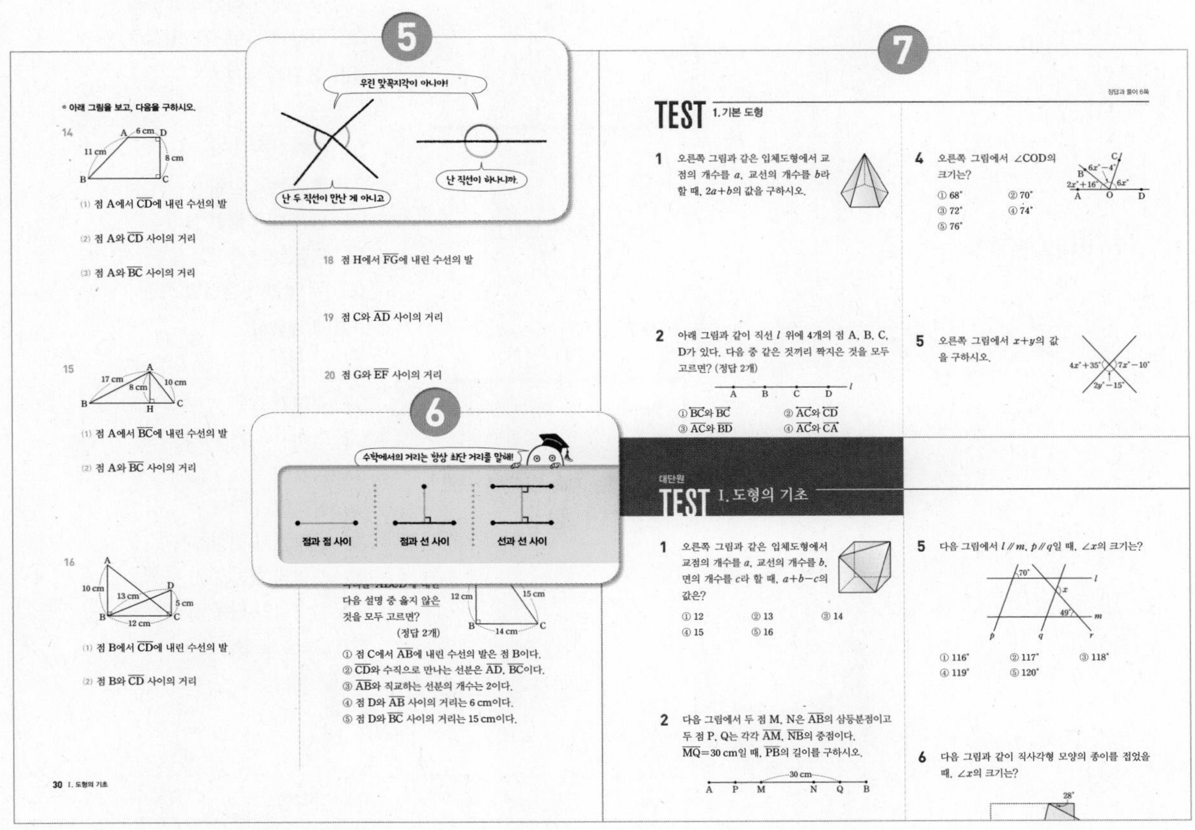

5

그림으로 보는 개념

연산속에 숨어있던 개념을
가장 적절한 이미지를 통해
눈으로 확인해 보자.
개념이 쉽게 확인되고 오래 기억되며
개념의 의미는 더 또렷이 저장!

6

개념 간의 연계

개념의 단원 안에서의 연계와
다른 단원과의 연계,
초·중·고 간의 연계를 통해
통합적 사고를 얻게 되면
흥미와 동기부여는 저절로 쭈욱~!

7

개념을 확인하는 TEST

중단원별로 개념의 이해를
확인하는 TEST
대단원별로 개념과 실력을
확인하는 대단원 TEST

Ⅰ 도형의 기초

Ⅱ 평면도형

Ⅲ 입체도형

Ⅳ 통계

기하의 시작!

I 도형의 기초

1 점 · 선 · 면 · 각! 기본도형

2 점 · 선 · 면의, 위치 관계

3 동위각, 엇각, 그리고 평행선

4 눈금 없는 자와 컴퍼스만으로, 작도와 합동

1

점·선·면·각!
기본 도형

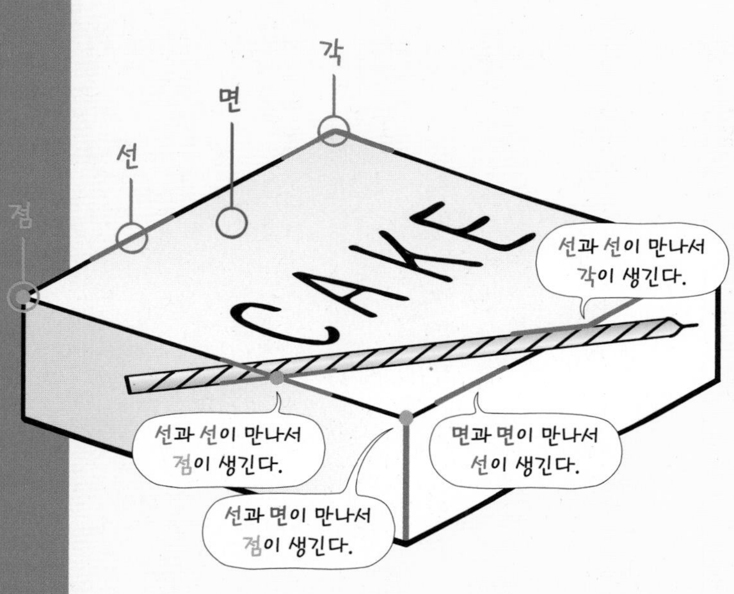

모든 도형의 기본!

01 점, 선, 면

점이 연속적으로 움직이면 선이 되고, 선이 연속적으로 움직이면 면이 돼. 이와 같이 선은 무수히 많은 점으로 이루어져 있고, 면은 무수히 많은 선으로 이루어져 있어.

따라서 모든 도형은 점, 선, 면으로 이루어져 있기 때문에 점, 선, 면을 도형의 기본 요소라 해!

서로 다른 두 점을 곧게 지나는 선들!

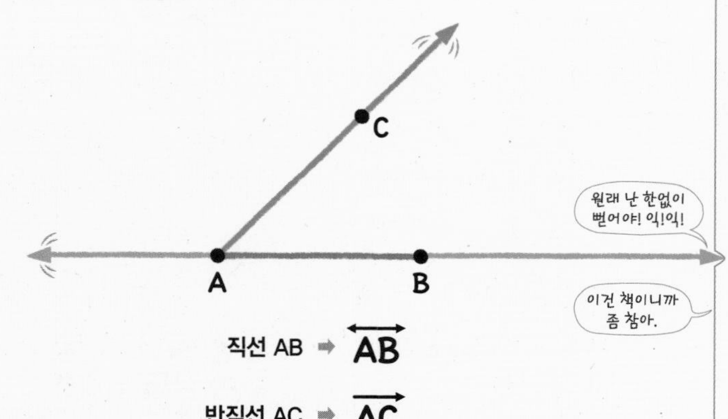

직선 AB ➡ $\overleftrightarrow{AB}$

반직선 AC ➡ $\overrightarrow{AC}$

선분 AB ➡ $\overline{AB}$

02 직선, 반직선, 선분

직선 AB는 서로 다른 두 점 A, B를 지나 한없이 곧게 뻗은 선이고, 기호로 $\overleftrightarrow{AB}$와 같이 나타내.

반직선 AC는 점 A에서 시작하여 점 C의 방향으로 나가는 직선의 일부분이고, 기호로 $\overrightarrow{AC}$와 같이 나타내지.

또한 선분 AB는 직선 AB 위의 점 A에서 점 B까지의 부분이고, 기호로 $\overline{AB}$와 같이 나타내!

두 점 사이의 가장 짧은 선!

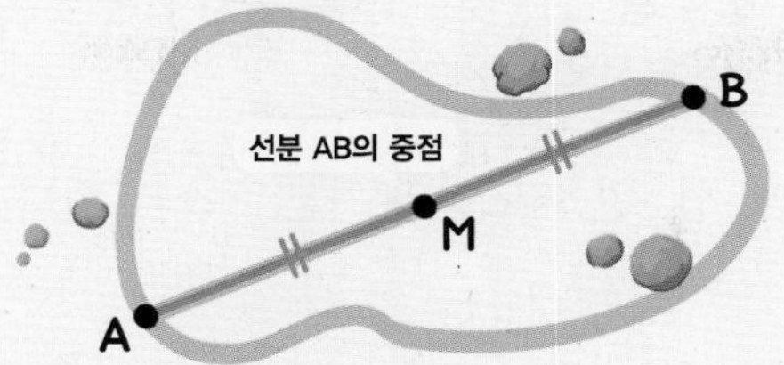

점 A와 점 B 사이의 거리 ➡ $\overline{AB}$

$\overline{AM} = \overline{BM} = \frac{1}{2}\overline{AB}$

03 두 점 사이의 거리

두 점 A, B를 잇는 선은 무수히 많지만 이 중에서도 길이가 가장 짧은 것은 선분 AB야. 이때 선분 AB의 길이를 두 점 A, B 사이의 거리라 해.

한편 선분 AB 위의 한 점 M에 대하여 $\overline{AM}=\overline{BM}$일 때, 점 M을 선분 AB의 중점이라 해. 이때 점 M은 선분 AB를 이등분하므로 $\overline{AM}=\overline{BM}=\frac{1}{2}\overline{AB}$야!

두 반직선으로 이루어진 도형!

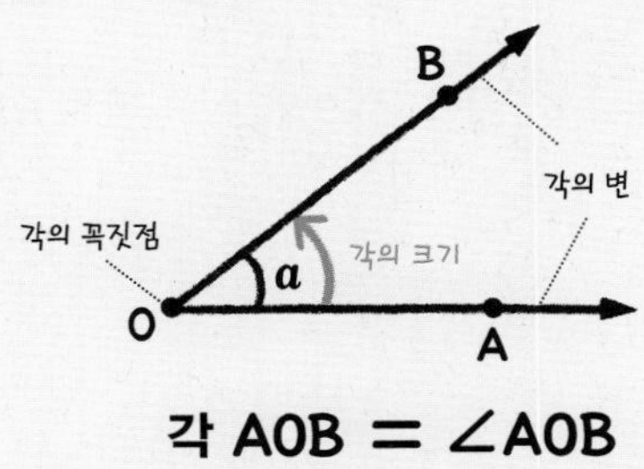

각 AOB $= \angle$AOB

04 각

두 반직선 OA와 OB로 이루어진 도형을 각 AOB라 하고, 이것을 기호로 ∠AOB와 같이 나타내.

한편 ∠AOB에서 꼭짓점 O를 중심으로 변 OA가 변 OB까지 회전한 양을 ∠AOB의 크기라 해!

마주 보는 각!

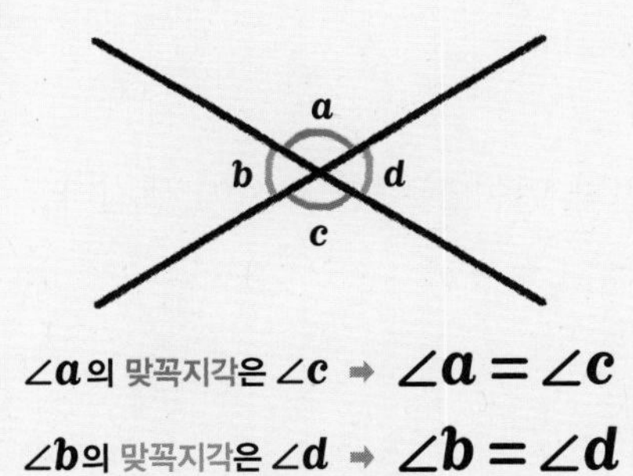

$\angle a$의 맞꼭지각은 $\angle c$ ➡ $\angle a = \angle c$

$\angle b$의 맞꼭지각은 $\angle d$ ➡ $\angle b = \angle d$

05 맞꼭지각

두 직선이 한 점에서 만날 때 생기는 네 각 $\angle a$, $\angle b$, $\angle c$, $\angle d$를 두 직선의 교각이라 해.

이때 $\angle a$와 $\angle c$, $\angle b$와 $\angle d$처럼 서로 마주 보는 각을 맞꼭지각이라 하지. 맞꼭지각의 크기는 서로 같아!

두 직선이 직각으로 만날 때!

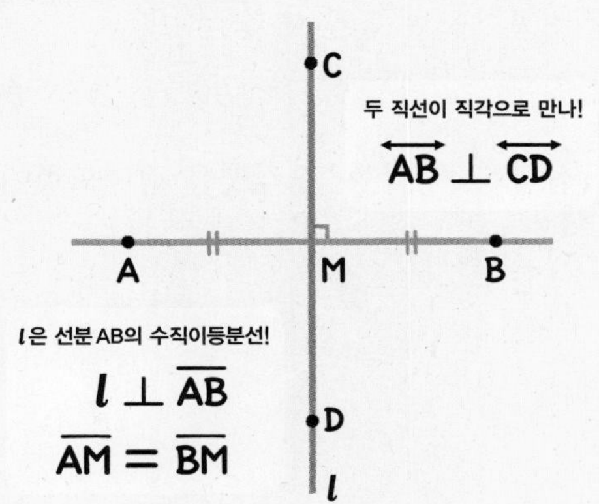

06 수직과 수선

두 직선 AB와 CD의 교각이 직각일 때, 두 직선은 직교한다 하고, 기호로 $\overleftrightarrow{AB} \perp \overleftrightarrow{CD}$와 같이 나타내.

이때 두 직선은 서로 수직이고 한 직선은 다른 직선의 수선이야.

한편 직선 l이 선분 AB의 중점 M을 지나면서 선분 AB에 수직일 때, 직선 l을 선분 AB의 수직이등분선이라 해!

01

모든 도형의 기본!

점, 선, 면

• **도형의 기본**

① 도형의 기본 요소: 점, 선, 면

② 점이 움직인 자리는 선이 되고, 선이 움직인 자리는 면이 된다.

참고 선은 무수히 많은 점으로 이루어져 있고, 면은 무수히 많은 선으로 이루어져 있다.

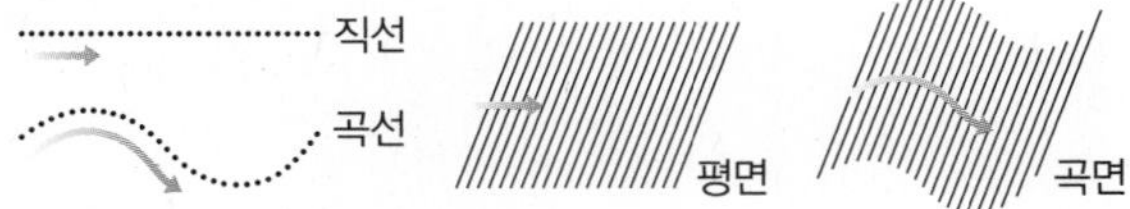

• **도형의 종류**

① 평면도형: 삼각형, 원과 같이 한 평면 위에 놓여 있는 도형

② 입체도형: 직육면체, 원기둥과 같이 한 평면 위에 있지 않은 도형

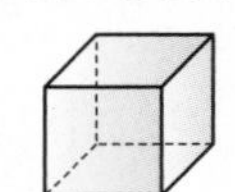
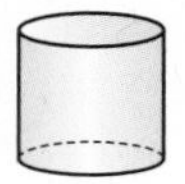

평면도형 입체도형

• **교점과 교선**

① 교점: 선과 선 또는 선과 면이 만나서 생기는 점

② 교선: 면과 면이 만나서 생기는 선

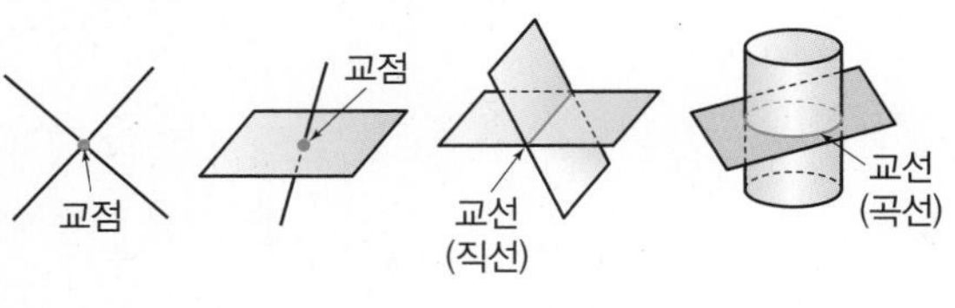

1st 도형 이해하기

● **다음 설명 중 옳은 것은 ○를, 옳지 않은 것은 ×를 ( ) 안에 써넣으시오.**

1 점, 선, 면을 도형의 기본 요소라 한다. ( )

2 점이 움직인 자리는 면이 된다. ( )

3 면은 무수히 많은 선으로 이루어져 있다. ( )

4 교점은 선과 선이 만날 때만 생긴다. ( )

5 면과 면이 만나면 교선이 생긴다. ( )

6 한 평면 위에 있는 도형은 입체도형이다. ( )

7 삼각형, 사각형, 오각뿔은 평면도형이다. ( )

2nd 입체도형과 평면도형 구분하기

8 다음 도형을 **보기**에서 있는 대로 고르시오.

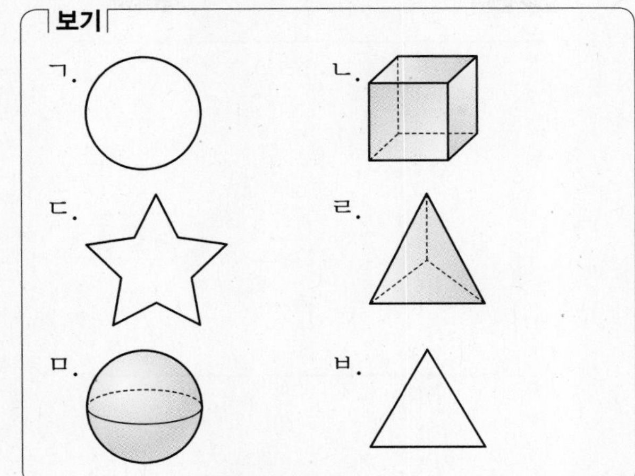

(1) 평면도형

(2) 입체도형

3rd 교점과 교선 이해하기

• 오른쪽 그림과 같은 직육면체에서 다음을 구하시오.

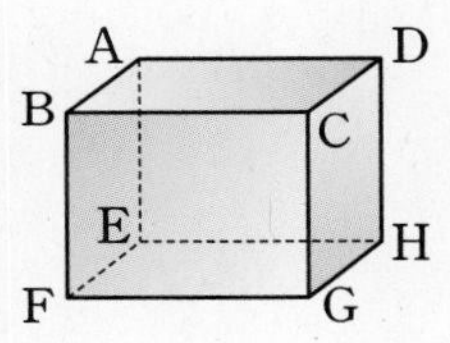

9 모서리 BC와 모서리 CG의 교점

10 모서리 AE와 모서리 EH의 교점

11 모서리 AD와 면 CGHD의 교점

12 모서리 GH와 면 AEHD의 교점

13 면 ABCD와 면 BFGC의 교선

14 면 ABFE와 면 AEHD의 교선

• 다음 그림과 같은 입체도형에서 교점과 교선의 개수를 각각 구하시오.

15

→ 교점: ☐개

교선: ☐개

16

→ 교점: ☐개

교선: ☐개

17

→ 교점: ☐개

교선: ☐개

18

→ 교점: ☐개

교선: ☐개

내가 발견한 개념 — 교점, 교선의 개수와 같은 의미는?

입체도형에서

• (교점의 개수)=(☐ 의 개수)

• (교선의 개수)=(☐ 의 개수)

개념모음문제

19 오른쪽 그림과 같은 입체도형에 대한 **보기**의 설명 중 옳은 것만을 있는 대로 고른 것은?

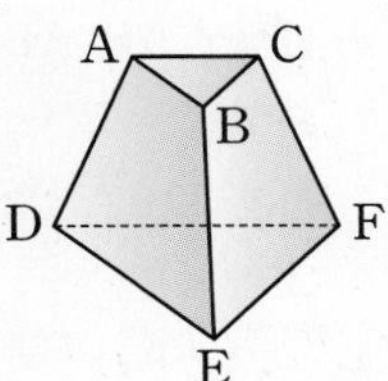

보기

ㄱ. 교점은 모두 6개이다.

ㄴ. 교선은 모두 6개이다.

ㄷ. 모서리 BE와 모서리 EF의 교점은 꼭짓점 B이다.

ㄹ. 면 ABC와 면 ABED가 만나서 생기는 교선은 모서리 AB이다.

① ㄱ, ㄴ ② ㄱ, ㄷ ③ ㄱ, ㄹ
④ ㄴ, ㄷ ⑤ ㄷ, ㄹ

02 서로 다른 두 점을 곧게 지나는 선들!

직선, 반직선, 선분

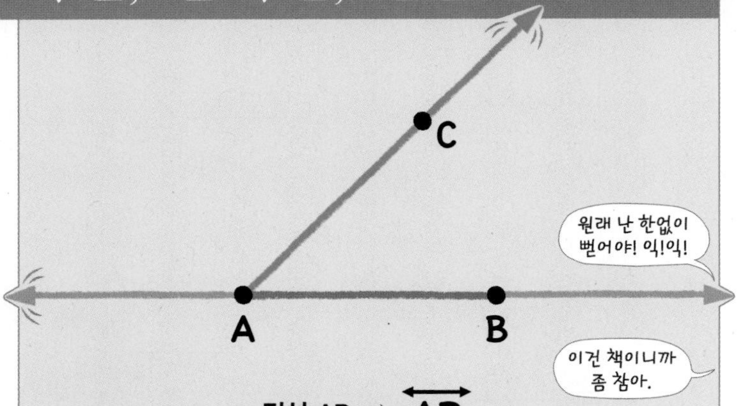

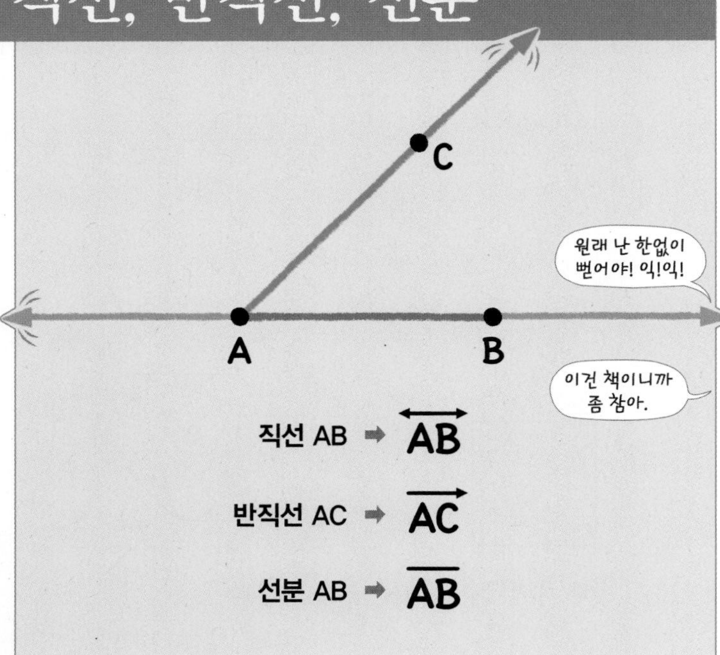

직선 AB ➡ $\overleftrightarrow{AB}$

반직선 AC ➡ $\overrightarrow{AC}$

선분 AB ➡ $\overline{AB}$

• **직선의 결정:** 한 점 A를 지나는 직선은 무수히 많지만 서로 다른 두 점 A, B를 지나는 직선은 오직 하나뿐이다.

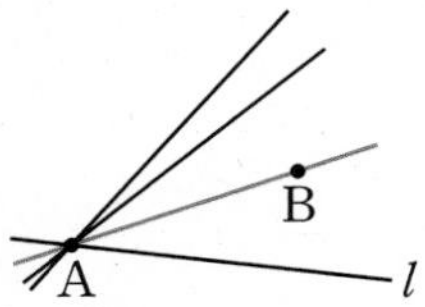

참고 보통 점은 영어 알파벳 대문자 A, B, C, …로 나타내고, 직선은 알파벳 소문자 l, m, n, …으로 나타낸다.

• **직선** AB($\overleftrightarrow{AB}$) : 서로 다른 두 점 A, B를 지나 한없이 곧게 뻗은 선

• **반직선** AB($\overrightarrow{AB}$) : 직선 AB 위의 점 A에서 시작하여 점 B의 방향으로 뻗은 직선의 일부분

• **선분** AB($\overline{AB}$) : 직선 AB 위의 점 A에서 점 B까지의 부분

원리확인 다음 표를 완성하시오.

	도형	기호	읽는 방법
직선	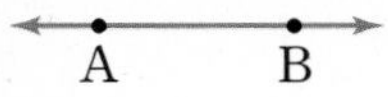 A B	$\overleftrightarrow{AB}$ ($\overleftrightarrow{BA}$)	직선 AB (직선 BA)
반직선	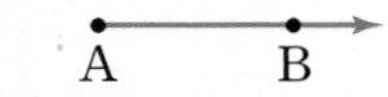 A B		
	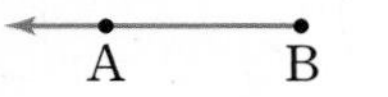 A B		
선분	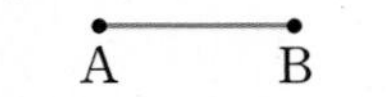 A B		

1st — 직선, 반직선, 선분 나타내기

● 다음 그림을 기호로 나타내시오.

1 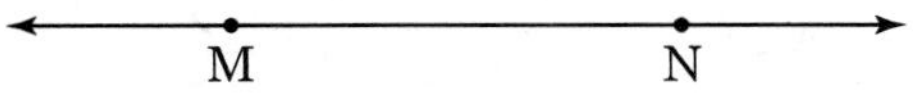

2 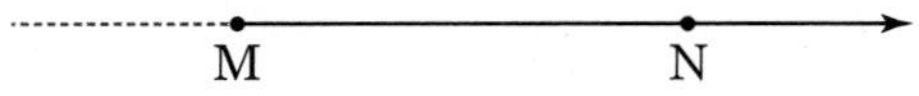

3 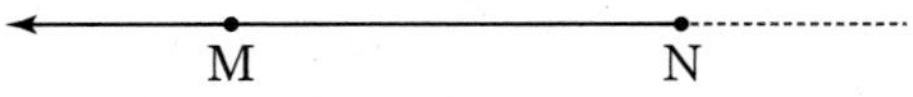

4 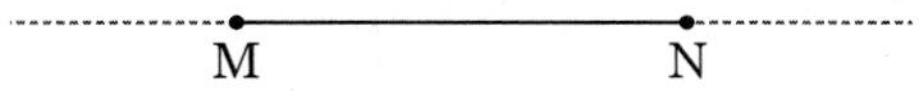

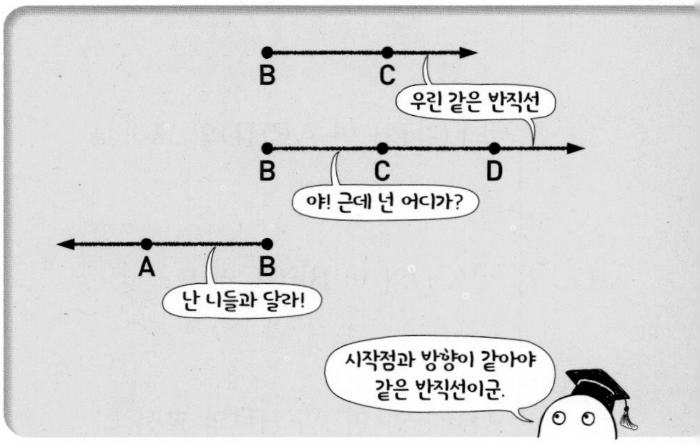

● 다음 기호를 주어진 그림 위에 나타내시오.

5 $\overleftrightarrow{AB}$

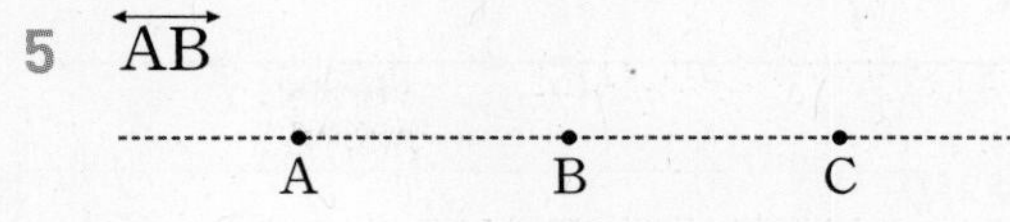

6 $\overrightarrow{BC}$

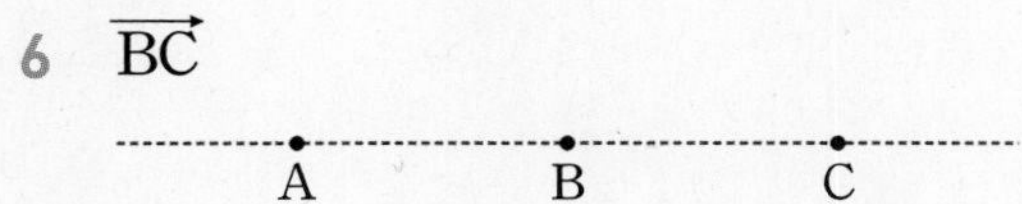

7 $\overrightarrow{BA}$

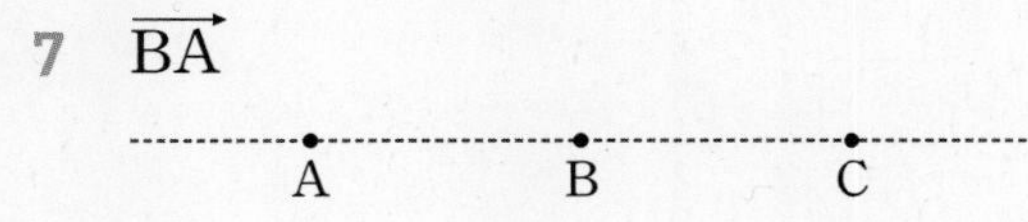

8 $\overline{AC}$

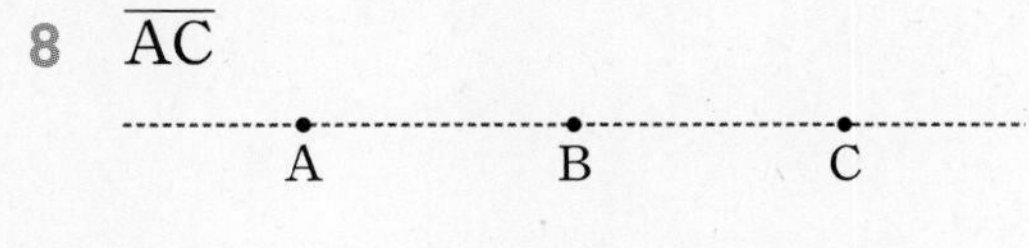

9 $\overleftrightarrow{BC}$

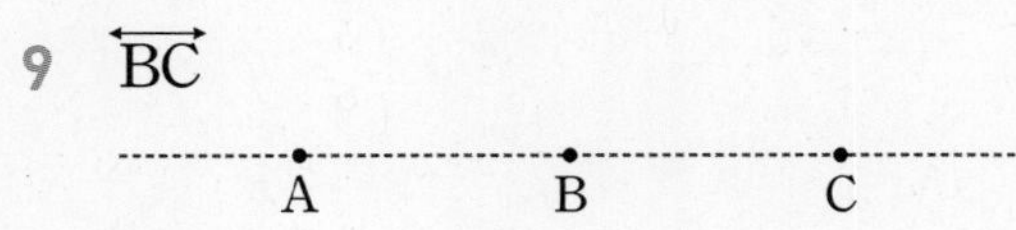

10 $\overline{BC}$

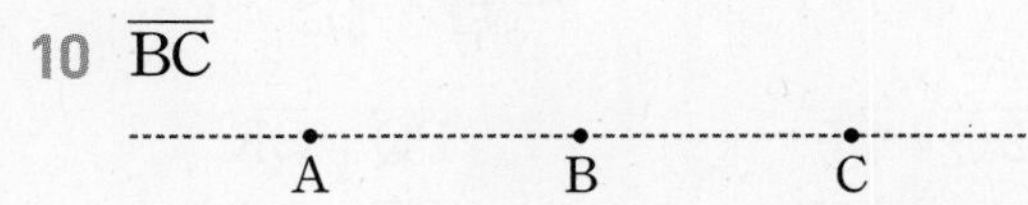

● 다음 기호를 주어진 그림 위에 나타내고, 두 그림이 같은 것은 =를, 다른 것은 ≠를 ○ 안에 써넣으시오.

11 $\overleftrightarrow{AB}$, $\overleftrightarrow{CD}$

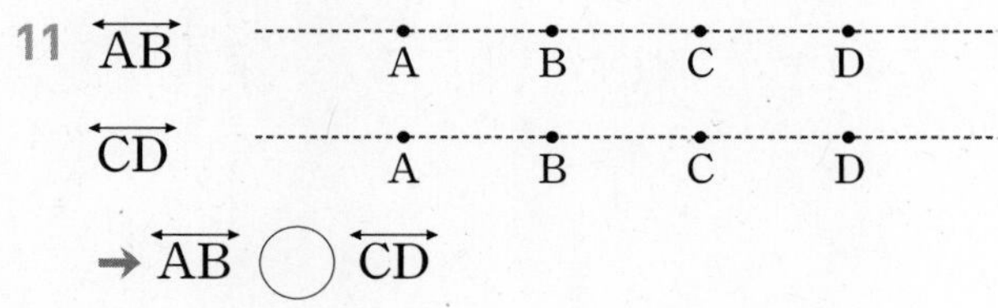

➜ $\overleftrightarrow{AB}$ ○ $\overleftrightarrow{CD}$

12 $\overleftrightarrow{AC}$, $\overleftrightarrow{BC}$

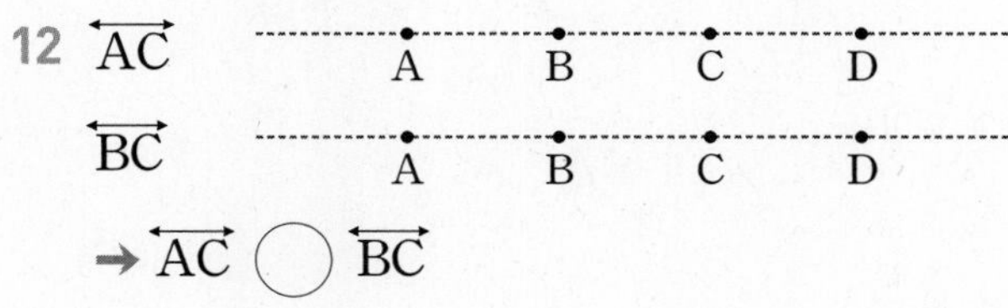

➜ $\overleftrightarrow{AC}$ ○ $\overleftrightarrow{BC}$

13 $\overrightarrow{AC}$, $\overrightarrow{CA}$

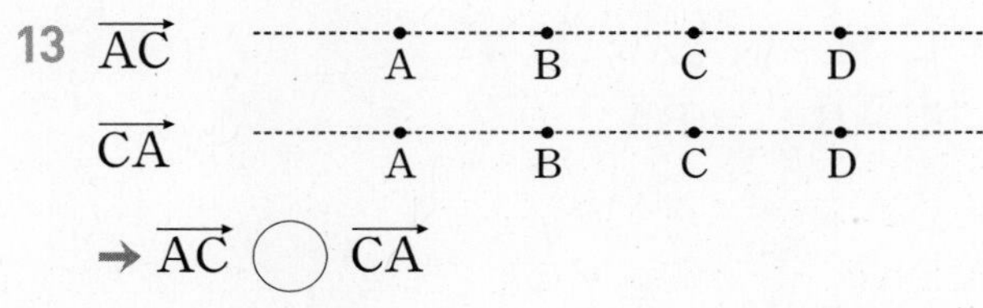

➜ $\overrightarrow{AC}$ ○ $\overrightarrow{CA}$

14 $\overline{AC}$, $\overline{CA}$

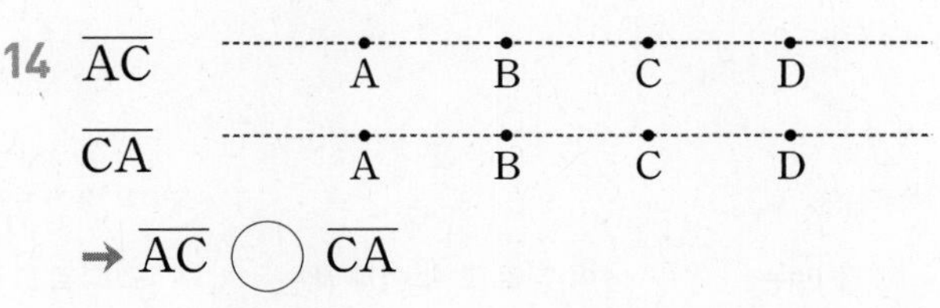

➜ $\overline{AC}$ ○ $\overline{CA}$

15 $\overline{BD}$

$\overline{CD}$

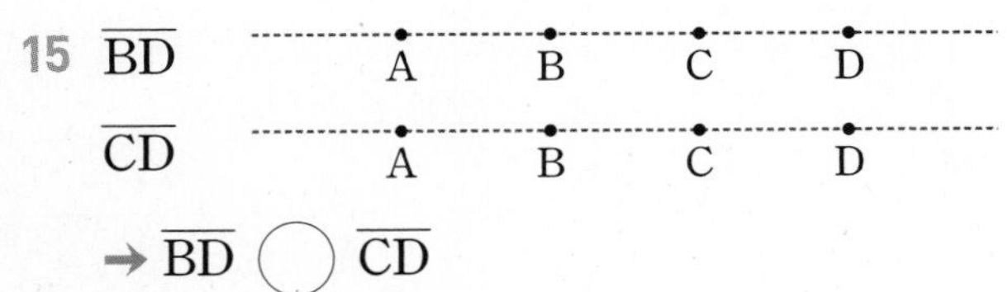

→ $\overline{BD}$ ◯ $\overline{CD}$

16 $\overrightarrow{DA}$

$\overrightarrow{DC}$

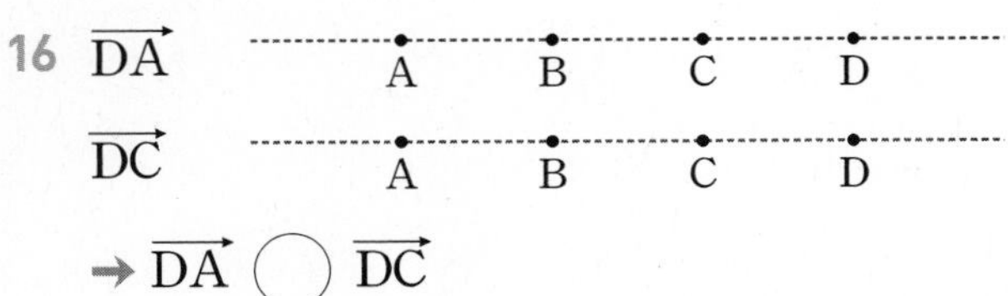

→ $\overrightarrow{DA}$ ◯ $\overrightarrow{DC}$

● 다음 ◯ 안에 = 또는 ≠를 써넣으시오.

17 $\overleftrightarrow{AB}$ ◯ $\overleftrightarrow{BA}$

18 $\overrightarrow{AB}$ ◯ $\overrightarrow{BA}$

19 $\overline{AB}$ ◯ $\overline{BA}$

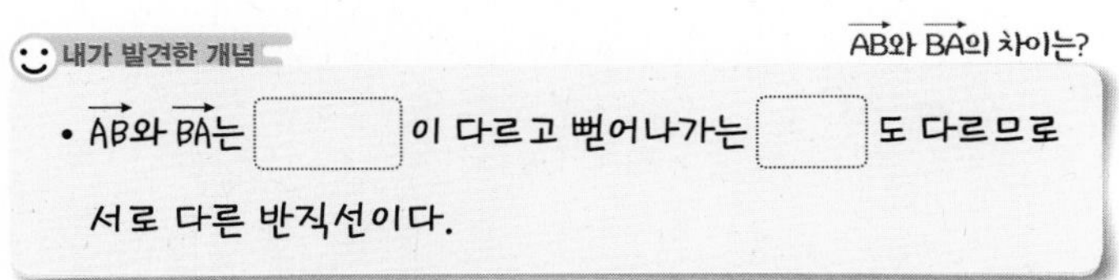

내가 발견한 개념 $\overrightarrow{AB}$와 $\overrightarrow{BA}$의 차이는?

• $\overrightarrow{AB}$와 $\overrightarrow{BA}$는 ☐ 이 다르고 뻗어나가는 ☐ 도 다르므로 서로 다른 반직선이다.

● 다음 그림을 보고, ☐ 안에 알맞은 것을 보기에서 골라 써넣으시오.

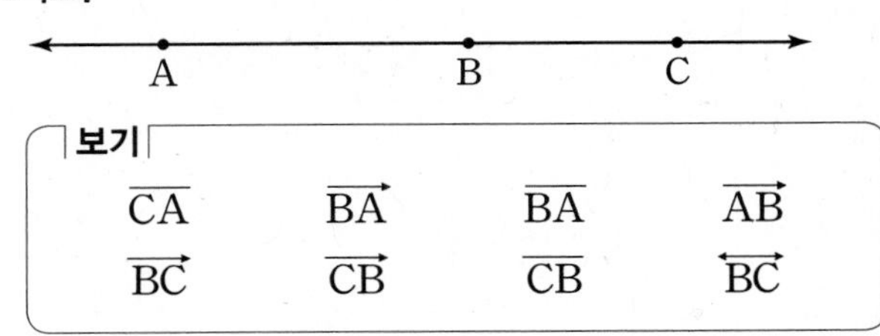

보기

$\overline{CA}$	$\overrightarrow{BA}$	$\overline{BA}$	$\overleftrightarrow{AB}$
$\overrightarrow{BC}$	$\overrightarrow{CB}$	$\overline{CB}$	$\overleftrightarrow{BC}$

20 $\overline{AC}$= ☐

21 $\overleftrightarrow{AC}$= ☐

22 $\overrightarrow{CA}$= ☐

23 $\overrightarrow{AC}$= ☐

24 $\overline{BC}$= ☐

25 $\overline{AB}$= ☐

개념모음문제

26 오른쪽 그림과 같이 직선 l 위에 세 점 P, Q, R가 차례로 있을 때, 다음 중 옳은 것을 모두 고르면? (정답 2개)

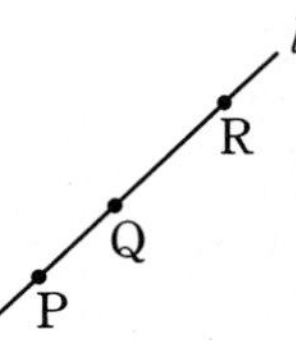

① $\overleftrightarrow{PQ} \neq \overleftrightarrow{QP}$ ② $\overrightarrow{PQ} = \overrightarrow{QR}$
③ $\overline{PQ} = \overline{QR}$ ④ $\overline{PR} = \overline{RP}$
⑤ $\overrightarrow{RP} = \overrightarrow{RQ}$

2nd 직선의 개수 구하기

● **다음 그림에서 주어진 점을 모두 지나는 직선을 긋고, 그 개수를 구하시오.**

27 한 점 A를 지나는 직선

28 두 점 A, B를 지나는 서로 다른 직선의 개수

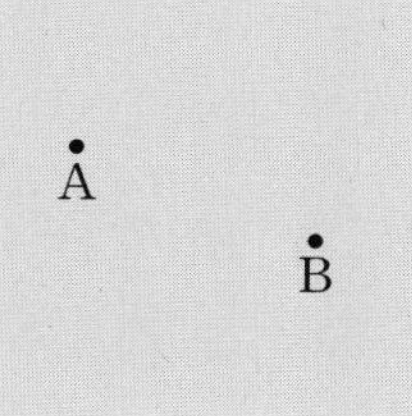

내가 발견한 개념 점에 대한 직선의 개수는?

- 한 점을 지나는 직선은 (무수히 많다, 오직 하나뿐이다.)
- 서로 다른 두 점을 지나는 직선 오직 ☐ 뿐이므로 두 점은 한 직선을 결정함을 알 수 있다.

● **주어진 그림에 대하여 다음을 구하시오.**

한 직선 위에 있지 않은 세 점 → A, B, C

29 두 점을 지나는 직선의 개수

30 두 점을 지나는 반직선의 개수

31 두 점을 지나는 선분의 개수

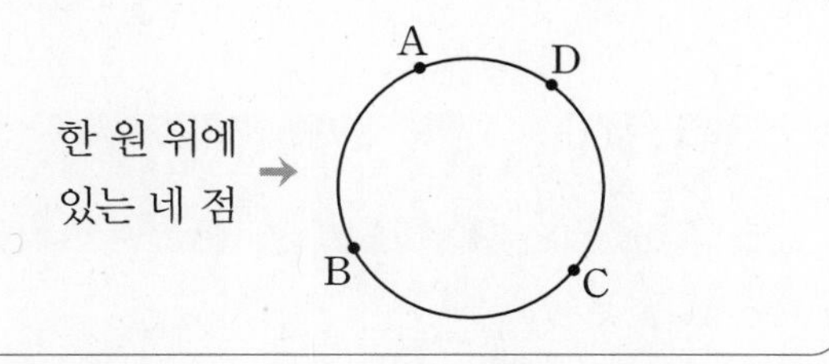

32 두 점을 지나는 서로 다른 직선의 개수

33 두 점을 지나는 서로 다른 반직선의 개수

34 두 점을 지나는 서로 다른 선분의 개수

내가 발견한 개념 두 점을 지나는 반직선의 개수는?

- (두 점을 지나는 반직선의 개수)
  =(두 점을 지나는 직선의 개수)× ☐

개념모음문제

35 오른쪽 그림과 같이 직선 l 위에 네 점 P, Q, R, S가 있다. 이 중 두 점으로 만들 수 있는 서로 다른 직선의 개수를 a, 반직선의 개수를 b, 선분의 개수를 c라 할 때, $a+b+c$의 값은?

P Q R S l

① 10 ② 13 ③ 15
④ 18 ⑤ 20

03 두 점 사이의 가장 짧은 선!

두 점 사이의 거리

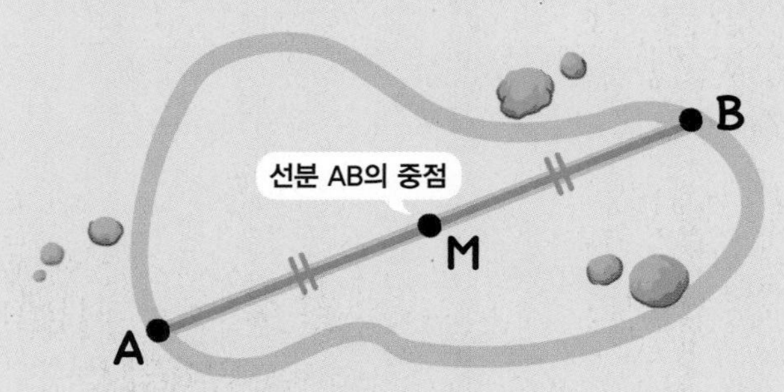

점 A와 점 B 사이의 거리 ➡ $\overline{AB}$

$$\overline{AM}=\overline{BM}=\frac{1}{2}\overline{AB}$$

• **두 점 A, B 사이의 거리:** 서로 다른 두 점 A와 B를 잇는 무수히 많은 선 중에서 길이가 가장 짧은 선인 선분 AB의 길이

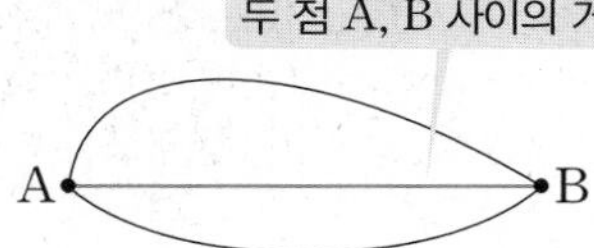

참고 기호 $\overline{AB}$는 선분 AB를 나타내기도 하고, 그 선분의 길이를 나타내기도 한다.
  • 두 선분 AB, CD의 길이가 같다. ➡ $\overline{AB}=\overline{CD}$
  • 선분 AB의 길이는 3 cm이다. ➡ $\overline{AB}=3$ cm

• **$\overline{AB}$의 중점:** 선분 AB 위의 한 점 M에 대하여 $\overline{AM}=\overline{BM}$일 때, 점 M을 선분 AB의 중점이라 한다.

선분 AB의 중점

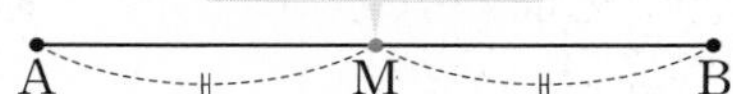

참고 선분의 중점과 삼등분점을 표현하는 여러 가지 방법

선분의 중점	A M B	① $\overline{AM}=\overline{BM}=\frac{1}{2}\overline{AB}$ ② $\overline{AB}=2\overline{AM}=2\overline{MB}$
선분의 삼등분점	A M N B	① $\overline{AM}=\overline{MN}=\overline{NB}=\frac{1}{3}\overline{AB}$ ② $\overline{AM}=\overline{MN}=\overline{NB}$ $=\frac{1}{2}\overline{AN}$ $=\frac{1}{2}\overline{MB}$ ③ $\overline{AN}=\overline{MB}=\frac{2}{3}\overline{AB}$

1st — 두 점 사이의 거리 구하기

● 다음 그림을 보고, □ 안에 알맞은 수를 써넣으시오.

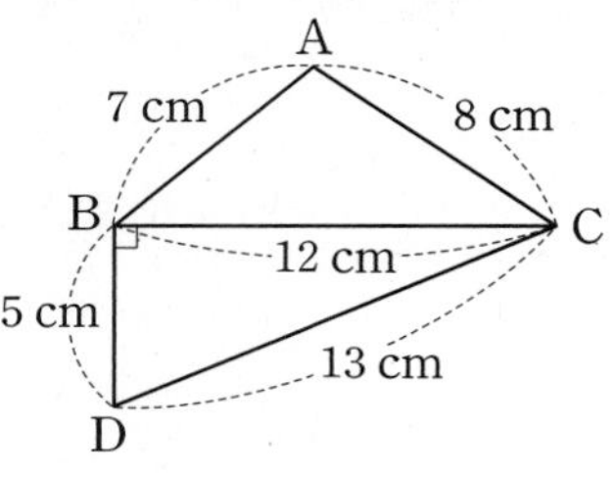

1 두 점 A, B 사이의 거리
➡ $\overline{AB}=$□ cm

2 두 점 B, C 사이의 거리
➡ $\overline{BC}=$□ cm

3 두 점 B, D 사이의 거리
➡ $\overline{BD}=$□ cm

4 두 점 C, D 사이의 거리
➡ $\overline{CD}=$□ cm

5 두 점 A, C 사이의 거리
➡ $\overline{AC}=$□ cm

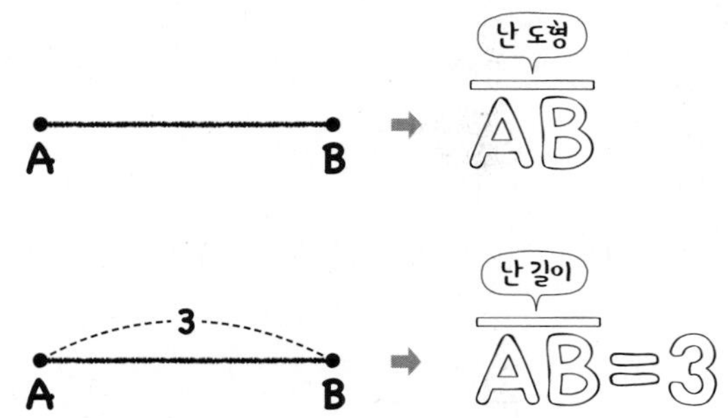

● 다음 그림을 보고, 다음 두 점 사이의 거리를 구하시오.

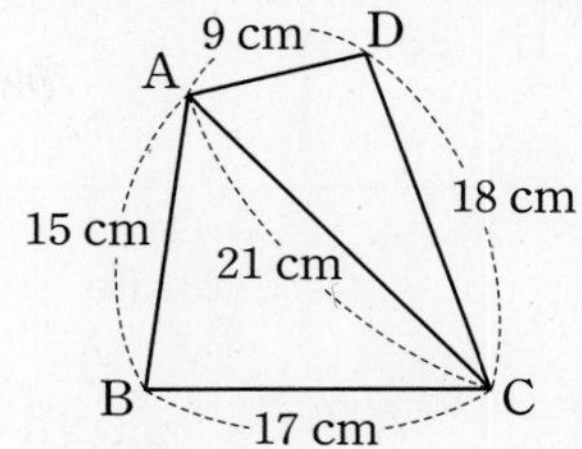

6 두 점 A, B

7 두 점 B, C

8 두 점 C, A

9 두 점 D, A

10 두 점 C, D

내가 발견한 개념 두 점 사이의 거리는?

• 선분 AB의 길이가 4 cm일 때, 두 점 A, B 사이의 거리는 $\square$ cm이다.

2nd 선분의 중점 이해하기

● 다음 그림에서 점 M이 선분 AB의 중점일 때, □ 안에 알맞은 수를 써넣으시오.

11

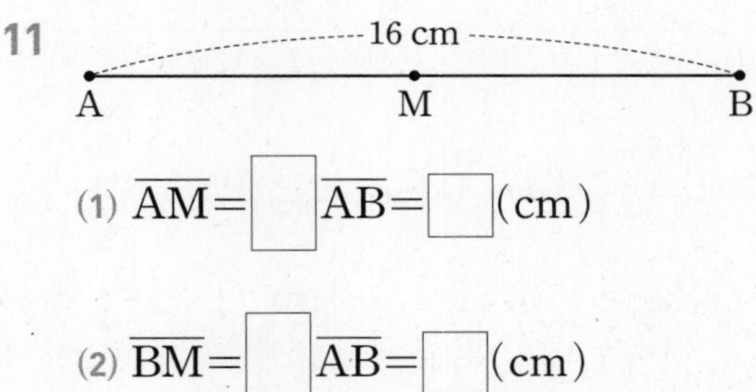

(1) $\overline{AM}=\square\,\overline{AB}=\square$(cm)

(2) $\overline{BM}=\square\,\overline{AB}=\square$(cm)

(3) $\overline{AB}=\square\,\overline{AM}=\square\,\overline{BM}$

12

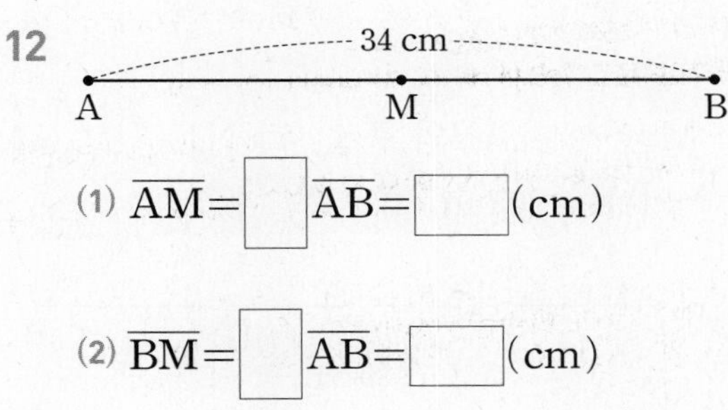

(1) $\overline{AM}=\square\,\overline{AB}=\square$(cm)

(2) $\overline{BM}=\square\,\overline{AB}=\square$(cm)

13

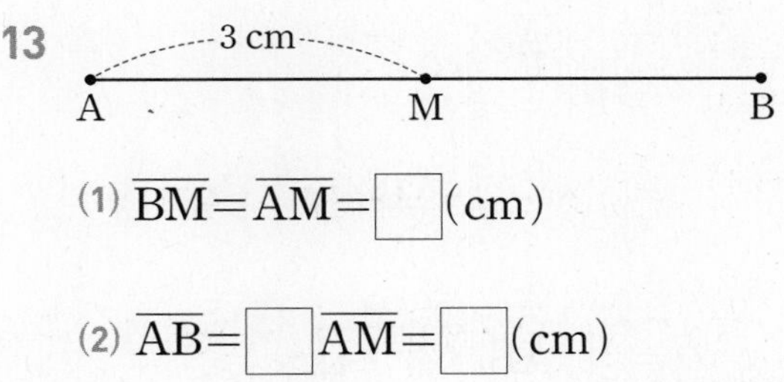

(1) $\overline{BM}=\overline{AM}=\square$(cm)

(2) $\overline{AB}=\square\,\overline{AM}=\square$(cm)

14

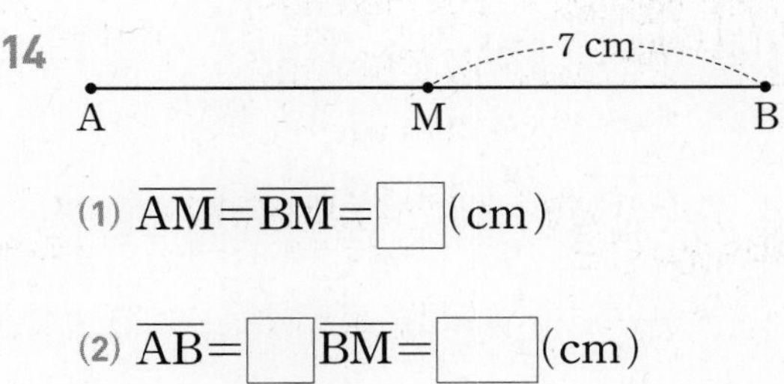

(1) $\overline{AM}=\overline{BM}=\square$(cm)

(2) $\overline{AB}=\square\,\overline{BM}=\square$(cm)

• 다음 □ 안에 알맞은 수를 써넣으시오.

15 점 M은 선분 AB의 중점, 점 N은 선분 AM의 중점, $\overline{MB}=12\text{ cm}$

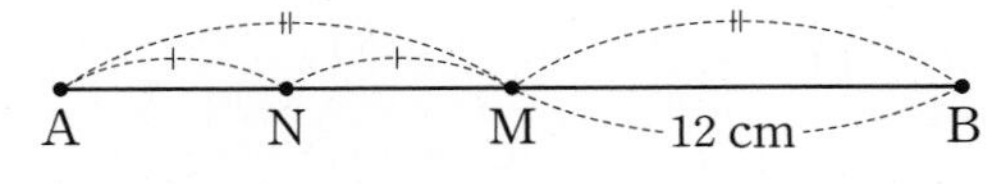

(1) $\overline{AM}=\square(\text{cm})$

(2) $\overline{NM}=\square\,\overline{AM}=\square(\text{cm})$

(3) $\overline{AB}=\square\,\overline{AM}=\square(\text{cm})$

16 점 M은 선분 AB의 중점, 점 N은 선분 AM의 중점, $\overline{AB}=30\text{ cm}$

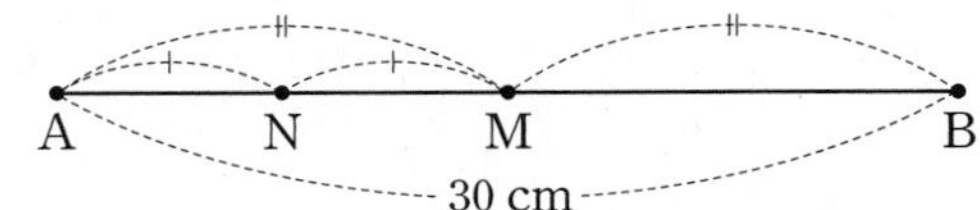

(1) $\overline{MB}=\square\,\overline{AB}=\square(\text{cm})$

(2) $\overline{AN}=\square\,\overline{AM}$

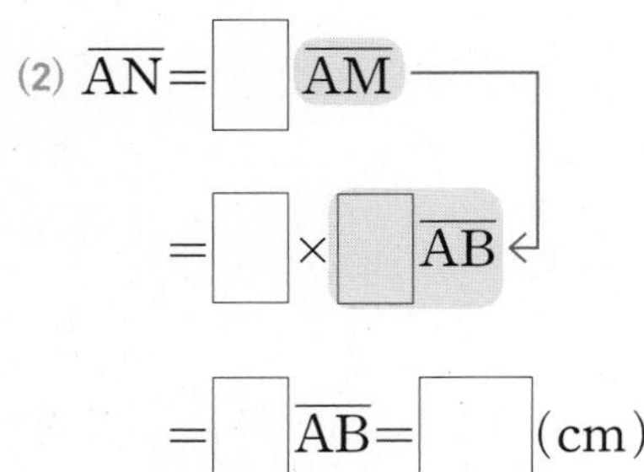

$=\square\times\square\,\overline{AB}$

$=\square\,\overline{AB}=\square(\text{cm})$

(3) $\overline{NB}=\overline{AB}-\overline{AN}$

$=\square-\square$

$=\square(\text{cm})$

17 점 M은 선분 AB의 중점, 점 N은 선분 MB의 중점, $\overline{AB}=28\text{ cm}$

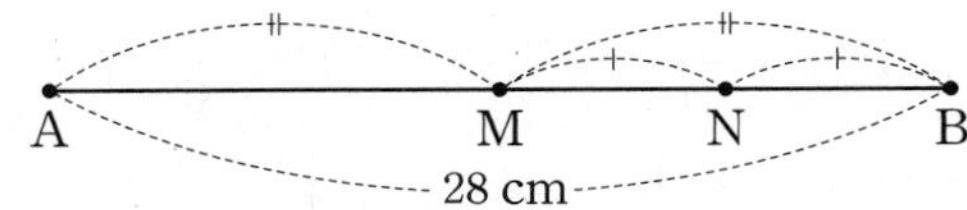

(1) $\overline{MB}=\square\,\overline{AB}=\square(\text{cm})$

(2) $\overline{MN}=\square\,\overline{MB}$

$=\square\times\square\,\overline{AB}$

$=\square\,\overline{AB}=\square(\text{cm})$

(3) $\overline{AN}=\overline{AM}+\overline{MN}=\overline{MB}+\overline{MN}$

$=\square(\text{cm})$

(4) $\overline{AB}=\square\,\overline{MB}=2\times\square\,\overline{MN}=\square\,\overline{MN}$

18 점 M은 선분 AB의 중점, 점 N은 선분 BC의 중점, $\overline{MN}=8\text{ cm}$

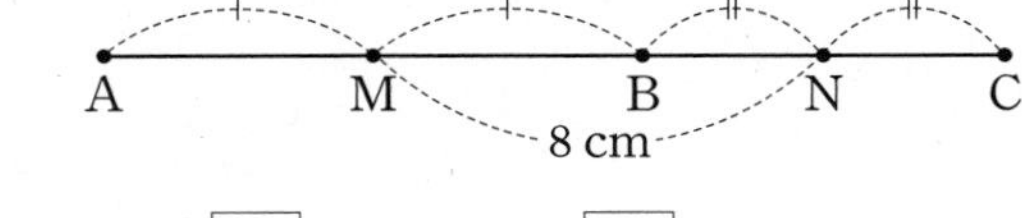

(1) $\overline{MB}=\square\,\overline{AB}$, $\overline{BN}=\square\,\overline{BC}$

(2) $\overline{MN}=\overline{MB}+\overline{BN}=\square\,\overline{AB}+\square\,\overline{BC}$

$=\square(\overline{AB}+\overline{BC})=\square\,\overline{AC}$

(3) $\overline{AC}=\square\,\overline{MN}=\square(\text{cm})$

19 다음 그림에서 점 M은 선분 AB의 중점이고, 점 N은 선분 MB의 중점이다. $\overline{AB}=12$ cm일 때, $\overline{MN}$의 길이를 구하시오.

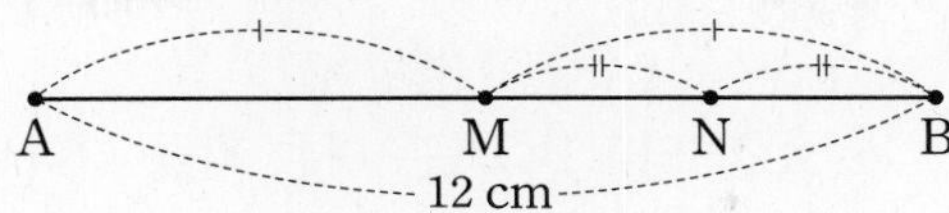

20 다음 그림에서 점 M은 선분 AB의 중점이고, 점 N은 선분 AM의 중점이다. $\overline{NM}=5$ cm일 때, $\overline{AB}$의 길이를 구하시오.

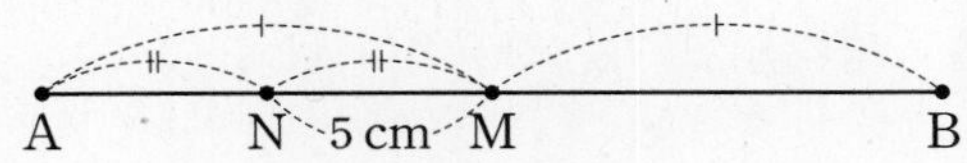

21 다음 그림에서 점 M은 선분 AB의 중점이고, 점 N은 선분 MB의 중점이다. $\overline{AB}=40$ cm일 때, $\overline{AN}$의 길이를 구하시오.

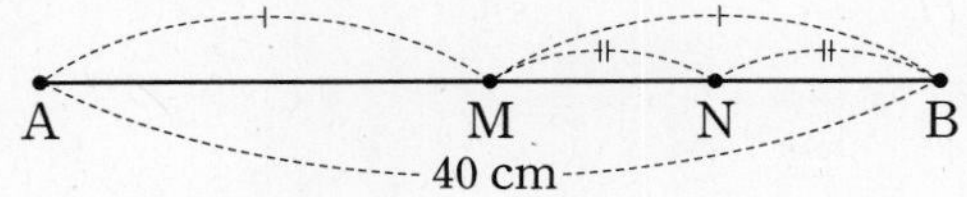

22 다음 그림에서 점 M은 선분 AB의 중점이고, 점 N은 선분 BC의 중점이다. $\overline{MN}=11$ cm일 때, $\overline{AC}$의 길이를 구하시오.

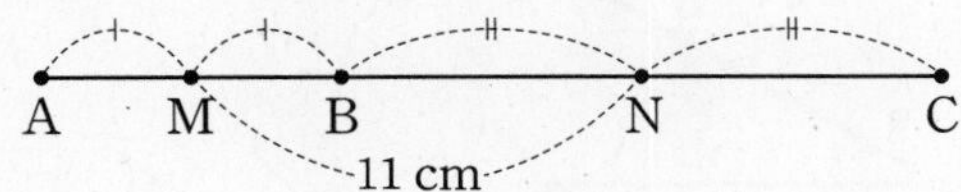

3rd 삼등분점 이해하기

23 다음 그림에서 두 점 M, N은 선분 AB의 삼등분점이다. $\overline{AB}=18$ cm일 때, □ 안에 알맞은 수를 써넣으시오.

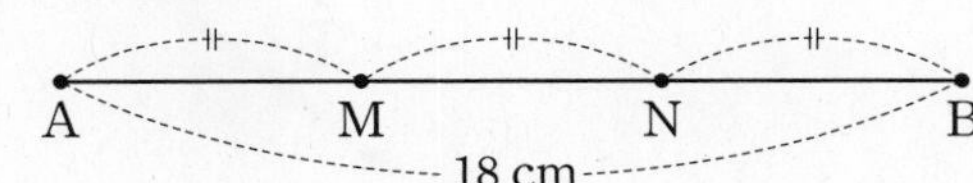

(1) $\overline{AB}=\square\,\overline{NB}$

(2) $\overline{MN}=\square\,\overline{AB}=\square$(cm)

(3) $\overline{AN}=\square\,\overline{MN}=\square$(cm)

24 다음 그림에서 두 점 M, N이 선분 AB의 삼등분점일 때, 다음 선분의 길이를 구하시오.

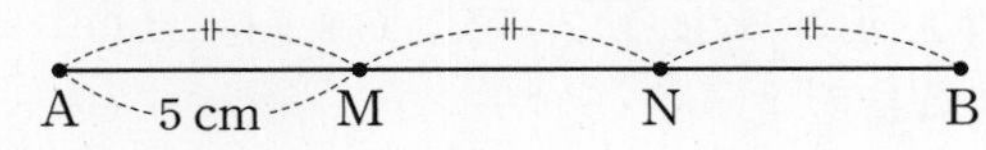

(1) $\overline{MN}$

(2) $\overline{MB}$

(3) $\overline{AB}$

개념모음문제

25 오른쪽 그림에서 두 점 B, C가 선분 AD의 삼등분점일 때, 다음 중 옳지 않은 것을 모두 고르면? (정답 2개)

A B C D

① $\overline{AD}=3\overline{CD}$
② $\overline{AB}=\overline{CD}$
③ $\overline{AB}=\frac{1}{3}\overline{BD}$
④ $\overline{CD}=\frac{1}{2}\overline{AC}$
⑤ $2\overline{AC}=\frac{2}{3}\overline{AD}$

04

두 반직선으로 이루어진 도형!

각

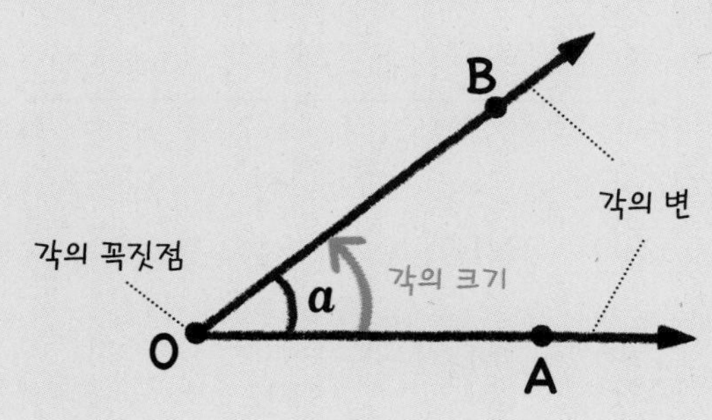

각 AOB = ∠AOB

- **각** AOB: 한 점 O에서 시작하는 두 반직선 OA, OB로 이루어진 도형
  → ∠AOB, ∠BOA, ∠O, ∠a

  참고 ∠AOB는 도형으로서 각 AOB를 나타내기도 하고 그 각의 크기를 나타내기도 한다.
- **각** AOB**의 크기**: $\overrightarrow{OA}$가 꼭짓점 O를 중심으로 $\overrightarrow{OB}$까지 회전한 양
- **각의 분류**
  ① 평각(180°): 각의 두 변이 꼭짓점을 중심으로 반대쪽에 있고 한 직선을 이룰 때의 각
  ② 직각(90°): 평각의 크기의 $\frac{1}{2}$인 각
  ③ 예각: 크기가 0°보다 크고 90°보다 작은 각
  ④ 둔각: 크기가 90°보다 크고 180°보다 작은 각

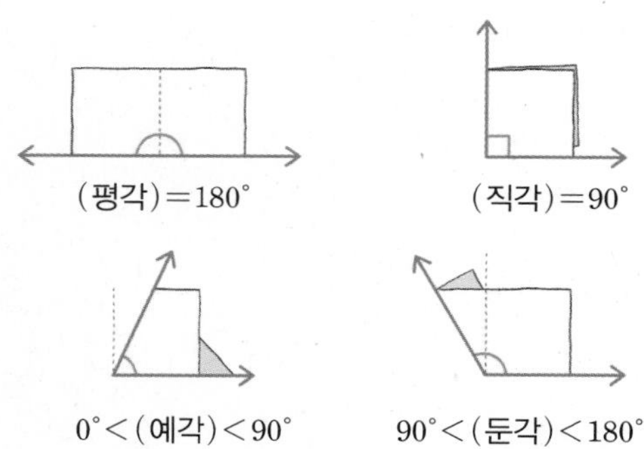

원리확인 다음 각이 예각이면 '예'를, 둔각이면 '둔'을, 직각이면 '직'을, 평각이면 '평'을 (　　) 안에 써넣으시오.

❶ 90° (　　)　　❷ 42° (　　)

❸ 109° (　　)　　❹ 180° (　　)

❺ 12° (　　)　　❻ 157° (　　)

1st 각 이해하기

- 다음 설명 중 옳은 것은 ○를, 옳지 않은 것은 ×를 (　　) 안에 써넣으시오.

1 ∠AOB와 ∠BOA는 다른 각을 나타낸다. (　　)

2 기호 ∠AOB는 도형으로서 각을 나타내기도 하고 각의 크기를 나타내기도 한다. (　　)

3 평각의 크기는 90°이다. (　　)

4 예각은 0°와 90° 사이의 각이다. (　　)

5 둔각은 90°보다 크거나 같고 180°보다 작은 각이다. (　　)

6 평각의 크기의 $\frac{1}{2}$인 각은 직각이다. (　　)

7 직각의 크기는 90°이다. (　　)

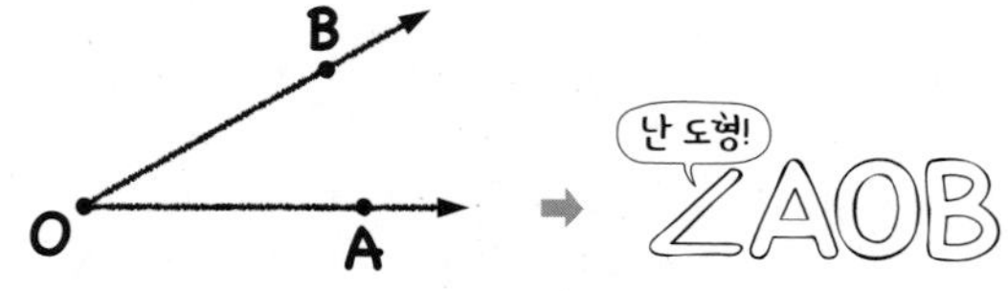

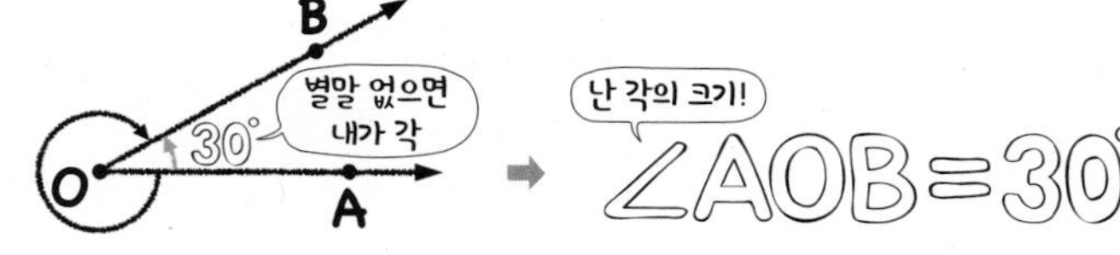

● 아래 그림에서 네 점 A, B, C, D를 사용하여 각을 나타낼 때, 다음 □ 안에 알맞은 각을 써넣으시오.

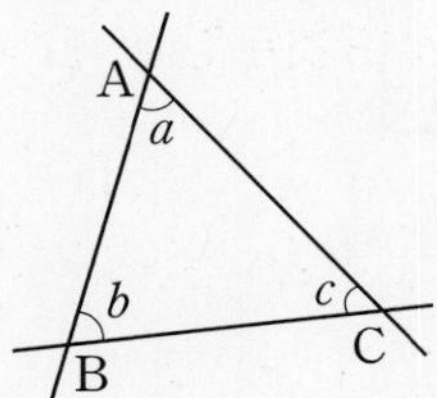

8 $\angle a$ → □ 또는 □

9 $\angle b$ → □ 또는 □

10 $\angle c$ → □ 또는 □

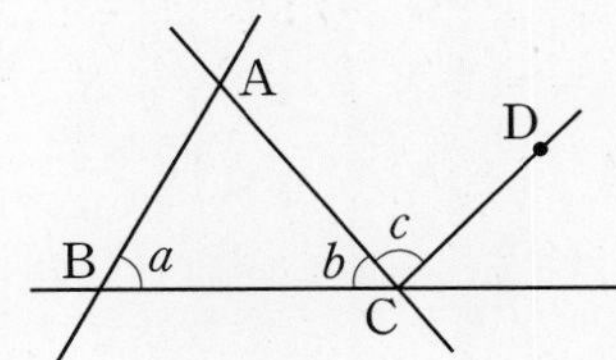

11 $\angle a$ → □ 또는 □

12 $\angle b$ → □ 또는 □

13 $\angle c$ → □ 또는 □

● 다음 그림을 보고 각을 평각, 직각, 예각, 둔각으로 분류하시오.

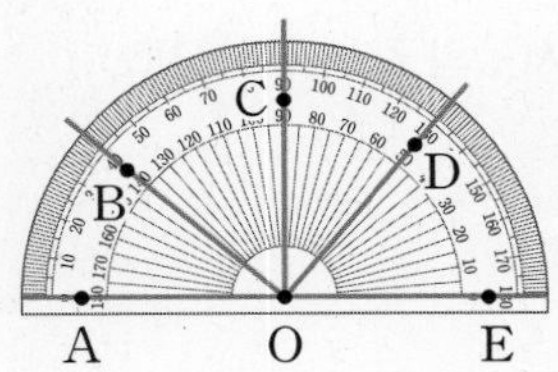

14 $\angle$AOD

15 $\angle$AOC

16 $\angle$BOC

17 $\angle$AOE

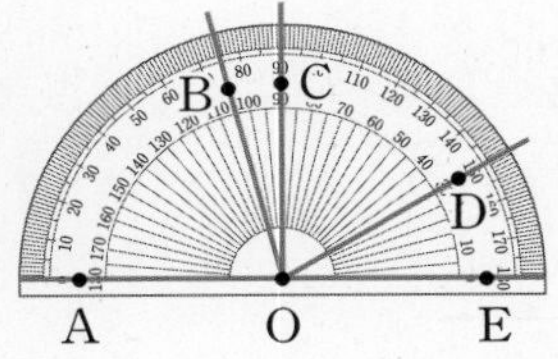

18 $\angle$BOD

19 $\angle$BOE

20 $\angle$COE

21 $\angle$EOA

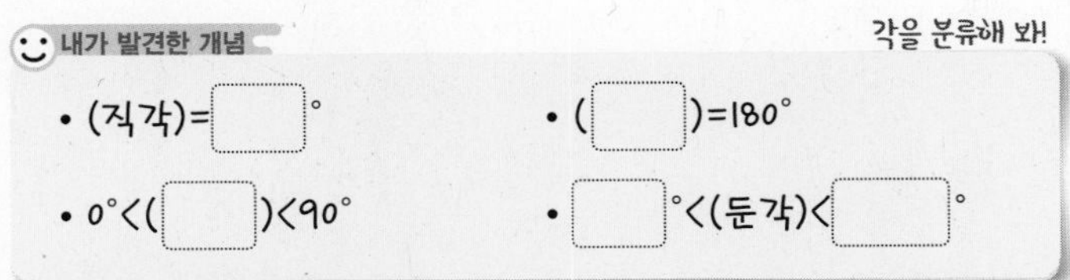

2nd 각의 크기 구하기

● 다음 그림에서 x의 값을 구하시오.

22

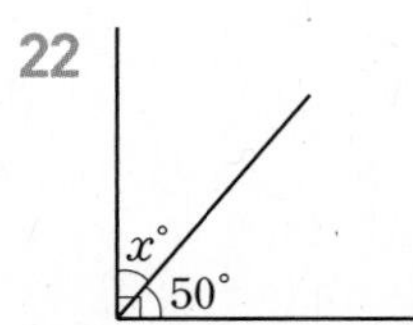

직각의 크기는 90°야!

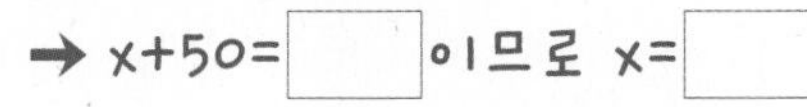

23

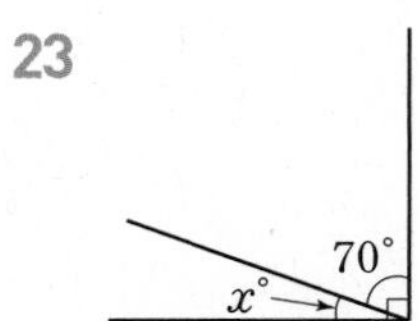

24

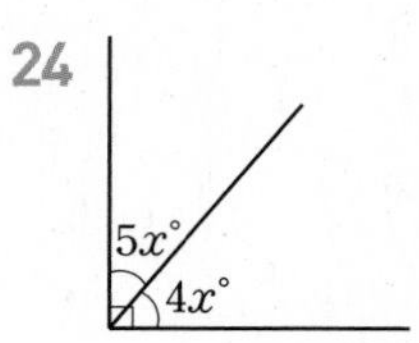

25

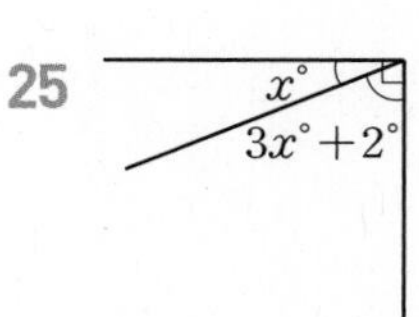

26

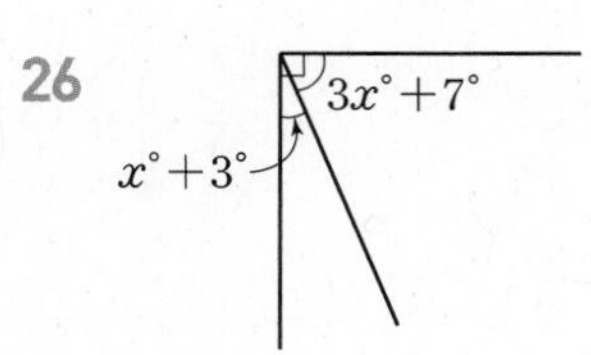

27

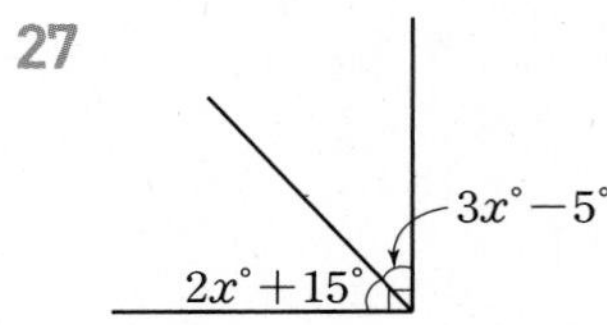

28

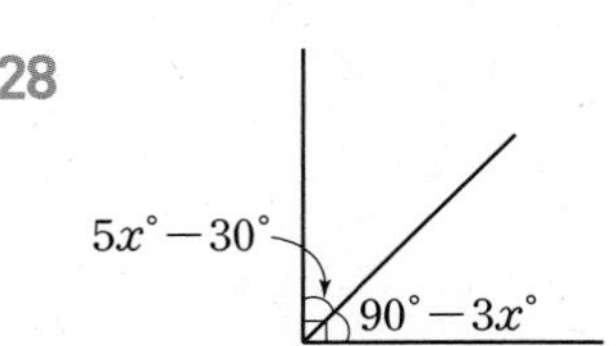

29

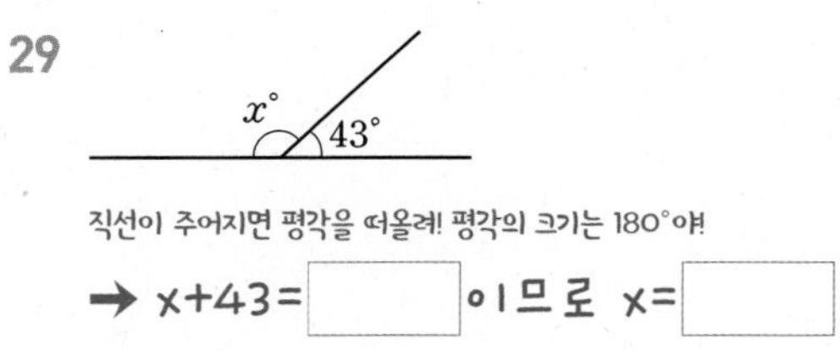

30

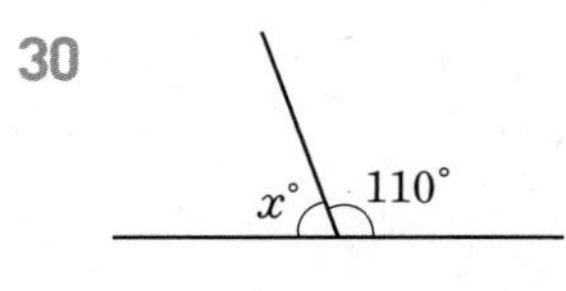

31

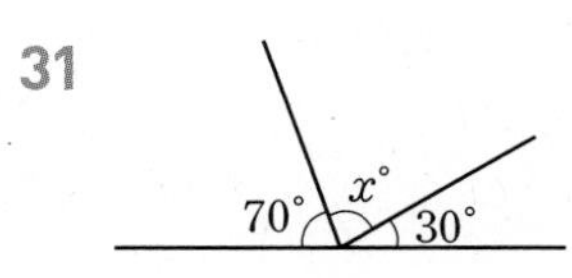

32

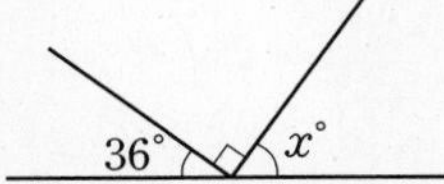

33

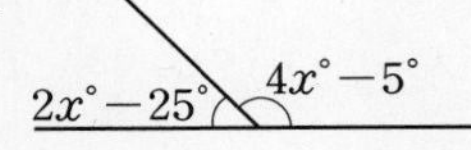

34

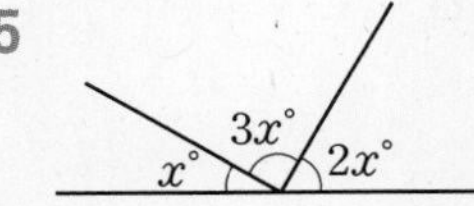

35

∠AOB=45° 일 때

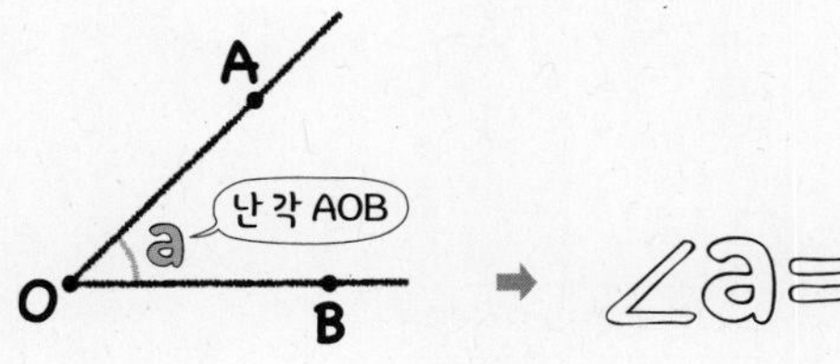

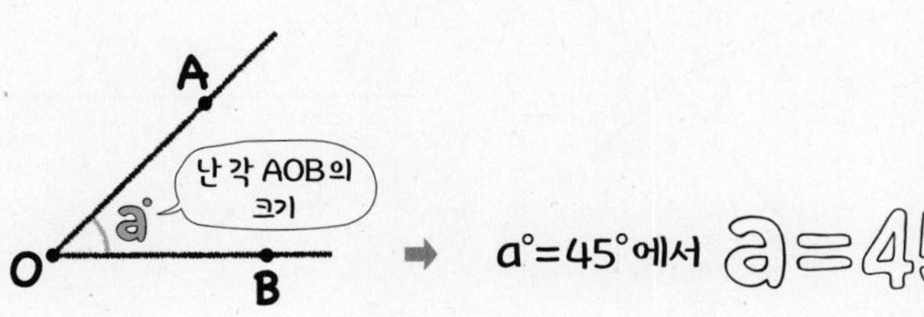

● 평각의 크기는 180°임을 이용하여 다음 그림에서 $\angle x$, $\angle y$, $\angle z$의 크기를 구하시오.

36 $\angle x : \angle y : \angle z = 2 : 3 : 4$

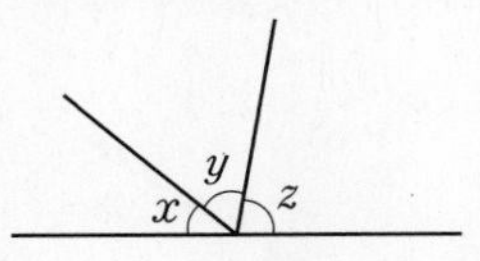

➡ $\angle x = 180° \times \dfrac{\square}{2+3+4} = \square°$

$\angle y = 180° \times \dfrac{\square}{2+3+4} = \square°$

$\angle z = 180° \times \dfrac{\square}{2+3+4} = \square°$

37 $\angle x : \angle y : \angle z = 5 : 8 : 2$

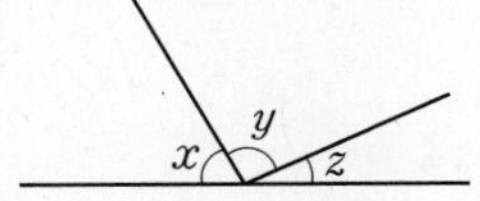

38 $\angle x : \angle y : \angle z = 3 : 1 : 2$

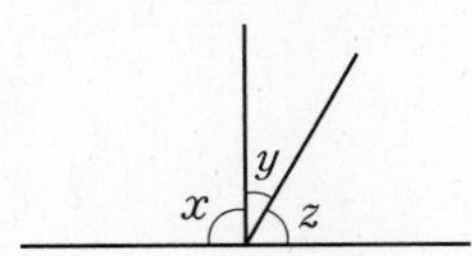

39 $\angle x : \angle y : \angle z = 7 : 6 : 5$

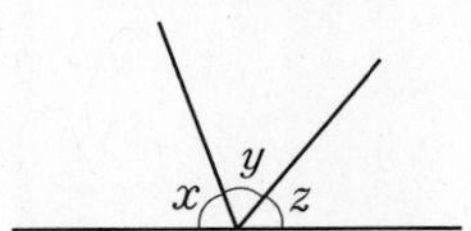

05 마주 보는 각!

맞꼭지각

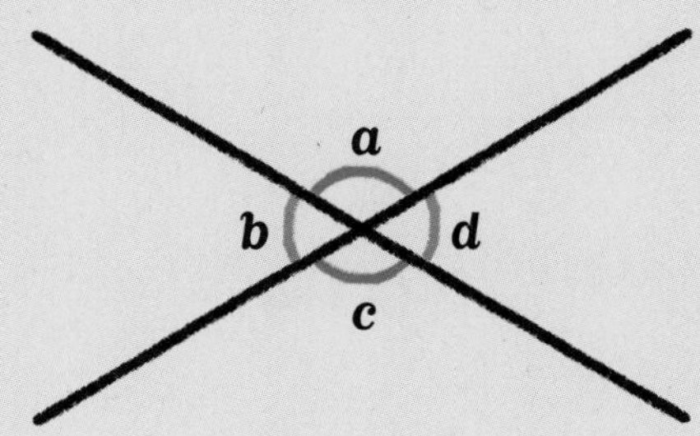

$\angle a$의 맞꼭지각은 $\angle c$ ➡ $\angle a=\angle c$

$\angle b$의 맞꼭지각은 $\angle d$ ➡ $\angle b=\angle d$

- **교각**: 두 직선이 한 점에서 만날 때 생기는 4개의 각
  → $\angle a$, $\angle b$, $\angle c$, $\angle d$
- **맞꼭지각**: 두 직선이 한 점에서 만날 때 생기는 4개의 각 중 서로 마주 보는 두 각
  → $\angle a$와 $\angle c$, $\angle b$와 $\angle d$
- **맞꼭지각의 성질**: 맞꼭지각의 크기는 서로 같다.
  → $\angle a=\angle c$, $\angle b=\angle d$

참고 평각은 서로 다른 두 직선이 한 점에서 만나 이루어지는 각이 아니므로 맞꼭지각에서 제외한다.

맞꼭지각의 크기는 정말 같을까?

두 직선이 한 점에서 만날 때

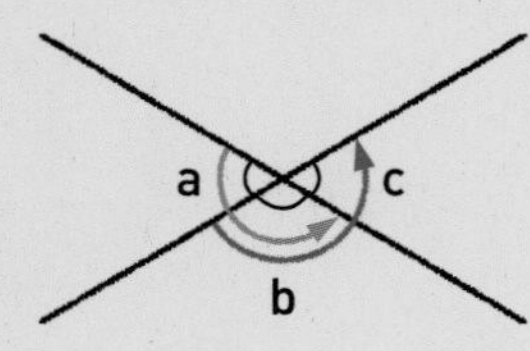

$\angle a+\angle b=180°$
또 $\angle b+\angle c=180°$ 이므로
$\angle a=\angle c$

1st 맞꼭지각 구하기

● 아래 그림에 대하여 다음 각의 맞꼭지각을 구하시오.

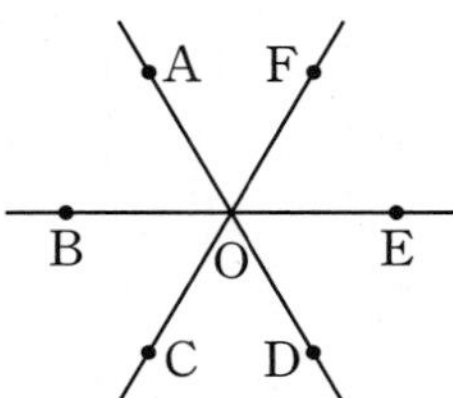

1 $\angle AOB$

2 $\angle AOF$

3 $\angle BOD$

4 $\angle DOF$

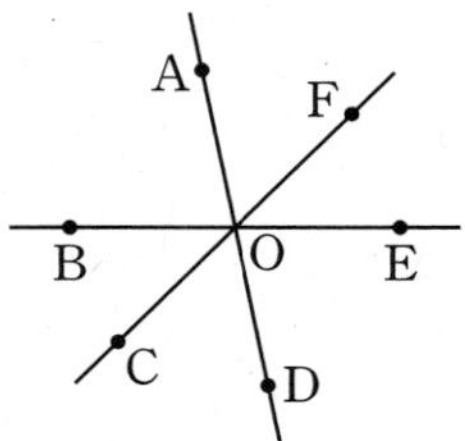

5 $\angle AOE$

6 $\angle BOF$

7 $\angle COD$

8 $\angle EOF$

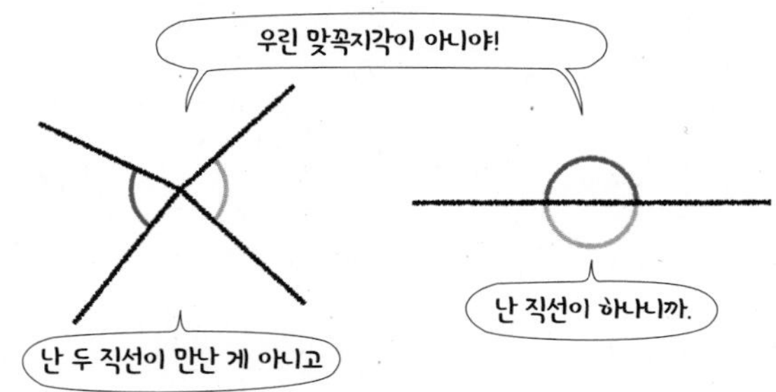

2nd 맞꼭지각의 성질을 이용하여 각의 크기 구하기

• 다음 그림에서 $\angle x$ 또는 $\angle x$, $\angle y$의 크기를 구하시오.

9
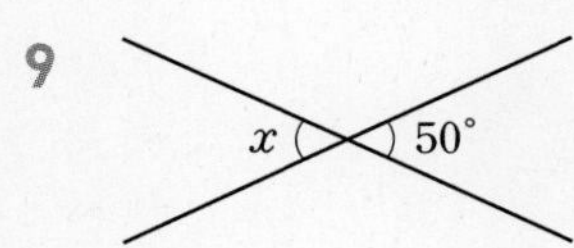

10
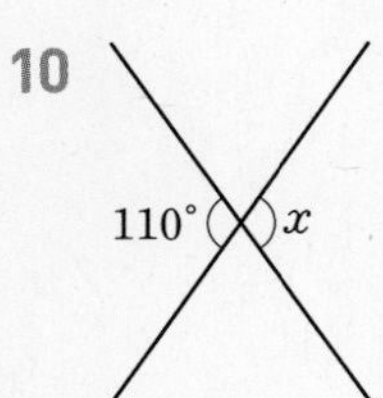

11
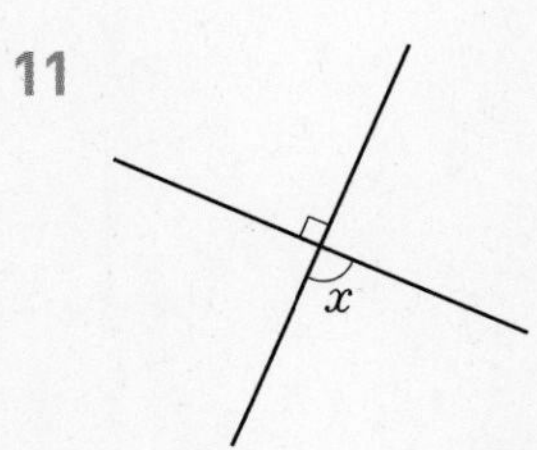

12
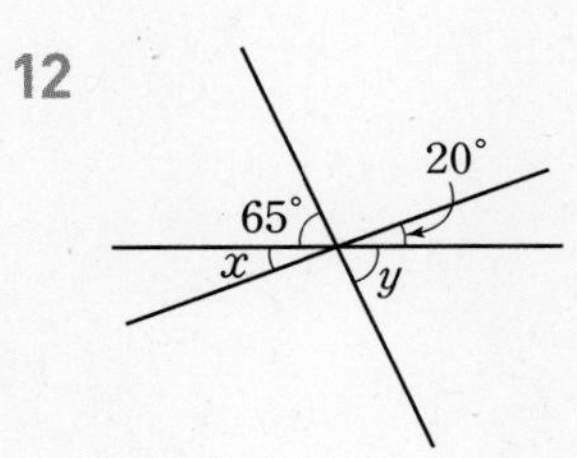

13
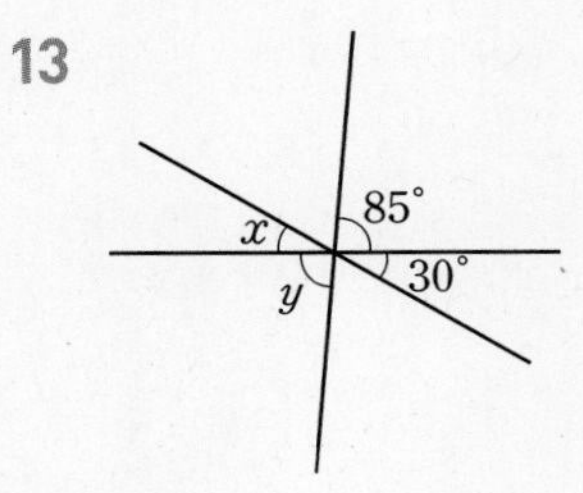

• 다음 그림에서 x의 값을 구하시오.

14
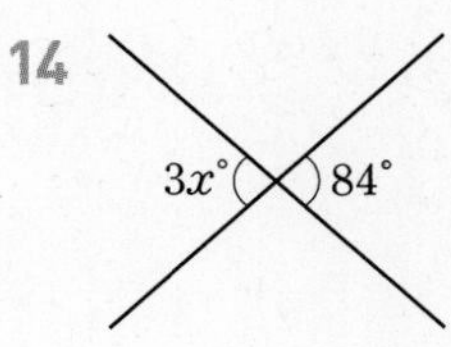

15
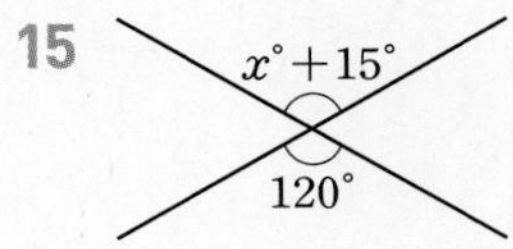

16
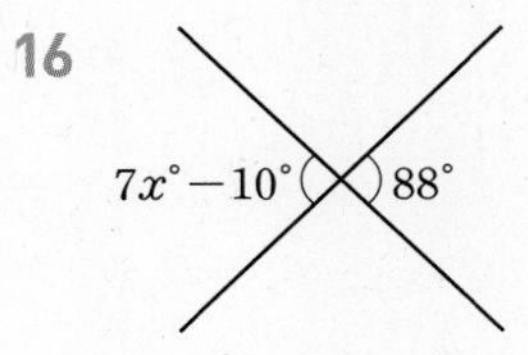

17
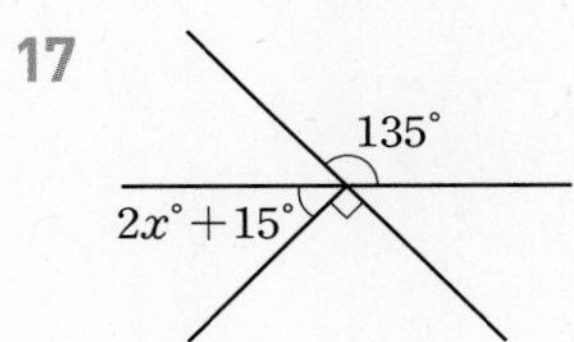

18
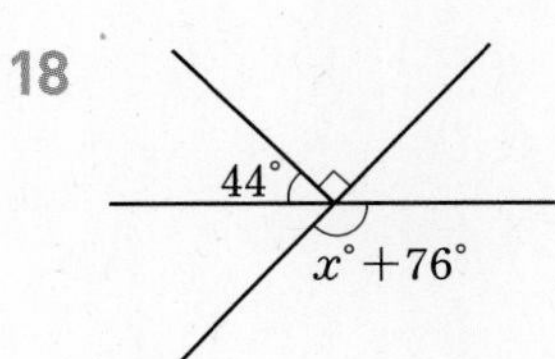

내가 발견한 개념 맞꼭지각을 찾아봐!

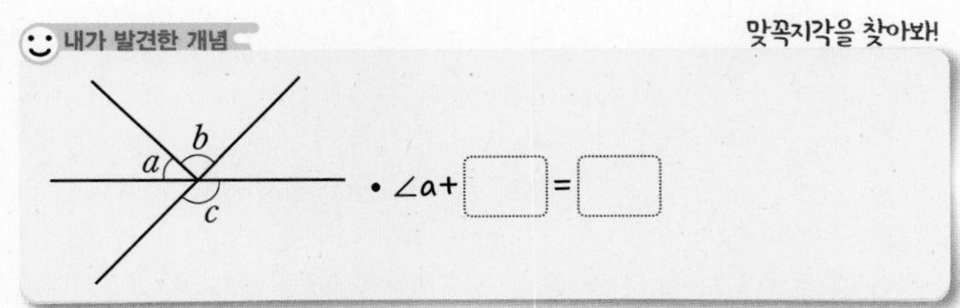

• $\angle a+$ ☐ $=$ ☐

● **다음 그림에서 $\angle x$, $\angle y$의 크기를 구하시오.**

19

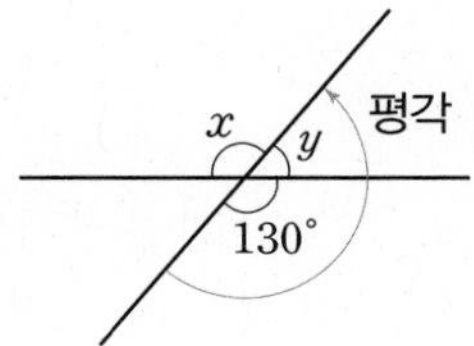

평각을 이용해!

→ $\angle x =$ ☐° (맞꼭지각)

130° + $\angle y =$ ☐°이므로 $\angle y =$ ☐°

20

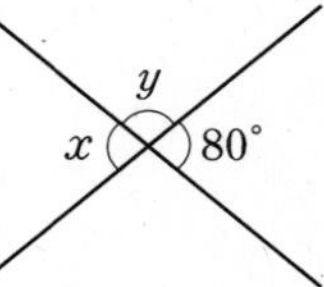

21

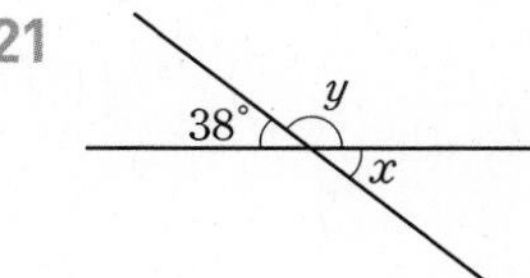

22

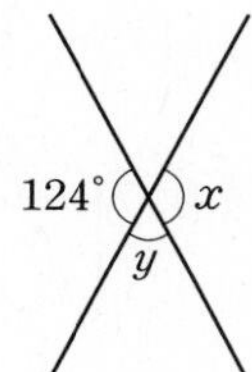

23

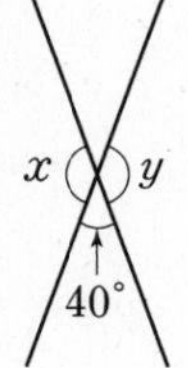

24

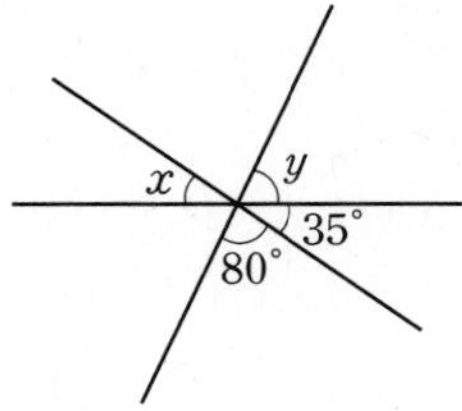

25

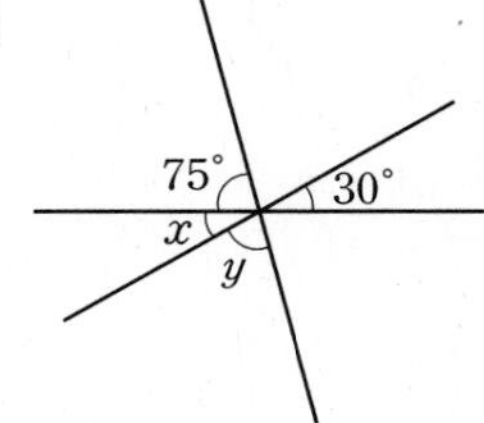

26

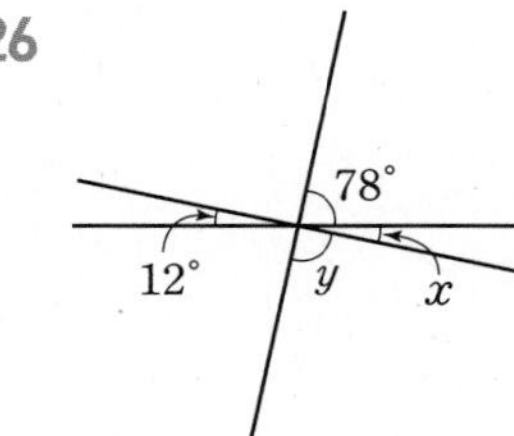

27

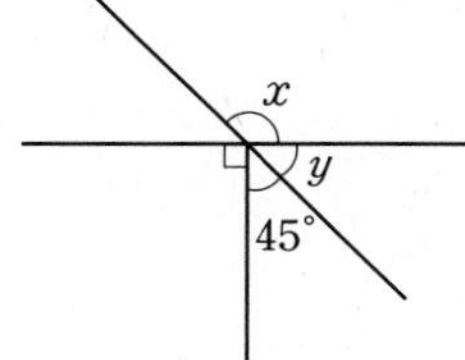

28

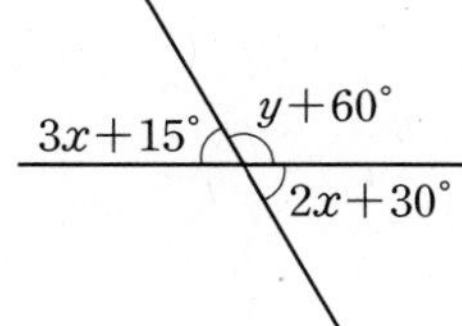

● 다음 그림에서 x의 값을 구하시오.

29

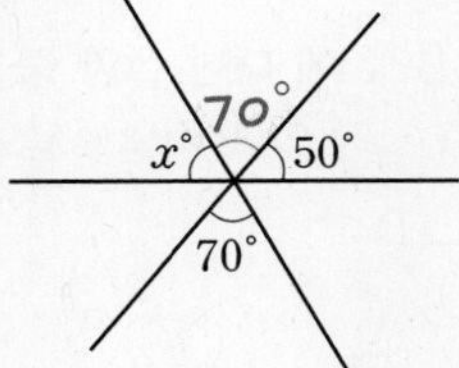

→ x+70+50=☐이므로 x=☐

30

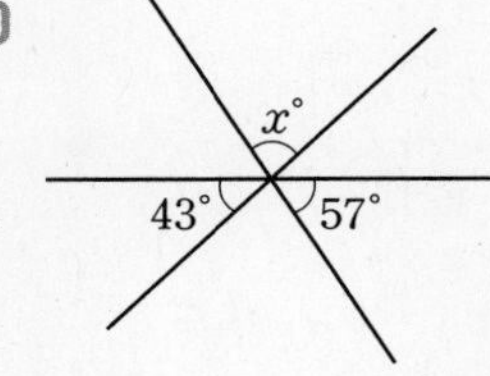

31

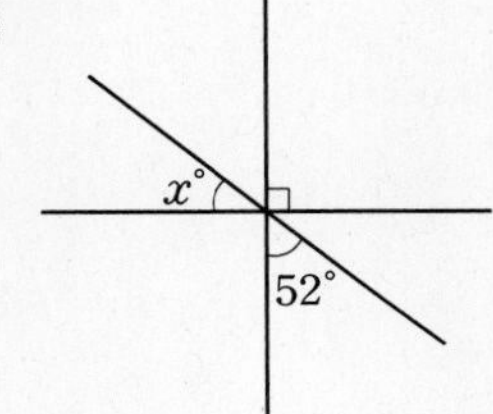

32

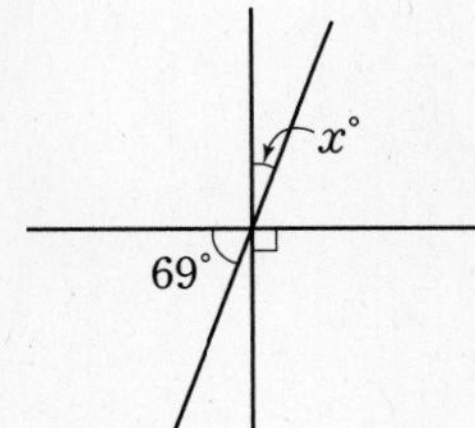

33

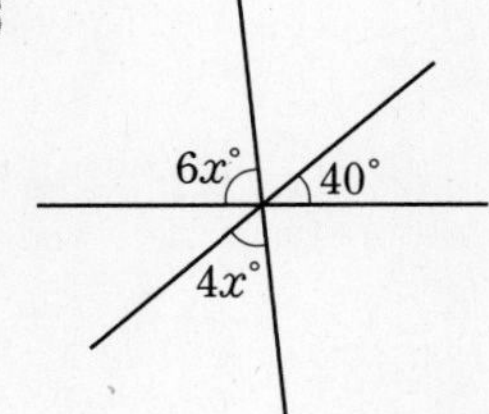

34

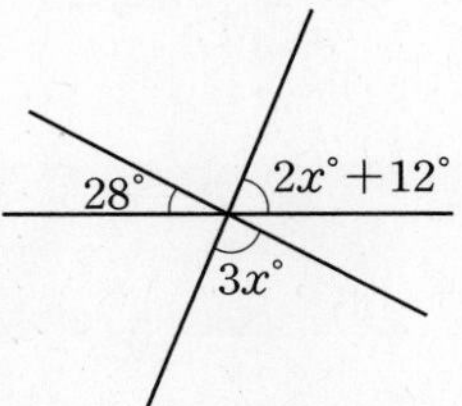

35

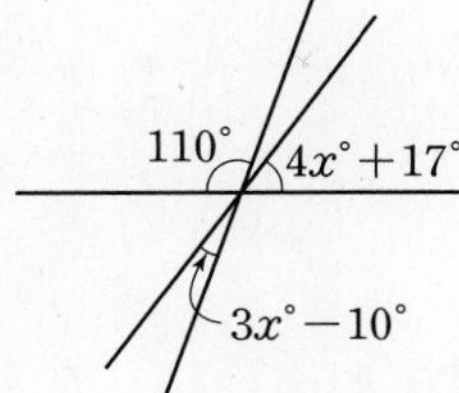

36

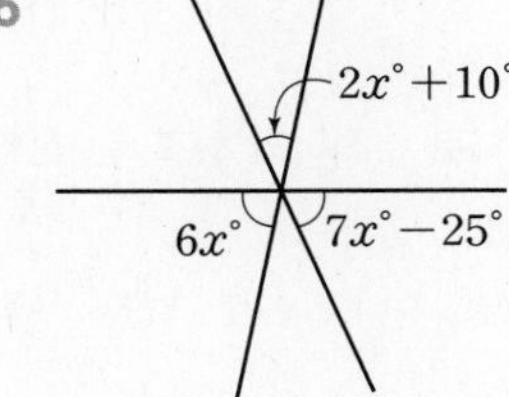

내가 발견한 개념

∠a의 맞꼭지각을 찾아봐!

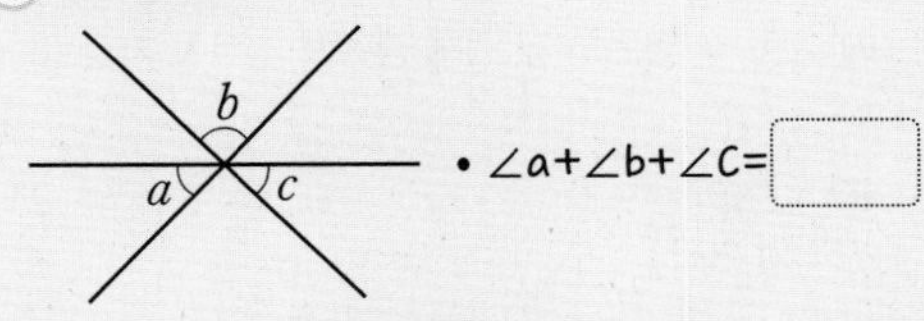

• ∠a+∠b+∠c=☐

개념모음문제

37 오른쪽 그림에서 $x+y$의 값은?

① 90 ② 93 ③ 100 ④ 103 ⑤ 110

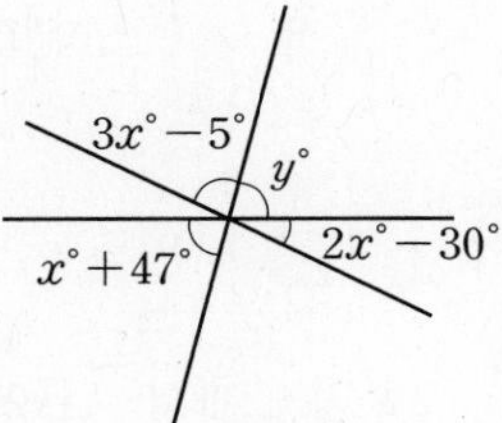

06 두 직선이 직각으로 만날 때!

수직과 수선

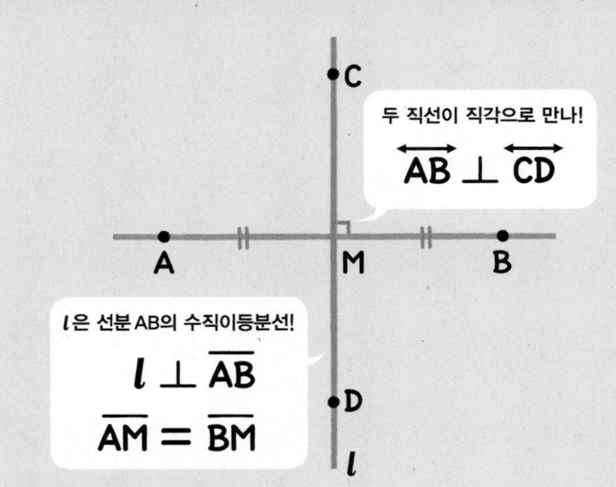

- **직교:** 두 선분 AB, CD의 교각이 직각일 때, 이 두 선분은 서로 직교한다 한다. ➔ $\overline{AB} \perp \overline{CD}$
- **수직과 수선:** 직교하는 두 선분은 서로 수직이라 하고, 한 선분을 다른 선분의 수선이라 한다.
- **수직이등분선:** 선분 AB의 중점 M을 지나고 선분 AB에 수직인 직선 l을 선분 AB의 수직이등분선이라 한다.
- **수선의 발:** 직선 l 위에 있지 않은 점 P에서 직선 l에 수선을 그어 생기는 교점 H를 수선의 발이라 한다.
- **점과 직선 사이의 거리:** 직선 l 위에 있지 않은 점 P에서 직선 l에 내린 수선의 발 H까지의 거리, 즉 점 P와 직선 l 사이의 거리는 선분 PH의 길이이다.

참고 점 P에서 직선 l에 그을 수 있는 여러 선분 중에서 길이가 가장 짧은 선분이 $\overline{PH}$이다.

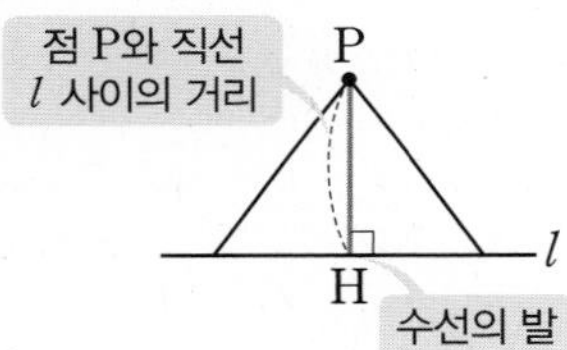

원리확인 오른쪽 그림에서 $\angle AOC = 90°$일 때, □ 안에 알맞은 것을 써넣으시오.

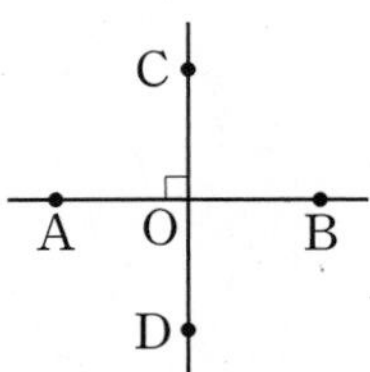

❶ $\overleftrightarrow{AB}$ □ $\overleftrightarrow{CD}$

❷ 점 C에서 $\overleftrightarrow{AB}$에 내린 수선의 발은 점 □이다.

❸ $\overline{AO} = \overline{BO}$이면 $\overleftrightarrow{CD}$는 $\overline{AB}$의 □이다.

1st — 직교와 수선 이해하기

● 다음 그림과 같은 사다리꼴 ABCD에 대한 설명 중 옳은 것은 ○를, 옳지 않은 것은 ×를 ( ) 안에 써넣으시오.

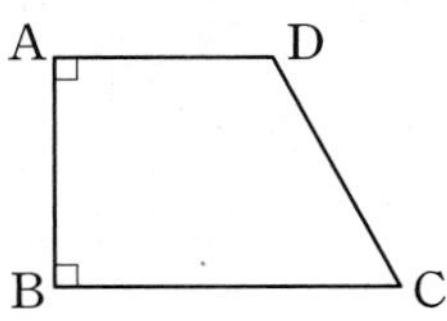

1 $\overline{AB} \perp \overline{CD}$ ( )

2 $\overline{AD}$와 직교하는 선분은 $\overline{AB}$이다. ( )

3 $\overline{AD}$의 수선은 $\overline{CD}$이다. ( )

4 $\overline{AB}$는 $\overline{BC}$의 수선이다. ( )

● 다음 도형에서 $\overline{AB}$의 수선을 모두 찾아 $\overline{AB}$와 직교함을 기호 ⊥을 사용하여 나타내시오.

5

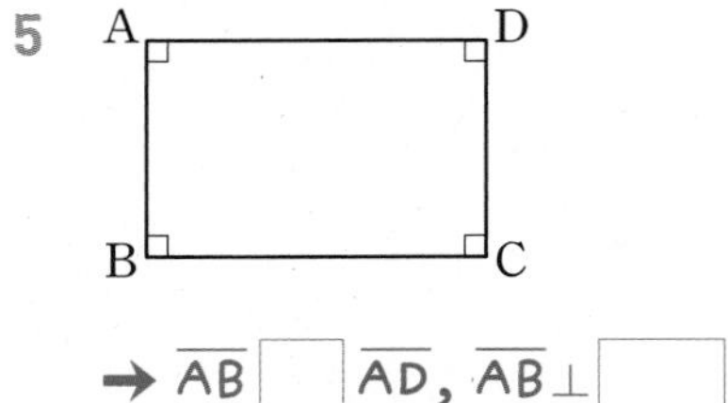

➔ $\overline{AB}$ □ $\overline{AD}$, $\overline{AB} \perp$ □

6

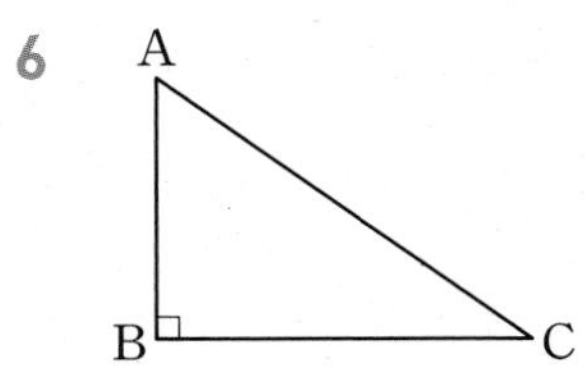

2nd 수직이등분선 이해하기

● 다음 그림에서 직선 PM은 선분 AB의 수직이등분선이다. $\overline{AM}=5$ cm일 때, □ 안에 알맞은 것을 써넣으시오.

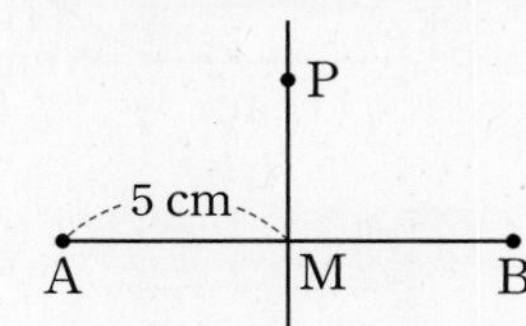

7 $\overline{AB}\perp$□

8 $\overline{AB}$의 수선은 □이다.

9 $\overline{BM}=$□(cm)

10 $\angle AMP=$□°

11 $\angle BMP=$□°

내가 발견한 개념 용어와 뜻을 바르게 연결해 봐!

직각 •	• 두 선분이 직각으로 만나는 것
수직 •	• 크기가 90°인 각
직교 •	• 두 선분이 이루는 각의 크기가 직각인 것
수선 •	• 서로 직교하는 두 선분에서 한 선분을 다른 선분을 기준으로 부르는 것

3rd 수선의 발과 점과 직선 사이의 거리 이해하기

● 다음 그림의 네 점 A, B, C, D에서 직선 l에 내린 수선의 발을 각각 A′, B′, C′, D′이라 할 때, 물음에 답하시오.
(단, 모눈 한 칸의 길이는 모두 1이다.)

12 (1) A′, B′, C′, D′을 각각 그림 위에 나타내시오.

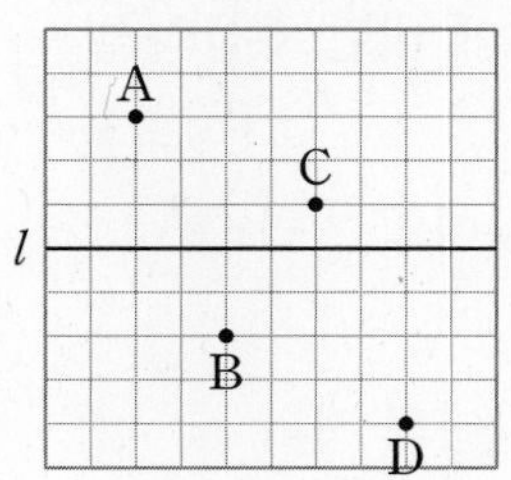

(2) 네 점 A, B, C, D와 직선 l 사이의 거리를 차례로 구하시오.

(3) 네 점 A, B, C, D 중 직선 l과의 거리가 가장 가까운 점을 구하시오.

(4) 네 점 A, B, C, D 중 직선 l과의 거리가 가장 먼 점을 구하시오.

13 (1) A′, B′, C′, D′을 각각 그림 위에 나타내시오.

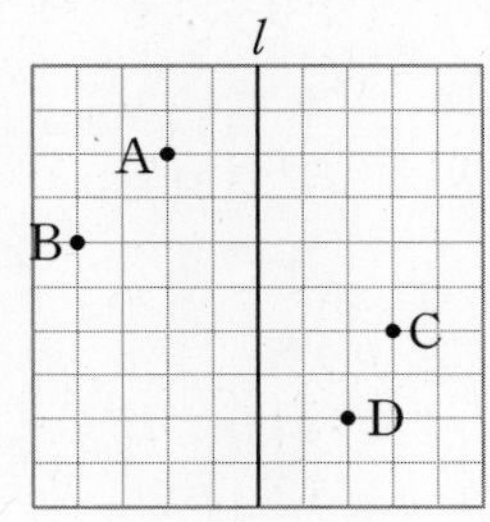

(2) 네 점 A, B, C, D와 직선 l 사이의 거리를 차례로 구하시오.

(3) 네 점 A, B, C, D 중 직선 l과의 거리가 같은 두 점을 구하시오.

(4) 네 점 A, B, C, D 중 직선 l과의 거리가 가장 먼 점을 구하시오.

● 아래 그림을 보고, 다음을 구하시오.

14

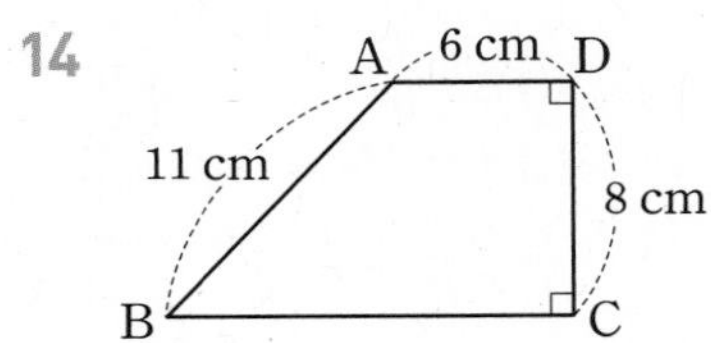

(1) 점 A에서 $\overline{CD}$에 내린 수선의 발

(2) 점 A와 $\overline{CD}$ 사이의 거리

(3) 점 A와 $\overline{BC}$ 사이의 거리

15

17 cm, A, 10 cm, 8 cm, B, H, C

(1) 점 A에서 $\overline{BC}$에 내린 수선의 발

(2) 점 A와 $\overline{BC}$ 사이의 거리

16

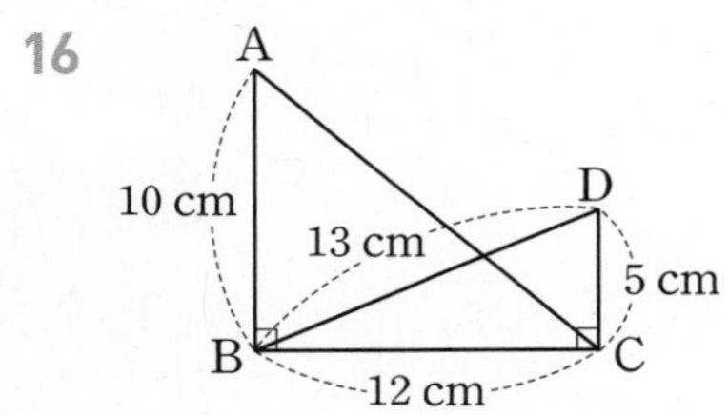

(1) 점 B에서 $\overline{CD}$에 내린 수선의 발

(2) 점 B와 $\overline{CD}$ 사이의 거리

● 아래 그림과 같은 직육면체에 대하여 다음을 구하시오.

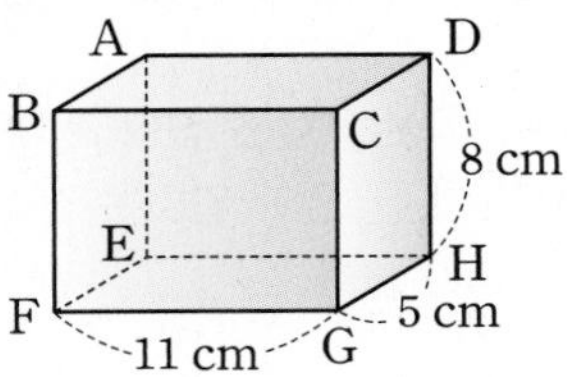

17 점 A에서 $\overline{BC}$에 내린 수선의 발

18 점 H에서 $\overline{FG}$에 내린 수선의 발

19 점 C와 $\overline{AD}$ 사이의 거리

20 점 G와 $\overline{EF}$ 사이의 거리

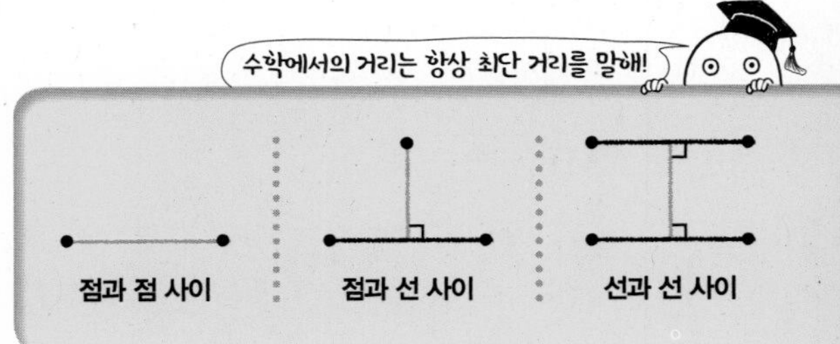

개념모음문제

21 오른쪽 그림과 같은 사다리꼴 ABCD에 대한 다음 설명 중 옳지 않은 것을 모두 고르면? (정답 2개)

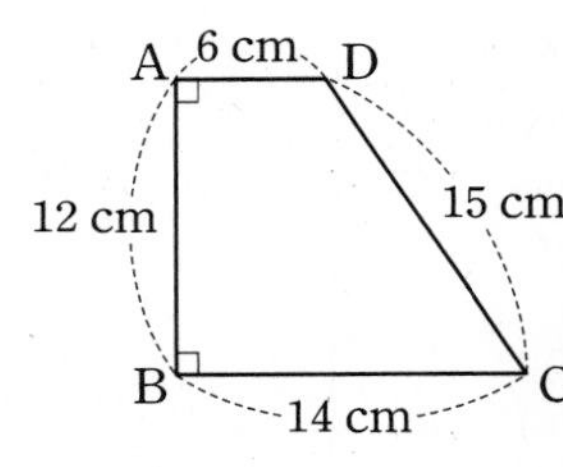

① 점 C에서 $\overline{AB}$에 내린 수선의 발은 점 B이다.
② $\overline{CD}$와 수직으로 만나는 선분은 $\overline{AD}$, $\overline{BC}$이다.
③ $\overline{AB}$와 직교하는 선분의 개수는 2이다.
④ 점 D와 $\overline{AB}$ 사이의 거리는 6 cm이다.
⑤ 점 D와 $\overline{BC}$ 사이의 거리는 15 cm이다.

TEST 1. 기본 도형

1 오른쪽 그림과 같은 입체도형에서 교점의 개수를 a, 교선의 개수를 b라 할 때, $2a+b$의 값을 구하시오.

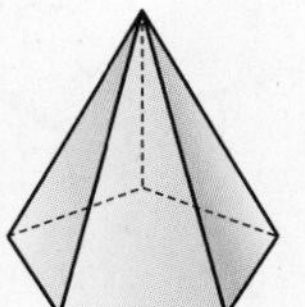

2 아래 그림과 같이 직선 l 위에 4개의 점 A, B, C, D가 있다. 다음 중 같은 것끼리 짝지은 것을 모두 고르면? (정답 2개)

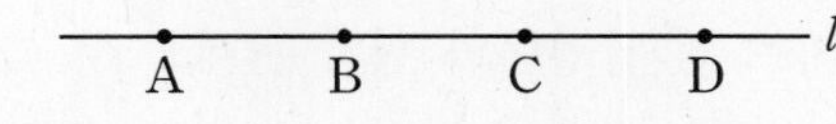

① $\overleftrightarrow{BC}$와 $\overrightarrow{BC}$　② $\overleftrightarrow{AC}$와 $\overleftrightarrow{CD}$
③ $\overline{AC}$와 $\overline{BD}$　④ $\overrightarrow{AC}$와 $\overrightarrow{CA}$
⑤ $\overrightarrow{CA}$와 $\overrightarrow{CB}$

3 다음 그림에서 두 점 M, N은 각각 $\overline{AB}$, $\overline{BC}$의 중점이고, $\overline{MN}=15$ cm일 때, $\overline{AC}$의 길이를 구하시오.

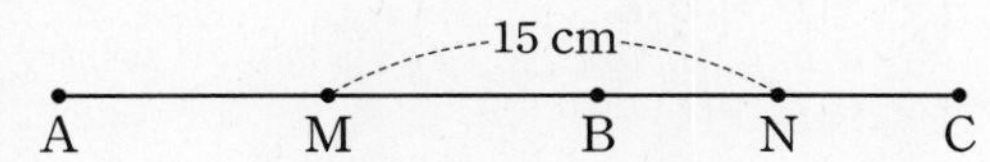

4 오른쪽 그림에서 ∠COD의 크기는?

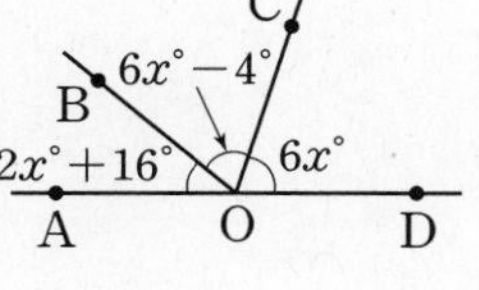

① 68°　② 70°
③ 72°　④ 74°
⑤ 76°

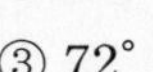

5 오른쪽 그림에서 $x+y$의 값을 구하시오.

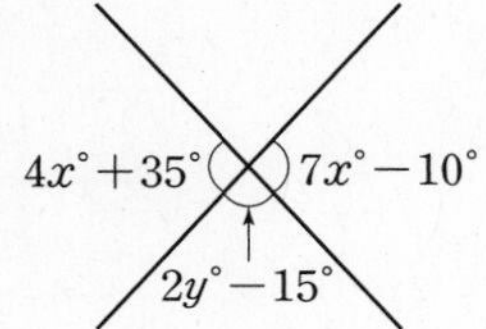

6 아래 그림에 대한 다음 설명 중 옳지 <u>않은</u> 것은?

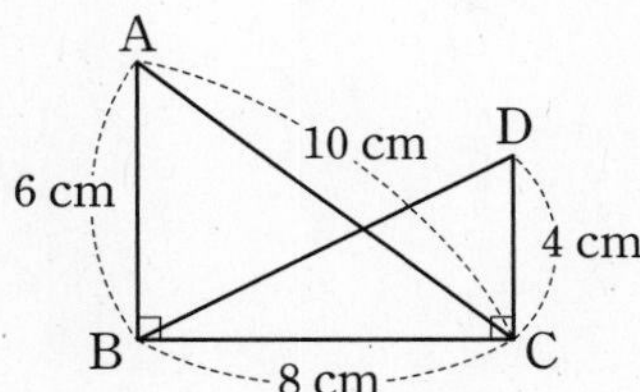

① $\overline{AB}$와 $\overline{BC}$의 교점은 점 B이다.
② $\overline{BC}$의 수선은 $\overline{AB}$와 $\overline{CD}$이다.
③ 점 B에서 $\overline{CD}$에 내린 수선의 발은 점 C이다.
④ 점 A와 $\overline{CD}$ 사이의 거리는 10 cm이다.
⑤ 점 D와 $\overline{BC}$ 사이의 거리는 4 cm이다.

2

점·선·면의, 위치 관계

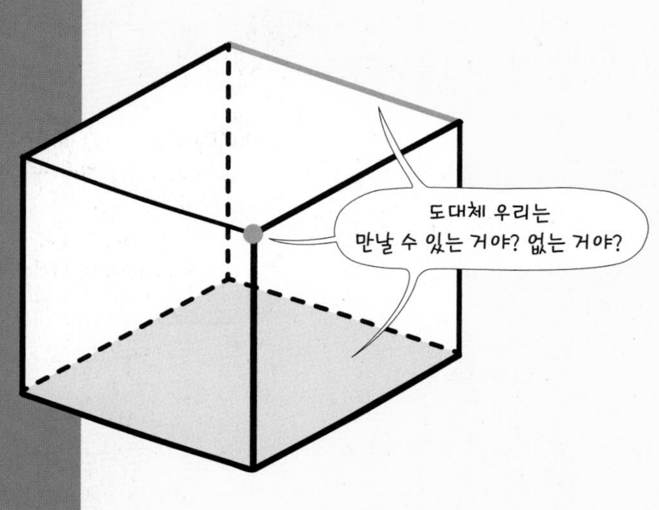

점은 직선 또는 평면 위에 있거나, 있지 않거나!

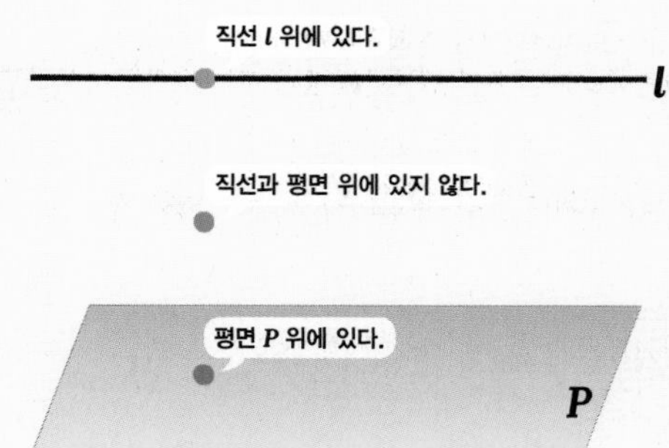

01 점과 직선, 점과 평면의 위치 관계

점과 직선의 위치 관계는 두 가지 경우가 있어. 점이 직선 위에 있는 경우와 점이 직선 위에 있지 않는 경우야!

마찬가지로 점과 평면의 위치 관계도 두 가지 경우가 있어. 점이 평면 위에 있는 경우와 점이 평면 위에 있지 않은 경우야!

두 직선은 만나거나, 만나지 않거나!

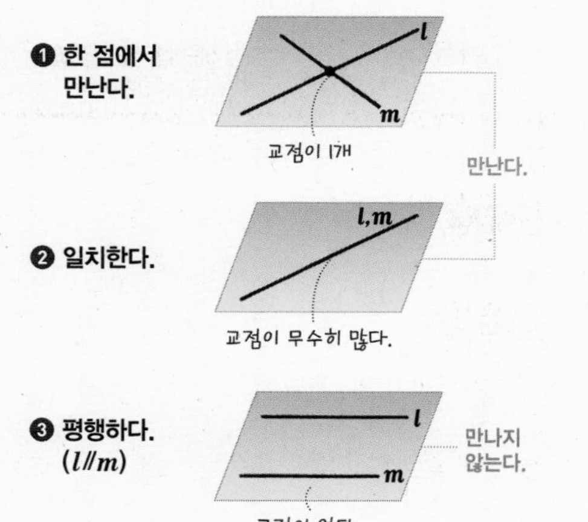

02 평면에서 두 직선의 위치 관계

한 평면 위에서 두 직선은 l, m의 위치 관계는 다음 세 가지 경우가 있어.

① 한 점에서 만난다.

② 일치한다.

③ 평행하다.

평면에서 두 직선이 만날 때는 두 직선이 한 점에서 만나는 것과 일치하는 경우가 있고, 만나지 않는 경우는 평행할 때야.

두 직선 l, m이 평행할 때 이것을 기호로 $l /\!/ m$과 같이 나타내!

두 직선은 한 평면 위에 있거나, 있지 않거나!

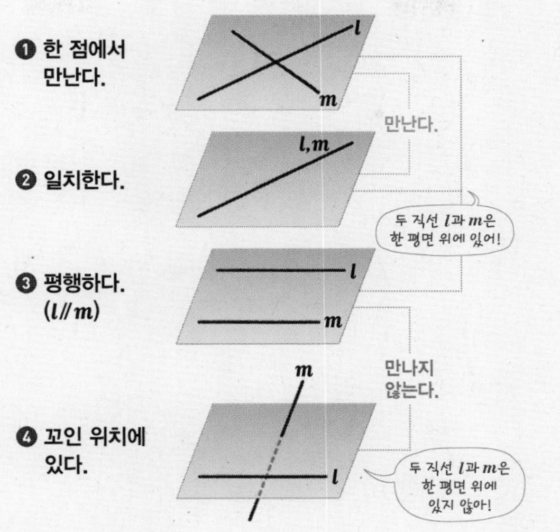

03 공간에서 두 직선의 위치 관계

공간에서 두 직선의 위치 관계는 평면에서 두 직선의 위치 관계에 꼬인 위치에 있는 경우가 추가된 거야! 공간에서 두 직선이 만나지도 않고 평행하지도 않을 때가 있어. 이때의 두 직선을 꼬인 위치에 있다 해. 꼬인 위치에 있는 두 직선은 한 평면 위에 있지 않아!

직선과 평면이 만나거나, 만나지 않거나!

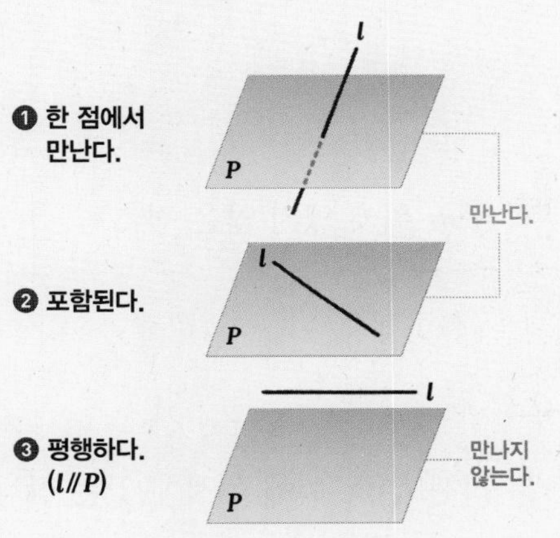

04 공간에서 직선과 평면의 위치 관계

공간에서 직선 l과 평면 P의 위치 관계는 다음 세 가지 경우가 있어.

① 한 점에서 만난다.
② 포함된다.
③ 평행하다.

공간에서 직선과 평면이 만날 때는 공간과 직선이 한 점에서 만나거나 직선이 공간에 포함될 때이고, 만나지 않는 경우는 평행할 때야.

직선 l과 평면 P가 평행할 때, 이것을 기호로 $l /\!/ P$와 같이 나타내!

공간에서 두 평면은 만나거나, 만나지 않거나!

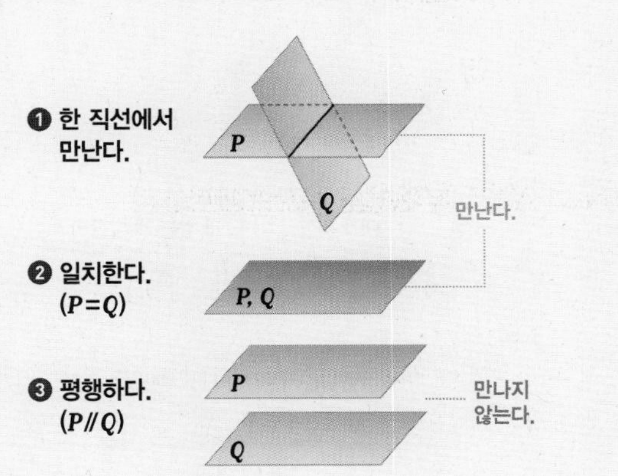

05 공간에서 두 평면의 위치 관계

공간에서 두 평면 P, Q의 위치 관계는 다음 세 가지 경우가 있어.

① 한 직선에서 만난다.
② 일치한다.
③ 평행하다.

공간에서 두 평면이 만날 때는 두 평면이 한 직선에서 만나거나 일치할 때이고, 만나지 않을 경우는 평행할 때야.

두 평면 P, Q가 평행할 때, 이것을 기호로 $P /\!/ Q$와 같이 나타내!

01 점은 직선 또는 평면 위에 있거나, 있지 않거나!

점과 직선, 점과 평면의 위치 관계

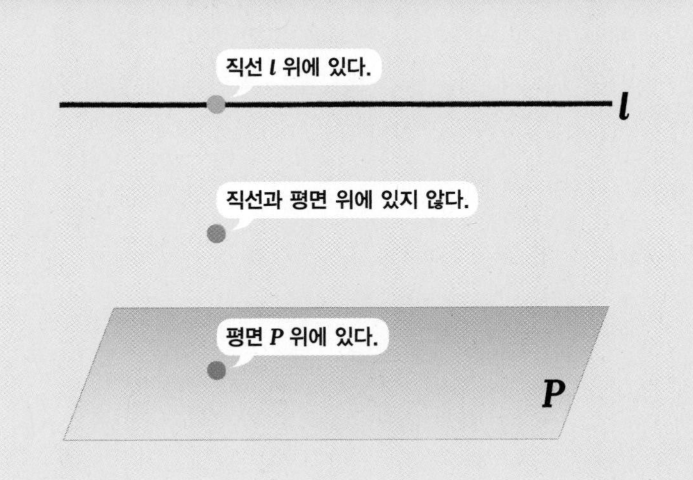

• **점과 직선의 위치 관계**

① 점 A는 직선 l 위에 있다.

② 점 B는 직선 l 위에 있지 않다.

참고 '점 B가 직선 l 위에 있지 않을 때 점 B는 직선 l 밖에 있다.'라고 도 한다.

• **점과 평면의 위치 관계**

① 점 A는 평면 P 위에 있다.

② 점 B는 평면 P 위에 있지 않다.

참고 '점 B가 평면 P 위에 있지 않을 때 점 B는 평면 P 밖에 있다.'라고도 한다.

원리확인 다음 그림에 대하여 옳은 것에 ○를 하시오.

❶

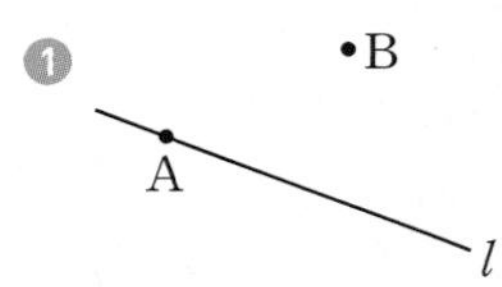

(1) 점 A는 직선 l 위에 (있다, 있지 않다).

(2) 점 B는 직선 l 위에 (있다, 있지 않다).

❷

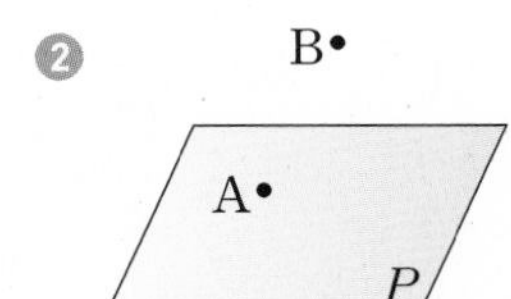

(1) 점 A는 평면 P 위에 (있다, 있지 않다).

(2) 점 B는 평면 P 위에 (있다, 있지 않다).

1st — 점과 직선, 점과 평면의 위치 관계 이해하기

• 아래 그림에서 다음을 구하시오.

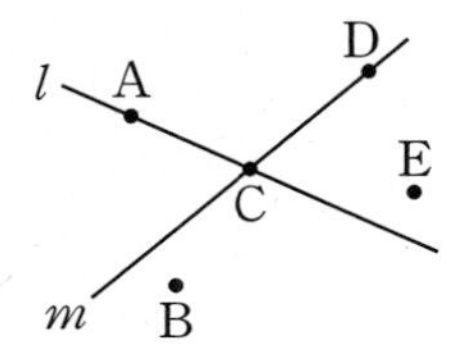

1 직선 l 위에 있는 점 → 점 ☐, 점 ☐

2 직선 m 위에 있는 점

3 직선 l 위에 있지 않은 점

4 직선 m 위에 있지 않은 점

5 두 직선 l, m 위에 동시에 있는 점

6 두 직선 l, m 중 어느 직선 위에도 있지 않은 점

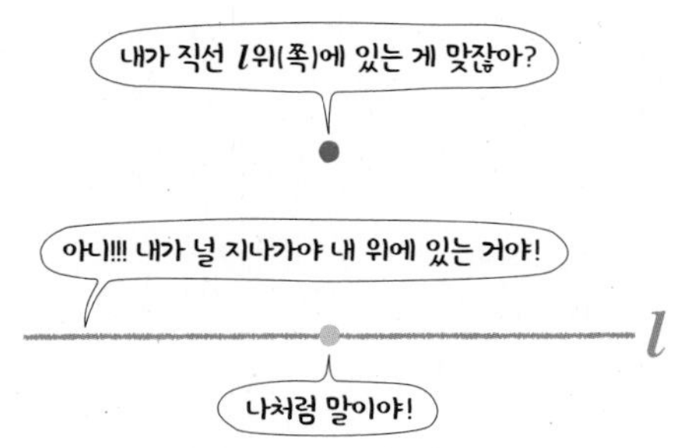

• 다음 그림의 삼각뿔에 대하여 옳은 것에 ○를 하시오.

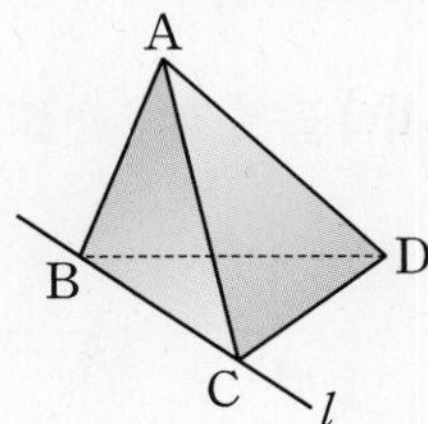

7 점 A는 직선 l 위에 (있다, 있지 않다).

8 점 B는 직선 l 위에 (있다, 있지 않다).

9 점 C는 직선 l 위에 (있다, 있지 않다).

10 점 D는 직선 l 위에 (있다, 있지 않다).

• 아래 그림을 보고 다음을 구하시오.

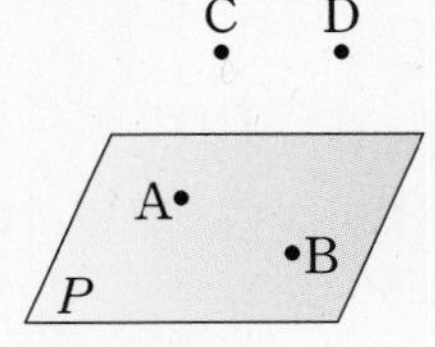

11 평면 P 위에 있는 점

12 평면 P 위에 있지 않은 점

내가 발견한 개념 정과 직선, 점과 평면의 위치 관계는?

• 한 점이 직선 위에 있다.
→ 직선이 그 점을 (지난다, 지나지 않는다).
• 한 점이 평면 위에 있다.
→ 평면이 그 점을 (포함한다, 포함하지 않는다).

• 아래 그림과 같은 삼각기둥에 대하여 다음을 구하시오.

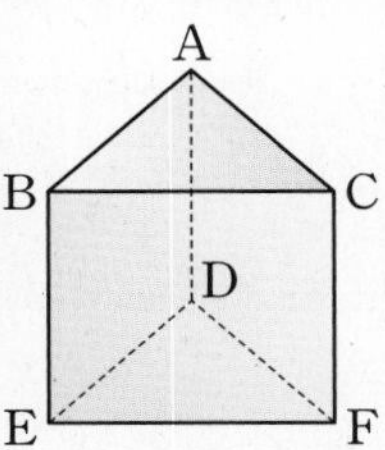

13 꼭짓점 A를 지나는 모서리

14 모서리 EF 위에 있는 꼭짓점

15 면 ADFC 위에 있는 꼭짓점

16 면 ABC 위에 있지 않은 꼭짓점

17 꼭짓점 D와 꼭짓점 E를 동시에 포함하는 면

개념모음문제

18 오른쪽 그림과 같이 직선 l이 평면 P 위에 있을 때, 다섯 개의 점 A, B, C, D, E에 대하여 다음 **보기**에서 옳은 것만을 있는 대로 고른 것은?

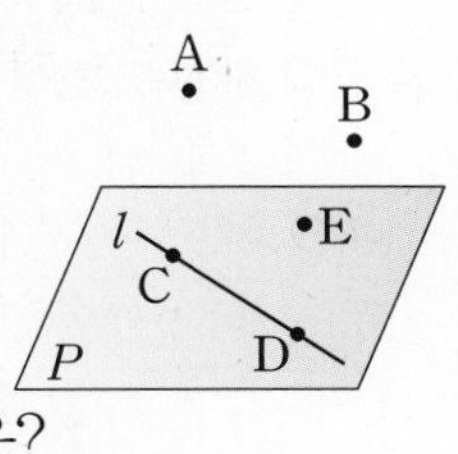

보기

ㄱ. 평면 P 위에 있는 점의 개수는 3이다.
ㄴ. 직선 l 위에 있지 않은 점의 개수는 2이다.
ㄷ. 평면 P 위에 있지 않은 점은 점 A, 점 B, 점 E이다.
ㄹ. 점 E는 평면 P 위에 있지만 직선 l 위에 있지는 않다.

① ㄱ, ㄴ ② ㄱ, ㄷ ③ ㄱ, ㄹ
④ ㄴ, ㄷ ⑤ ㄷ, ㄹ

02 두 직선은 만나거나, 만나지 않거나!

평면에서 두 직선의 위치 관계

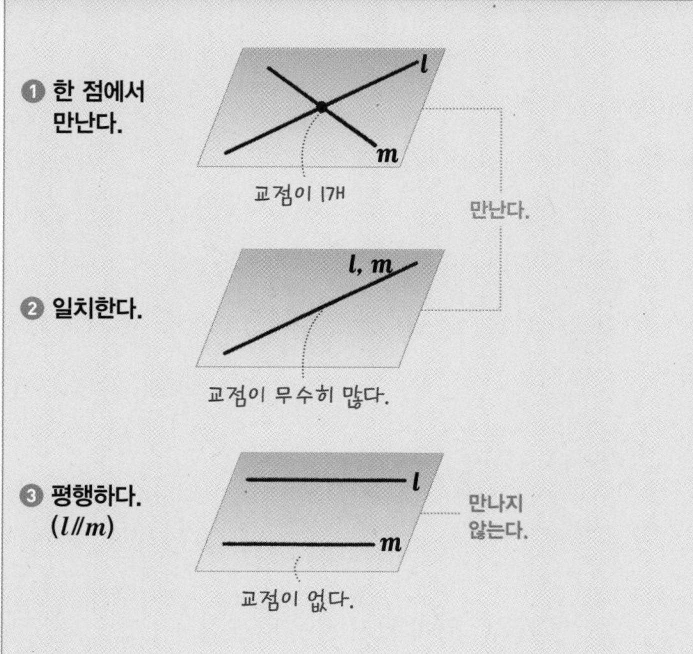

• **두 직선의 평행 :** 한 평면 위에 있는 두 직선 l, m이 만나지 않을 때, 두 직선 l, m은 평행하다 한다. 이것을 기호로 $l \parallel m$과 같이 나타낸다.

• **평면에서 두 직선의 위치 관계:** 한 평면 위에 있는 두 직선 l, m의 위치 관계는 다음 세 가지 경우가 있다.

① 한 점에서 만난다.

② 일치한다.(두 직선이 같다.)

③ 평행하다.($l \parallel m$)

참고 평면이 하나로 결정되는 경우

한 직선 위에 있지 않은 세 점	한 직선과 그 직선 밖의 한 점
한 점에서 만나는 두 직선	서로 평행한 직선

서로 다른 두 점 또는 한 직선 위에 있는 세 점은 하나의 평면을 결정하지 못한다.

1st 평면에서 두 직선의 위치 관계 이해하기

● 다음 그림에 대하여 옳은 것에 ○를 하시오.

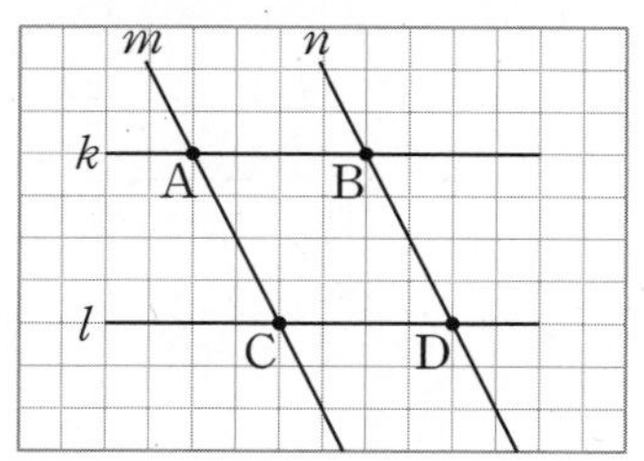

1 직선 k와 직선 l은 (한 점에서 만난다, 만나지 않는다, 일치한다).

2 직선 k와 직선 n은 (한 점에서 만난다, 평행하다, 일치한다).

3 선분 AB와 선분 BD는 (한 점에서 만난다, 만나지 않는다, 일치한다).

4 선분 AC와 선분 BD는 (한 점에서 만난다, 평행하다, 일치한다).

5 선분 CD와 선분 DC는 (한 점에서 만난다, 평행하다, 일치한다).

내가 발견한 개념 평면에서 두 직선의 알맞은 위치 관계에 선을 그어 봐!

평면에서 두 직선이 만나지 않는다. •	• 두 직선은 평행하지 않다.
평면에서 두 직선이 한 점에서 만난다. •	• 두 직선은 평행하다.

정답과 풀이 6쪽

● 아래 그림과 같은 평행사변형 ABCD에 대하여 다음을 모두 구하시오.

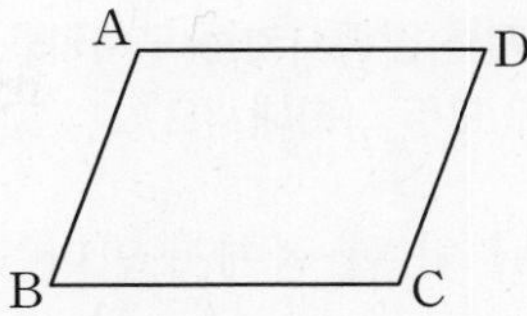

6 변 AB와 한 점에서 만나는 변

7 변 BC와 한 점에서 만나는 변

8 변 AD와 평행한 변

● 아래 그림과 같은 직사각형 ABCD에 대하여 다음을 모두 구하시오.

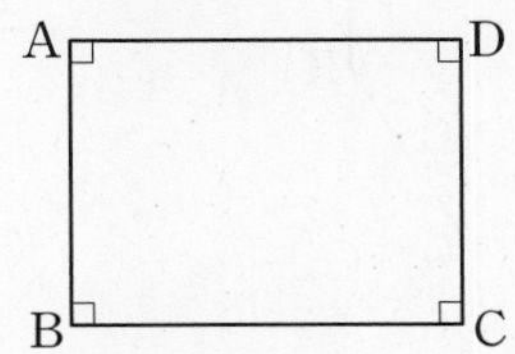

9 변 AB와 한 점에서 만나는 변

10 변 BC와 수직으로 만나는 변

11 변 BC와 평행한 변

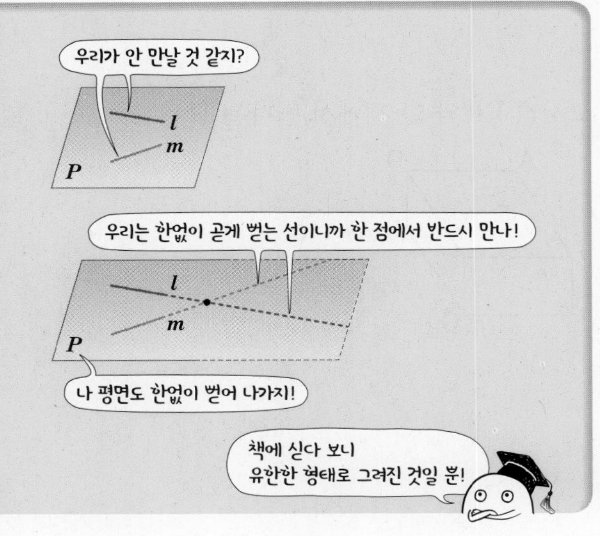

● 아래 그림과 같은 정팔각형에서 각 변을 연장한 직선에 대하여 다음을 구하시오.

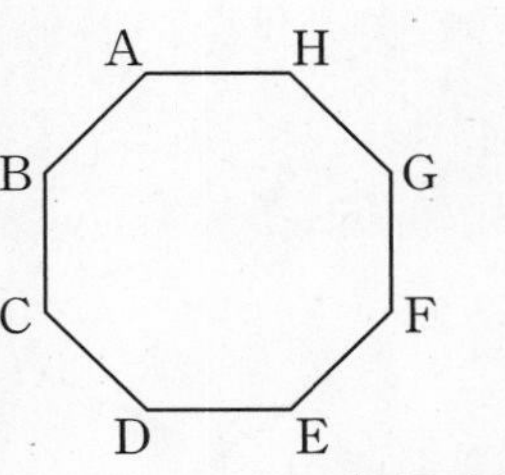

각 변을 연장한 직선을 그려서 확인해!

12 직선 AB와 평행한 직선

13 직선 AH와 한 점에서 만나는 직선

14 직선 BC와 만나지 않는 직선

15 교점이 D인 두 직선

내가 발견한 개념 평면에서 두 직선의 위치 관계의 교점의 개수는?

- 교점이 ☐개: 평행하다.
- 교점이 ☐개: 한 점에서 만난다.
- 교점이 ☐개 이상: 일치한다.

개념모음문제

16 오른쪽 그림의 사다리꼴 ABCD에 대한 다음 설명 중 옳지 않은 것을 모두 고르면? (정답 2개)

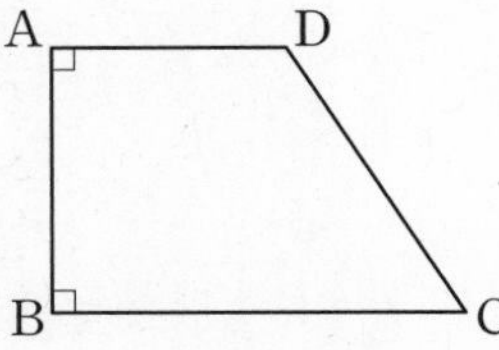

① $\overline{AB} /\!/ \overline{DC}$
② $\overline{AD} /\!/ \overline{BC}$
③ $\overline{AB} \perp \overline{DC}$
④ $\overline{BC} \perp \overline{AB}$
⑤ $\overline{AD}$와 $\overline{AB}$는 한 점에서 만난다.

03 두 직선은 한 평면 위에 있거나, 있지 않거나!

공간에서 두 직선의 위치 관계

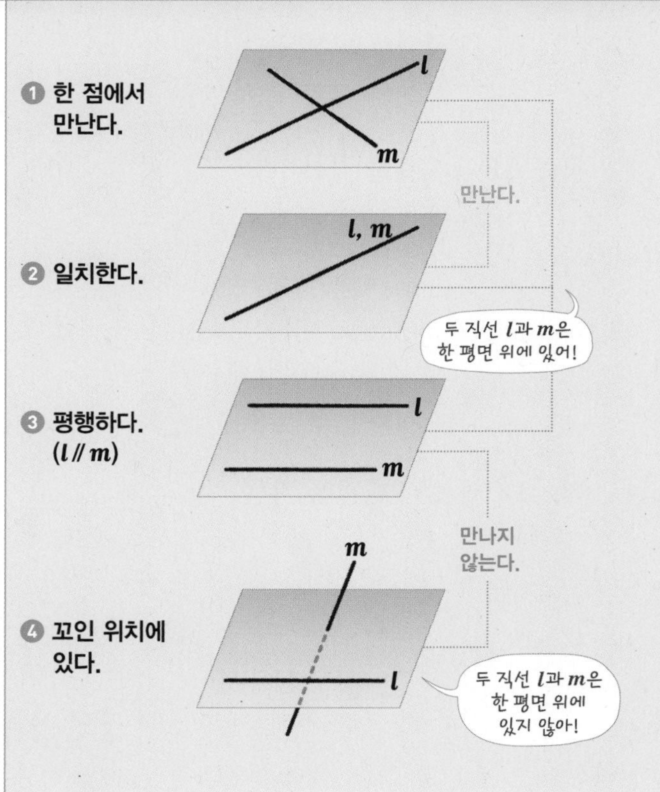

- **꼬인 위치:** 공간에서 두 직선이 서로 만나지도 않고 평행하지도 않을 때, 두 직선은 꼬인 위치에 있다 한다. 이때 두 직선은 한 평면 위에 있지 않다.
- **공간에서 두 직선의 위치 관계:** 공간에서 두 직선 l, m의 위치 관계는 다음 네 가지 경우가 있다.
  ① 한 점에서 만난다. ② 일치한다.
  ③ 평행하다. ($l \,/\!/\, m$) ④ 꼬인 위치에 있다.

입체도형에서 위치 관계를 말할 때,
각 모서리를 직선으로 생각한다.

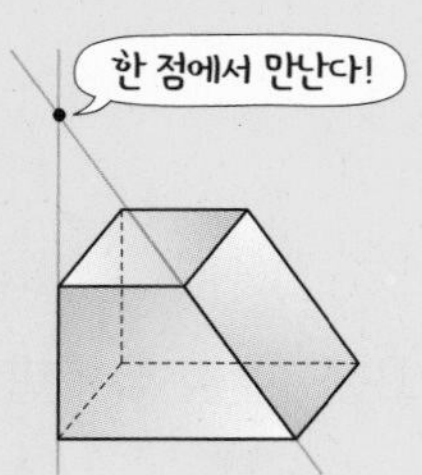

모서리를 무한히 연장되는 직선으로 생각해!

1st 공간에서 두 직선의 위치 관계 이해하기

- 다음 위치 관계를 만족시키는 모서리를 모두 구하고, 주어진 직육면체 위에 모두 나타내시오.

1 모서리 AB와 한 점에서 만나는 모서리

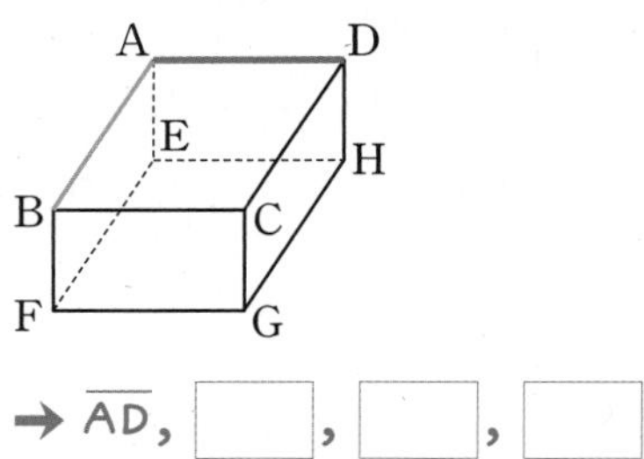

→ $\overline{AD}$, ☐, ☐, ☐

2 모서리 BC와 한 점에서 만나는 모서리

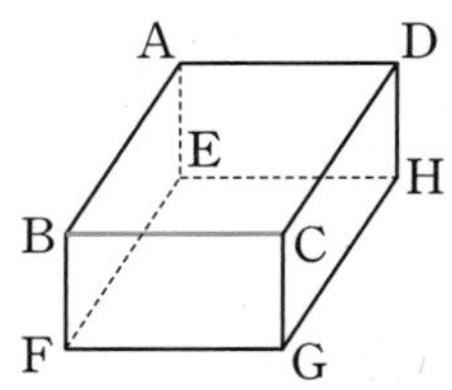

3 모서리 CG와 한 점에서 만나는 모서리

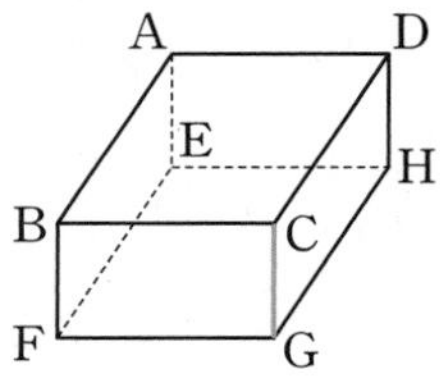

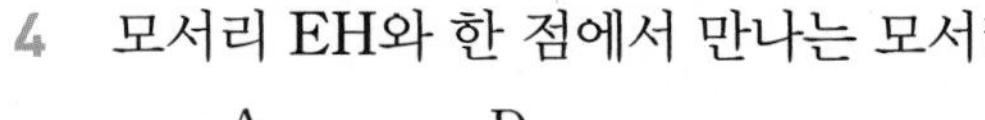

4 모서리 EH와 한 점에서 만나는 모서리

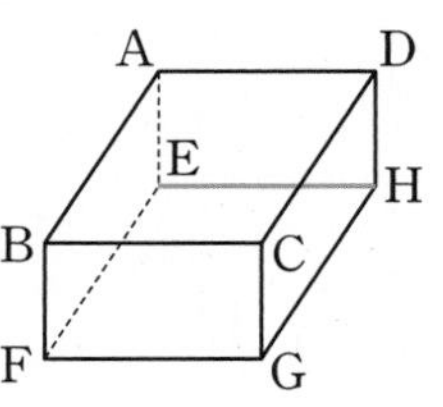

5 모서리 AB와 평행한 모서리

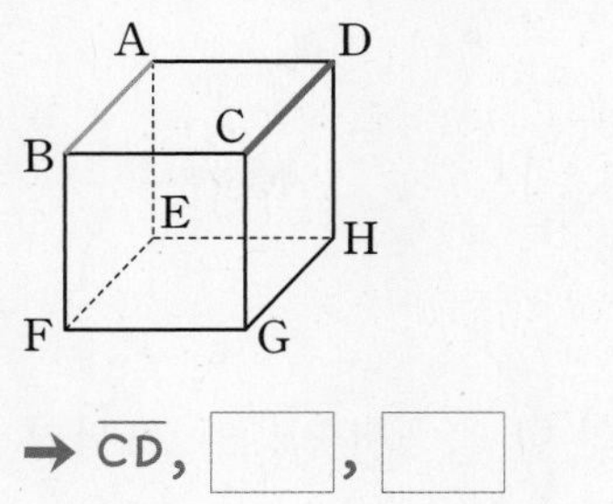

➜ $\overline{CD}$, ☐, ☐

6 모서리 BF와 평행한 모서리

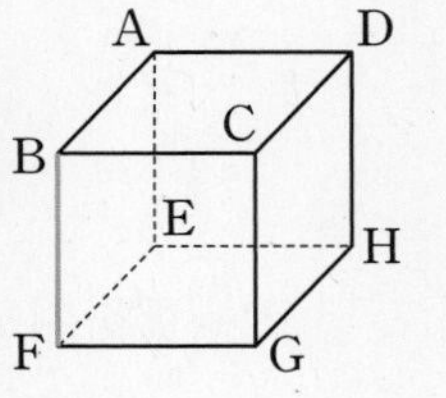

7 모서리 FG와 평행한 모서리

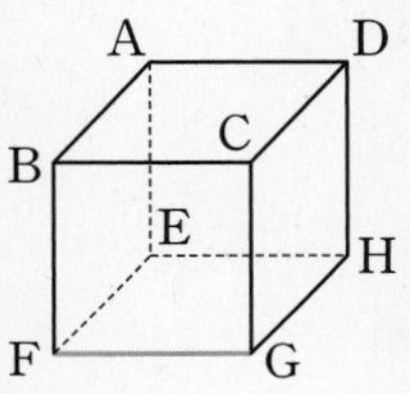

8 모서리 DH와 평행한 모서리

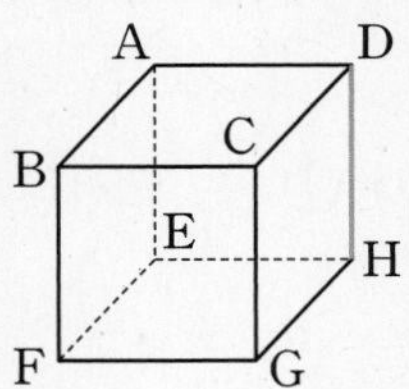

9 모서리 AB와 꼬인 위치에 있는 모서리

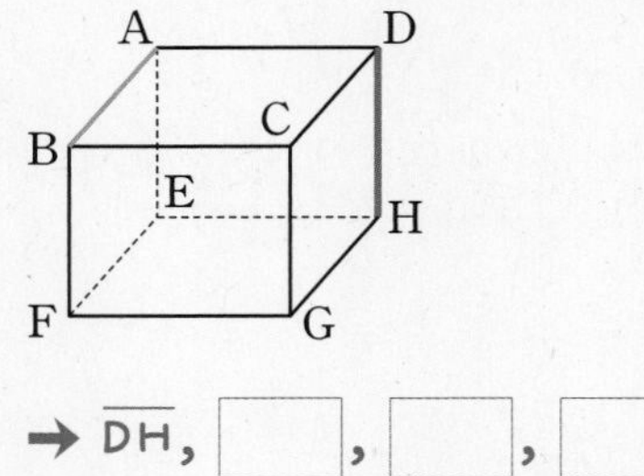

➜ $\overline{DH}$, ☐, ☐, ☐

10 모서리 CG와 꼬인 위치에 있는 모서리

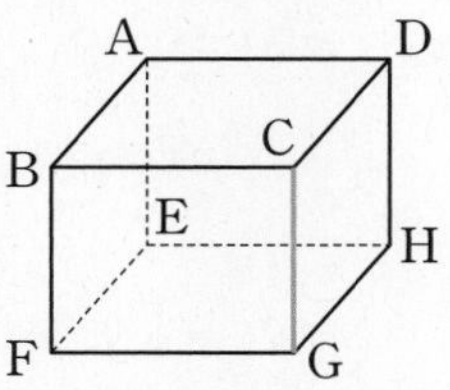

11 모서리 FG와 꼬인 위치에 있는 모서리

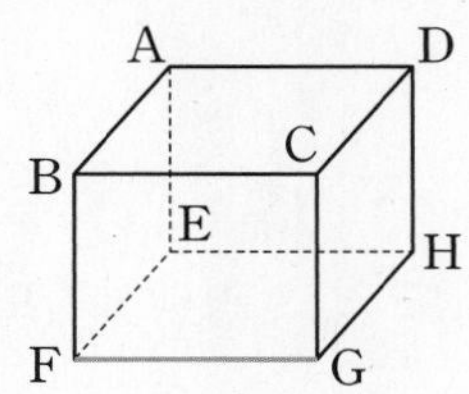

12 모서리 DH와 꼬인 위치에 있는 모서리

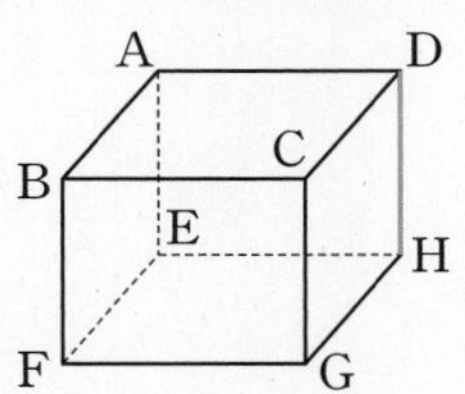

내가 발견한 개념 공간에서 두 직선의 위치 관계는?

- 공간에서 두 직선이 만난다.
  ➜ (한 점에서 만난다, 일치한다, 평행하다, 꼬인 위치에 있다).
- 공간에서 두 직선이 만나지 않는다.
  ➜ (한 점에서 만난다, 일치한다, 평행하다, 꼬인 위치에 있다).
- 공간에서 두 직선이 한 평면 위에 있다.
  ➜ (한 점에서 만난다, 일치한다, 평행하다, 꼬인 위치에 있다).

• 아래 주어진 입체도형에 대하여 다음을 모두 구하시오.

13 삼각뿔

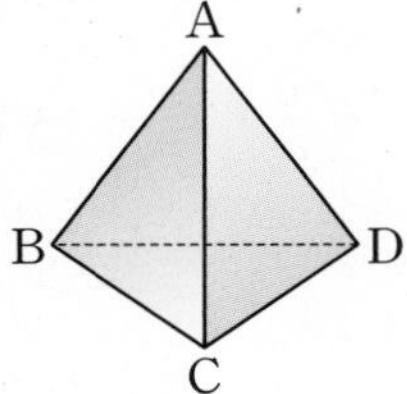

(1) 모서리 AC와 한 점에서 만나는 모서리

(2) 모서리 BC와 꼬인 위치에 있는 모서리

(3) 모서리 CD와 만나지도 않고 평행하지도 않는 모서리

14 삼각기둥

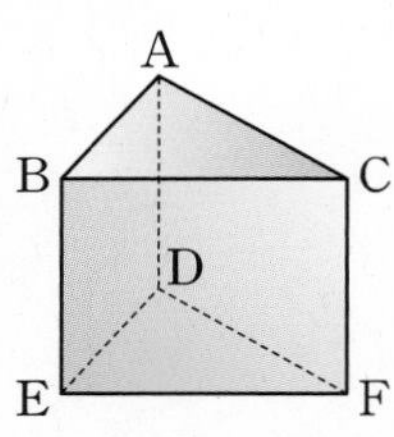

(1) 모서리 AC와 한 점에서 만나는 모서리

(2) 모서리 BE와 평행한 모서리

(3) 모서리 EF와 꼬인 위치에 있는 모서리

15 사각뿔

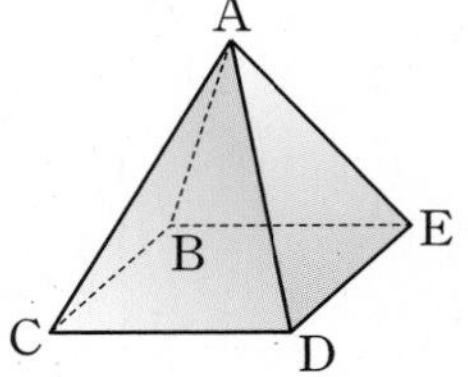

(1) 모서리 BE와 한 점에서 만나는 모서리

(2) 모서리 AE와 꼬인 위치에 있는 모서리

(3) 모서리 CD와 만나지도 않고 평행하지도 않는 모서리

16 사각기둥

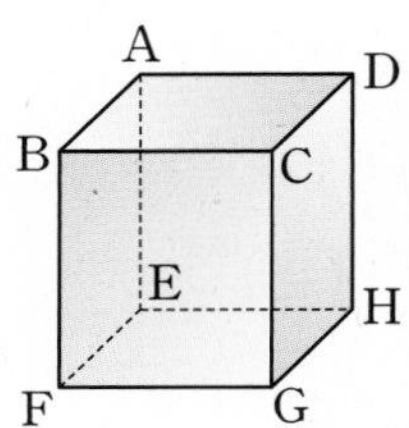

(1) 모서리 BC와 한 점에서 만나는 모서리

(2) 모서리 GH와 평행한 모서리

(3) 모서리 BF와 꼬인 위치에 있는 모서리

17 **직육면체**

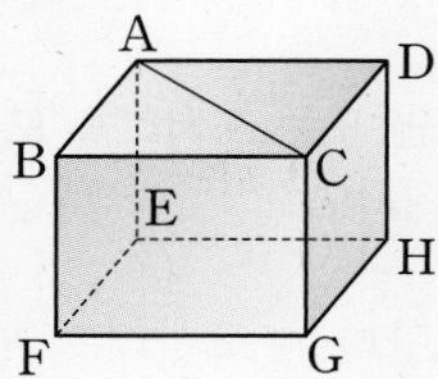

(1) 선분 AC와 한 점에서 만나는 모서리

(2) 모서리 BC와 평행한 모서리

(3) 선분 AC와 꼬인 위치에 있는 모서리

18 **잘라 낸 입체도형**

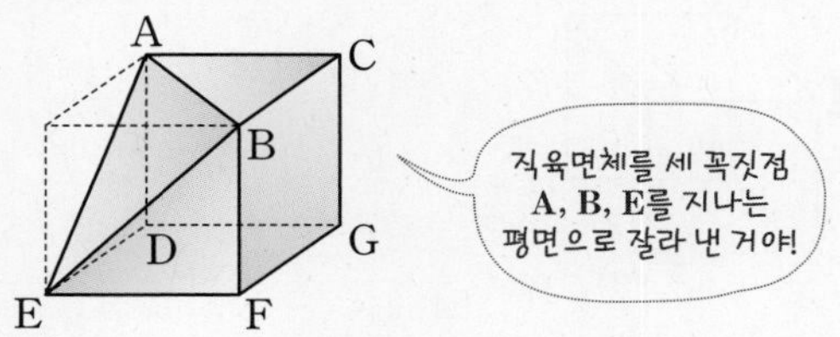

(1) 모서리 AE와 한 점에서 만나는 모서리

(2) 모서리 EF와 평행한 모서리

(3) 모서리 CG와 꼬인 위치에 있는 모서리

● **아래 그림과 같은 오각기둥에서 각 모서리를 연장한 직선을 그을 때, 다음 설명 중 옳은 것은 ○를, 옳지 않은 것은 ×를 ( ) 안에 써넣으시오.**

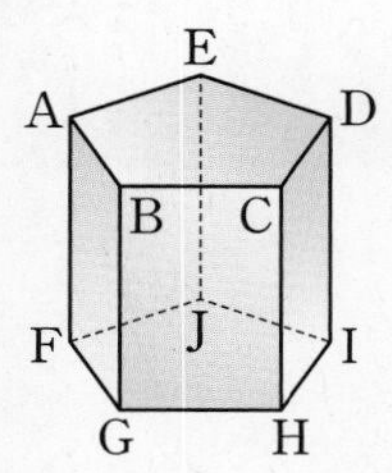

19 직선 AF와 직선 CH는 평행하다. ( )

20 직선 BC와 직선 IJ는 꼬인 위치에 있다. ( )

21 직선 AB와 직선 CD는 만나지 않는다. ( )

22 직선 GH와 직선 FJ는 한 점에서 만난다. ( )

23 직선 AE와 꼬인 위치에 있는 직선의 개수는 6이다. ( )

내가 발견한 개념 공간에서 두 직선의 위치 관계의 교점의 개수는?

- 교점이 ☐개: 평행하거나 꼬인 위치에 있다.
- 교점이 ☐개: 한 점에서 만난다.
- 교점이 ☐개 이상: 일치한다.

개념모음문제

24 다음 중 옳은 것을 모두 고르면? (정답 2개)

① 만나지 않는 두 직선은 한 평면 위에 있지 않다.
② 한 평면 위에서 두 직선이 만나면 한 점에서 만난다.
③ 한 평면 위에 있는 두 직선이 만나지 않으면 평행하다.
④ 꼬인 위치에 있는 두 직선은 한 평면 위에 있지 않다.
⑤ 서로 다른 두 직선을 포함하는 평면은 항상 존재한다.

04

직선과 평면이 만나거나, 만나지 않거나!

공간에서 직선과 평면의 위치 관계

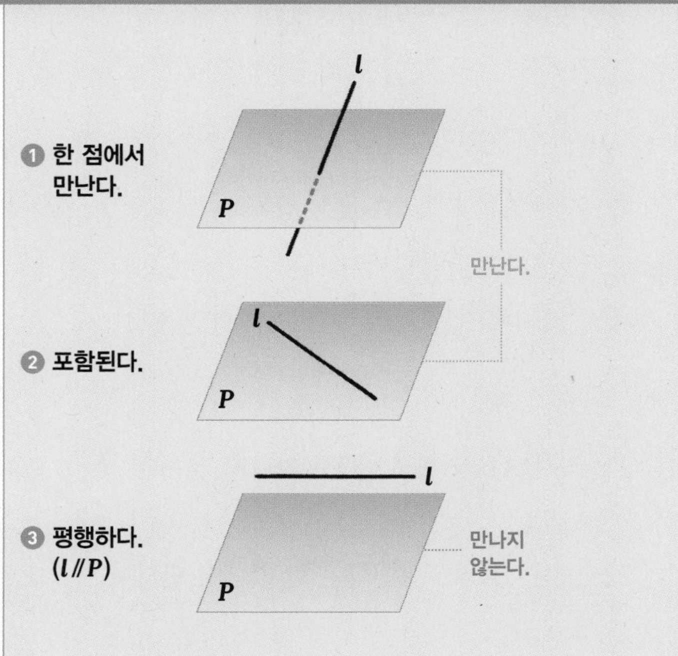

- **공간에서 직선과 평면의 위치 관계:** 공간에서 직선 l과 평면 P의 위치 관계는 다음 세 가지 경우가 있다.

  ① 한 점에서 만난다. ② 포함된다. ③ 평행하다. ($l /\!/ P$)

  참고 공간에서 직선 l과 평면 P가 서로 평행할 때, 이것을 기호로 $l /\!/ P$와 같이 나타낸다.

- **직선과 평면의 수직:** 직선 l과 평면 P가 한 점 H에서 만나고, 직선 l이 점 H를 지나는 평면 P 위의 모든 직선과 서로 수직일 때, 직선 l은 평면 P와 서로 수직이다 또는 서로 직교한다 한다. → $l \perp P$

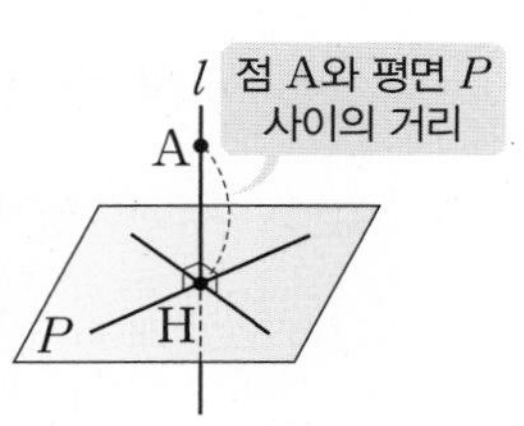

이때 $\overline{AH}$의 길이를 점 A와 평면 P 사이의 거리라 한다.

입체도형에서 위치 관계를 말할 때,
각 모서리는 직선으로, 각 면은 평면으로 확장하여 생각**한다.**

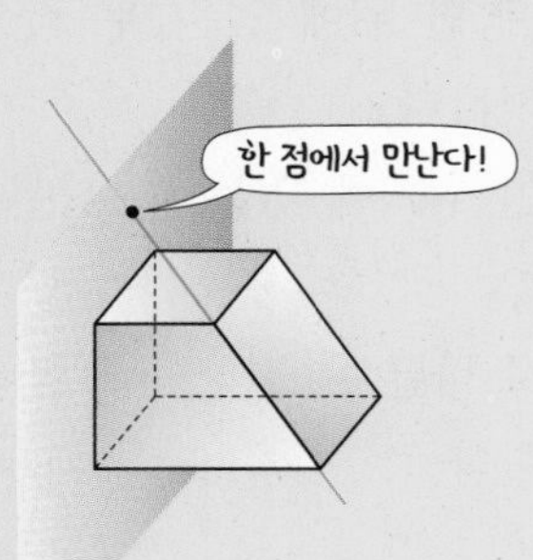

1st 공간에서 직선과 평면의 위치 관계 이해하기

- **다음 위치 관계를 만족시키는 면 또는 모서리를 모두 구하고, 주어진 정육면체 위에 나타내시오.**

1 면 ABCD와 한 점에서 만나는 모서리

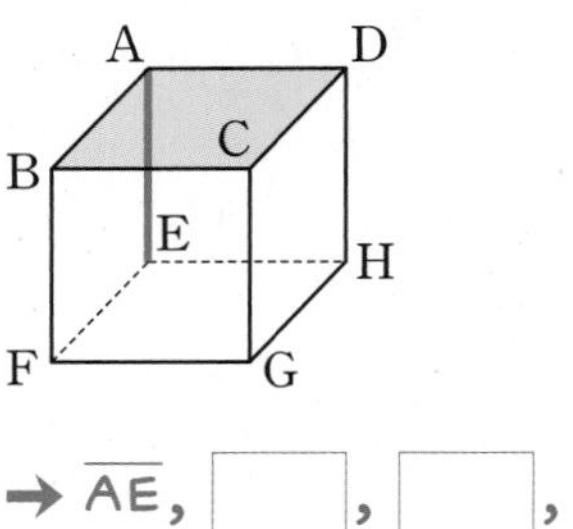

→ $\overline{AE}$, ☐, ☐, ☐

2 면 ABFE와 한 점에서 만나는 모서리

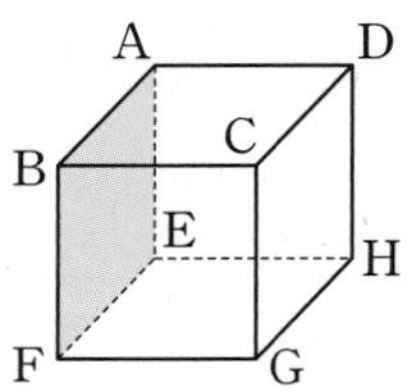

3 면 BFGC와 한 점에서 만나는 모서리

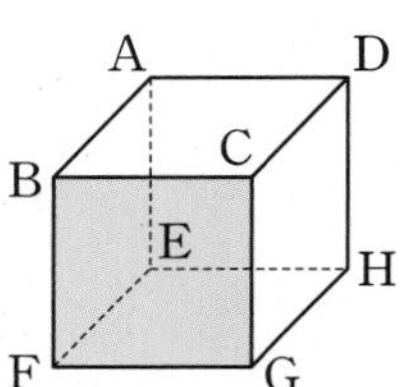

4 면 CGHD와 한 점에서 만나는 모서리

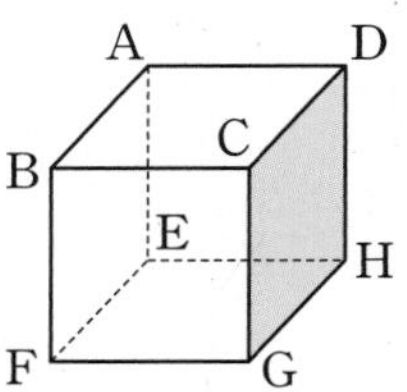

5 면 AEHD와 한 점에서 만나는 모서리

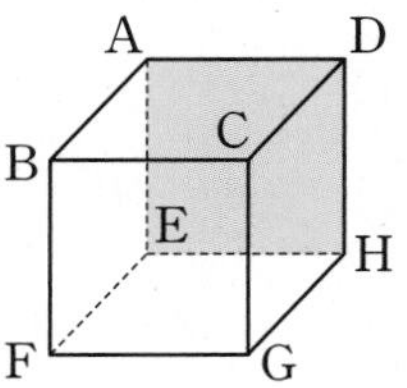

6 면 ABCD와 평행한 모서리

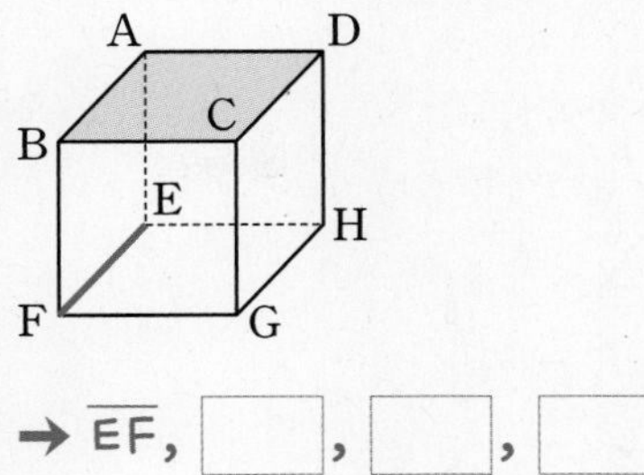

➜ $\overline{EF}$, ☐, ☐, ☐

7 면 ABFE와 평행한 모서리

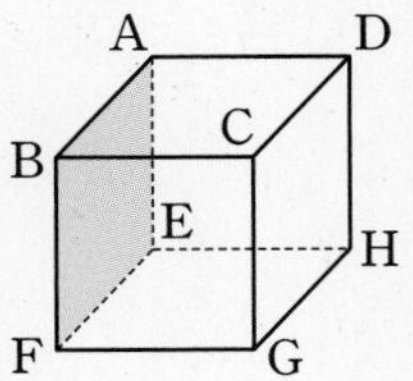

8 면 BFGC와 평행한 모서리

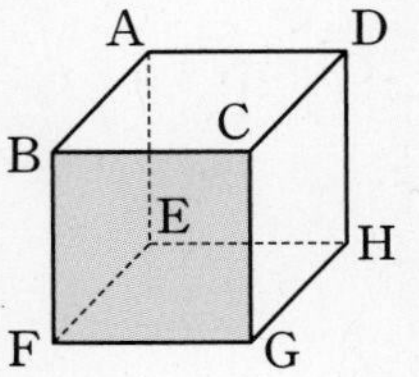

9 면 CGHD와 평행한 모서리

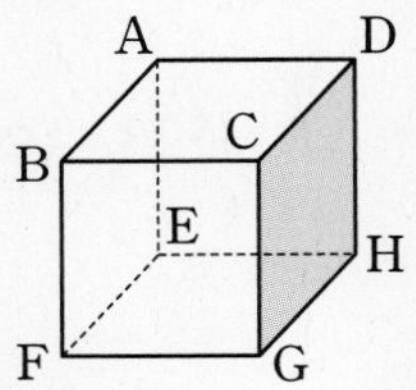

10 면 AEHD와 평행한 모서리

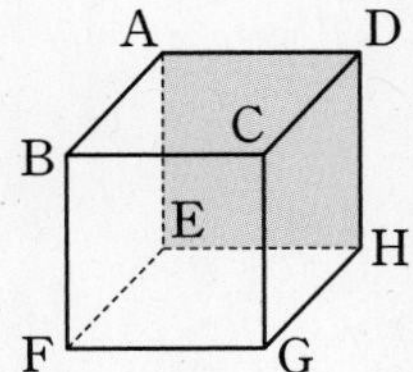

11 모서리 AB를 포함하는 면

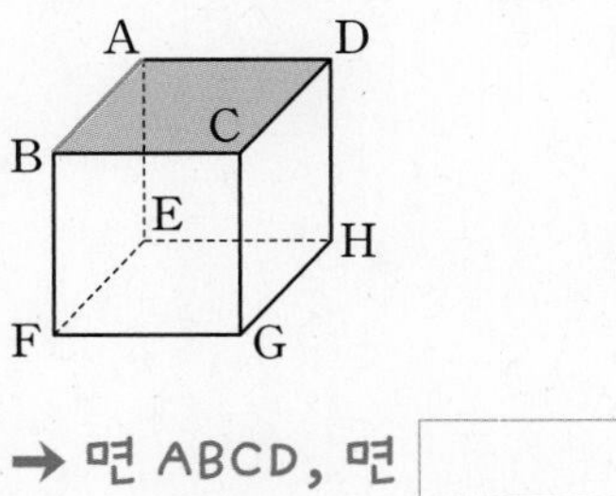

➜ 면 ABCD, 면 ☐

12 모서리 BF를 포함하는 면

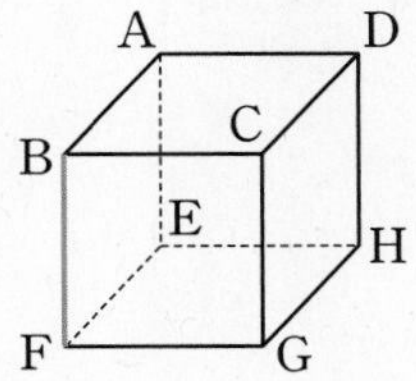

13 모서리 EH를 포함하는 면

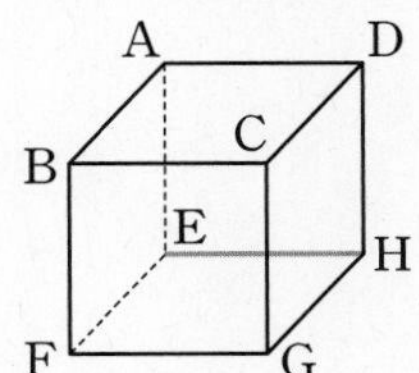

14 모서리 BC를 포함하는 면

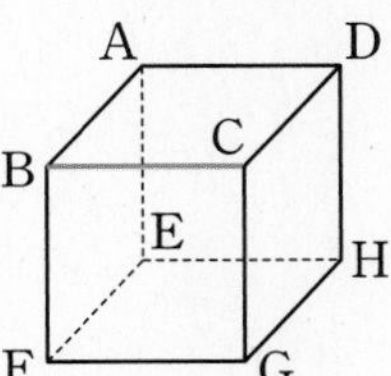

15 모서리 DH를 포함하는 면

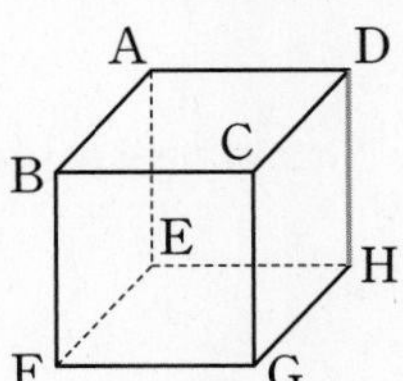

16 모서리 AD와 수직인 면

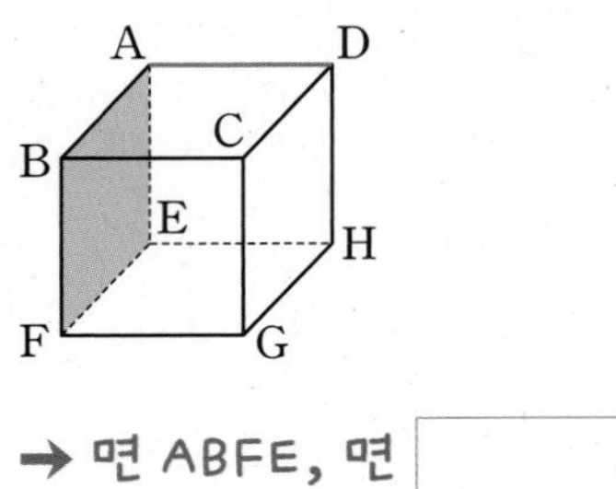

→ 면 ABFE, 면 ☐

17 모서리 AE와 수직인 면

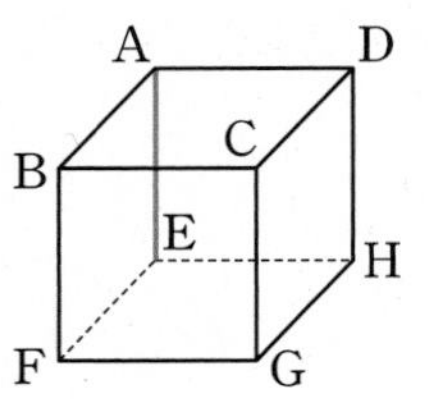

18 모서리 EF와 수직인 면

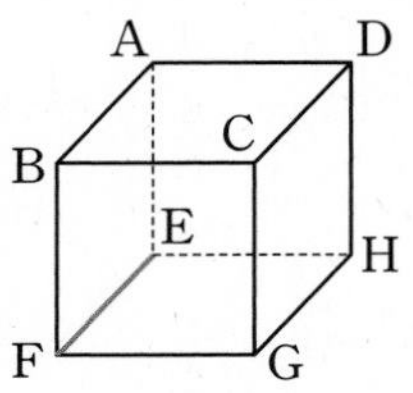

19 모서리 FG와 수직인 면

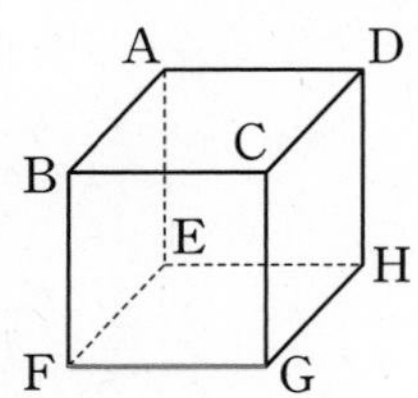

내가 발견한 개념 직선과 평면이 수직으로 만나면?

직선 l과 평면 P의 교점이 H일 때

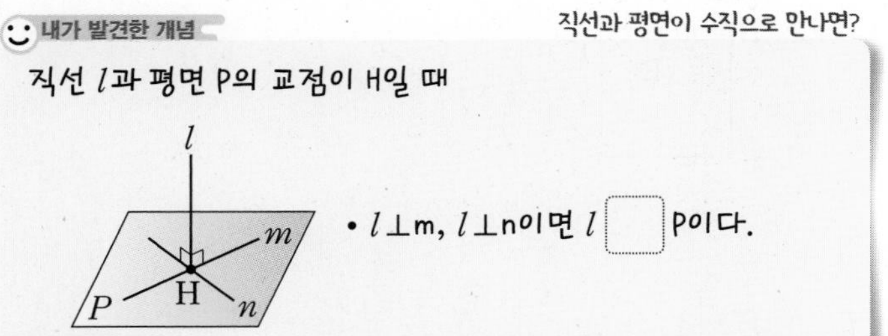

• 아래 주어진 입체도형에 대하여 다음을 모두 구하시오.

20 삼각기둥

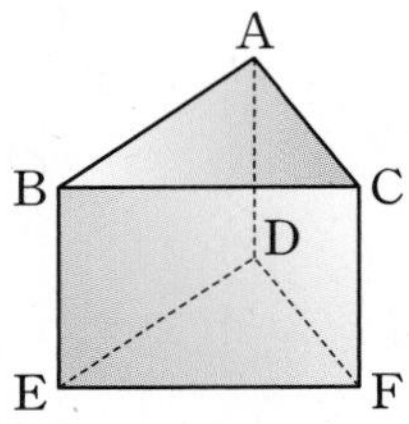

(1) 모서리 AB를 포함하는 면

(2) 면 ABC와 한 점에서 만나는 모서리

(3) 모서리 AD와 평행한 면

(4) 모서리 AD와 수직인 면

21 밑면이 사다리꼴인 사각기둥

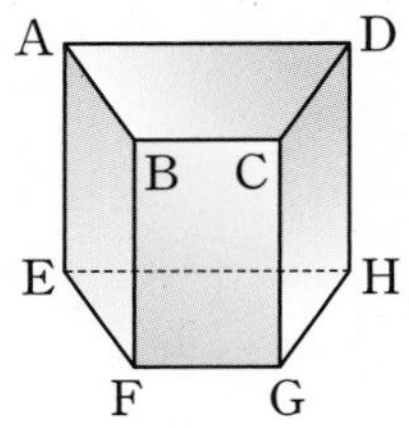

(1) 모서리 CD와 한 점에서 만나는 면

(2) 모서리 AD와 평행한 면

(3) 면 BFGC와 평행한 모서리

(4) 면 EFGH와 수직인 모서리

22 **잘라 낸 입체도형**

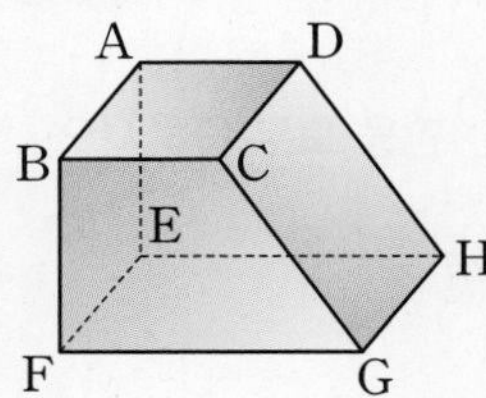

(1) 면 CGHD에 포함되는 모서리

(2) 면 ABFE와 한 점에서 만나는 모서리

(3) 면 BFGC와 수직인 모서리

(4) 모서리 CD와 수직인 면

23 **육각기둥**

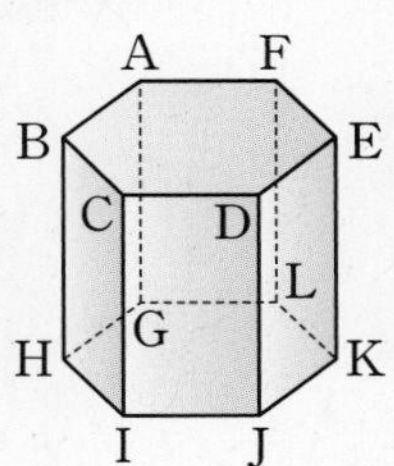

(1) 모서리 BH와 수직인 면

(2) 모서리 AG를 포함하는 면

(3) 면 GHIJKL과 수직인 모서리

(4) 점 A에서 면 GHIJKL에 내린 수선의 발

● **아래 그림과 같은 직육면체에 대한 다음 설명 중 옳은 것은 ○를, 옳지 않은 것은 ×를 ( ) 안에 써넣으시오.**

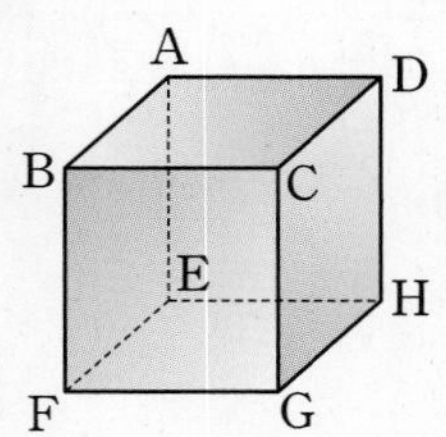

24 모서리 BF와 면 AEHD는 한 점에서 만난다. ( )

25 모서리 EF는 면 EFGH에 포함된다. ( )

26 모서리 CG는 면 EFGH와 수직이다. ( )

27 면 ABCD와 수직인 모서리의 개수는 4이다. ( )

28 모서리 AB와 한 점에서 만나는 면의 개수는 4이다. ( )

내가 발견한 개념 공간에서 직선과 평면의 위치 관계와 교점의 개수는?

- 교점이 ☐개: 평행하다.
- 교점이 ☐개: 한 점에서 만난다.
- 교점이 ☐개 이상: 직선이 평면에 포함된다.

개념모음문제

29 오른쪽 그림과 같은 직육면체에서 면 BFHD와 한 점에서 만나는 모서리의 개수를 a, 모서리 AD와 수직인 면의 개수를 b라 할 때, ab의 값은?

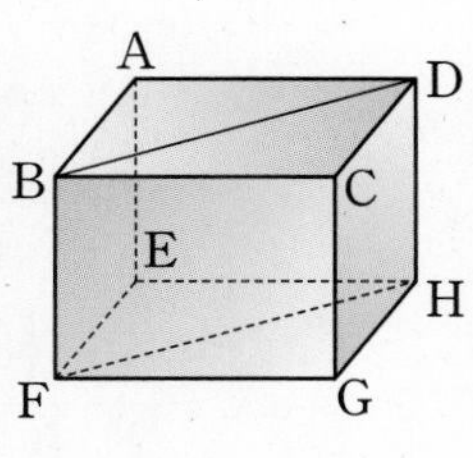

① 12 ② 14 ③ 16
④ 18 ⑤ 20

05 공간에서 두 평면은 만나거나, 만나지 않거나!

공간에서 두 평면의 위치 관계

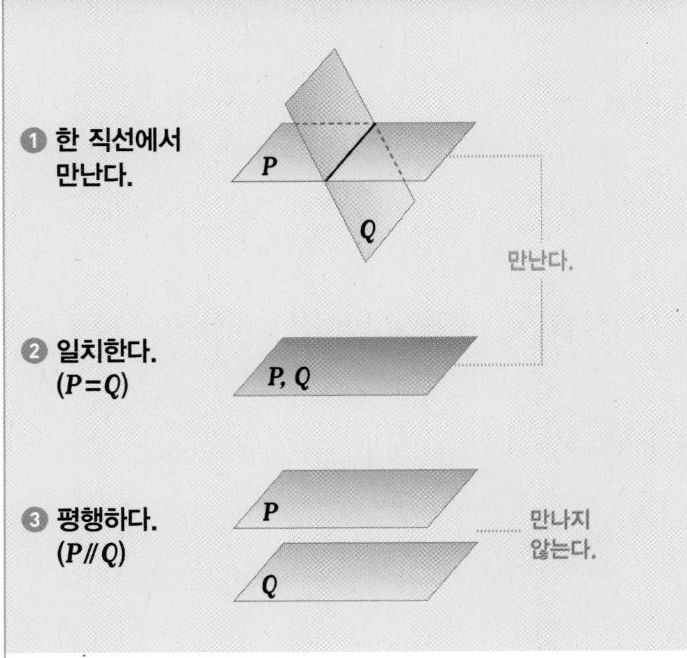

- **공간에서 두 평면의 위치 관계:** 공간에서 두 평면 P, Q의 위치 관계는 다음 세 가지 경우가 있다.
  ① 한 직선에서 만난다.
  ② 일치한다. $(P=Q)$
  ③ 평행하다. $(P /\!/ Q)$
- **두 평면의 수직:** 평면 P가 평면 Q에 수직인 직선 l을 포함할 때, 평면 P와 Q는 서로 수직이다 또는 직교한다 한다.
  이것을 기호로 $P \perp Q$와 같이 나타낸다.

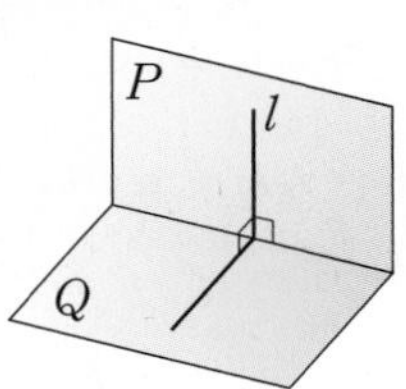

입체도형에서 위치 관계를 말할 때,
직선이나 평면으로 확장해서 생각**해야 한다.**

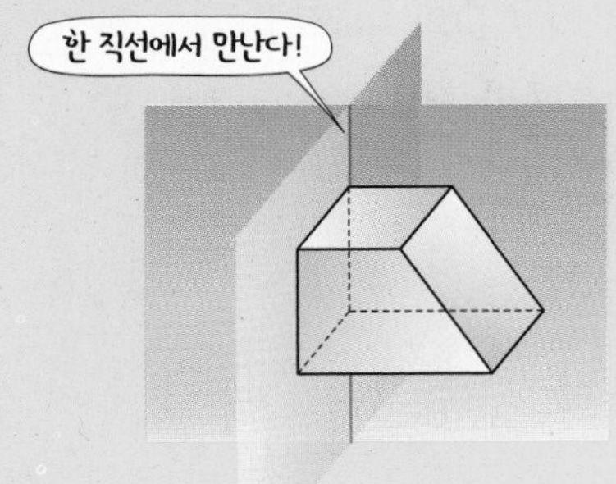

1st 공간에서 두 평면의 위치 관계 이해하기

● 다음 위치 관계를 만족시키는 면을 모두 구하시오.

1 면 ABCD와 만나는 면

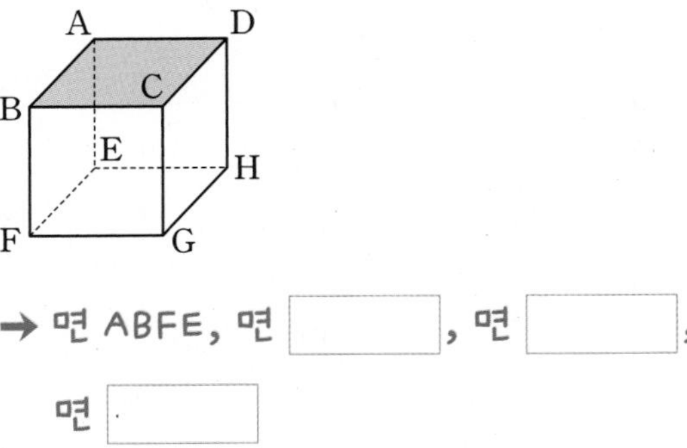

→ 면 ABFE, 면 [ ], 면 [ ], 면 [ ]

2 면 ABFE와 만나는 면

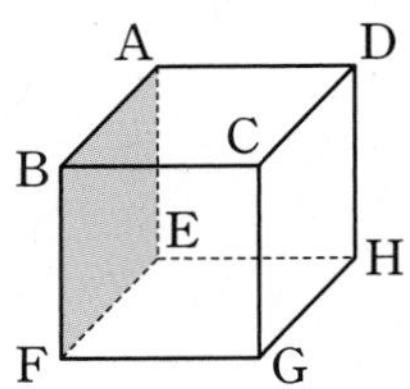

3 면 BFGC와 만나는 면

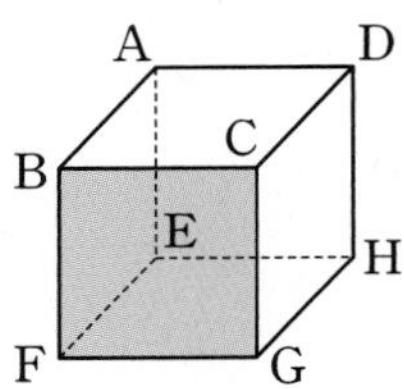

4 면 CGHD와 만나는 면

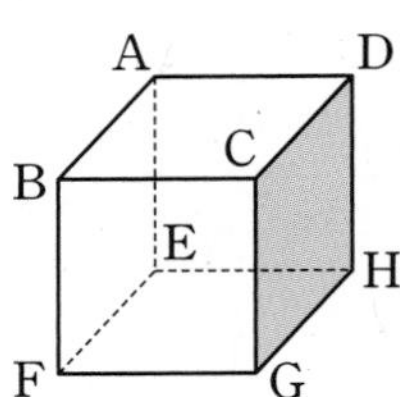

5 면 EFGH와 만나는 면

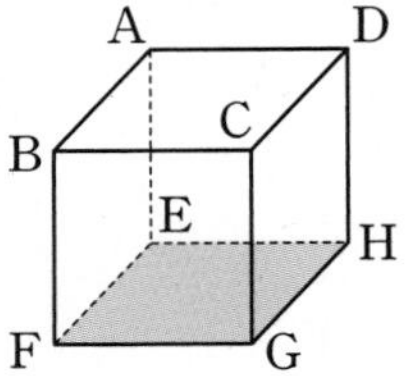

6 면 ABCD와 평행한 면

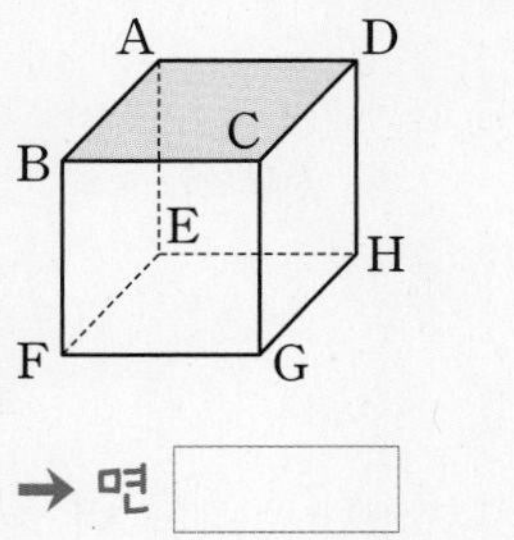

7 면 ABFE와 평행한 면

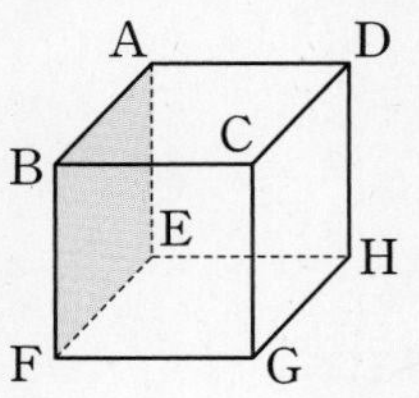

8 면 BFGC와 평행한 면

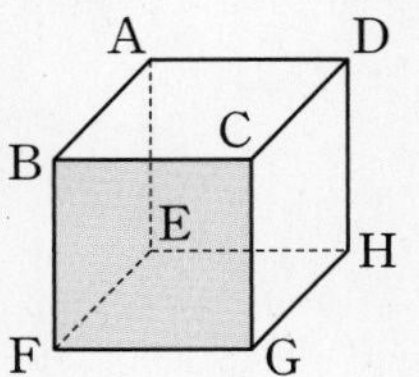

9 면 CGHD와 평행한 면

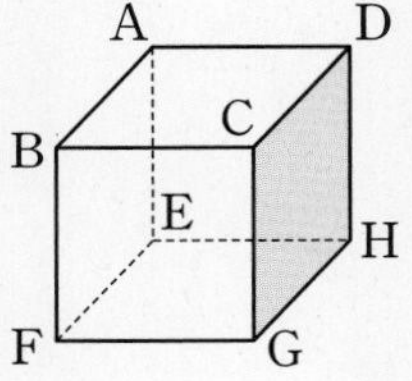

10 면 EFGH와 평행한 면

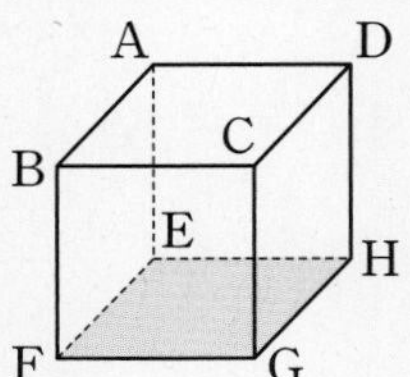

11 면 ABCD와 수직인 면

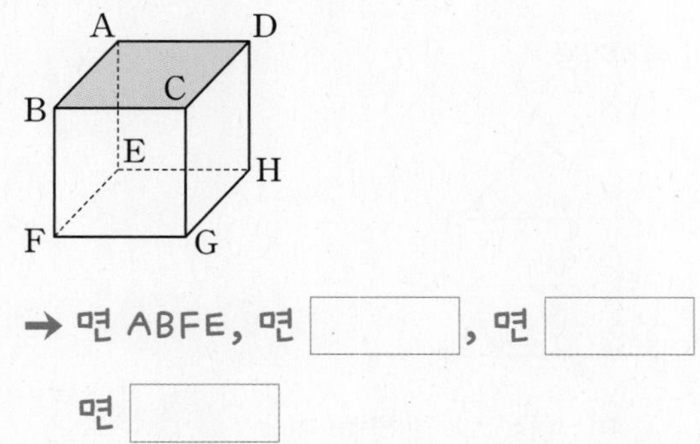

12 면 ABFE와 수직인 면

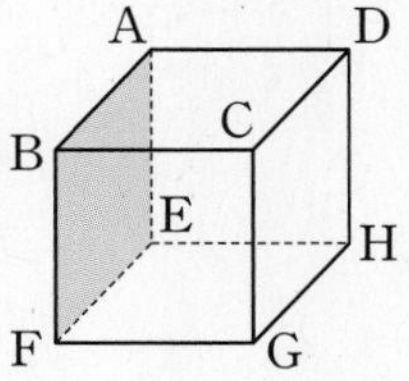

13 면 BFGC와 수직인 면

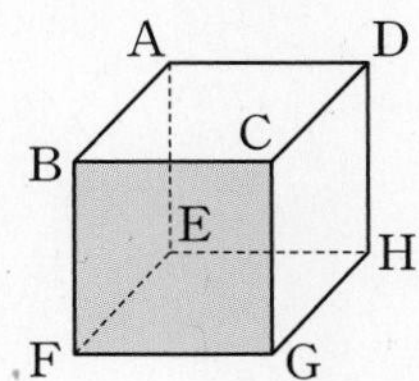

14 면 CGHD와 수직인 면

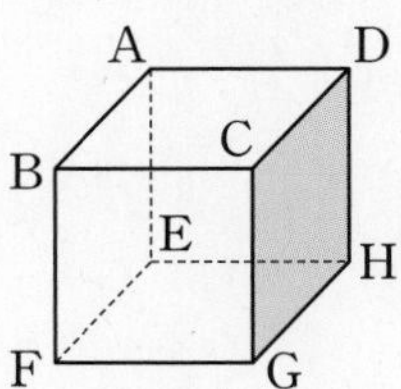

15 면 EFGH와 수직인 면

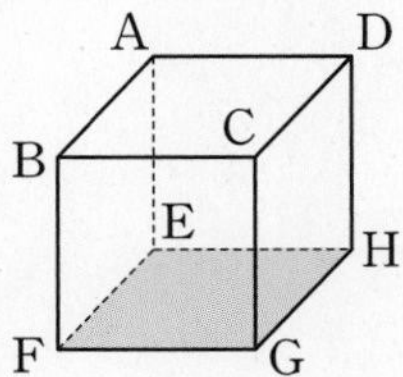

● 아래 주어진 입체도형에 대하여 다음을 모두 구하시오.

16 삼각기둥

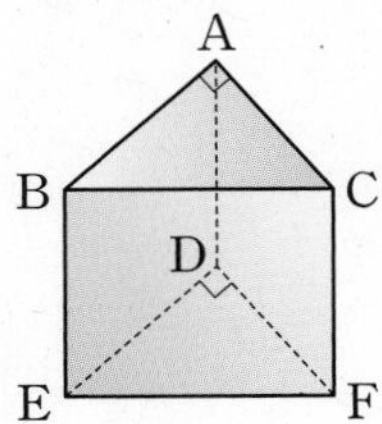

(1) 면 ABC와 평행한 면

(2) 면 BEFC와 한 직선에서 만나는 면

(3) 면 ABED와 수직인 면

17 밑면이 사다리꼴인 사각기둥

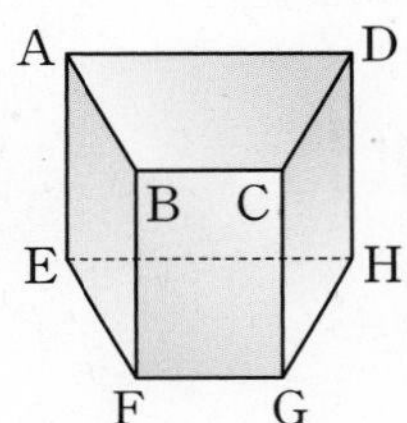

(1) 면 EFGH와 평행한 면

(2) 면 CGHD와 한 직선에서 만나는 면

(3) 면 BFGC와 수직인 면

18 정육각기둥

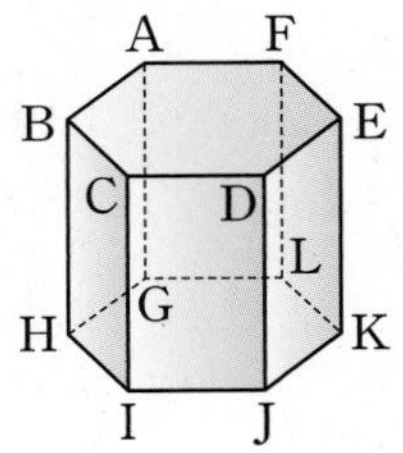

(1) 면 AGLF와 한 직선에서 만나는 면

(2) 면 ABHG와 평행한 면

(3) 면 ABCDEF와 수직인 면

19 삼각기둥

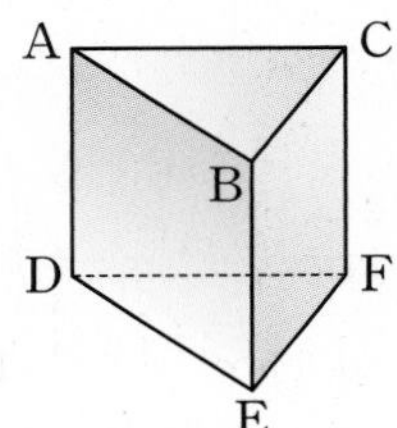

(1) 면 DEF와 평행한 면

(2) 면 BEFC와 면 ADFC의 교선

(3) 모서리 DE를 교선으로 갖는 두 면

20 **잘라 낸 입체도형**

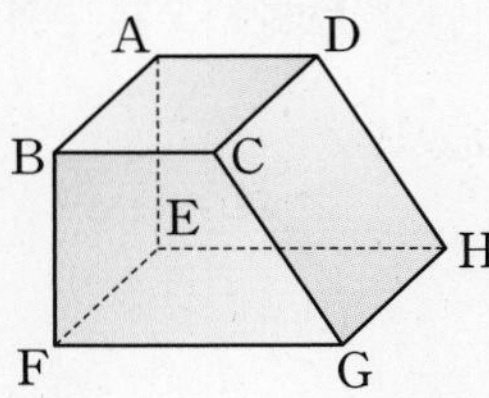

(1) 면 ABCD와 평행한 면

(2) 면 ABFE와 면 AEHD의 교선

(3) 모서리 CG를 교선으로 갖는 두 면

21 **오각기둥**

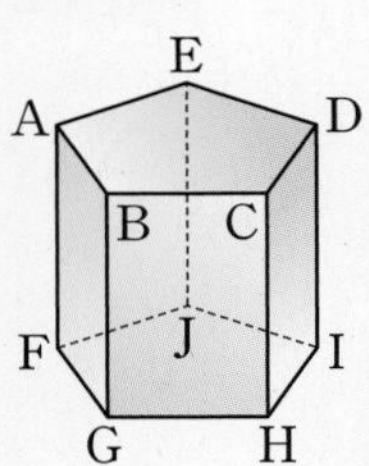

(1) 면 ABCDE와 평행한 면

(2) 면 AFJE와 면 FGHIJ의 교선

(3) 모서리 AF를 교선으로 갖는 두 면

● **아래 그림과 같은 직육면체에 대한 다음 설명 중 옳은 것은 ○를, 옳지 않은 것은 ×를 (　　) 안에 써넣으시오.**

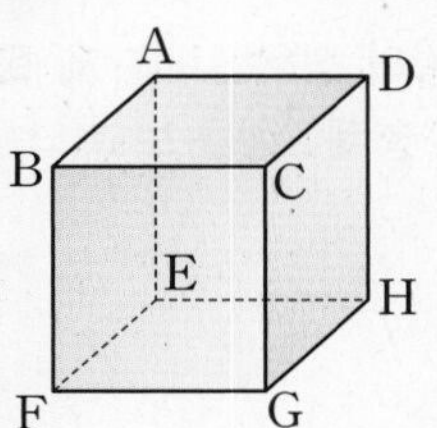

22 면 ABCD와 면 CGHD의 교선은 $\overline{CD}$이다. (　　)

23 면 AEHD와 면 CGHD는 평행하다. (　　)

24 면 EFGH와 한 직선에서 만나는 면의 개수는 4이다. (　　)

25 면 ABFE와 평행한 면의 개수는 2이다. (　　)

26 면 ABCD와 면 AEHD는 수직이다. (　　)

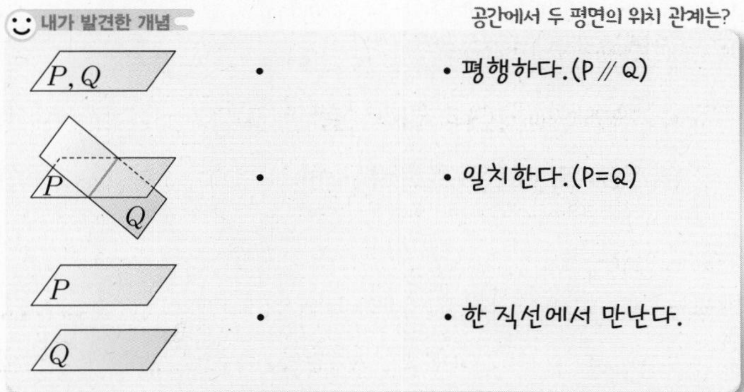

개념모음문제

27 오른쪽 그림과 같은 정육각기둥에서 면 BHIC와 평행한 면의 개수를 a, 면 GHIJKL과 수직인 면의 개수를 b, 면 DJKE와 한 직선에서 만나는 면의 개수를 c라 할 때, $a+b+c$의 값은?

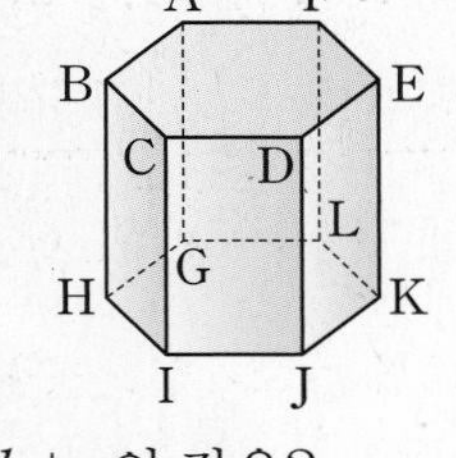

① 9　② 11　③ 13　④ 15　⑤ 17

2nd 위치 관계의 종합 문제

● 아래 그림과 같이 정육면체를 세 꼭짓점 A, B, E를 지나는 평면으로 자른 입체도형을 보고 다음을 구하시오.

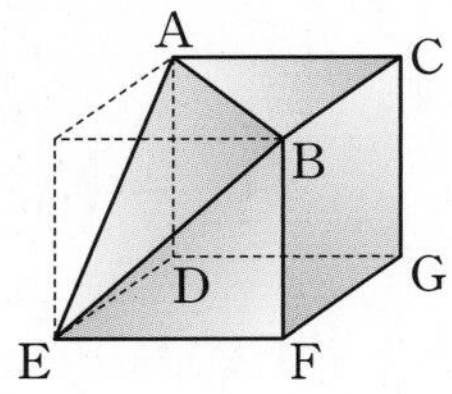

28 모서리 CG와 평행한 모서리

29 모서리 BC와 꼬인 위치에 있는 모서리

30 모서리 AE와 평행한 면

31 모서리 BE를 포함하는 면

32 면 ABC와 평행한 면

33 면 DEFG와 수직인 면

● 아래 그림과 같이 직육면체의 일부를 자른 입체도형에서 모든 모서리의 양 끝을 한없이 연장할 때, 다음을 구하시오.

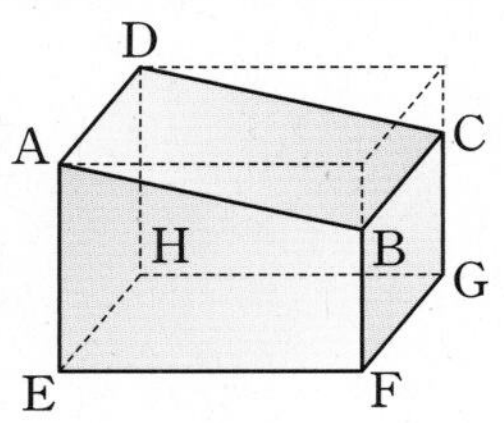

34 직선 CD와 한 점에서 만나는 직선

35 직선 AB와 꼬인 위치에 있는 직선

36 면 ABCD와 한 점에서 만나는 모서리

37 면 BFGC와 평행한 모서리

38 모서리 HG와 수직인 면

39 면 AEHD와 평행한 면

● **다음은 공간에서 서로 다른 세 직선 l, m, n의 위치 관계에 대한 설명이다. 옳은 것은 ○를, 옳지 않은 것은 ×를 (　　) 안에 써넣으시오.**

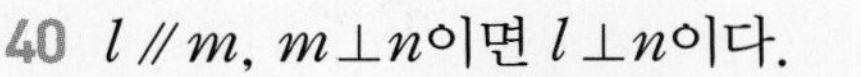

40 $l /\!/ m$, $m \perp n$이면 $l \perp n$이다. (　　)

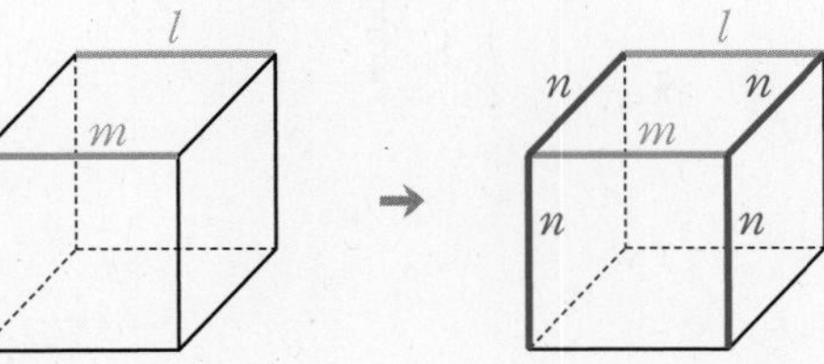

41 $l /\!/ m$, $l /\!/ n$이면 $m /\!/ n$이다. (　　)

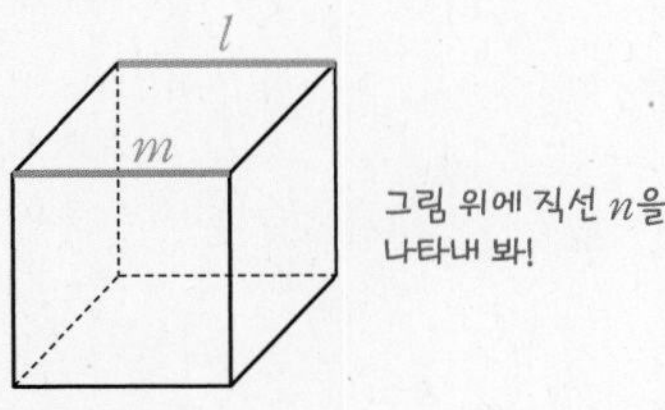

42 $l /\!/ m$, $l \perp n$이면 m과 n은 꼬인 위치에 있다. (　　)

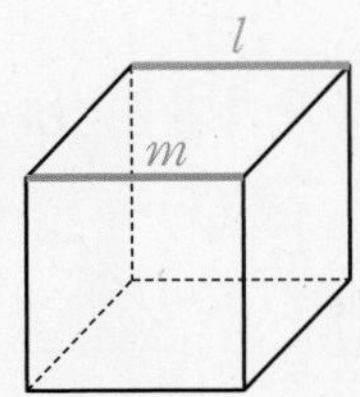

43 $l \perp m$, $m \perp n$이면 $l /\!/ n$ 또는 $l \perp n$ 또는 l과 n은 꼬인 위치에 있다. (　　)

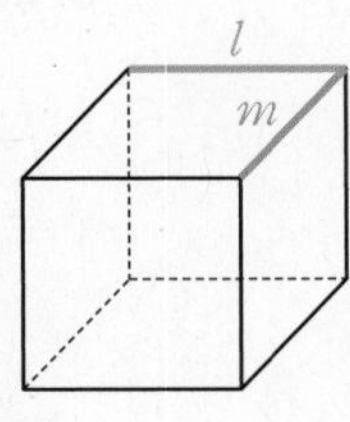

44 $l \perp m$, $l \perp n$이면 $m \perp n$이다. (　　)

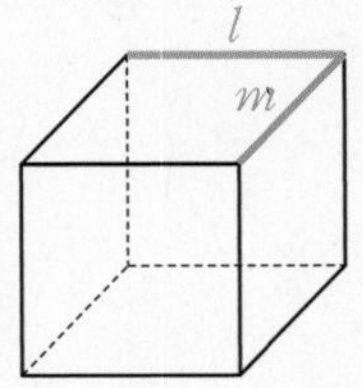

45 $l /\!/ m$, $m /\!/ n$이면 $l /\!/ n$이다. (　　)

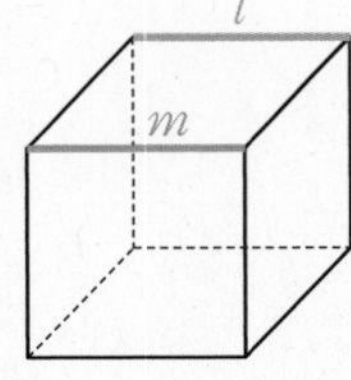

46 $l \perp m$, $m /\!/ n$이면 l과 n은 꼬인 위치에 있다. (　　)

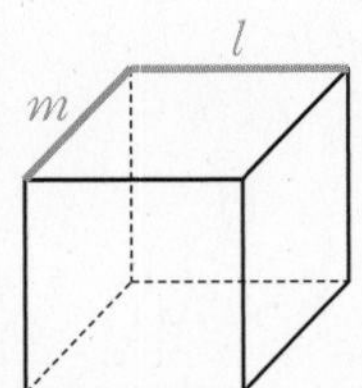

● 다음은 공간에서 서로 다른 두 평면 P, Q와 서로 다른 두 직선 l, m의 위치 관계에 대한 설명이다. 옳은 것은 ○를, 옳지 않은 것은 ×를 (　　) 안에 써넣으시오.

47 $l \perp P$, $l \perp Q$이면 $P /\!/ Q$이다. (　　)

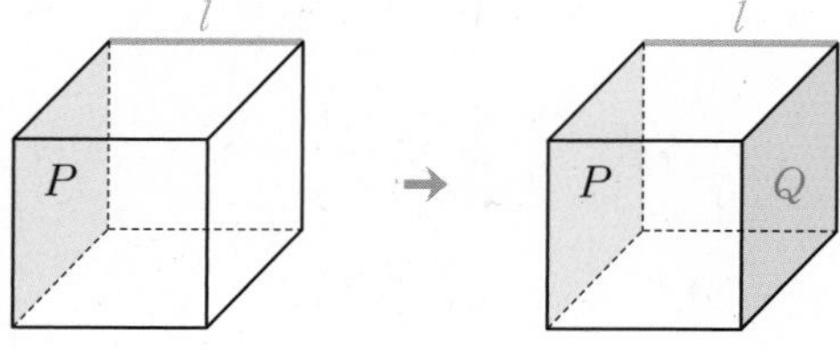

48 $l \perp P$, $l /\!/ Q$이면 $P \perp Q$이다. (　　)

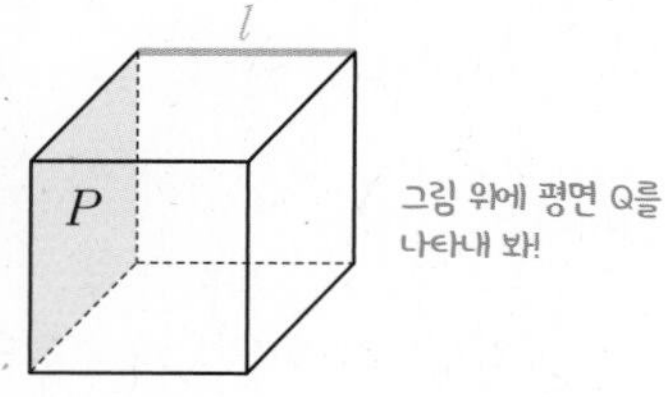

49 $l \perp m$, $l /\!/ P$이면 $m /\!/ P$이다. (　　)

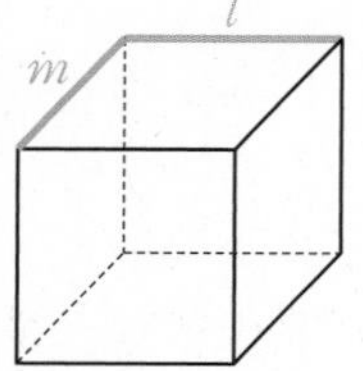

50 $l \perp P$, $P /\!/ Q$이면 $l \perp Q$이다. (　　)

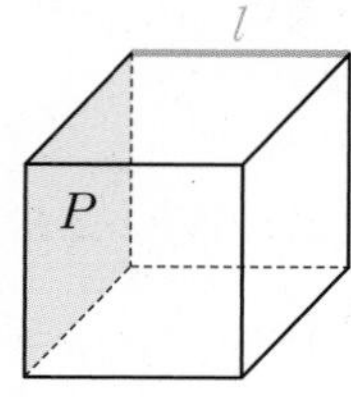

51 $l \perp P$, $P \perp Q$이면 $l /\!/ Q$이다. (　　)

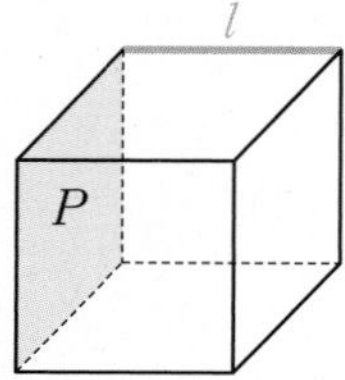

52 $l /\!/ m$, $l /\!/ P$이면 $m /\!/ P$이다. (　　)

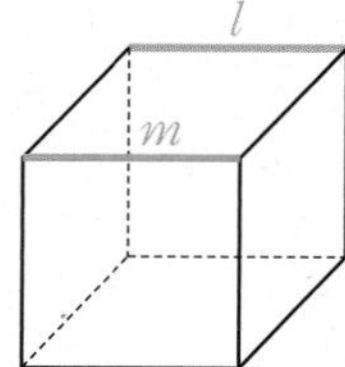

53 $l \perp P$, $m \perp P$이면 $l /\!/ m$이다. (　　)

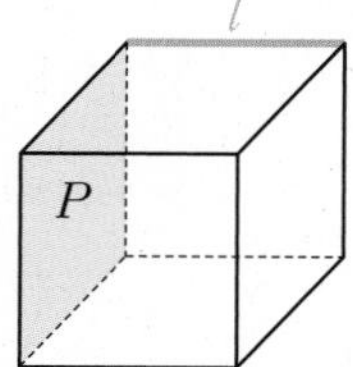

TEST 2. 위치 관계

1 오른쪽 그림에 대한 다음 설명 중 옳지 않은 것은?

① 점 A는 직선 m 위에 있다.
② 점 C는 직선 m 위에 있다.
③ 두 직선 l, m의 교점은 점 B이다.
④ 점 D는 직선 l, m 중 어느 직선 위에도 있지 않다.
⑤ 두 점 A, B는 한 직선 위에 있다.

2 오른쪽 그림과 같이 평면 P 위에 직선 l이 있을 때, 4개의 점 A, B, C, D에 대한 설명으로 옳은 것만을 **보기**에서 있는 대로 고르시오.

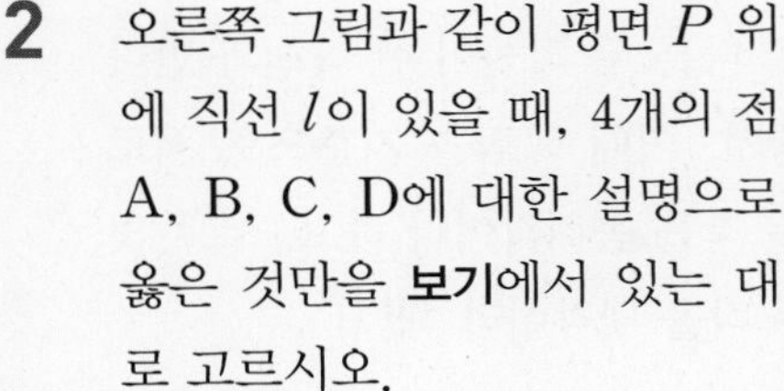

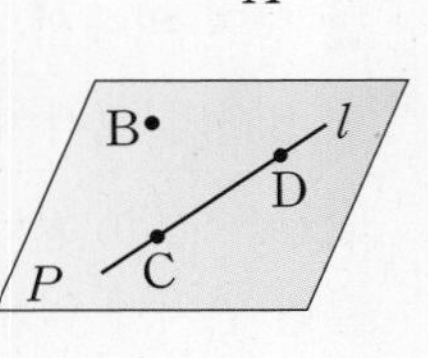

보기
ㄱ. 점 A는 평면 P 위에 있다.
ㄴ. 점 B는 평면 P 위에 있지만 직선 l 위에 있지 않다.
ㄷ. 두 점 C, D는 직선 l 위에 있지만 평면 P 위에 있지 않다.
ㄹ. 직선 l 위에 있지 않은 점의 개수는 2이다.

3 다음 중 한 평면 위에 있는 서로 다른 직선 l, m의 위치 관계가 될 수 없는 것을 모두 고르면? (정답 2개)

① 두 직선 l, m은 서로 만나지 않는다.
② 두 직선 l, m은 서로 직교한다.
③ 두 직선 l, m은 한 점에서 만난다.
④ 두 직선 l, m은 서로 다른 두 점에서 만난다.
⑤ 두 직선 l, m은 꼬인 위치에 있다.

4 오른쪽 그림의 직육면체에 대한 다음 설명 중 옳지 않은 것은?

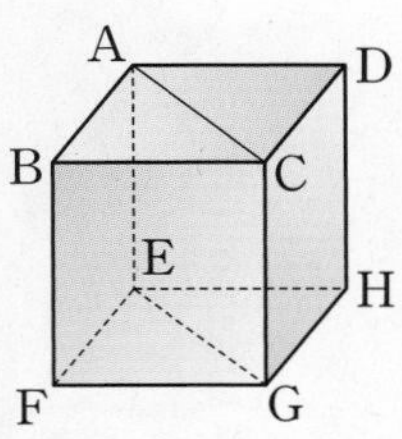

① $\overline{AC}$와 $\overline{EG}$는 평행하다.
② $\overline{DH}$는 면 BFGC와 평행하다.
③ $\overline{AD}$와 $\overline{EG}$는 꼬인 위치에 있다.
④ 면 AEGC에 평행한 모서리의 개수는 2이다.
⑤ $\overline{BF}$와 꼬인 위치에 있는 모서리의 개수는 5이다.

5 오른쪽 그림과 같은 사각기둥에서 다음을 구하시오.

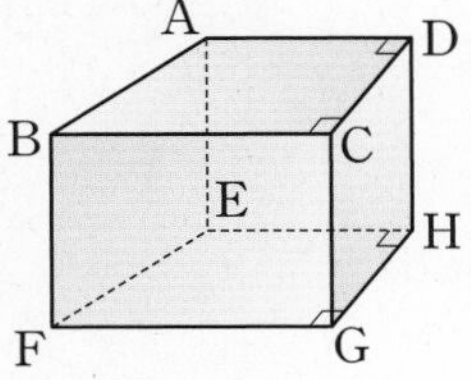

(1) 모서리 AD와 평행한 면

(2) 모서리 GH를 교선으로 하는 두 면

(3) 면 ABCD와 수직인 모서리

6 오른쪽 그림은 직육면체의 일부를 잘라서 만든 입체도형이다. 모서리 BC와 꼬인 위치에 있는 모서리의 개수를 a, 면 ADGC와 평행한 면의 개수를 b, 면 BEF와 수직인 면의 개수를 c라 할 때, $a+2b-c$의 값을 구하시오.

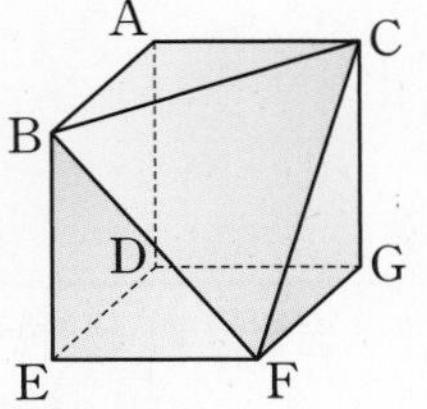

3

동위각, 엇각, 그리고
평행선

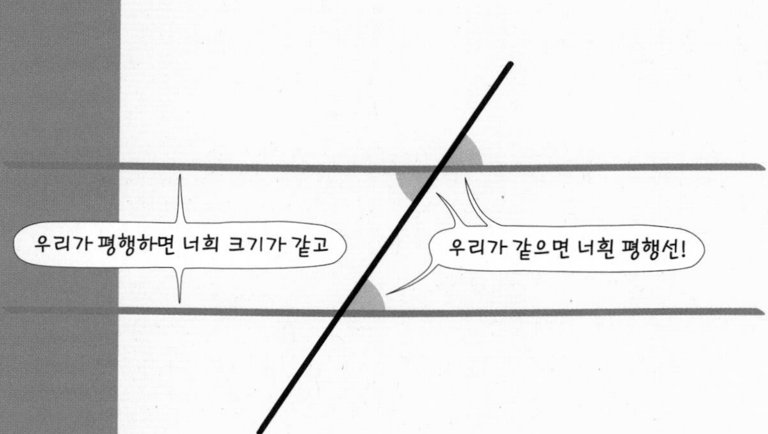

01 동위각과 엇각

한 평면 위에서 서로 다른 두 직선이 한 직선과 만나면 8개의 교각이 생겨. 이때 교점을 기준으로 서로 같은 위치에 있는 두 각을 동위각이라 하고, 서로 엇갈린 위치에 있는 두 각을 엇각이라 해!

위치가 같거나 엇갈리거나!

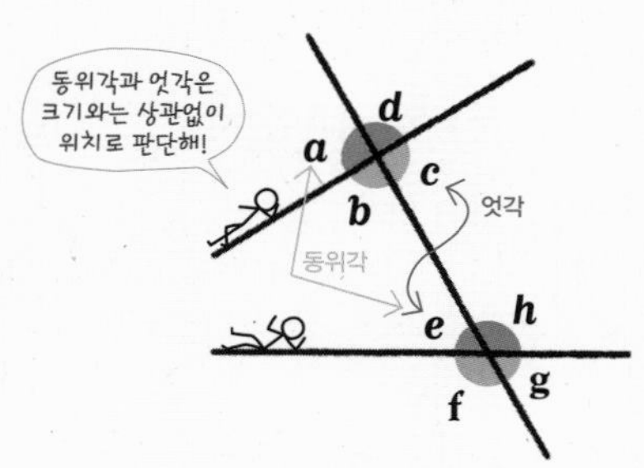

서로 같은 위치에 있는 두 각	서로 엇갈린 위치에 있는 두 각
$\angle a$와 $\angle e$, $\angle b$와 $\angle f$ $\angle c$와 $\angle g$, $\angle d$와 $\angle h$	$\angle b$와 $\angle h$ $\angle c$와 $\angle e$
➡ 동위각	➡ 엇각

02 평행선의 성질

동위각과 엇각의 크기는 항상 각각 같지는 않아.
하지만 평행한 두 직선이 한 직선과 만나서 생기는 동위각과 엇각의 크기는 각각 서로 같아!

평행할 때 생기는 같은 각!

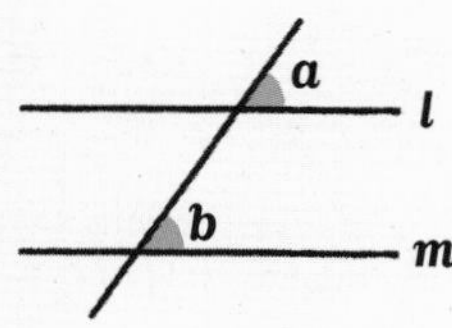

두 직선이 평행하면
동위각의 크기는 서로 같다.

➡ $l /\!/ m$이면 $\angle a = \angle b$

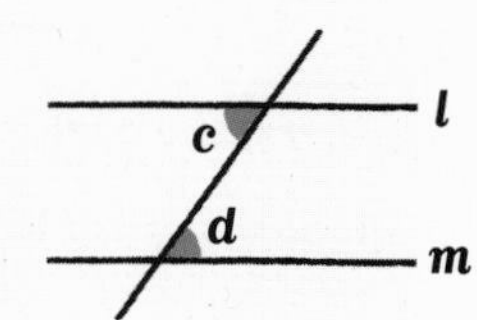

두 직선이 평행하면
엇각의 크기는 서로 같다.

➡ $l /\!/ m$이면 $\angle c = \angle d$

03 평행선과 꺾인 선

평행선 사이에 꺾인 점이 있을 때는 꺾인 점을 지나면서 주어진 직선에 평행한 직선을 그어 동위각과 엇각의 크기가 각각 서로 같음을 이용하면 돼!

꺾인 점을 지나는 평행선을 그어!

두 직선 l, m이 평행할 때

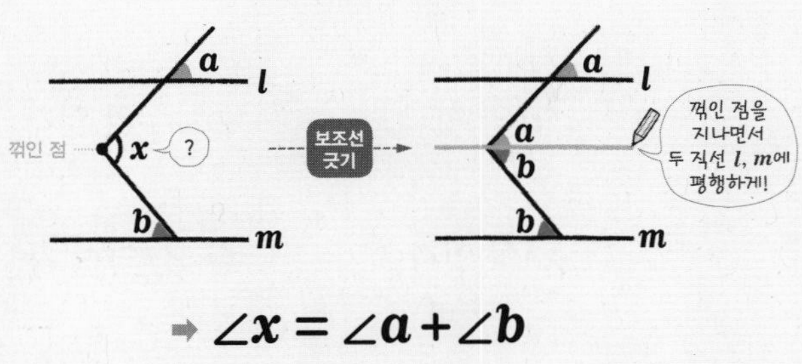

➡ $\angle x = \angle a + \angle b$

04 평행선과 종이접기

직사각형 모양의 종이를 접어서 생기는 각은 접은 각의 크기와 같아. 또한 이때 생기는 엇각의 크기도 같지. 이 성질을 이용해서 각을 구하는 연습을 해 보자!

종이를 접으면 생기는 같은 각!

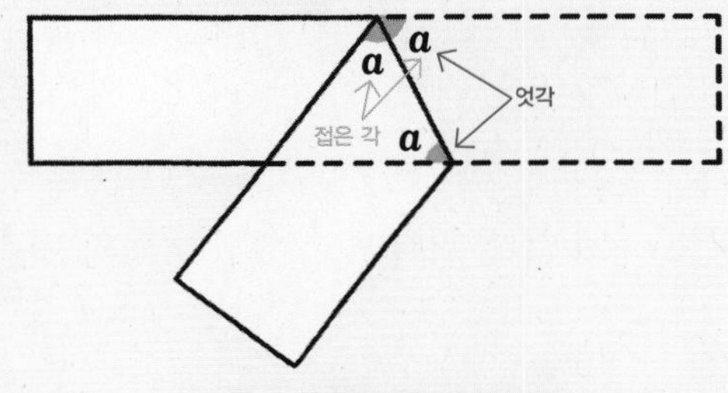

직사각형 모양의 종이를 접으면
접은 각과 엇각의 크기는 각각 서로 같다.

05 두 직선이 평행할 조건

평행한 두 직선이 한 직선과 만나서 생기는 동위각과 엇각의 크기는 각각 서로 같음을 알게 되었지?
이제 반대로 생각해 보자. 서로 다른 두 직선이 다른 한 직선과 만날 때 동위각과 엇각의 크기가 각각 같으면 두 직선은 평행해!

각이 같으면 생기는 평행선!

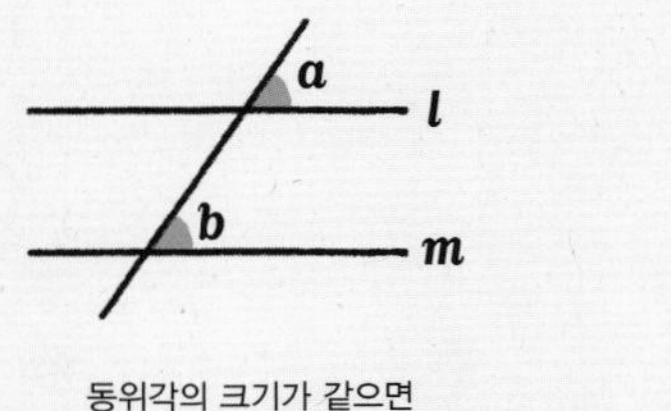

동위각의 크기가 같으면
두 직선이 평행하다.

➡ $\angle a = \angle b$이면 $l /\!/ m$

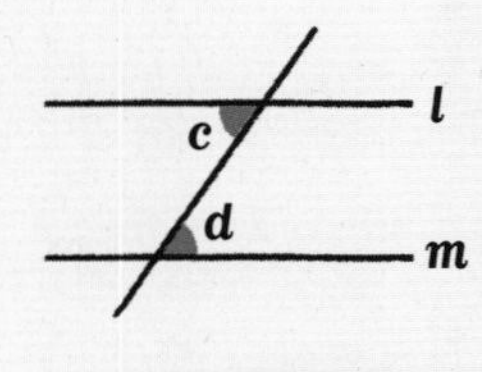

엇각의 크기가 같으면
두 직선이 평행하다.

➡ $\angle c = \angle d$이면 $l /\!/ m$

01 동위각과 엇각

위치가 같거나 엇갈리거나!

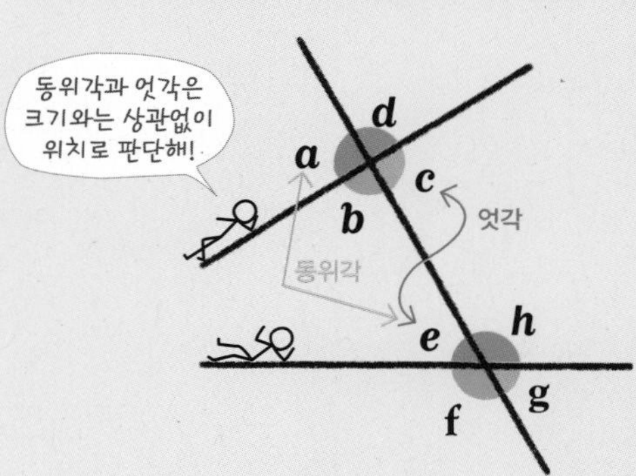

서로 같은 위치에 있는 두 각	서로 엇갈린 위치에 있는 두 각
$\angle a$와 $\angle e$, $\angle b$와 $\angle f$ $\angle c$와 $\angle g$, $\angle d$와 $\angle h$ ➡ 동위각	$\angle b$와 $\angle h$ $\angle c$와 $\angle e$ ➡ 엇각

- **동위각**: 한 평면 위에서 두 직선이 다른 한 직선과 만날 때 생기는 각 중에서 서로 같은 위치에 있는 각
  ➡ $\angle a$와 $\angle e$, $\angle b$와 $\angle f$, $\angle c$와 $\angle g$, $\angle d$와 $\angle h$
- **엇각**: 한 평면 위에서 두 직선이 다른 한 직선과 만날 때 생기는 각 중에서 서로 엇갈린 위치에 있는 각
  ➡ $\angle b$와 $\angle h$, $\angle c$와 $\angle e$

1st 동위각과 엇각 찾기

● 다음 그림과 같이 세 직선이 만날 때, 주어진 각을 구하시오.

1

동위각은 각의 크기에 관계없이 각의 위치로만 판단해!

(1) $\angle a$의 동위각　　(2) $\angle b$의 동위각

(3) $\angle d$의 동위각　　(4) $\angle e$의 동위각

(5) $\angle g$의 동위각　　(6) $\angle h$의 동위각

2

엇각도 동위각처럼 각의 크기에 관계없이 각의 위치로만 판단해!

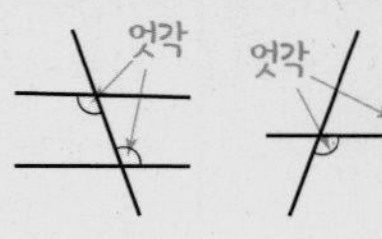

(1) $\angle d$의 엇각　　(2) $\angle c$의 엇각

(3) $\angle e$의 엇각　　(4) $\angle f$의 엇각

3

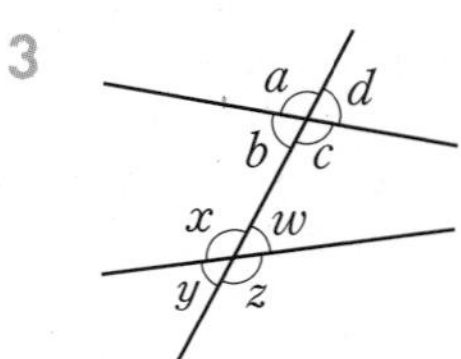

(1) $\angle b$의 동위각　　(2) $\angle b$의 엇각

(3) $\angle x$의 동위각　　(4) $\angle x$의 엇각

(5) $\angle w$의 동위각　　(6) $\angle w$의 엇각

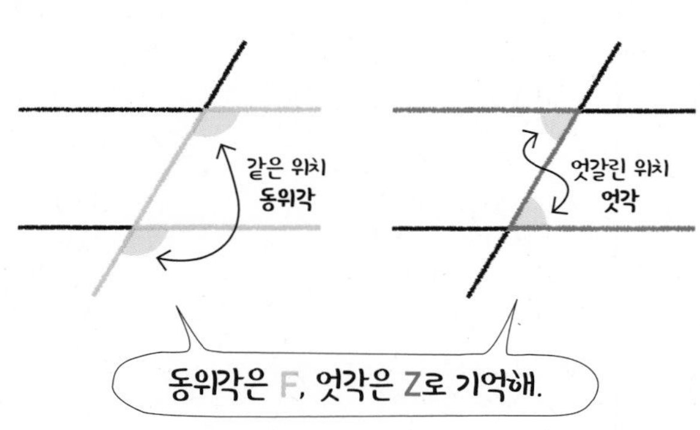

동위각은 F, 엇각은 Z로 기억해.

내가 발견한 개념　　동위각 vs 엇각!

- 서로 같은 위치에 있는 두 각 ➡ [ ]
- 서로 엇갈린 위치에 있는 두 각 ➡ [ ]

2nd 동위각과 엇각의 크기 구하기

● 다음 그림을 보고 □ 안에 알맞은 것을 써넣으시오.

4

(1) $\angle e$의 동위각은 $\angle a$이다.

➜ $\angle a=180^\circ-$□$^\circ=$□$^\circ$

(2) $\angle d$의 엇각은 $\angle b$이다.

➜ $\angle b=$□$^\circ$ (맞꼭지각)

5

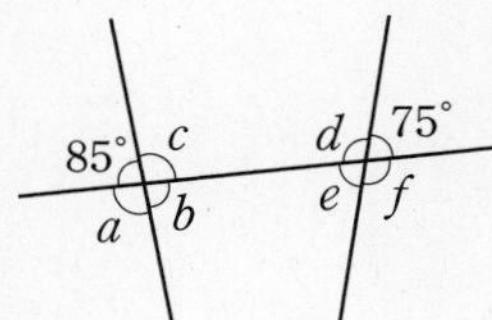

(1) $\angle b$의 동위각은 □이다.

➜ □$=180^\circ-$□$^\circ=$□$^\circ$

(2) $\angle c$의 엇각은 □이다.

➜ □$=$□$^\circ$ (맞꼭지각)

6

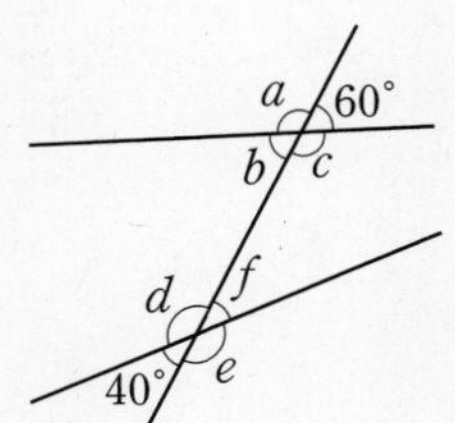

(1) $\angle e$의 동위각은 □이다.

➜ □$=180^\circ-$□$^\circ=$□$^\circ$

(2) $\angle c$의 엇각은 □이다.

➜ □$=180^\circ-$□$^\circ=$□$^\circ$

● 다음 그림을 보고 주어진 각의 크기를 구하시오.

7

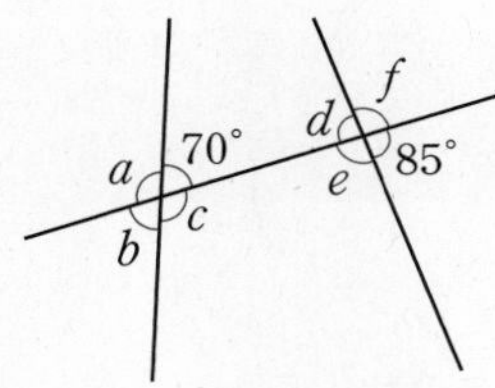

(1) $\angle a$의 동위각　　(2) $\angle f$의 동위각

(3) $\angle d$의 엇각　　(4) $\angle e$의 엇각

8

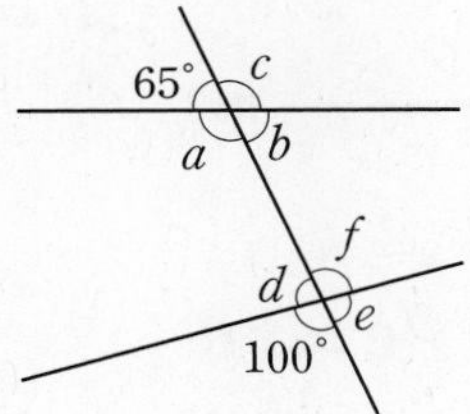

(1) $\angle e$의 동위각　　(2) $\angle f$의 동위각

(3) $\angle a$의 엇각　　(4) $\angle b$의 엇각

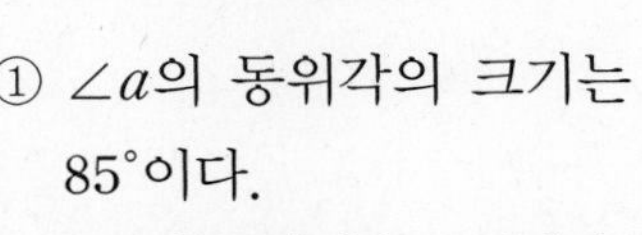

개념모음문제

9 오른쪽 그림에 대한 다음 설명 중 옳지 않은 것은?

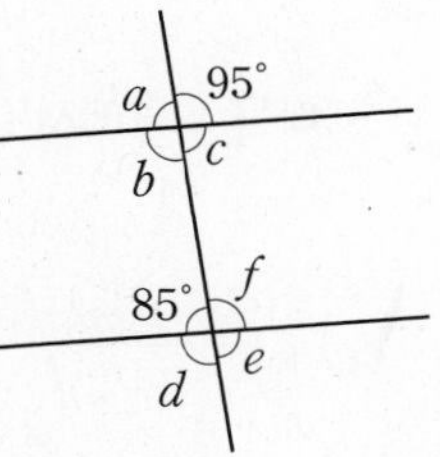

① $\angle a$의 동위각의 크기는 85°이다.

② $\angle b$의 동위각은 $\angle d$이다.

③ $\angle c$의 엇각의 크기는 85°이다.

④ $\angle d$의 동위각의 크기는 85°이다.

⑤ $\angle f$의 엇각의 크기는 95°이다.

02

평행할 때 생기는 같은 각!

평행선의 성질

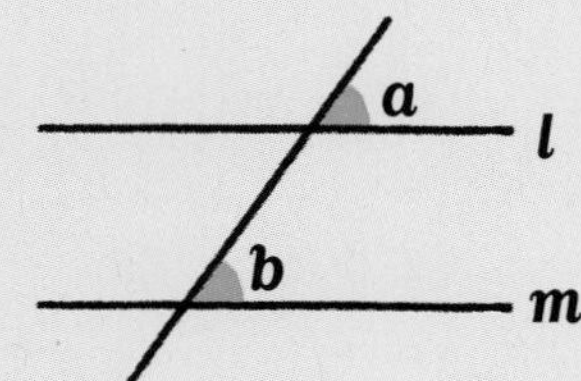

두 직선이 평행하면 동위각의 크기는 서로 같다.

⇒ $l /\!/ m$ 이면 $\angle a = \angle b$

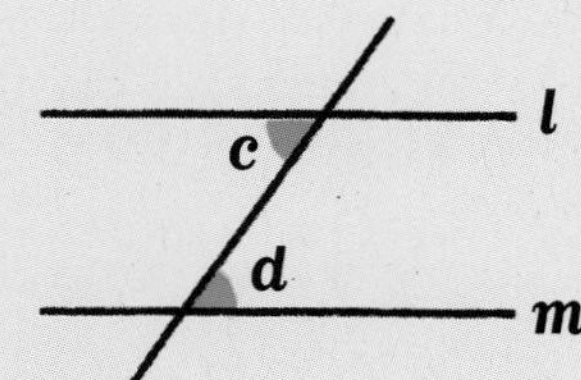

두 직선이 평행하면 엇각의 크기는 서로 같다.

⇒ $l /\!/ m$ 이면 $\angle c = \angle d$

- **평행선의 성질**
  평행한 두 직선이 다른 한 직선과 만날 때
  ① 동위각의 크기는 서로 같다.
  ② 엇각의 크기는 서로 같다.
  참고 동위각, 엇각의 크기는 두 직선이 평행할 때만 같다.

1st 평행선의 성질을 이용한 각의 크기 구하기(1)

● **다음 그림에서 $l /\!/ m$일 때, $\angle x$의 크기를 구하시오.**

1

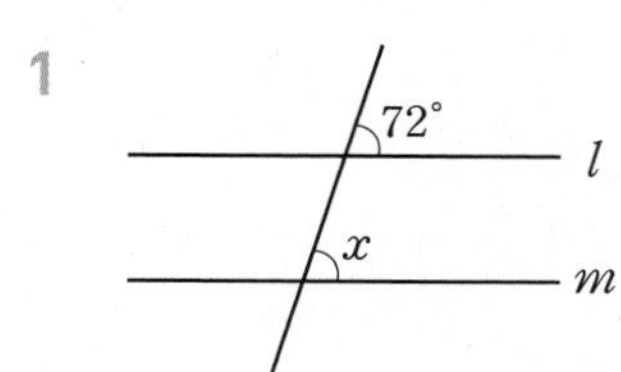

2

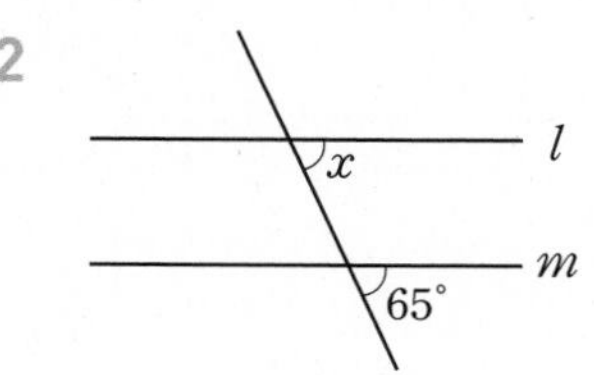

3

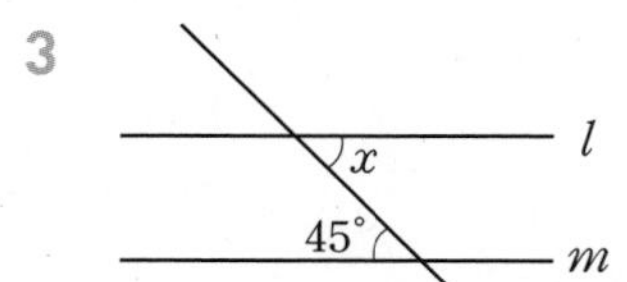

4

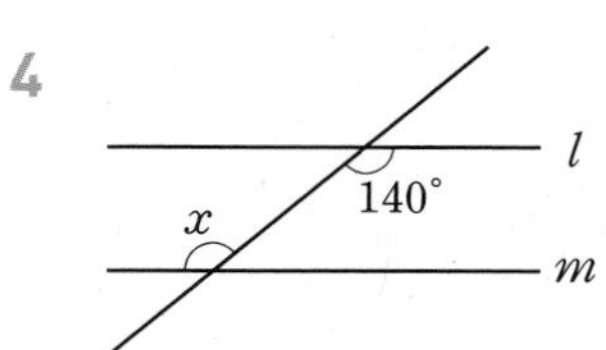

5

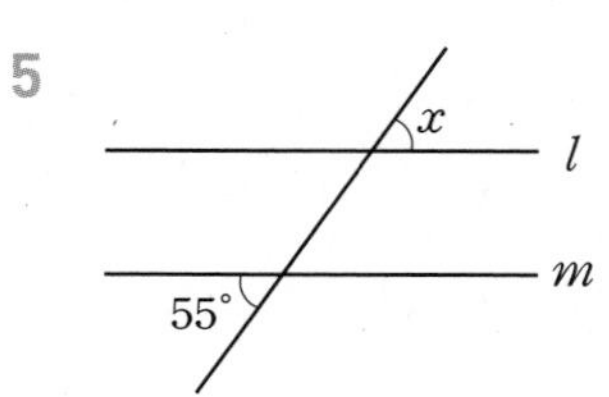

6

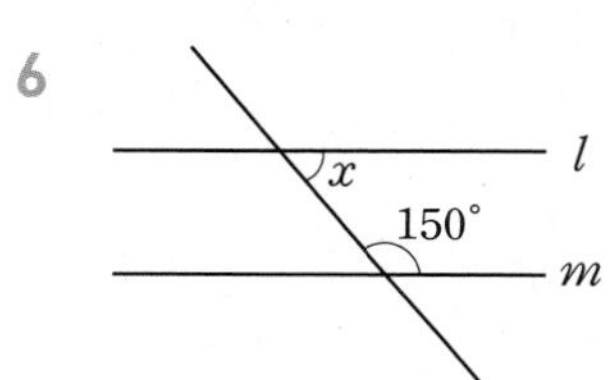

7

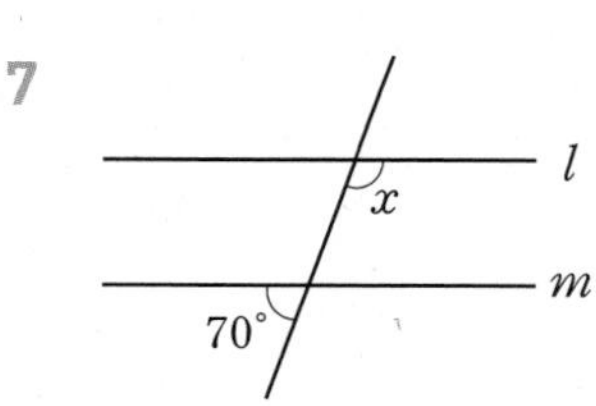

내가 발견한 개념 두 직선이 평행할 때 동위각과 엇각은?

두 직선 l, m에 대하여 $l /\!/$ m이면

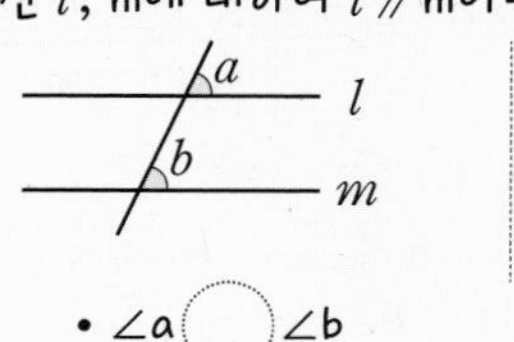

• ∠a ◯ ∠b

c l d m

• ∠c ◯ ∠d

● 다음 그림에서 $l \,/\!/\, m$일 때, $\angle x$, $\angle y$의 크기를 구하시오.

8

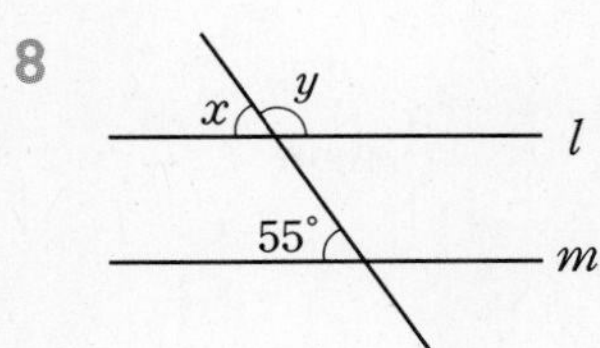

9

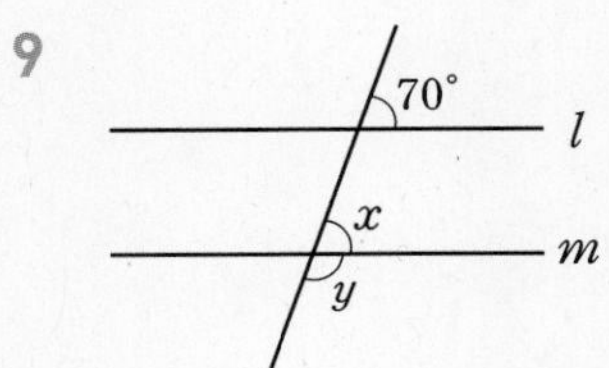

10

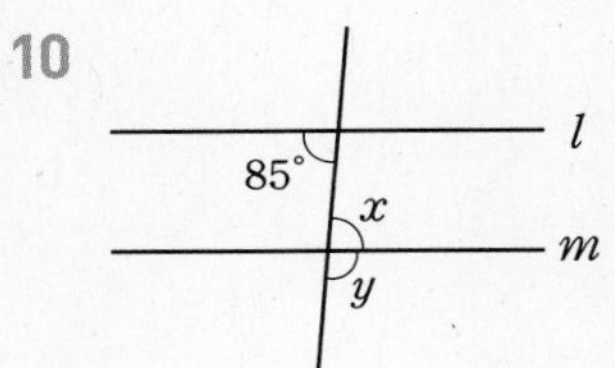

11

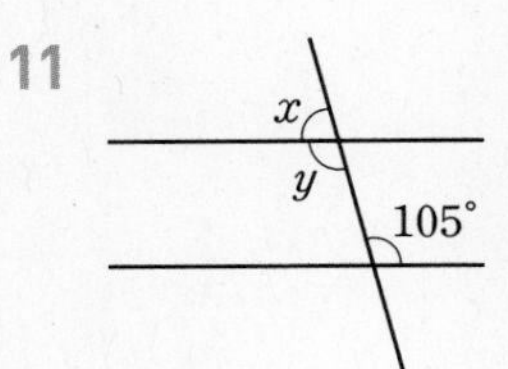

12

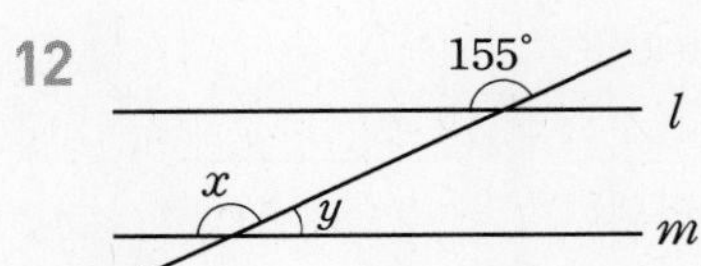

13

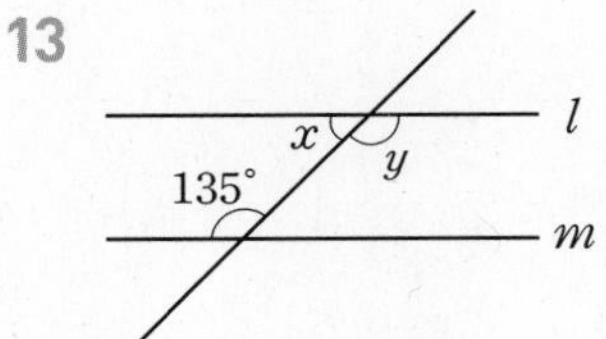

14

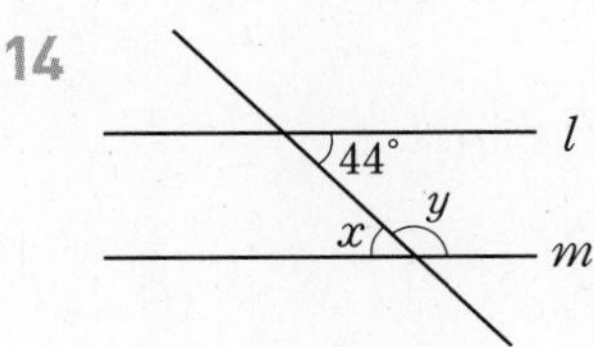

15

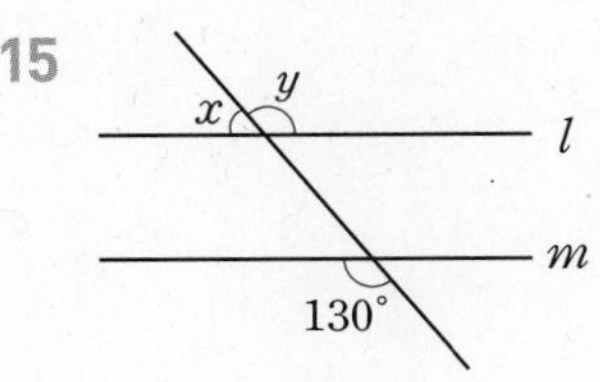

16

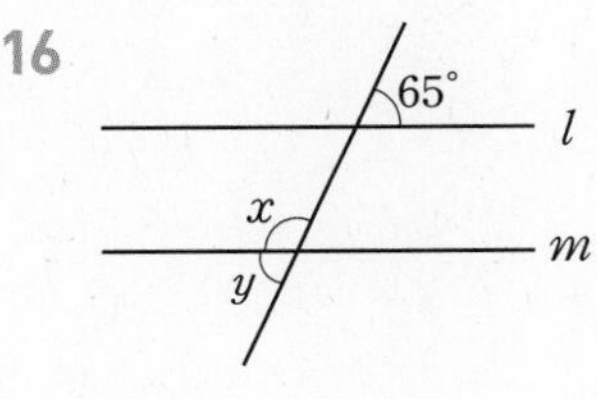

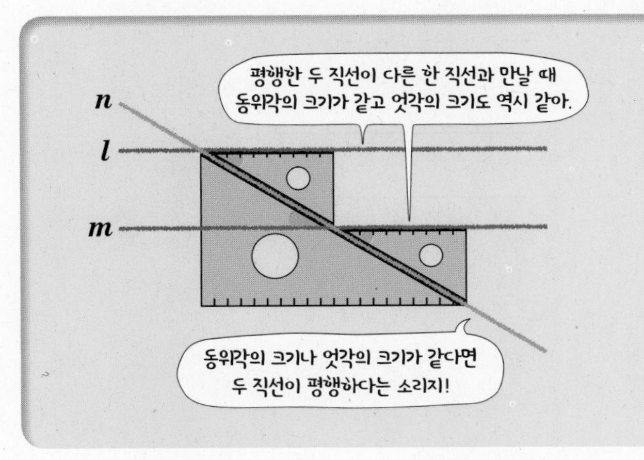

17

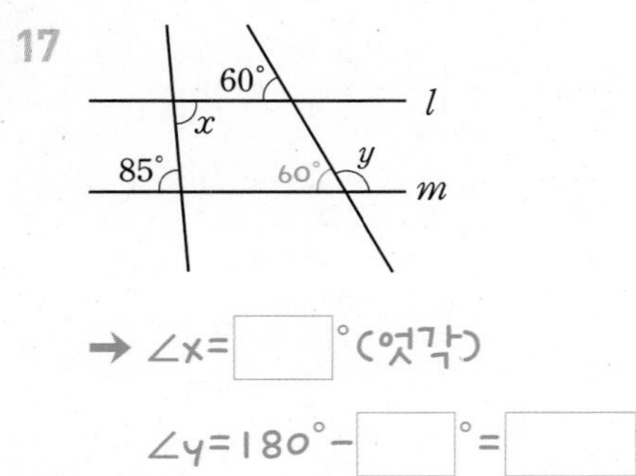

➔ ∠x= °(엇각)

∠y=180°- °= °

18

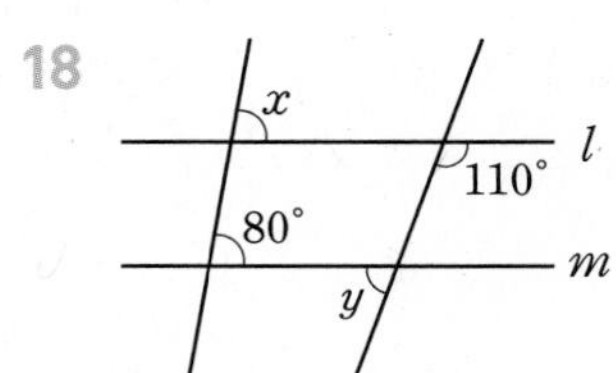

19

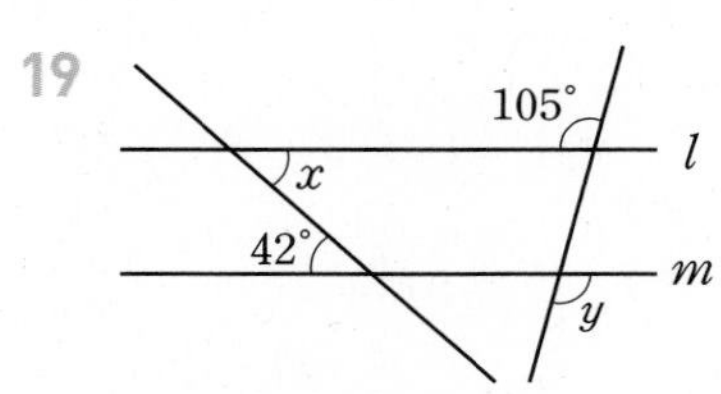

20

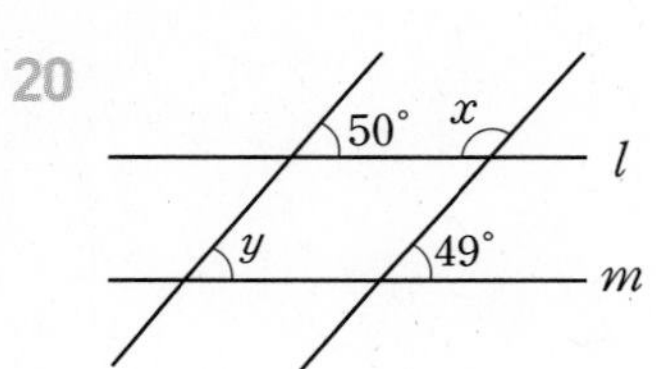

21

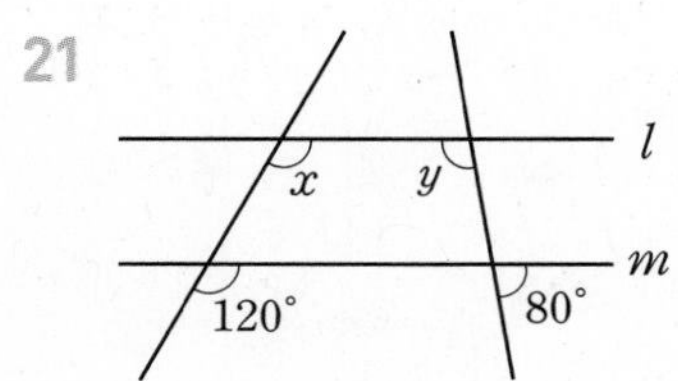

22

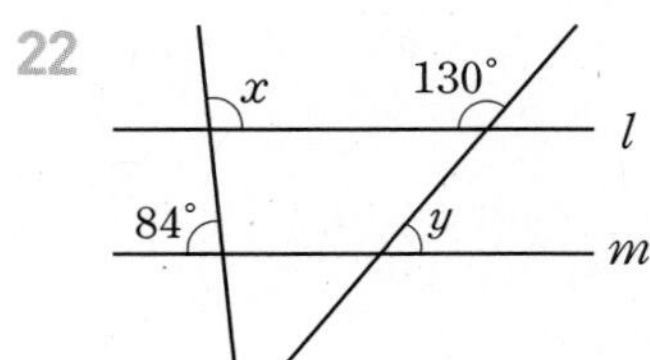

23

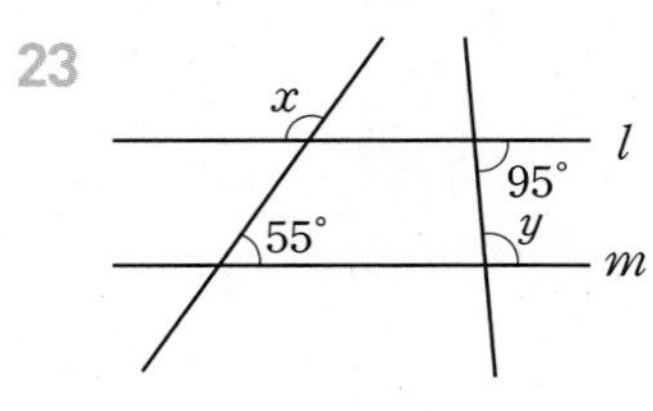

24

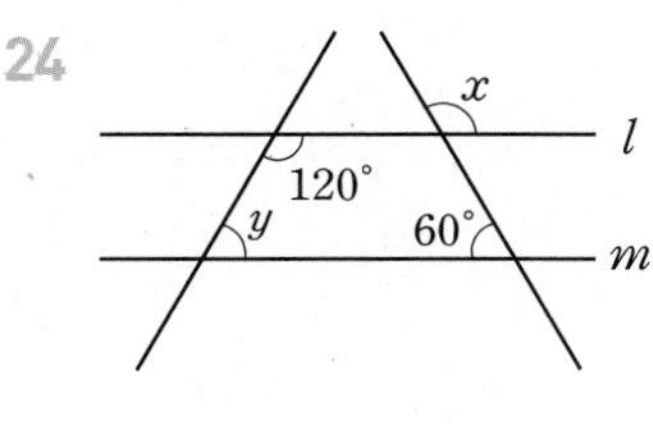

25

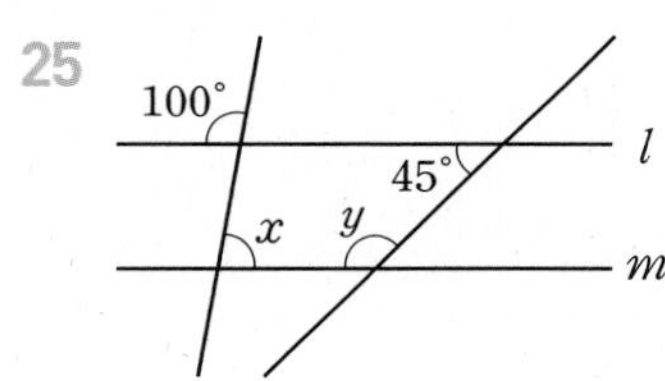

내가 발견한 개념

두 직선이 평행하면?

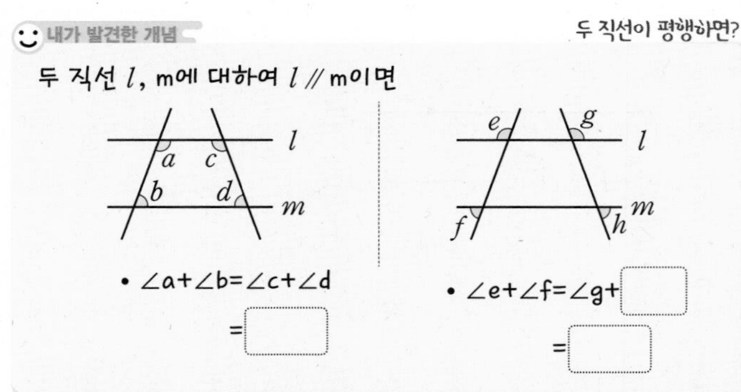

2nd 평행선의 성질을 이용한 각의 크기 구하기(2)

• 다음 그림에서 $l /\!/ m$일 때, $\angle x$의 크기를 구하시오.

26

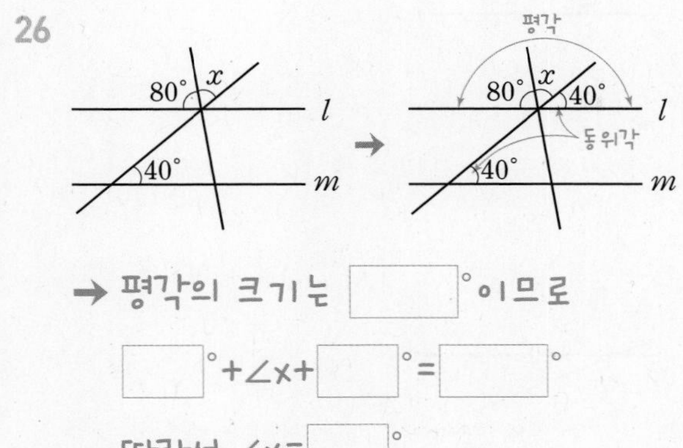

→ 평각의 크기는 □° 이므로

□°+∠x+□°=□°

따라서 ∠x=□°

27

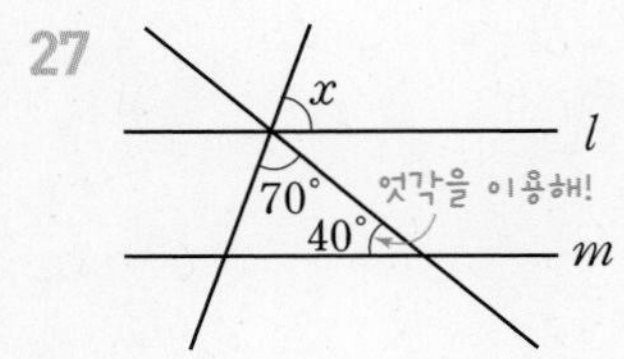

28

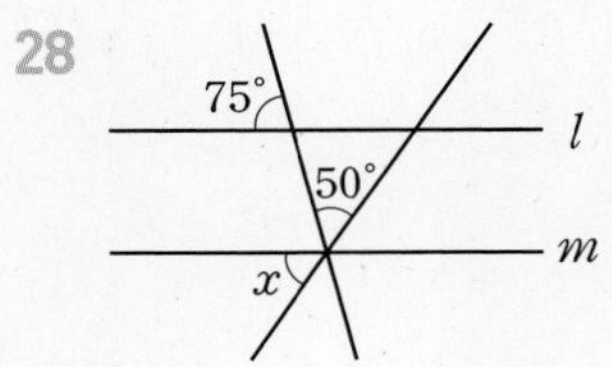

29

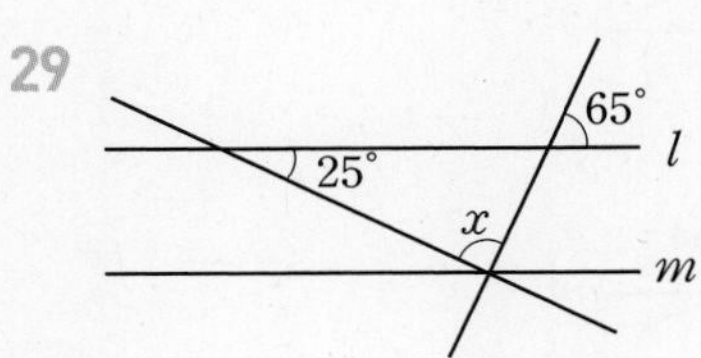

30

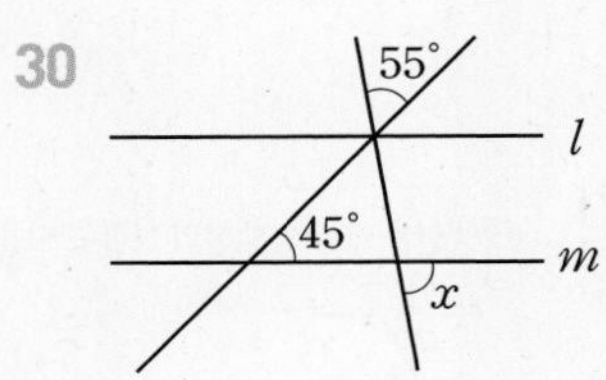

31

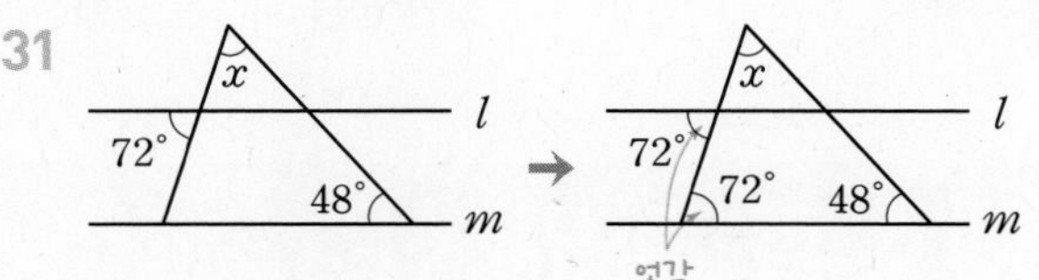

→ 삼각형의 세 내각의 크기의 합은 □°

이므로

∠x+□°+□°=□°

따라서 ∠x=□°

32

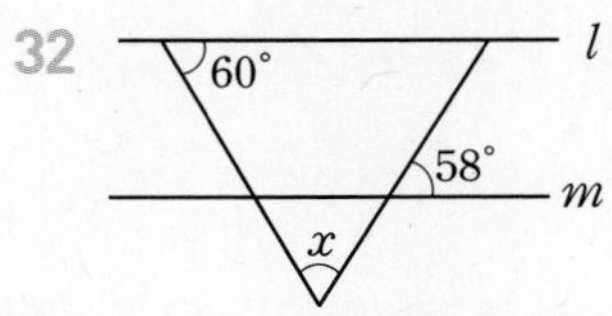

33

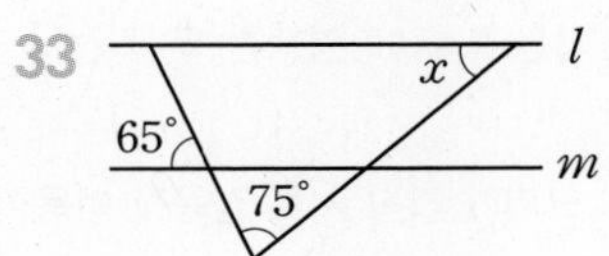

34

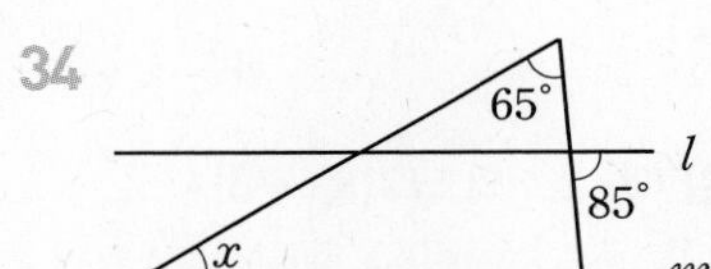

개념모음문제

35 오른쪽 그림에서 $l /\!/ m$, $p /\!/ q$이고 세 직선 l, q, r가 한 점에서 만날 때, $\angle x - \angle y$의 크기는?

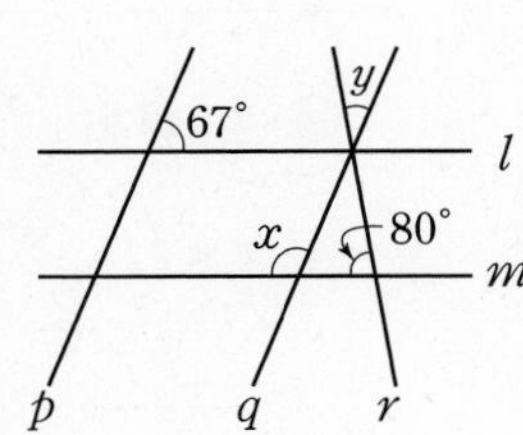

① 80° ② 83°

③ 85° ④ 87°

⑤ 89°

03 꺾인 점을 지나는 평행선을 그어!

평행선과 꺾인 선

두 직선 l, m이 평행할 때

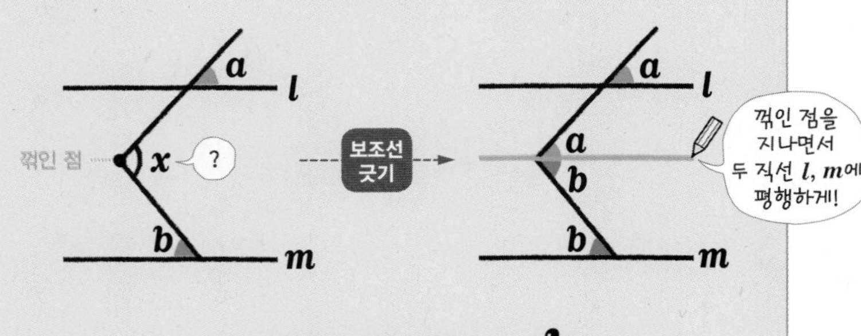

$\Rightarrow \angle x = \angle a + \angle b$

- **평행선 사이에 꺾인 점이 1개 있을 때, 각의 크기를 구하는 방법**
  (i) 꺾인 점을 지나면서 주어진 직선 l, m에 평행한 직선을 긋는다.
  (ii) 평행선에서 동위각과 엇각의 크기가 각각 서로 같음을 이용한다.
- **평행선 사이에 꺾인 점이 2개 있을 때, 각의 크기를 구하는 방법**
  (i) 꺾인 점을 지나면서 주어진 직선 l, m에 평행한 두 직선을 긋는다.
  (ii) 평행선에서 동위각과 엇각의 크기가 각각 서로 같음을 이용한다.

1st — 평행선에서 보조선을 1개 긋는 경우 각의 크기 구하기

● **다음 그림에서 $l \,/\!/\, m$일 때, $\angle x$의 크기를 구하시오.**

1

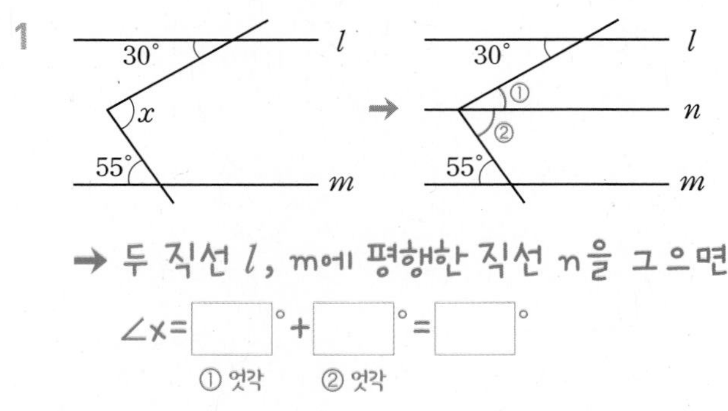

→ 두 직선 l, m에 평행한 직선 n을 그으면

∠x= □° + □° = □°

① 엇각 ② 엇각

2

40°, x, 58°, l, m

3

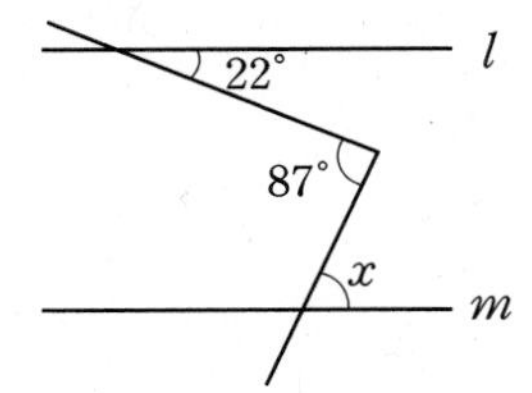

4

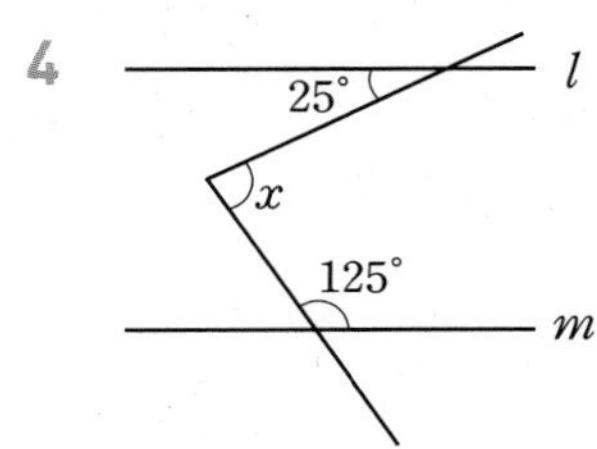

5

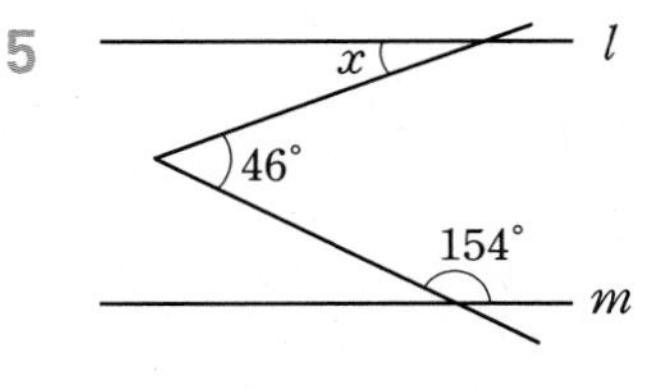

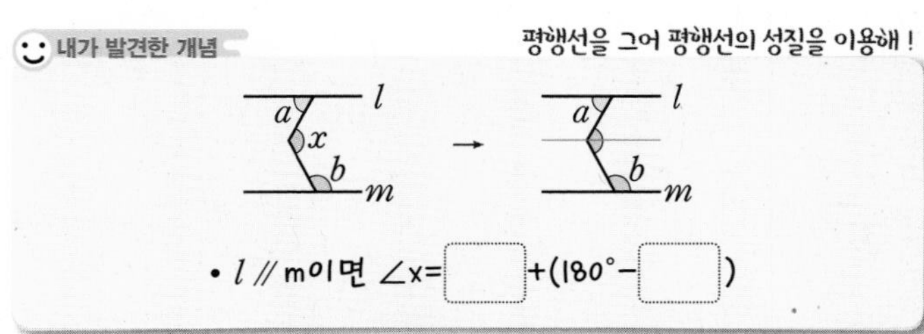

• $l \,/\!/\,$ m이면 ∠x= □ +(180°− □)

6

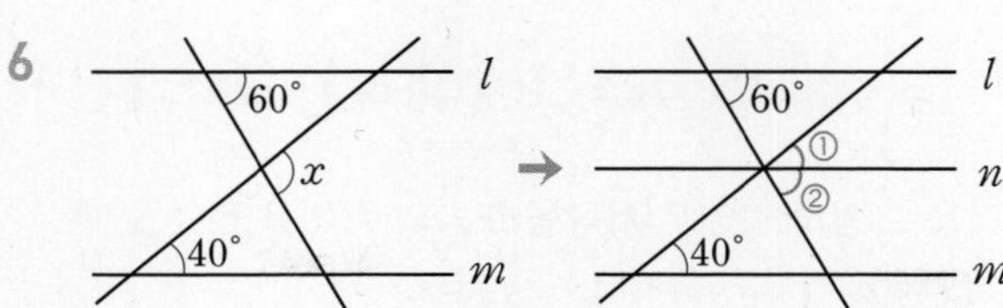

→ 두 직선 l, m에 평행한 직선 n을 그으면

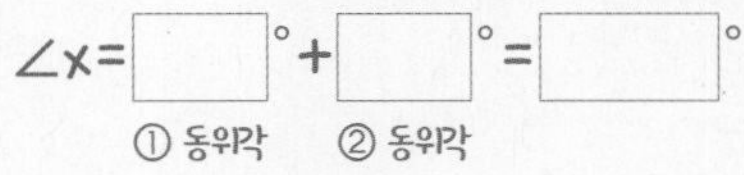

7

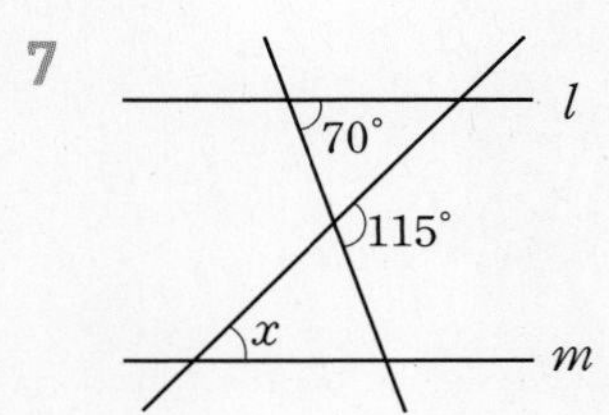

8

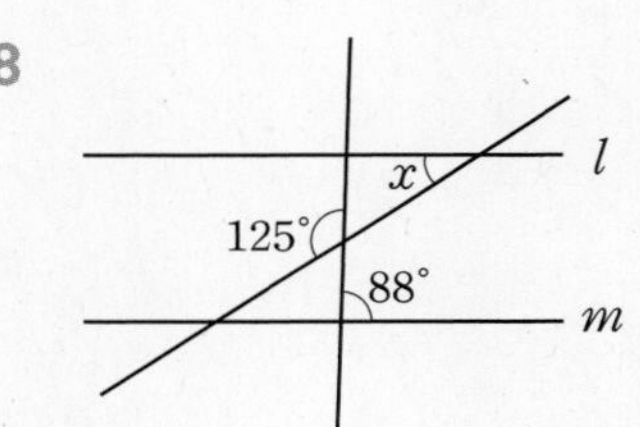

개념모음문제

9 오른쪽 그림에서 $l /\!/ m$일 때, $\angle x$의 크기는?

$2x-10°$, $112°$, $3x+17°$, l, m

① 21° ② 23°
③ 25° ④ 27°
⑤ 29°

2nd 평행선에서 보조선을 2개 긋는 경우 각의 크기 구하기

• **다음 그림에서 $l /\!/ m$일 때, $\angle x$의 크기를 구하시오.**

10

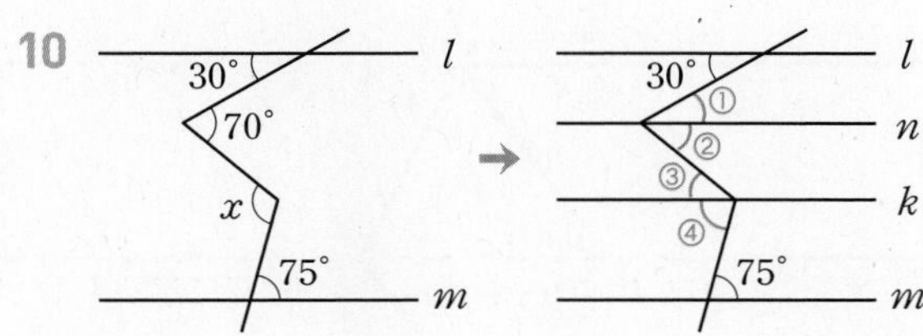

→ 두 직선 l, m에 평행한 직선 n, k를 그으면

①+②= °, ∠x=③+

$l /\!/$ n이므로 ①= °(엇각)

②= °−①= °

n $/\!/$ k이므로 ③=②= °(엇각)

k $/\!/$ m이므로 ④= °(엇각)

∠x=③+④= °+ °= °

11

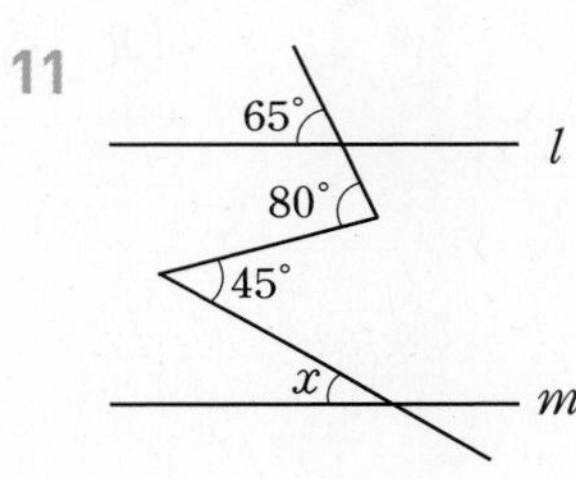

12

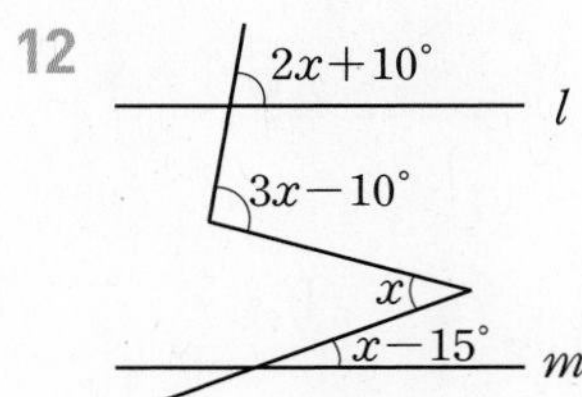

04 종이를 접으면 생기는 같은 각!

평행선과 종이접기

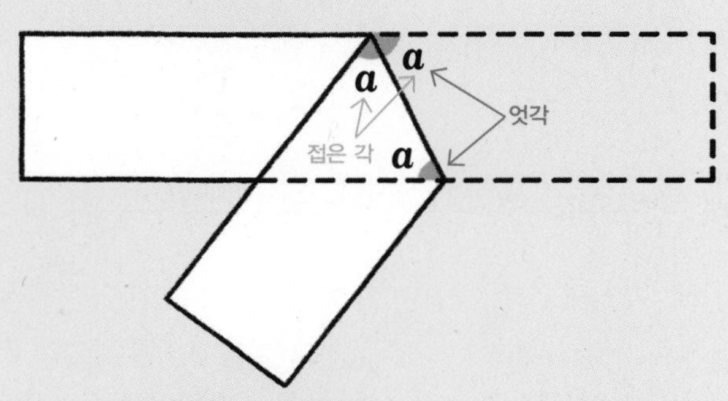

직사각형 모양의 종이를 접으면
접은 각과 엇각의 크기는 각각 서로 같다.

원리확인 다음 그림과 같이 직사각형 모양의 종이를 접었을 때, □ 안에 알맞은 수를 써넣으시오.

❶

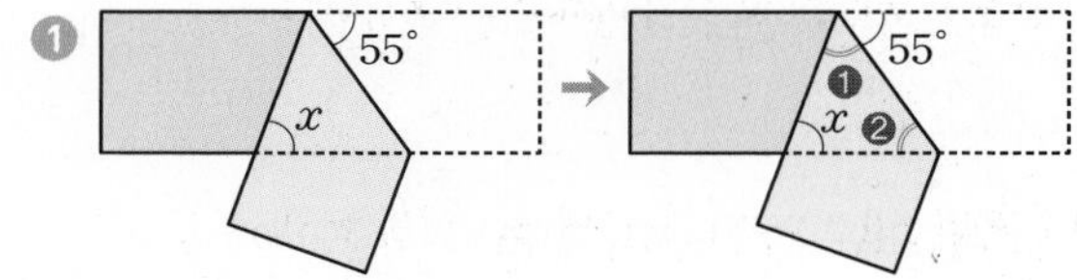

→ 접은 각이므로 ❶=□°

엇각이므로 ❷=□°

삼각형의 세 내각의 크기의 합은 □°이므로

$\angle x+$□°+□°=□°

따라서 $\angle x=$□°

❷

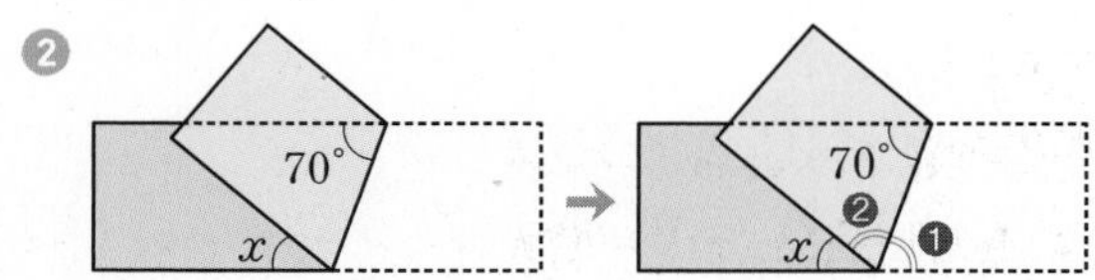

→ 엇각이므로 ❶=□°

접은 각이므로 ❷=□°

평각의 크기는 □°이므로

$\angle x+$□°+□°=□°

따라서 $\angle x=$□°

1st — 종이접기를 이용한 각의 크기 구하기

● 다음 그림과 같이 직사각형 모양의 종이를 접었을 때, $\angle x$의 크기를 구하시오.

1

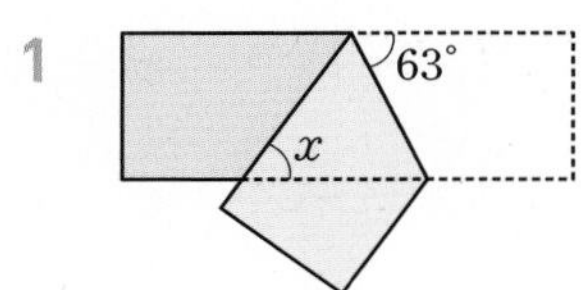

2

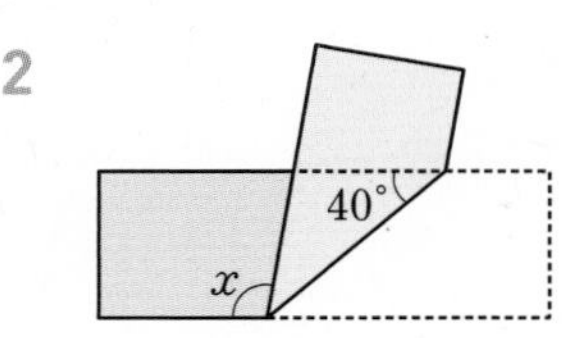

3

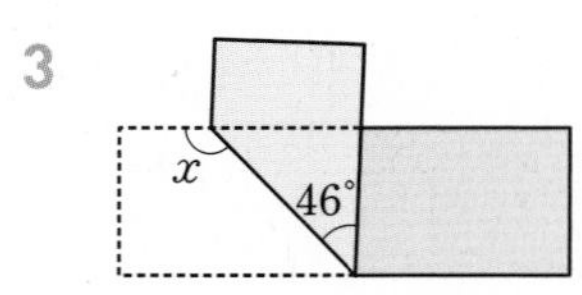

4

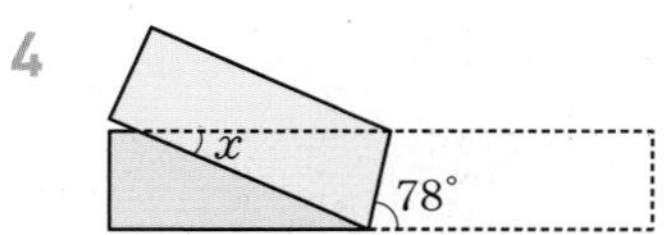

5

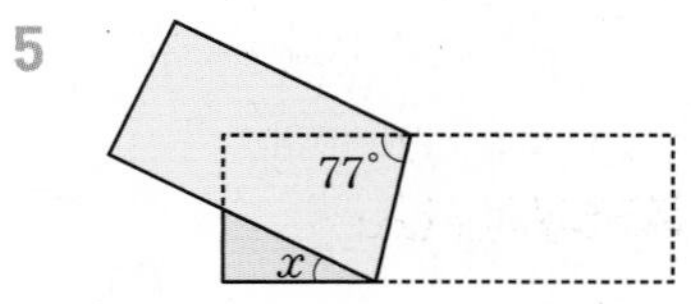

6

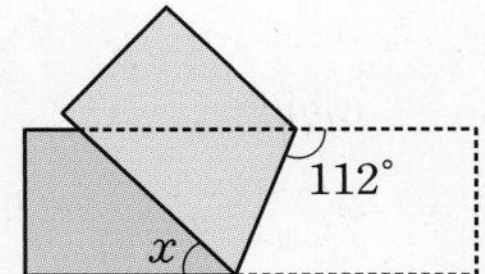

7

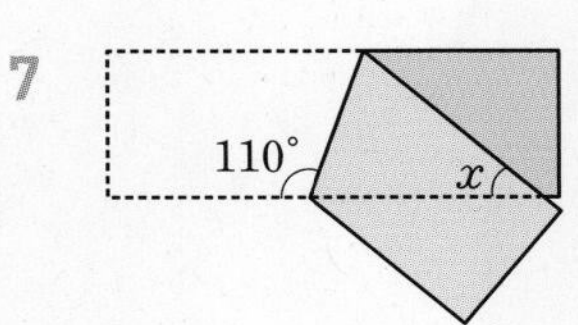

8

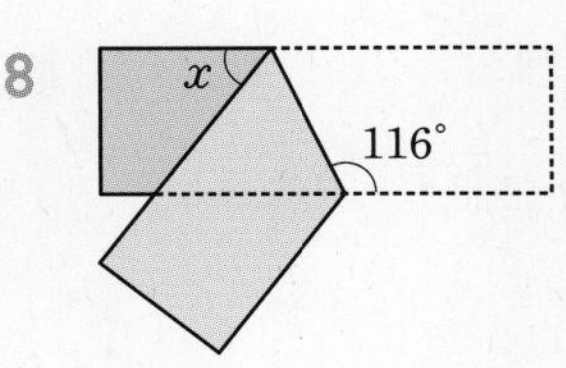

9

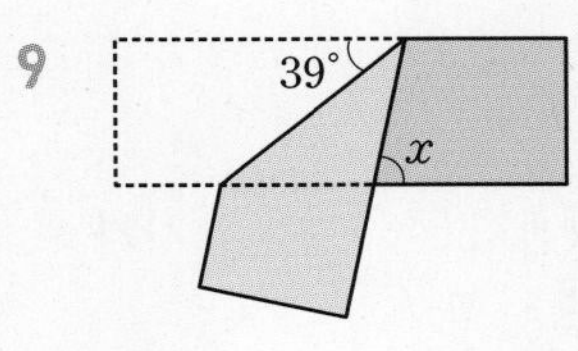

10

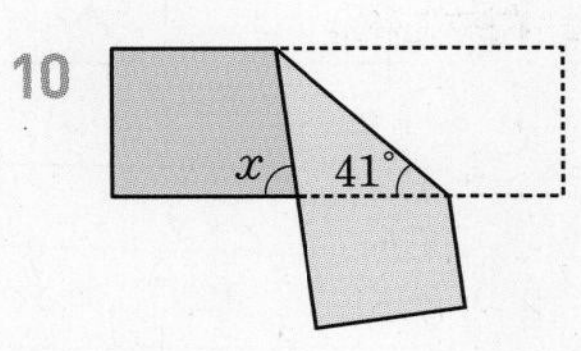

11

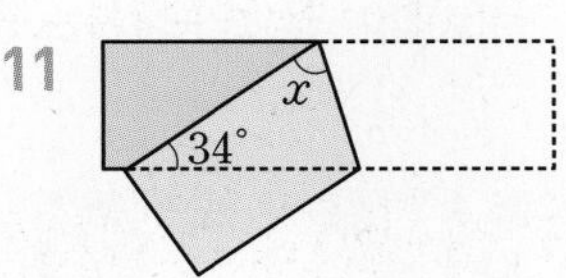

12

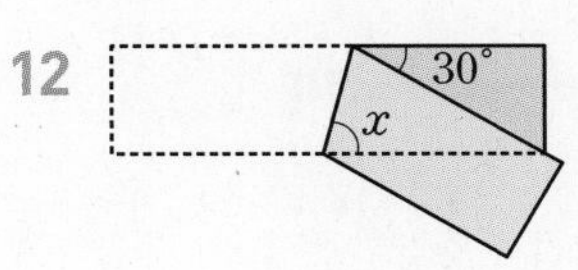

13

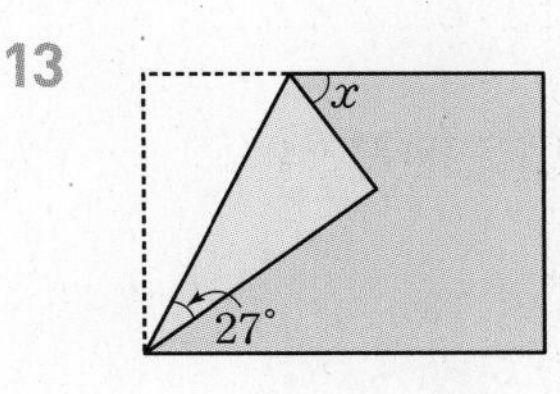

14

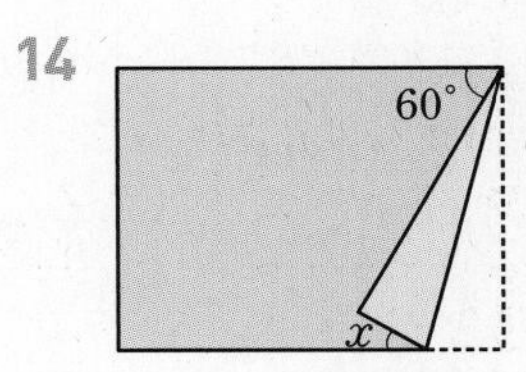

개념모음문제

15 오른쪽 그림과 같이 직사각형 모양의 종이를 접었을 때, $\angle x$의 크기는?

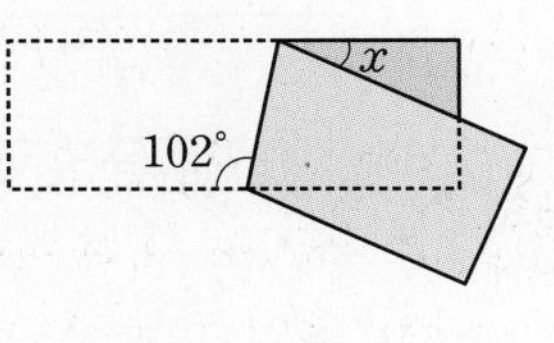

① 12° ② 16° ③ 20°
④ 24° ⑤ 28°

05 **각이 같으면 생기는 평행선!**

두 직선이 평행할 조건

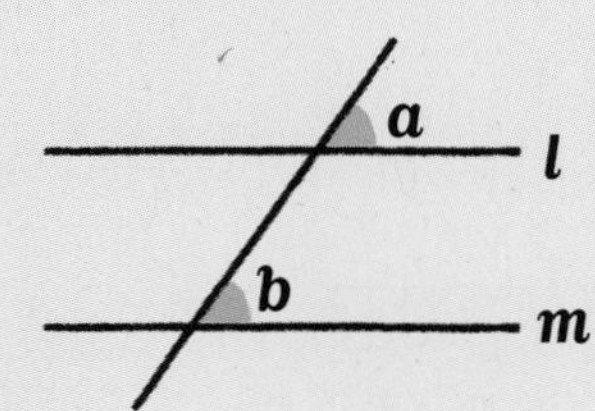

동위각의 크기가 같으면 두 직선이 평행하다.

➡ $\angle a = \angle b$이면 $l /\!/ m$

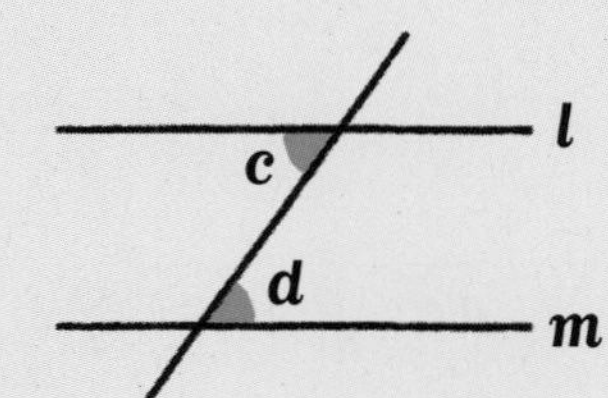

엇각의 크기가 같으면 두 직선이 평행하다.

➡ $\angle c = \angle d$이면 $l /\!/ m$

• **두 직선이 평행할 조건**

서로 다른 두 직선이 다른 한 직선과 만날 때

① 동위각의 크기가 같으면 두 직선은 서로 평행하다.

② 엇각의 크기가 같으면 두 직선은 서로 평행하다.

1st — 두 직선이 평행할 조건 구하기

● **다음 그림을 보고 □ 안에 알맞은 것을 써넣고, 설명 중 옳은 것에 ○를 하시오.**

1

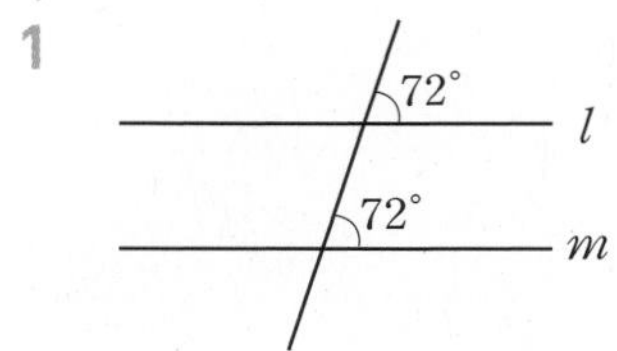

→ □의 크기가 서로

(같으므로, 같지 않으므로)

두 직선 l, m은 (평행하다, 평행하지 않다).

2

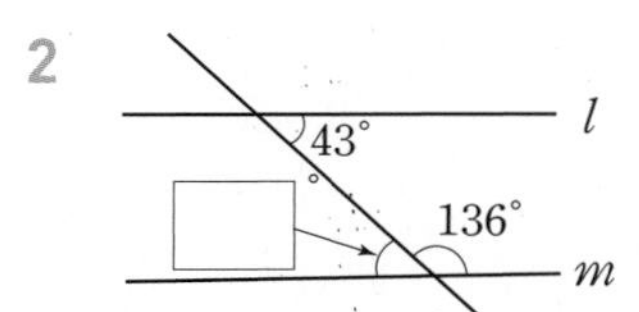

→ □의 크기가 서로

(같으므로, 같지 않으므로)

두 직선 l, m은 (평행하다, 평행하지 않다).

3

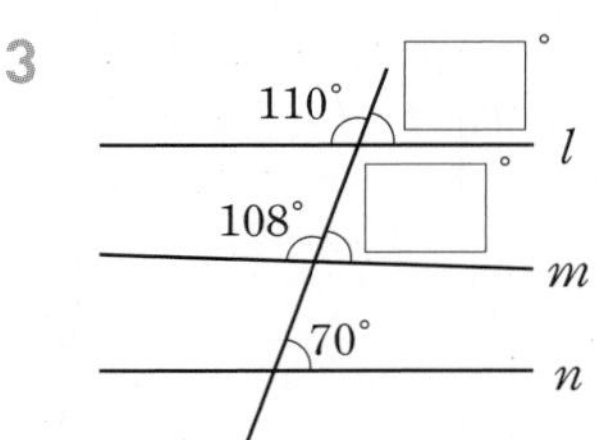

→ 두 직선 □과 □에서 □의 크기가

□°로 서로 같으므로 □ // □

4

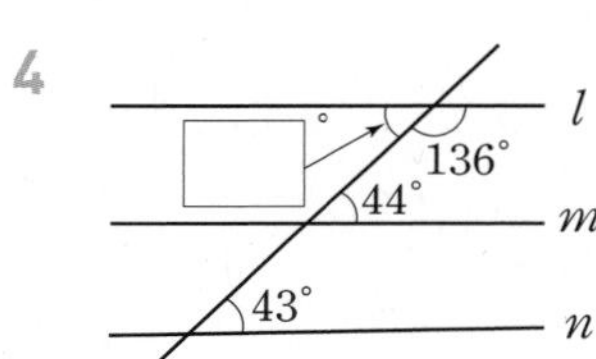

→ 두 직선 □과 □에서 □의 크기가

□°로 서로 같으므로 □ // □

개념모음문제

5 오른쪽 그림에 대하여 다음 중 옳은 것은?

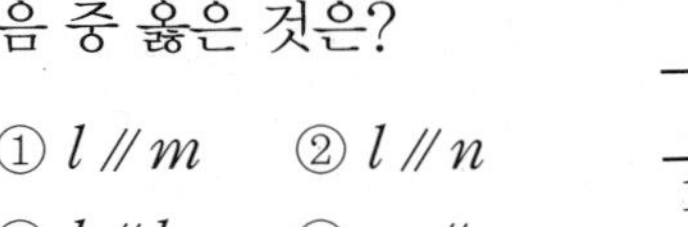

① $l /\!/ m$ ② $l /\!/ n$

③ $l /\!/ k$ ④ $m /\!/ n$

⑤ $n /\!/ k$

TEST 3. 평행선

1 오른쪽 그림에 대한 다음 설명 중 옳지 <u>않은</u> 것은?

① $\angle a$의 동위각은 $\angle d$이다.
② $\angle b$의 동위각의 크기는 $40°$이다.
③ $\angle c$의 엇각의 크기는 $140°$이다.
④ $\angle e$의 동위각의 크기는 $140°$이다.
⑤ $\angle f$의 동위각의 크기는 $65°$이다.

2 다음 그림에서 $l \,/\!/\, m$일 때, $\angle x$, $\angle y$의 크기를 구하시오.

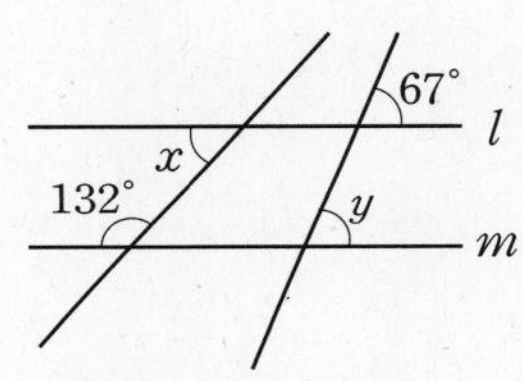

3 오른쪽 그림에서 $l \,/\!/\, m$, $p \,/\!/\, q$이고 세 직선 m, p, r가 한 점에서 만날 때, $\angle x + \angle y$의 크기는?

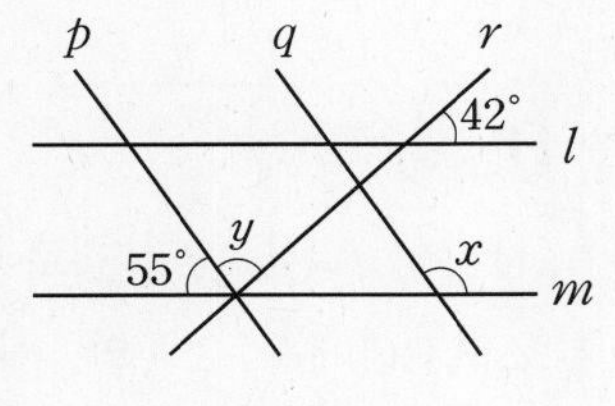

① $208°$ ② $211°$ ③ $214°$
④ $217°$ ⑤ $220°$

4 오른쪽 그림에서 $l \,/\!/\, m$일 때, $\angle x$의 크기는?

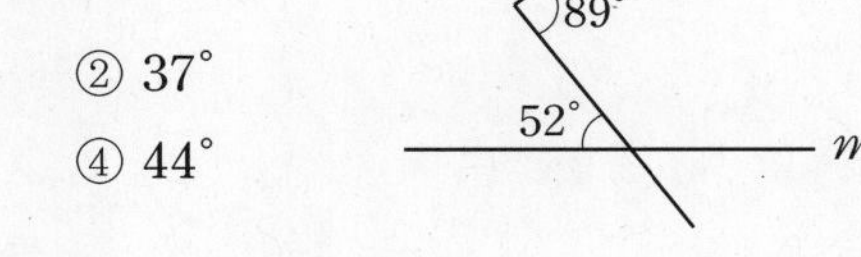

① $33°$ ② $37°$
③ $40°$ ④ $44°$
⑤ $47°$

5 다음 그림과 같이 직사각형 모양의 종이를 접을 때, $\angle x$의 크기를 구하시오.

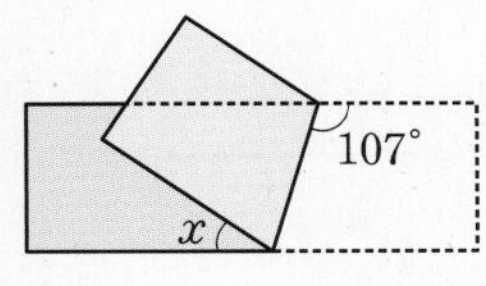

6 오른쪽 그림에 대하여 다음 중 옳은 것은?

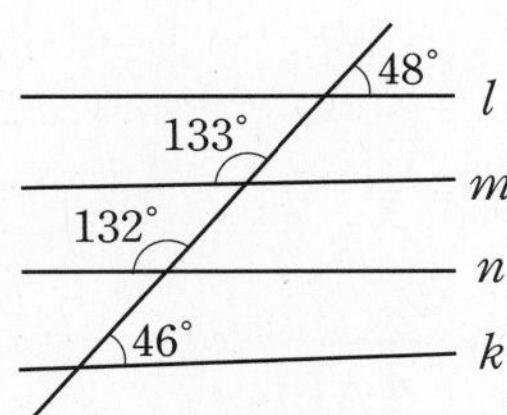

① $l \,/\!/\, m$
② $l \,/\!/\, n$
③ $l \,/\!/\, k$
④ $m \,/\!/\, n$
⑤ $n \,/\!/\, k$

4

눈금 없는 자와 컴퍼스만으로, 작도와 합동

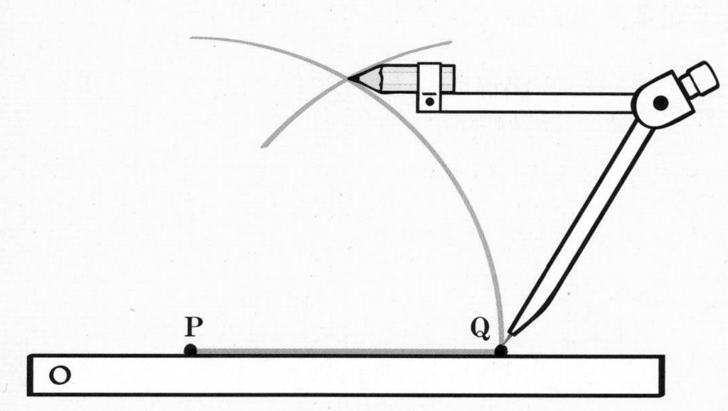

눈금 없는 자와 컴퍼스만 사용해 봐!

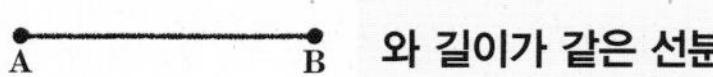

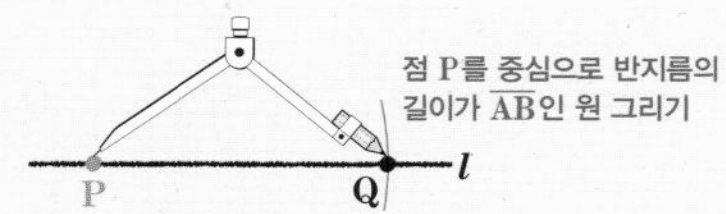

01 길이가 같은 선분의 작도

눈금 없는 자와 컴퍼스만을 사용하여 도형을 그리는 것을 작도라 해! 이때 눈금 없는 자는 두 점을 연결하여 선분을 그리거나 선분을 연장할 때 사용하고, 컴퍼스는 원을 그리거나 선분의 길이를 재어서 옮길 때 사용해. 눈금 없는 자와 컴퍼스를 사용하여 주어진 선분과 길이가 같은 선분을 작도하는 방법을 익혀 보자!

눈금 없는 자와 컴퍼스만 사용해 봐!

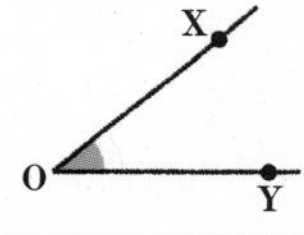

와 크기가 같은 각

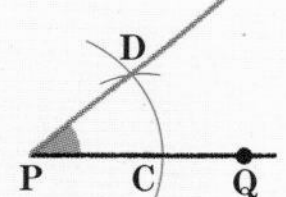

02 크기가 같은 각의 작도

눈금 없는 자와 컴퍼스만을 사용하여 주어진 각과 크기가 같은 각을 작도할 수 있어! 크기가 같은 각을 작도하는 방법을 익혀 보자!

△ABC

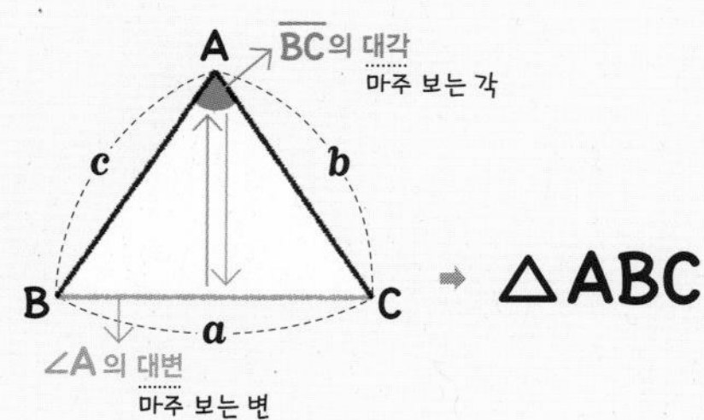

△ABC에서 세 변의 길이 사이의 관계

$a+b>c$
$b+c>a$
$c+a>b$

03 삼각형

삼각형 ABC를 기호로 △ABC와 같이 나타내.
△ABC에서 ∠A와 마주 보는 변 BC를 ∠A의 대변이라 하고, ∠A를 변 BC의 대각이라 하지.
한편 삼각형의 세 변의 길이 사이의 관계는 두 변의 길이의 합은 나머지 한 변의 길이보다 커!

04 삼각형의 작도

눈금 없는 자와 컴퍼스만을 사용하여 왼쪽 그림과 같이 주어진 조건의 삼각형을 작도할 수 있어!

눈금 없는 자와 컴퍼스만 사용해 봐!

❶ 세 변의 길이가 주어질 때

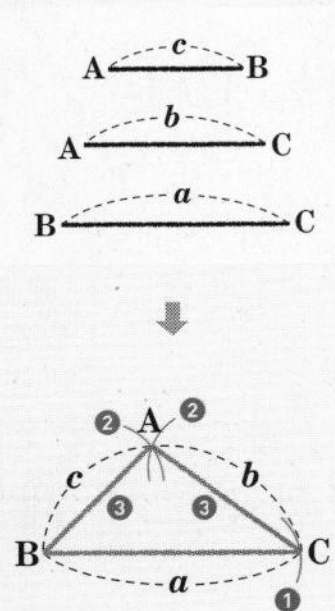

❷ 두 변의 길이와 그 끼인각의 크기가 주어질 때

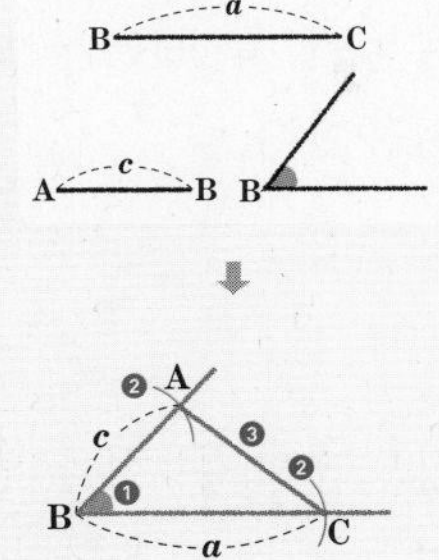

❸ 한 변의 길이와 그 양 끝 각의 크기가 주어질 때

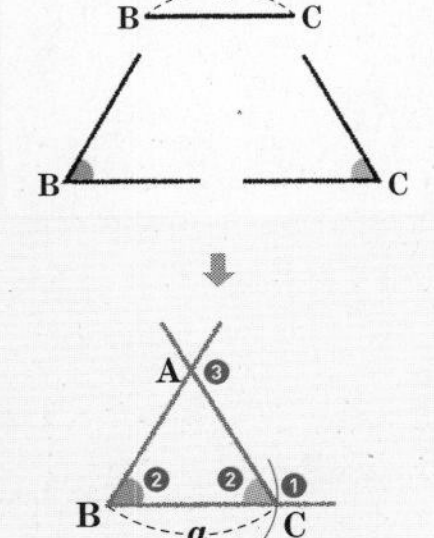

05 삼각형의 결정조건

삼각형의 작도를 통해 삼각형의 모양과 크기는 왼쪽 그림과 같은 경우에 하나로 결정됨을 알 수 있지.

따라서 삼각형의 결정조건을 만족하지 않으면 삼각형이 하나로 결정되지 않아!

모양과 크기가 하나인 삼각형!

❶ 세 변의 길이가 주어질 때

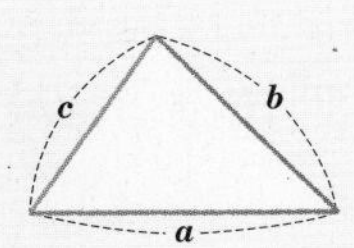

❷ 두 변의 길이와 그 끼인각의 크기가 주어질 때

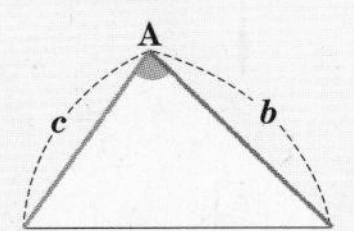

❸ 한 변의 길이와 그 양 끝 각의 크기가 주어질 때

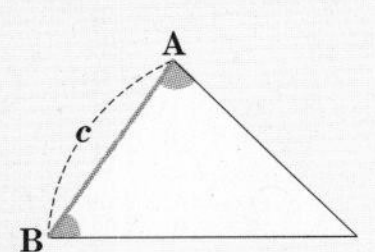

06 도형의 합동

한 도형을 모양이나 크기를 바꾸지 않고 옮겨서 다른 도형에 완전히 포갤 수 있을 때 두 도형을 서로 합동이라 하고, 기호 ≡를 사용하여 나타내!

두 도형이 완전히 포개져!

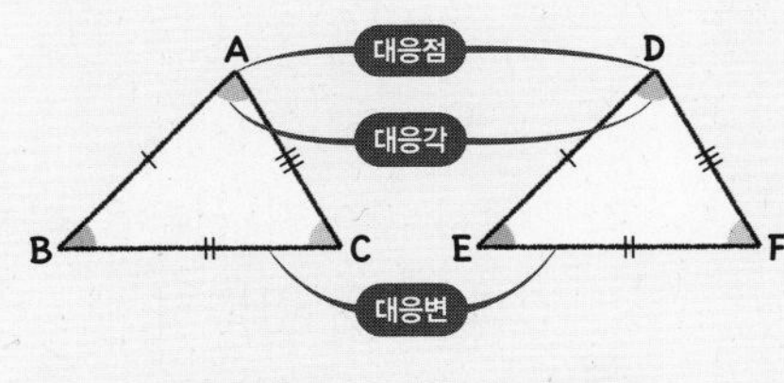

$\triangle ABC \equiv \triangle DEF$

07 삼각형의 합동 조건

두 삼각형은 왼쪽 그림과 같은 경우에 서로 합동이야!

두 개의 삼각형이 완전히 포개져!

❶ 대응하는 세 변의 길이가 각각 같을 때 (SSS 합동)

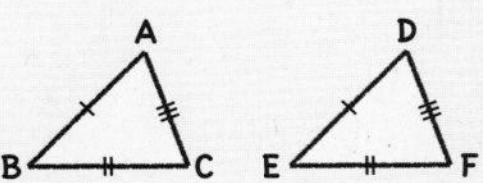

❷ 대응하는 두 변의 길이가 각각 같고, 그 끼인각의 크기가 같을 때 (SAS 합동)

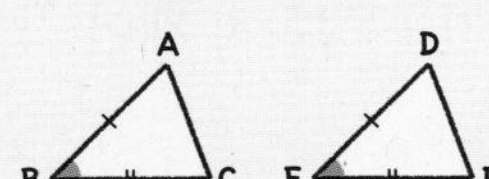

❸ 대응하는 한 변의 길이가 같고, 그 양 끝 각의 크기가 각각 같을 때 (ASA 합동)

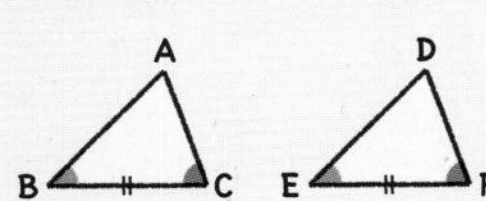

01

눈금 없는 자와 컴퍼스만 사용해 봐!

길이가 같은 선분의 작도

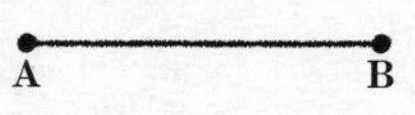

와 길이가 같은 선분

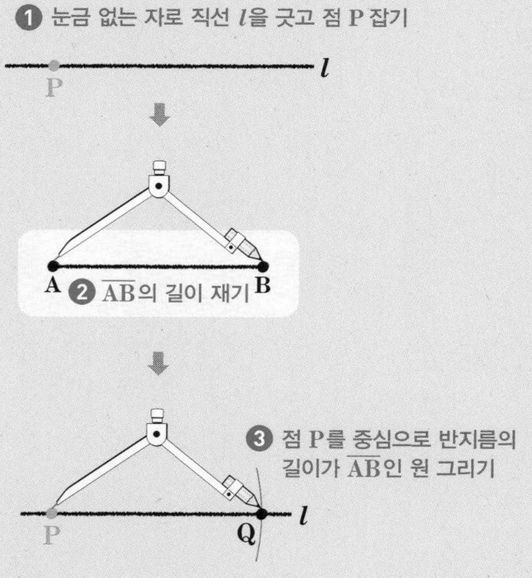

- **작도**: 눈금 없는 자와 컴퍼스만을 사용하여 도형을 그리는 것
  ① 눈금 없는 자: 두 점을 연결하여 선분을 그리거나 선분을 연장할 때 사용한다.
  ② 컴퍼스: 원을 그리거나 선분의 길이를 재어서 옮길 때 사용한다.

가장 완벽한 도형은 직선과 원이야.
직선을 그릴 수 있는 눈금 없는 자와
원을 그릴 수 있는 컴퍼스만으로
조건에 맞는 도형을 그리는 것이
바로 작도지!

계산, 측정은 노예들이나 하는 것이라
생각했던 히포크라테스.(B.C.460?~B.C.377?)

1st 작도 이해하기

● 다음 설명 중 옳은 것은 ○를, 옳지 않은 것은 ×를 (　) 안에 써넣으시오.

1 작도를 할 때는 눈금 없는 자, 컴퍼스, 각도기를 사용한다. (　　)

2 작도에서 두 점을 연결하는 선을 그릴 때는 눈금 없는 자를 사용한다. (　　)

3 작도에서 주어진 선분을 연장할 때는 컴퍼스를 사용한다. (　　)

4 작도에서 선분의 길이를 잴 때는 눈금 없는 자를 사용한다. (　　)

5 작도에서 두 선분의 길이를 비교할 때는 눈금 없는 자를 사용한다. (　　)

6 작도에서 주어진 선분을 다른 직선 위로 옮길 때는 컴퍼스를 사용한다. (　　)

7 길이가 같은 선분을 작도할 때는 눈금 없는 자로 길이를 정확히 재어 작도한다. (　　)

8 크기가 같은 각을 작도할 때는 각도기로 각의 크기를 정확히 재어 작도한다. (　　)

2nd 길이가 같은 선분 작도하기

9 다음은 선분 AB와 길이가 같은 선분 PQ를 작도하는 과정이다. □ 안에 알맞은 것을 써넣으시오.

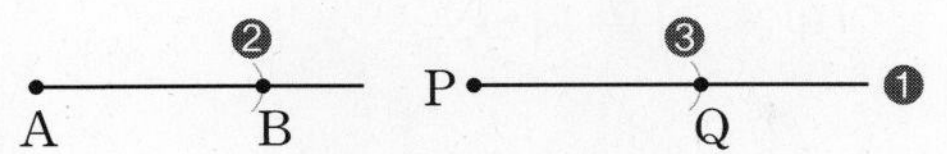

❶ □를 사용하여 점 P를 시점으로 하는 반직선을 긋는다.
❷ □를 사용하여 $\overline{AB}$의 길이를 잰다.
❸ 점 P를 중심으로 하고 반지름의 길이가 □인 원을 그려 반직선과 만나는 점을 Q라 하면 선분 AB와 길이가 같은 선분 PQ가 작도된다.

● **다음을 작도하시오.**

10 선분 AB의 길이의 2배 길이를 갖는 선분 AC

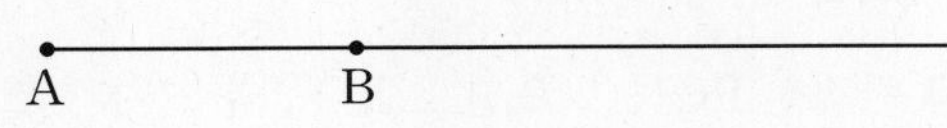

11 선분 AB의 길이의 3배 길이를 갖는 선분 AC

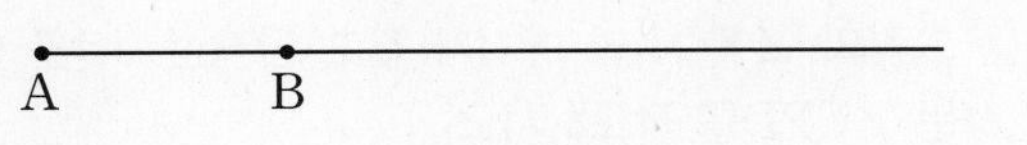

12 선분 AB와 길이가 같은 선분 PQ

A B → P

13 선분 AB의 길이의 2배 길이를 갖는 선분 PQ

A B → P

14 다음은 선분 AB를 한 변으로 하는 정삼각형 ABC를 작도하는 과정이다. □ 안에 알맞은 것을 써넣으시오.

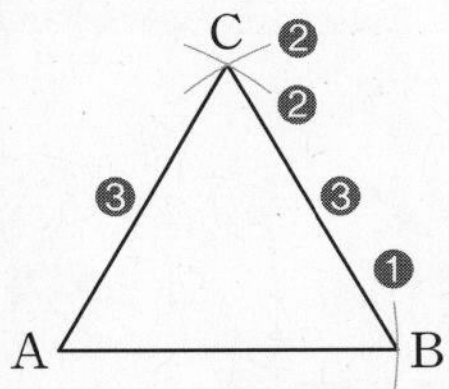

❶ □를 사용하여 $\overline{AB}$의 길이를 잰다.
❷ 두 점 A, B를 중심으로 하고 반지름의 길이가 □인 원을 각각 그려 이 두 원의 교점을 □라 한다.
❸ □를 사용하여 $\overline{AC}$, $\overline{BC}$를 그으면 정삼각형 ABC가 작도된다.

내가 발견한 개념 선분 AB를 한 변으로 하는 정삼각형 ABC를 작도하는 순서는?

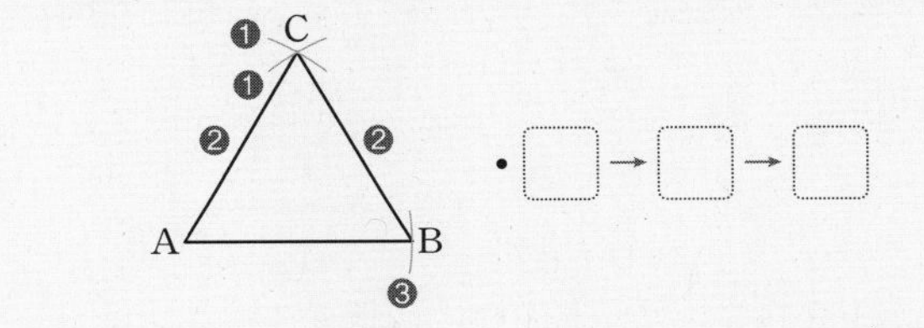

개념모음문제

15 아래 그림과 같이 선분 PQ를 점 Q의 방향으로 연장하여 선분 PQ의 길이의 2배가 되는 선분 PR를 작도할 때, 다음 설명 중 옳지 않은 것을 모두 고르면? (정답 2개)

P ❶ Q ❷ R ❸

① 선분 QR의 길이는 선분 PQ의 길이와 같다.
② 선분 PQ의 길이를 눈금 없는 자로 잰 후, 그 길이의 2배가 되는 지점을 찾아 점 R를 정한다.
③ 컴퍼스만 있으면 작도가 가능하다.
④ 점 Q를 중심으로 하고 반지름의 길이가 $\overline{PQ}$인 원을 그릴 때, 원과 연장선이 만나는 점이 R이다.
⑤ 작도 순서는 ❸ → ❶ → ❷이다.

02 눈금 없는 자와 컴퍼스만 사용해 봐!

크기가 같은 각의 작도

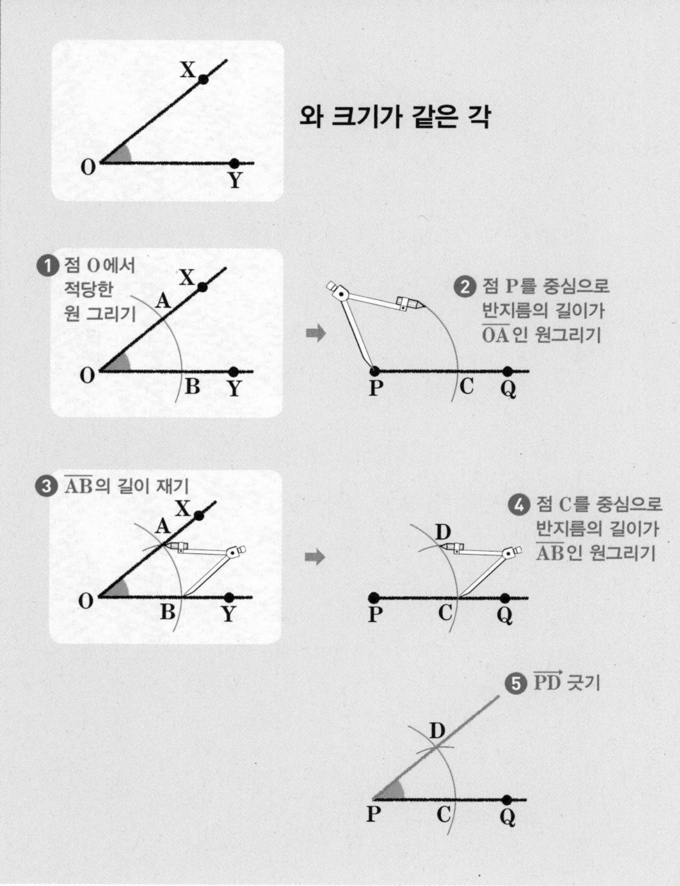

왜 눈금 없는 자와 컴퍼스일까?

1st 크기가 같은 각 작도하기

1 다음은 $\angle XOY$와 크기가 같은 각을 반직선 PQ를 한 변으로 하여 작도하는 과정이다. □ 안에 알맞은 것을 써넣으시오.

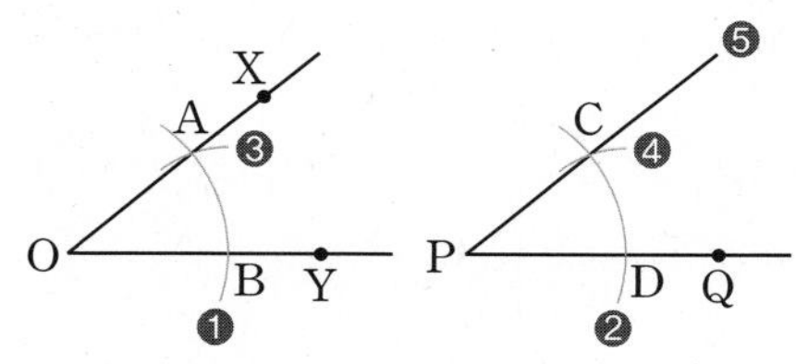

❶ 점 O를 중심으로 하는 원을 그려 두 반직선 OX, OY와 만나는 점을 각각 □, □라 한다.
❷ 점 P를 중심으로 하고 반지름의 길이가 $\overline{OA}$인 원을 그려 반직선 PQ와 만나는 점을 □라 한다.
❸ □를 사용하여 □의 길이를 잰다.
❹ 점 D를 중심으로 하고 반지름의 길이가 □인 원을 그려 이 원이 ❷에서 그린 원과 만나는 점을 □라 한다.
❺ 반직선 PC를 그으면 $\angle XOY$와 크기가 같은 $\angle$□가 작도된다.

● 다음 그림의 $\angle XOY$와 크기가 같고 반직선 PQ를 한 변으로 하는 $\angle CPD$를 작도하시오.

2

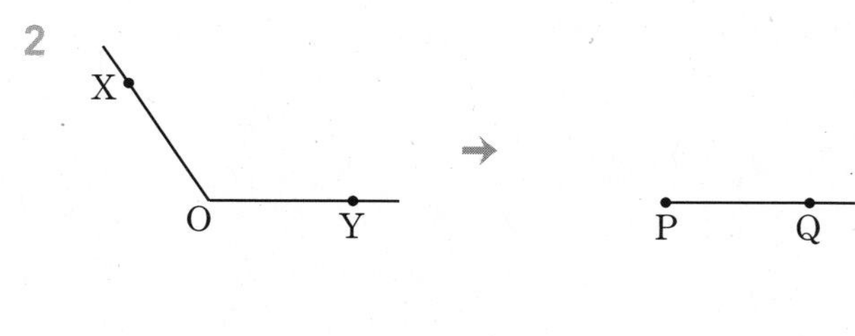

3

4

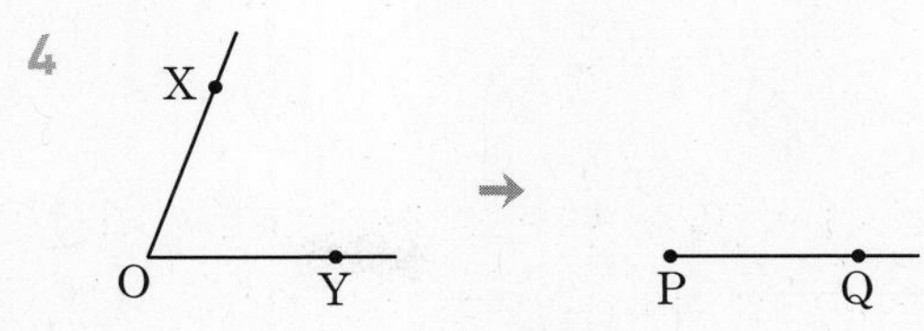

5

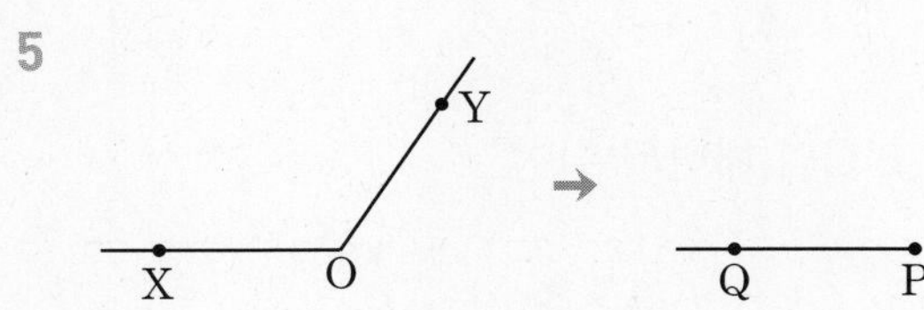

내가 발견한 개념 각 XOY와 크기가 같은 각 CPD를 작도하는 순서는?

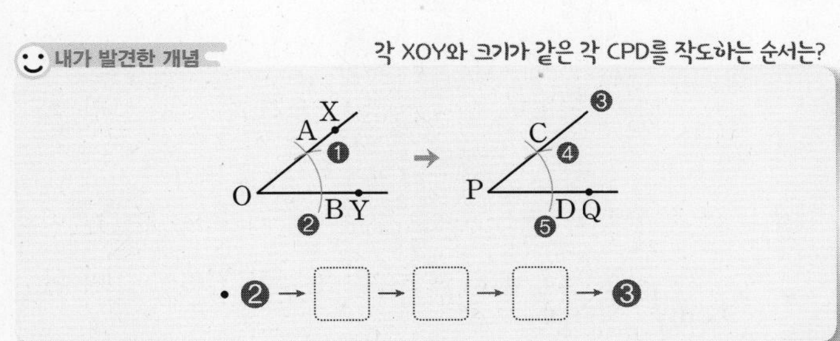

• ❷ → □ → □ → □ → ❸

2nd 평행선 작도하기

6 다음은 직선 l 밖의 한 점 P를 지나고 직선 l과 평행한 직선을 작도하는 과정이다. □ 안에 알맞은 것을 써넣으시오.

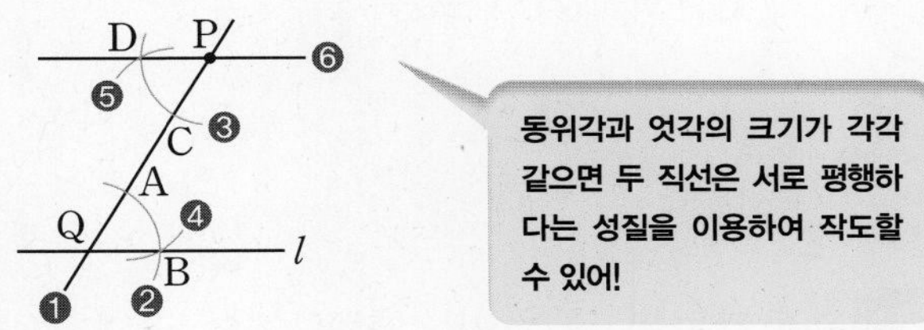

❶ 점 P를 지나는 직선이 직선 l과 만나는 점을 □라 한다.

❷ 점 Q를 중심으로 하는 원을 그려 직선 PQ, 직선 l과 만나는 점을 각각 □, □라 한다.

❸ 점 P를 중심으로 반지름의 길이가 $\overline{QA}$인 원을 그려 직선 PQ와 만나는 점을 □라 한다.

❹ □를 사용하여 □의 길이를 잰다.

❺ 점 C를 중심으로 하고 반지름의 길이가 □인 원을 그려 이 원이 ❸에서 그린 원과 만나는 점을 □라 한다.

❻ 두 점 □, □를 지나는 직선 □를 그으면 직선 l과 평행한 직선이 작도된다.

● **다음 그림의 직선 l 밖의 한 점 P를 지나고 직선 l과 평행한 직선 m을 작도하시오.**

7 '동위각의 크기가 같으면 두 직선은 평행하다.'를 이용한다.

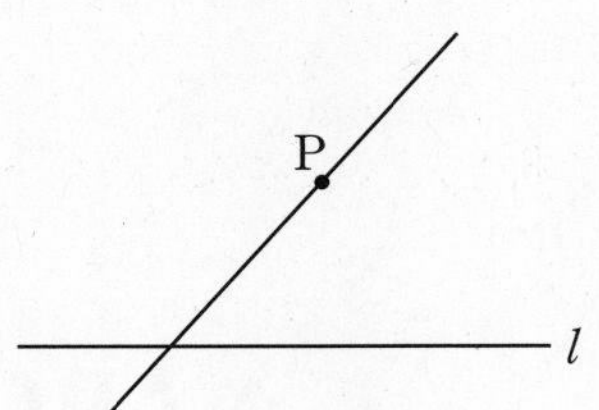

8 '엇각의 크기가 같으면 두 직선은 평행하다.'를 이용한다.

l

P

내가 발견한 개념 한 점 P를 지나고 직선 l과 평행한 직선을 작도하는 순서는?

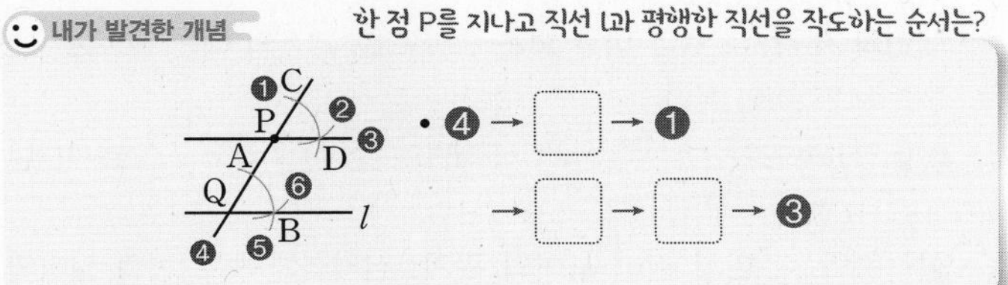

• ❹ → □ → ❶
→ □ → □ → ❸

개념모음문제

9 오른쪽 그림은 직선 l 밖의 한 점 P를 지나고 직선 l과 평행한 직선 m을 작도한 것이다. 다음 설명 중 옳지 않은 것을 모두 고르면? (정답 2개)

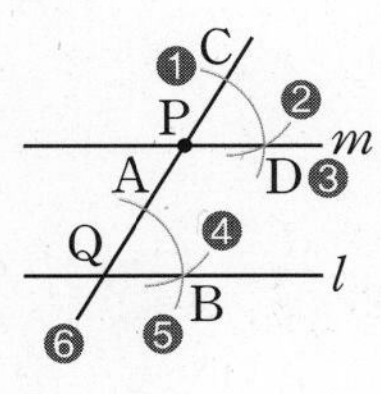

① $\overline{PA}=\overline{AB}$

② $\angle CPD=\angle AQB$

③ 크기가 같은 각의 작도를 이용한 것이다.

④ 엇각의 크기가 같으면 두 직선은 서로 평행하다는 성질을 이용한 것이다.

⑤ 작도 순서는 ❻ → ❺ → ❶ → ❹ → ❷ → ❸ 이다.

삼각형

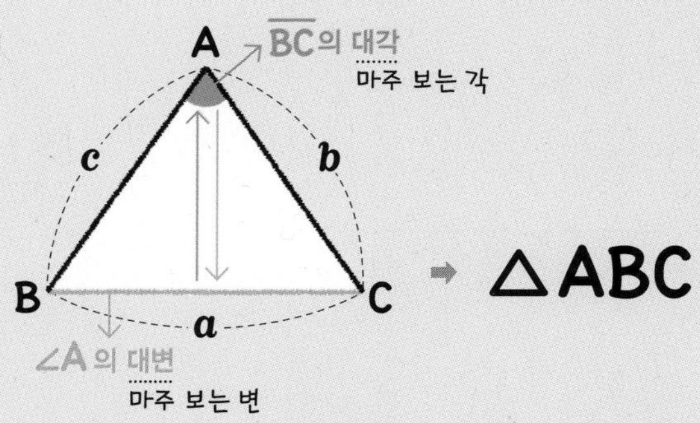

△ABC 에서 세 변의 길이 사이의 관계

$$a+b>c$$
$$b+c>a$$
$$c+a>b$$

- **삼각형** ABC: 세 꼭짓점이 A, B, C인 삼각형을 기호로 △ABC와 같이 나타낸다.
- **대변과 대각**: ∠A와 마주 보는 변 BC를 ∠A의 대변, ∠A를 변 BC의 대각이라 한다.

  참고 일반적으로 ∠A, ∠B, ∠C의 대변의 길이를 각각 a, b, c로 나타낸다.
- **삼각형의 세 변의 길이 사이의 관계**: 삼각형에서 두 변의 길이의 합은 나머지 한 변의 길이보다 크다.

  참고 세 변의 길이가 주어졌을 때 삼각형이 될 수 있는 조건
  ➜ (가장 긴 변의 길이)<(나머지 두 변의 길이의 합)

1st 삼각형의 대변과 대각 구하기

● 아래 그림과 같은 △ABC에 대하여 다음을 구하시오.

1

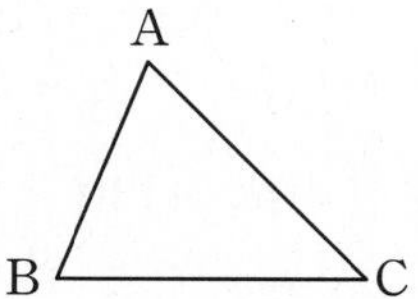

(1) ∠A의 대변　　(2) ∠B의 대변

(3) ∠C의 대변　　(4) $\overline{AB}$의 대각

(5) $\overline{BC}$의 대각　　(6) $\overline{CA}$의 대각

2

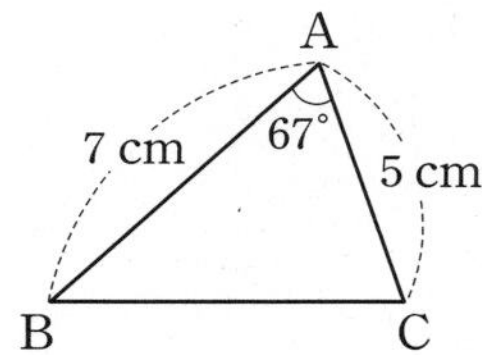

(1) ∠B의 대변의 길이

(2) ∠C의 대변의 길이

(3) $\overline{BC}$의 대각의 크기

3

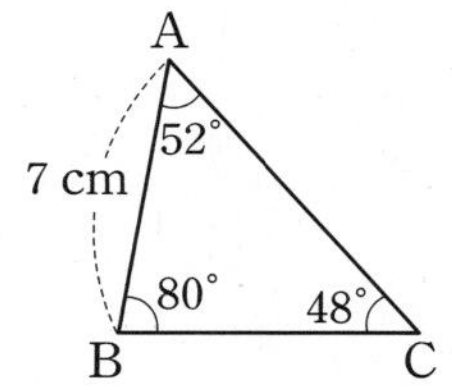

(1) ∠C의 대변의 길이

(2) $\overline{BC}$의 대각의 크기

(3) $\overline{CA}$의 대각의 크기

2nd 삼각형의 세 변의 길이 사이의 관계 이해하기

4 다음은 세 변의 길이가 2 cm, 3 cm, 7 cm인 삼각형을 그릴 수 있는지 알아보는 과정이다. ○ 안에는 알맞은 부등호를, □ 안에는 알맞은 것을 써넣으시오.

> 주어진 세 변의 길이 중 가장 긴 변의 길이는
> 7 cm이므로 7○2+□
> 따라서 세 변의 길이가 2 cm, 3 cm, 7 cm인 삼각형을 그릴 수 □.

● 다음 중 삼각형의 세 변의 길이가 될 수 있는 것은 ○를, 될 수 없는 것은 ×를 (　) 안에 써넣으시오.

5 2 cm, 3 cm, 4 cm (　　)

6 2 cm, 4 cm, 6 cm (　　)

7 3 cm, 4 cm, 5 cm (　　)

8 3 cm, 5 cm, 7 cm (　　)

9 4 cm, 6 cm, 12 cm (　　)

10 5 cm, 6 cm, 11 cm (　　)

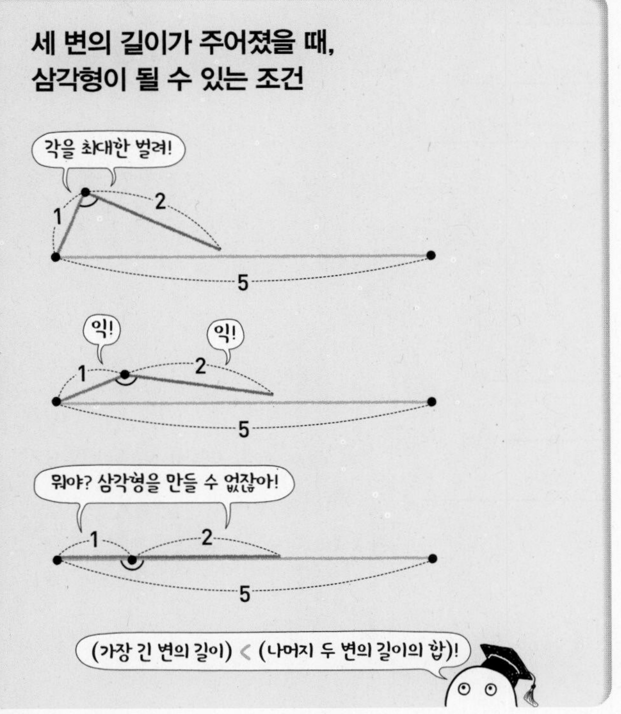

11 다음은 세 변의 길이가 4 cm, 6 cm, x cm인 삼각형을 그릴 수 있을 때, x의 값이 될 수 있는 자연수의 개수를 구하는 과정이다. □ 안에 알맞은 것을 써넣으시오.

> 가장 긴 변의 길이로 가능한 것은 x cm와 6 cm이다.
> (i) 가장 긴 변의 길이가 x cm일 때, 즉 $x \geq 6$이고
> $x < 4+6 =$ □이므로
> x의 값이 될 수 있는 자연수는
> 6보다 크거나 같고 □보다 작은 자연수인
> 6, □, 8, □이다
> (ii) 가장 긴 변의 길이가 6 cm일 때, 즉 $x \leq 6$이고
> □ $< x+4$이므로
> x의 값이 될 수 있는 자연수는
> 6보다 작거나 같은 자연수 1, 2, □, 4, □, 6 중에서 □ $< x+4$를 만족시키는 자연수인
> □, 4, □, 6이다.
> (i), (ii)에서 x의 값이 될 수 있는 자연수의 개수는
> □, 4, □, 6, □, 8, □의 □이다.

● 다음과 같이 삼각형의 세 변의 길이가 주어질 때, x의 값이 될 수 있는 자연수의 개수를 구하시오.

12 5 cm, 7 cm, x cm

13 6 cm, 10 cm, x cm

개념모음문제

14 삼각형의 두 변의 길이가 5 cm, 8 cm일 때, 다음 중 나머지 한 변의 길이가 될 수 없는 것은?

① 5 cm ② 7 cm ③ 9 cm
④ 11 cm ⑤ 13 cm

04 눈금 없는 자와 컴퍼스만 사용해 봐!

삼각형의 작도

❶ 세 변의 길이가 주어질 때

➡ 단, (가장 긴 변의 길이) < (나머지 두 변의 길이의 합)

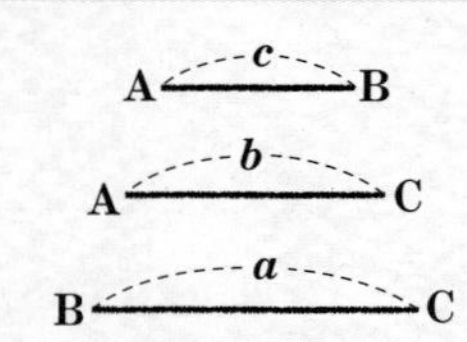

➡

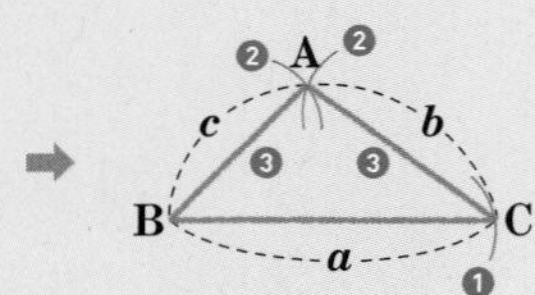

❷ 두 변의 길이와 그 끼인각의 크기가 주어질 때

➡ 단, 주어진 두 변의 끼인각이 주어져야 한다.

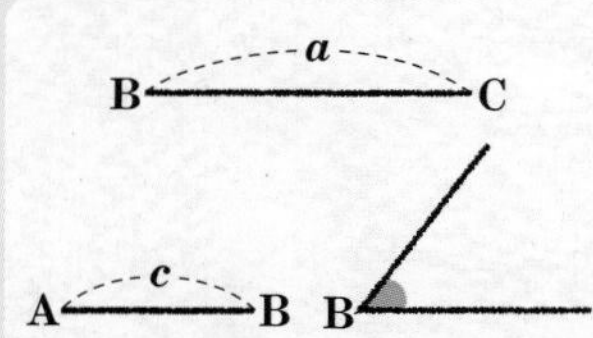

➡

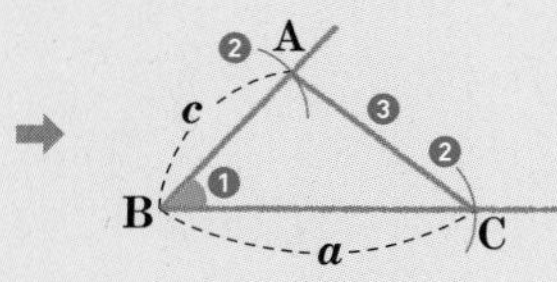

❸ 한 변의 길이와 그 양 끝 각의 크기가 주어질 때

➡ 단, 주어진 양 끝 각의 크기의 합이 180° 미만이어야 한다.

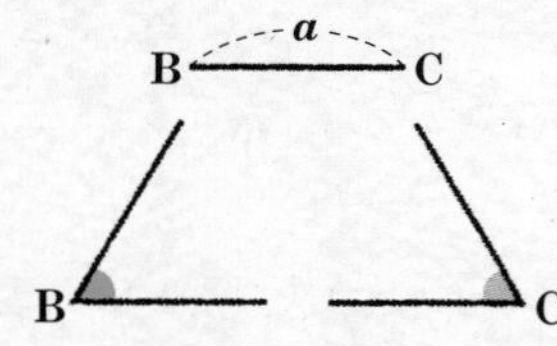

➡

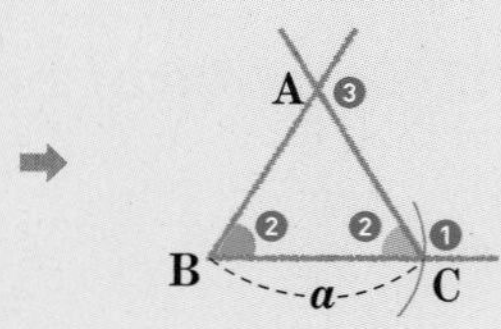

1st — 삼각형 작도하기; 세 변의 길이가 주어질 때

1 다음은 세 변의 길이 a, b, c가 주어질 때, 삼각형 ABC를 작도하는 과정이다. □ 안에 알맞은 것을 써넣으시오.

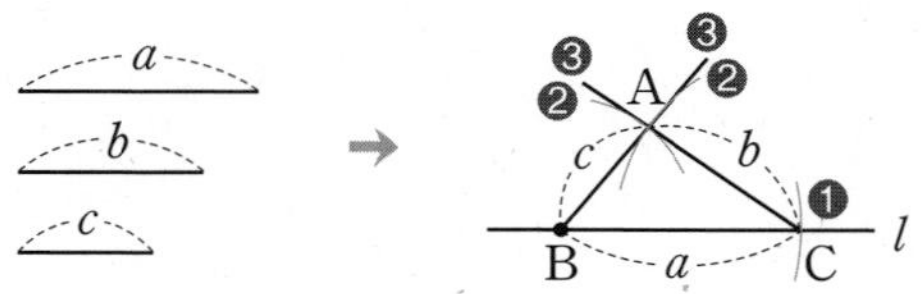

❶ 직선 □을 긋고, 길이가 같은 □의 작도를 이용하여 직선 l 위에 길이가 □인 선분 □를 작도한다.

❷ 점 B를 중심으로 하고 반지름의 길이가 □인 원을, 점 C를 중심으로 하고 반지름의 길이가 □인 원을 그려 이 두 원의 교점을 A라 한다.

❸ 점 A와 점 □, 점 □와 점 C를 각각 이으면 △ABC가 작도된다.

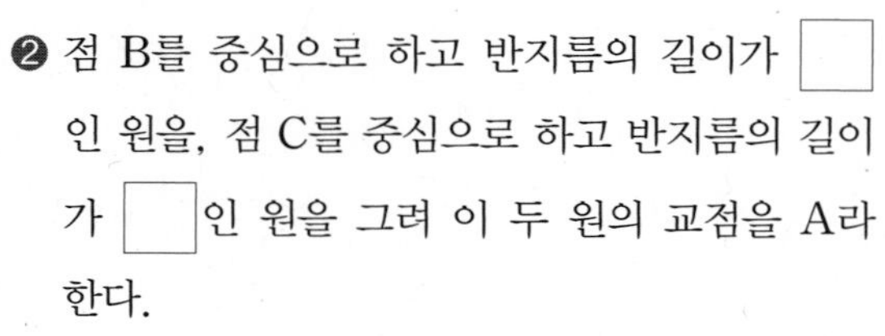

● 세 변의 길이가 각각 다음과 같은 삼각형 ABC를 작도하시오.

2

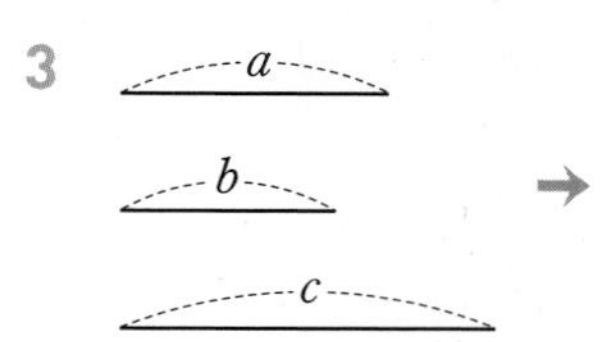

➡

3

a

b ➡

c

4 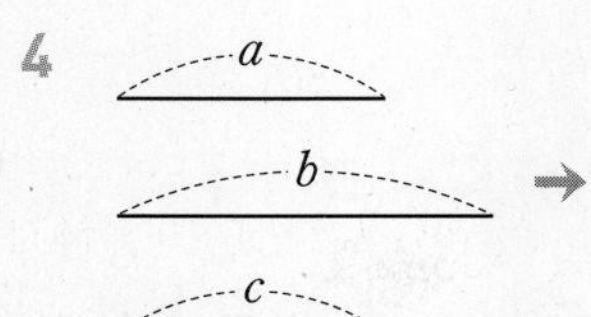

5 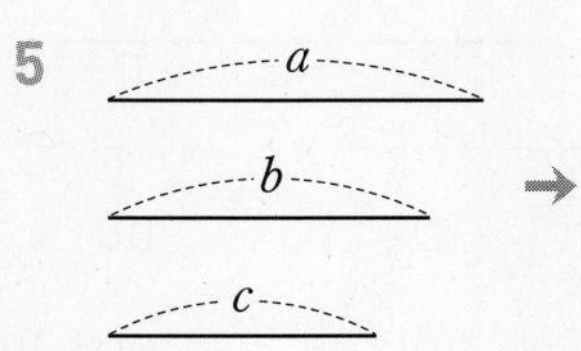

6 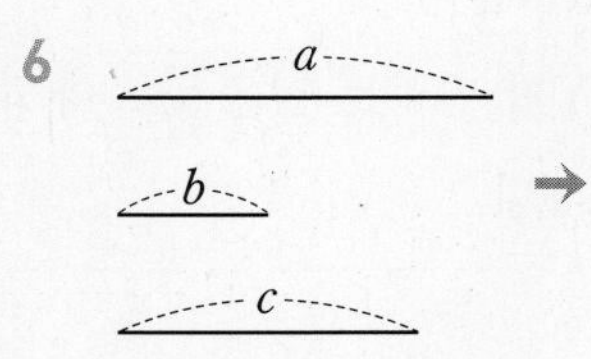

7 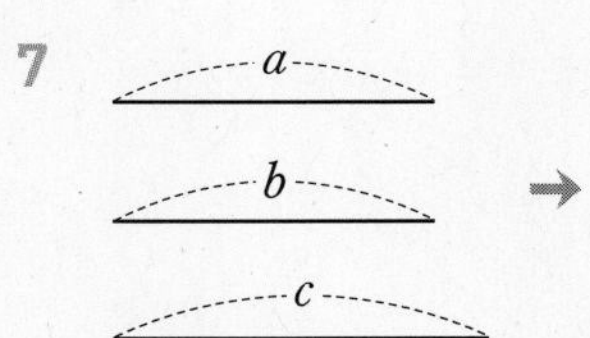

내가 발견한 개념 세 변의 길이를 알 때 △ABC를 작도하는 순서는?

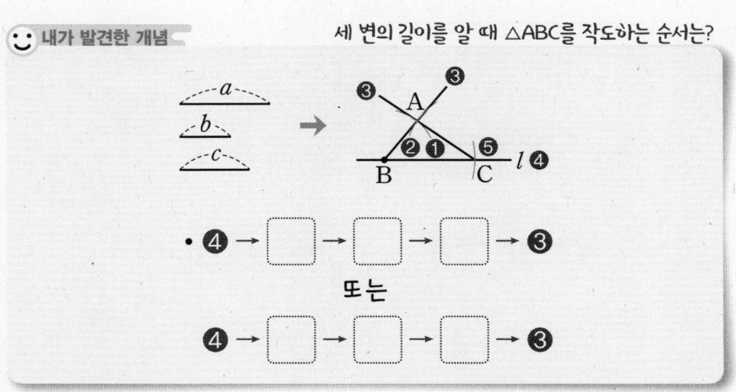

• ❹ → □ → □ → □ → ❸

또는

❹ → □ → □ → □ → ❸

2nd 삼각형 작도하기; 두 변의 길이와 그 끼인각의 크기가 주어질 때

8 다음은 두 변의 길이 a, c와 그 끼인각 ∠B의 크기가 주어질 때, 삼각형 ABC를 작도하는 과정이다. □ 안에 알맞은 것을 써넣으시오.

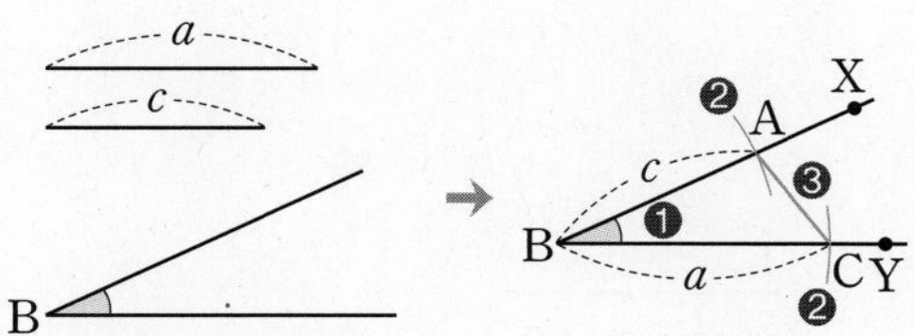

❶ 크기가 같은 □의 작도를 이용하여 ∠B와 크기가 같은 ∠XBY를 작도한다.
❷ 두 반직선 BX, BY 위에 각각 길이가 같은 □의 작도를 이용하여 $\overline{AB}$= □, $\overline{BC}$= □인 점 A, 점 C를 잡는다.
❸ 점 A와 점 □를 이으면 △ABC가 작도된다.

• **두 변의 길이와 그 끼인각의 크기가 각각 다음과 같은 삼각형 ABC를 작도하시오.**

9 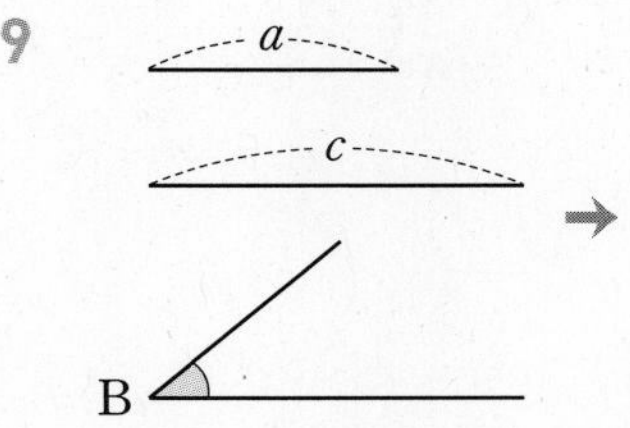

10 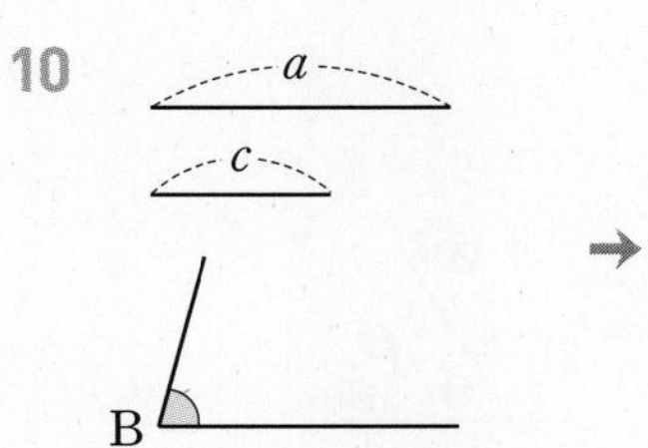

11

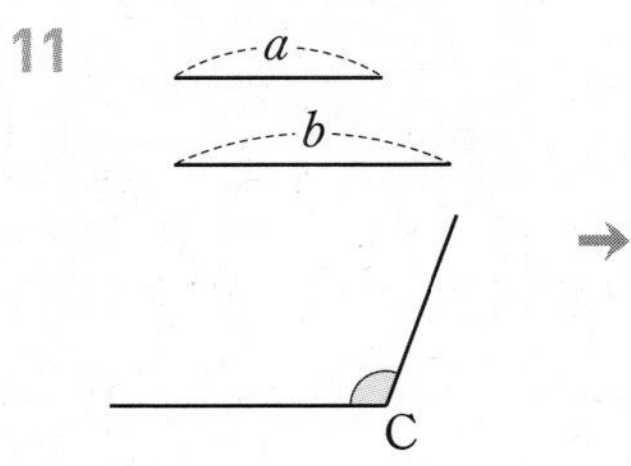

→

12

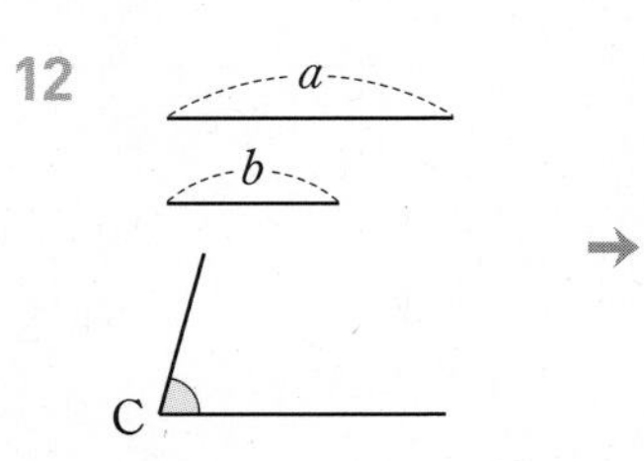

→

13

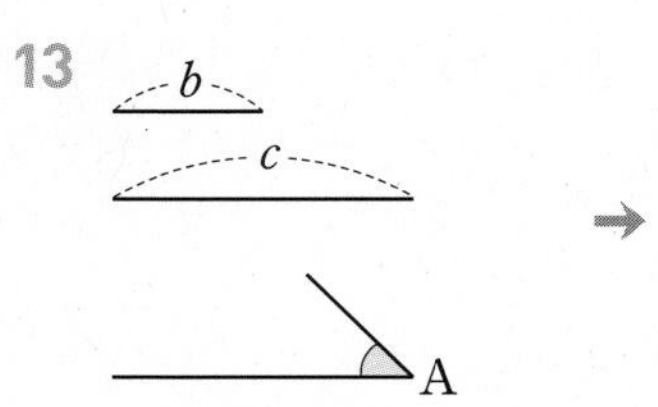

→

14

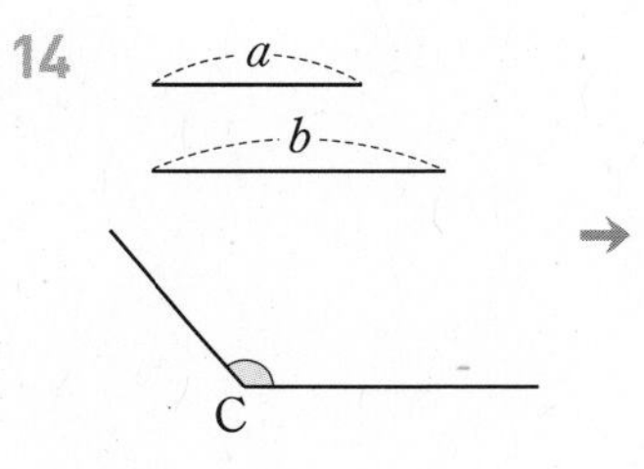

→

내가 발견한 개념 두 변의 길이와 그 끼인각의 크기를 알 때 △ABC를 작도하는 순서는?

b, c, A → ❶ C, b, ❸, ❷, ❹, A, c, B

• ❷ → ❹ → ☐ → ☐

또는

❹ → ☐ → ☐ → ☐

3rd 삼각형 작도하기; 한 변의 길이와 그 양 끝 각의 크기가 주어질 때

15 다음은 한 변의 길이 a와 그 양 끝 각 B, C의 크기가 주어질 때, 삼각형 ABC를 작도하는 과정이다. ☐ 안에 알맞은 것을 써넣으시오.

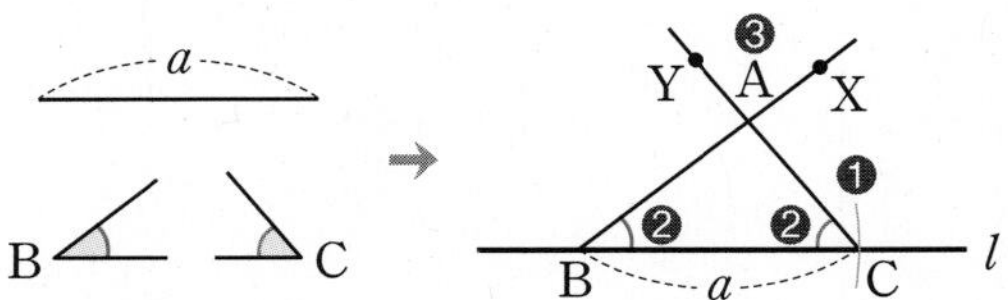

❶ 직선 l을 긋고, 길이가 같은 ☐의 작도를 이용하여 직선 l 위에 길이가 ☐인 선분 BC를 작도한다.

❷ 크기가 같은 ☐의 작도를 이용하여 ∠☐와 크기가 같은 ∠XBC, ∠☐와 크기가 같은 ∠YCB를 작도한다.

❸ 두 반직선 BX, CY가 만나는 점을 ☐라 하면 △ABC가 작도된다.

• **한 변의 길이와 그 양 끝 각의 크기가 각각 다음과 같은 삼각형 ABC를 작도하시오.**

16

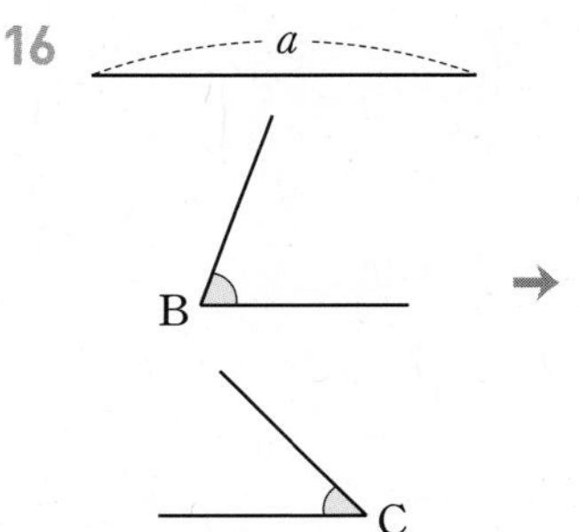

→

17

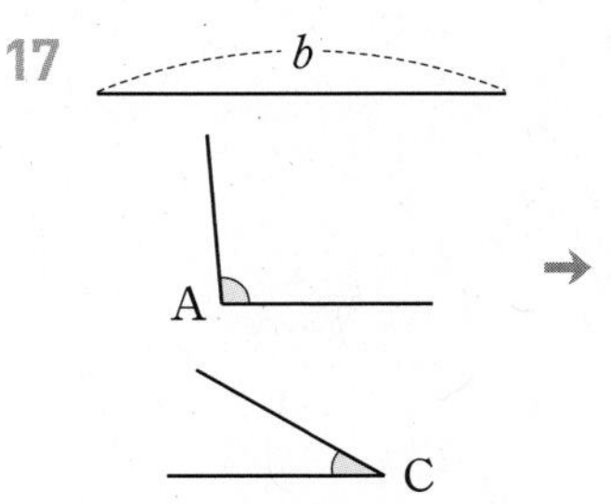

→

18
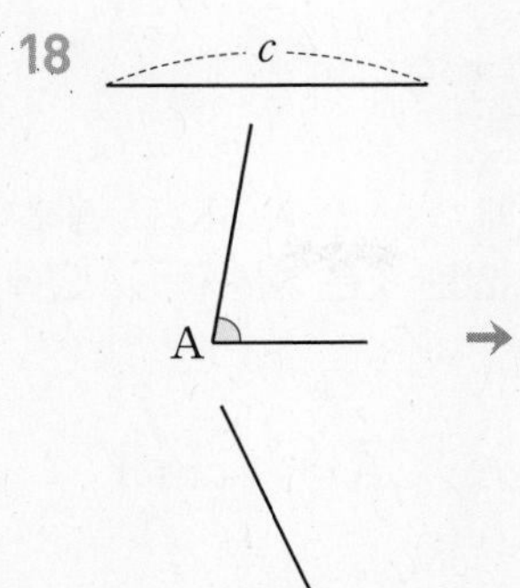

19
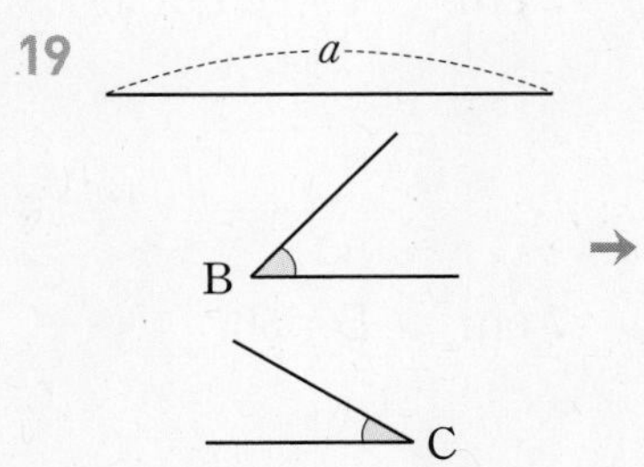

20
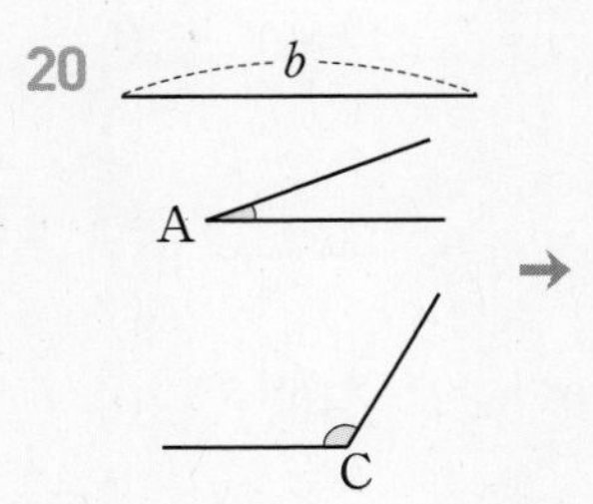

21
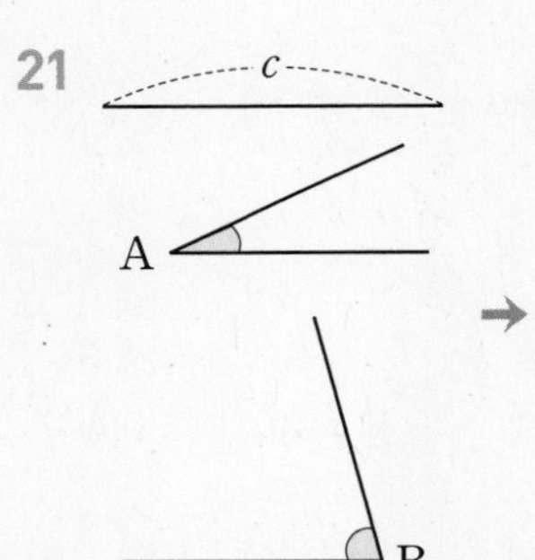

내가 발견한 개념 한 변의 길이와 양 끝 각의 크기를 알 때 △ABC를 작도하는 순서는?

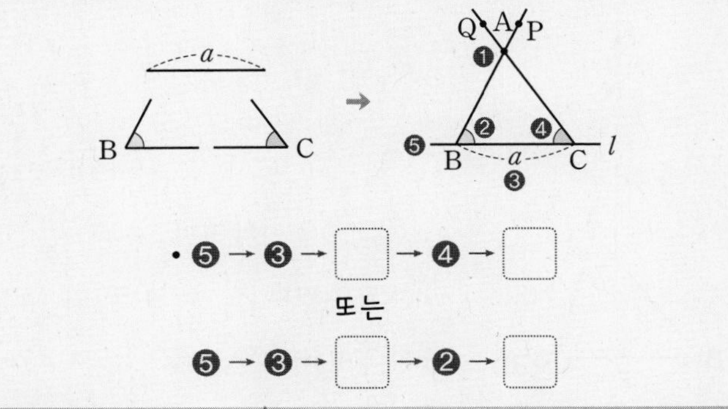

4th 삼각형의 작도 판별하기

● 다음과 같은 변의 길이와 각의 크기가 주어졌을 때, 삼각형을 하나로 작도할 수 있으면 ○를, 작도할 수 없으면 ×를 (　　) 안에 써넣으시오.

22 a　b　c (　　)
(단, $a=b=c$)

23 a　b　c (　　)
(단, $b<a=c$)

24 a　b　C (　　)

25 b　c　C (　　)

26 a　B　C (　　)

27 A　c　B (　　)

05 모양과 크기가 하나인 삼각형!

삼각형의 결정조건

❶ 세 변의 길이가 주어질 때

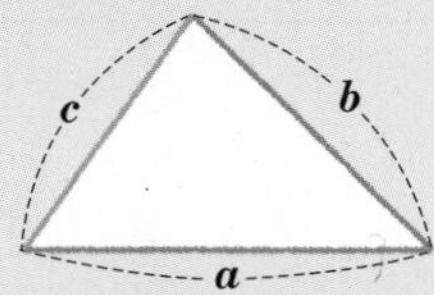

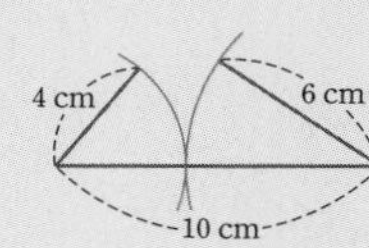

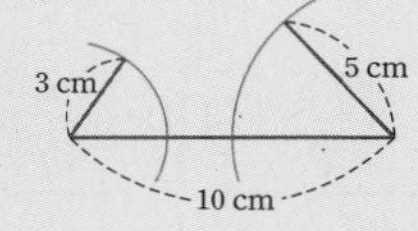

가장 긴 변의 길이가 나머지 두 변의 길이의 합보다 크거나 같을 때
➡ 삼각형이 그려지지 않는다.

❷ 두 변의 길이와 그 끼인각의 크기가 주어질 때

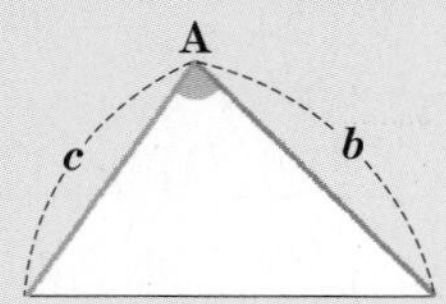

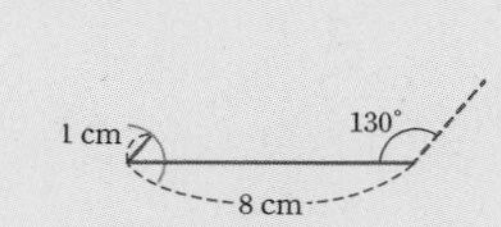

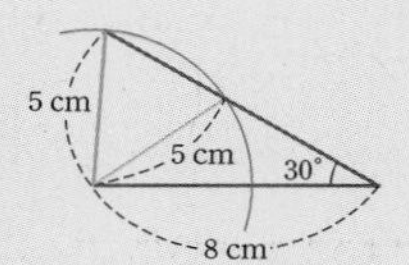

두 변의 길이와 그 끼인각이 아닌 다른 한 각의 크기가 주어질 때
➡ 삼각형이 그려지지 않거나 2개로 그려진다.

❸ 한 변의 길이와 그 양 끝 각의 크기가 주어질 때

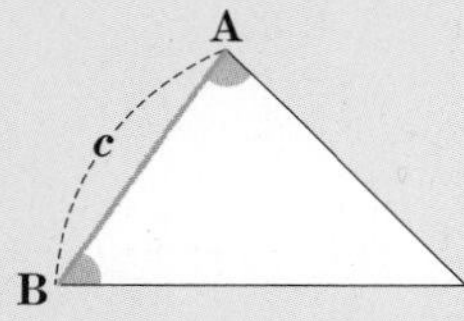

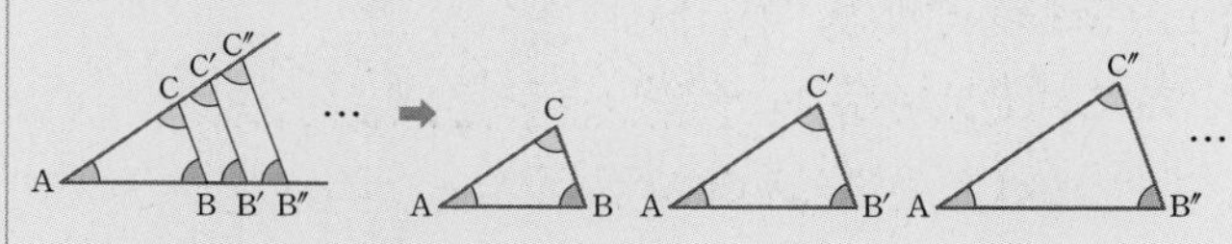

세 각의 크기가 주어질 때
➡ 모양은 같고 크기가 다른 무수히 많은 삼각형이 그려진다.

1st — 삼각형의 결정조건 판별하기

● 다음과 같은 조건이 주어질 때, △ABC가 하나로 정해지는 것은 ○를, 하나로 정해지지 않는 것은 ×를 (　　) 안에 써넣으시오.

1 $\overline{AB}=5$ cm, $\overline{BC}=8$ cm, $\overline{CA}=11$ cm (　　)

2 $\overline{AB}=4$ cm, $\overline{BC}=7$ cm, $\overline{CA}=12$ cm (　　)

3 $\overline{AB}=6$ cm, $\overline{BC}=7$ cm, $\angle B=50°$ (　　)

4 $\overline{AB}=4$ cm, $\overline{CA}=4$ cm, $\angle B=60°$ (　　)

5 $\overline{AB}=6$ cm, $\angle A=70°$, $\angle B=40°$ (　　)

6 $\overline{BC}=8$ cm, $\angle B=120°$, $\angle C=70°$ (　　)

7 $\overline{CA}=5$ cm, $\angle A=50°$, $\angle B=60°$ (　　)

8 $\angle A=35°$, $\angle B=70°$, $\angle C=75°$ (　　)

내가 발견한 개념 삼각형의 결정조건은?

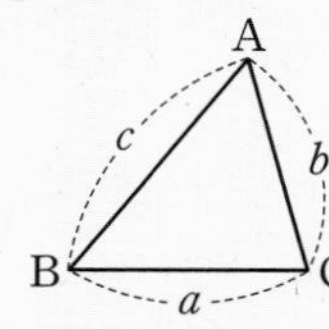

• a, ☐, ☐의 길이
• a, c의 길이와 ∠☐의 크기
• a의 길이와 ∠☐, ∠☐의 크기

● $\triangle$ABC의 주어진 조건에 대하여 다음 중 $\triangle$ABC가 하나로 정해지기 위해 필요한 조건인 것은 ○를, 필요한 조건이 아닌 것은 ×를 (   ) 안에 써넣으시오.

9 $\angle A$의 크기가 주어질 때

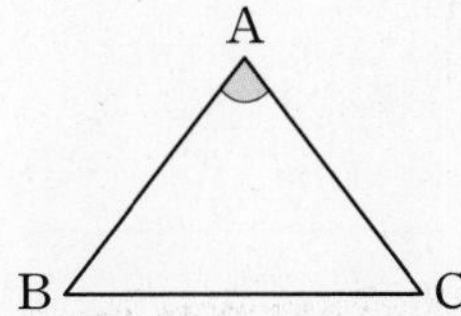

(1) $\overline{AB}$, $\overline{BC}$ (   )

(2) $\overline{AB}$, $\overline{CA}$ (   )

(3) $\overline{AB}$, $\angle B$ (단, $\angle A+\angle B<180°$) (   )

(4) $\overline{BC}$, $\angle B$ (단, $\angle A+\angle B<180°$) (   )

10 $\angle B$의 크기가 주어질 때

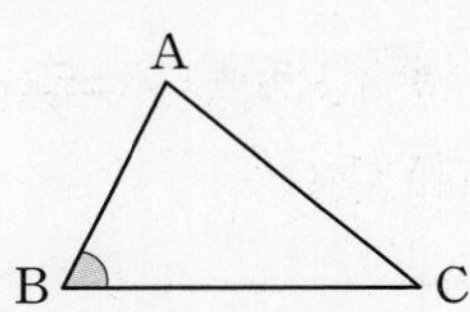

(1) $\overline{AB}$, $\overline{BC}$ (   )

(2) $\overline{BC}$, $\overline{CA}$ (   )

(3) $\overline{AB}$, $\angle A$ (단, $\angle A+\angle B<180°$) (   )

(4) $\overline{CA}$, $\angle A$ (단, $\angle A+\angle B<180°$) (   )

11 $\overline{AB}$의 길이가 주어질 때

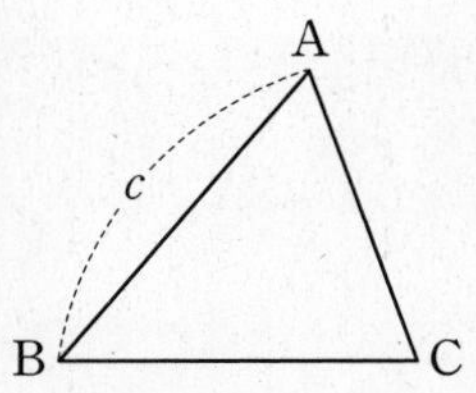

(1) $\overline{BC}$, $\overline{CA}$ (단, $\overline{AB}<\overline{BC}+\overline{CA}$) (   )

(2) $\overline{BC}$, $\angle A$ (   )

(3) $\angle A$, $\angle B$ (단, $\angle A+\angle B<180°$) (   )

12 $\overline{CA}$의 길이가 주어질 때

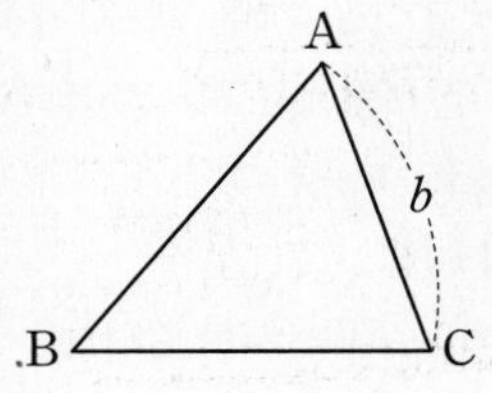

(1) $\overline{BC}$, $\angle C$ (   )

(2) $\overline{AB}$, $\angle A$ (   )

(3) $\angle A$, $\angle B$ (단, $\angle A+\angle B<180°$) (   )

개념모음문제

13 삼각형 ABC의 모양과 크기가 오직 하나로 정해지는 것만을 **보기**에서 있는 대로 고른 것은?

보기
ㄱ. $\overline{AB}=7$, $\overline{BC}=5$, $\overline{CA}=15$
ㄴ. $\overline{AB}=5$, $\overline{BC}=4$, $\angle B=90°$
ㄷ. $\overline{AB}=5$, $\angle B=50°$, $\angle C=75°$

① ㄱ ② ㄴ ③ ㄷ
④ ㄱ, ㄴ ⑤ ㄴ, ㄷ

06

두 도형이 완전히 포개져!

도형의 합동

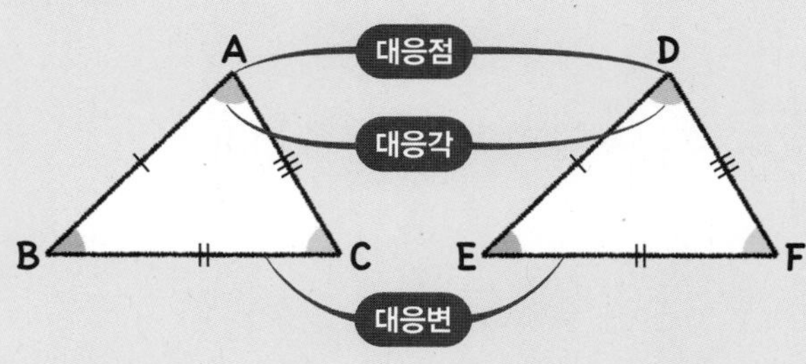

$\triangle ABC \equiv \triangle DEF$

- **합동:** 한 도형을 모양이나 크기를 바꾸지 않고 옮겨서 다른 도형에 완전히 포갤 수 있을 때 두 도형을 서로 합동이라 하고, 기호 ≡를 사용하여 나타낸다.

  참고 합동인 도형을 나타낼 때는 반드시 대응하는 꼭짓점의 순서로 쓴다.
- **대응:** 합동인 두 도형에서 서로 포개어지는 꼭짓점과 꼭짓점, 변과 변, 각과 각을 서로 대응한다 한다.
- **합동인 도형의 성질**

  ① 대응하는 변의 길이는 서로 같다.

  ② 대응하는 각의 크기는 서로 같다.

  참고 모양이 같아도 크기가 다르면 합동이 아니다.
  넓이가 같아도 모양이 다르면 합동이 아니다.

1st — 도형의 합동 이해하기

● **다음 그림에서 서로 합동인 두 도형을 찾아 기호 ≡를 사용하여 나타낼 때, □ 안에 알맞은 것을 써넣으시오.**
(단, 모눈 한 칸의 가로, 세로의 길이는 각각 1이다.)

1

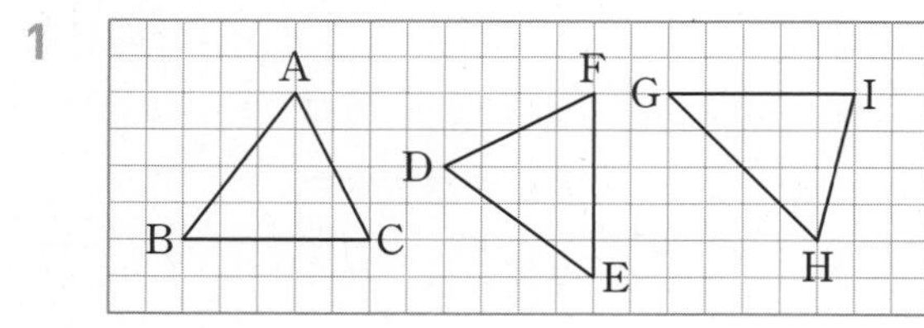

→ $\triangle ABC \equiv$ □

2

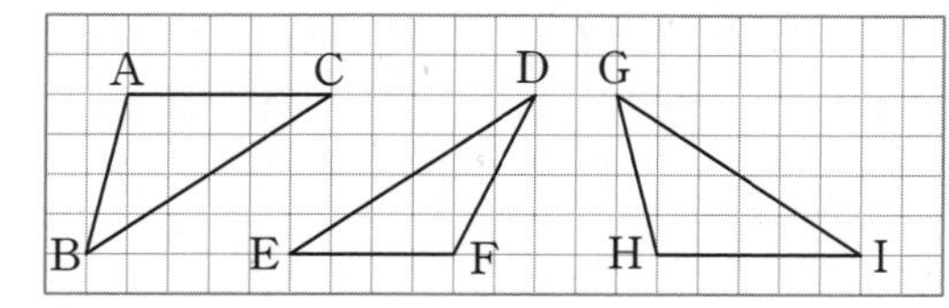

→ $\triangle ABC \equiv$ □

3

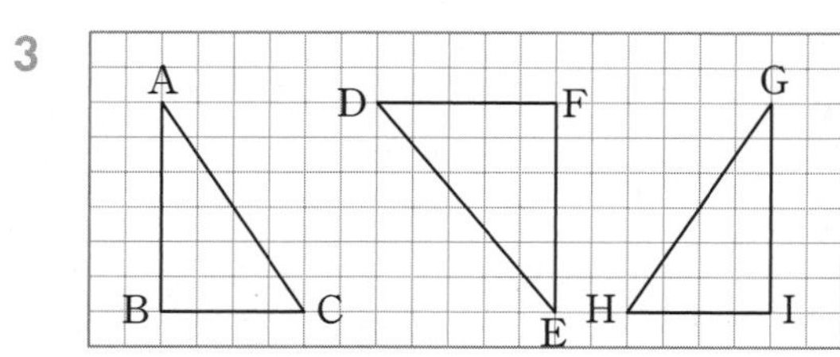

→ $\triangle ABC \equiv$ □

4

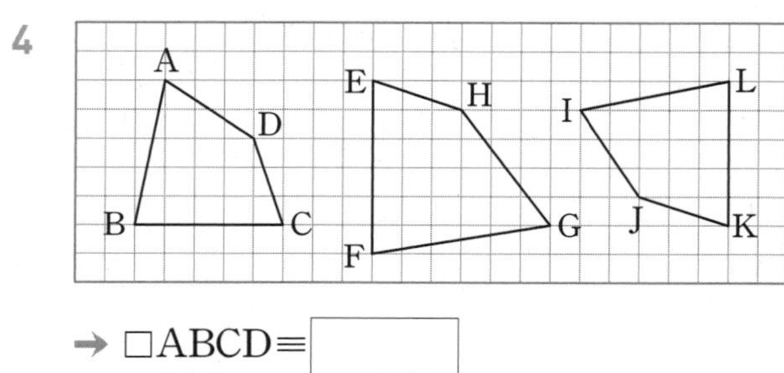

→ □ABCD ≡ □

5

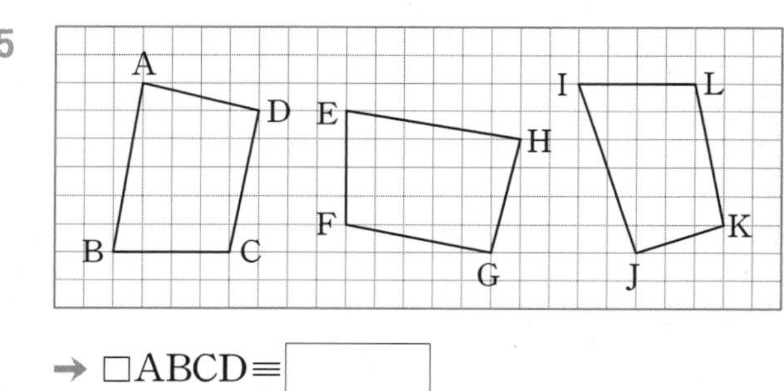

→ □ABCD ≡ □

△ABC = △DEF
넓이를 배!

△ABC = △DEF
넓이가 같아!

△ABC ≡ △DEF
합동이야!

● 아래 그림에서 사각형 ABCD와 사각형 EFGH가 합동일 때, 다음을 구하시오.

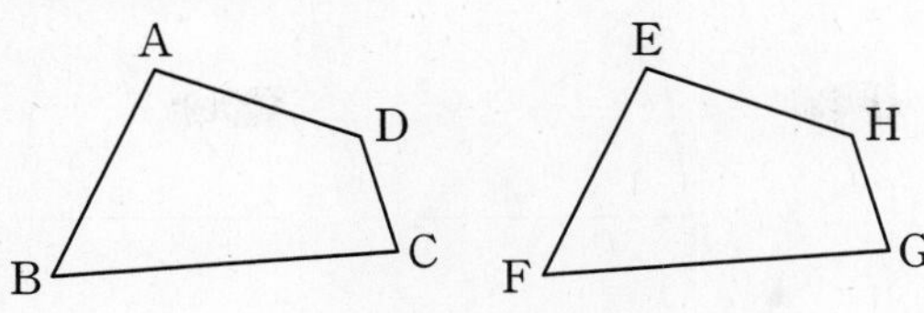

6 점 A의 대응점

7 점 D의 대응점

8 점 G의 대응점

9 변 AB의 대응변

10 변 BC의 대응변

11 변 GH의 대응변

12 ∠D의 대응각

13 ∠F의 대응각

14 ∠E의 대응각

● 아래 그림의 합동인 두 삼각형에 대하여 다음을 구하시오.

15 △ABC≡△EDF

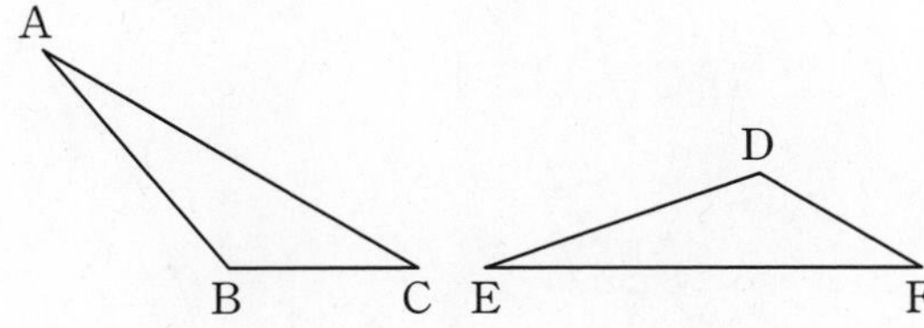

(1) 점 A의 대응점

(2) 변 EF의 대응변

(3) ∠B의 대응각

16 △ABC≡△FED

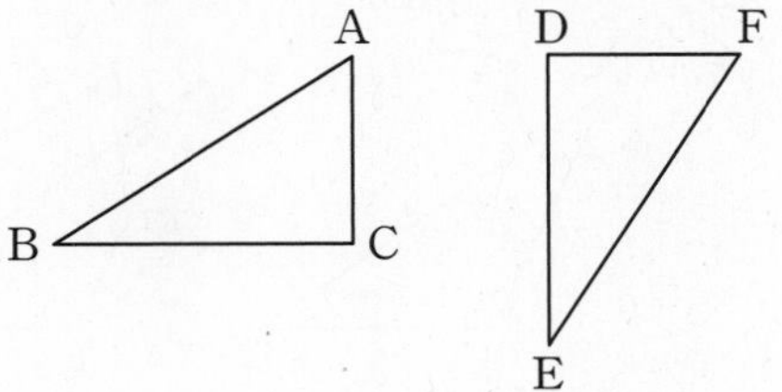

(1) 점 D의 대응점

(2) 변 BC의 대응변

(3) ∠F의 대응각

개념모음문제

17 다음 중 옳지 않은 것을 모두 고르면? (정답 2개)

① △ABC≡△DEF이면 세 점 A, B, C의 대응점은 각각 세 점 D, E, F이다.

② △ABC≡△DEF이면 변 BC의 대응변은 변 EF이다.

③ □ABCD≡□EFGH이면 ∠D의 대응각은 ∠F이다.

④ 한 변의 길이가 같은 두 직사각형은 항상 합동이다.

⑤ 반지름의 길이가 같은 두 원은 항상 합동이다.

2nd 합동인 도형의 성질 이해하기

● 아래 그림의 합동인 두 도형에 대하여 다음을 구하시오.

18 $\triangle ABC \equiv \triangle DEF$

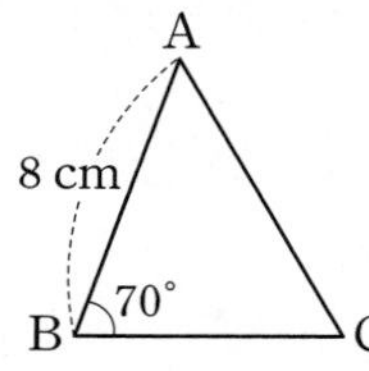

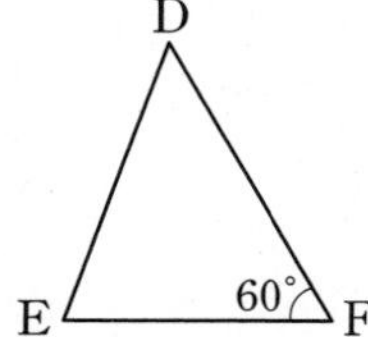

(1) $\overline{DE}$의 길이

(2) $\angle C$의 크기

(3) $\angle E$의 크기

19 $\triangle ABC \equiv \triangle DEF$

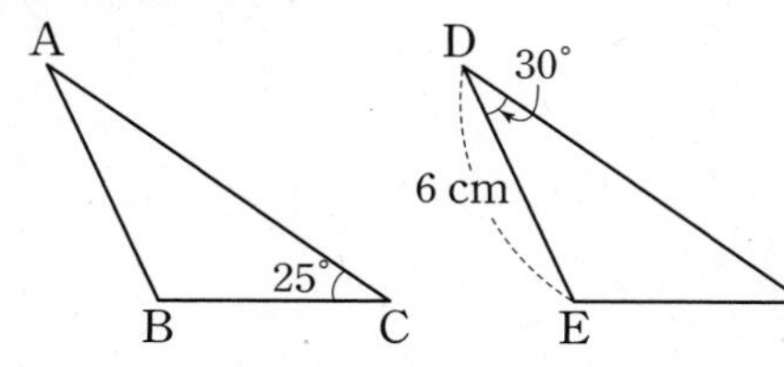

(1) $\overline{AB}$의 길이

(2) $\angle A$의 크기

(3) $\angle F$의 크기

20 $\triangle ABC \equiv \triangle FDE$

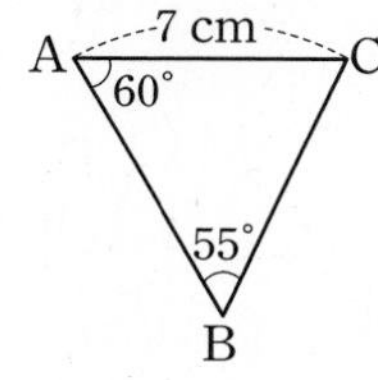

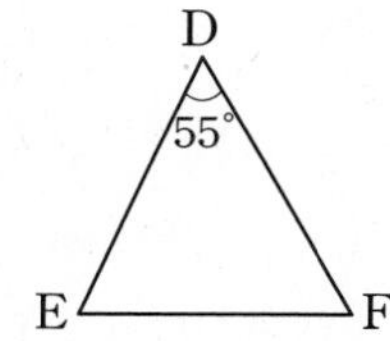

(1) $\overline{EF}$의 길이

(2) $\angle F$의 크기

(3) $\angle E$의 크기

21 $\triangle ABC \equiv \triangle DFE$

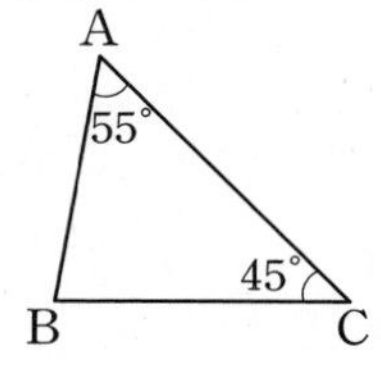

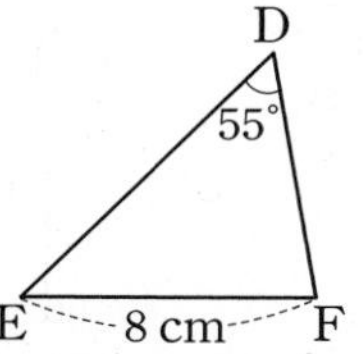

(1) $\overline{BC}$의 길이

(2) $\angle E$의 크기

(3) $\angle F$의 크기

22 $\square ABCD \equiv \square EFGH$

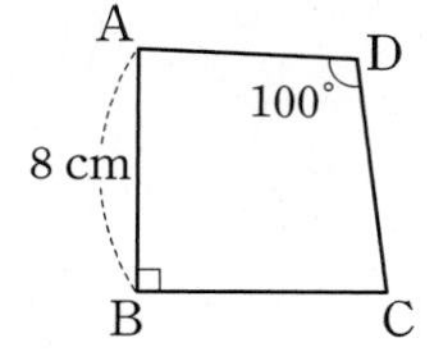

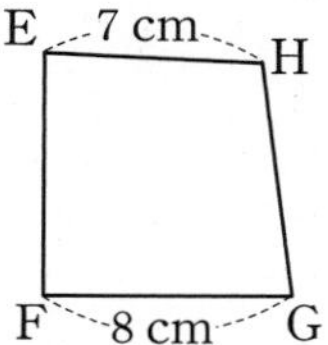

(1) $\overline{AD}$의 길이

(2) $\overline{BC}$의 길이

(3) $\angle F$의 크기

(4) $\angle H$의 크기

23 $\square ABCD \equiv \square EFGH$

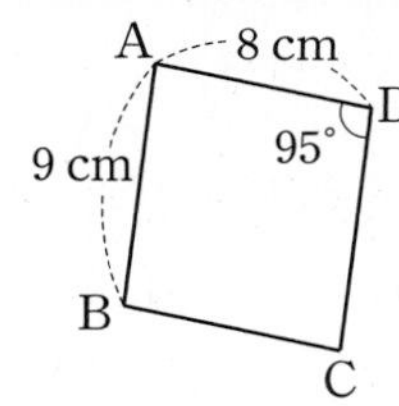

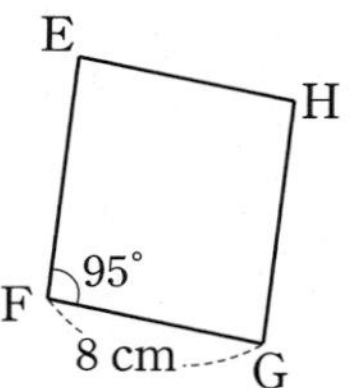

(1) $\overline{EF}$의 길이

(2) $\overline{BC}$의 길이

(3) $\angle B$의 크기

(4) $\angle H$의 크기

24 □ABCD≡□HGFE

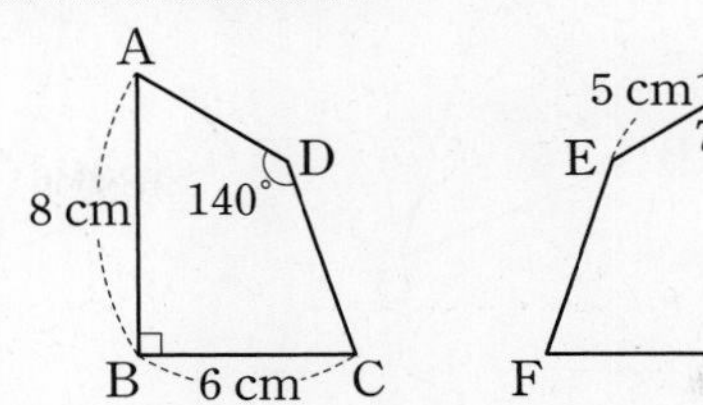

(1) $\overline{AD}$의 길이

(2) ∠A의 크기

(3) ∠G의 크기

(4) ∠C의 크기

25 □ABCD≡□GHEF

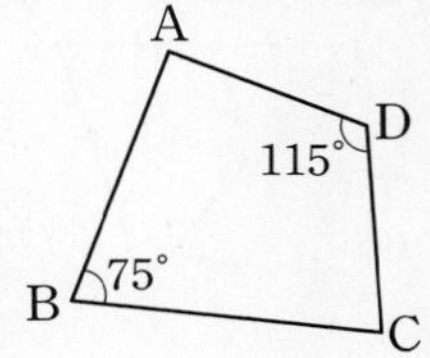

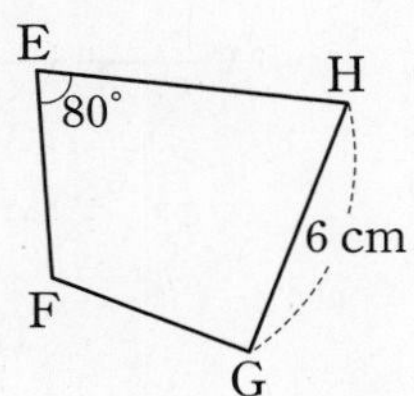

(1) $\overline{AB}$의 길이

(2) ∠C의 크기

(3) ∠F의 크기

(4) ∠A의 크기

● **다음 중 합동인 두 도형에 대한 설명으로 옳은 것은 ○를, 옳지 않은 것은 ×를 (   ) 안에 써넣으시오.**

26 합동인 두 도형의 대응하는 변의 길이는 서로 같다. (   )

27 합동인 두 도형의 대응하는 각의 크기는 서로 같다. (   )

28 합동인 두 도형의 둘레의 길이는 서로 같다. (   )

29 합동인 두 도형의 넓이는 서로 같다. (   )

30 대응하는 변의 길이가 각각 서로 같은 두 도형은 합동이다. (   )

31 대응하는 각의 크기가 각각 서로 같은 두 도형은 합동이다. (   )

32 모양이 서로 같은 두 도형은 합동이다. (   )

33 둘레의 길이가 서로 같은 두 도형은 합동이다. (   )

34 넓이가 서로 같은 두 도형은 합동이다. (   )

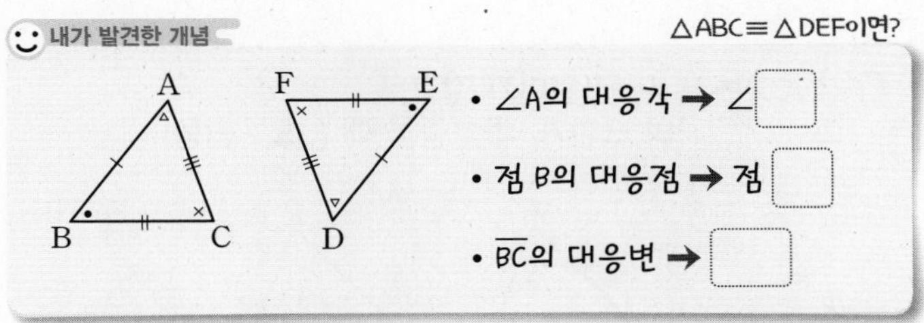

개념모음문제

35 아래 그림에서 △ABC≡△DEF일 때, 다음 중 옳지 <u>않은</u> 것은?

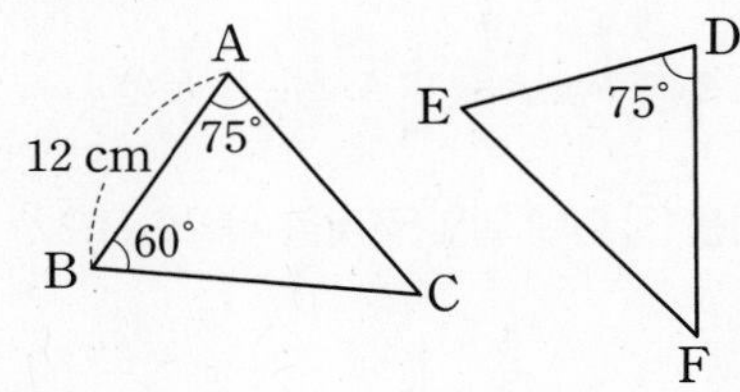

① 변 BC의 대응변은 변 EF이다.
② ∠E의 대응각은 ∠B이다.
③ $\overline{DE}$=12 cm
④ ∠E=60°
⑤ ∠F=60°

07 **두 개의 삼각형이 완전히 포개져!**

삼각형의 합동 조건

❶ **대응하는 세 변의 길이가 각각 같을 때 (SSS 합동)**

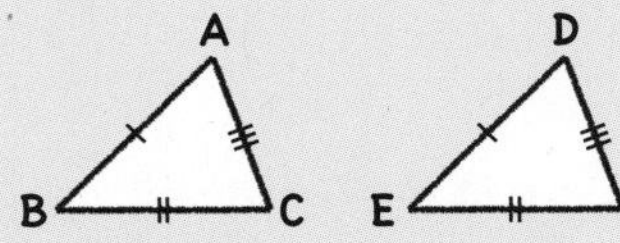

$\overline{AB}=\overline{DE}$, $\overline{BC}=\overline{EF}$, $\overline{CA}=\overline{FD}$

S S S

❷ **대응하는 두 변의 길이가 각각 같고,
그 끼인각의 크기가 같을 때 (SAS 합동)**

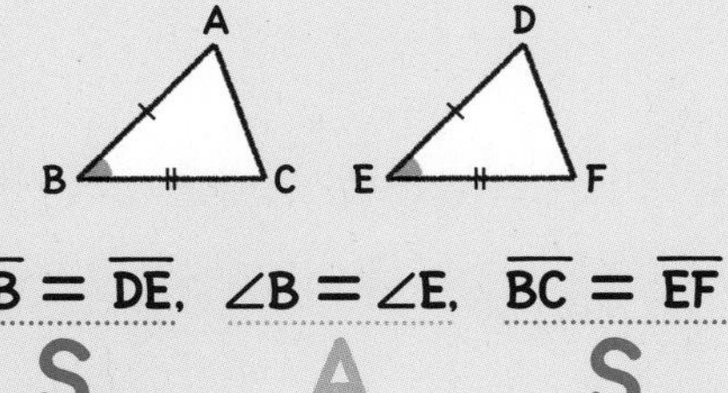

$\overline{AB}=\overline{DE}$, $\angle B=\angle E$, $\overline{BC}=\overline{EF}$

S A S

❸ **대응하는 한 변의 길이가 같고,
그 양 끝 각의 크기가 각각 같을 때 (ASA 합동)**

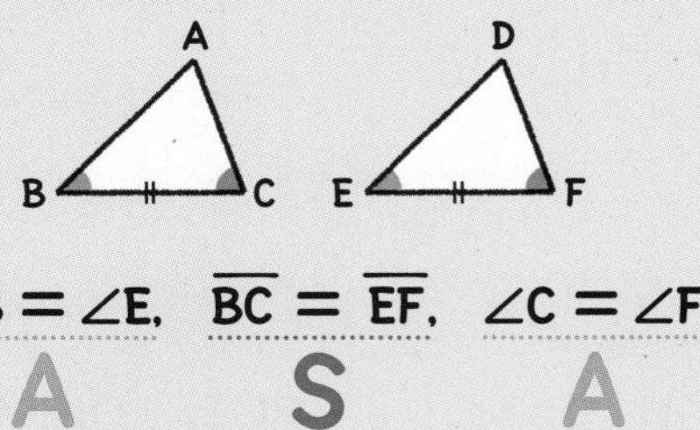

$\angle B=\angle E$, $\overline{BC}=\overline{EF}$, $\angle C=\angle F$

A S A

참고 S는 변(Side), A는 각(Angle)을 뜻한다.

원리확인 다음 □ 안에 알맞은 것을 써넣으시오.

❶

→ $\overline{AB}=$□, □$=\overline{EF}$, $\overline{CA}=$□

대응하는 세 □의 □가 각각 같다.

(□ 합동)

❷

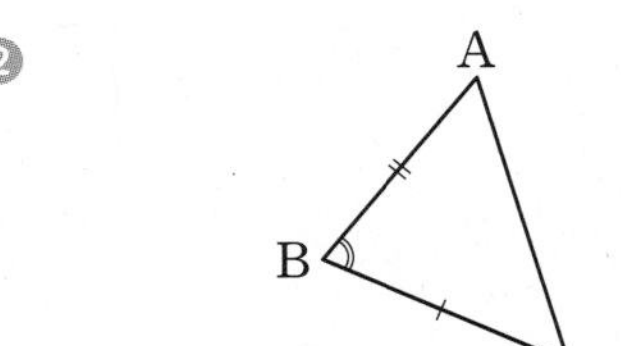

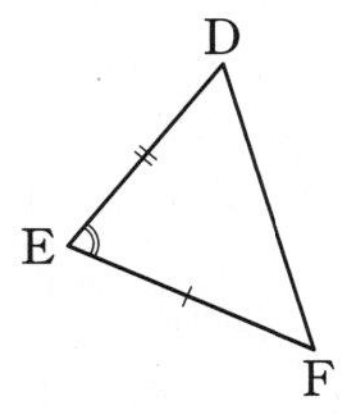

→ $\overline{AB}=$□, $\angle B=$□, □$=\overline{EF}$

대응하는 두 □의 □가 각각 같고

그 □의 □가 같다.

(□ 합동)

❸

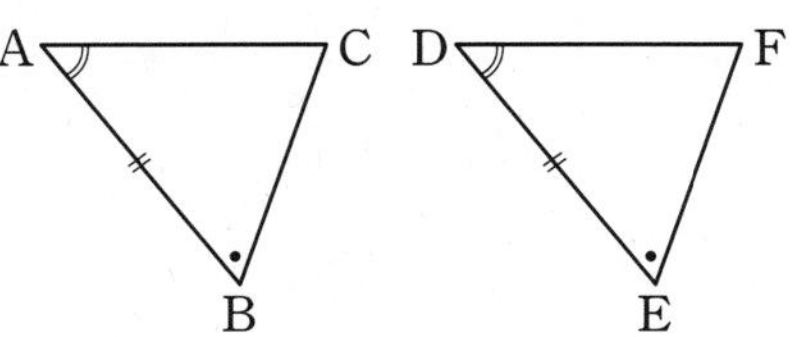

→ □$=\angle D$, $\overline{AB}=$□, $\angle B=$□

대응하는 한 □의 □가 같고

그 양 끝 □의 □가 각각 같다.

(□ 합동)

**삼각형의 결정조건은
삼각형의 합동 조건과 같다!**

삼각형의 결정조건	삼각형의 합동 조건
• 세 변의 길이가 주어져 있다. • 두 변의 길이와 그 끼인각의 크기가 주어져 있다. • 한 변의 길이와 그 양 끝 각의 크기가 주어져 있다.	• 세 대응변의 길이가 각각 같다. • 두 대응변의 길이가 각각 같고 그 끼인각의 크기가 같다. • 한 대응변의 길이가 같고 그 양 끝 각의 크기가 각각 같다.

1st 삼각형의 합동 조건 이해하기

● 주어진 삼각형과 합동인 삼각형을 다음 보기에서 찾고 □ 안에 알맞은 것을 써넣으시오.

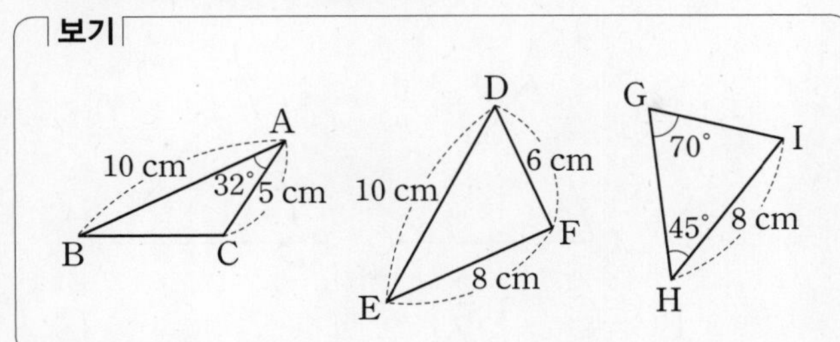

1

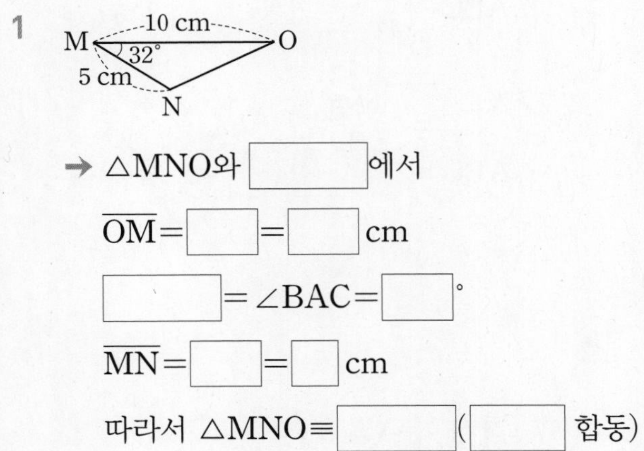

→ △MNO와 □에서

$\overline{OM}$ = □ = □ cm

□ = ∠BAC = □°

$\overline{MN}$ = □ = □ cm

따라서 △MNO≡□(□ 합동)

2

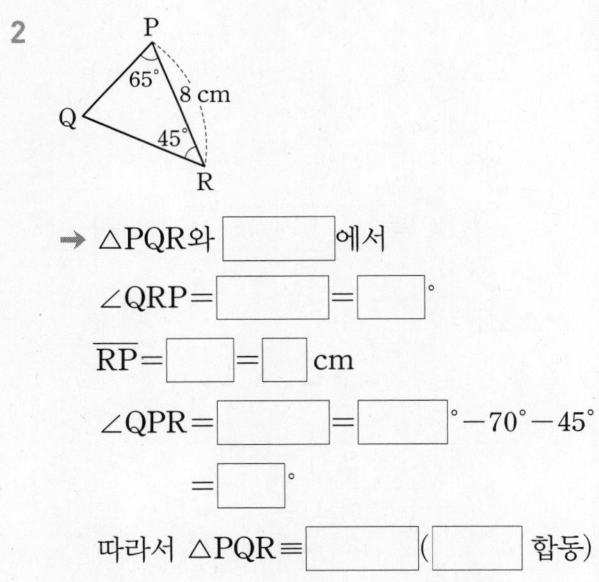

→ △PQR와 □에서

∠QRP = □ = □°

$\overline{RP}$ = □ = □ cm

∠QPR = □ = □° − 70° − 45°

= □°

따라서 △PQR≡□(□ 합동)

3

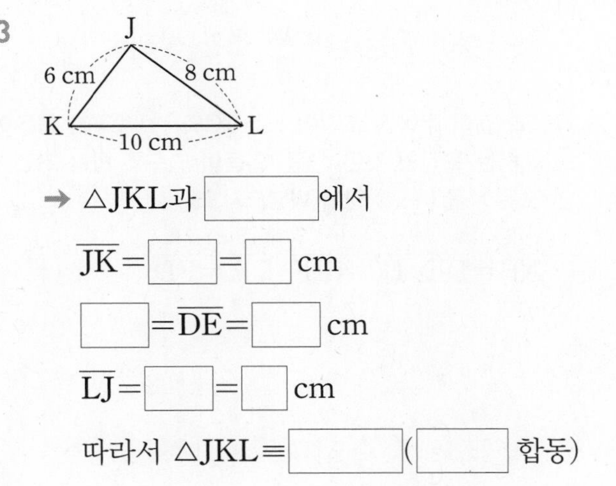

→ △JKL과 □에서

$\overline{JK}$ = □ = □ cm

□ = $\overline{DE}$ = □ cm

$\overline{LJ}$ = □ = □ cm

따라서 △JKL≡□(□ 합동)

● 다음 주어진 삼각형 중 서로 합동인 삼각형끼리 연결하시오.

4

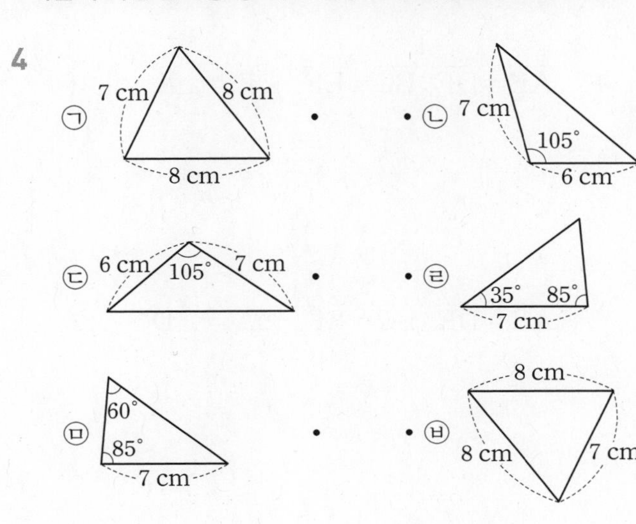

5

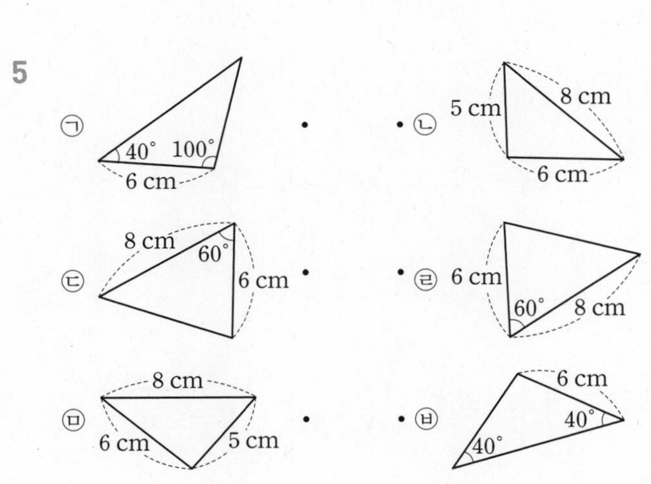

2nd 삼각형이 합동이 되는 조건 찾기

● 다음과 같이 주어진 조건이 △ABC와 △DEF가 합동이 되도록 하는 조건인 것은 ○를, 합동이 되도록 하는 조건이 아닌 것은 ×를 ( ) 안에 써넣으시오.

6 $\overline{AB}=\overline{DE}$, $\overline{BC}=\overline{EF}$, $\overline{CA}=\overline{FD}$ ( )

7 $\overline{AB}=\overline{CA}$, $\overline{DE}=\overline{DF}$, $\overline{BC}=\overline{EF}$ ( )

8 $\overline{AB}=\overline{DE}$, $\overline{BC}=\overline{EF}$, $\angle B=\angle E$ ( )

9 $\overline{AB}=\overline{DE}$, $\overline{BC}=\overline{EF}$, $\angle A=\angle D$ ( )

10 $\overline{AB}=\overline{DE}$, $\angle A=\angle D$, $\angle B=\angle E$ ( )

11 $\overline{BC}=\overline{EF}$, $\angle A=\angle D$, $\angle C=\angle F$ ( )

12 $\overline{AB}=\overline{FD}$, $\angle A=\angle F$, $\angle B=\angle E$ ( )

● 다음 그림의 두 삼각형이 합동이 되기 위하여 필요한 나머지 한 조건을 구하려 한다. □ 안에 알맞은 것을 써넣으시오.

13 $\overline{AB}=\overline{DE}$, $\overline{CA}=\overline{FD}$

Ⓢ Ⓢ

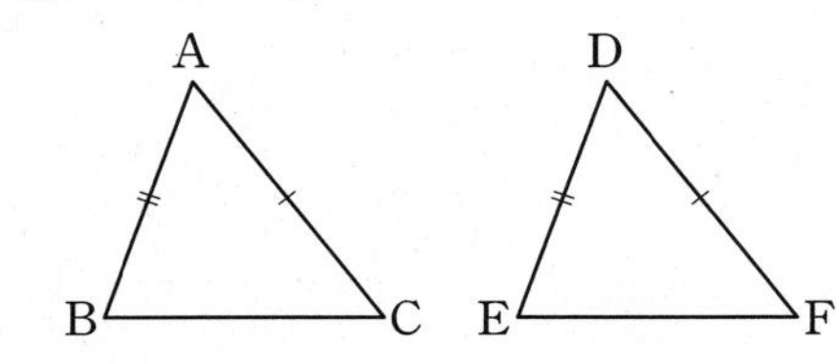

(1) $\overline{BC}=$□이면 Ⓢ

△ABC≡□ (□ 합동)

(2) ∠A=□이면 Ⓐ

△ABC≡□ (□ 합동)

14 $\overline{AC}=\overline{DE}$, $\angle A=\angle D$

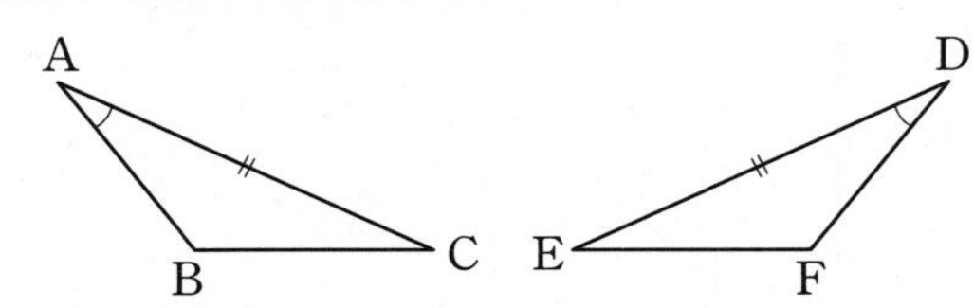

(1) $\overline{AB}=$□이면

△ABC≡□ (□ 합동)

(2) ∠C=□이면

△ABC≡□ (□ 합동)

(3) ∠B=□이면

∠C=□° − ∠A − ∠B

=□° − ∠D − □

=□이므로

△ABC≡□ (□ 합동)

15 $\angle A=\angle D$, $\angle B=\angle E$

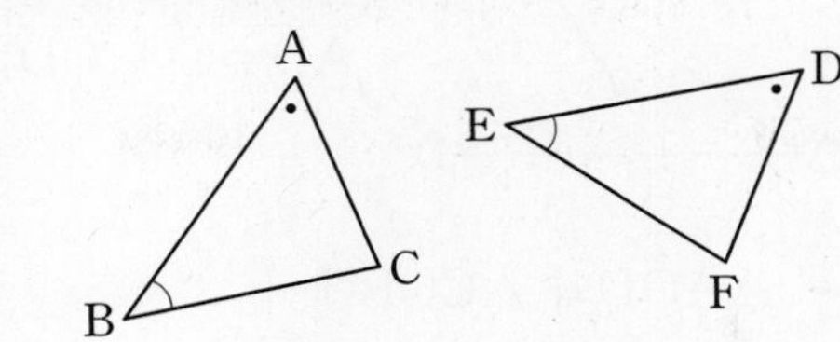

(1) $\overline{AB}=$□이면

$\triangle ABC\equiv$□ (□ 합동)

(2) $\overline{BC}=$□이면

$\angle C=$□이므로

$\triangle ABC\equiv$□ (□ 합동)

(3) $\overline{CA}=$□이면

$\angle C=$□이므로

$\triangle ABC\equiv$□ (□ 합동)

16 다음은 $\overline{AB}=\overline{AD}$, $\overline{BC}=\overline{CD}$인 사각형 ABCD에서 $\triangle ABC$와 $\triangle ADC$가 합동임을 보이는 과정이다. □ 안에 알맞은 것을 써넣으시오.

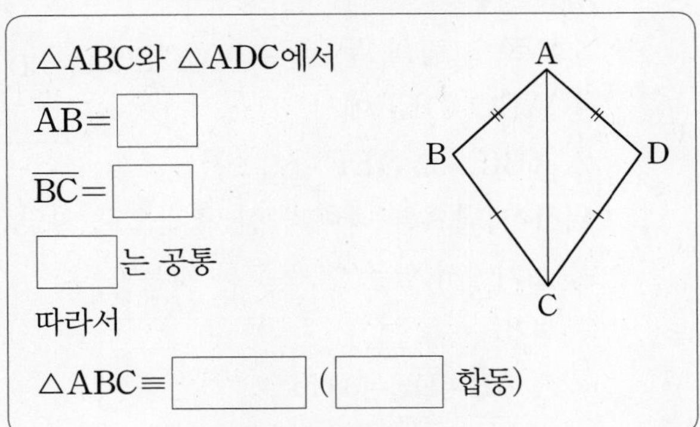

$\triangle ABC$와 $\triangle ADC$에서

$\overline{AB}=$□

$\overline{BC}=$□

□는 공통

따라서

$\triangle ABC\equiv$□ (□ 합동)

17 다음은 $\overline{AC}$, $\overline{BD}$의 교점을 O라 하면 $\overline{OA}=\overline{OC}$, $\overline{OB}=\overline{OD}$일 때, $\triangle OAB$와 $\triangle OCD$가 합동임을 보이는 과정이다. □ 안에 알맞은 것을 써넣으시오.

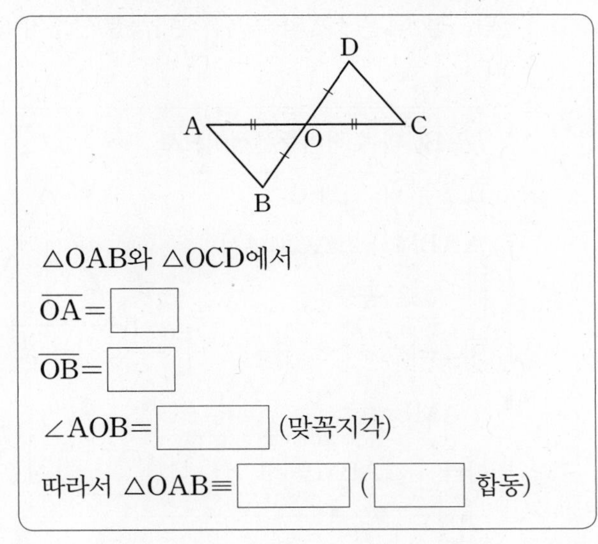

$\triangle OAB$와 $\triangle OCD$에서

$\overline{OA}=$□

$\overline{OB}=$□

$\angle AOB=$□ (맞꼭지각)

따라서 $\triangle OAB\equiv$□ (□ 합동)

18 다음은 $\overline{AB}\,/\!/\,\overline{DC}$, $\overline{AD}\,/\!/\,\overline{BC}$인 평행사변형 ABCD에서 $\triangle ABC$와 $\triangle CDA$가 합동임을 보이는 과정이다. □ 안에 알맞은 것을 써넣으시오.

$\triangle ABC$와 $\triangle CDA$에서

□는 공통

$\overline{AB}\,/\!/\,$□이므로

$\angle BAC=$□ (엇각)

$\overline{AD}\,/\!/\,$□이므로

$\angle ACB=$□ (엇각)

따라서 $\triangle ABC\equiv$□ (□ 합동)

19 다음은 선분 BC의 수직이등분선 l 위의 한 점 A에 대하여 △ABM과 △ACM이 합동임을 보이는 과정이다. □ 안에 알맞은 것을 써넣으시오. (단, 점 M은 $\overline{BC}$와 그 수직이등분선 l의 교점이다.)

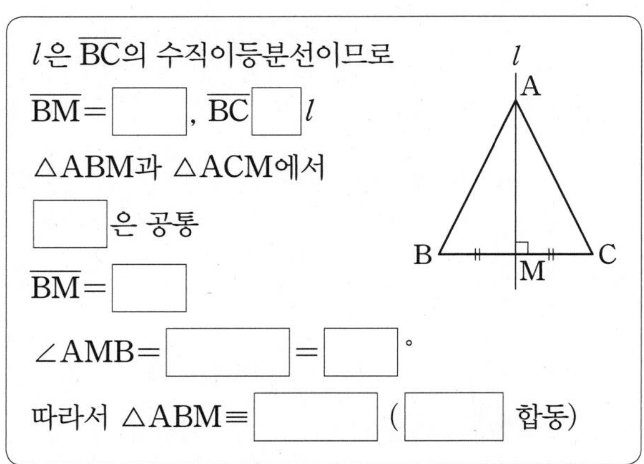

l은 $\overline{BC}$의 수직이등분선이므로

$\overline{BM}$= □, $\overline{BC}$ □ l

△ABM과 △ACM에서

□은 공통

$\overline{BM}$= □

∠AMB= □ = □°

따라서 △ABM≡ □ (□ 합동)

• **다음 □ 안에 알맞은 것을 써넣으시오.**

20

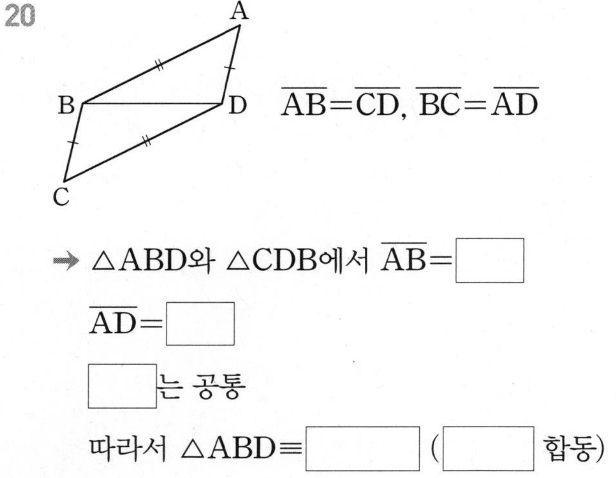

$\overline{AB}=\overline{CD}$, $\overline{BC}=\overline{AD}$

➜ △ABD와 △CDB에서 $\overline{AB}$= □

$\overline{AD}$= □

□는 공통

따라서 △ABD≡ □ (□ 합동)

21

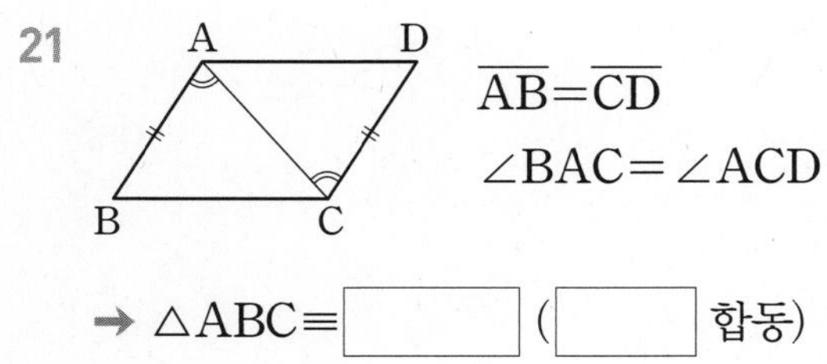

$\overline{AB}=\overline{CD}$

∠BAC=∠ACD

➜ △ABC≡ □ (□ 합동)

22

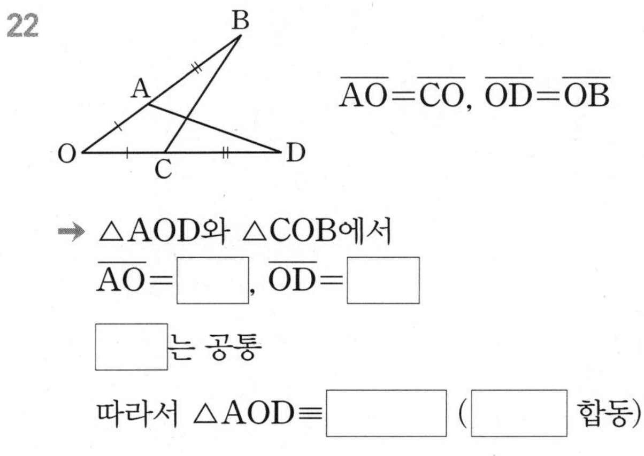

$\overline{AO}=\overline{CO}$, $\overline{OD}=\overline{OB}$

➜ △AOD와 △COB에서

$\overline{AO}$= □, $\overline{OD}$= □

□는 공통

따라서 △AOD≡ □ (□ 합동)

23

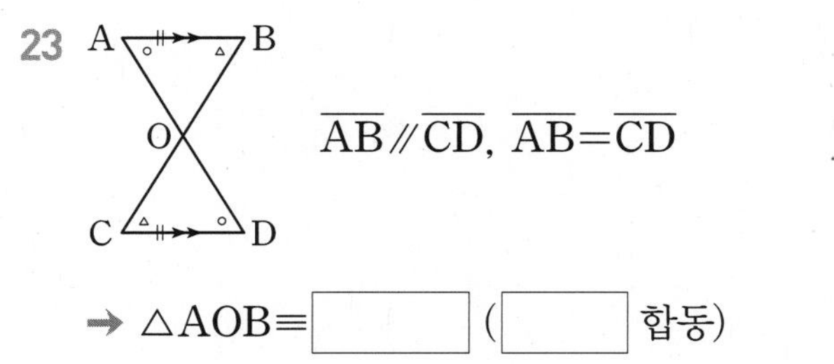

$\overline{AB}\,/\!/\,\overline{CD}$, $\overline{AB}=\overline{CD}$

➜ △AOB≡ □ (□ 합동)

24

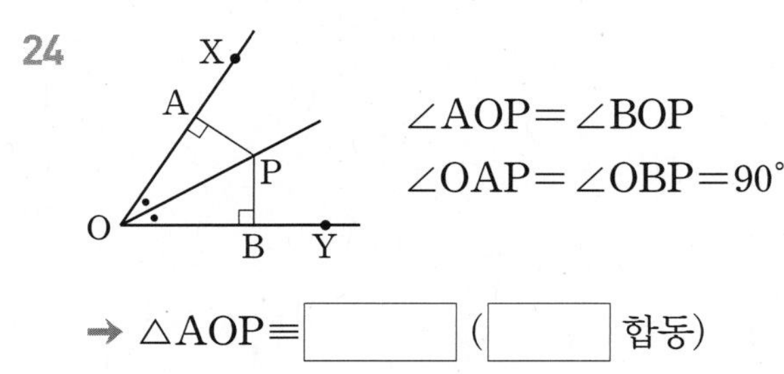

∠AOP=∠BOP

∠OAP=∠OBP=90°

➜ △AOP≡ □ (□ 합동)

개념모음문제

25 오른쪽 그림의 두 삼각형 ABC, DEF에서 △ABC≡△DEF이기 위하여 필요한 나머지 한 조건으로 알맞은 것만을 **보기**에서 있는 대로 고른 것은?

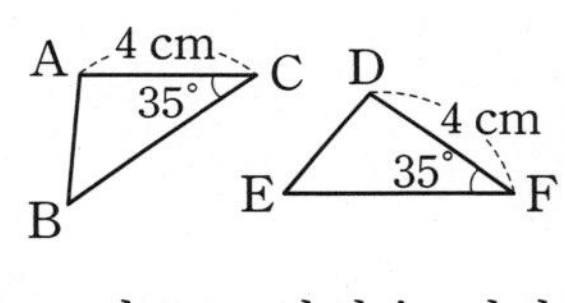

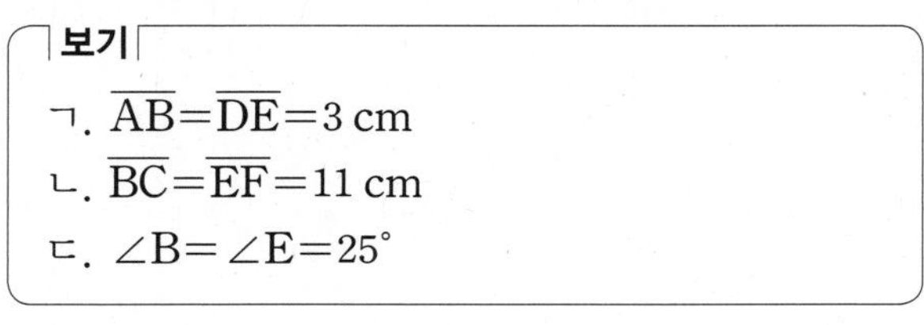

보기

ㄱ. $\overline{AB}=\overline{DE}$=3 cm

ㄴ. $\overline{BC}=\overline{EF}$=11 cm

ㄷ. ∠B=∠E=25°

① ㄱ ② ㄷ ③ ㄱ, ㄴ

④ ㄴ, ㄷ ⑤ ㄱ, ㄴ, ㄷ

TEST 4. 작도와 합동

1 작도에 대한 다음 설명 중 옳은 것은?

① 작도할 때는 눈금이 있는 자와 컴퍼스를 사용한다.
② 선분의 길이를 잴 때는 눈금 없는 자를 사용하여 정확하게 잰다.
③ 선분을 연장할 때는 컴퍼스를 사용한다.
④ 두 선분의 길이를 비교할 때는 눈금 없는 자를 사용하는 것이 좋다.
⑤ 주어진 선분을 다른 직선 위에 옮길 때는 컴퍼스를 사용한다.

2 오른쪽 그림은 직선 l 밖의 한 점 P를 지나고 직선 l과 평행한 직선 m을 작도한 것이다. 옳은 것만을 **보기**에서 있는 대로 고른 것은?

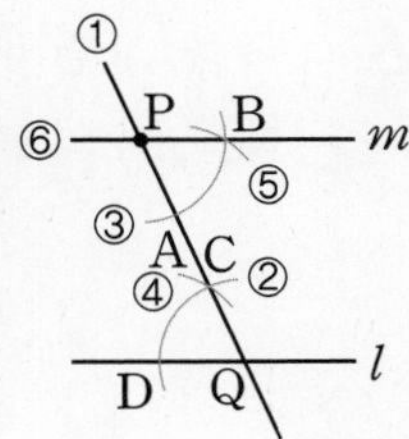

보기

ㄱ. $\overline{AB}=\overline{CD}$
ㄴ. $\overline{QC}=\overline{CD}$
ㄷ. $\angle APB=\angle CQD$
ㄹ. 동위각의 크기가 같으면 두 직선은 평행하다는 성질을 이용한 것이다.

① ㄱ, ㄷ ② ㄱ, ㄹ ③ ㄴ, ㄷ
④ ㄱ, ㄴ, ㄷ ⑤ ㄱ, ㄷ, ㄹ

3 11 cm, 6 cm, a cm가 삼각형의 세 변의 길이일 때, a의 값이 될 수 있는 모든 자연수의 개수를 구하시오.

4 다음 그림에서 □ABCD≡□EFGH일 때, $x+y$의 값을 구하시오.

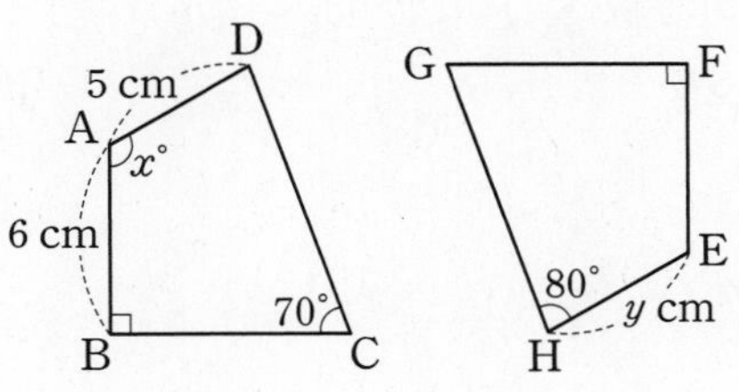

5 다음 중 오른쪽 그림의 삼각형과 합동인 것은?

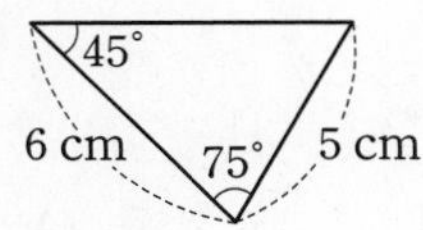

①
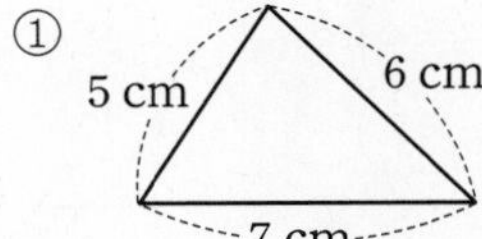

②
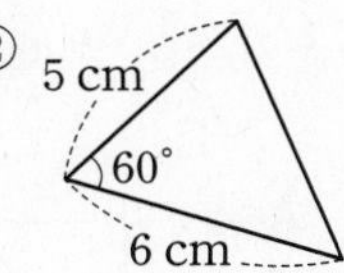

③
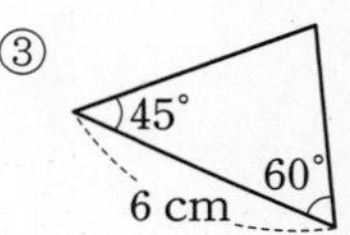

④
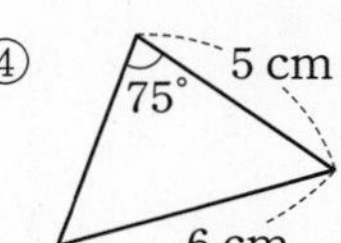

⑤
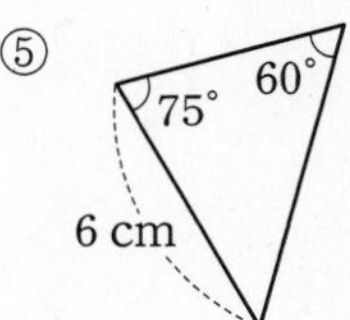

6 다음 그림에서 $\overline{AB}=\overline{DE}$, $\angle A=\angle D$일 때, △ABC와 △DEF가 합동이기 위하여 필요한 나머지 한 조건을 모두 고르면? (정답 2개)

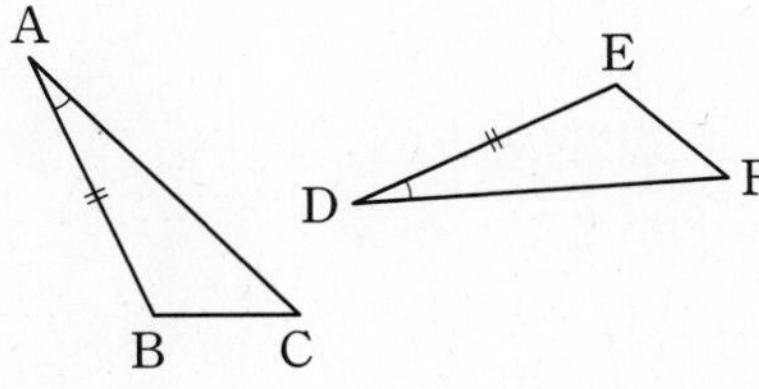

① $\overline{AB}=\overline{BC}$ ② $\overline{AB}=\overline{DF}$ ③ $\overline{AC}=\overline{DF}$
④ $\overline{BC}=\overline{EF}$ ⑤ $\angle C=\angle F$

대단원

TEST Ⅰ. 도형의 기초

1 오른쪽 그림과 같은 입체도형에서 교점의 개수를 a, 교선의 개수를 b, 면의 개수를 c라 할 때, $a+b-c$의 값은?

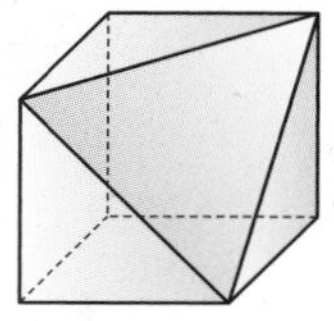

① 12 ② 13 ③ 14
④ 15 ⑤ 16

2 다음 그림에서 두 점 M, N은 $\overline{AB}$의 삼등분점이고 두 점 P, Q는 각각 $\overline{AM}$, $\overline{NB}$의 중점이다. $\overline{MQ}=30$ cm일 때, $\overline{PB}$의 길이를 구하시오.

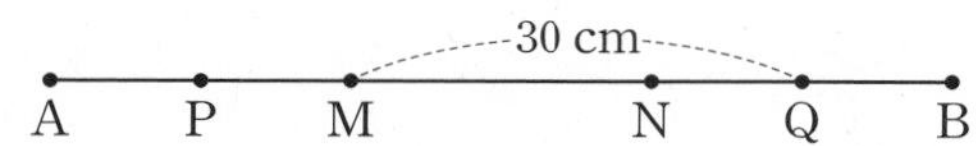

3 오른쪽 그림에서 $\angle x$의 크기는?

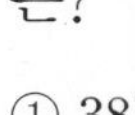

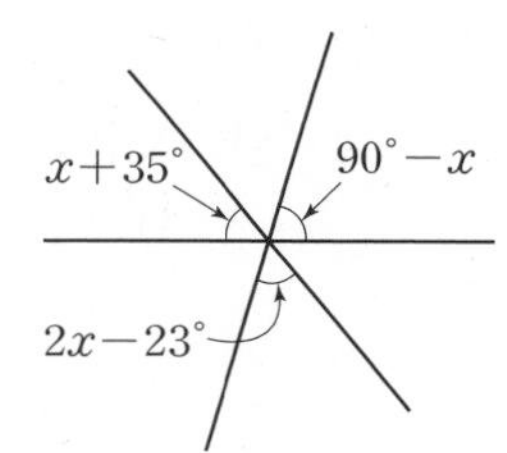

① 38° ② 39°
③ 40° ④ 41°
⑤ 42°

4 다음 중 한 평면 위에 있는 두 직선의 위치 관계로 옳지 않은 것은?

① 일치한다.
② 평행하다.
③ 서로 직교한다.
④ 한 점에서 만난다.
⑤ 꼬인 위치에 있다.

5 다음 그림에서 $l /\!/ m$, $p /\!/ q$일 때, $\angle x$의 크기는?

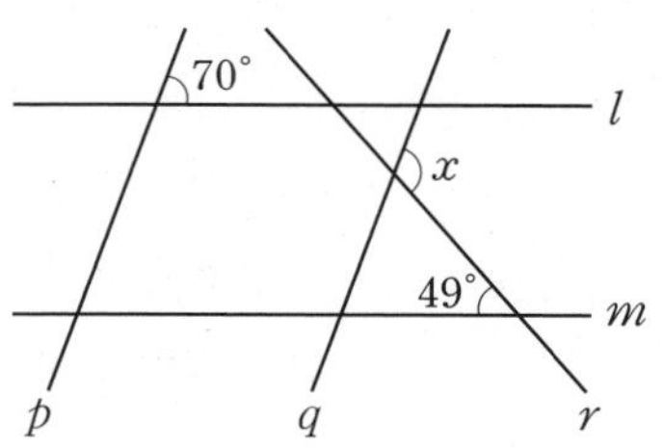

① 116° ② 117° ③ 118°
④ 119° ⑤ 120°

6 다음 그림과 같이 직사각형 모양의 종이를 접었을 때, $\angle x$의 크기는?

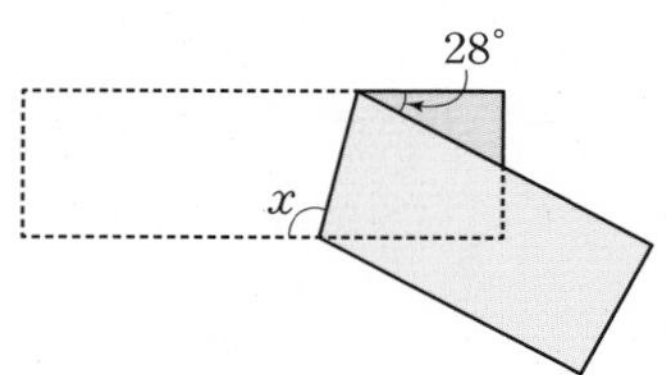

① 102° ② 104° ③ 106°
④ 108° ⑤ 110°

7 다음 중 작도에 대한 설명으로 옳은 것을 모두 고르면? (정답 2개)

① 두 선분의 길이를 비교할 때는 눈금 없는 자를 사용한다.
② 주어진 선분을 연장할 때는 컴퍼스를 사용한다.
③ 두 점을 연결하는 선분을 그릴 때 눈금 없는 자를 사용한다.
④ 주어진 각과 크기가 같은 각을 작도할 때는 각도기를 사용한다.
⑤ 주어진 선분의 길이를 다른 직선 위로 옮길 때는 컴퍼스를 사용한다.

8 다음 그림은 직선 l 밖의 한 점 P를 지나고 직선 l에 평행한 직선 m을 작도한 것이다. 작도 순서를 바르게 나열한 것은?

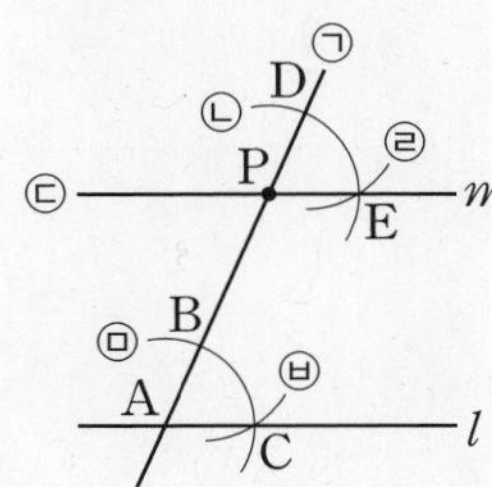

① ㉠ → ㉡ → ㉥ → ㉤ → ㉣ → ㉢
② ㉠ → ㉤ → ㉣ → ㉥ → ㉡ → ㉢
③ ㉠ → ㉤ → ㉡ → ㉣ → ㉥ → ㉢
④ ㉠ → ㉤ → ㉡ → ㉥ → ㉣ → ㉢
⑤ ㉤ → ㉠ → ㉣ → ㉡ → ㉥ → ㉢

9 다음 **보기**에서 △ABC가 하나로 정해지는 것만을 있는 대로 고르시오.

보기

ㄱ. $\angle A=60^\circ$, $\angle B=80^\circ$, $\angle C=40^\circ$
ㄴ. $\angle A=30^\circ$, $\angle B=50^\circ$, $\overline{BC}=8$
ㄷ. $\overline{AB}=5$, $\overline{BC}=8$, $\overline{CA}=7$
ㄹ. $\overline{AB}=7$, $\overline{BC}=11$, $\overline{CA}=3$
ㅁ. $\overline{AB}=5$, $\overline{BC}=9$, $\angle C=70^\circ$

10 다음 그림에서 사각형 ABCD와 사각형 GCEF는 정사각형이다. 다음 중 옳지 않은 것을 모두 고르면? (정답 2개)

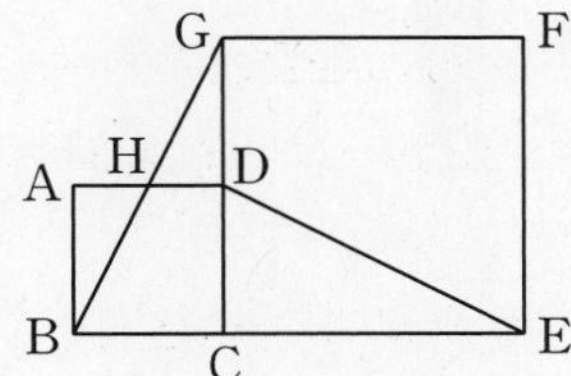

① $\overline{BC}=\overline{DC}$ ② $\overline{GC}=\overline{EC}$ ③ $\overline{AH}=\overline{HD}$
④ $\overline{GD}=\overline{HD}$ ⑤ $\triangle GBC\equiv\triangle EDC$

11 오른쪽 그림은 직육면체를 잘라서 만든 오각기둥이다. 모서리 DI와 꼬인 위치에 있는 모서리의 개수를 a, 면 DIJE와 평행한 모서리의 개수를 b, 면 BGHC와 수직인 면의 개수를 c라 할 때, $a+b-2c$의 값은?

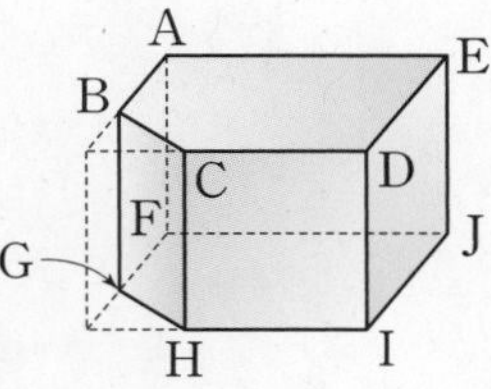

① 6 ② 7 ③ 8
④ 9 ⑤ 10

12 다음 중 공간 위의 직선과 평면에 대한 설명으로 옳은 것은?

① 만나지 않는 두 직선은 한 평면 위에 있다.
② 한 평면과 평행한 두 직선은 서로 평행하다.
③ 한 점에서 만나는 서로 다른 두 직선은 한 평면 위에 있다.
④ 평면 밖의 한 점을 지나고 그 평면과 평행한 직선은 1개이다.
⑤ 서로 다른 세 직선이 있으면 그 중에서 두 직선은 꼬인 위치에 있다.

13 다음 그림과 같이 선분 AB 위에 한 점 C를 잡아 $\overline{AC}$, $\overline{BC}$를 각각 한 변으로 하는 두 정삼각형 ACD와 CBE를 그렸다. $\angle CDB+\angle CEA$의 크기를 구하시오.

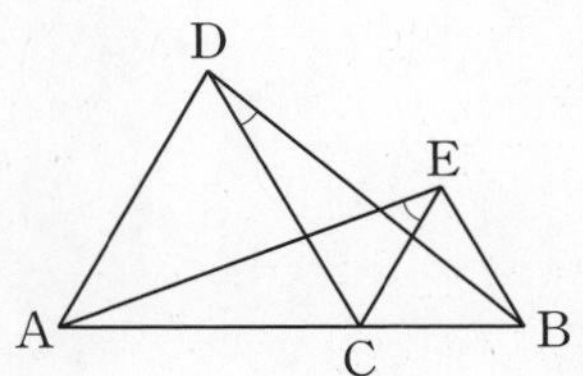

평면에 그려지는 도형!

평면도형

5 삼각형의 성질을 알면 보이는,
다각형의 성질

6 π로 해결하는,
원과 부채꼴

5

삼각형의 성질을 알면 보이는, 다각형의 성질

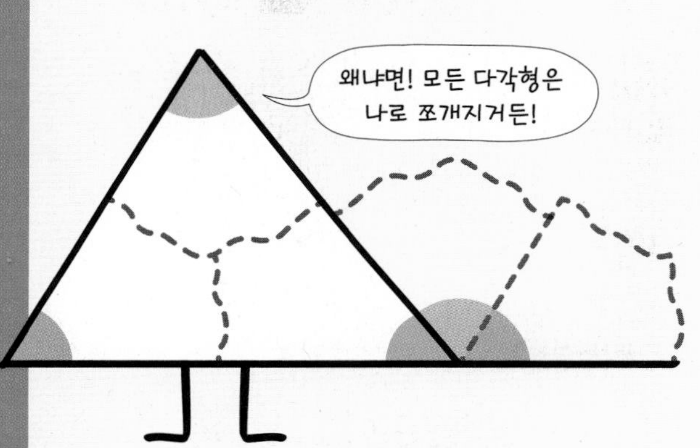

선분으로 둘러싸여 있는!

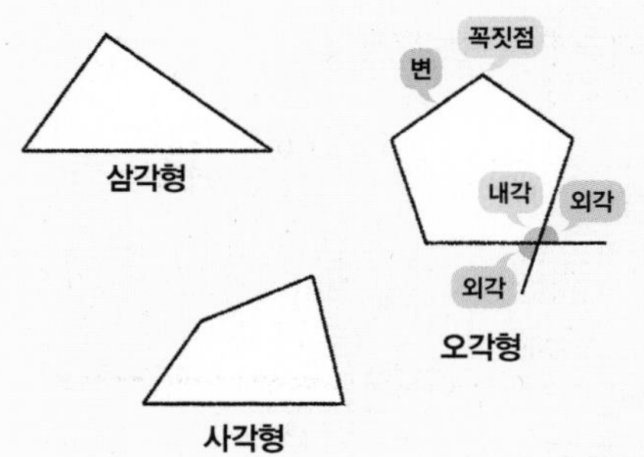

01 다각형

여러 개의 선분으로 둘러싸인 평면도형을 다각형이라 해. 이때 변이 3개, 4개, …, n개인 다각형을 각각 삼각형, 사각형, …, n각형이라 하지.
다각형에서 변, 꼭짓점, 내각, 외각의 위치를 알아보자!

모든 변의 길이와 내각의 크기가 같은!

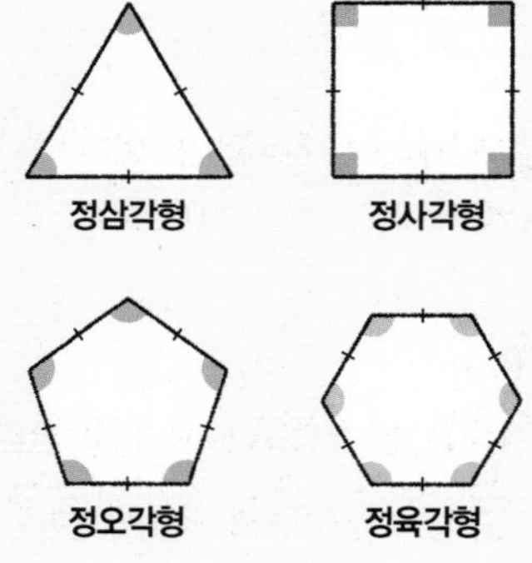

02 정다각형

모든 변의 길이가 같고 모든 내각의 크기가 같은 다각형을 정다각형이라 해!

꼭짓점끼리 잇는!

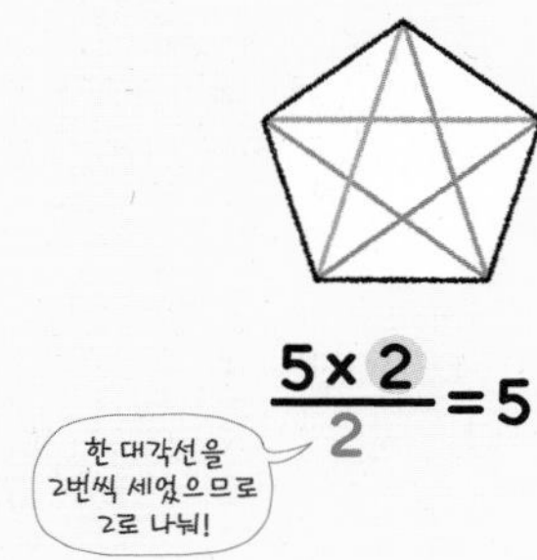

03 다각형의 대각선

다각형에서 서로 이웃하지 않은 두 꼭짓점을 이은 선분을 대각선이라 해.
다각형의 한 꼭짓점에서 그을 수 있는 대각선의 개수는 $(n-3)$이야! $(n-3)$을 이용하여 다각형의 대각선의 개수를 구해보자!

04~05 삼각형의 내각과 외각의 성질

평행선의 성질을 이용하면 삼각형의 내각의 크기의 합이 180° 임을 확인할 수 있어.
또한 삼각형의 한 외각의 크기는 그와 이웃하지 않는 두 내각의 크기의 합과 같음을 확인할 수 있어!

합치면 평각이 되는!

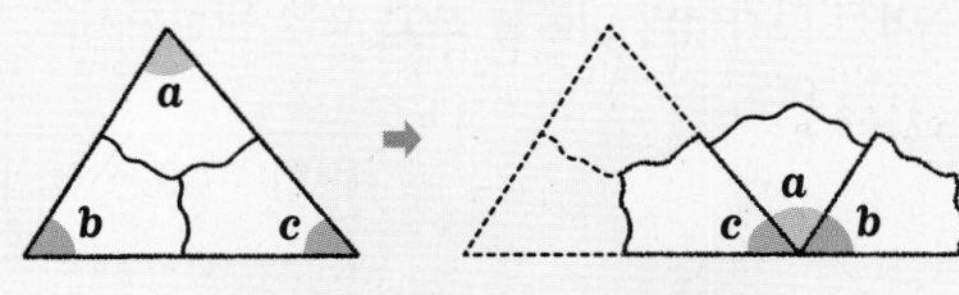

$\angle a+\angle b+\angle c=180°$

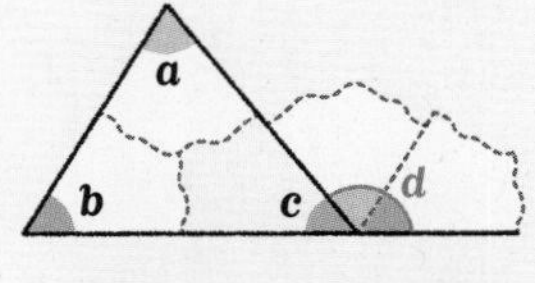

$\angle d=\angle a+\angle b$

06 삼각형; 내각과 외각의 성질의 활용

삼각형의 내각과 외각의 성질을 이용해서 다양한 도형들에 대한 각을 구해보자!

한 꼭짓점에서, (내각)+(외각)=180°!

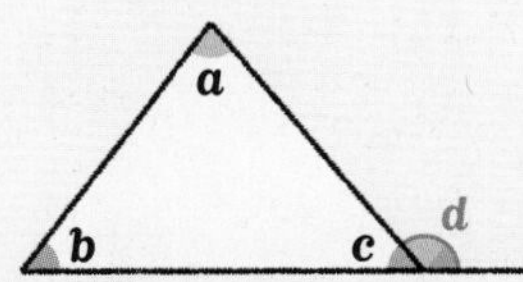

내각의 크기의 합 ➡ $\angle a+\angle b+\angle c=180°$

내각과 외각의 관계 ➡ $\angle a+\angle b=\angle d$

07 다각형의 내각의 크기의 합

n각형의 한 꼭짓점에서 대각선을 모두 그으면 n각형은 $(n-2)$개의 삼각형으로 나누어져. 따라서 n각형의 내각의 크기의 합은 $180°\times(n-2)$야. 이때 정다각형은 내각의 크기가 모두 같으므로 한 내각의 크기는 $\dfrac{180°\times(n-2)}{n}$임을 알 수 있지!

삼각형의 개수로 구하는!

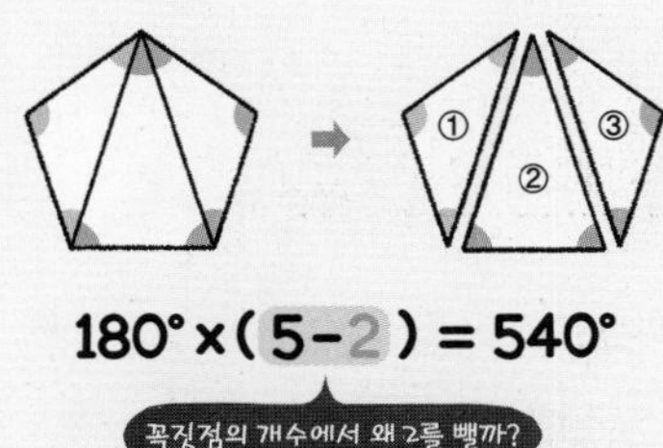

08 다각형의 외각의 크기의 합

다각형의 외각의 크기의 합은 무조건 360°야!
이때 정다각형은 외각의 크기가 모두 같으므로 한 외각의 크기는 $\dfrac{360°}{n}$이지!

360° 가 되는!

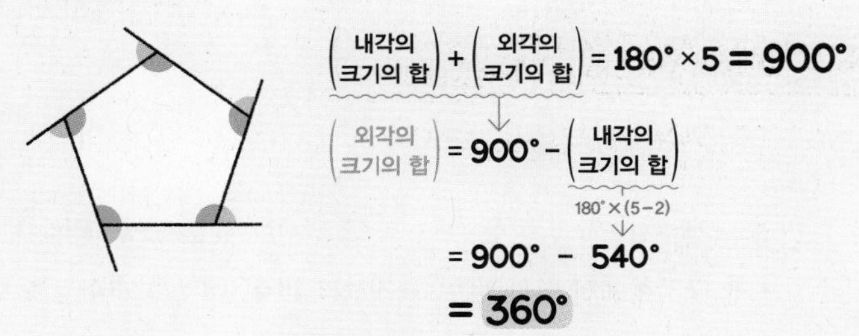

01

선분으로 둘러싸여 있는!

다각형

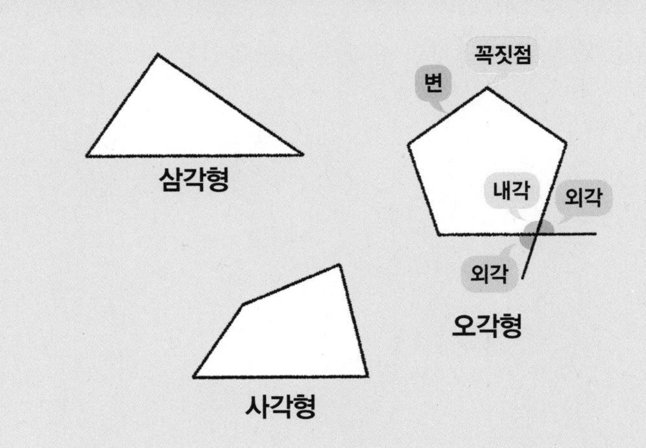

• **다각형:** 세 개 이상의 선분으로 둘러싸인 평면도형

① 변: 다각형을 이루는 선분

② 꼭짓점: 다각형의 변과 변이 만나는 점

③ 내각: 다각형에서 이웃하는 두 변으로 이루어진 각

④ 외각: 다각형의 꼭짓점에서 한 변과 그 변에 이웃하는 변의 연장선이 이루는 각

참고 ① 변이 3개, 4개, ⋯, n개인 다각형을 각각 삼각형, 사각형, ⋯, n각형이라 한다.

② 다각형의 한 꼭짓점에서 (내각의 크기)+(외각의 크기)=180°이다.

원리확인 다음 중 다각형인 것은 ○를, 다각형이 아닌 것은 ×를 (　　) 안에 써넣으시오.

❶ 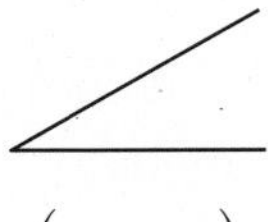

(　　)

❷ 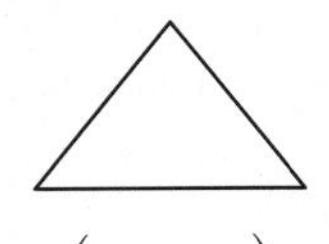

(　　)

❸ 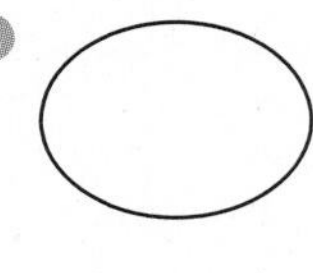

(　　)

❹ 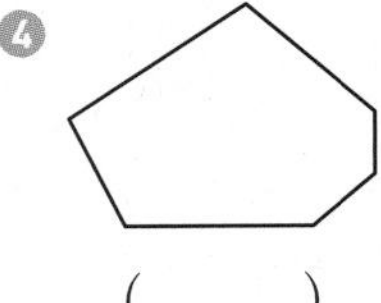

(　　)

❺ 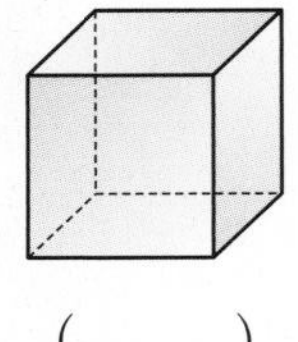

(　　)

❻ 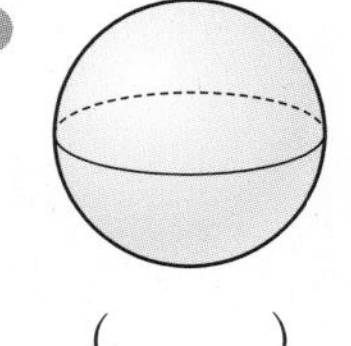

(　　)

1st — 다각형 이해하기

● 주어진 다각형의 이름을 쓰고 표를 완성하시오.

1 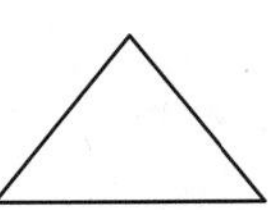

변의 개수	꼭짓점의 개수	내각의 개수

→ □각형

2 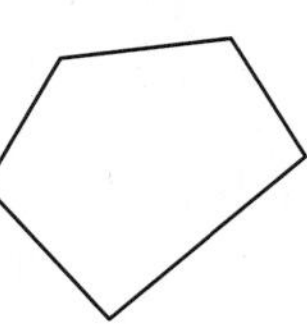

변의 개수	꼭짓점의 개수	내각의 개수

→

3 

변의 개수	꼭짓점의 개수	내각의 개수

→

4 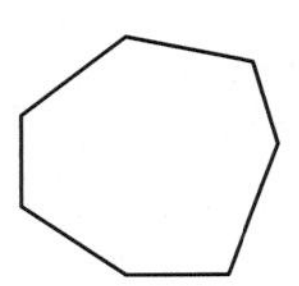

변의 개수	꼭짓점의 개수	내각의 개수

→

5

변의 개수	꼭짓점의 개수	내각의 개수

→

내가 발견한 개념 　다각형의 변, 꼭짓점, 내각의 개수는?

• 한 다각형에서 변의 개수, 꼭짓점의 개수, 내각의 개수는 모두 (같다, 다르다).

2nd 외각 이해하기

● 다음 그림의 다각형에서 ∠A의 외각을 표시하시오.

6
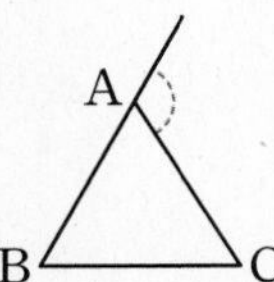

7
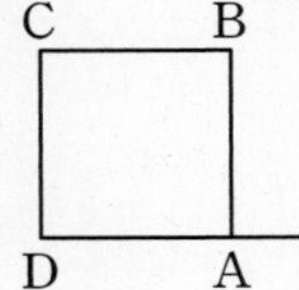

8
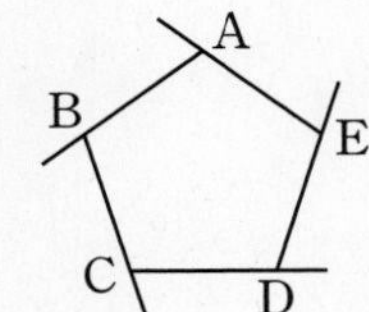

9
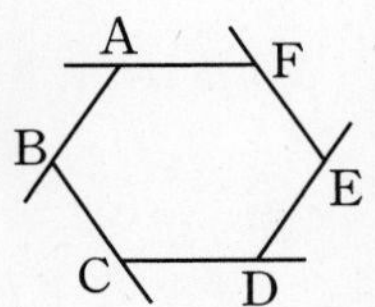

10
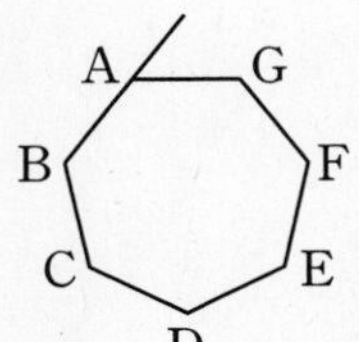

색칠한 각은 외각이 아니다.

● 다음 그림의 다각형에서 ∠A의 외각의 크기를 구하시오.

11
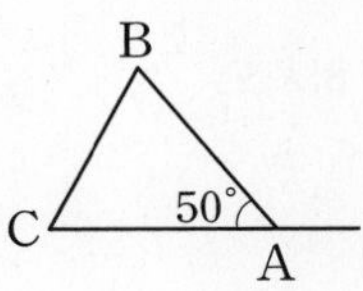

→ (∠A의 외각의 크기)=180°−°
=□°

12
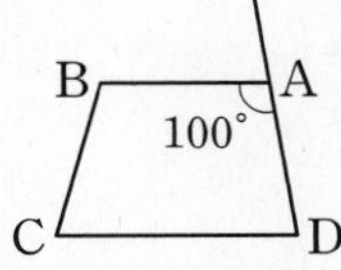

13
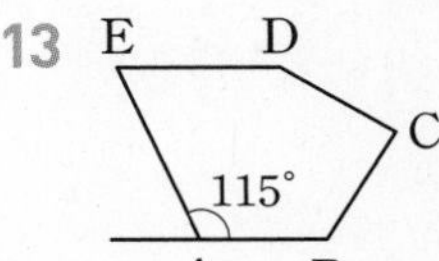

14

15
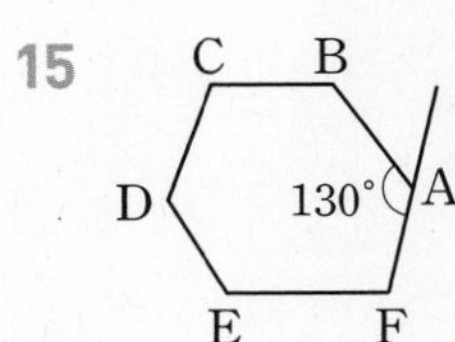

내가 발견한 개념 — 한 꼭짓점에서 내각의 크기와 외각의 크기의 합은?

• 다각형의 한 꼭짓점에서
(내각의 크기)+(외각의 크기)=□

3rd 내각과 외각의 크기 구하기

● 아래 그림의 다각형에서 다음을 구하시오.

16

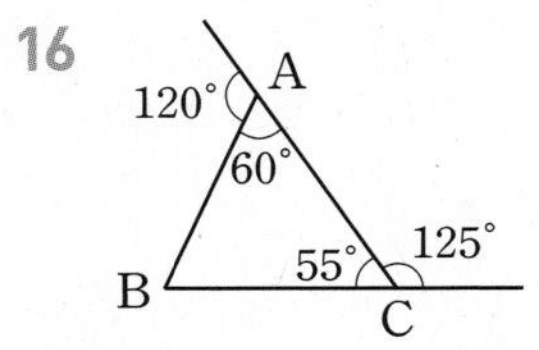

(1) ∠A의 내각의 크기

(2) ∠A의 외각의 크기

(3) ∠C의 외각의 크기

17

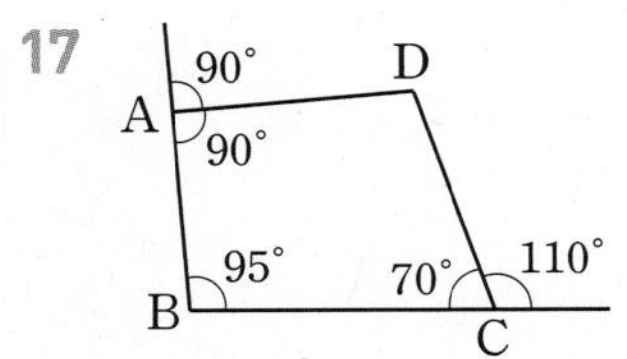

(1) ∠A의 외각의 크기

(2) ∠B의 내각의 크기

(3) ∠C의 외각의 크기

18

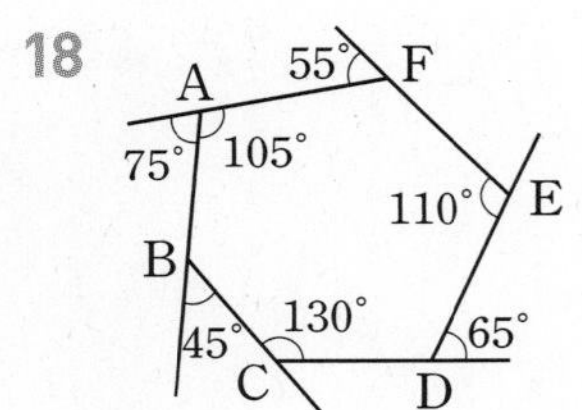

(1) ∠B의 외각의 크기

(2) ∠C의 내각의 크기

(3) ∠D의 외각의 크기

(4) ∠E의 내각의 크기

19

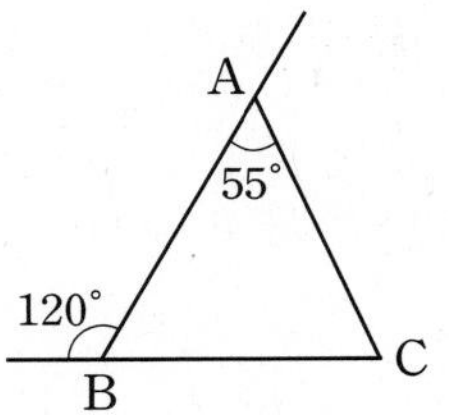

(1) ∠A의 내각의 크기

(2) ∠A의 외각의 크기

➜ 180°−(∠A의 내각의 크기)

=180°−□°=□°

(3) ∠B의 내각의 크기

20

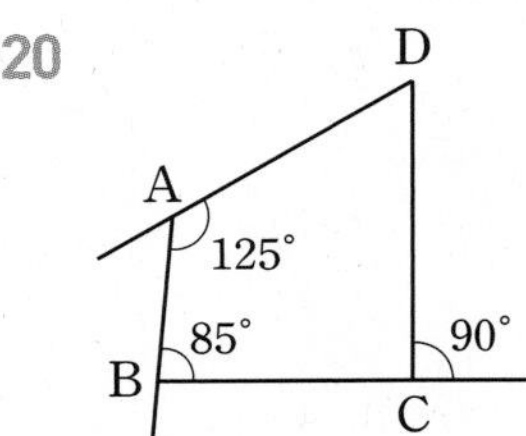

(1) ∠A의 외각의 크기

(2) ∠B의 외각의 크기

(3) ∠C의 내각의 크기

21

65° E 50° A D 80° 60° B C

(1) ∠A의 내각의 크기

(2) ∠B의 외각의 크기

(3) ∠C의 내각의 크기

(4) ∠E의 내각의 크기

• 다음 그림에서 $\angle x$, $\angle y$의 크기를 구하시오.

22

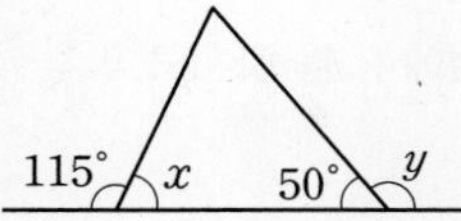

23

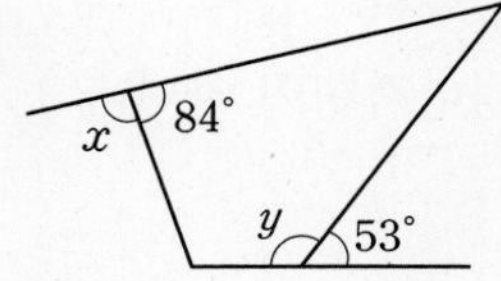

24

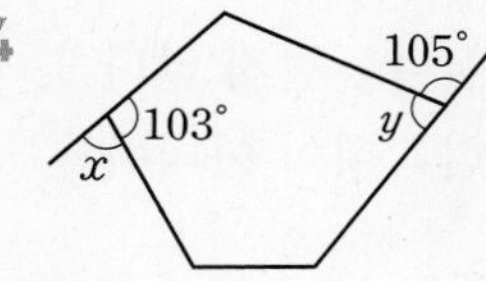

25

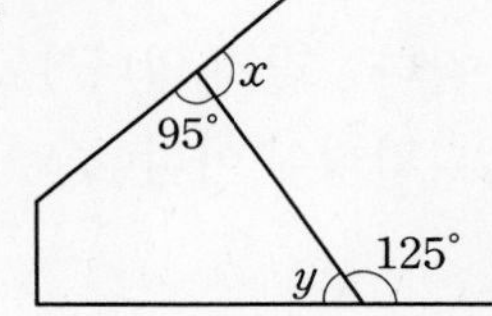

26

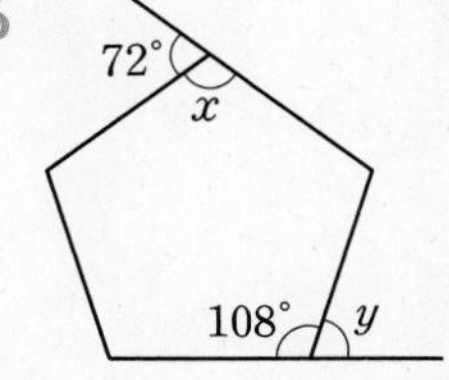

• 다음 중 다각형에 대한 설명으로 옳은 것은 ○를, 옳지 않은 것은 ×를 (　　) 안에 써넣으시오.

27 변의 개수가 가장 적은 다각형은 삼각형이다. (　　)

28 다각형은 2개 이상의 선분으로 둘러싸여 있다. (　　)

29 구각형은 8개의 선분으로 둘러싸여 있다. (　　)

30 꼭짓점의 개수가 5인 다각형은 오각형이다. (　　)

31 한 다각형에서 변의 개수와 꼭짓점의 개수는 항상 같다. (　　)

32 다각형의 한 꼭짓점에서 내각의 크기와 외각의 크기의 합은 360°이다. (　　)

33 다각형에서 한 내각에 대한 외각은 단 한 개이다. (　　)

개념모음문제

34 오른쪽 그림의 오각형에서 외각의 크기가 각각 $\angle a=30°$, $\angle b=120°$, $\angle c=35°$, $\angle d=80°$, $\angle e=95°$일 때, 다음 중 이 오각형의 내각의 크기가 아닌 것은?

① 60°　② 85°　③ 105°　④ 145°　⑤ 150°

02 모든 변의 길이와 내각의 크기가 같은!

정다각형

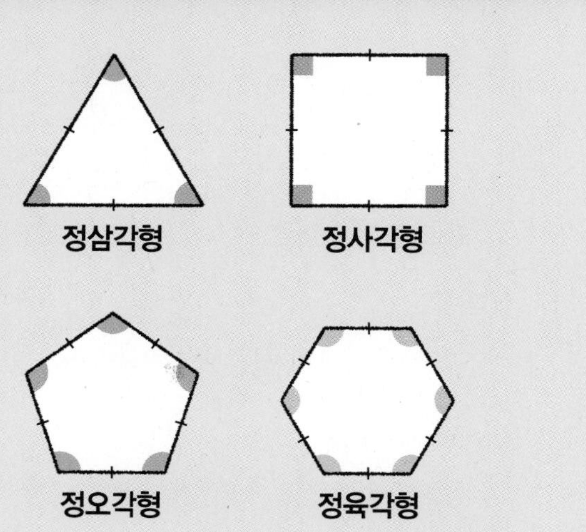

• **정다각형:** 모든 변의 길이가 같고 모든 내각의 크기가 같은 다각형

참고 ① 변이 n개인 정다각형을 정n각형이라 한다.

② 마름모: 변의 길이는 모두 같지만 내각의 크기가 모두 같은 것은 아니므로 정다각형이 아니다.

③ 직사각형: 내각의 크기는 모두 같지만 변의 길이가 모두 같은 것은 아니므로 정다각형이 아니다.

원리확인 다음 중 정다각형인 것은 ○를, 정다각형이 아닌 것은 ×를 (　　) 안에 써넣으시오.

❶ 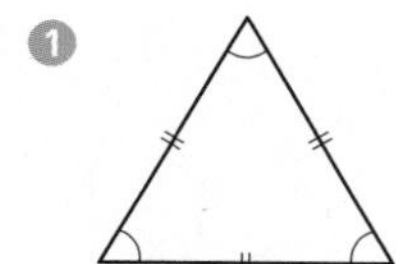 (　　)

❷ 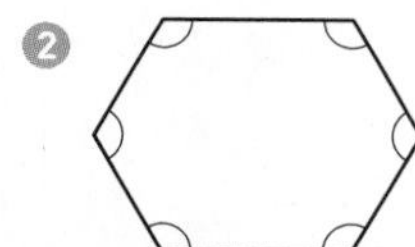 (　　)

❸ 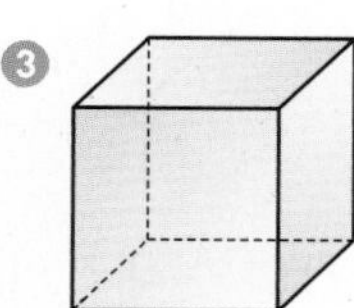 (　　)

❹ 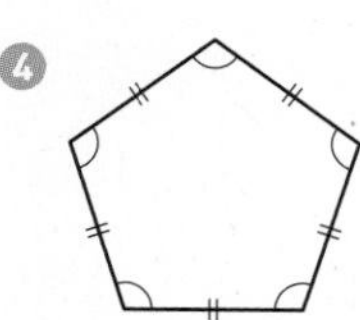 (　　)

1st — 정다각형 이해하기

● 다음 다각형에 대하여 옳은 것에 ○를 하시오.

1 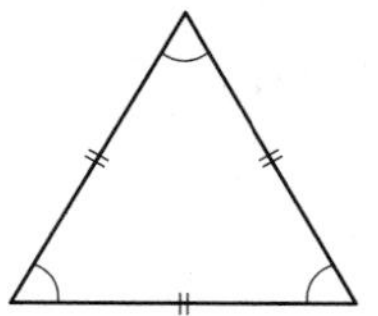

→ 세 변의 길이가 (같다 , 같지 않다).
세 내각의 크기가 (같다 , 같지 않다).
(정다각형이다 , 정다각형이 아니다).

2 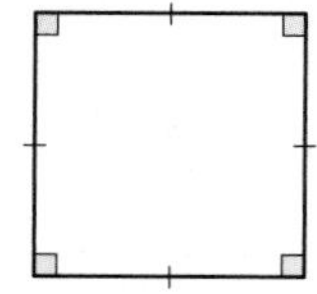

→ 네 변의 길이가 (같다 , 같지 않다).
네 내각의 크기가 (같다 , 같지 않다).
(정다각형이다 , 정다각형이 아니다).

3 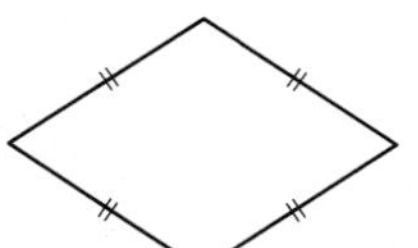

→ 네 변의 길이가 (같다 , 같지 않다).
네 내각의 크기가 (같다 , 같지 않다).
(정다각형이다 , 정다각형이 아니다).

이 도형은 정사각형일까 마름모일까?

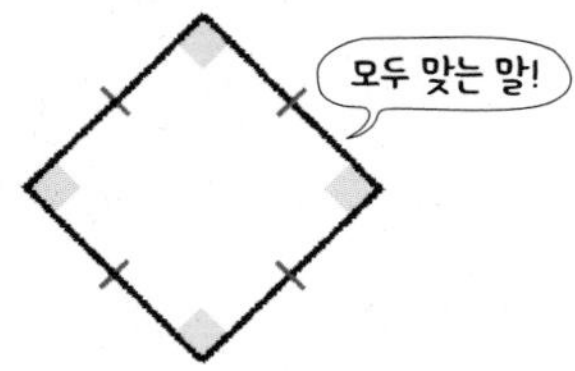

4 

→ 네 변의 길이가 (같다 , 같지 않다).
네 내각의 크기가 (같다 , 같지 않다).
(정다각형이다 , 정다각형이 아니다).

● 다음 조건을 만족시키는 다각형을 구하시오.

5

(가) 3개의 선분으로 둘러싸여 있다.
(나) 모든 변의 길이가 같다.
(다) 모든 내각의 크기가 같다.

→ 정□각형

6

(가) 꼭짓점의 개수는 5이다.
(나) 모든 변의 길이가 같다.
(다) 모든 내각의 크기가 같다.

7

(가) 9개의 내각을 가지고 있다.
(나) 모든 변의 길이가 같다.
(다) 모든 내각의 크기가 같다.

8

(가) 길이가 같은 6개의 선분으로 둘러싸여 있다.
(나) 모든 내각의 크기가 같다.

9

(가) 크기가 같은 12개의 내각을 가지고 있다.
(나) 모든 변의 길이가 같다.

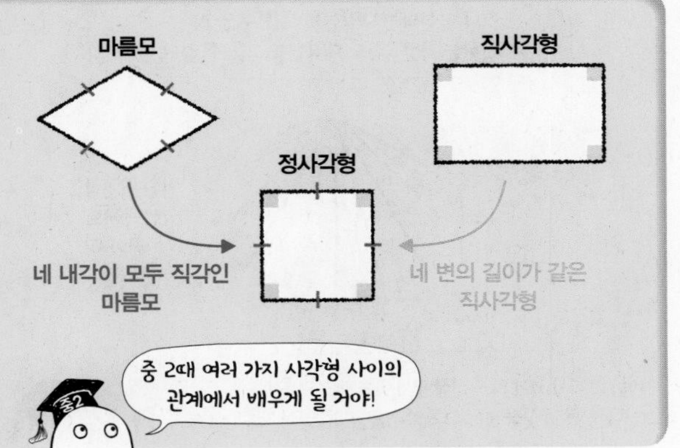

● 다음 중 정다각형에 대한 설명으로 옳은 것은 ○를, 옳지 않은 것은 ×를 ( ) 안에 써넣으시오.

10 세 변의 길이가 같은 삼각형은 정삼각형이다. ( )

11 네 내각의 크기가 같은 사각형은 정사각형이다. ( )

12 직사각형은 정다각형이다. ( )

13 꼭짓점의 개수가 7인 정다각형은 정칠각형이다. ( )

14 정팔각형의 모든 외각의 크기는 같다. ( )

15 변의 길이가 모두 같은 다각형을 정다각형이라 한다. ( )

16 정다각형은 한 내각의 크기와 한 외각의 크기가 같다. ( )

개념모음문제

17 다음 중 정육각형에 대한 설명으로 옳지 않은 것은?

① 변의 개수는 6이다.
② 모든 변의 길이가 같다.
③ 모든 대각선의 길이가 같다.
④ 내각의 개수는 6이다.
⑤ 모든 외각의 크기가 같다.

03

꼭짓점끼리 잇는!

다각형의 대각선

❶ 오각형의 한 꼭짓점에서 그을 수 있는 대각선의 개수

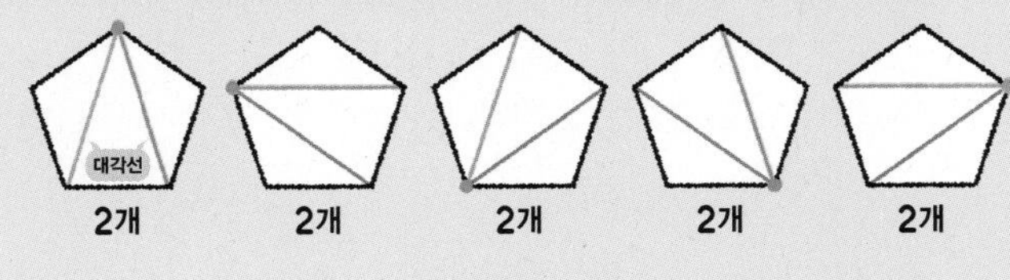

5-3=2

꼭짓점의 개수에서 왜 3을 뺄까?

❷ 오각형의 대각선의 개수

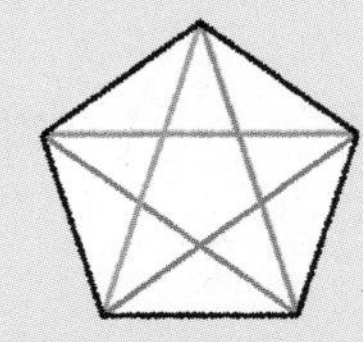

$$\frac{5\times 2}{2}=5$$

한 대각선을 2번씩 세었으므로 2로 나눠!

- **대각선**: 다각형에서 서로 이웃하지 않는 두 꼭짓점을 이은 선분
- **n각형의 한 꼭짓점에서 그을 수 있는 대각선의 개수**: $n-3$ (단, $n\ge 4$)
- **n각형의 대각선의 개수**: $\frac{n(n-3)}{2}$

참고 삼각형은 세 꼭짓점이 모두 이웃하므로 대각선을 그을 수 없다.

원리확인 다음 다각형의 한 꼭짓점에서 그을 수 있는 대각선의 개수를 (　　) 안에 써넣으시오.

❶ 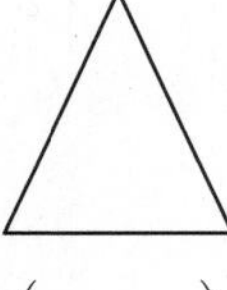
(　　)

❷ 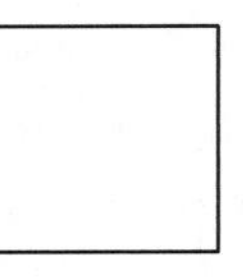
(　　)

❸ 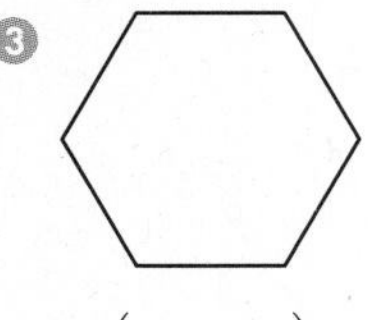
(　　)

❹ 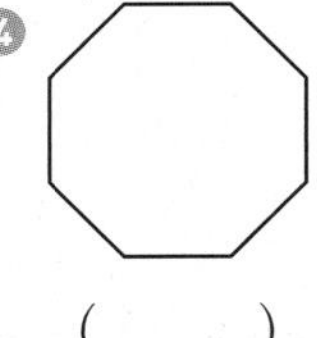
(　　)

1st 한 꼭짓점에서 그을 수 있는 대각선의 개수 구하기

● 한 꼭짓점에서 그을 수 있는 대각선의 개수가 다음과 같은 다각형을 구하시오.

1 2

→ 구하는 다각형을 n각형이라 하면

n−3=☐에서 n=☐

따라서 ☐각형이다.

2 6

3 8

4 12

한 꼭짓점에서 그을 수 있는 대각선의 개수는?

- n각형의 한 꼭짓점에서 그을 수 있는 대각선의 개수

→ (　　)

n각형의 한 꼭짓점에서의 대각선의 개수

나 자신과는 대각선을 그을 수 없고, 이웃하는 꼭짓점과도 대각선을 그을 수 없어.

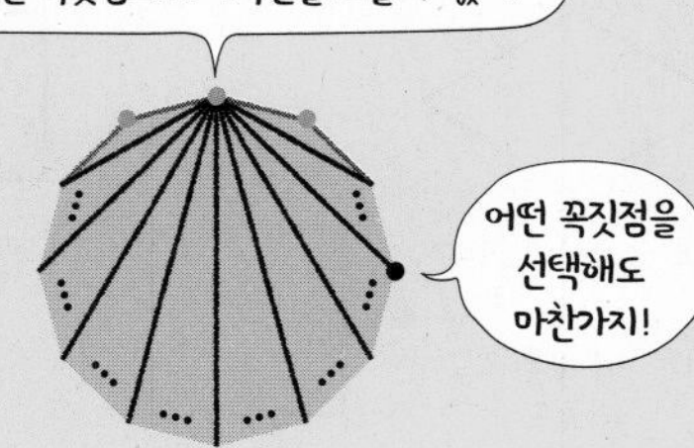

어떤 꼭짓점을 선택해도 마찬가지!

아항! 그래서 n개의 꼭짓점에서 3을 빼는 거군! 그러니깐 한 꼭짓점에서 그을 수 있는 대각선의 개수는 $(n-3)$!!!

2nd 대각선의 개수 구하기

● 다음 다각형의 대각선의 개수를 구하시오.

5 오각형

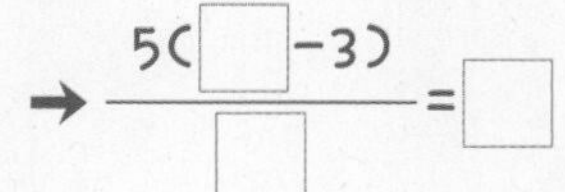

6 팔각형

7 십이각형

8 십구각형

● 한 꼭짓점에서 그을 수 있는 대각선의 개수가 다음과 같은 다각형의 대각선의 개수를 구하시오.

9 3

→ 구하는 다각형을 n각형이라 하면

n−3=☐에서 n=☐

따라서 ☐의 대각선의 개수는

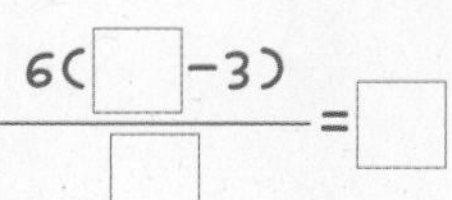

10 5

11 10

12 12

13 19

● 대각선의 개수가 다음과 같은 다각형을 구하시오.

14 14

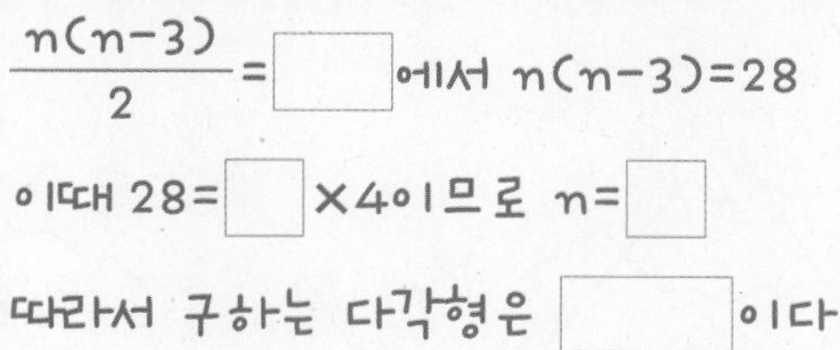

이때 28=☐×4이므로 n=☐

따라서 구하는 다각형은 ☐이다.

15 27

16 35

17 65

18 77

19 135

내가 발견한 개념 다각형의 대각선의 개수는?

• n각형의 대각선의 개수 → $\frac{n(\square)}{2}$

04 합치면 평각이 되는!

삼각형; 내각의 크기의 합

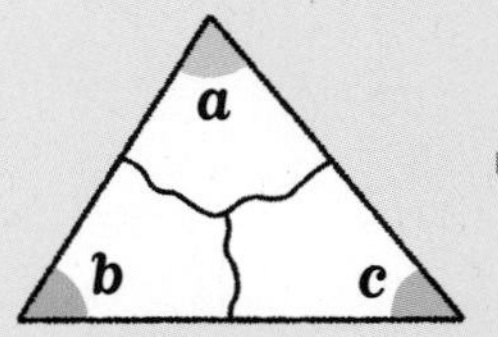

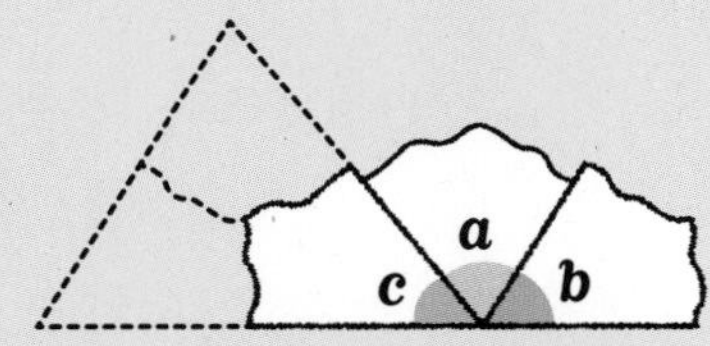

$$\angle a+\angle b+\angle c=180°$$

• 삼각형의 세 내각의 크기의 합은 180°이다.

원리확인 다음 그림에 대하여 □ 안에 알맞은 것을 써넣으시오.

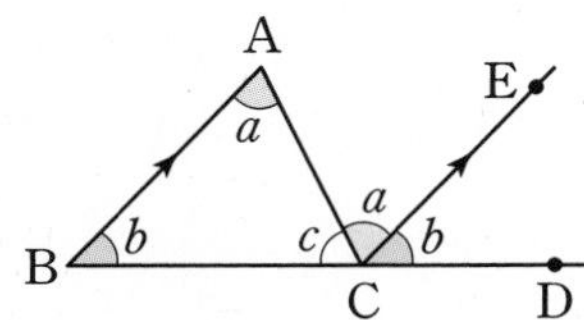

꼭짓점 C에서 변 AB에 평행한 반직선 CE를 그으면

$\angle A=$ □ (엇각), $\angle B=$ □ (동위각)

따라서 삼각형의 세 내각의 크기의 합은 □ 이다.

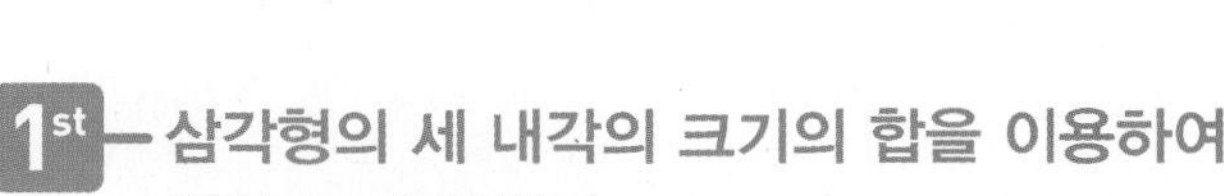

1st 삼각형의 세 내각의 크기의 합을 이용하여 각의 크기 구하기

● **다음 그림에서 $\angle x$의 크기를 구하시오.**

1

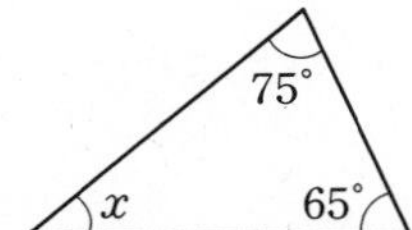

2

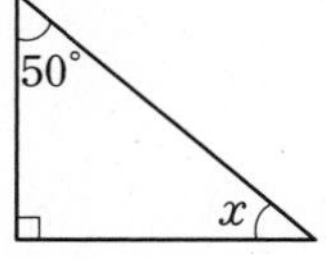

3

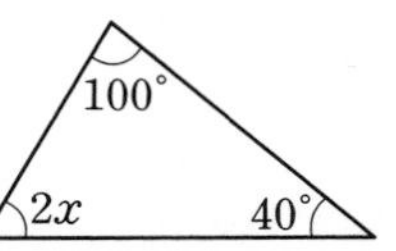

→ $100°+2\angle x+40°=$ □ °이므로

$\angle x=$ □ °

4

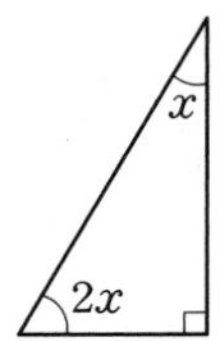

5

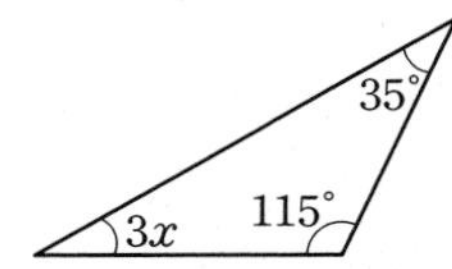

6

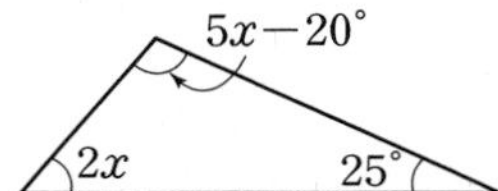

7

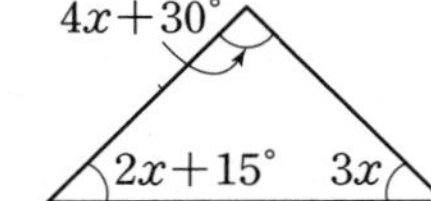

내가 발견한 개념 삼각형의 세 내각의 크기의 합은?

• 삼각형의 세 내각의 크기의 합 → □ °

8

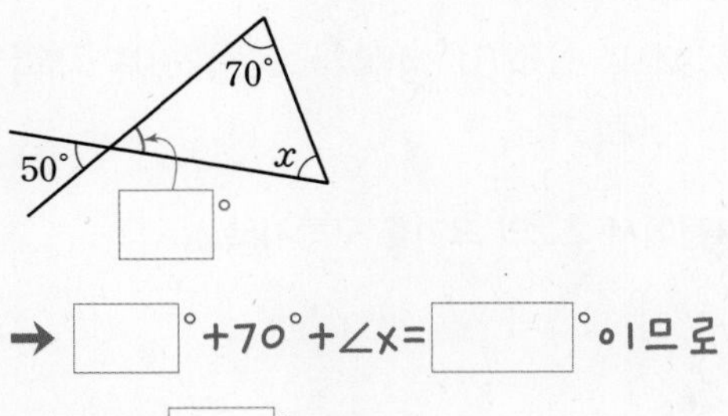

→ □° + 70° + ∠x = □° 이므로

∠x = □°

9

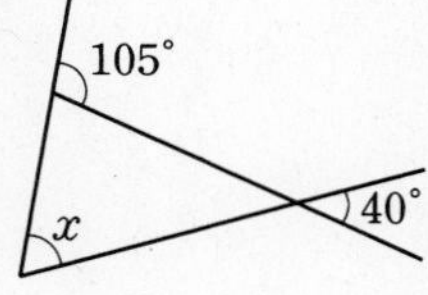

10

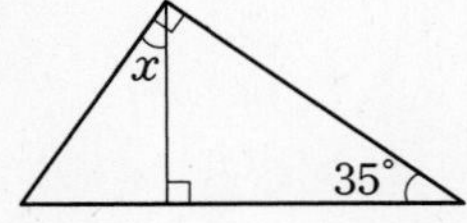

11

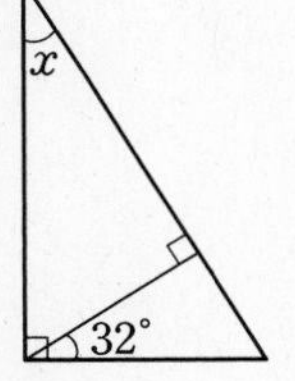

12

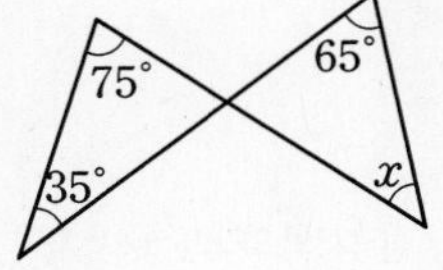

2nd 세 내각 사이의 관계가 주어진 경우 각의 크기 구하기

● **삼각형의 세 내각의 크기의 비가 다음과 같을 때, 가장 작은 내각의 크기를 구하시오.**

13 1 : 2 : 3

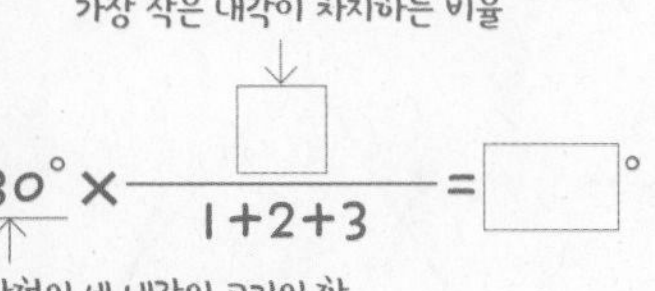

→ [풀이①] $180° \times \dfrac{\square}{1+2+3} = \square°$

삼각형의 세 내각의 크기의 합

[풀이②] 세 내각의 크기를

∠x, 2∠x, 3∠x라 하면

∠x + 2∠x + 3∠x = □° 에서

6∠x = □° 이므로

∠x = □°

14 3 : 2 : 4

15 3 : 4 : 5

16 2 : 3 : 7

17 4 : 5 : 9

개념모음문제

18 △ABC에서 ∠B의 크기는 ∠A의 크기의 3배이고 ∠C=60°일 때, ∠A의 크기는?

① 25° ② 30° ③ 35°
④ 40° ⑤ 45°

05 　　　　한 꼭짓점에서, (내각)+(외각)=180°!

삼각형; 외각의 성질

① 삼각형의 외각의 크기

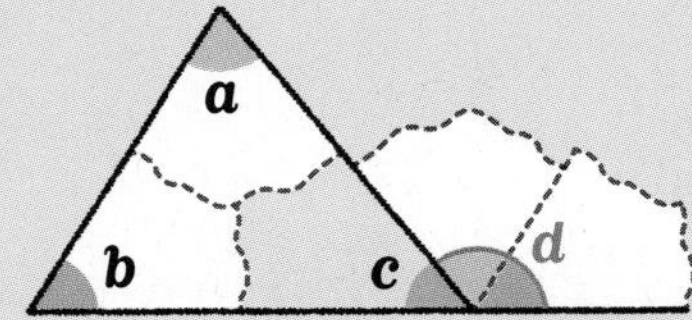

$$\angle d = \angle a + \angle b$$

② 삼각형의 세 외각의 크기의 합

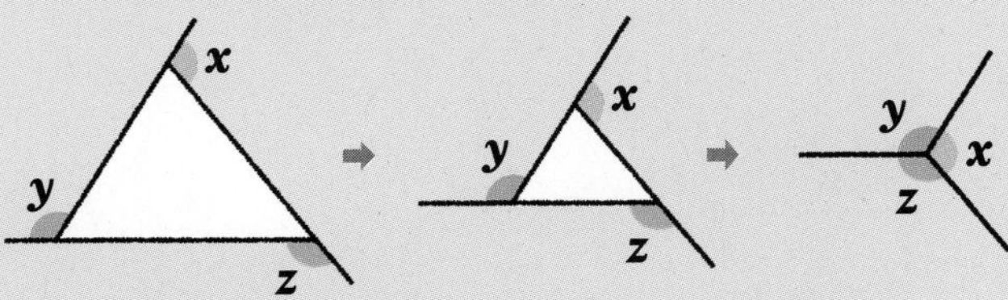

$$\angle x + \angle y + \angle z = 360°$$

- 삼각형의 한 외각의 크기는 그와 이웃하지 않는 두 내각의 크기의 합과 같다.
- 삼각형의 세 외각의 크기의 합은 360°이다.

원리확인 다음 그림에 대하여 □ 안에 알맞은 각을 써넣으시오.

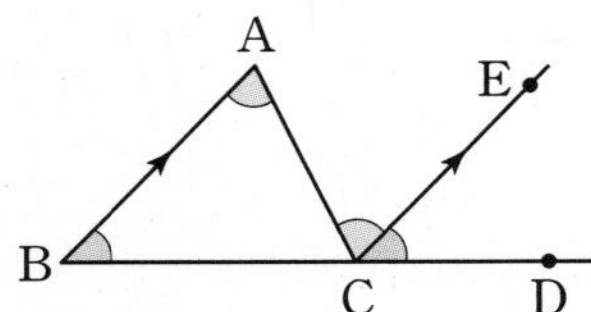

꼭짓점 C에서 $\overline{AB}$와 평행한 반직선 CE를 그으면

∠B=□(동위각)

∠A=□(엇각)

따라서

(∠C의 외각)=∠ACD

=□+□

=∠A+∠B

1st 삼각형의 외각의 성질을 이용하여 각의 크기 구하기

● 다음 그림에서 $\angle x$의 크기를 구하시오.

1

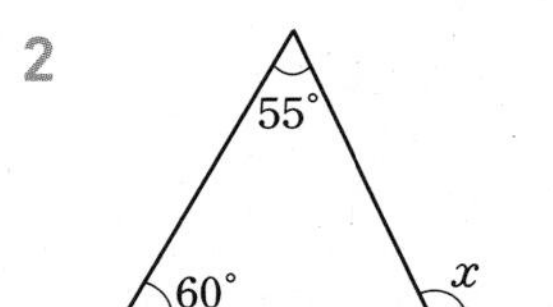

→ ∠x=75°+□°=□°

2

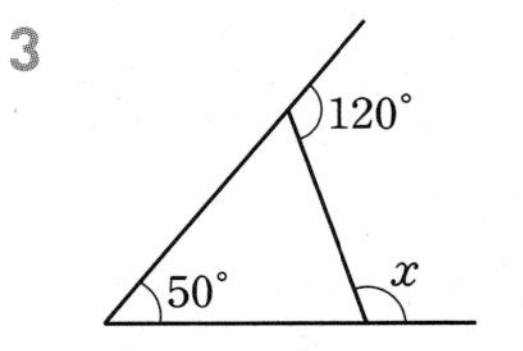

3

4

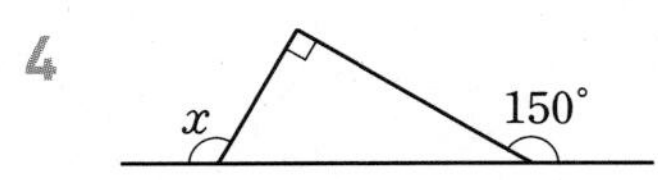

5

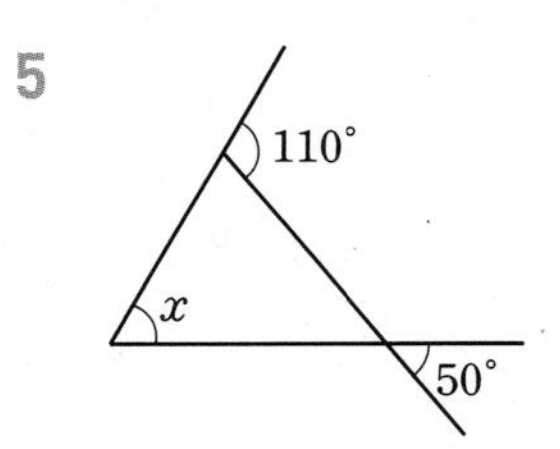

내가 발견한 개념 　　　삼각형의 외각의 크기를 각각 써넣어봐!

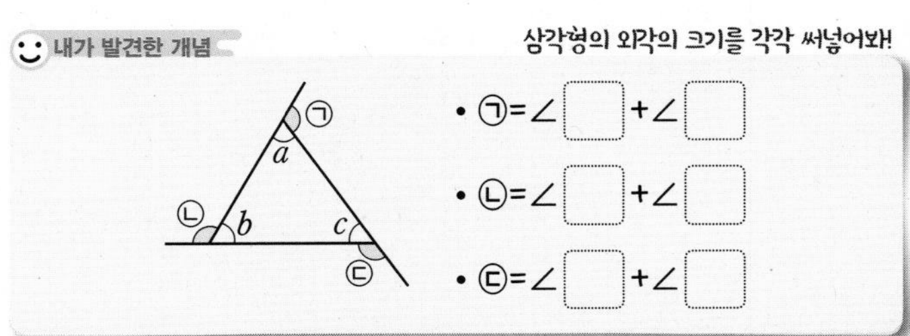

- ㉠=∠□+∠□
- ㉡=∠□+∠□
- ㉢=∠□+∠□

6

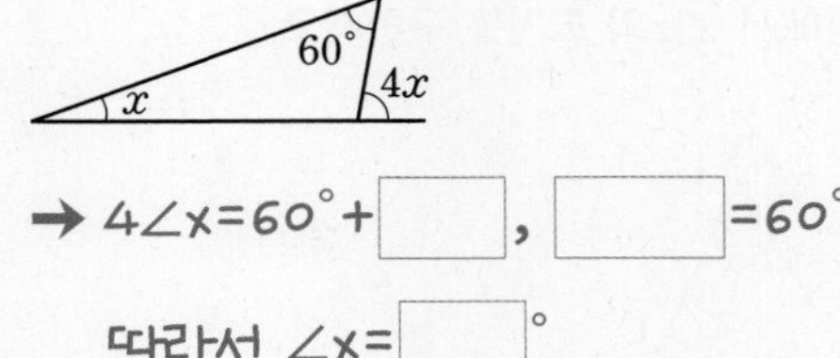

→ 4∠x=60°+[ ], [ ]=60°

따라서 ∠x=[ ]°

7

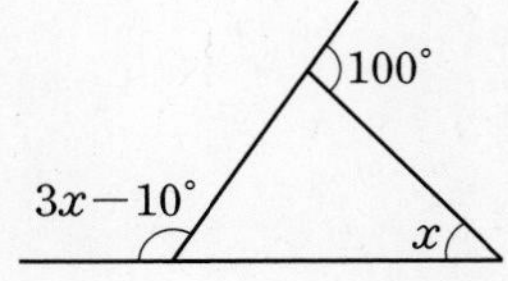

8

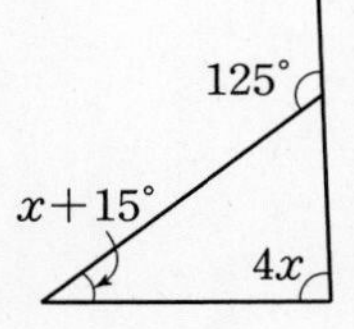

9

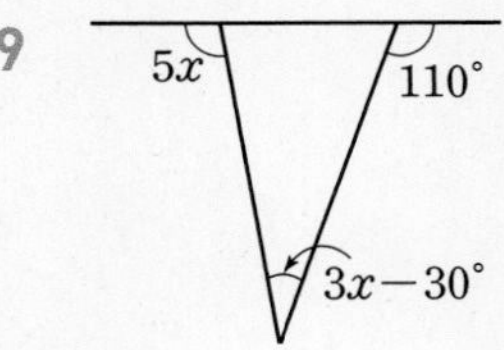

10

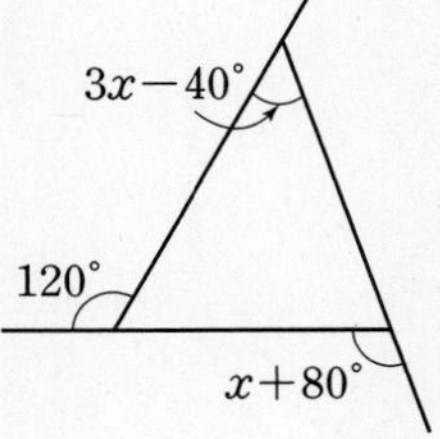

● 다음 그림에서 $\angle x$, $\angle y$의 크기를 구하시오.

11

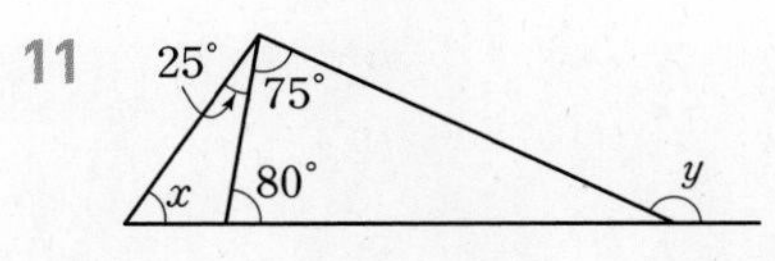

→ ∠x+[ ]°=80°이므로 ∠x=[ ]°

∠y=75°+[ ]°=[ ]°

12

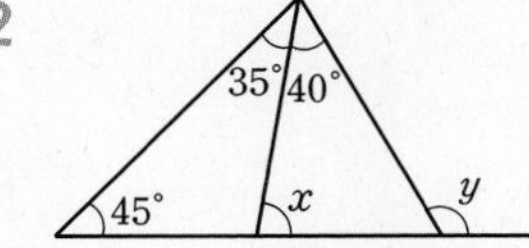

13

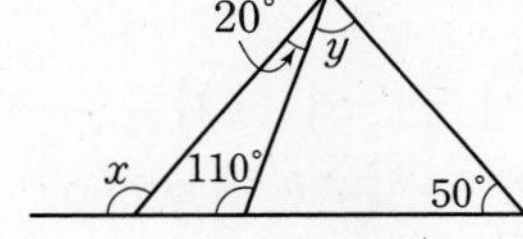

14

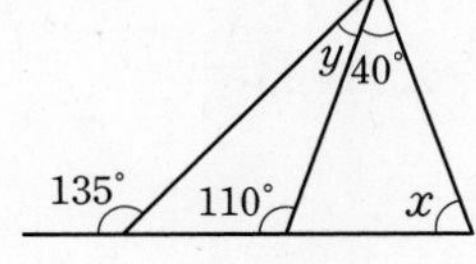

06 한 꼭짓점에서, (내각)+(외각)=180°!

삼각형; 내각과 외각의 성질의 활용

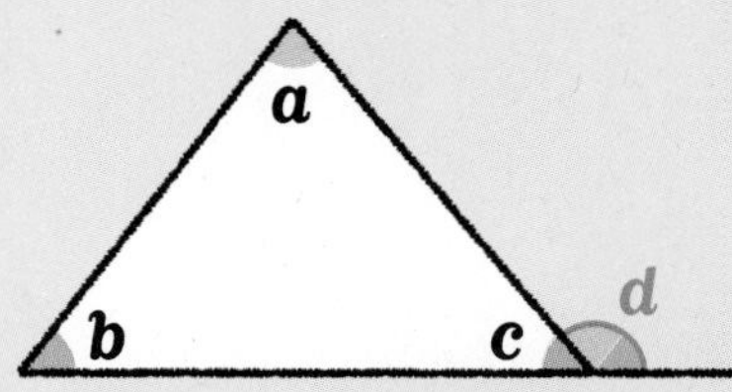

내각의 크기의 합 ➡ $\angle a+\angle b+\angle c=180°$

내각과 외각의 관계 ➡ $\angle a+\angle b=\angle d$

1st — 내각의 이등분선을 이용하여 각의 크기 구하기

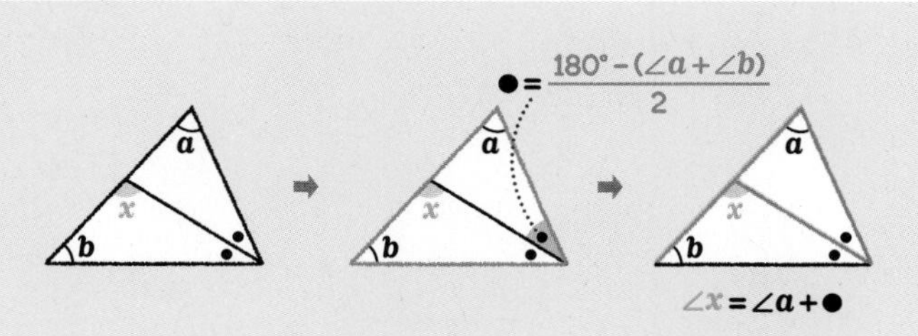

1 다음은 아래 그림에서 $\angle x$의 크기를 구하는 과정이다. □ 안에 알맞은 수를 써넣으시오.

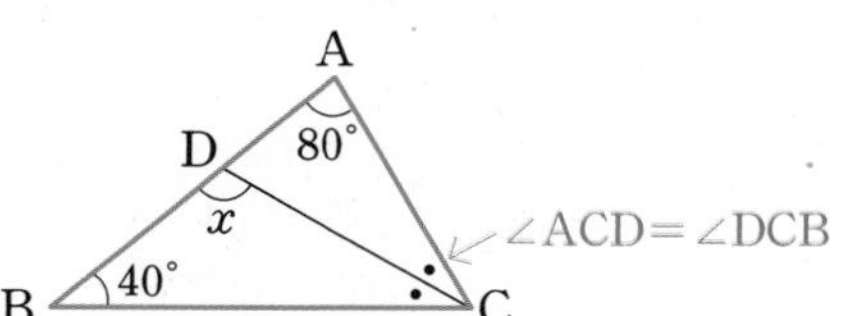

→ △ABC에서

$\angle ACB=180°-(\square°+\square°)=\square°$

따라서 $\angle ACD=\frac{1}{2}\angle ACB=\square°$

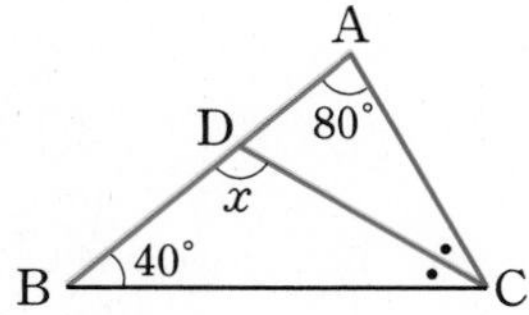

→ △ADC에서

$\angle x=80°+\square°=\square°$

● 다음 그림에서 $\angle x$의 크기를 구하시오.

2

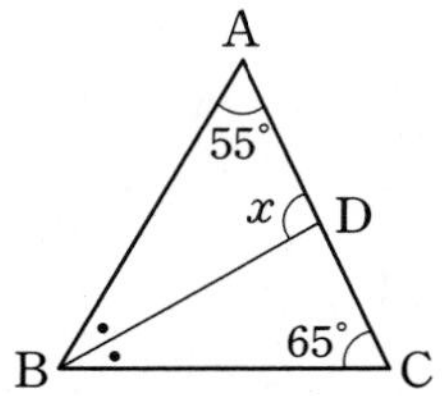

3

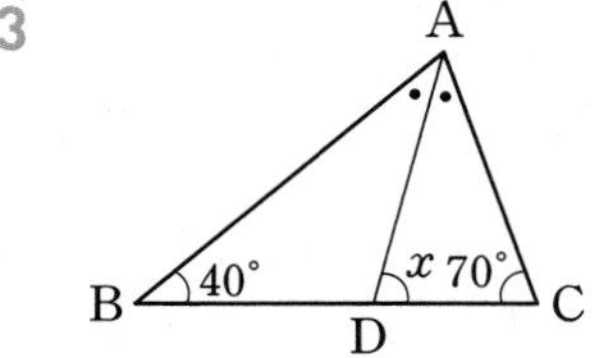

4

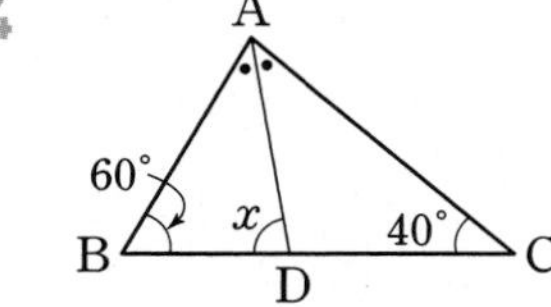

5

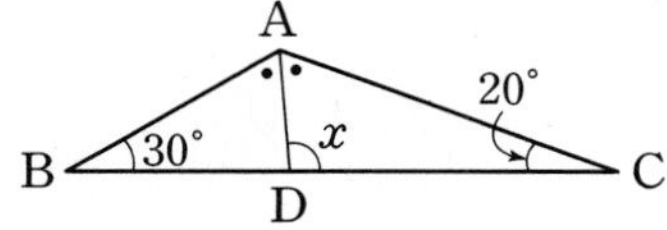

6

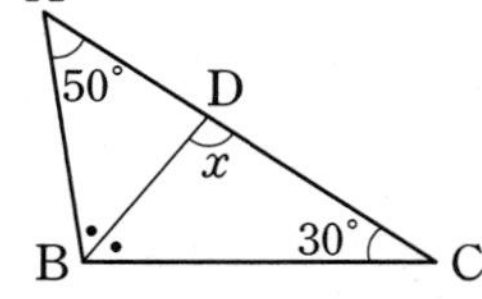

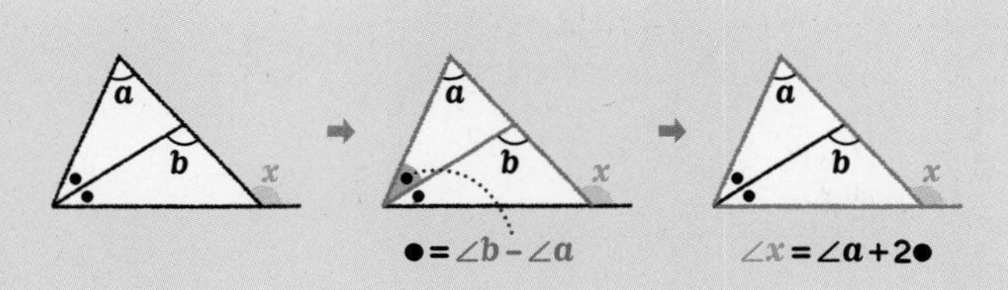

7 다음은 아래 그림에서 $\angle x$의 크기를 구하는 과정이다. □ 안에 알맞은 수를 써넣으시오.

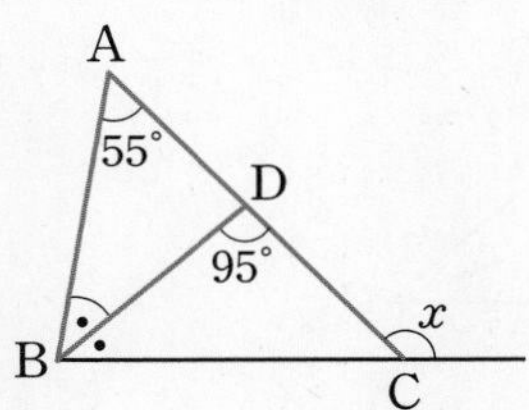

→ △ABD에서

$55° + \angle ABD =$ □°이므로

$\angle ABD =$ □°

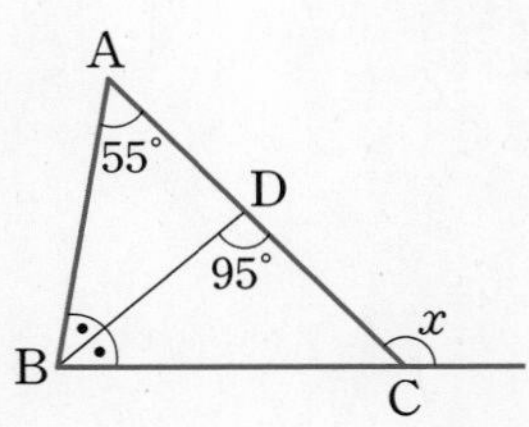

→ △ABC에서

$\angle ABC = 2\angle ABD =$ □°

$\angle x = 55° +$ □° $=$ □°

● 다음 그림에서 $\angle x$의 크기를 구하시오.

8

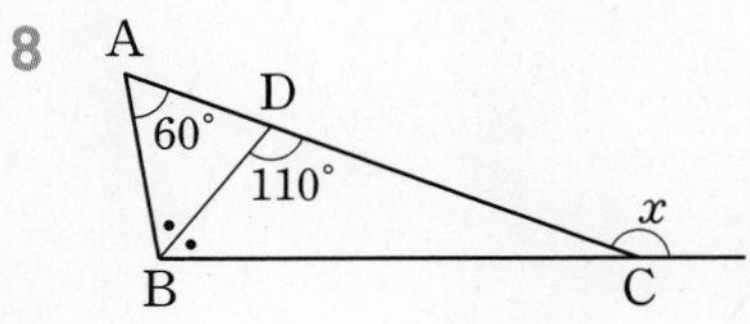

9

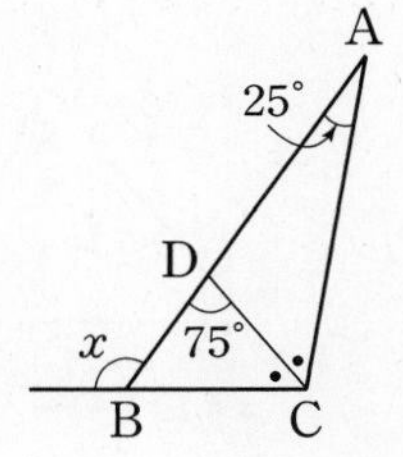

10

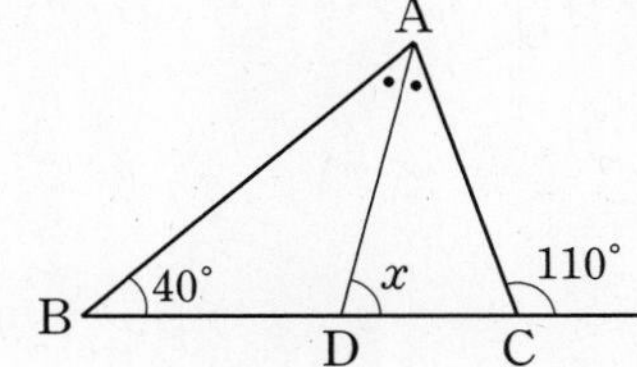

11

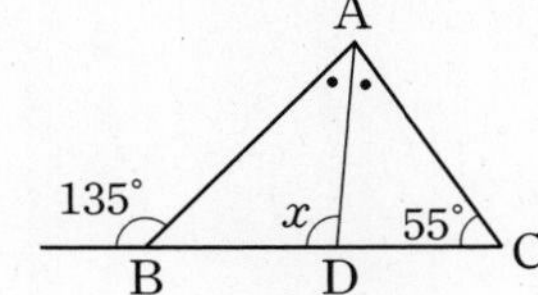

12

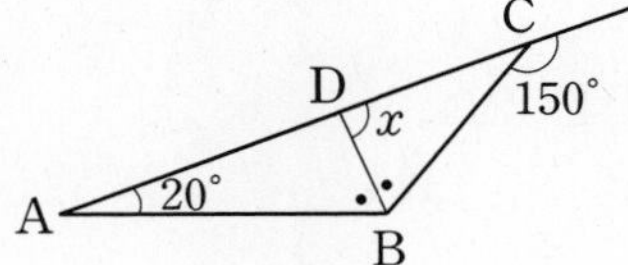

13

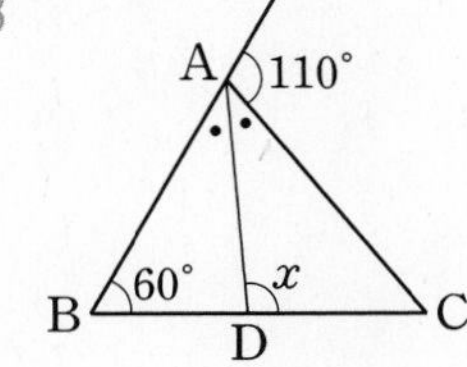

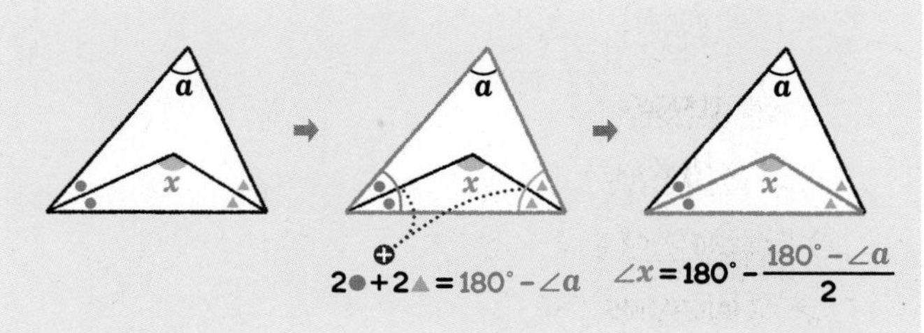

14 다음은 아래 그림에서 $\angle x$의 크기를 구하는 과정이다. □ 안에 알맞은 수를 써넣으시오.

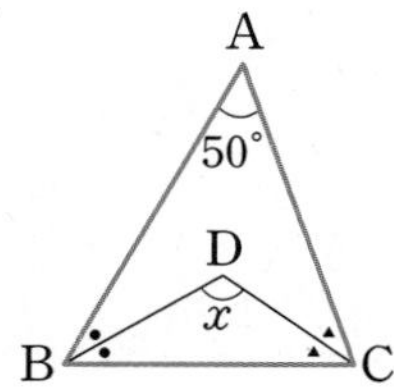

→ △ABC에서

$2● + 2▲ + \square° = 180°$이므로

$● + ▲ = \frac{180° - \square°}{2} = \square°$

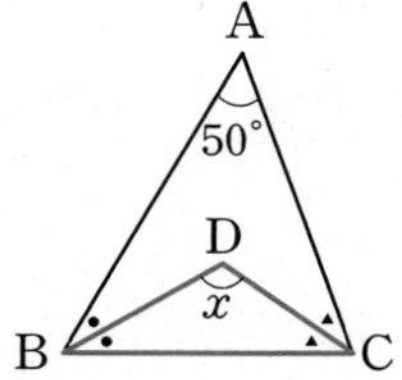

→ △DBC에서

$\angle x + ● + ▲ = 180°$이므로

$\angle x + \square° = 180°$

따라서 $\angle x = \square°$

● **다음 그림에서 $\angle x$의 크기를 구하시오.**

15

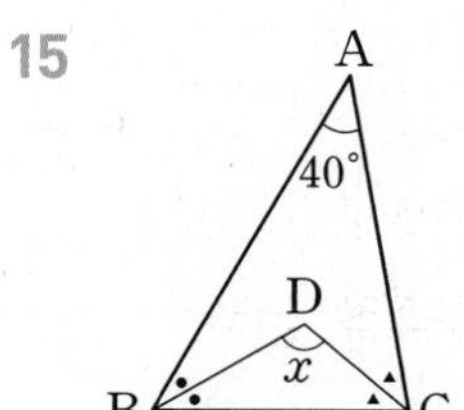

16

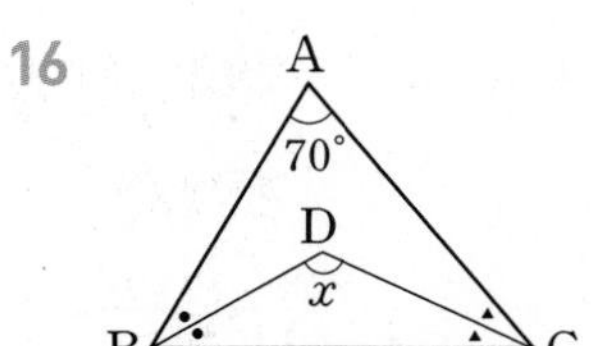

17

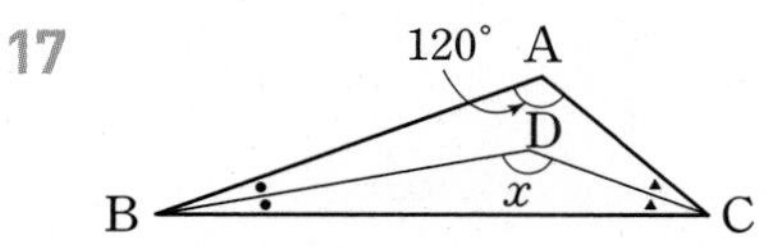

18

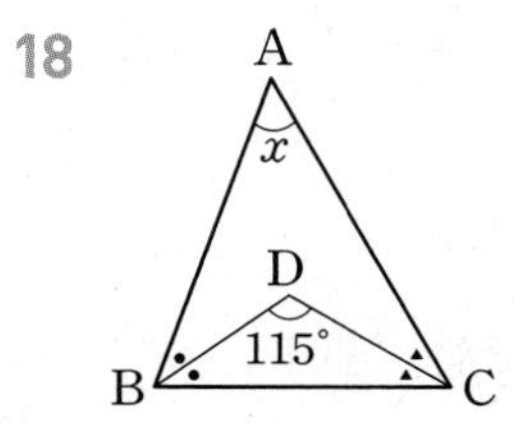

19

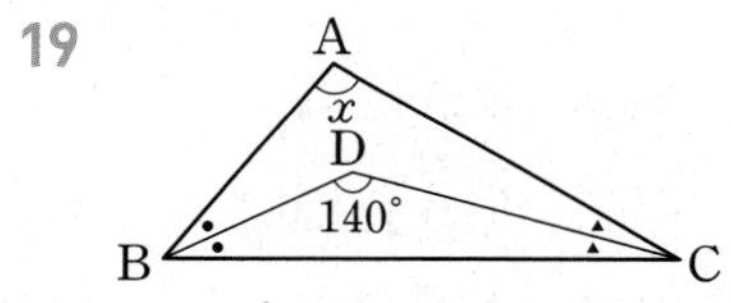

20

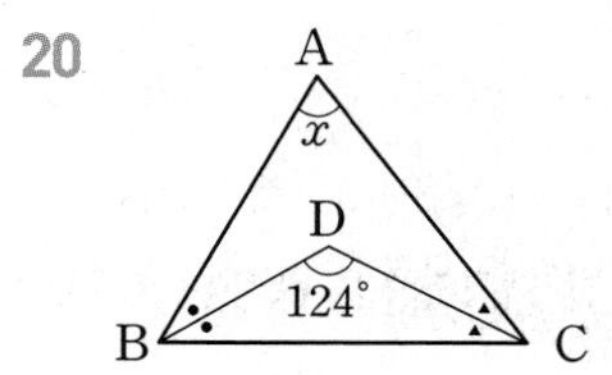

2nd 외각의 이등분선을 이용하여 각의 크기 구하기

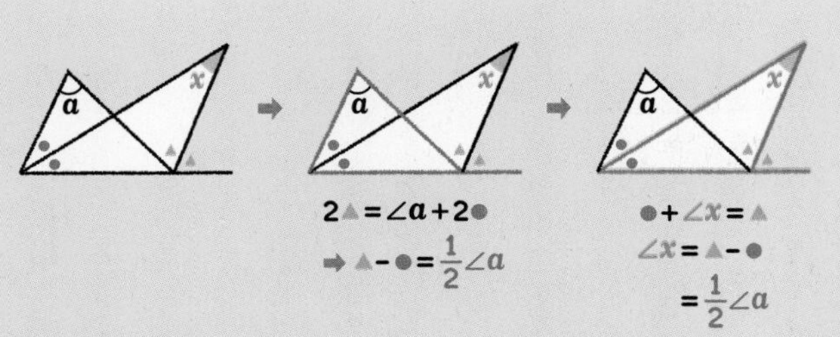

21 다음은 아래 그림에서 $\angle x$의 크기를 구하는 과정이다. □ 안에 알맞은 수를 써넣으시오.

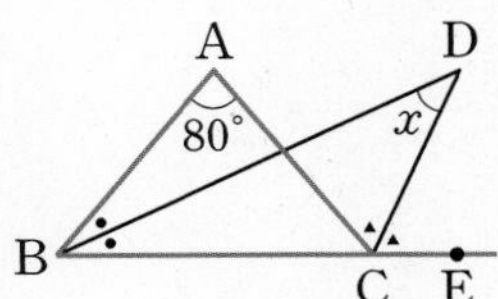

→ △ABC에서

2● + □° = 2▲이므로

2▲ − 2● = □°

따라서 ▲ − ● = □°

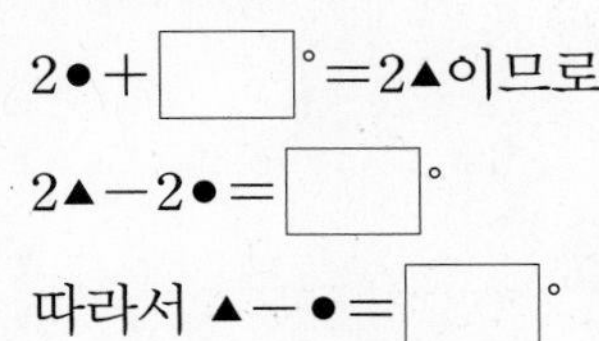

→ △DBC에서

$\angle x$ + ● = ▲

따라서 $\angle x$ = ▲ − ● = □°

● 다음 그림에서 $\angle x$의 크기를 구하시오.

22

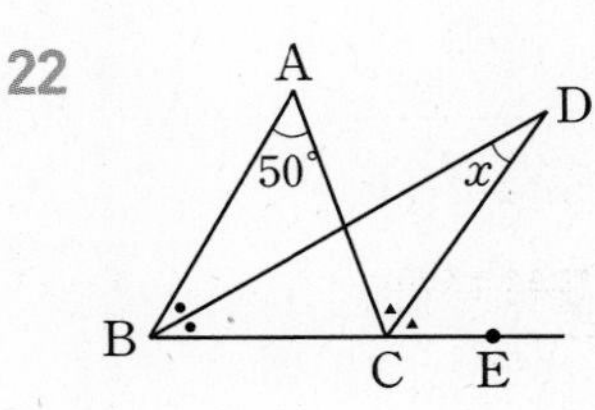

23

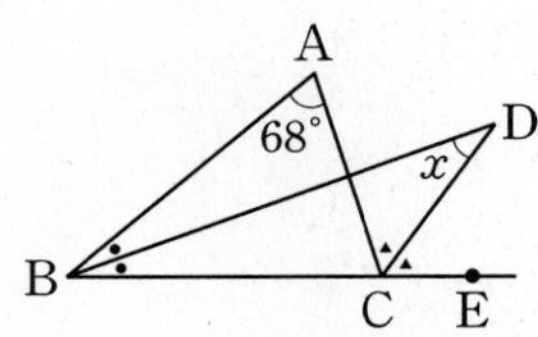

24

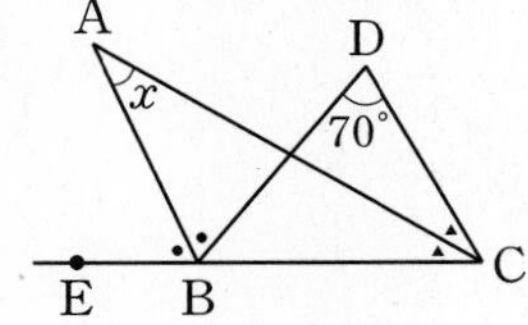

25

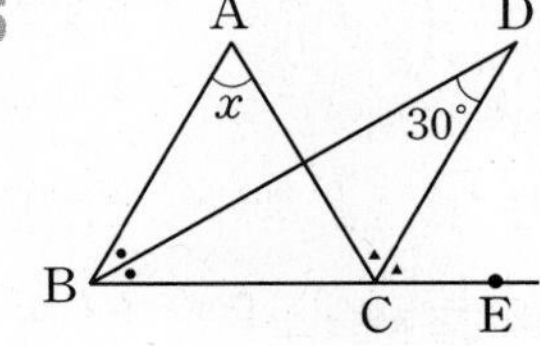

26

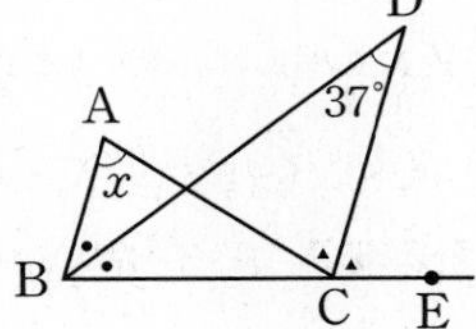

27

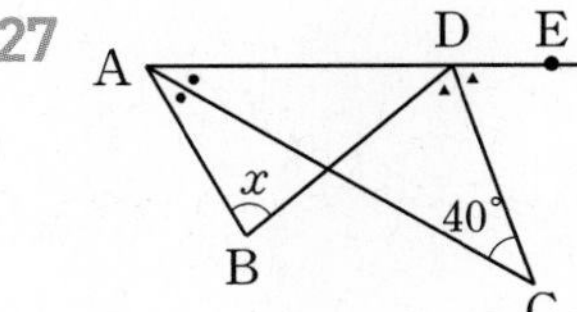

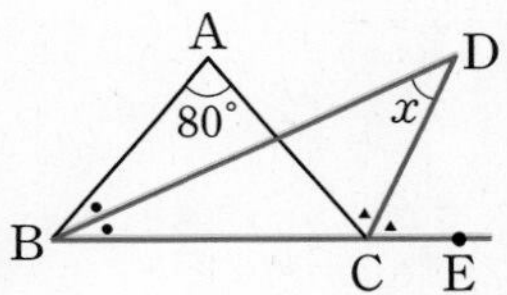

3rd ⧖ 모양의 도형에서 각의 크기 구하기

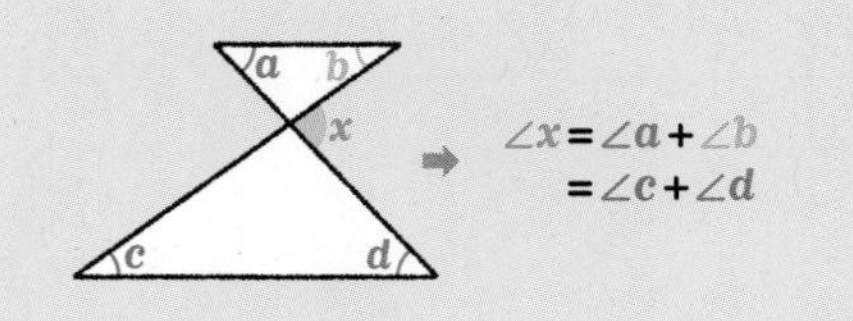

$\Rightarrow$ $\angle x=\angle a+\angle b$
$=\angle c+\angle d$

28 다음은 아래 그림에서 $\angle x$의 크기를 구하는 과정이다. □ 안에 알맞은 수를 써넣으시오.

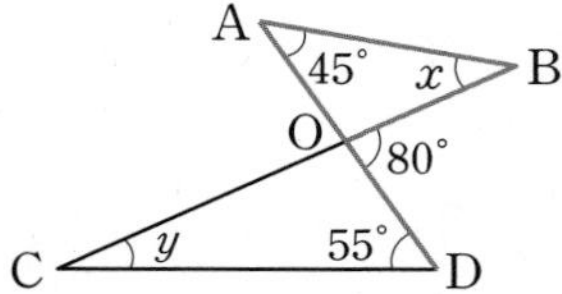

$\rightarrow$ $\triangle$ABO에서 $45^\circ+\angle x=$ □$^\circ$

따라서 $\angle x=$ □$^\circ$

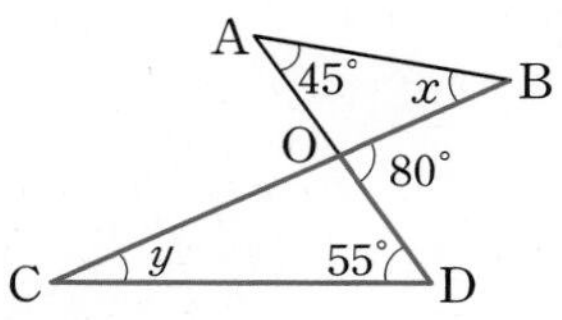

$\rightarrow$ $\triangle$CDO에서 $\angle y+55^\circ=$ □$^\circ$

따라서 $\angle y=$ □$^\circ$

● **다음 그림에서 $\angle x$, $\angle y$의 크기를 구하시오.**

29

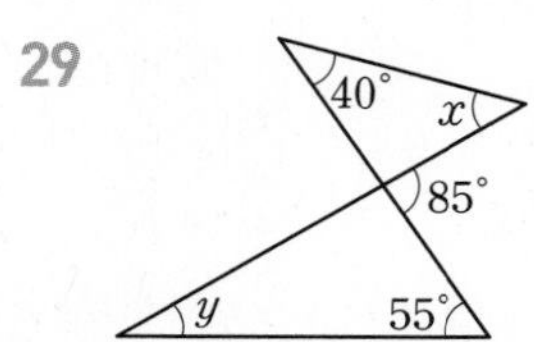

30

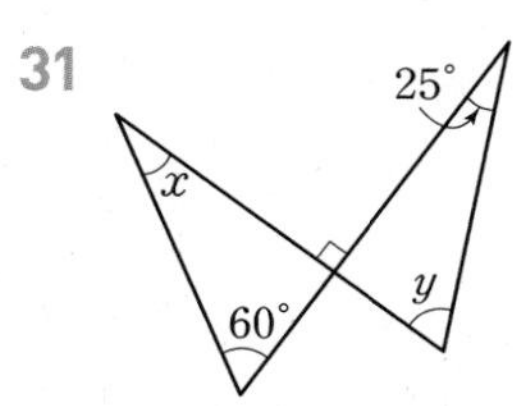

31

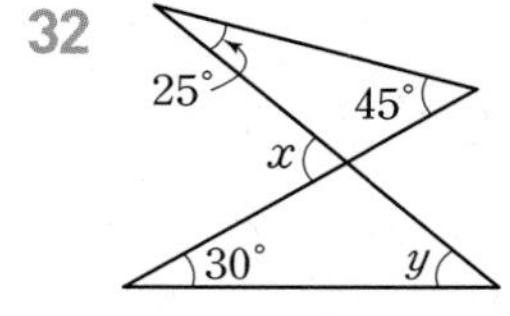

32

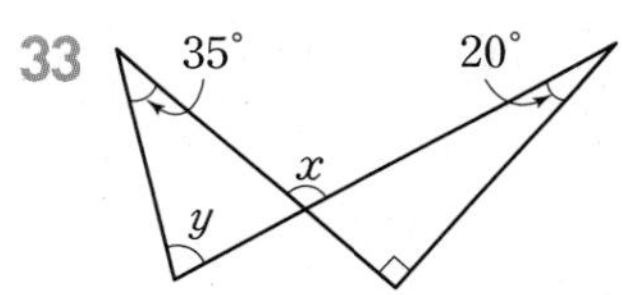

33

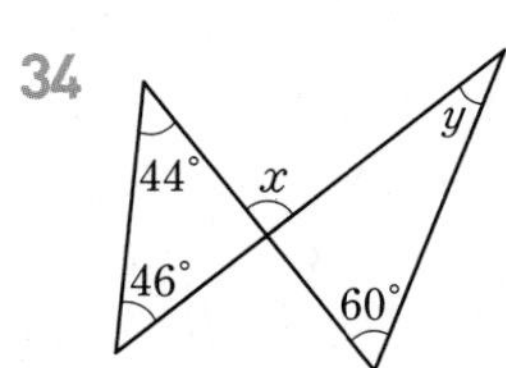

34

4th – △ 모양의 도형에서 각의 크기 구하기

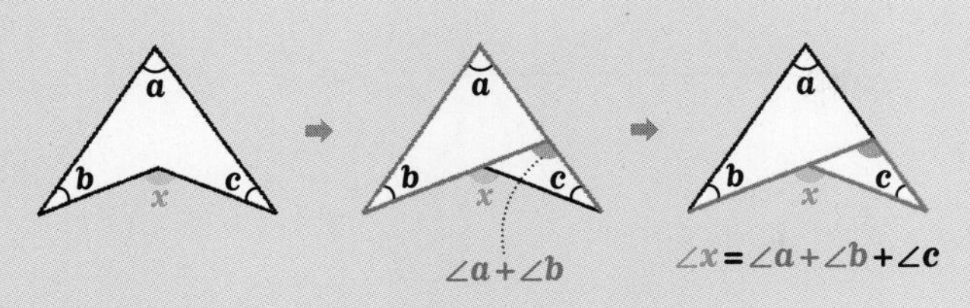

35 다음은 아래 그림에서 $\angle x$의 크기를 구하는 과정이다. □ 안에 알맞은 수를 써넣으시오.

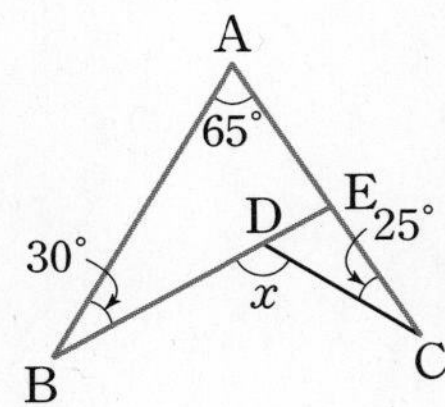

➜ △ABE에서

$\angle BEC = \square^\circ + 30^\circ = \square^\circ$

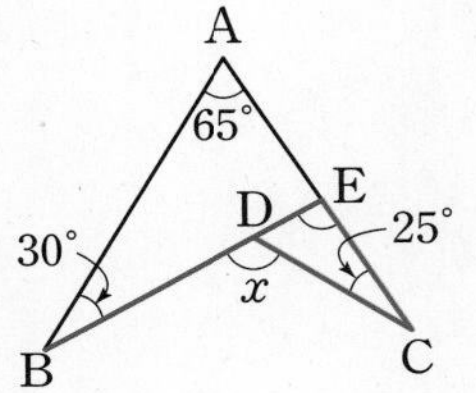

➜ △CED에서

$\angle x = \square^\circ + 25^\circ = \square^\circ$

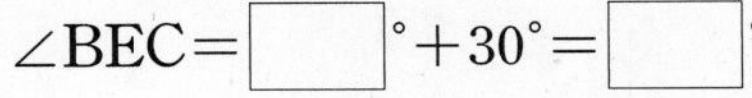

● **다음 그림에서 $\angle x$의 크기를 구하시오.**

36

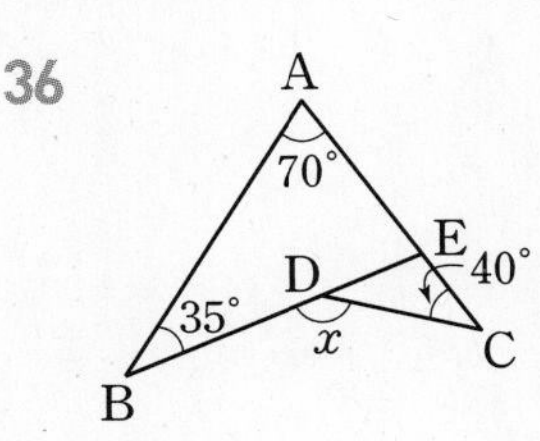

37

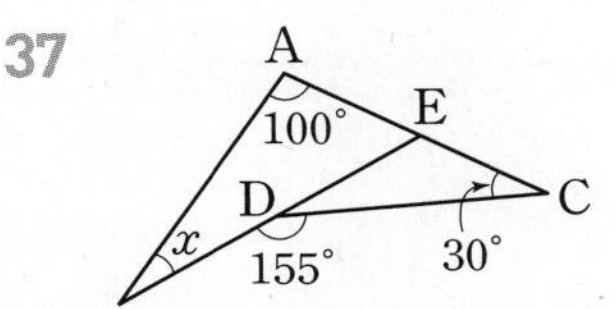

38

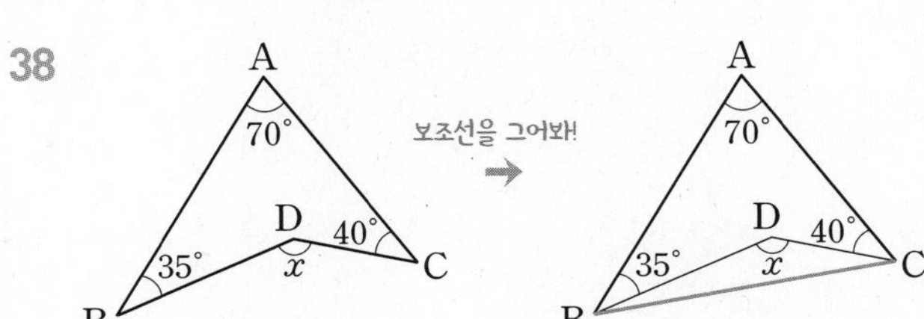

➜ $\overline{BC}$를 그으면 △ABC에서

∠DBC+∠DCB

$= \square^\circ - (70^\circ + 35^\circ + 40^\circ) = \square^\circ$

△DBC에서

∠x+∠DBC+∠DCB= □°이므로

$\angle x = 180^\circ - \square^\circ = \square^\circ$

39

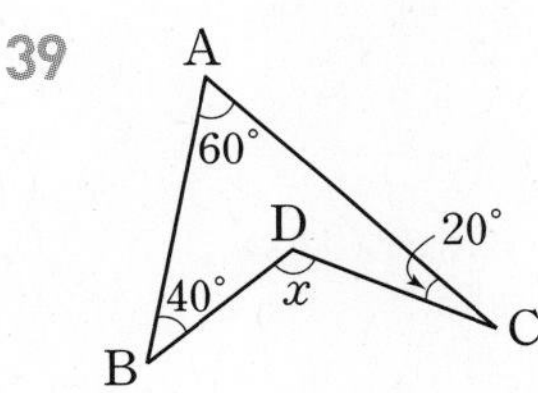

40

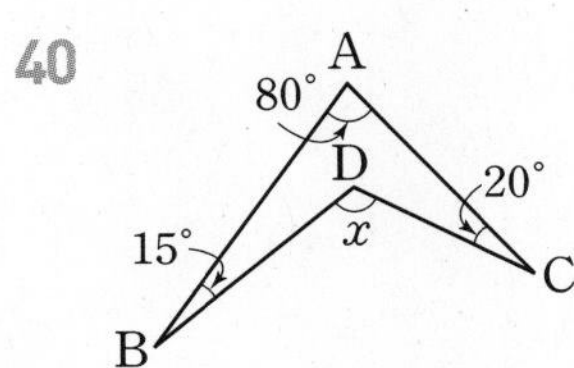

5th 이등변삼각형의 성질을 이용하여 각의 크기 구하기

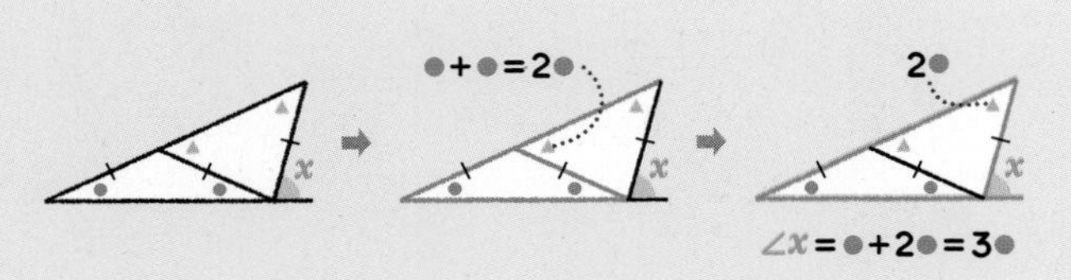

41 다음은 아래 그림에서 $\angle x$의 크기를 구하는 과정이다. □ 안에 알맞은 수를 써넣으시오.

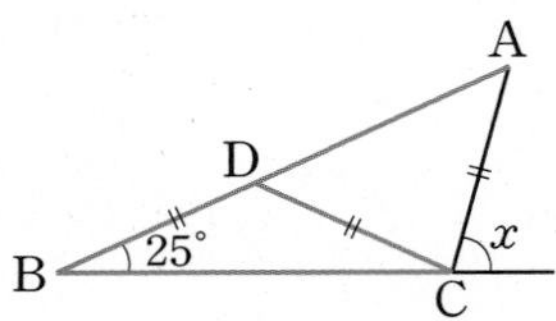

→ △DBC는 이등변삼각형이므로

$\angle DCB = \angle DBC = 25°$

$\angle ADC = \square° + 25° = \square°$

△ADC는 이등변삼각형이므로

$\angle DAC = \angle ADC = \square°$

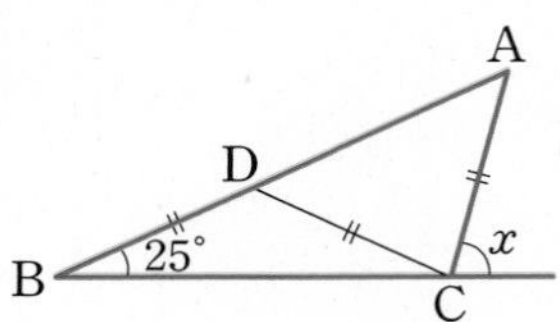

→ △ABC에서

$\angle x = \square° + 25° = \square°$

- 다음 그림에서 $\angle x$의 크기를 구하시오.

42

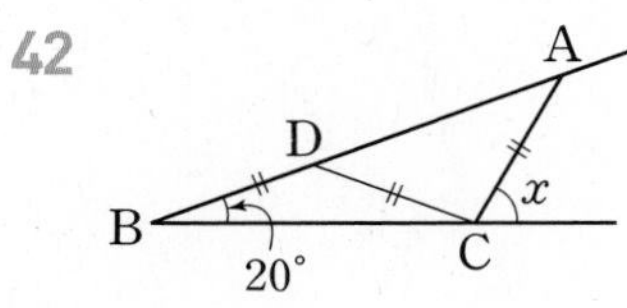

43

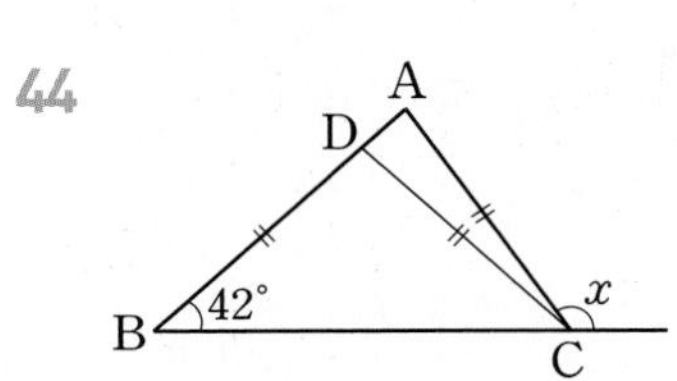

44

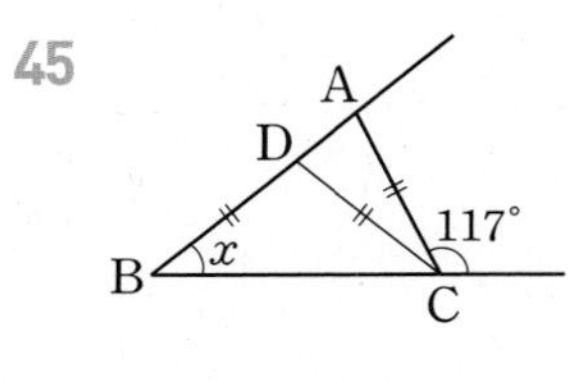

45

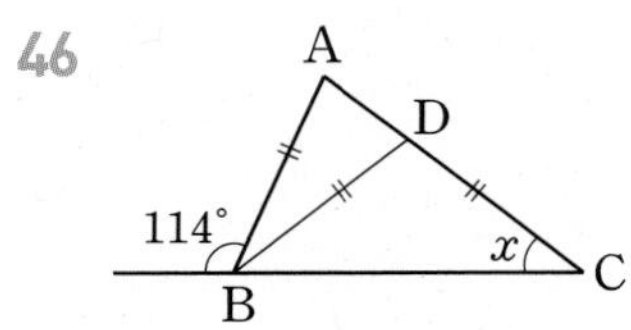

46

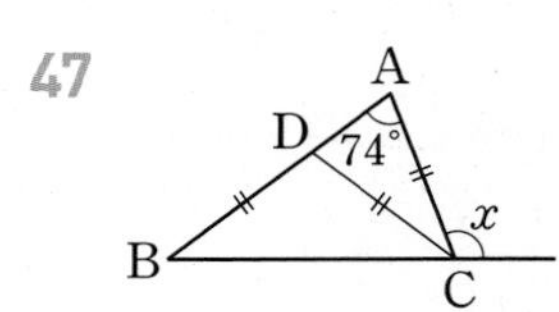

47

D A 74° x B C

6th ☆ 모양의 도형에서 각의 크기 구하기

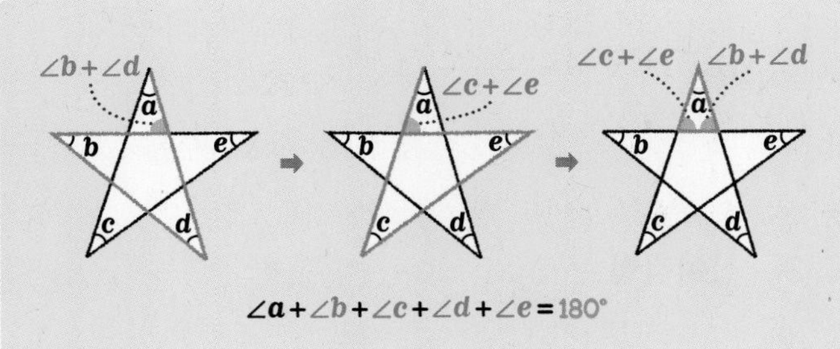

48 아래 그림에 대하여 다음 □ 안에 알맞은 것을 써넣으시오.

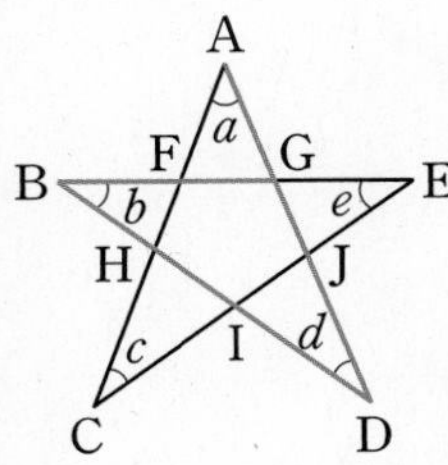

→ △BDG에서 ∠AGB=∠□+∠□

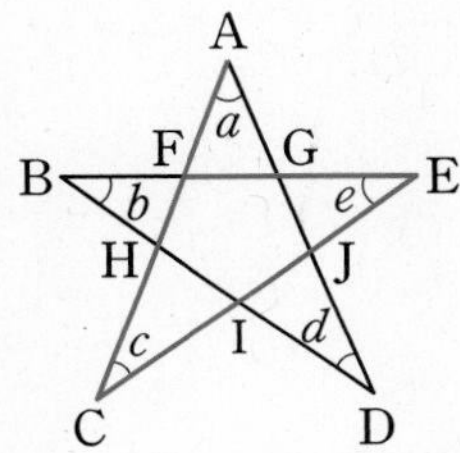

→ △CEF에서 ∠AFE=∠□+∠□

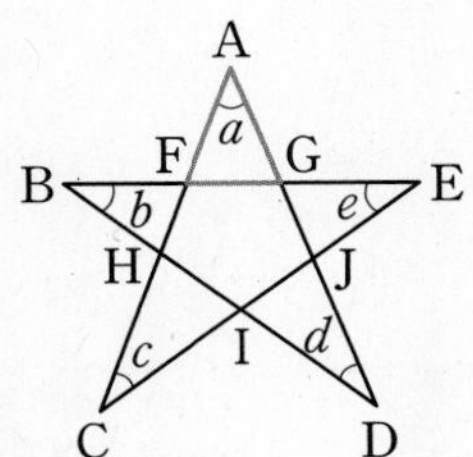

→ △AFG에서
∠a+∠AGF+∠AFG
=∠a+∠AGB+∠AFE
=∠a+(∠b+∠□)+(∠□+∠e)
=□°

● 다음 그림에서 ∠a의 크기를 구하시오.

49

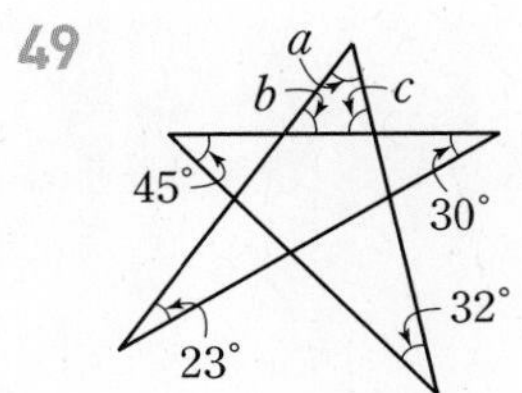

50

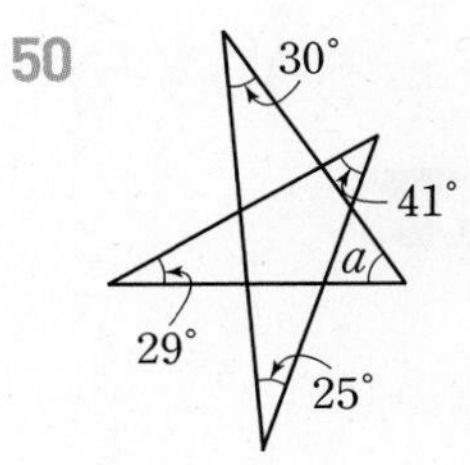

51

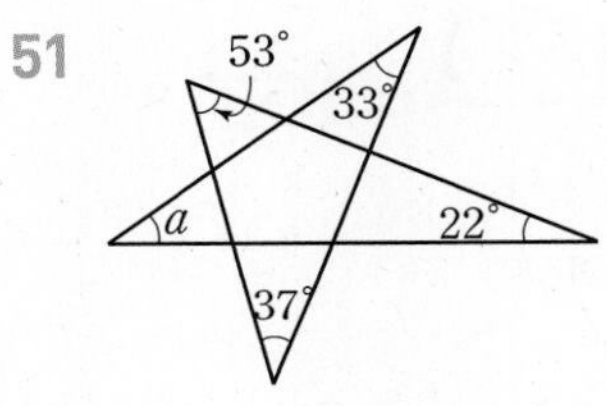

52

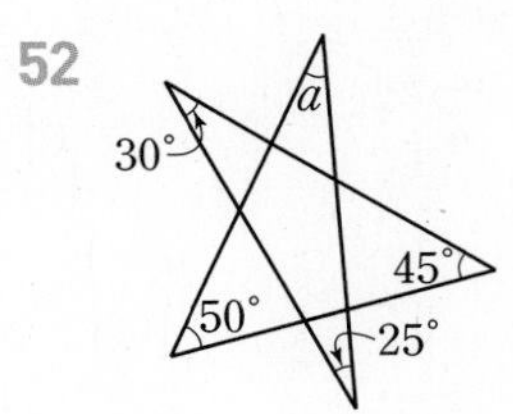

53

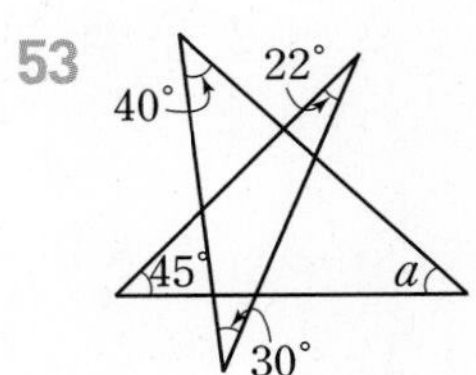

07

삼각형의 개수로 구하는!

다각형의 내각의 크기의 합

❶ 오각형의 내각의 크기의 합

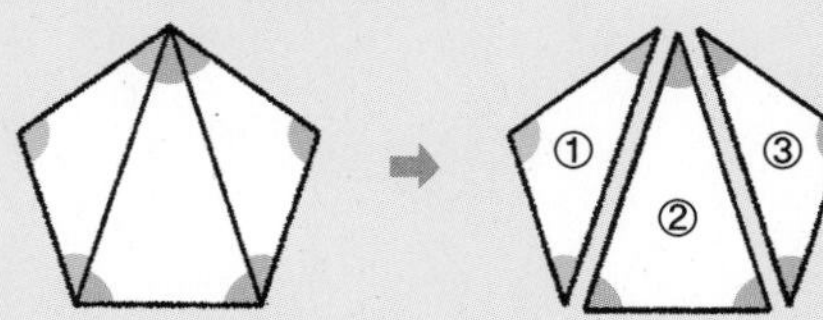

$180° \times (5-2) = 540°$

꼭짓점의 개수에서 왜 2를 뺄까?

❷ 정오각형의 한 내각의 크기

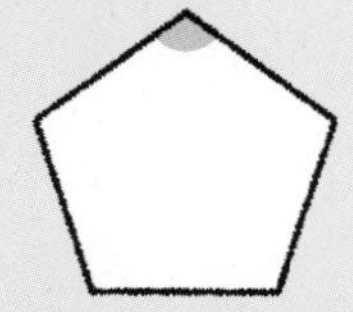

$$\frac{180° \times (5-2)}{5} = 108°$$

정오각형의 내각의 개수

- 다각형의 내각의 크기의 합: $180° \times (n-2)$
- 정n각형의 한 내각의 크기: $\frac{180° \times (n-2)}{n}$

참고 정다각형의 모든 내각의 크기가 각각 같으므로 한 내각의 크기는 내각의 크기의 합을 꼭짓점의 개수로 나눈 것과 같다.

1st 내각의 크기의 합 구하기

● 다음 다각형의 내각의 크기의 합을 구하시오.

1 구각형

➜ 한 꼭짓점에서 대각선을 그어 만들 수 있는 삼각형의 개수는 9−☐=☐

따라서 구각형의 내각의 크기의 합은

180°×☐=☐°

2 십각형

➜ 180°×(10−☐)=☐°

3 십이각형

4 십오각형

5 십팔각형

6 이십각형

7 이십이각형

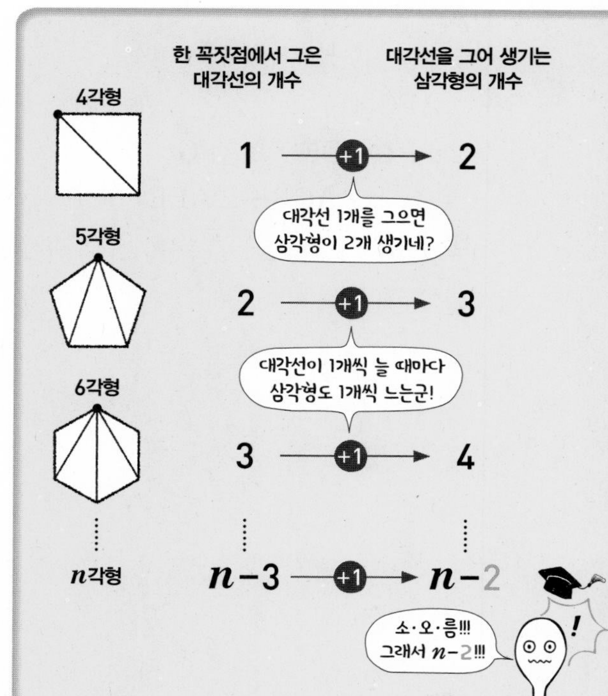

● 한 꼭짓점에서 대각선을 그어 만든 삼각형의 개수가 다음과 같은 다각형의 내각의 크기의 합을 구하시오.

8 3 한 꼭짓점에서 대각선을 그어 만들 수 있는 삼각형이 3개인 다각형은 오각형이야!

➔ n각형의 한 꼭짓점에서 대각선을 그어 만들 수 있는 삼각형의 개수는 n−☐

즉 n−☐=☐이므로 내각의 크기의 합은

180°×(n−☐)=180°×☐=☐°

9 5

10 6

11 8

12 10

13 13

내가 발견한 개념 — n각형의 내각의 크기의 합은?

• n각형의 한 꼭짓점에서 대각선을 모두 그어 만들 수 있는 삼각형의 개수는 ☐이므로 내각의 크기의 합

➔ 180°×(☐)

● 내각의 크기의 합이 다음과 같은 다각형을 구하시오.

14 1260°

➔ 구하는 다각형을 n각형이라 하면

180°×(n−☐)=1260°

n−☐=7, n=☐

따라서 구하는 다각형은 ☐이다.

15 720°

16 900°

17 1080°

18 1440°

19 2700°

개념모음문제

20 내각의 크기의 합이 1620°인 다각형의 변의 개수는?

① 10　② 11　③ 12

④ 13　⑤ 14

● 다음 그림에서 $\angle x$의 크기를 구하시오.

21

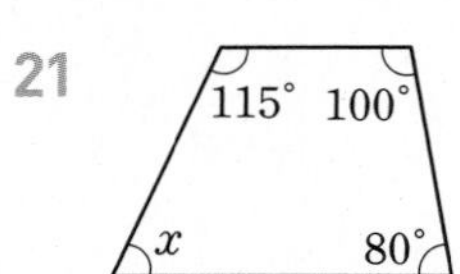

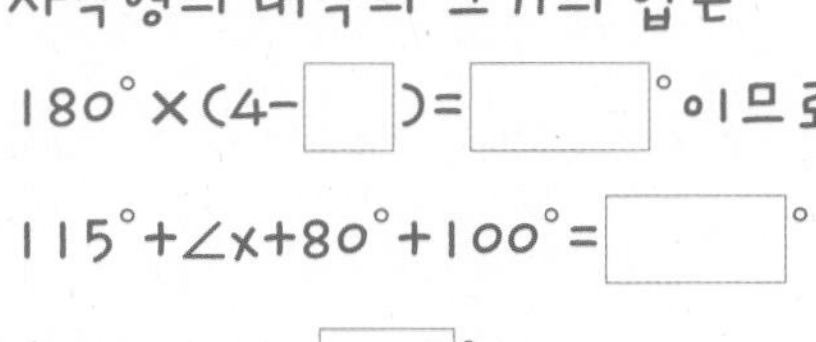

➔ 사각형의 내각의 크기의 합은

180°×(4−☐)=☐°이므로

115°+∠x+80°+100°=☐°

따라서 ∠x=☐°

22

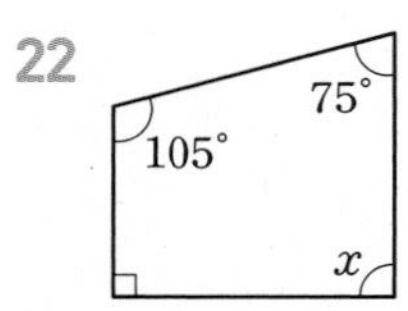

23

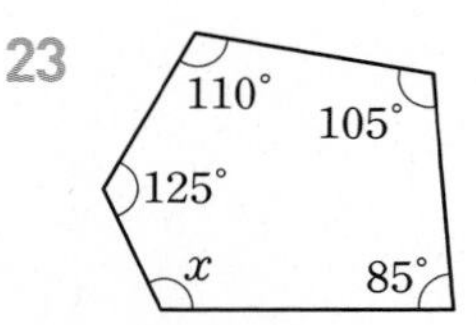

24

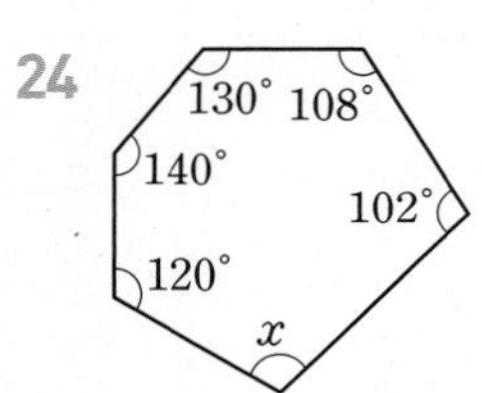

25

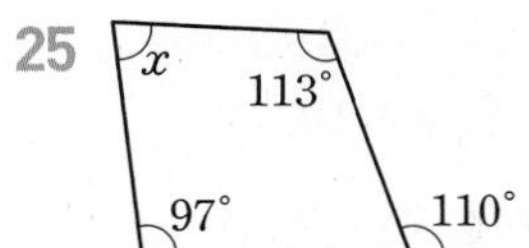

26

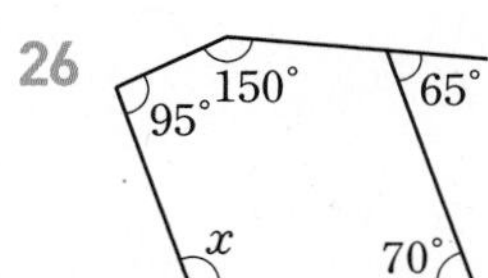

27

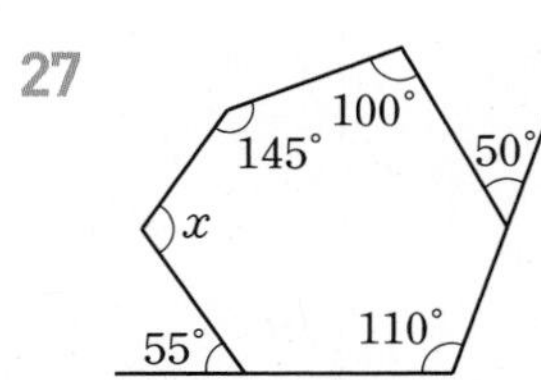

28

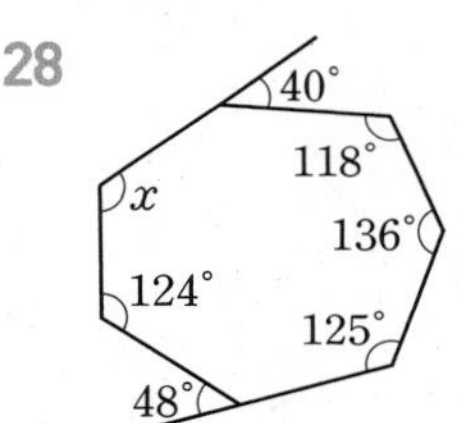

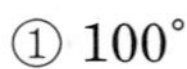

29 오른쪽 그림과 같은 다각형에서 $\angle x$의 크기는?

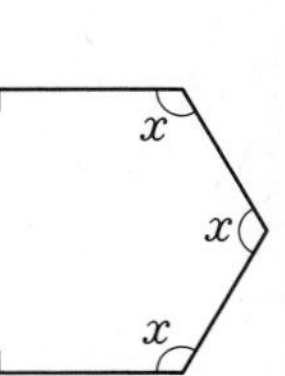

① 100° ② 110°
③ 115° ④ 120°
⑤ 135°

모든 다각형은 삼각형으로 쪼개진다!

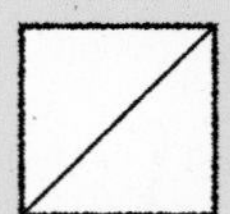

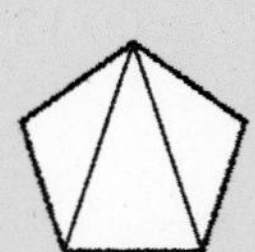

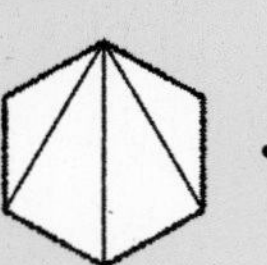

…

삼각형이 모든 다각형의 기본인 거지!
삼각형의 성질을 알면 다각형의 성질도 알 수 있겠군!

2nd 정n각형의 한 내각의 크기 구하기

● 다음 정다각형의 한 내각의 크기를 구하시오.

30 정오각형 정다각형의 모든 내각의 크기는 같아!

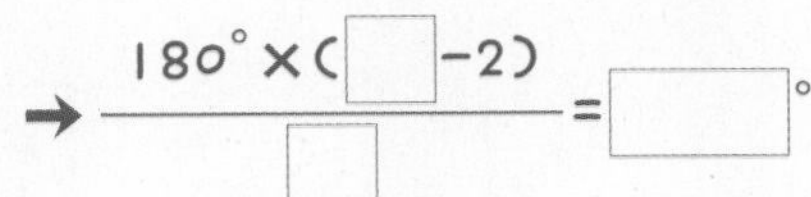

31 정육각형

32 정팔각형

33 정십각형

34 정십이각형

35 정십오각형

36 정이십각형

● 한 내각의 크기가 다음과 같은 정다각형을 구하시오.

37 108°

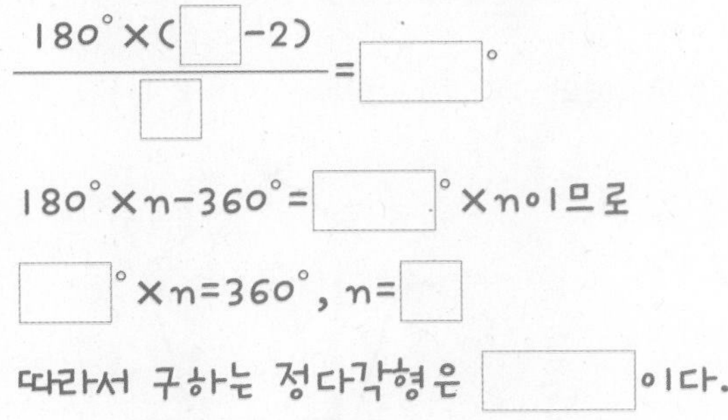

38 90°

39 120°

40 140°

41 150°

42 162°

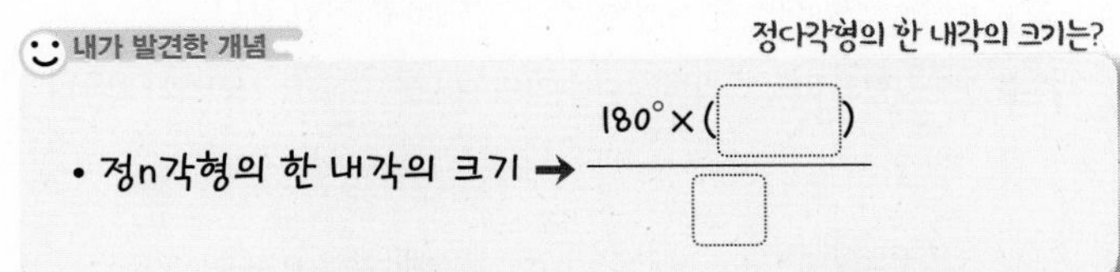

08

360°가 되는!

다각형의 외각의 크기의 합

❶ 오각형의 외각의 크기의 합

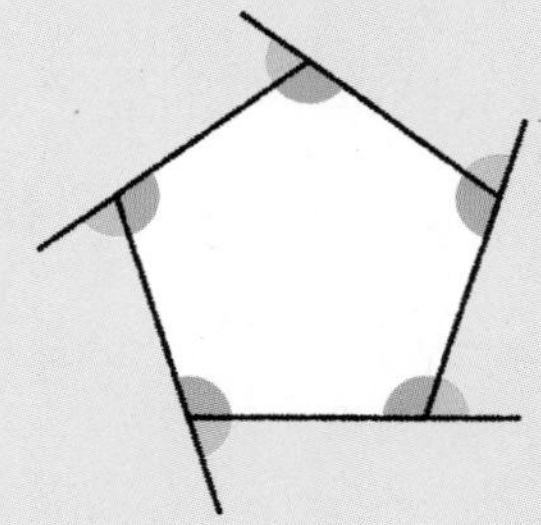

(내각의 크기의 합) + (외각의 크기의 합) = 180° × 5 = 900°

(외각의 크기의 합) = 900° − (내각의 크기의 합)

180° × (5−2)

= 900° − 540°

= 360°

❷ 정오각형의 한 외각의 크기

$\frac{360°}{5} = 72°$

• **다각형의 외각의 크기의 합:** 360°
다각형의 외각의 크기의 합은 다각형의 내각의 크기의 합을 이용하여 구할 수 있다.

> n각형의 모든 꼭짓점에서
> 한 내각과 외각의 크기의 합은 180°이므로
> (외각의 크기의 합)+(내각의 크기의 합)=180°×n
> 따라서
> (외각의 크기의 합)=180°×n−(내각의 크기의 합)
> =180°×n−180°×(n−2)
> =360°

• **정n각형의 한 외각의 크기:** $\frac{360°}{n}$
정다각형은 모든 외각의 크기가 각각 같으므로 한 외각의 크기는 외각의 크기의 합 360°를 꼭짓점의 개수로 나눈 것과 같다.

참고 정다각형이 아닌 다각형의 한 외각의 크기를 $\frac{360°}{n}$로 착각하지 않는다.

1st — 외각의 크기의 합 구하기

• 다음 다각형의 외각의 크기의 합을 구하시오.

1 삼각형

2 오각형

3 정육각형

4 정팔각형

5 십각형

6 십이각형

7 이십각형

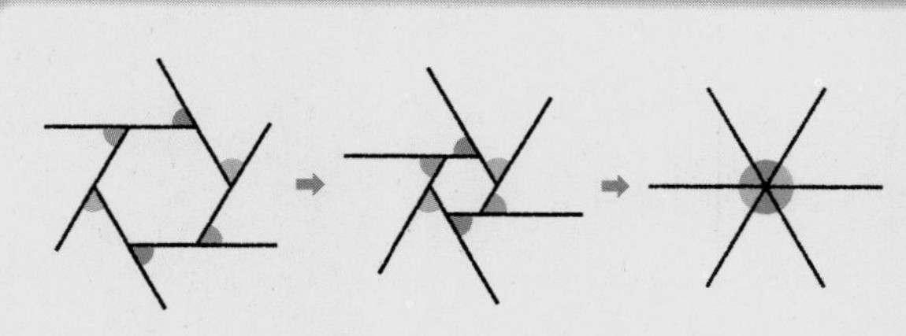

카메라 조리개가 닫히는 모양에서
(다각형의 외각의 크기의 합)=360°임을 알 수 있다.

내가 발견한 개념 다각형의 외각의 크기의 합은?

• 다각형의 외각의 크기의 합 → ☐°

● **다음 그림에서 $\angle x$의 크기를 구하시오.**

8

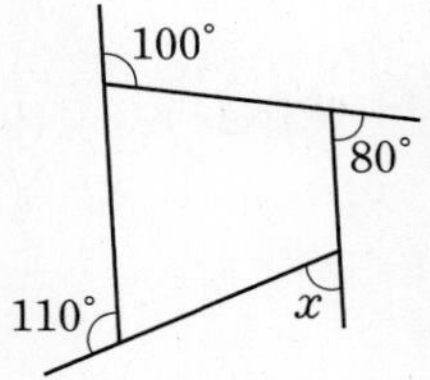

➔ $\angle x+80^\circ+100^\circ+110^\circ=$ □°

따라서 $\angle x=$ □°

9

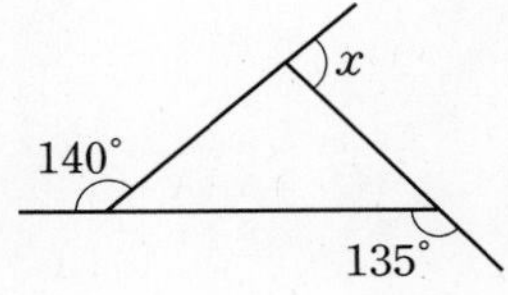

10

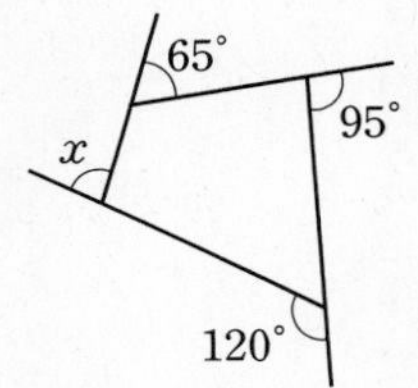

11

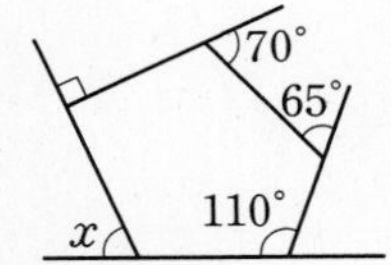

12

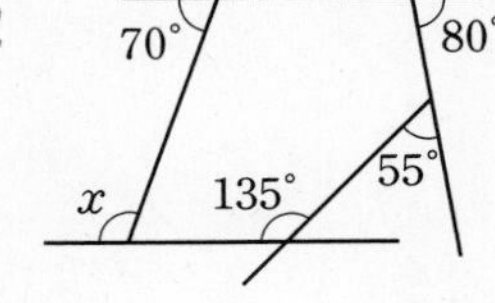

13

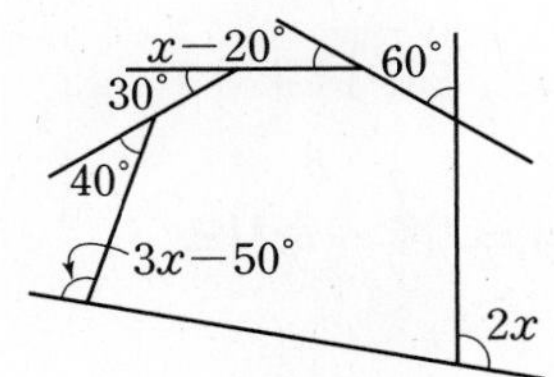

➔ $(\angle x-20^\circ)+30^\circ+40^\circ+(3\angle x-50^\circ)$
$+2\angle x+60^\circ$

= □°

$6\angle x+60^\circ=$ □°

따라서 $\angle x=$ □°

14

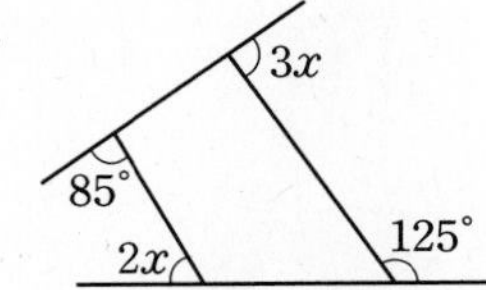

15

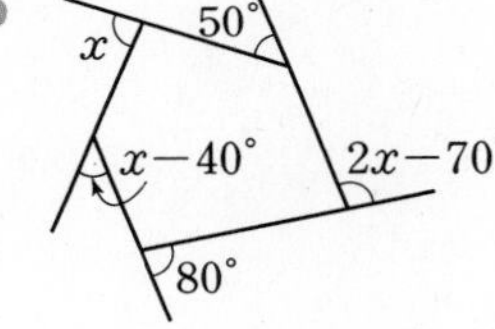

16

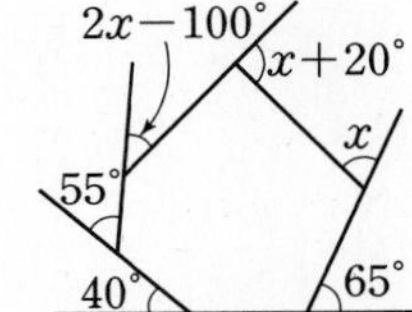

개념모음문제

17 오른쪽 그림에서 $\angle a+\angle b+\angle c+\angle d+\angle e$의 크기는?

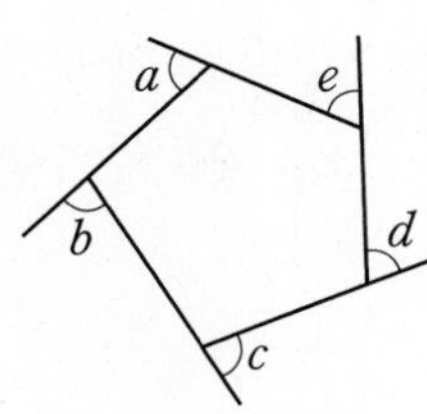

① 180° ② 270°
③ 360° ④ 450°
⑤ 540°

2nd 정n각형의 한 외각의 크기 구하기

● 다음 정다각형의 한 외각의 크기를 구하시오.

18 정오각형

➔ $\dfrac{360°}{\square}=\square°$

정다각형의 모든 외각의 크기는 같아!

19 정사각형

20 정육각형

21 정팔각형

22 정십이각형

23 정십팔각형

24 정이십각형

● 한 외각의 크기가 다음과 같은 정다각형을 구하시오.

25 72°

➔ 구하는 정다각형을 정n각형이라 하면

$\dfrac{360°}{n}=\square°$이므로

$n=\square$

따라서 구하는 정다각형은 $\square$이다.

26 120°

27 60°

28 45°

29 40°

30 30°

31 18°

3rd 종합 연습 문제

● **한 내각의 크기와 한 외각의 크기의 비가 다음과 같은 정다각형을 구하시오.**

32 2 : 1 한 꼭짓점에 대하여 내각의 크기와 외각의 크기의 합은 180°야!

→ 한 외각의 크기는 $180° \times \frac{\square}{2+1} = \square°$

구하는 정다각형을 정n각형이라 하면

$\frac{360°}{n} = \square°$이므로 $n = \square$

따라서 구하는 정다각형은 $\square$이다.

33 1 : 1

34 3 : 2

35 5 : 1

개념모음문제

36 한 내각과 한 외각의 크기의 비가 3 : 1인 정다각형의 대각선의 개수는?

① 17 ② 18 ③ 19
④ 20 ⑤ 21

● **내각의 크기의 합이 다음과 같은 정다각형의 한 내각의 크기를 구하시오.**

37 1260°

→ 구하는 정다각형을 정n각형이라 하면

$180° \times (n - \square) = 1260°$

$n - \square = 7$이므로 $n = \square$

따라서 $\square$의 한 내각의 크기는

$\frac{1260°}{\square} = \square°$

38 720°

39 1080°

40 1440°

41 1800°

• 한 꼭짓점에서 그은 대각선의 개수가 다음과 같은 정다각형의 한 내각의 크기를 구하시오.

42 2 n각형의 한 꼭짓점에서 그을 수 있는 대각선의 개수는 (n−3)이야!

➔ 구하는 정다각형을 정n각형이라 하면

$n-3=\square$ 이므로 $n=\square$

따라서 $\square$ 의 한 내각의 크기는

$\frac{180° \times (\square - 2)}{\square} = \square°$

43 5

44 7

45 9

개념모음문제

46 한 외각의 크기가 20°인 정다각형의 대각선의 개수는?

① 131 ② 133 ③ 135
④ 137 ⑤ 139

• 정다각형의 내각의 크기의 합과 외각의 크기의 합을 모두 더하면 다음과 같을 때, 정다각형의 한 외각의 크기를 구하시오.

47 1080°

➔ 구하는 정다각형을 정n각형이라 하면

$180° \times (n-\square)+360°=1080°$

$180° \times (n-\square)=720°$

$n-\square=4$ 이므로 $n=\square$

따라서 $\square$ 의 한 외각의 크기는

$\frac{360°}{\square} = \square°$

48 900°

49 1440°

50 2160°

내가 발견한 개념 정n각형의 한 내각과 한 외각의 크기는?

• 정n각형의 한 내각의 크기

➔ $\frac{(\text{내각의 크기의 합})}{n} = \frac{180° \times (\square)}{n}$

• 정n각형의 한 외각의 크기

➔ $\frac{(\text{외각의 크기의 합})}{n} = \frac{\square°}{n}$

TEST 5. 다각형의 성질

1 다음 설명 중 옳지 않은 것을 모두 고르면? (정답 2개)

① 다각형은 변의 개수와 꼭짓점의 개수가 항상 같다.
② 삼각형은 대각선을 그을 수 없다.
③ 다각형의 한 꼭짓점에서 내각의 크기와 외각의 크기의 합은 360°이다.
④ 마름모는 정다각형이다.
⑤ 정다각형의 변의 길이는 모두 같다.

2 대각선의 개수가 77인 다각형의 내각의 크기의 합은?

① 1080° ② 1260° ③ 1440°
④ 1620° ⑤ 2160°

3 오른쪽 그림에서 $\angle x$의 크기는?

① 25° ② 30°
③ 35° ④ 40°
⑤ 45°

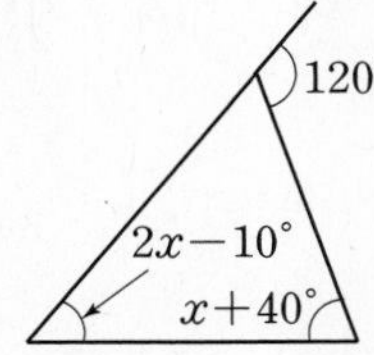

4 오른쪽 그림에서 $\angle x+\angle y$의 크기는?

① 105° ② 110°
③ 115° ④ 120°
⑤ 125°

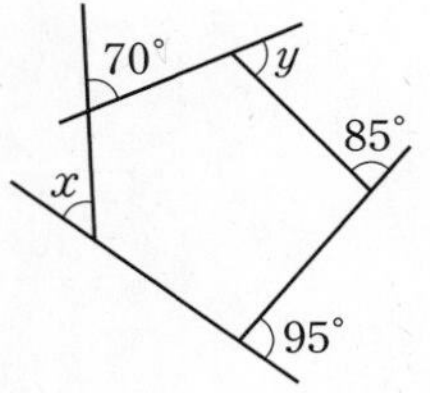

5 오른쪽 그림에서 $\overline{AB}=\overline{AC}=\overline{CD}$이고 $\angle DCE=102^\circ$일 때, $\angle x$의 크기를 구하시오.

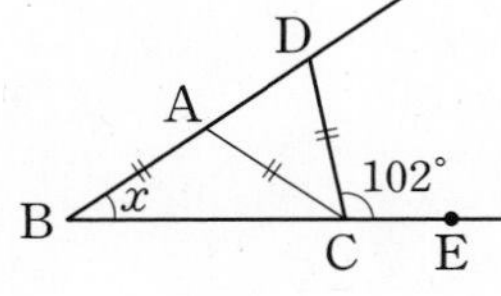

6 한 내각의 크기와 한 외각의 크기의 비가 $7:2$인 정다각형을 구하시오.

6

π로 해결하는,
원과 부채꼴

원과 선이 만드는 여러 가지 도형!

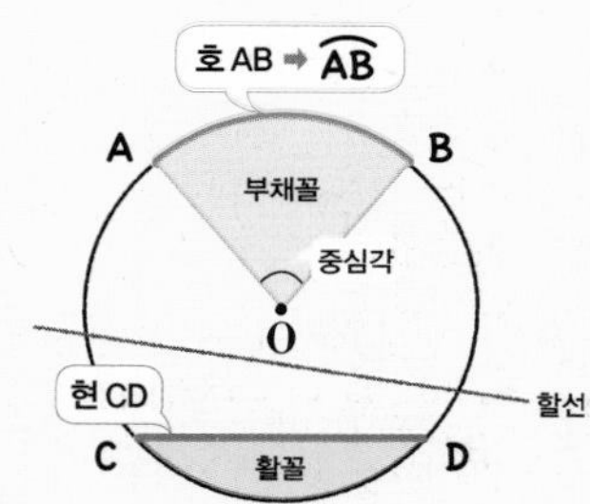

01 원과 부채꼴

평면 위의 한 점으로부터 일정한 거리에 있는 모든 점으로 이루어진 도형을 원이라 해!

원 위의 두 점은 원을 두 부분으로 나누는데 이 두 부분을 각각 호라 하지.

한편 원에서 두 반지름과 호로 이루어진 도형을 부채꼴이라 하고 이때 두 반지름으로 이루어진 각을 부채꼴의 중심각이라 하지!

정비례하는!

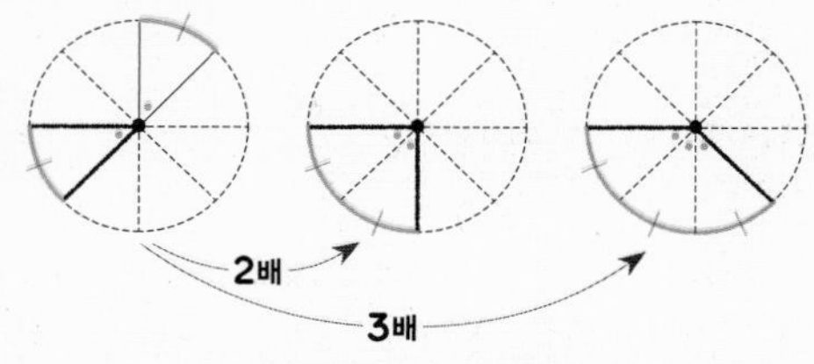

부채꼴의 호의 길이는
중심각의 크기에 정비례한다.

02 부채꼴; 중심각의 크기와 호의 길이

한 원 또는 합동인 두 원에서 중심각의 크기가 같은 두 부채꼴은 서로 합동이야. 따라서 중심각의 크기가 같은 두 부채꼴의 호의 길이는 같아.

한편 한 원에서 부채꼴의 호의 길이는 중심각의 크기에 정비례하지!

정비례하는!

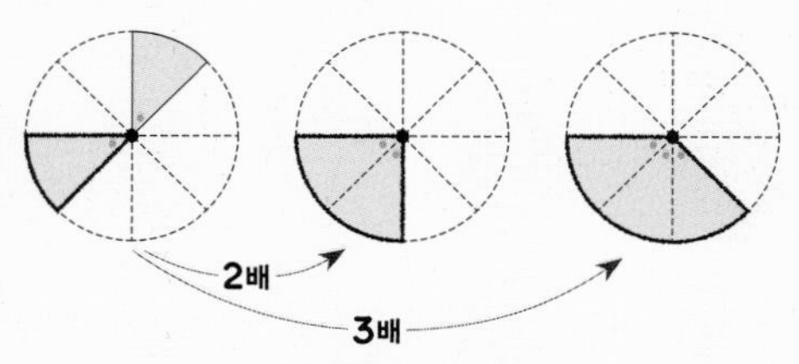

부채꼴의 넓이는
중심각의 크기에 정비례한다.

03 부채꼴; 중심각의 크기와 넓이

한 원 또는 합동인 두 원에서 중심각의 크기가 같은 두 부채꼴의 넓이는 같아!

한편 한 원에서 부채꼴의 넓이는 중심각의 크기에 정비례하지!

04 부채꼴; 중심각의 크기와 현의 길이

한 원 또는 합동인 두 원에서 중심각의 크기가 같은 두 부채꼴의 현의 길이는 같아. 하지만 현의 길이는 중심각의 크기에 정비례하지는 않아!

정비례하지 않는!

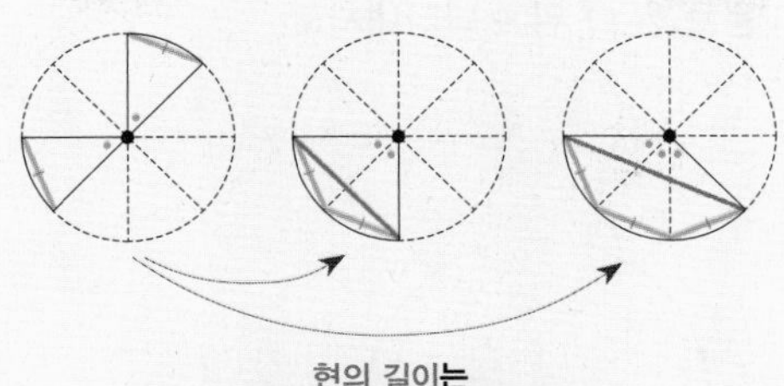

현의 길이는 중심각의 크기에 정비례하지 않는다.

05 원; 둘레의 길이와 넓이

원에서 지름의 길이에 대한 둘레의 길이의 비율은 일정한데, 이 비율을 원주율이라 해. 초등학교에서는 주로 3.14를 원주율로 사용했으나 원주율은 무한소수이므로 기호 π로 나타내고 '파이'라 읽어!

반지름의 길이가 r인 원의 둘레의 길이 l과 넓이 S를 π를 사용하여 나타내면 $l=2\pi r$, $S=\pi r^2$이야!

π로 구할 수 있게 된!

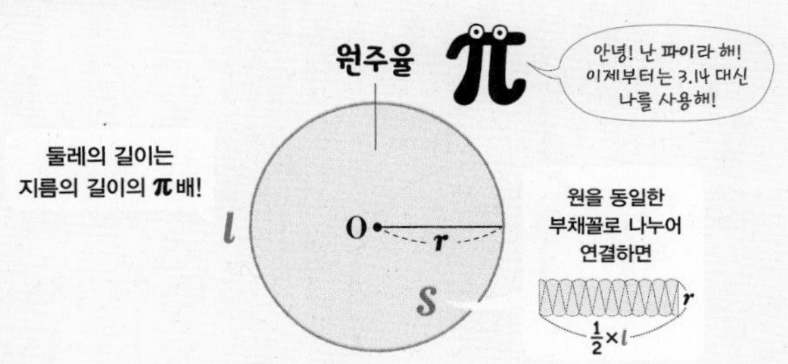

06 부채꼴; 호의 길이와 넓이

부채꼴의 호의 길이와 넓이가 각각 중심각의 크기에 정비례하는 것을 이용하여 부채꼴의 호의 길이와 넓이를 구할 수 있어.

반지름의 길이가 r이고 중심각의 크기가 $x°$인 부채꼴의 호의 길이를 l, 넓이를 S라 하면

$l=2\pi r\times\dfrac{x}{360}$, $S=\pi r^2\times\dfrac{x}{360}$ 이야!

중심각의 크기에 정비례!

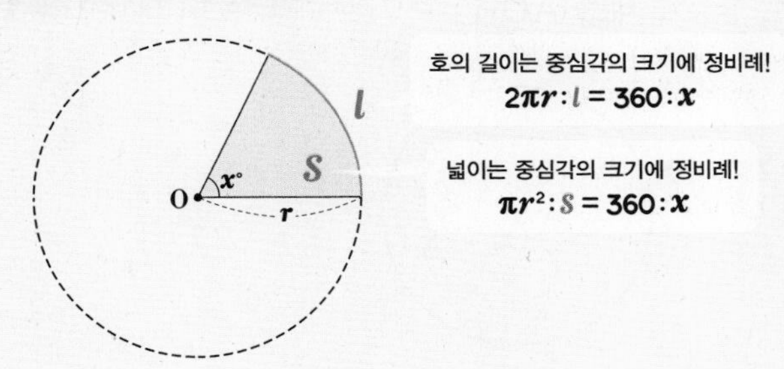

07 부채꼴; 호의 길이와 넓이 사이의 관계

반지름의 길이와 호의 길이를 이용하여 부채꼴의 넓이를 구할 수 있어.

반지름의 길이가 r이고 중심각의 크기가 $x°$인 부채꼴의 호의 길이를 l, 넓이를 S라 하면

$$S=\pi r^2\times\frac{x}{360}=\frac{1}{2}\times r\times\underbrace{\left(2\pi r\times\frac{x}{360}\right)}_{l}=\frac{1}{2}rl$$

정비례하는!

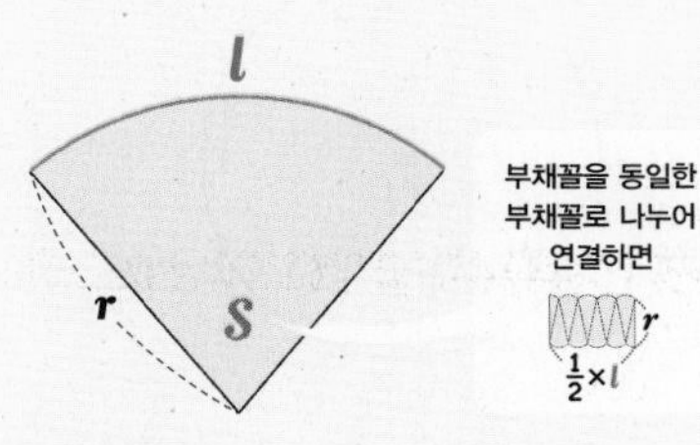

(부채꼴의 넓이) $=\left\{(\text{호의 길이})\times\frac{1}{2}\right\}\times$(반지름의 길이)

08 색칠한 부분의 둘레의 길이와 넓이

원과 부채꼴의 호의 길이와 넓이를 이용해서 색칠한 부분의 둘레의 길이와 넓이를 구해보자!

공식의 활용!

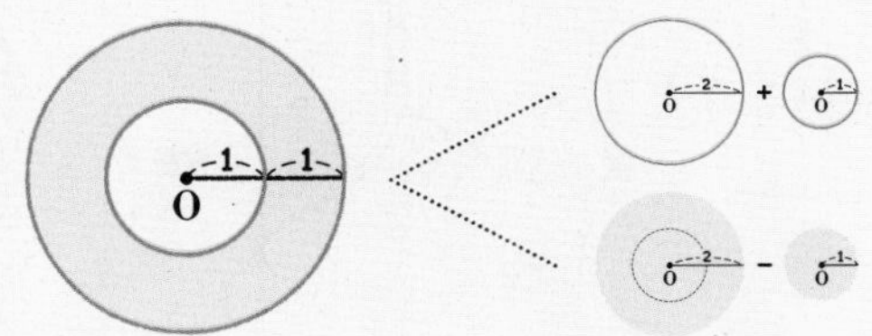

01 원과 선이 만드는 여러 가지 도형!

원과 부채꼴

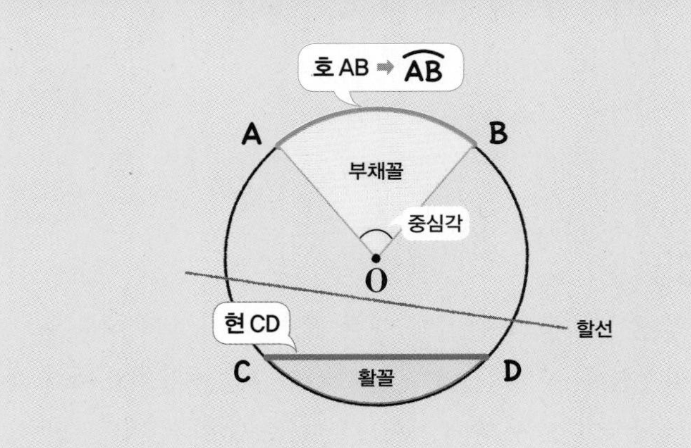

- **원**: 평면 위의 한 점 O로부터 일정한 거리에 있는 모든 점들로 이루어진 도형
- **호 AB**: 원 위의 두 점 A, B를 양 끝으로 하는 원의 일부분 (→ $\widehat{AB}$)
- **현 CD**: 원 위의 두 점 C, D를 이은 선분
- **부채꼴 AOB**: 원 O에서 두 반지름 OA, OB와 호 AB로 이루어진 도형
- **중심각**: 부채꼴 AOB에서 두 반지름 OA, OB가 이루는 ∠AOB를 부채꼴 AOB의 중심각 또는 호 AB에 대한 중심각이라 한다.
- **활꼴**: 원에서 현 CD와 호 CD로 이루어진 도형
- **할선**: 원 O와 두 점에서 만나는 직선

참고 ① 호 AB는 보통 길이가 짧은 쪽의 호를 나타낸다.
② 원의 중심을 지나는 현은 그 원의 지름이고, 원에서 지름은 길이가 가장 긴 현이다.
③ 반원은 활꼴인 동시에 부채꼴이다.

원리확인 다음 □ 안에 알맞은 것을 써넣으시오.

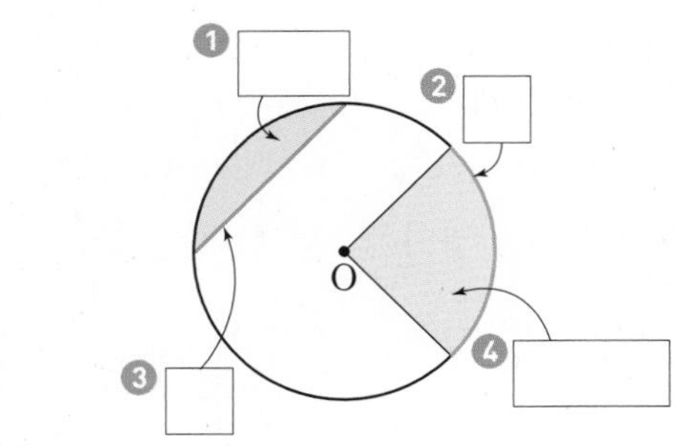

1st — 원과 부채꼴의 용어 알기

● 다음을 원 O 위에 나타내시오.

1 호 AB 호 AB는 보통 작은 쪽의 호를 나타내!

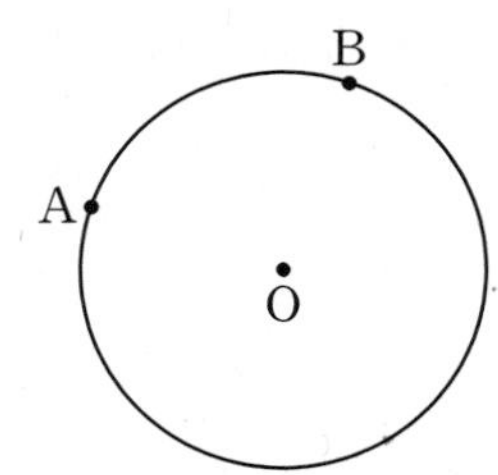

2 현 AB

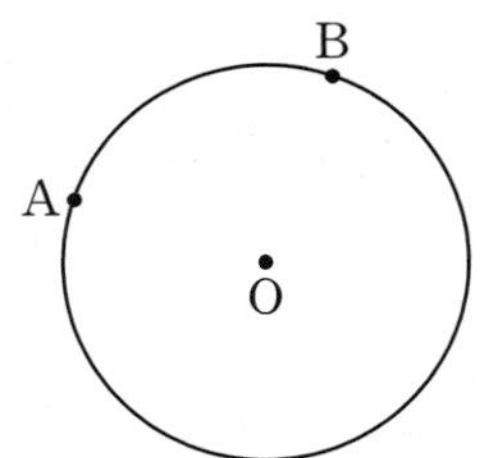

3 부채꼴 AOB 부채꼴 AOB는 보통 중심각의 크기가 작은 쪽의 부채꼴을 나타내!

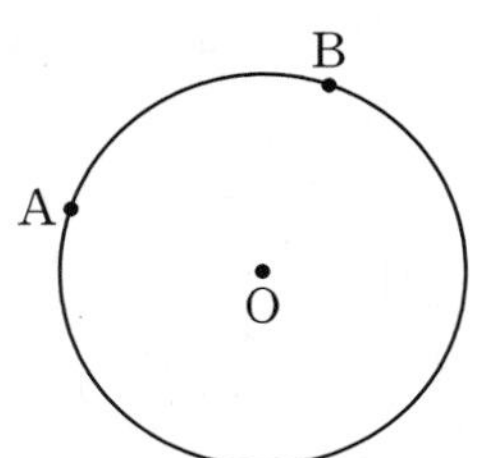

4 호 AB와 현 AB로 이루어진 활꼴

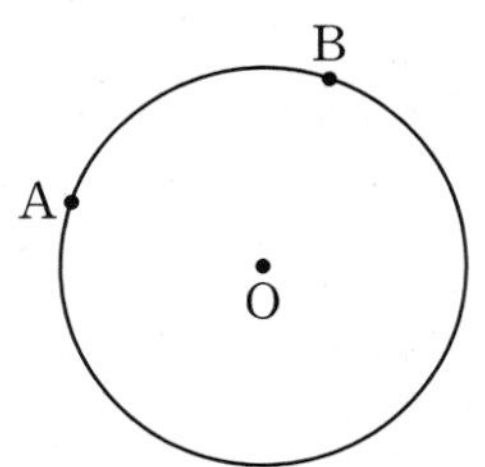

호와 현

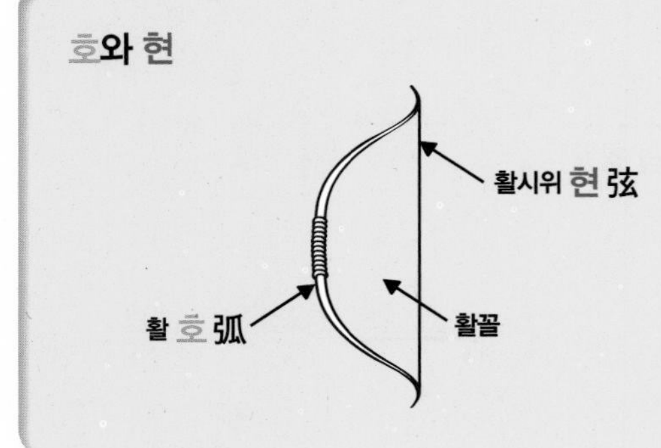

● 아래 그림을 보고 다음을 기호로 나타내시오.

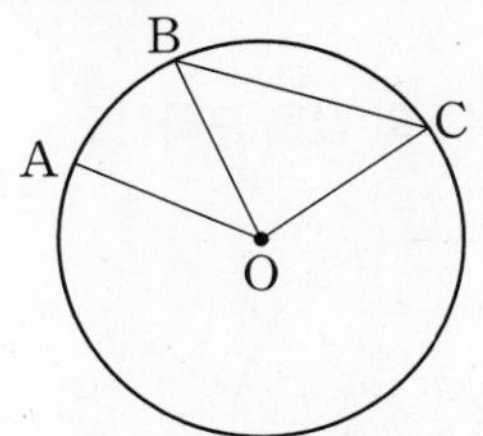

5 호 AB

6 호 BC

7 현 BC

8 부채꼴 AOB에 대한 중심각

9 부채꼴 BOC에 대한 중심각

10 호 BC에 대한 중심각

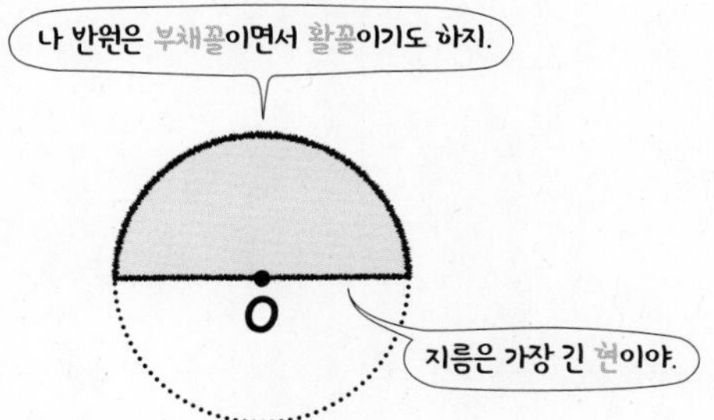

● 다음 원 O에 대한 설명 중 옳은 것은 ○를, 옳지 않은 것은 ×를 (　　) 안에 써넣으시오.

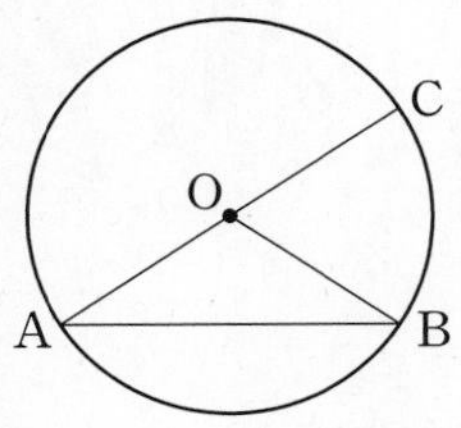

11 부채꼴은 원 위의 두 점을 이은 현과 호로 이루어진 도형이다. (　　)

12 부채꼴 AOB에 대한 중심각은 ∠AOB이다. (　　)

13 호 AB에 대한 중심각은 ∠AOB이다. (　　)

14 $\overline{OA}$와 $\overline{OB}$는 현이다. (　　)

15 $\overline{AC}$는 길이가 가장 긴 현이다. (　　)

16 부채꼴이 활꼴이 될 때 중심각의 크기는 360°이다. (　　)

개념모음문제

17 다음 설명 중 옳지 않은 것은?

① 현은 원 위의 두 점을 이은 선분이다.
② 할선은 원 위의 두 점을 이은 직선이다.
③ 원의 중심을 지나는 현은 그 원의 지름이다.
④ 반원에 대한 중심각의 크기는 360°이다.
⑤ 한 원에서 부채꼴과 활꼴이 같을 때, 그 모양은 반원이다.

02 정비례하는!

부채꼴; 중심각의 크기와 호의 길이

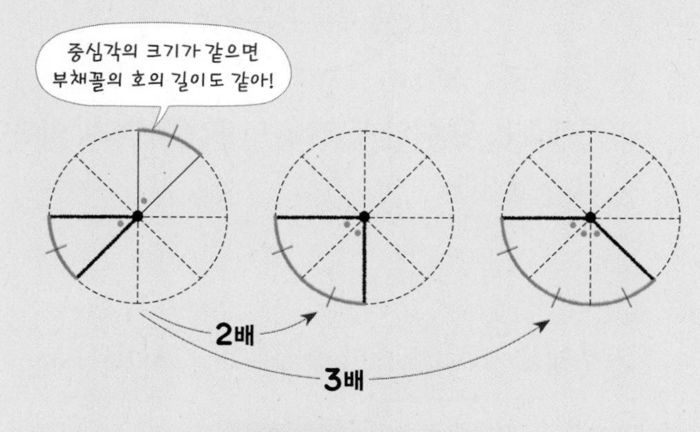

부채꼴의 호의 길이는 중심각의 크기에 정비례한다.

- **중심각의 크기와 호의 길이의 관계**

  한 원 또는 합동인 두 원에서

  ① 중심각의 크기가 같은 두 부채꼴의 호의 길이는 같다.

  ② 호의 길이가 같은 두 부채꼴의 중심각의 크기는 같다.

  ③ 부채꼴의 호의 길이는 중심각의 크기에 정비례한다.

원리확인 그림의 원 O에서 중심각의 크기와 호의 길이 사이의 관계에 대한 표를 완성하고, □ 안에 알맞은 것을 써넣으시오.

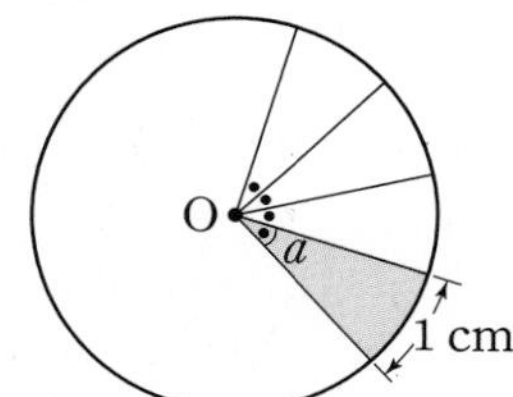

중심각의 크기	호의 길이
$\angle a$	1 cm
2배 $2\angle a$	
3배 $3\angle a$	
4배 $4\angle a$	

→ 부채꼴의 호의 길이는 중심각의 크기에 □ 한다.

1st 부채꼴의 중심각의 크기와 호의 길이 구하기

- 다음 그림에서 x의 값을 구하시오.

1

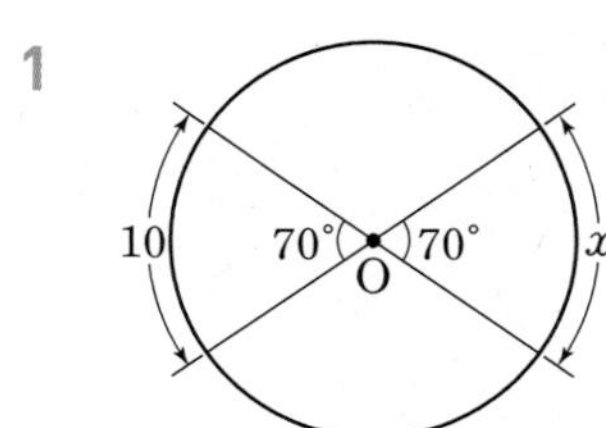

2

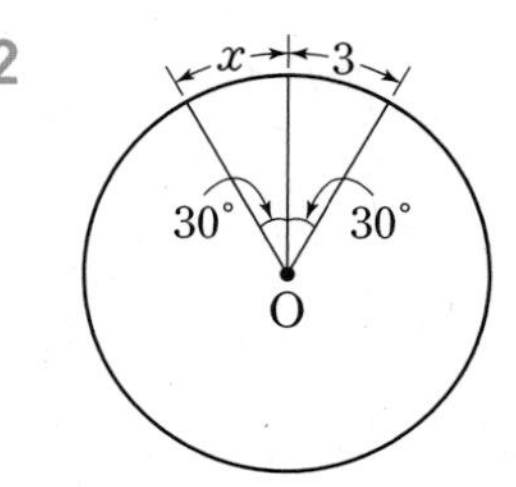

3

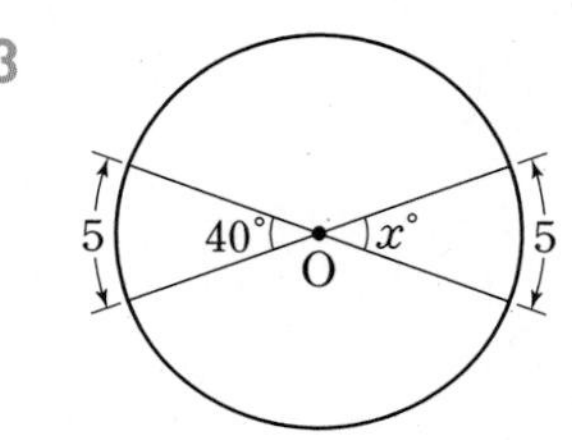

4

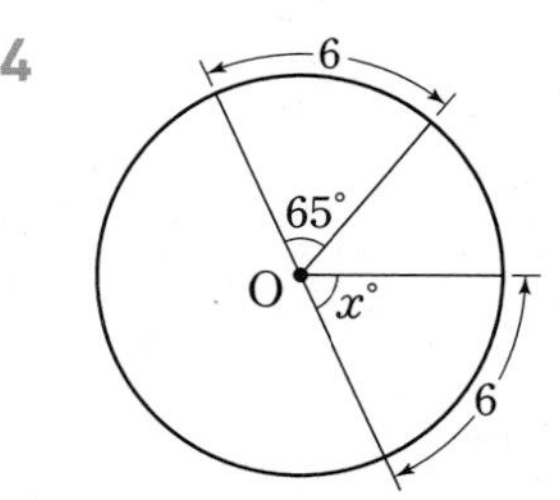

내가 발견한 개념 중심각의 크기 vs 호의 길이

한 원 또는 합동인 두 원에서

- 중심각의 크기가 같은 두 부채꼴의 □의 길이는 같다.
- 호의 길이가 같은 두 부채꼴의 □의 크기는 같다.

5

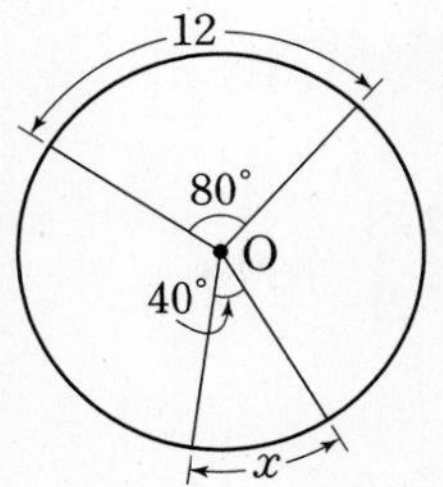

→ 80 : 40= ☐ : x이므로 x= ☐

6

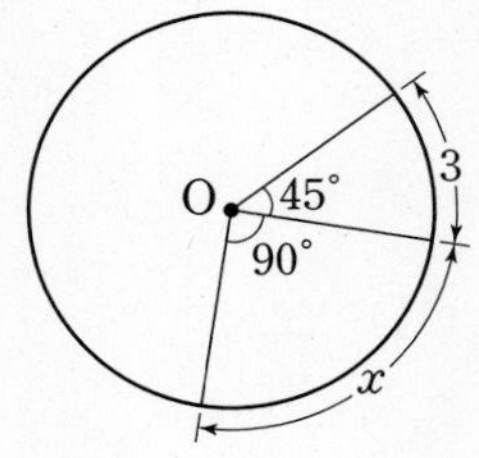

7

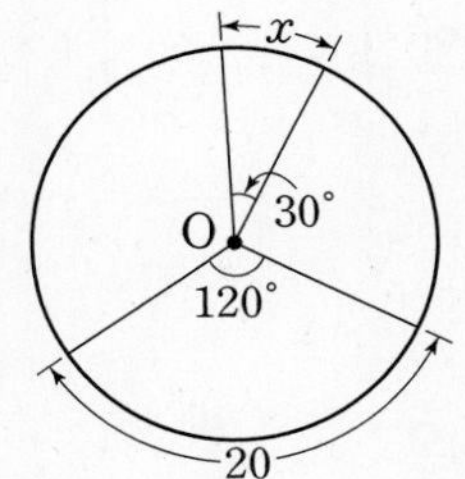

8

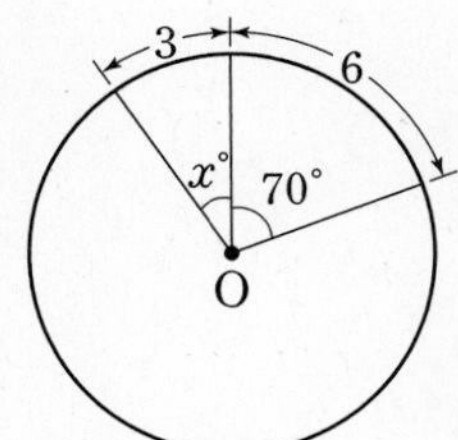

호의 길이와 중심각의 크기 사이의 관계는?

• 부채꼴의 호의 길이는 중심각의 크기에 ☐ 한다.

● 다음 그림에서 x, y의 값을 구하시오.

9

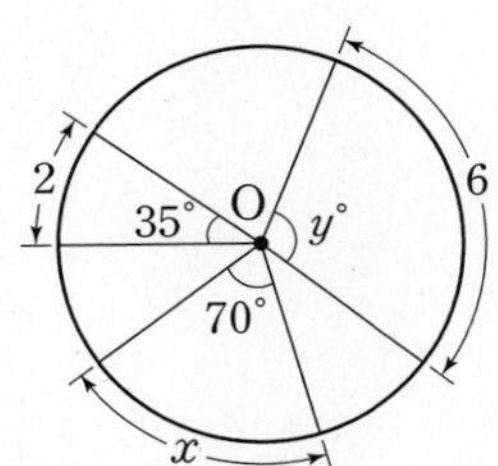

→ 35 : 70= ☐ : x이므로 x= ☐

35 : y=2 : ☐ 이므로 y= ☐

10

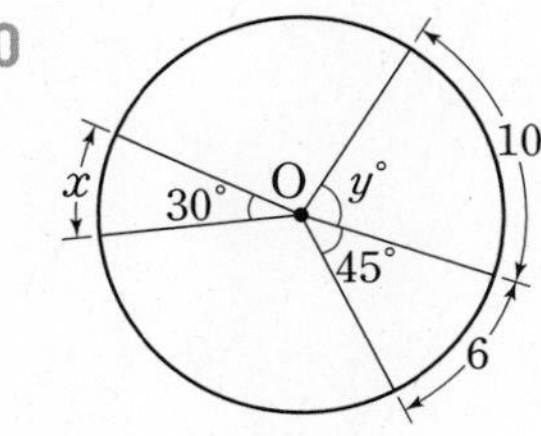

11

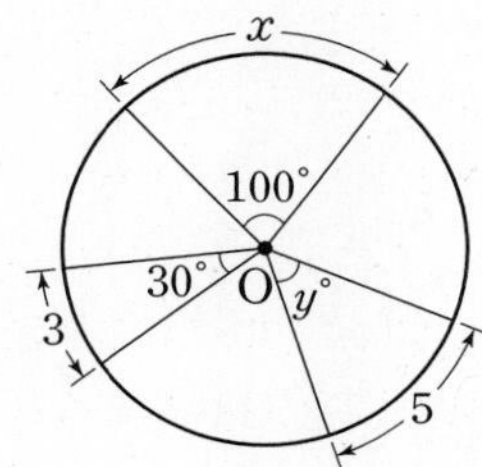

12

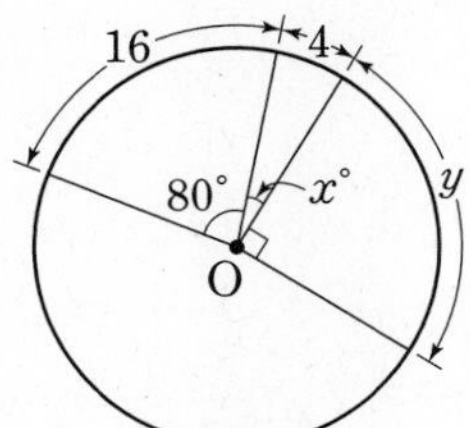

13

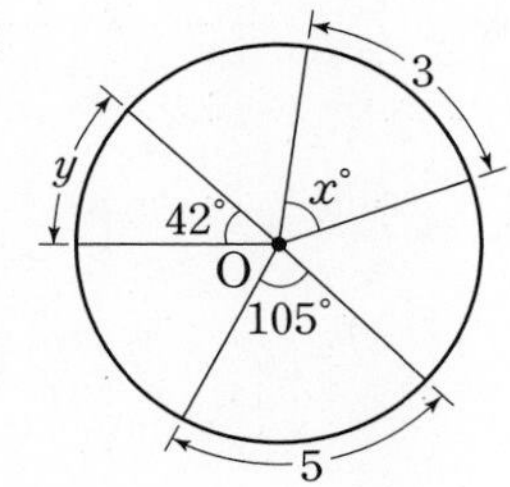

● 호의 길이의 비가 다음과 같을 때, $\angle x$의 크기를 구하시오.

14 $\widehat{AB} : \widehat{BC} = 3 : 2$

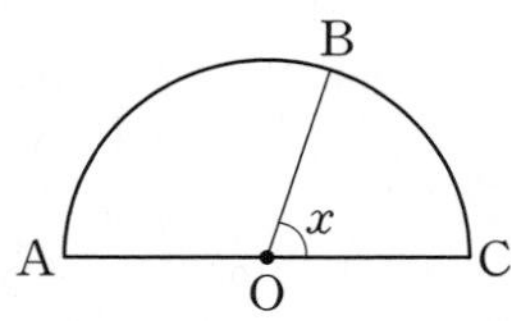

→ $\angle x = 180° \times \frac{\square}{3+2} = \square°$

15 $\widehat{AB} : \widehat{BC} = 3 : 7$

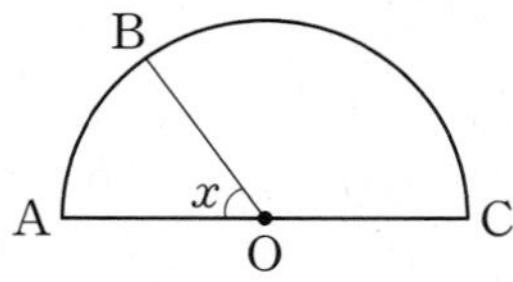

16 $\widehat{AB} : \widehat{BC} = 1 : 3$

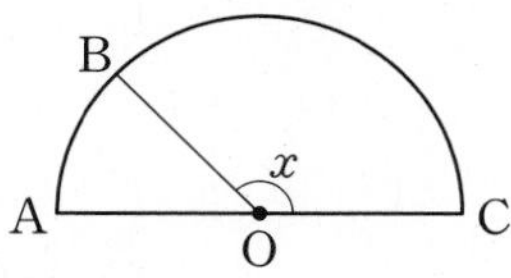

17 $\widehat{AB} : \widehat{BC} : \widehat{CA} = 1 : 2 : 3$

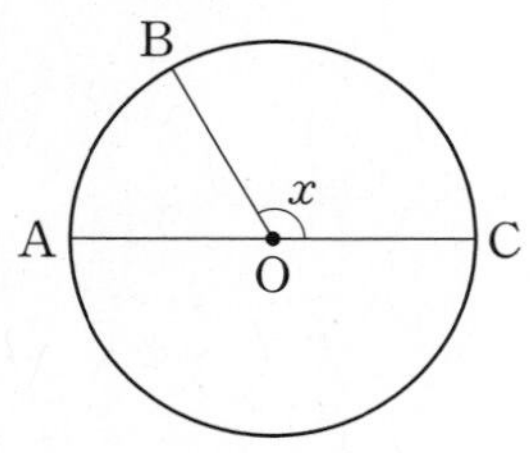

→ $\angle x = 360° \times \frac{\square}{1+2+3} = \square°$

18 $\widehat{AB} : \widehat{BC} : \widehat{CA} = 2 : 6 : 7$

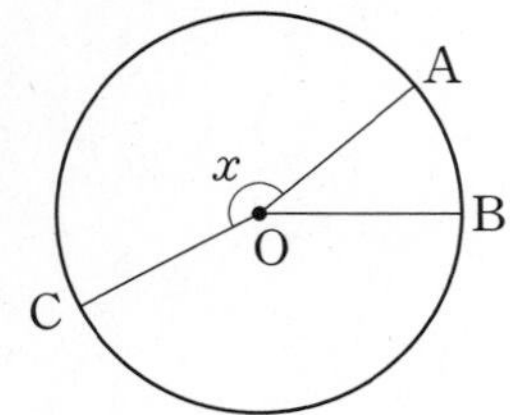

2nd 부채꼴의 호의 길이 활용하기

19 다음은 아래 그림에서 x의 값을 구하는 과정이다. □ 안에 알맞은 것을 써넣으시오.

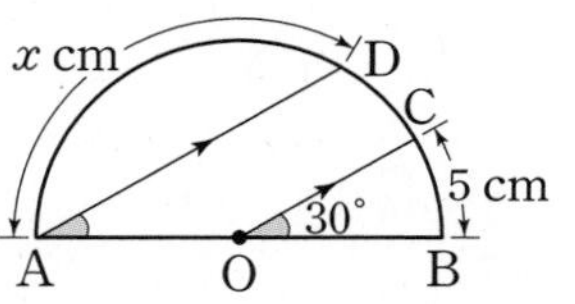

→ $\overline{AD} /\!/ \overline{OC}$이므로

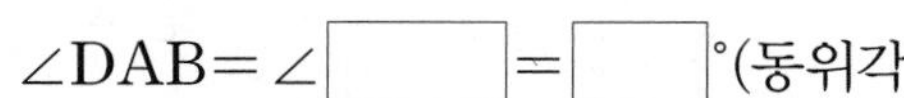

$\angle DAB = \angle \square = \square°$(동위각)

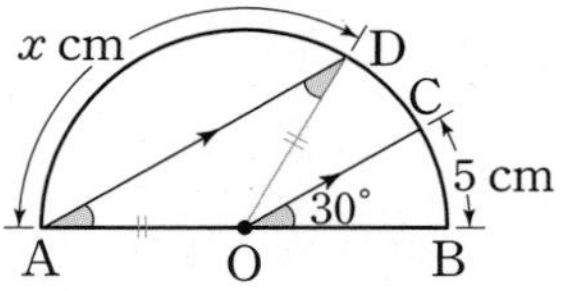

→ $\overline{OD}$를 그으면 $\overline{OA} = \overline{OD}$이므로

$\angle ODA = \angle \square = \square°$

$\angle AOD = \square°$

따라서

$\widehat{AD} : \widehat{BC} = \angle \square : \angle COB$이므로

$x : 5 = \square : 30$에서 $x = \square$

● 다음 그림에서 x의 값을 구하시오.

20

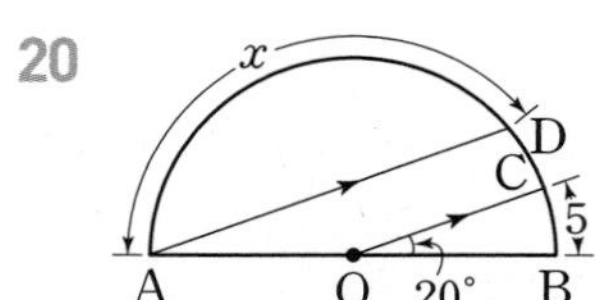

21

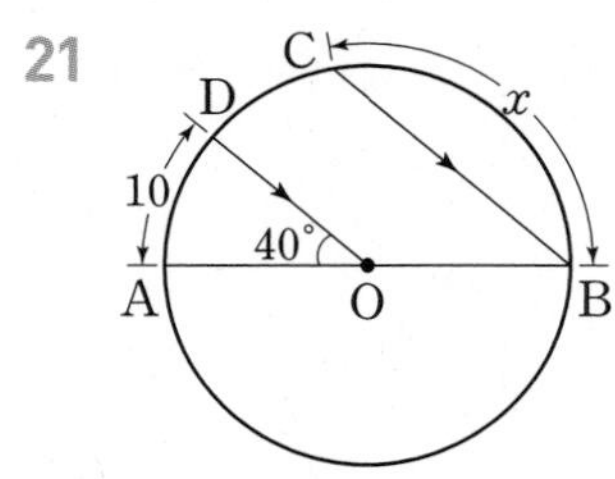

22 다음은 아래 그림에서 x의 값을 구하는 과정이다. □ 안에 알맞은 것을 써넣으시오.

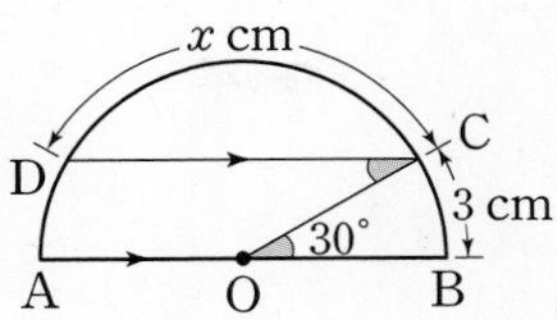

➡ $\overline{DC} /\!/ \overline{AB}$이므로

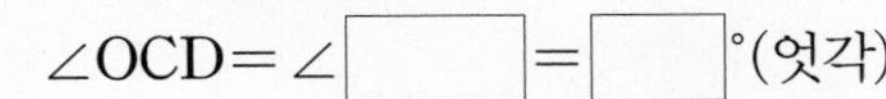

$\angle OCD = \angle$ □ $=$ □ $^\circ$(엇각)

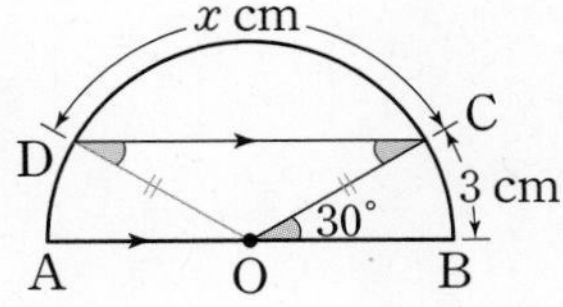

➡ $\overline{OD}$를 그으면 $\overline{OC} = \overline{OD}$이므로

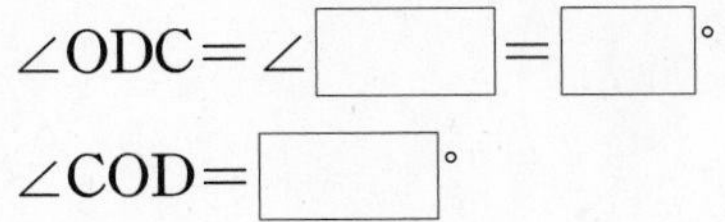

$\angle ODC = \angle$ □ $=$ □ $^\circ$

$\angle COD =$ □ $^\circ$

따라서

$\widehat{BC} : \widehat{CD} = \angle BOC : \angle$ □ 이므로

$3 : x = 30 :$ □ 에서 $x =$ □

● 다음 그림에서 x의 값을 구하시오.

23

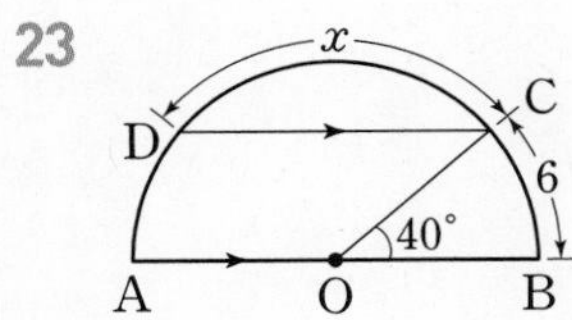

24

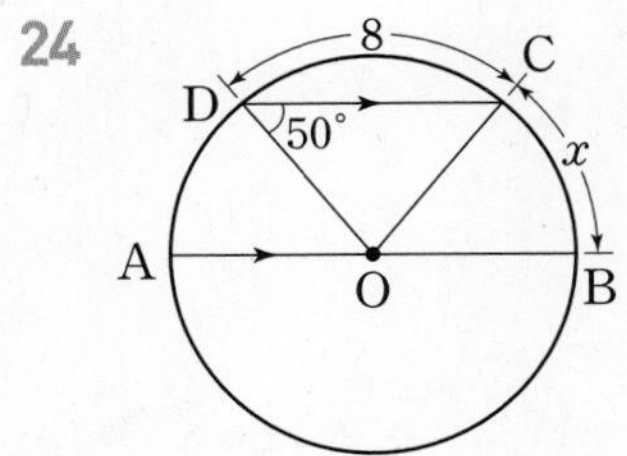

25 다음은 아래 그림에서 $\widehat{AC}$의 길이를 구하는 과정이다. □ 안에 알맞은 것을 써넣으시오.

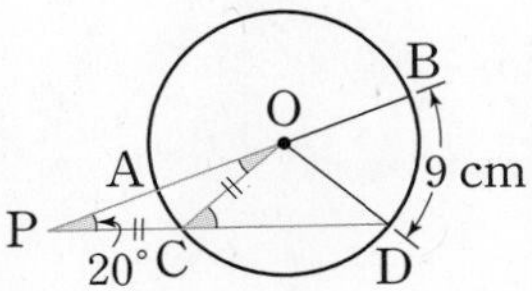

➡ $\overline{CO} = \overline{CP}$이므로

$\angle POC = \angle OPC =$ □ $^\circ$

$\triangle OPC$에서

$\angle OCD = 20^\circ +$ □ $^\circ =$ □ $^\circ$

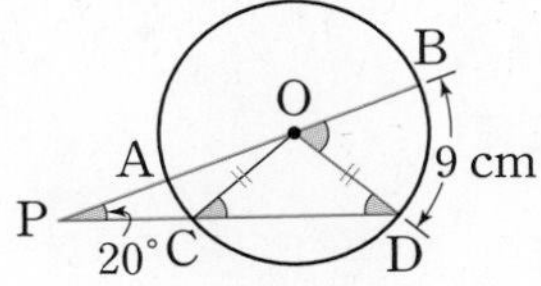

➡ $\overline{OC} = \overline{OD}$이므로

$\angle ODC = \angle$ □ $=$ □ $^\circ$

$\triangle OPD$에서

$\angle BOD = 20^\circ +$ □ $^\circ =$ □ $^\circ$

따라서

$\widehat{AC} : \widehat{BD} = \angle AOC : \angle$ □ 이므로

$\widehat{AC} : 9 = 20 :$ □ 에서 $\widehat{AC} =$ □ (cm)

● 다음 그림에서 $\widehat{AC}$의 길이를 구하시오.

26

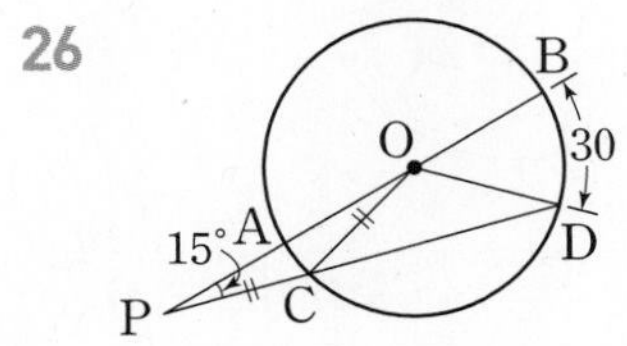

27

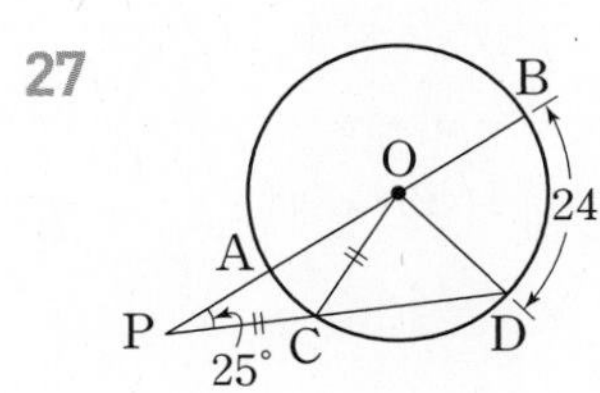

03

정비례하는!

부채꼴; 중심각의 크기와 넓이

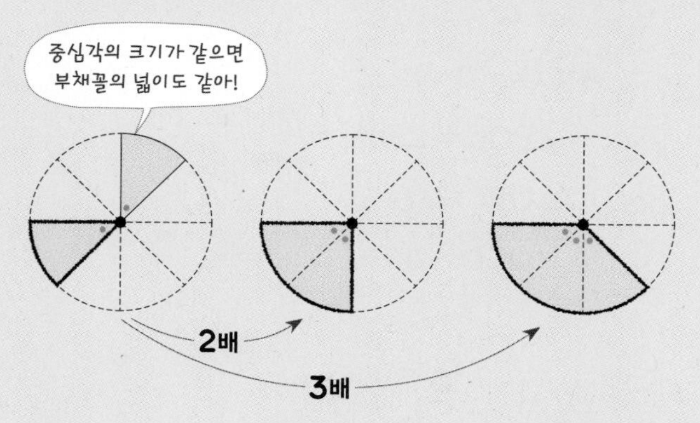

부채꼴의 넓이는
중심각의 크기에 정비례한다.

• **중심각의 크기와 부채꼴의 넓이 사이의 관계**

한 원 또는 합동인 두 원에서

① 중심각의 크기가 같은 두 부채꼴의 넓이는 같다.

② 넓이가 같은 두 부채꼴의 중심각의 크기는 같다.

③ 부채꼴의 넓이는 중심각의 크기에 정비례한다.

원리확인 그림의 원 O에서 중심각의 크기와 부채꼴의 넓이 사이의 관계에 대한 표를 완성하고, □ 안에 알맞은 것을 써넣으시오.

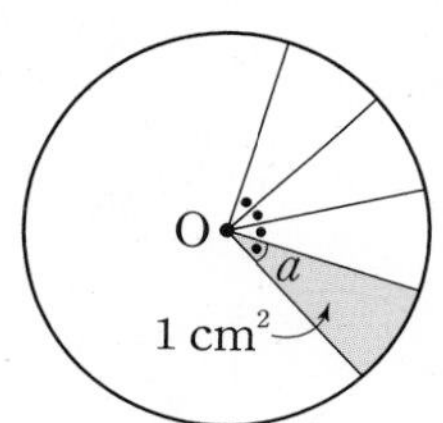

중심각의 크기	부채꼴의 넓이
$\angle a$	1 cm^2
2배 $2\angle a$	
3배 $3\angle a$	
4배 $4\angle a$	

→ 부채꼴의 넓이는 중심각의 크기에 □한다.

1st 부채꼴의 중심각의 크기와 넓이 구하기

• 다음 그림에서 x의 값을 구하시오.

1

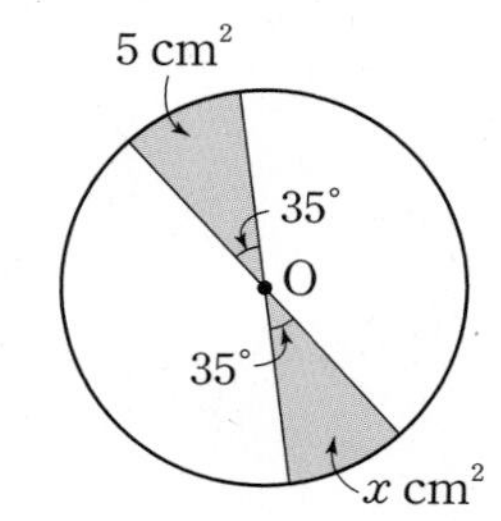

2

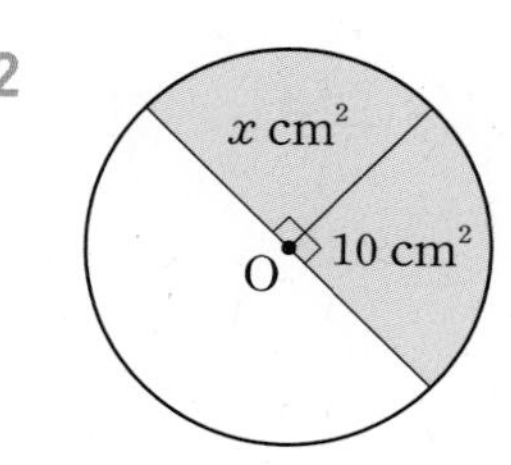

3

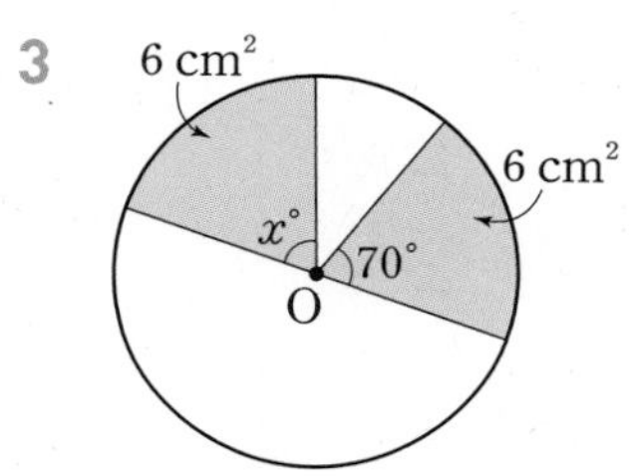

4

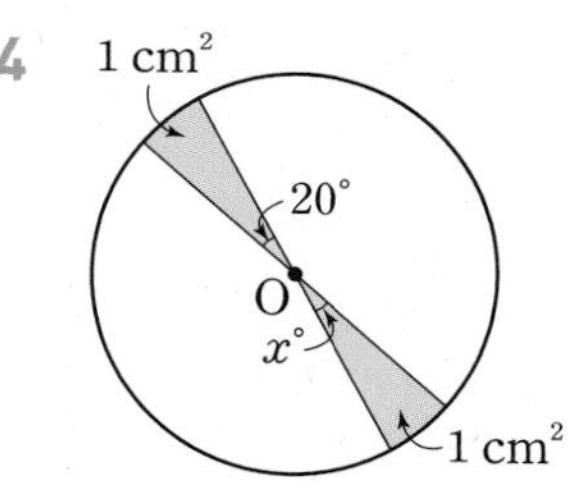

내가 발견한 개념 중심각의 크기 vs 부채꼴의 넓이

한 원 또는 합동인 두 원에서

• 중심각의 크기가 같은 두 부채꼴의 □는 같다.

• 넓이가 같은 두 부채꼴의 □의 크기는 같다.

5

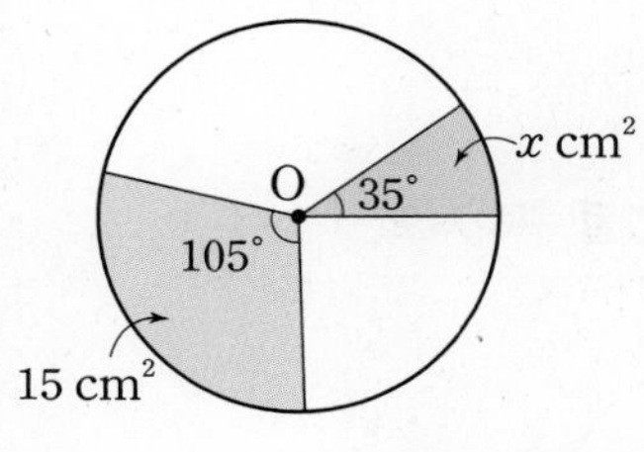

→ ☐ : x=105 : 35이므로 x=☐

6

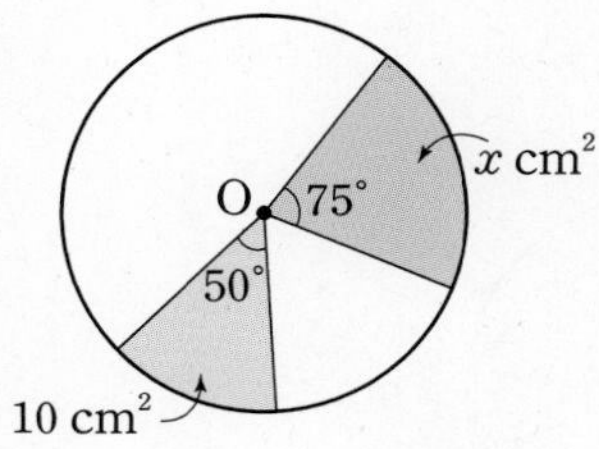

7

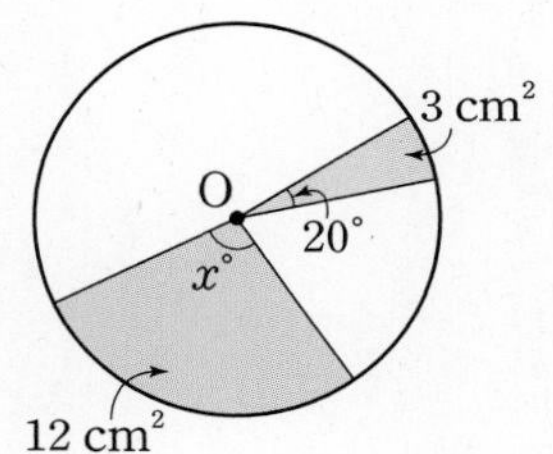

8

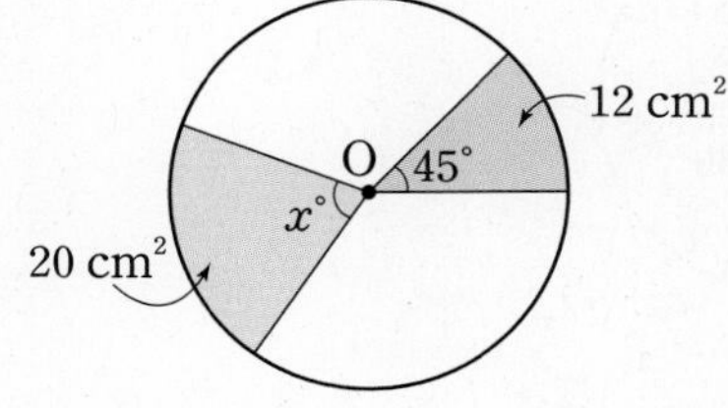

9

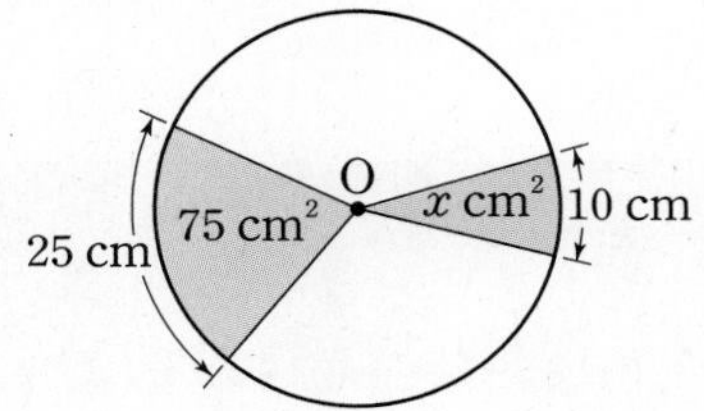

10

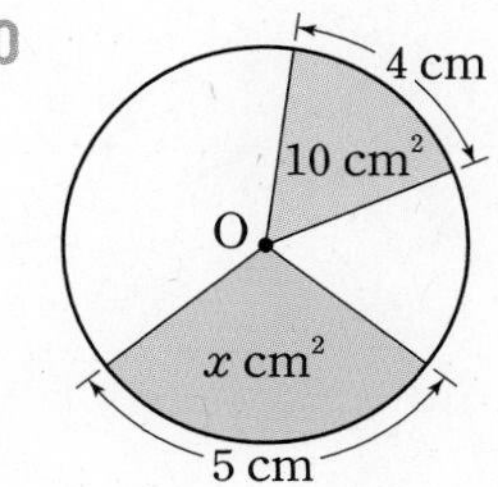

11

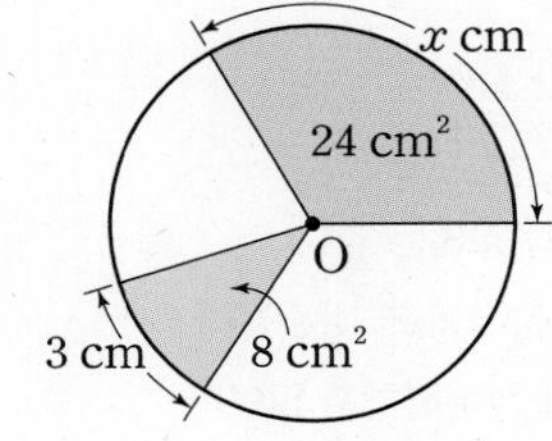

12

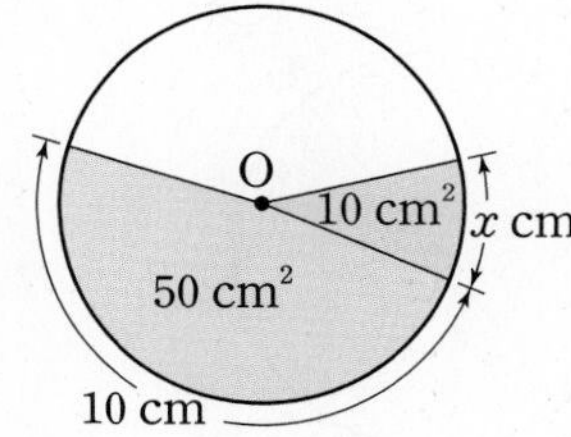

개념모음문제

13 오른쪽 그림의 원 O에서 부채꼴 AOB의 넓이가 18 cm^2일 때, 원의 넓이는?

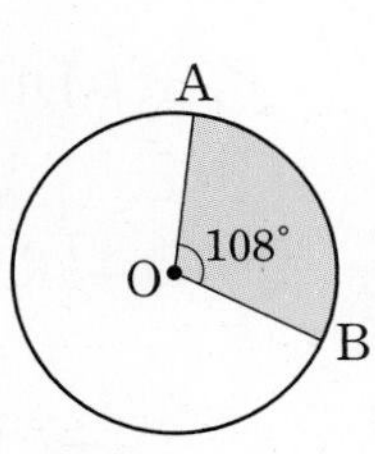

① 36 cm^2 ② 42 cm^2

③ 48 cm^2 ④ 54 cm^2

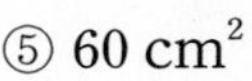
⑤ 60 cm^2

내가 발견한 개념 부채꼴의 넓이와 중심각의 크기 사이의 관계는?

• 부채꼴의 넓이는 중심각의 크기에 ☐ 한다.

04 **정비례하지 않는!**

부채꼴;
중심각의 크기와 현의 길이

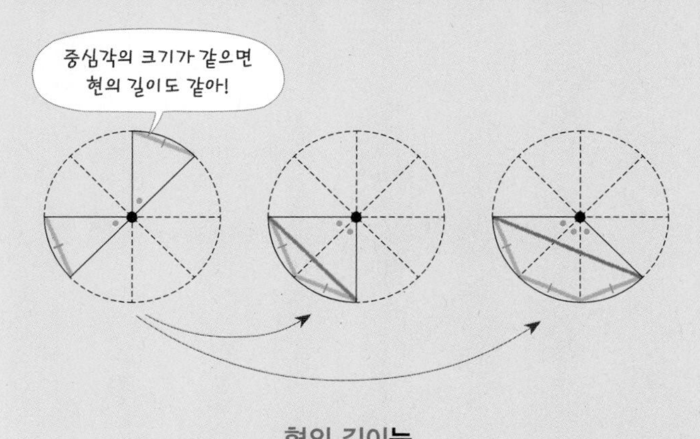

현의 길이**는**
중심각의 크기**에** 정비례하지 않는다.

- **부채꼴의 중심각의 크기와 현의 길이**

 한 원 또는 합동인 두 원에서

 ① 중심각의 크기가 같은 두 현의 길이는 같다.

 ② 길이가 같은 두 현에 대한 중심각의 크기는 같다.

 ③ 현의 길이는 중심각의 크기에 정비례하지 않는다.

원리확인 아래 그림의 원 O에서 $\angle AOB=\angle COD=\angle DOE$일 때, 다음 중 옳은 것은 ○를, 옳지 않은 것은 ×를 ( ) 안에 써넣으시오.

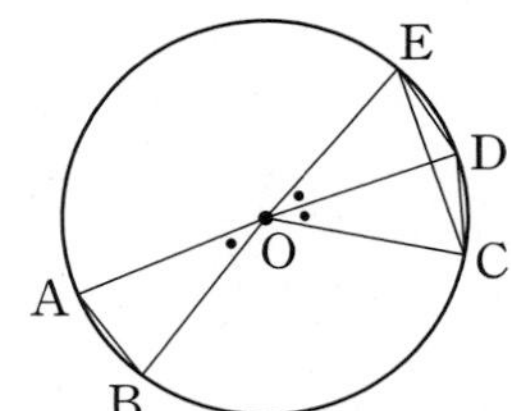

❶ $\overline{AB}=\overline{CD}$ ( )

❷ $\overline{AB}=\overline{DE}$ ( )

❸ $\overline{CD}=\overline{DE}$ ( )

❹ $2\overline{AB}=\overline{CE}$ ( )

❺ $\triangle ABO=\triangle CDO$ ( )

❻ $2\triangle ABO=\triangle COE$ ( )

1st — 현의 길이 구하기

- 다음 그림에서 x의 값을 구하시오.

1

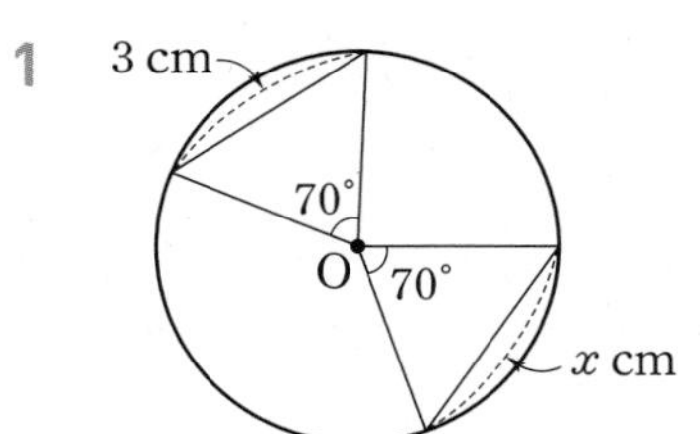

중심각의 크기가 같으면 현의 길이는 같아!

2

4 cm O 35° 35° x cm

3

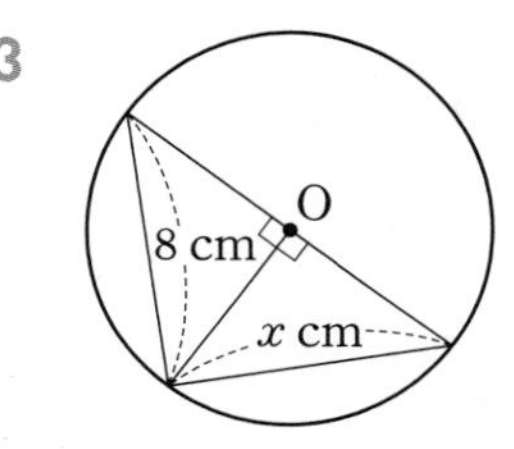

4

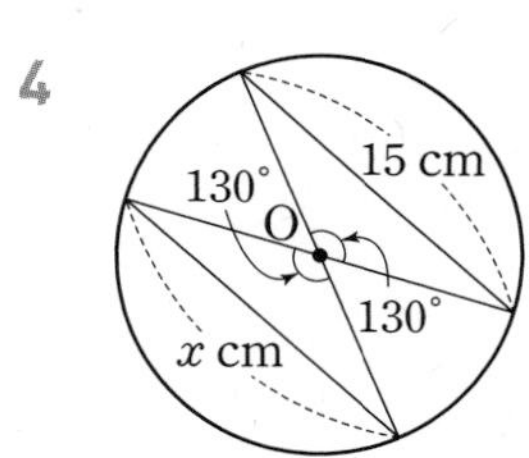

내가 발견한 개념 중심각의 크기 vs 현의 길이

한 원 또는 합동인 두 원에서

- 중심각의 크기가 같은 두 [ ]의 길이는 같다.
- 길이가 같은 두 현에 대한 [ ]의 크기는 같다.

2nd 중심각의 크기 구하기

• 다음 그림에서 x의 값을 구하시오.

5

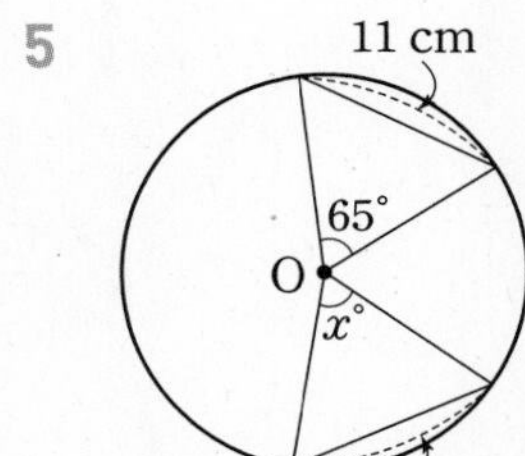

6

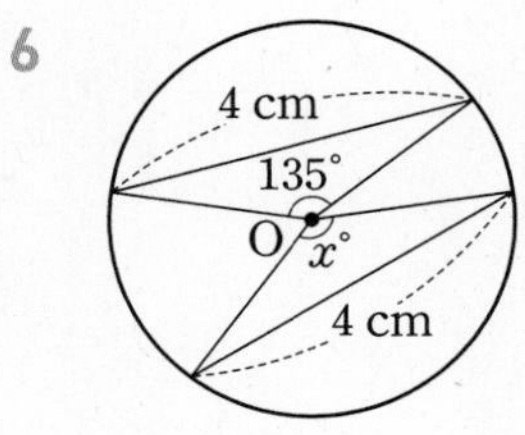

7

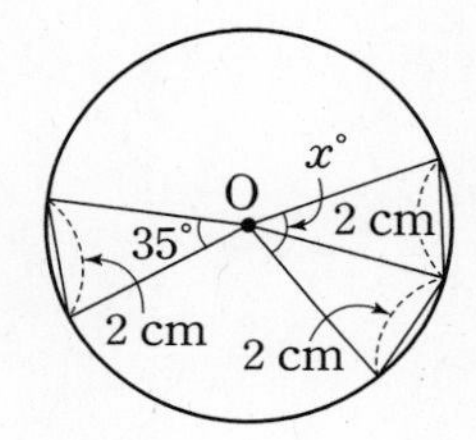

8

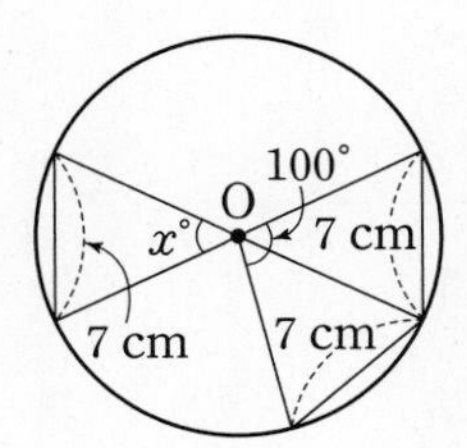

내가 발견한 개념 　중심각의 크기와 호와 현의 길이의 관계는?

한 원 또는 합동인 두 원에서
- 중심각의 크기와 호의 길이는 (정비례한다, 정비례하지 않는다).
- 중심각의 크기와 현의 길이는 (정비례한다, 정비례하지 않는다).

3rd 부채꼴의 중심각의 크기와 현의 길이 이해하기

• 한 원에 대하여 다음 설명 중 옳은 것은 ○를, 옳지 않은 것은 ×를 (　) 안에 써넣으시오.

9 크기가 같은 중심각에 대한 호의 길이는 같다. (　　)

10 크기가 같은 중심각에 대한 현의 길이는 같다. (　　)

11 호의 길이는 중심각의 크기에 정비례한다. (　　)

12 현의 길이는 중심각의 크기에 정비례한다. (　　)

13 부채꼴의 넓이는 중심각의 크기에 정비례한다. (　　)

개념모음문제

14 오른쪽 그림의 원 O에서 $\angle COD=2\angle AOB$일 때, 다음 중 옳은 것은?

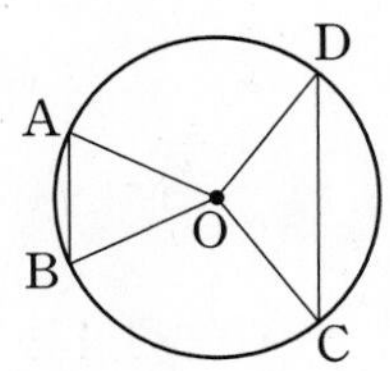

① $\overline{AB}/\!/\overline{CD}$
② $\widehat{AB}=2\widehat{CD}$
③ $\overline{AB}=\frac{1}{2}\overline{CD}$
④ (△COD의 넓이)$=2\times$(△AOB의 넓이)
⑤ (부채꼴 COD의 넓이)$=2\times$(부채꼴 AOB의 넓이)

05

π로 구할 수 있게 된!

원; 둘레의 길이와 넓이

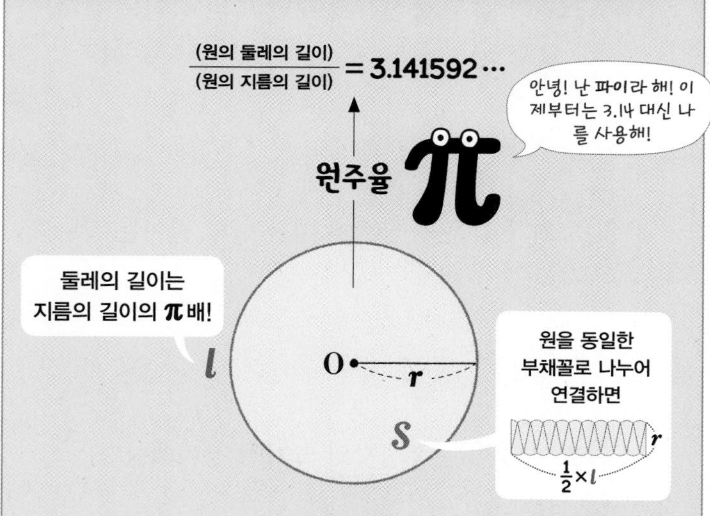

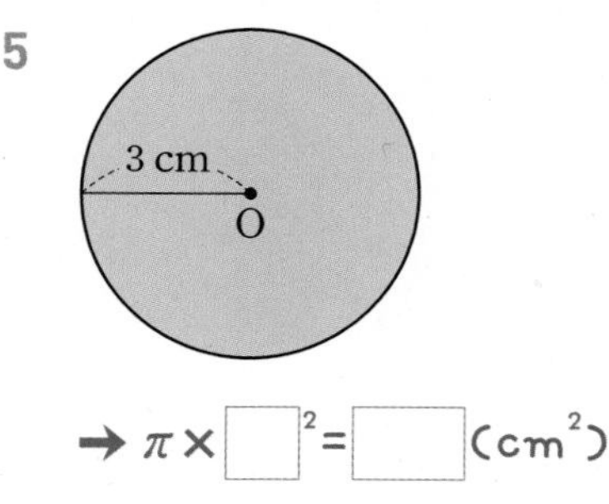

둘레의 길이

(원주율)×(지름의 길이)

$l=2\pi r$ (지름의 길이 $=2r$)

넓이

$\frac{1}{2}$×(원의 둘레의 길이)×(반지름의 길이)

$S=\frac{1}{2}\times 2\pi r\times r=\pi r^2$ (원의 둘레의 길이 $=2\pi r$)

- **원주율**(π): 원의 지름의 길이에 대한 원의 둘레의 길이의 비율을 원주율이라 하고, π로 나타내며 '파이'라 읽는다.

(원주율)$=\frac{\text{(원의 둘레의 길이)}}{\text{(원의 지름의 길이)}}=\pi$

참고 ① 원주율 π는 원의 크기에 관계없이 일정하다.
② $\pi=3.141592\cdots$와 같이 불규칙하게 무한히 계속되는 수이다. 초등에서는 이 값을 소수 셋째 자리에서 반올림하여 3.14로 사용했지만 중등에서는 소수 대신 기호를 사용한다.

1st 원의 둘레의 길이와 넓이 구하기

● 다음 원의 둘레의 길이를 구하시오.

1

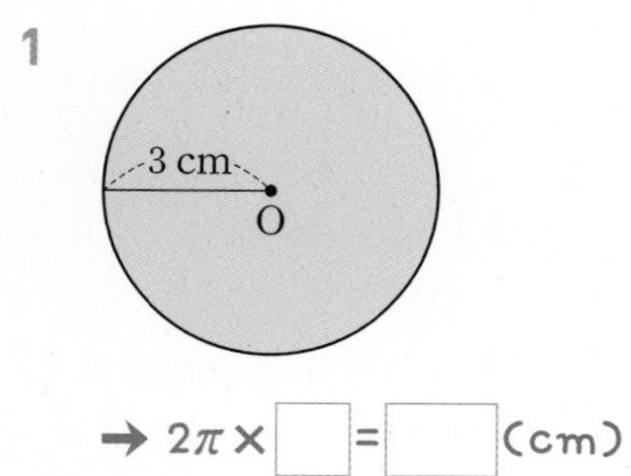

➜ $2\pi\times$ ☐ = ☐ (cm)

2 반지름의 길이가 5 cm인 원

3 지름의 길이가 12 cm인 원

4 지름의 길이가 20 cm인 원

● 다음 원의 넓이를 구하시오.

5

3 cm
O

➜ $\pi\times$ ☐^{2} = ☐ (cm^2)

6 반지름의 길이가 12 cm인 원

7 지름의 길이가 4 cm인 원

8 지름의 길이가 20 cm인 원

• 원의 둘레의 길이가 다음과 같을 때, 반지름의 길이 r와 원의 넓이 S를 각각 구하시오.

9 6π cm

→ $2\pi r=$ ☐ 이므로 $r=$ ☐ (cm)

$S=\pi\times$ ☐$^2=$ ☐ (cm^2)

10 12π cm → $r=$ ____, $S=$ ____

11 18π cm → $r=$ ____, $S=$ ____

12 24π cm → $r=$ ____, $S=$ ____

13 40π cm → $r=$ ____, $S=$ ____

• 원의 넓이가 다음과 같을 때, 반지름의 길이 r와 원의 둘레의 길이 l을 각각 구하시오.

14 4π cm^2

→ $\pi r^2=$ ☐ 이므로 $r=$ ☐ (cm)

$l=2\pi\times$ ☐ $=$ ☐ (cm)

15 25π cm^2 → $r=$ ____, $l=$ ____

16 64π cm^2 → $r=$ ____, $l=$ ____

17 100π cm^2 → $r=$ ____, $l=$ ____

18 256π cm^2 → $r=$ ____, $l=$ ____

내가 발견한 개념 원의 둘레의 길이와 넓이를 π를 이용하면?

반지름의 길이가 r인 원의 둘레의 길이와 넓이를 각각 l, S라 하면

• $l=$ ☐ • S= ☐

π를 찾아서

$$\pi=\frac{\text{(원의 둘레의 길이)}}{\text{(원의 지름의 길이)}}$$

π를 알려면 원의 둘레의 길이를 알아야 하니까

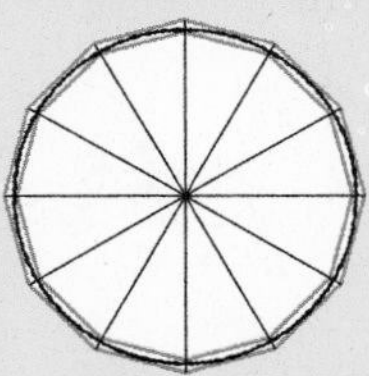

원에 내접하는 정12각형과 외접하는 정12각형을 그리는 거야.
그 다음에 24각형, 48각형 계속 이런 식으로 늘려가다보면 점점 원에 가까워지지.

$$\frac{\text{(내접하는 정96각형의 둘레의 길이)}}{\text{(원의 지름의 길이)}} < \pi < \frac{\text{(외접하는 정96각형의 둘레의 길이)}}{\text{(원의 지름의 길이)}}$$

3.140845··· < π < 3.142857···

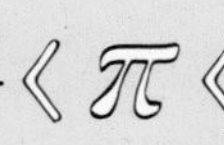

아르키메데스
(B.C.287?~B.C.212)

06 부채꼴; 호의 길이와 넓이

중심각의 크기에 정비례!

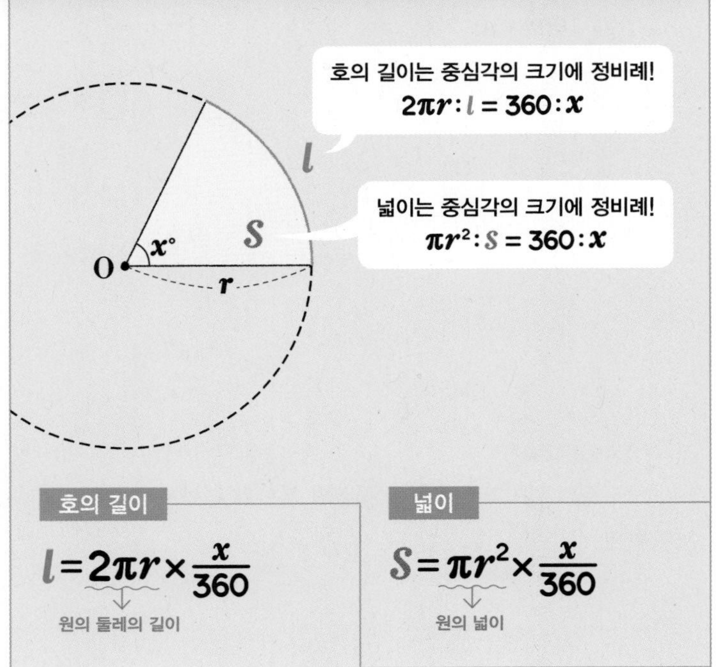

호의 길이

$l = 2\pi r \times \frac{x}{360}$ (원의 둘레의 길이: $2\pi r$)

넓이

$S = \pi r^2 \times \frac{x}{360}$ (원의 넓이: πr^2)

1st — 부채꼴의 호의 길이와 넓이 구하기

• **다음 부채꼴의 호의 길이를 구하시오.**

1

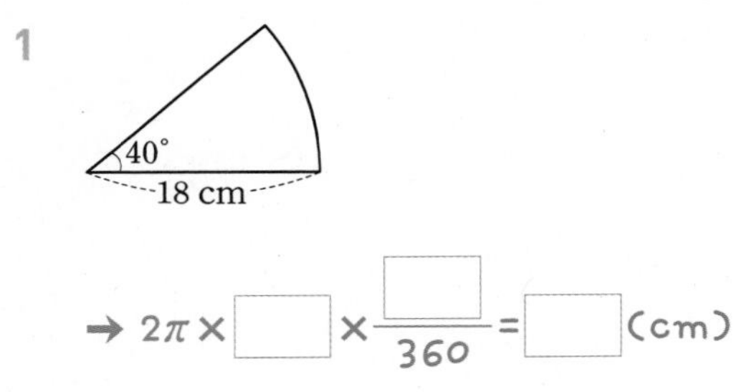

→ $2\pi \times \square \times \frac{\square}{360} = \square$ (cm)

2 반지름의 길이가 3 cm, 중심각의 크기가 60°

3 반지름의 길이가 8 cm, 중심각의 크기가 45°

4 반지름의 길이가 10 cm, 중심각의 크기가 240°

• **다음 부채꼴의 둘레의 길이를 구하시오.**

5

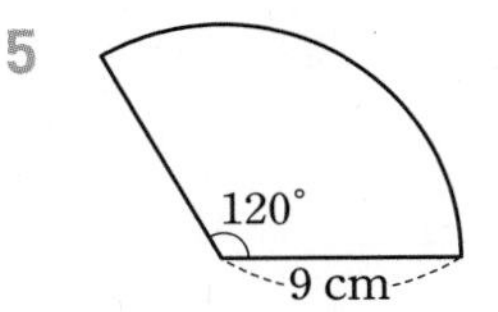

→ (부채꼴의 호의 길이)

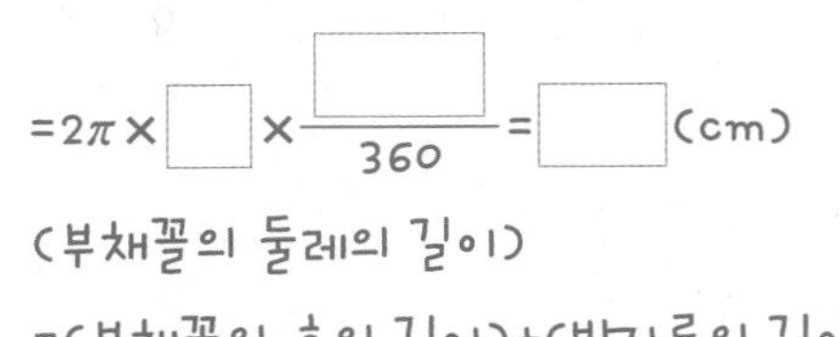

$= 2\pi \times \square \times \frac{\square}{360} = \square$ (cm)

(부채꼴의 둘레의 길이)

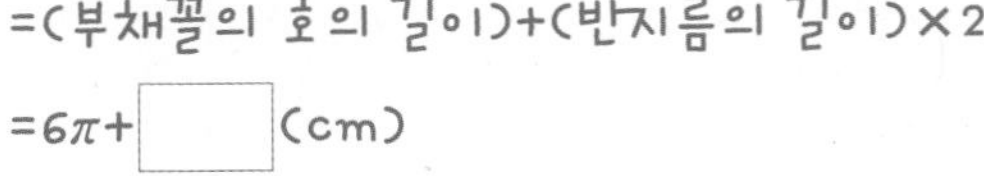

=(부채꼴의 호의 길이)+(반지름의 길이)×2

$= 6\pi + \square$ (cm)

6

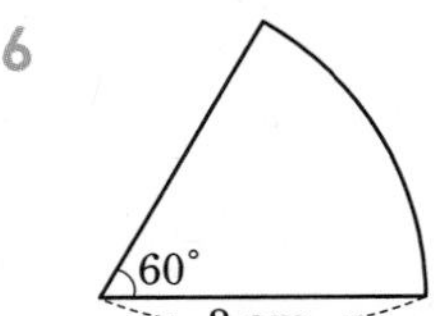

7

144°

10 cm

8

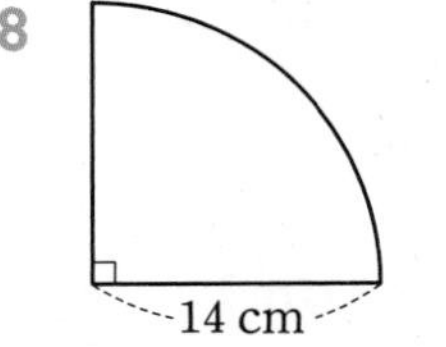

9

150°

4 cm

● 다음 부채꼴의 넓이를 구하시오.

10

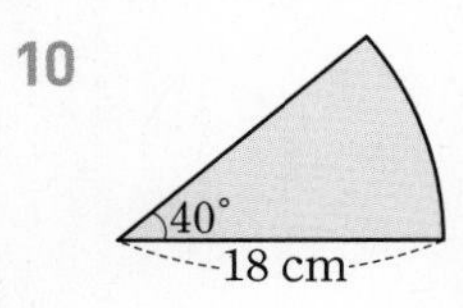

11

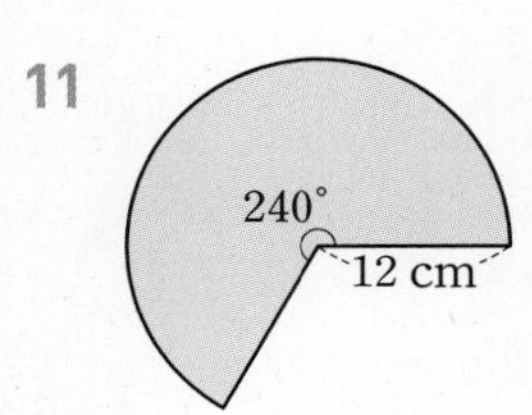

12 반지름의 길이가 6 cm, 중심각의 크기가 45°

13 반지름의 길이가 9 cm, 중심각의 크기가 120°

14 반지름의 길이가 12 cm, 중심각의 크기가 135°

15 반지름의 길이가 15 cm, 중심각의 크기가 30°

내가 발견한 개념 　부채꼴의 호의 길이와 넓이를 π를 이용하면?

반지름의 길이가 r, 중심각의 크기가 $x°$인 부채꼴의 호의 길이를 l, 넓이를 S라 하면

- $l=2\pi r\times$ □
- $S=\pi r^2\times$ □

2nd — 중심각의 크기와 호의 길이가 주어진 부채꼴의 반지름의 길이 구하기

● 다음과 같이 부채꼴의 중심각의 크기와 호의 길이가 주어질 때, 부채꼴의 반지름의 길이를 구하시오.

16

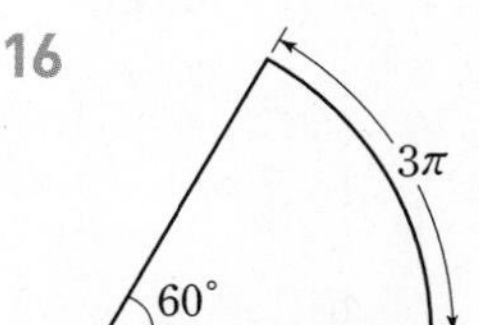

→ 부채꼴의 반지름의 길이를 r cm라 하면

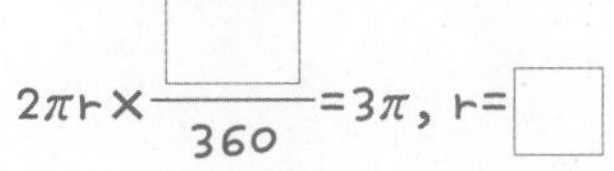

따라서 반지름의 길이는 □ cm이다.

17

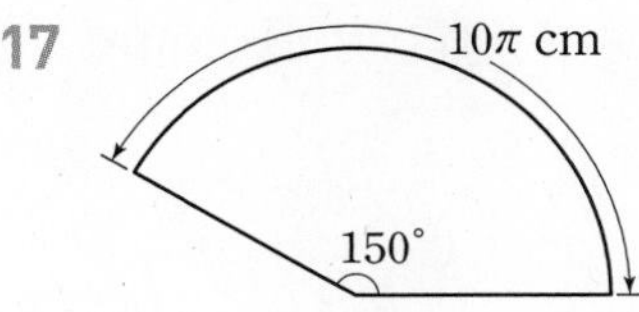

18

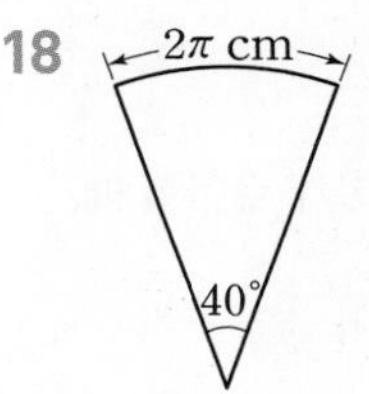

19

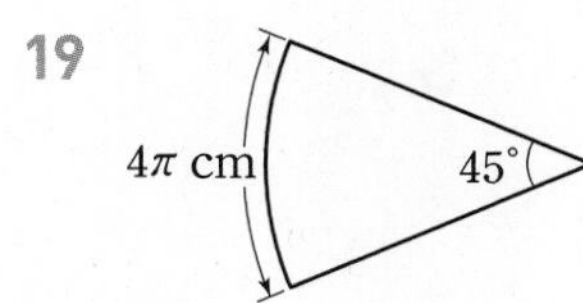

20 중심각의 크기가 120°, 호의 길이가 12π cm

21 중심각의 크기가 144°, 호의 길이가 8π cm

22 중심각의 크기가 240°, 호의 길이가 6π cm

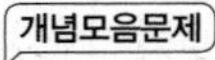

23 오른쪽 그림과 같이 중심각의 크기가 30°이고 호의 길이가 π cm인 부채꼴의 둘레의 길이는?

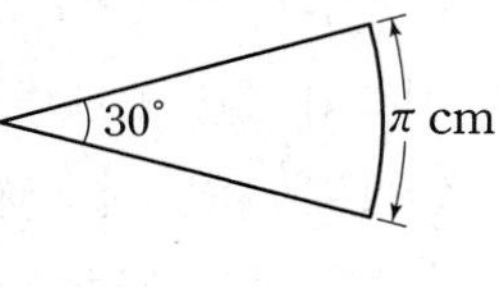

① $(\pi+6)$ cm ② $(\pi+12)$ cm
③ 2π cm ④ $(2\pi+6)$ cm
⑤ $(2\pi+12)$ cm

3rd 반지름의 길이와 호의 길이가 주어진 부채꼴의 중심각의 크기 구하기

● **다음과 같이 반지름의 길이와 호의 길이가 주어질 때, 부채꼴의 중심각의 크기를 구하시오.**

24

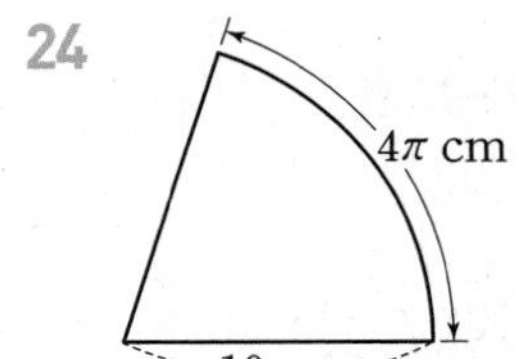

→ 부채꼴의 중심각의 크기를 x°라 하면

$2\pi\times$ ☐ $\times\frac{x}{360}=4\pi$이므로 $x=$ ☐

따라서 부채꼴의 중심각의 크기는 ☐°이다.

25

26

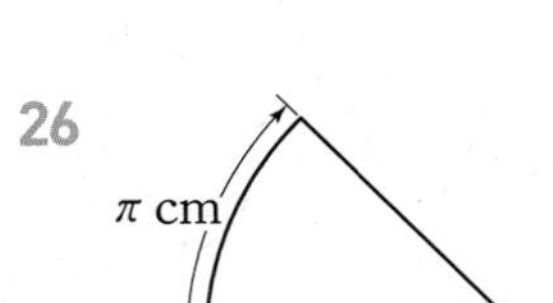

27

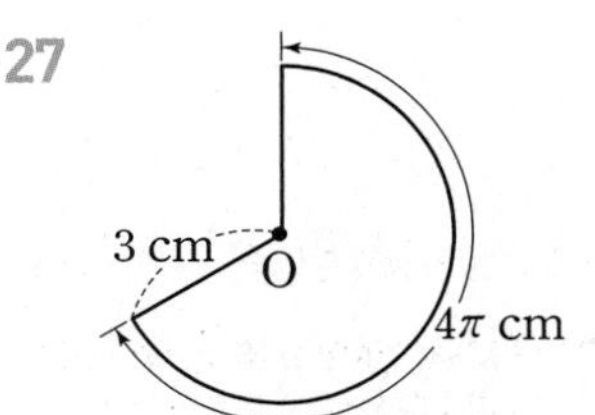

28 반지름의 길이가 5 cm, 호의 길이가 8π cm

29 반지름의 길이가 12 cm, 호의 길이가 2π cm

30 반지름의 길이가 20 cm, 호의 길이가 9π cm

4th 중심각의 크기와 넓이가 주어진 부채꼴의 반지름의 길이 구하기

● **다음과 같이 부채꼴의 중심각의 크기와 넓이가 주어질 때, 부채꼴의 반지름의 길이를 구하시오.**

31

$12\pi\ \mathrm{cm}^2$

120°

➔ 부채꼴의 반지름의 길이를 r cm라 하면

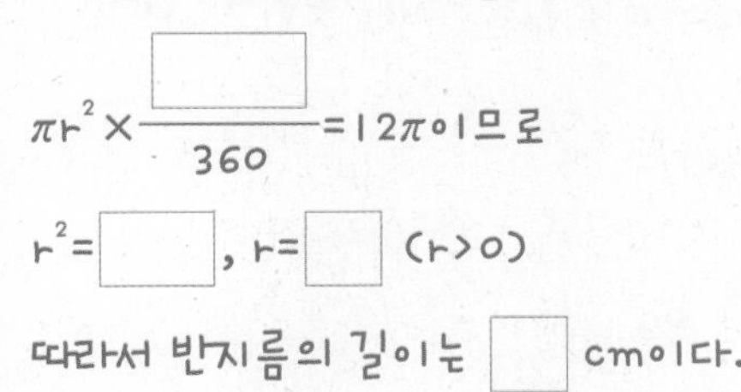

32

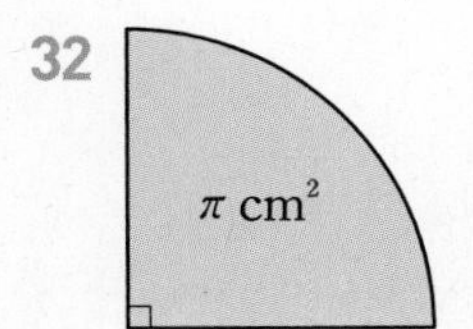

33

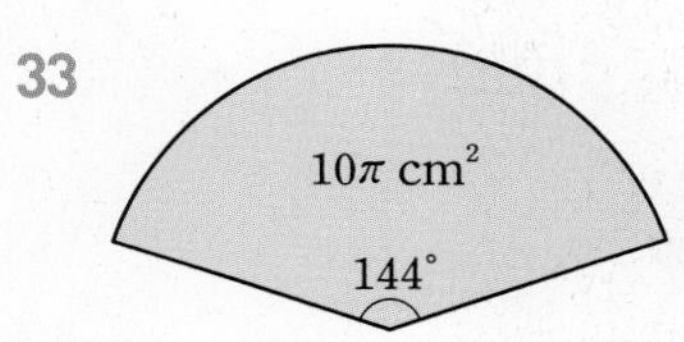

34 중심각의 크기가 60°, 넓이가 $24\pi\ \mathrm{cm}^2$

35 중심각의 크기가 120°, 넓이가 $27\pi\ \mathrm{cm}^2$

36 중심각의 크기가 135°, 넓이가 $6\pi\ \mathrm{cm}^2$

5th 반지름의 길이와 넓이가 주어진 부채꼴의 중심각의 크기 구하기

● **다음과 같이 부채꼴의 반지름의 길이와 넓이가 주어질 때, 부채꼴의 중심각의 크기를 구하시오.**

37

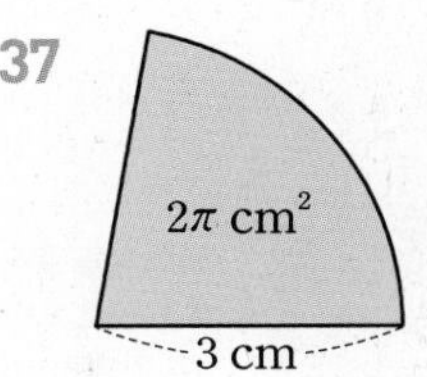

➔ 부채꼴의 중심각의 크기를 x°라 하면

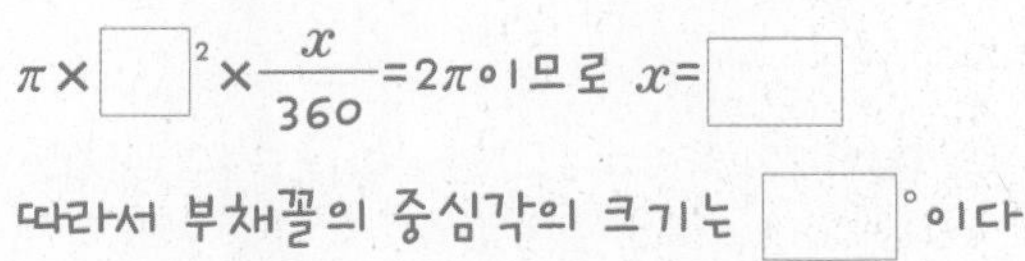

따라서 부채꼴의 중심각의 크기는 □°이다.

38

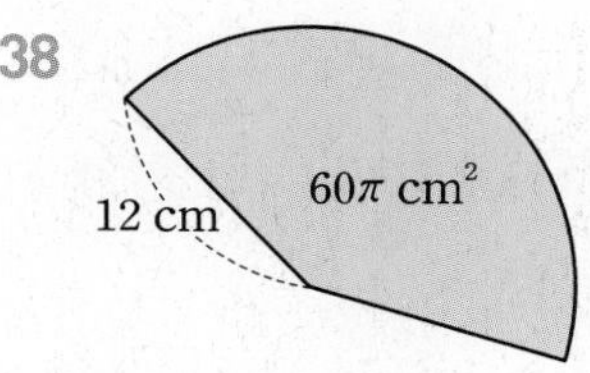

39

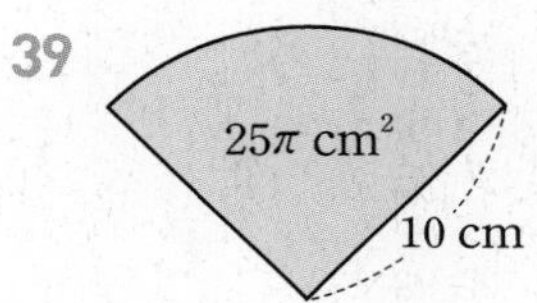

40 반지름의 길이가 8 cm, 넓이가 $24\pi\ \mathrm{cm}^2$

41 반지름의 길이가 6 cm, 넓이가 $21\pi\ \mathrm{cm}^2$

42 반지름의 길이가 16 cm, 넓이가 $\frac{64}{3}\pi\ \mathrm{cm}^2$

07 정비례하는!

부채꼴;
호의 길이와 넓이 사이의 관계

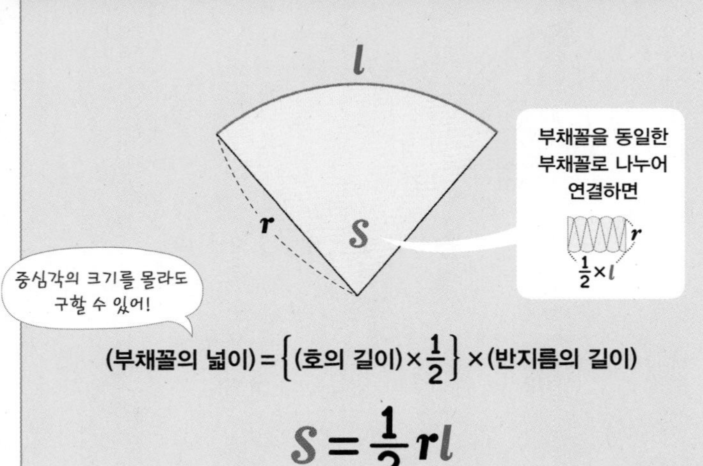

(부채꼴의 넓이) $=\left\{(\text{호의 길이})\times\frac{1}{2}\right\}\times$(반지름의 길이)

$$S=\frac{1}{2}rl$$

1st 부채꼴의 호의 길이와 넓이 사이의 관계 이해하기

• 다음 부채꼴의 넓이를 구하시오.

1

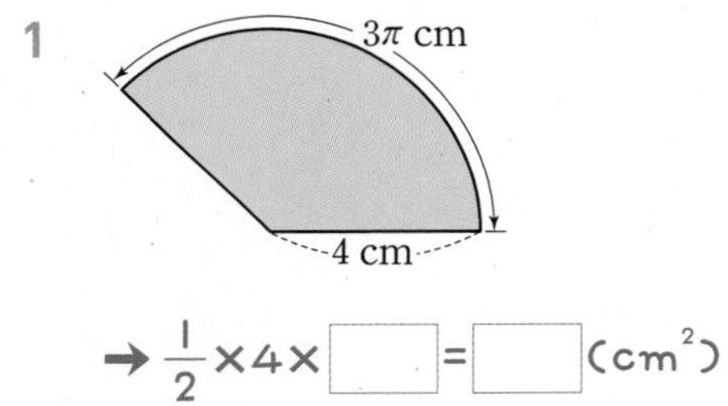

→ $\frac{1}{2}\times4\times$ ☐ $=$ ☐ (cm^2)

2

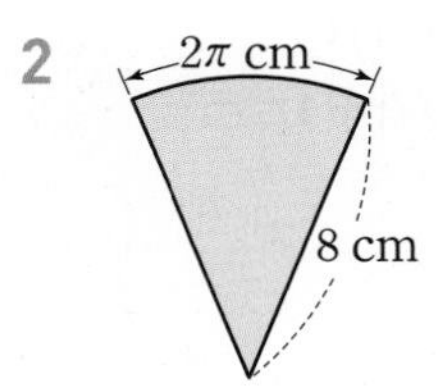

3

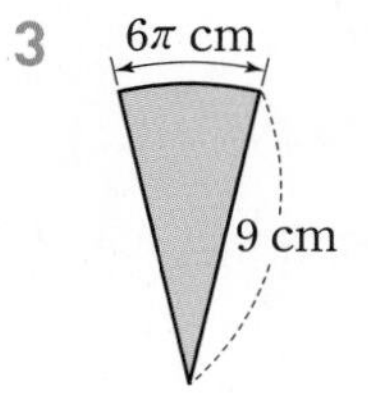

• 다음 부채꼴의 반지름의 길이를 구하시오.

4

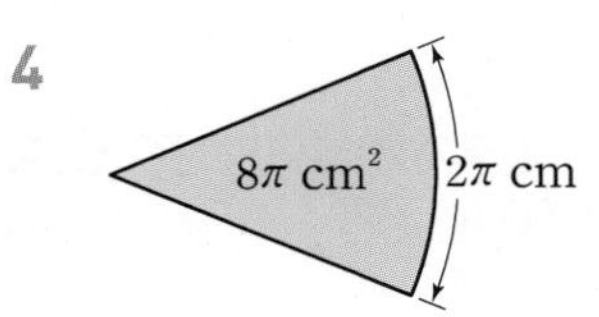

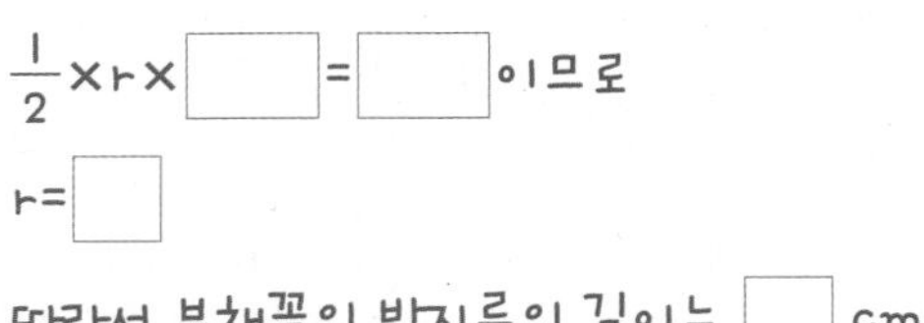

→ 부채꼴의 반지름의 길이를 r cm라 하면

$\frac{1}{2}\times r\times$ ☐ $=$ ☐ 이므로

$r=$ ☐

따라서 부채꼴의 반지름의 길이는 ☐ cm이다.

5

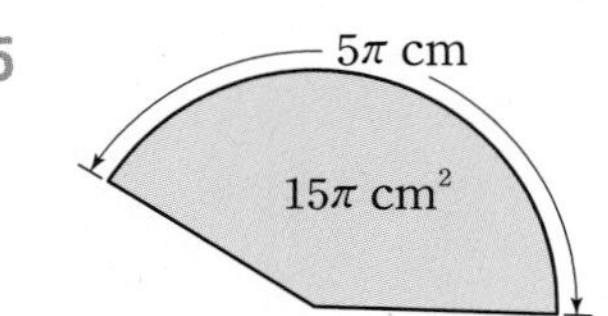

6

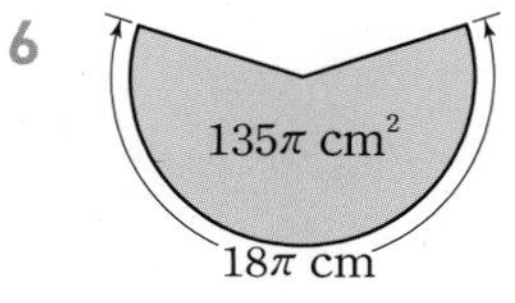

7 넓이가 15π cm^2, 호의 길이가 6π cm

8 넓이가 25π cm^2, 호의 길이가 5π cm

내가 발견한 개념 부채꼴의 넓이를 반지름의 길이와 호의 길이로 구하면?

• 반지름의 길이가 r, 호의 길이가 l인 부채꼴의 넓이 S는

→ $S=$ ☐

● 다음 부채꼴의 호의 길이를 구하시오.

9

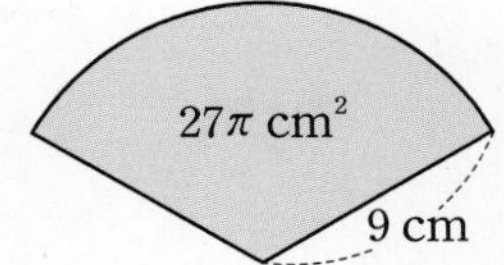

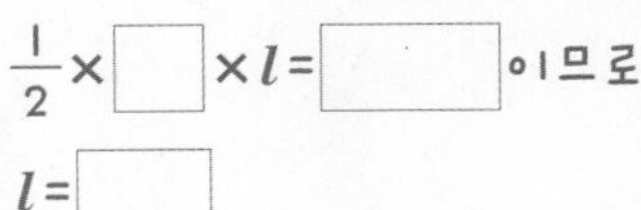

➡ 부채꼴의 호의 길이를 l cm라 하면

$\frac{1}{2}\times\square\times l=\square$ 이므로

$l=\square$

따라서 부채꼴의 호의 길이는 $\square$ cm이다.

10

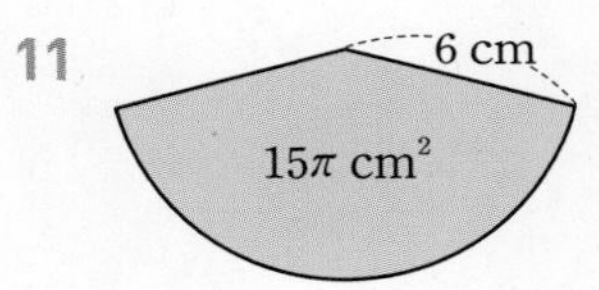

11

12 반지름의 길이가 10 cm, 넓이가 $30\pi\ cm^2$

13 반지름의 길이가 6 cm, 넓이가 $18\pi\ cm^2$

14 반지름의 길이가 10 cm, 넓이가 $10\pi\ cm^2$

● 다음 부채꼴의 중심각의 크기를 구하시오.

15

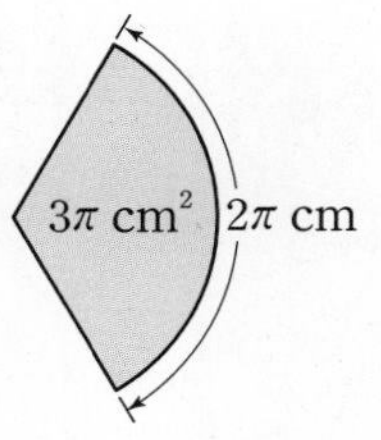

➡ 부채꼴의 반지름의 길이를 r cm라 하면

$\frac{1}{2}\times r\times\square=\square$ 이므로 $r=\square$

부채꼴의 중심각의 크기를 $x°$라 하면

$\pi\times\square^2\times\frac{x}{360}=\square$ 이므로 $x=\square$

따라서 부채꼴의 중심각의 크기는 $\square°$이다.

16

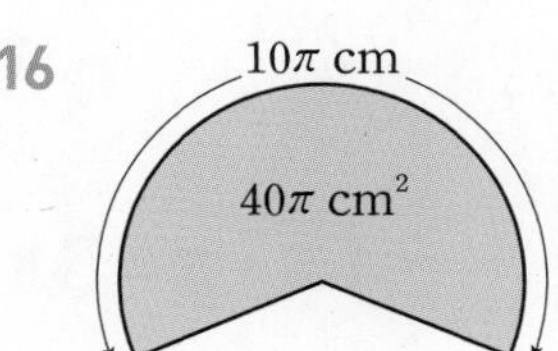

17

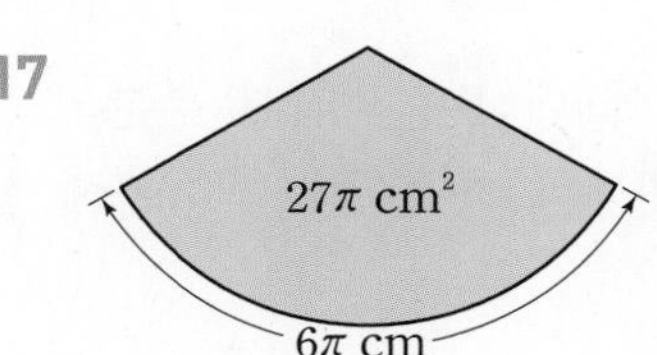

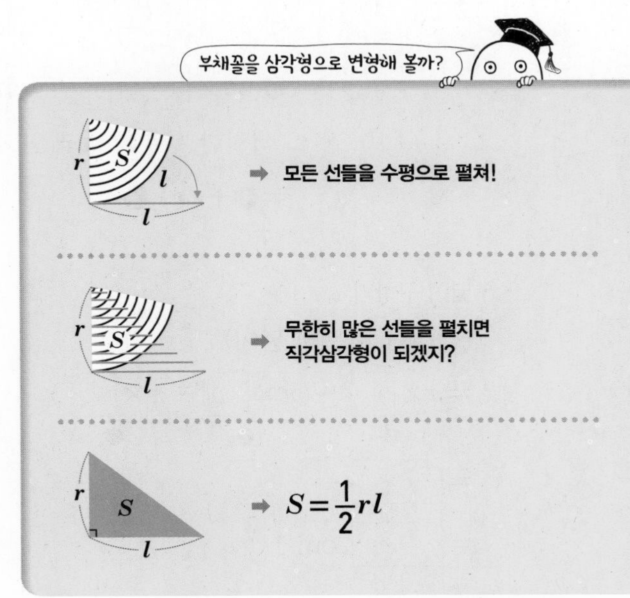

08

공식의 활용!

색칠한 부분의 둘레의 길이와 넓이

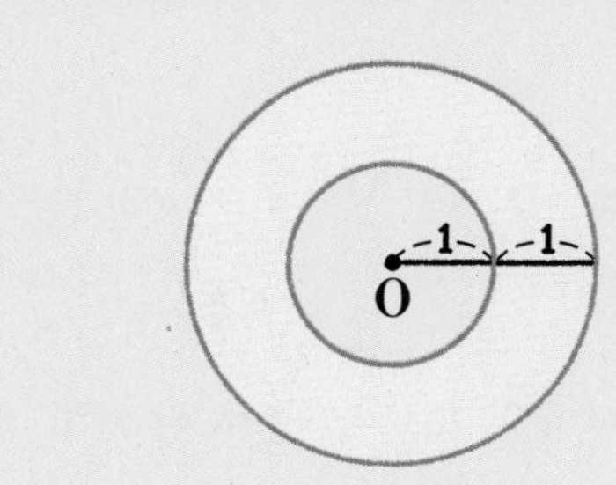

색칠한 부분의 둘레의 길이

(큰 원의 둘레)+(작은 원의 둘레)

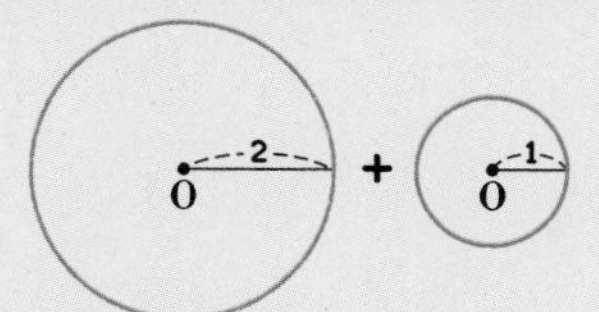

$4\pi+2\pi=6\pi$

색칠한 부분의 넓이

(큰 원의 넓이)−(작은 원의 넓이)

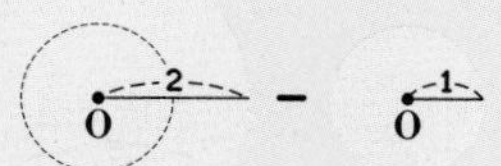

$4\pi-\pi=3\pi$

1st 원의 색칠한 부분의 둘레의 길이와 넓이 구하기

1 다음은 아래 그림에 대하여 색칠한 부분의 둘레의 길이와 넓이를 구하는 과정이다. □ 안에 알맞은 수를 써넣으시오.

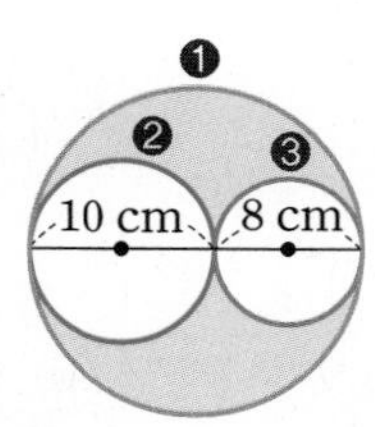

(1) 둘레의 길이 구하기

❶ $2\pi\times$ □ = □ (cm)

❷ $2\pi\times$ □ = □ (cm)

❸ $2\pi\times$ □ = □ (cm)

(색칠한 부분의 둘레의 길이)

=❶+❷+❸= □ (cm)

(2) 넓이 구하기

(색칠한 부분의 넓이)

$=\underbrace{\pi\times\square^2}_{❶}-(\underbrace{\pi\times\square^2}_{❷}+\underbrace{\pi\times\square^2}_{❸})$

= □ − □

= □ (cm²)

● 다음 그림에서 색칠한 부분의 둘레의 길이와 넓이를 각각 구하시오.

2

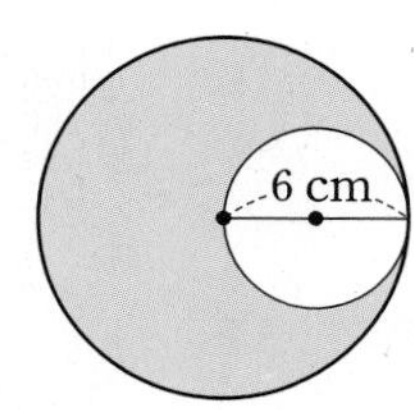

3

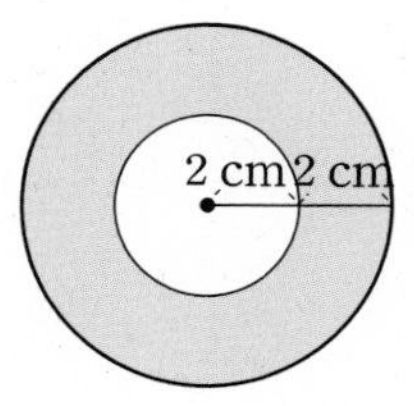

4

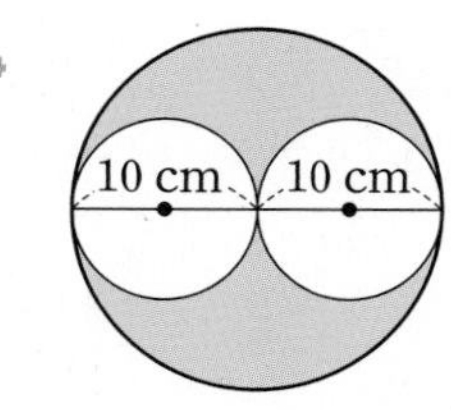

5

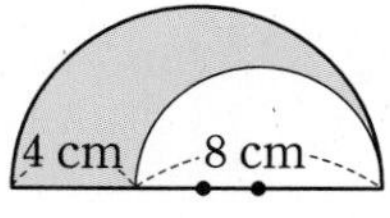

6

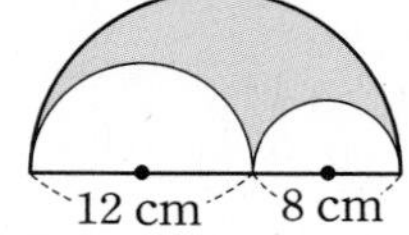

2nd 부채꼴의 색칠한 부분의 둘레의 길이와 넓이 구하기

7 다음은 아래 그림에 대하여 색칠한 부분의 둘레의 길이와 넓이를 구하는 과정이다. □ 안에 알맞은 수를 써넣으시오.

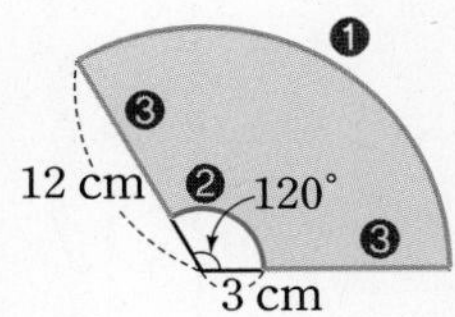

(1) 둘레의 길이 구하기

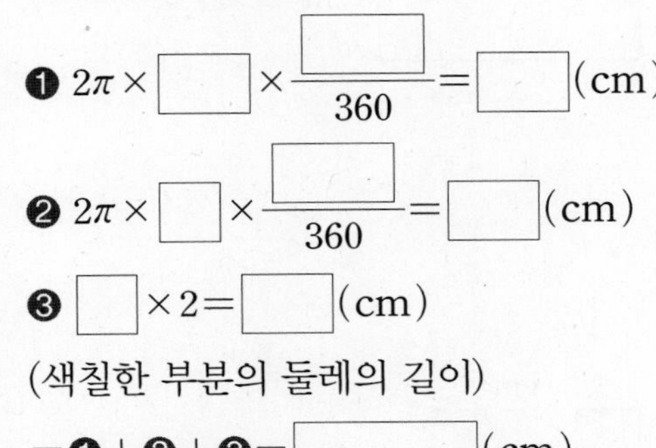

❶ $2\pi\times\square\times\frac{\square}{360}=\square$(cm)

❷ $2\pi\times\square\times\frac{\square}{360}=\square$(cm)

❸ $\square\times2=\square$(cm)

(색칠한 부분의 둘레의 길이)

$=$❶$+$❷$+$❸$=\square$(cm)

(2) 넓이 구하기

(색칠한 부분의 넓이)

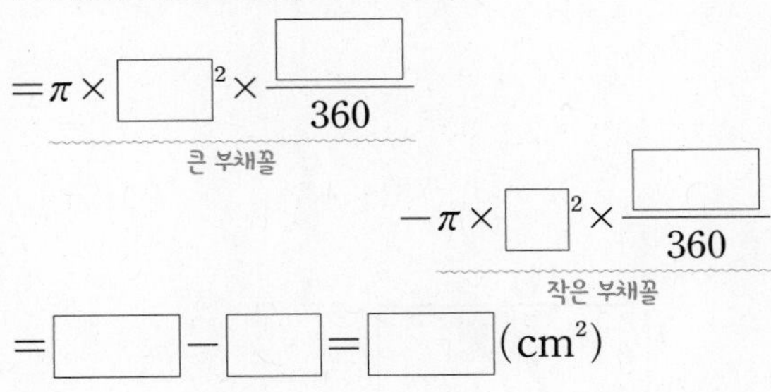

$=\underbrace{\pi\times\square^2\times\frac{\square}{360}}_{\text{큰 부채꼴}}-\underbrace{\pi\times\square^2\times\frac{\square}{360}}_{\text{작은 부채꼴}}$

$=\square-\square=\square(\text{cm}^2)$

• 다음 그림에서 색칠한 부분의 둘레의 길이와 넓이를 각각 구하시오.

8

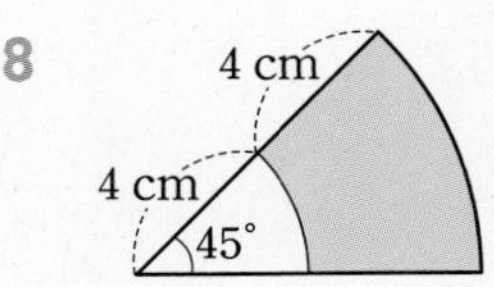

9

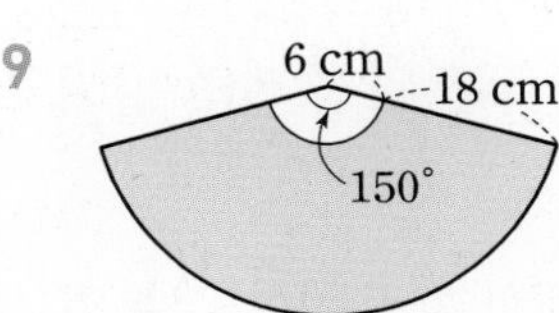

10

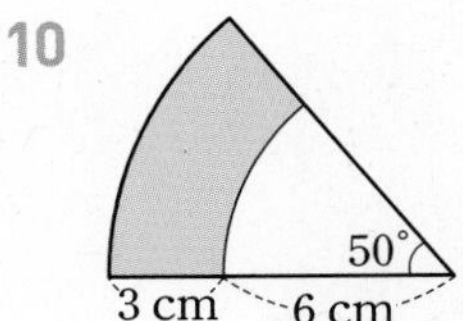

11

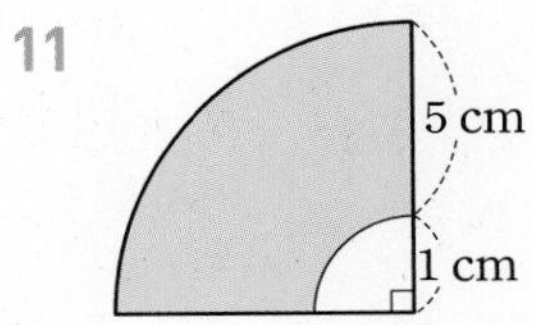

12

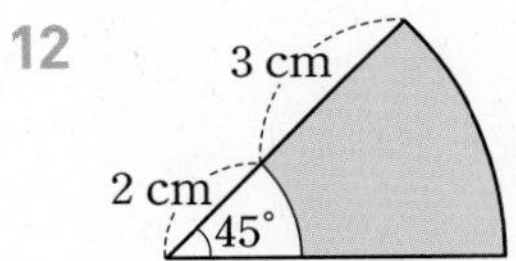

13

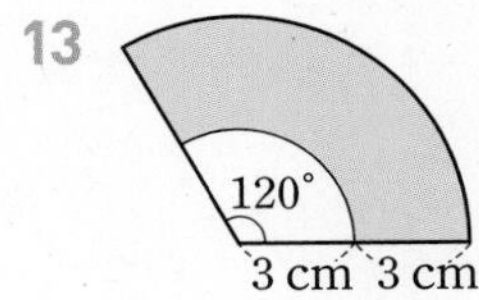

3rd 복잡한 도형의 색칠한 부분의 둘레의 길이와 넓이 구하기

14 다음은 아래 그림에 대하여 색칠한 부분의 둘레의 길이와 넓이를 구하는 과정이다. □ 안에 알맞은 수를 써넣으시오.

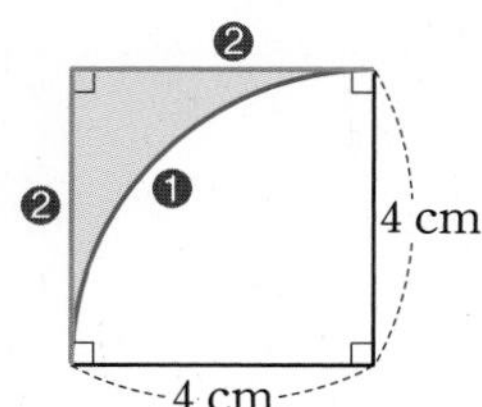

(1) 둘레의 길이 구하기

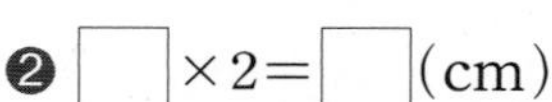

❶ $2\pi\times\square\times\frac{1}{4}=\square$(cm)

❷ $\square\times2=\square$(cm)

(색칠한 부분의 둘레의 길이)

$=$❶$+$❷$=\square$(cm)

(2) 넓이 구하기

(색칠한 부분의 넓이)

$=\underbrace{4\times\square}_{\text{정사각형}}-\underbrace{\pi\times\square^2\times\frac{1}{4}}_{\text{부채꼴}}$

$=\square(\text{cm}^2)$

● **다음 그림에서 색칠한 부분의 둘레의 길이와 넓이를 각각 구하시오.**

15

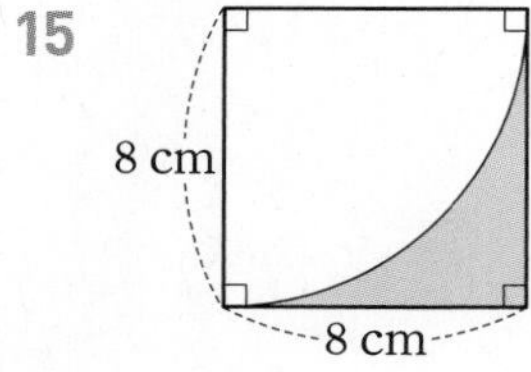

16

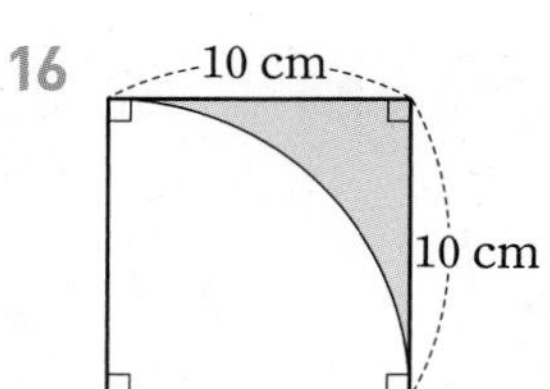

17

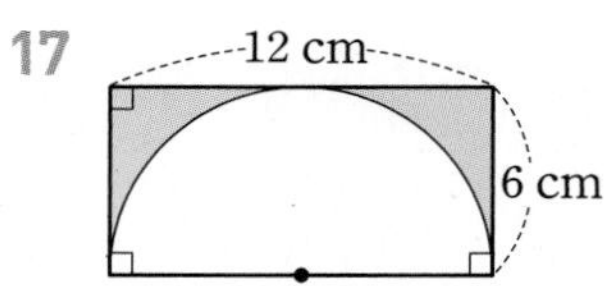

18

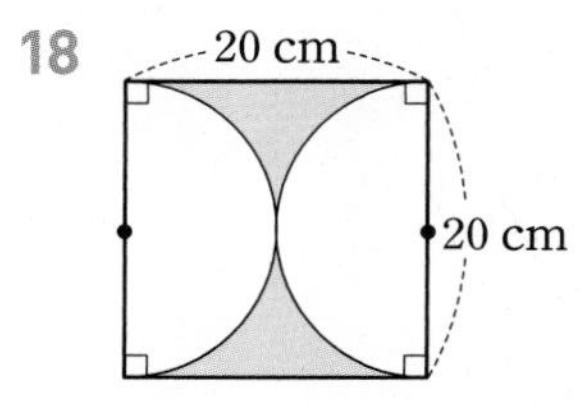

19

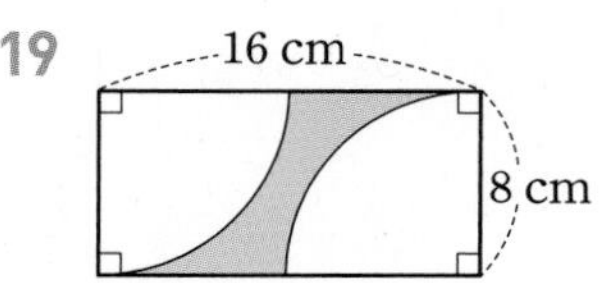

20

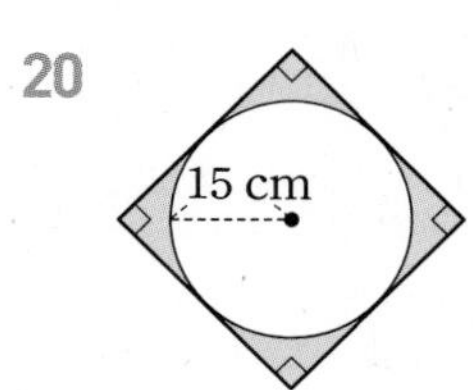

21 다음은 아래 그림에 대하여 색칠한 부분의 둘레의 길이와 넓이를 구하는 과정이다. □ 안에 알맞은 수를 써넣으시오.

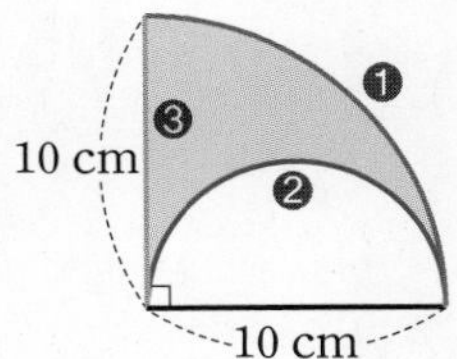

(1) 둘레의 길이 구하기

❶ $2\pi \times \square \times \frac{1}{4} = \square$(cm)

❷ $2\pi \times \square \times \frac{1}{2} = \square$(cm)

❸ □ cm

(색칠한 부분의 둘레의 길이)

=❶+❷+❸=□(cm)

(2) 넓이 구하기

(색칠한 부분의 넓이)

$= \underbrace{\pi \times \square^2 \times \frac{1}{4}}_{\text{부채꼴}} - \underbrace{\pi \times \square^2 \times \frac{1}{2}}_{\text{반원}}$

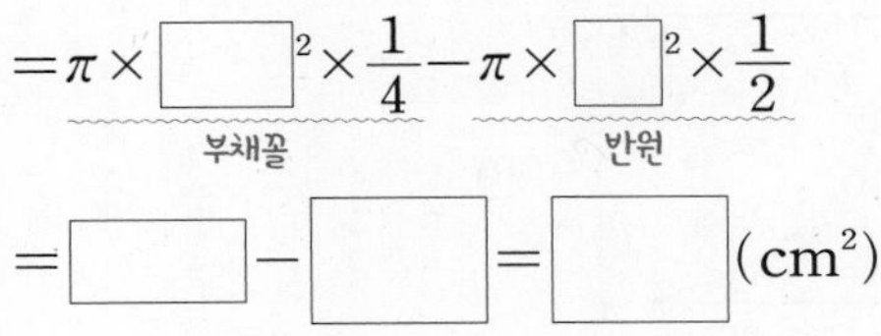

$= \square - \square = \square$(cm²)

● 다음 그림에서 색칠한 부분의 둘레의 길이와 넓이를 각각 구하시오.

22

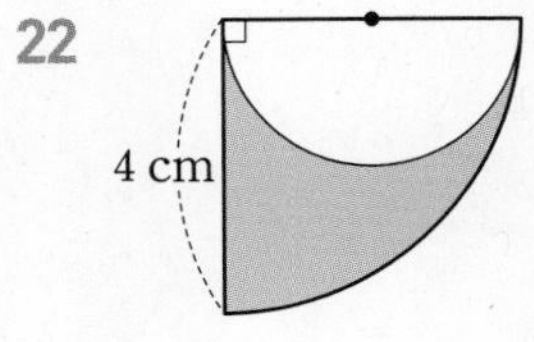

23

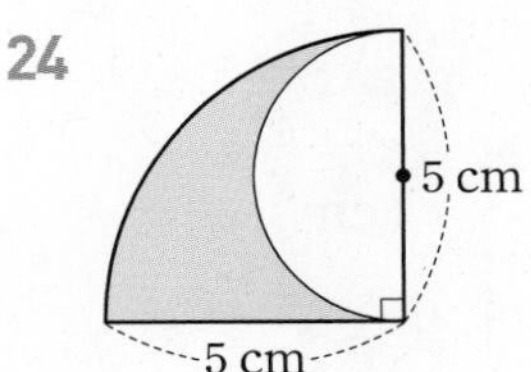

24

5 cm

5 cm

25

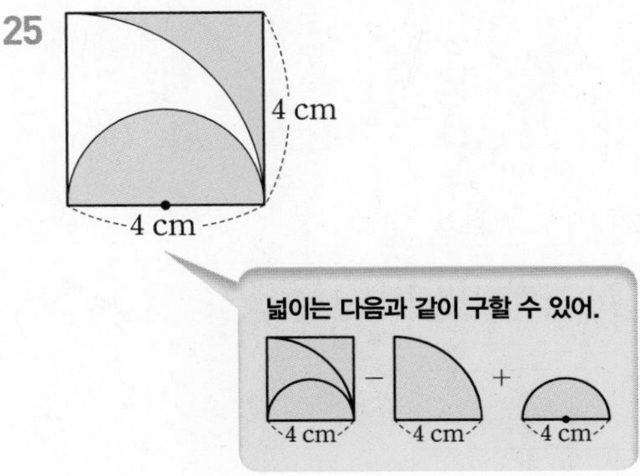

26

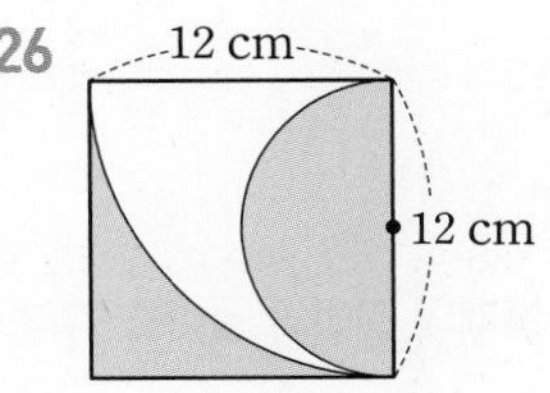

27

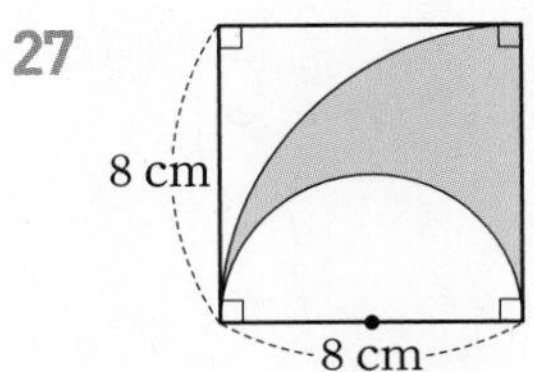

28 다음은 아래 그림에 대하여 색칠한 부분의 둘레의 길이와 넓이를 구하는 과정이다. □ 안에 알맞은 수를 써넣으시오.

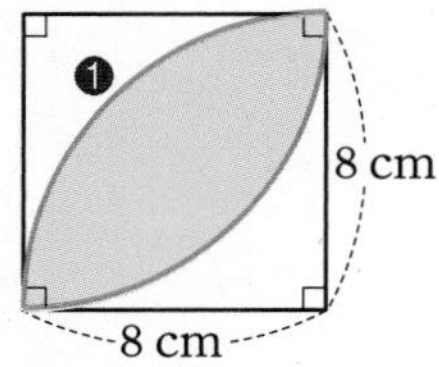

(1) 둘레의 길이 구하기

❶ $2\pi\times\square\times\frac{1}{4}=\square$(cm)

(색칠한 부분의 둘레의 길이)

$=2\times$❶$=\square$(cm)

(2) 넓이 구하기

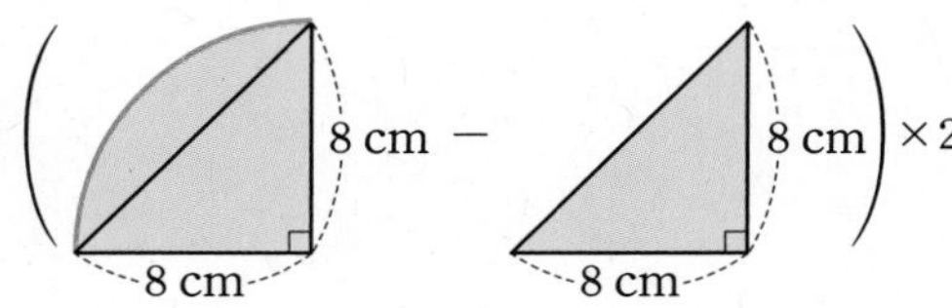

(색칠한 부분의 넓이)

$=\left(\pi\times\square^2\times\frac{1}{4}-\frac{1}{2}\times8\times\square\right)\times2$

$=(\square)\times2$

$=\square$(cm²)

● 다음 그림에서 색칠한 부분의 둘레의 길이와 넓이를 각각 구하시오.

29

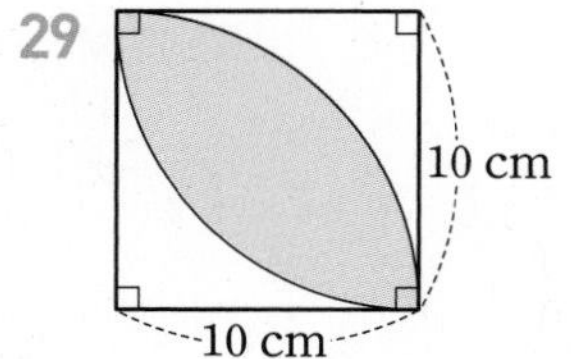

30

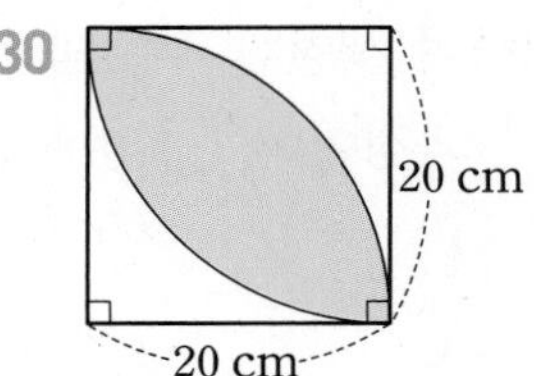

31

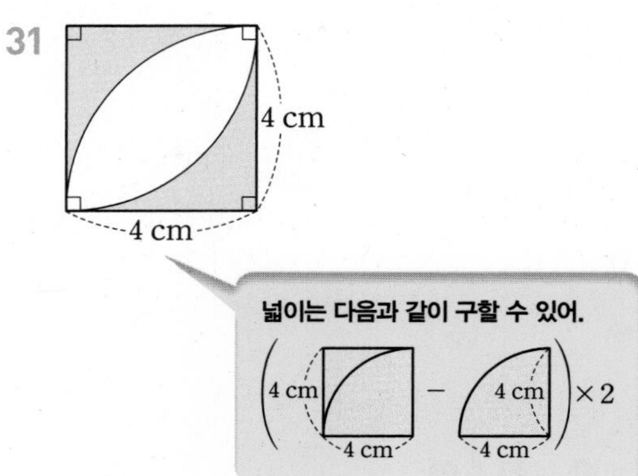

32

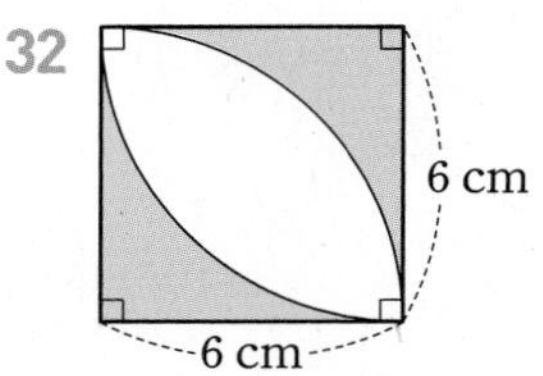

33

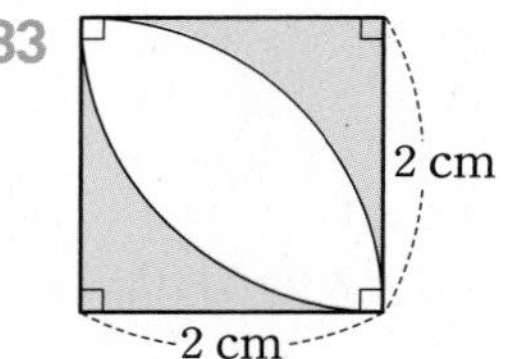

34

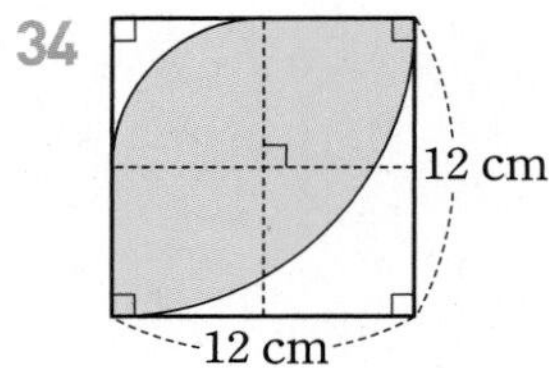

35 다음은 아래 그림에 대하여 색칠한 부분의 둘레의 길이와 넓이를 구하는 과정이다. □ 안에 알맞은 수를 써넣으시오.

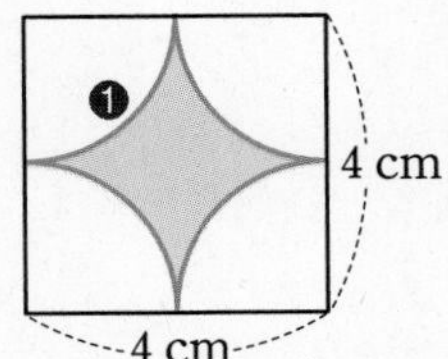

(1) 둘레의 길이 구하기

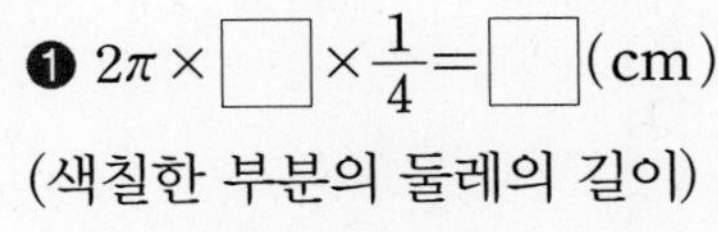

❶ $2\pi \times \square \times \frac{1}{4} = \square$(cm)

(색칠한 부분의 둘레의 길이)

$= 4 \times$ ❶ $= \square$(cm)

(2) 넓이 구하기

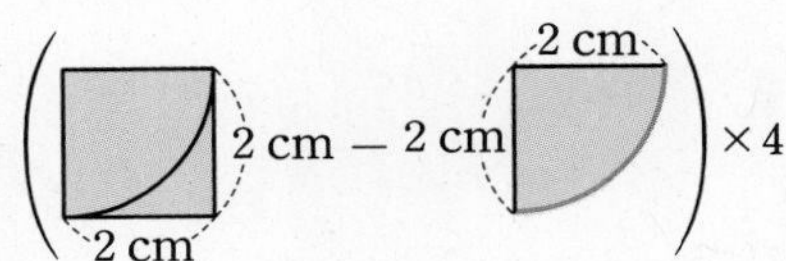

(색칠한 부분의 넓이)

$= \left(2 \times 2 - \pi \times \square^2 \times \frac{1}{4}\right) \times \square$

$= \square$(cm²)

• **다음 그림에서 색칠한 부분의 둘레의 길이와 넓이를 각각 구하시오.**

36

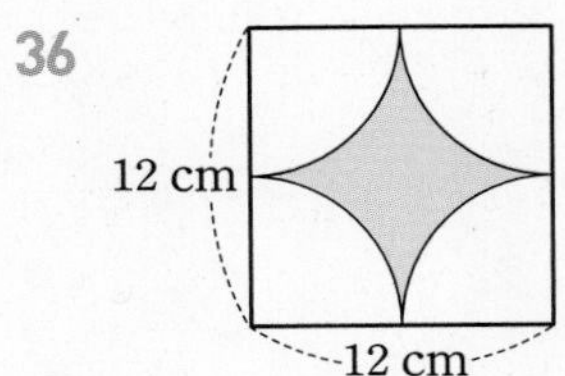

37

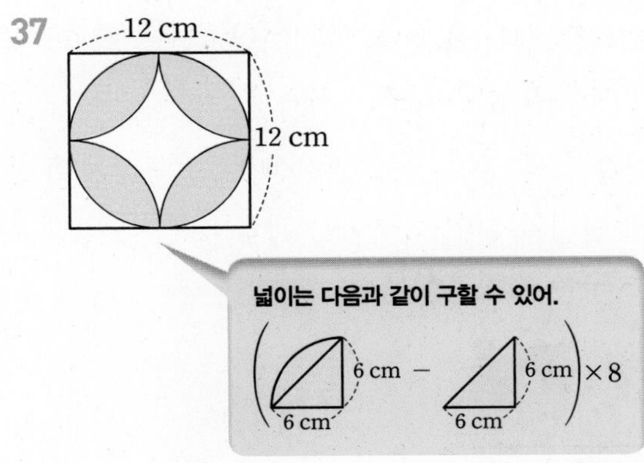

38

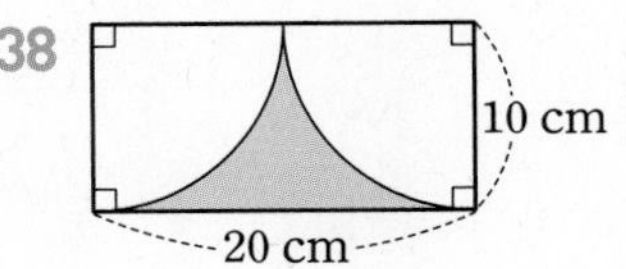

39

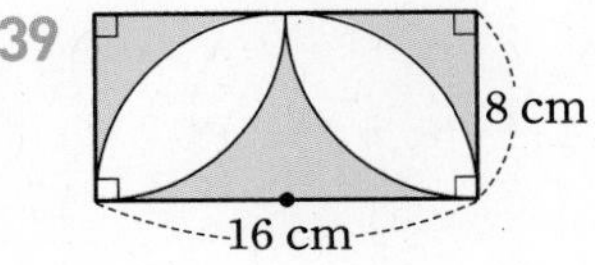

40

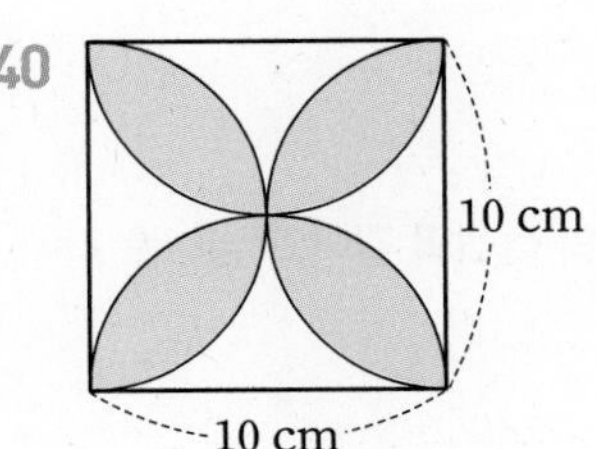

41

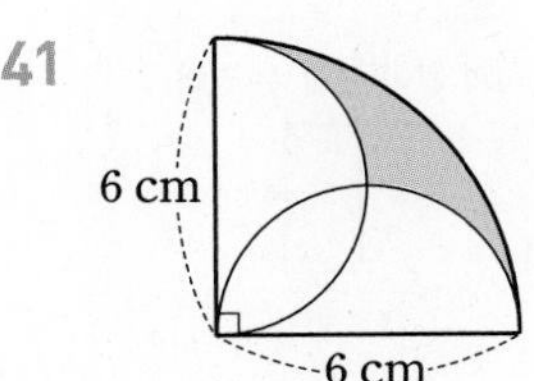

4th 색칠한 부분의 둘레의 길이와 이동하여 넓이 구하기

42 다음은 아래 그림에 대하여 색칠한 부분의 둘레의 길이와 넓이를 구하는 과정이다. □ 안에 알맞은 수를 써넣으시오.

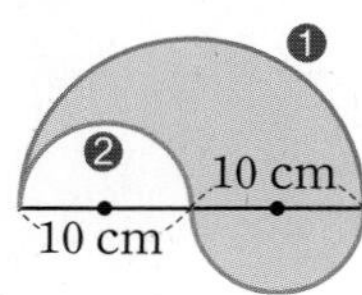

(1) 둘레의 길이 구하기

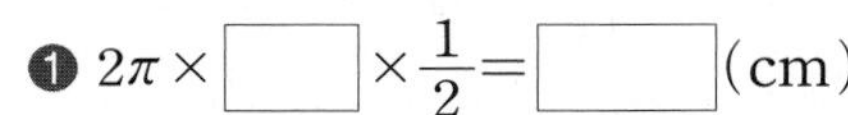

❶ $2\pi\times\square\times\frac{1}{2}=\square$(cm)

❷ $2\pi\times\square\times\frac{1}{2}=\square$(cm)

(색칠한 부분의 둘레의 길이)

$=$❶$+2\times$❷$=\square$(cm)

(2) 넓이 구하기

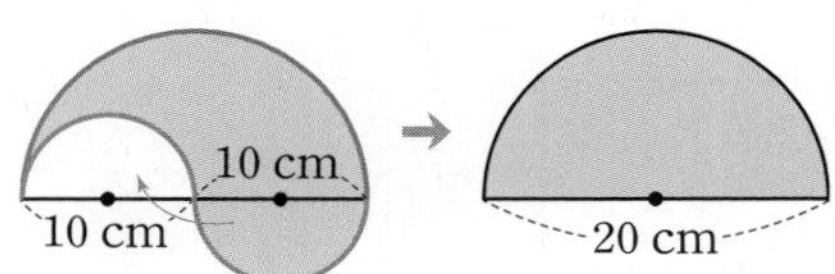

(색칠한 부분의 넓이)

$=\pi\times\square^2\times\frac{1}{2}=\square(\text{cm}^2)$

● **다음 그림에서 색칠한 부분의 둘레의 길이와 넓이를 각각 구하시오.**

43

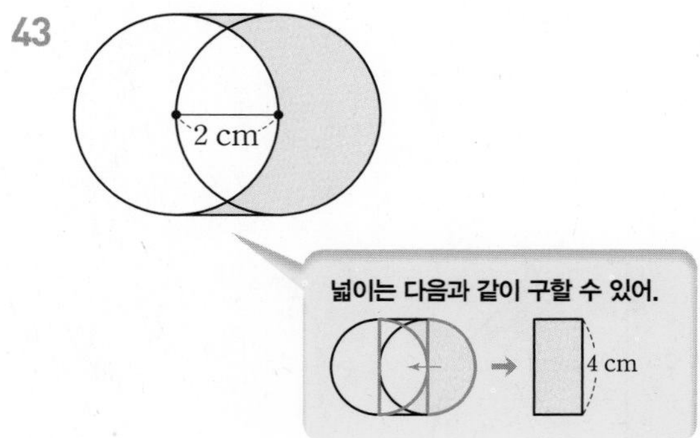

44

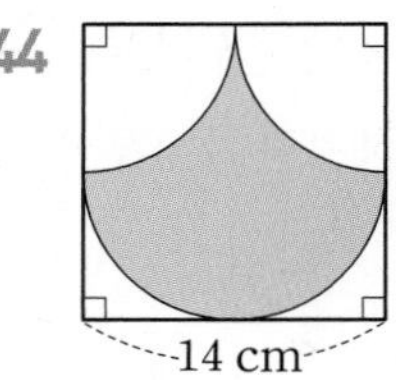

45

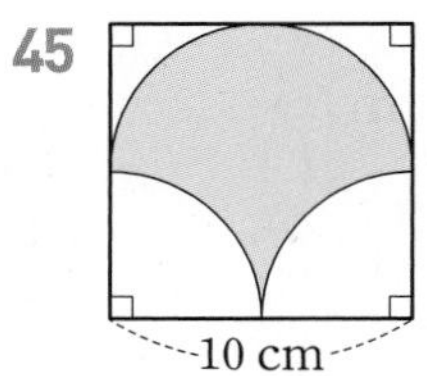

46

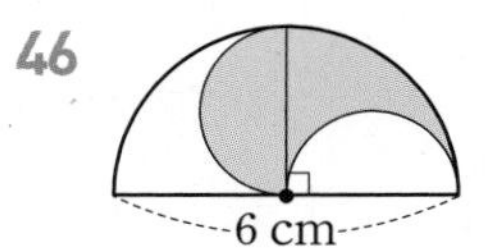

47

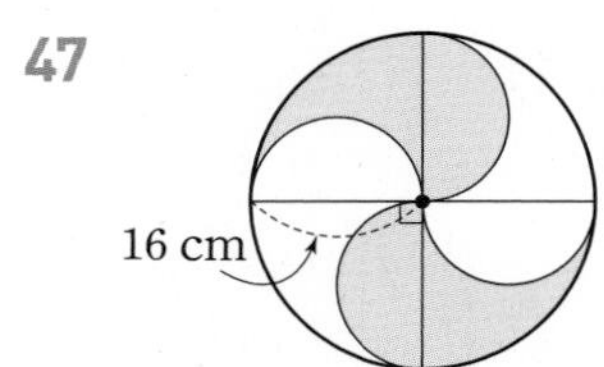

48

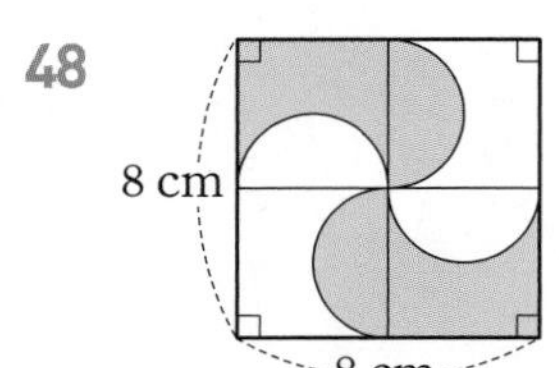

49 다음은 아래 그림에 대하여 색칠한 부분의 둘레의 길이와 넓이를 구하는 과정이다. □ 안에 알맞은 수를 써넣으시오.

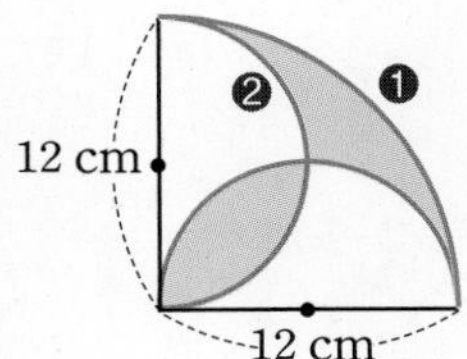

(1) 둘레의 길이 구하기

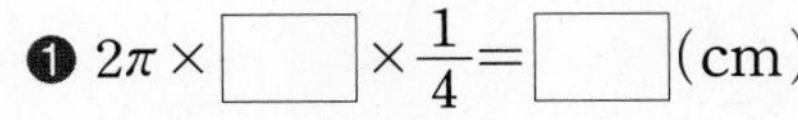

❶ $2\pi \times \square \times \frac{1}{4} = \square$(cm)

❷ $2\pi \times \square \times \frac{1}{2} = \square$(cm)

(색칠한 부분의 둘레의 길이)

$=$❶$+2\times$❷$=\square$(cm)

(2) 넓이 구하기

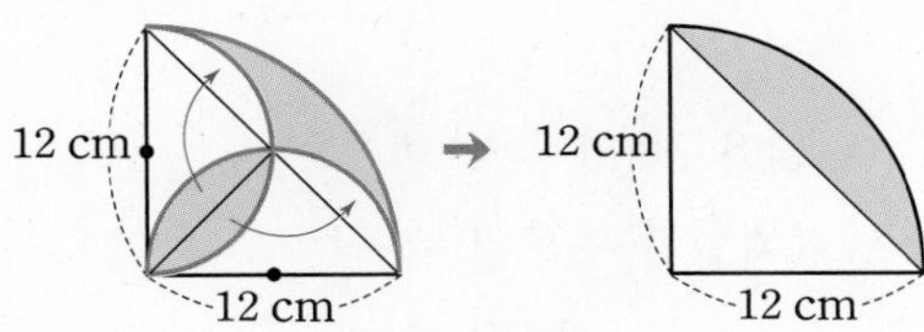

(색칠한 부분의 넓이)

$=\pi \times \square^2 \times \frac{1}{4} - \frac{1}{2} \times 12 \times \square$

$=\square$(cm^2)

● **다음 그림에서 색칠한 부분의 둘레의 길이와 넓이를 각각 구하시오.**

50

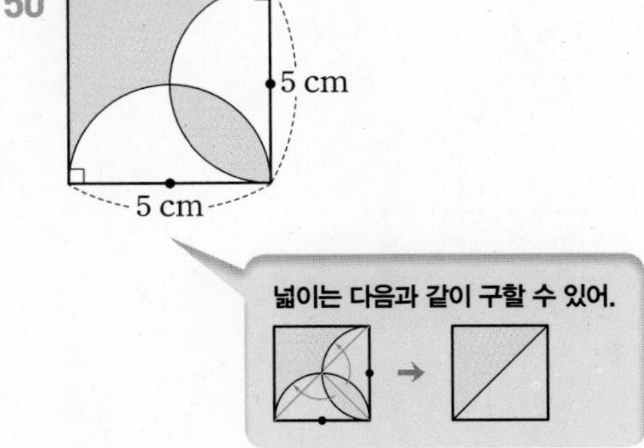

51

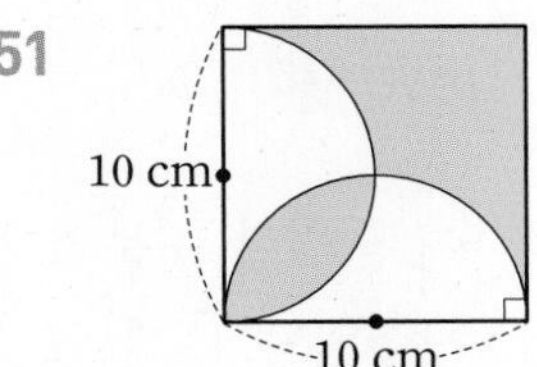

52

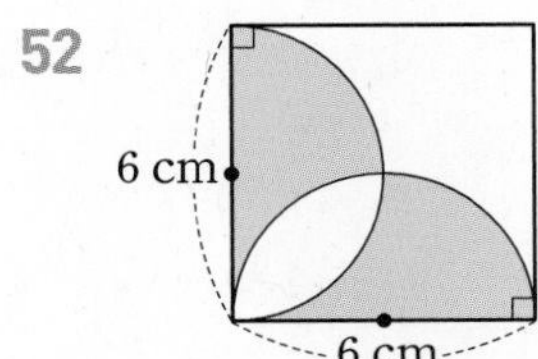

53

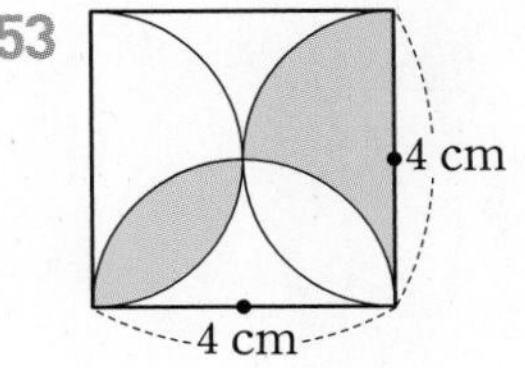

54

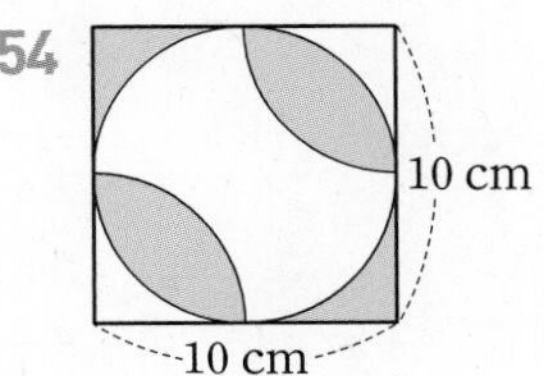

55

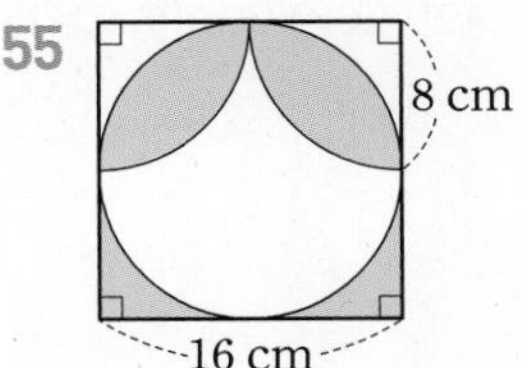

5th 도형을 나누어 둘레의 길이와 넓이 구하기

56 다음은 아래 그림에 대하여 색칠한 부분의 둘레의 길이와 넓이를 구하는 과정이다. □ 안에 알맞은 수를 써넣으시오.

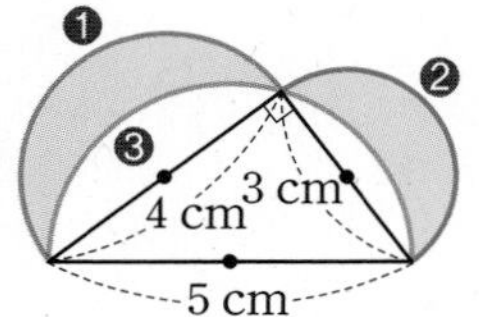

(1) 둘레의 길이 구하기

❶ $2\pi \times \square \times \frac{1}{2} = \square$(cm)

❷ $2\pi \times \square \times \frac{1}{2} = \square$(cm)

❸ $2\pi \times \square \times \frac{1}{2} = \square$(cm)

(색칠한 부분의 둘레의 길이)

=❶+❷+❸=□(cm)

(2) 넓이 구하기

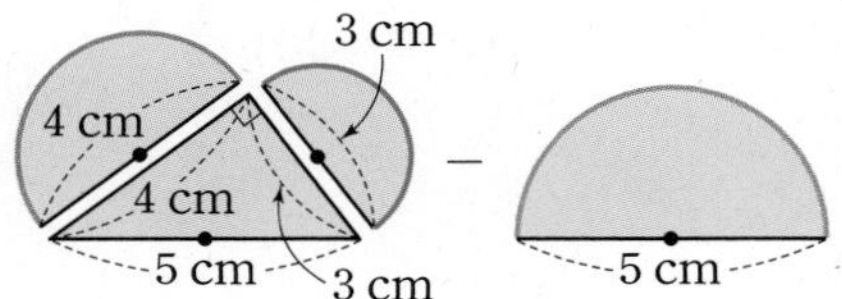

(색칠한 부분의 넓이)

$= \pi \times \square^2 \times \frac{1}{\square} + \pi \times \left(\square\right)^2 \times \frac{1}{\square}$

$+ \frac{1}{2} \times 3 \times \square - \pi \times \left(\square\right)^2 \times \frac{1}{\square}$

$= \square$(cm^2)

• **다음 그림에서 색칠한 부분의 둘레의 길이와 넓이를 각각 구하시오.**

57

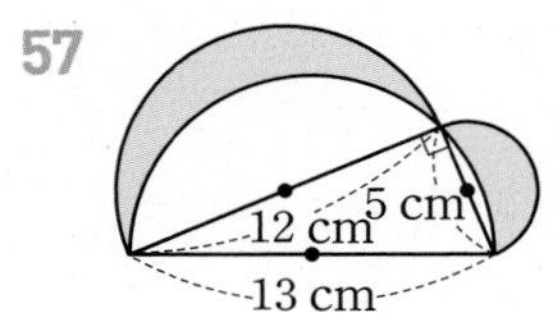

58 다음은 아래 그림에 대하여 색칠한 부분의 둘레의 길이와 넓이를 구하는 과정이다. □ 안에 알맞은 수를 써넣으시오.

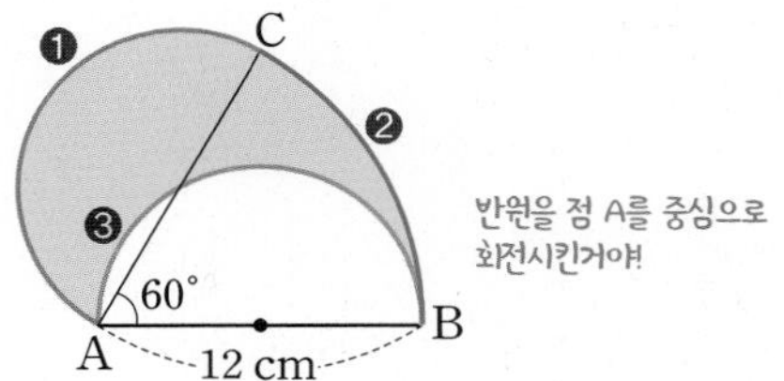

(1) 둘레의 길이 구하기

❶ $2\pi \times \square \times \frac{1}{2} = \square$(cm)

❷ $2\pi \times \square \times \frac{60}{360} = \square$(cm)

❸ $2\pi \times \square \times \frac{1}{2} = \square$(cm)

(색칠한 부분의 둘레의 길이)

=❶+❷+❸=□(cm)

(2) 넓이 구하기

(색칠한 부분의 넓이)

$= \pi \times \square^2 \times \frac{1}{2}$

$+ \pi \times \square^2 \times \frac{60}{360} - \pi \times \square^2 \times \frac{1}{2}$

$= \square$(cm^2)

• **다음 그림에서 색칠한 부분의 둘레의 길이와 넓이를 각각 구하시오.**

59

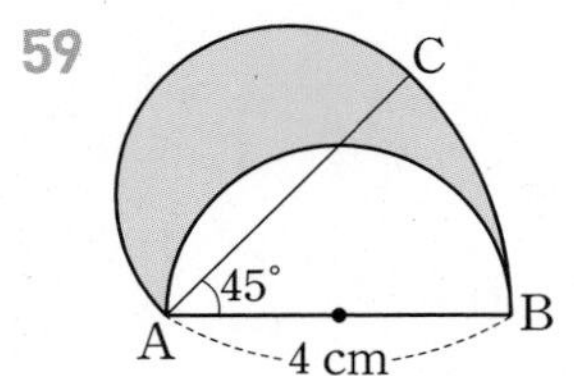

TEST 6. 원과 부채꼴

1 다음 중 한 원 또는 합동인 두 원에 대한 설명으로 옳지 않은 것은?

① 같은 크기의 중심각에 대한 부채꼴의 호의 길이는 서로 같다.
② 같은 크기의 중심각에 대한 현의 길이는 서로 같다.
③ 부채꼴의 호의 길이는 중심각의 크기에 정비례한다.
④ 부채꼴의 넓이는 중심각의 크기에 정비례한다.
⑤ 부채꼴에서 현의 길이는 중심각의 크기에 정비례한다.

2 오른쪽 그림의 원 O에서 $\widehat{AB} : \widehat{BC} : \widehat{CA} = 3 : 7 : 8$일 때, $\angle BOC$의 크기는?

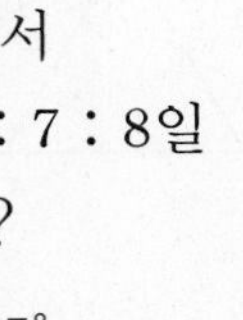

① 120°　② 125°
③ 130°　④ 135°
⑤ 140°

3 오른쪽 그림의 원 O에서 $\overline{AB} /\!/ \overline{CD}$이고 $\angle AOC = 30°$, $\widehat{AC} = 3$ cm일 때, $\widehat{CD}$의 길이는?

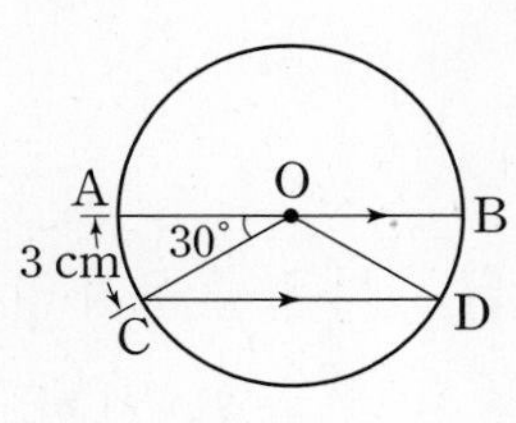

① 10 cm　② 11 cm　③ 12 cm
④ 13 cm　⑤ 14 cm

4 오른쪽 그림과 같이 반지름의 길이가 4 cm이고, 넓이가 2π cm^{2}인 부채꼴의 호의 길이는?

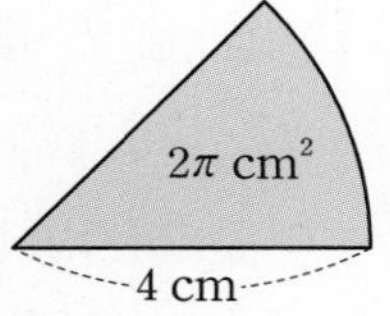

① $\frac{1}{3}\pi$ cm　② $\frac{1}{2}\pi$ cm
③ π cm　④ $\frac{3}{2}\pi$ cm
⑤ $\frac{5}{3}\pi$ cm

5 오른쪽 그림과 같이 한 변의 길이가 5 cm인 정오각형에서 색칠한 부분의 둘레의 길이와 넓이를 각각 구하시오.

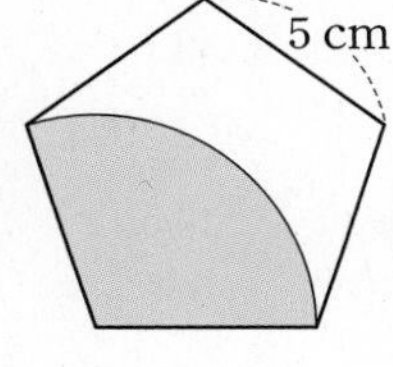

6 오른쪽 도형의 색칠한 부분의 넓이는?

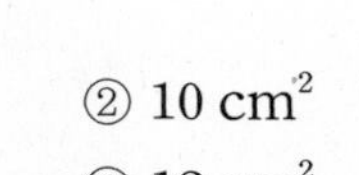

① 9 cm^2　② 10 cm^2
③ 11 cm^2　④ 12 cm^2
⑤ 13 cm^2

1 다음 중 옳지 않은 것은?

① 변의 개수가 가장 적은 다각형은 삼각형이다.
② 다각형은 3개 이상의 선분으로 둘러싸여 있다.
③ 한 다각형에서 변의 개수와 꼭짓점의 개수는 항상 같다.
④ n각형의 내각의 크기의 합은 $180° \times (n-2)$이다.
⑤ 다각형의 외각의 크기의 합은 $180°$이다.

2 오른쪽 그림과 같은 사각형 ABCD에서 $\angle x + \angle y$의 크기는?

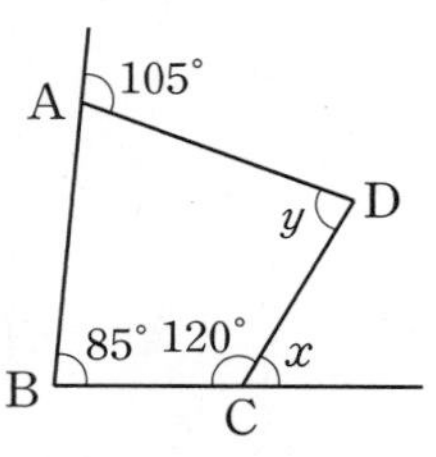

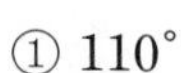

① $110°$ ② $120°$
③ $130°$ ④ $140°$
⑤ $150°$

3 십육각형의 대각선의 개수는?

① 32 ② 54 ③ 77
④ 90 ⑤ 104

4 다음 그림에서 $\angle x$의 크기는?

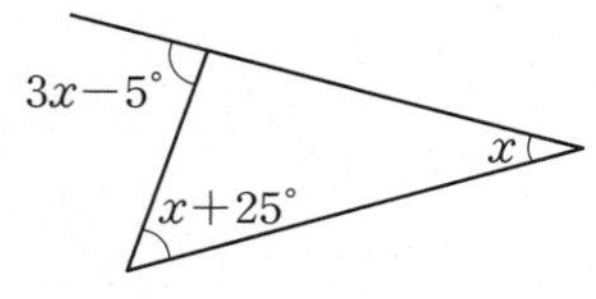

① $25°$ ② $30°$ ③ $35°$
④ $40°$ ⑤ $45°$

5 다음 그림에서 $\overline{AD}$가 $\angle A$의 이등분선일 때, $\angle x$의 크기는?

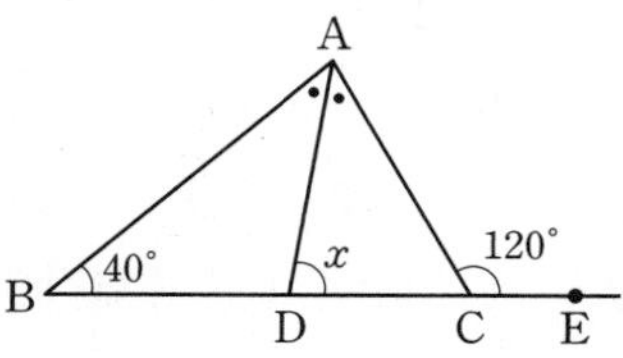

① $50°$ ② $60°$ ③ $70°$
④ $80°$ ⑤ $90°$

6 다음 그림에서 $\overline{AB}=\overline{AC}=\overline{CD}$이고 $\angle ADE=150°$일 때, $\angle B$의 크기는?

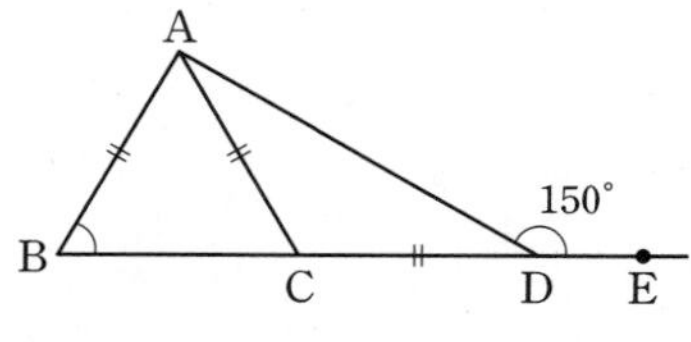

① $50°$ ② $60°$ ③ $70°$
④ $80°$ ⑤ $90°$

7 내각의 크기의 합이 $1080°$인 다각형은?

① 육각형 ② 칠각형 ③ 팔각형
④ 구각형 ⑤ 십각형

8 다음 중 옳지 않은 것은?

① 한 원에서 현의 길이는 중심각의 크기에 정비례한다.
② 한 원에서 지름은 길이가 가장 긴 현이다.
③ 한 원에서 부채꼴의 넓이는 중심각의 크기에 정비례한다.
④ 한 원에서 부채꼴과 활꼴이 일치하는 경우가 있다.
⑤ 한 원에서 같은 중심각에 대한 현과 호로 이루어진 도형을 활꼴이라 한다.

9 다음 그림의 원 O에서 $\overline{OC} /\!/ \overline{AB}$이고 $\angle BOC=40^\circ$, $\overset{\frown}{BC}=5\text{ cm}$일 때, $\overset{\frown}{AC}$의 길이는?

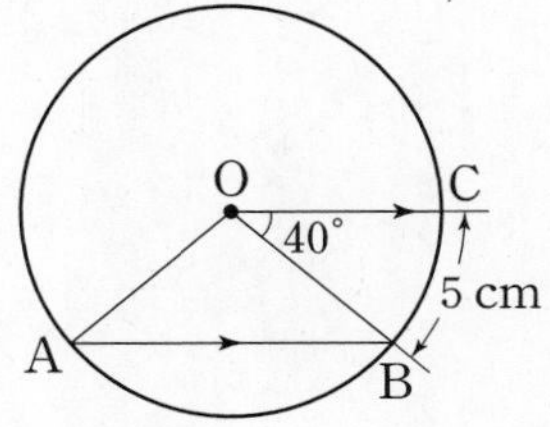

① 15 cm ② $\frac{35}{2}$ cm ③ 20 cm
④ $\frac{45}{2}$ cm ⑤ 25 cm

10 다음 그림의 원 O에서 $\angle AOB=30^\circ$, $\angle COD=120^\circ$이고 부채꼴 OAB의 넓이가 12 cm^2일 때, 부채꼴 OCD의 넓이는?

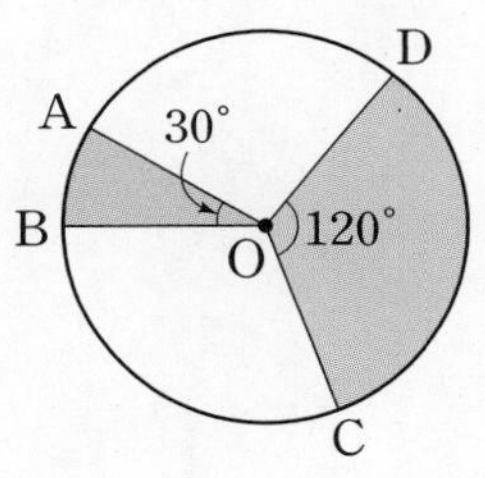

① 36 cm^2 ② 42 cm^2 ③ 48 cm^2
④ 54 cm^2 ⑤ 60 cm^2

11 다음 그림의 원 O에서 $\overline{AB}$가 원 O의 지름이고 원 O 안에 $\overline{AO}$와 $\overline{BO}$를 각각 지름으로 하는 2개의 원이 있다. $\overline{AB}=16\text{ cm}$일 때, 색칠한 부분의 넓이를 구하시오.

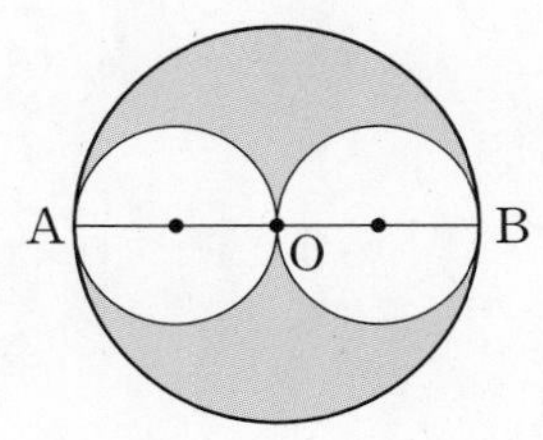

12 어떤 다각형의 한 꼭짓점에서 대각선을 모두 그었을 때 생기는 삼각형의 개수는 9이다. 이 다각형의 변의 개수는?

① 10 ② 11 ③ 12
④ 13 ⑤ 14

13 다음 그림에서 $\angle a+\angle b+\angle c$의 크기는?

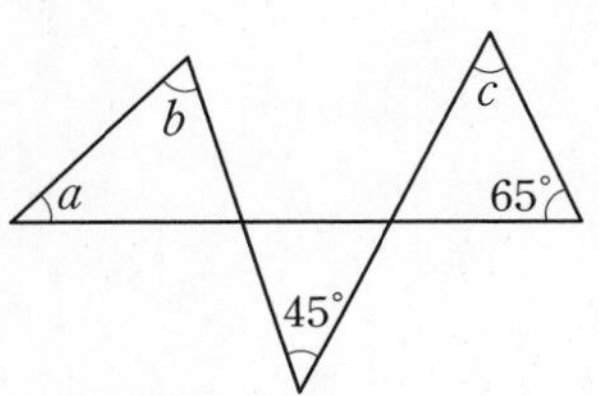

① 160° ② 165° ③ 170°
④ 175° ⑤ 180°

14 다음 그림의 원 O에서 $\overline{AB}$는 원 O의 지름이고 $\angle ABC=30^\circ$, $\overset{\frown}{AC}=5\text{ cm}$일 때, $\overset{\frown}{BC}$의 길이를 구하시오.

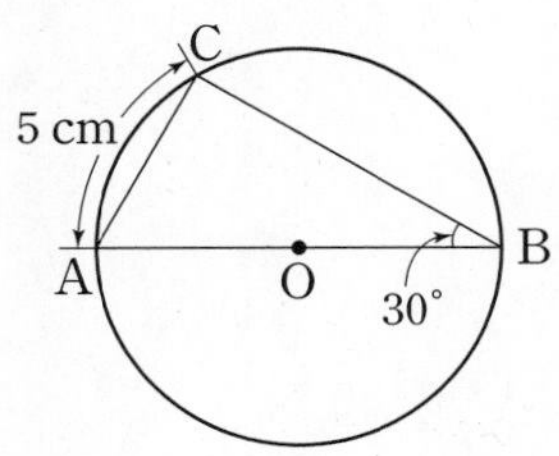

공간에 나타나는 도형!

입체도형

7 둘러싸이거나 회전시킨,
다면체와 회전체

8 면이냐! 공간이냐!
입체도형의 겉넓이와 부피(1)

9 면이냐! 공간이냐!
입체도형의 겉넓이와 부피(2)

7

둘러싸이거나 회전시킨, 다면체와 회전체

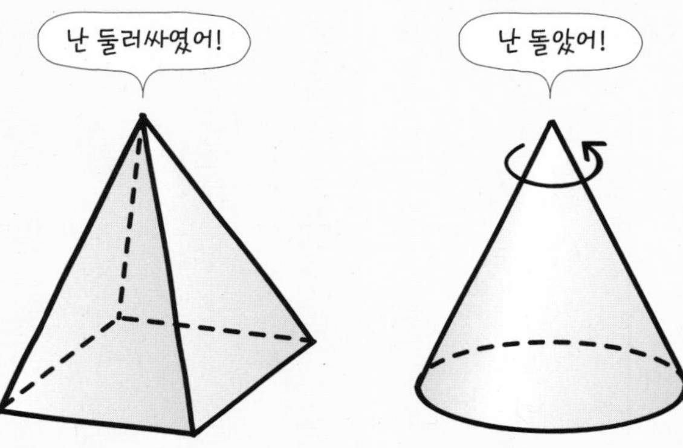

다각형만으로 둘러싸인!

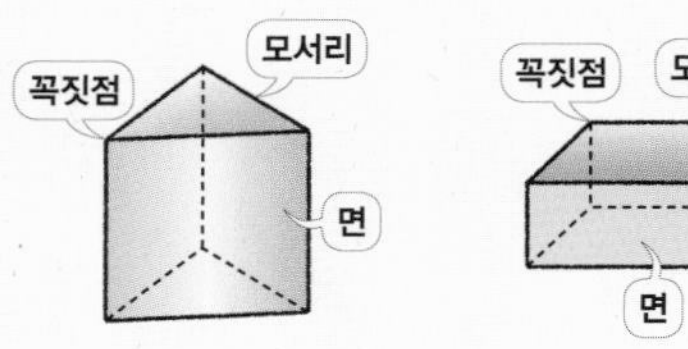

01 다면체

사각기둥과 같이 다각형 모양의 면으로만 둘러싸인 입체도형을 다면체라 해. 이때 다면체를 둘러싸고 있는 다각형 모양의 면을 다면체의 면, 다각형의 변을 다면체의 모서리, 다각형의 꼭짓점을 다면체의 꼭짓점이라 하지!

다각형만으로 둘러싸인!

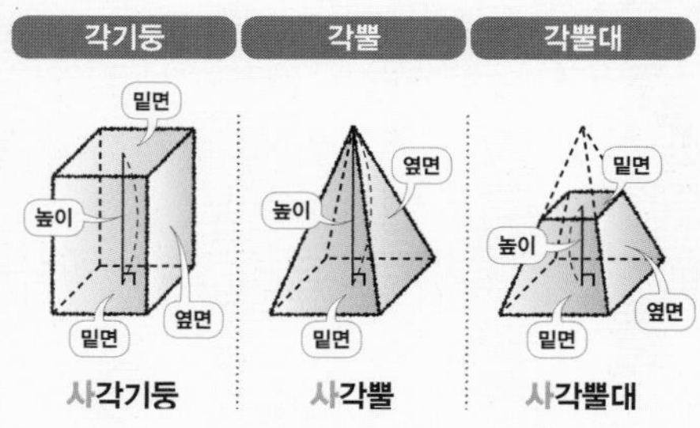

02 다면체의 종류

다면체의 종류에는 각기둥, 각뿔, 각뿔대 등이 있어. 각기둥은 두 밑면은 평행하면서 합동인 다각형이고 옆면은 모두 직사각형이야. 그리고 각뿔은 밑면은 다각형이고 옆면이 모두 삼각형이이지.
각뿔대는 각뿔을 밑면에 평행한 평면으로 잘라서 생긴 두 입체도형 중에서 각뿔이 아닌 부분으로 옆면은 모두 사다리꼴이야!

다섯 가지뿐인!

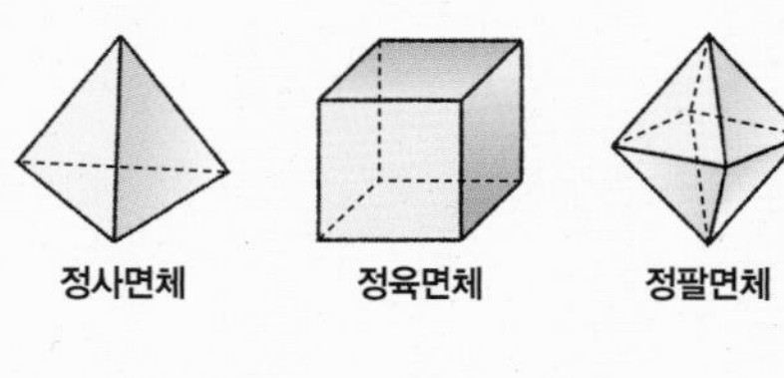

정사면체 정육면체 정팔면체

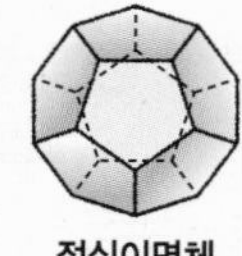

정십이면체

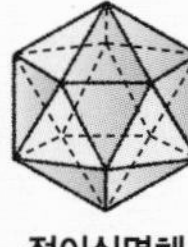

정이십면체

03 정다면체

다면체 중에서 각 면의 모양이 모두 합동인 정다각형이고 각 꼭짓점에 모인 면의 개수가 같은 다면체를 정다면체라 해. 정다면체는 정사면체, 정육면체, 정팔면체, 정십이면체, 정이십면체로 다섯 가지뿐이야!

모두 같은 다각형으로 이루어진!

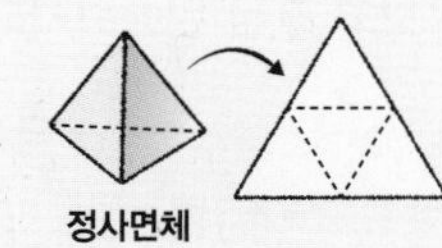

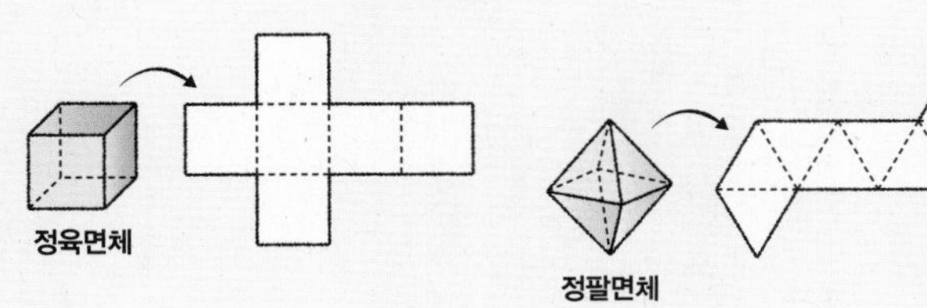

04 정다면체의 전개도

전개도란 입체도형의 겉면을 잘라서 평면 위에 펼쳐 놓은 그림이야.
정다면체의 전개도는 정다면체의 모서리를 어떻게 자르느냐에 따라 여러 가지 방법으로 그릴 수 있어!

평면을 돌려 만드는!

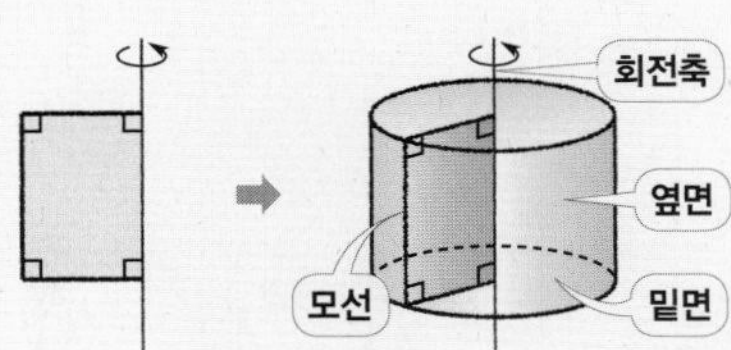

05 회전체

평면도형을 한 직선을 축으로 하여 1회전 시킬 때 생기는 입체도형을 회전체라 하고, 이때 축으로 사용한 직선을 회전축이라 해. 또한 회전체에서 옆면을 이루는 선분을 모선이라 해!

평면을 돌려 만드는!

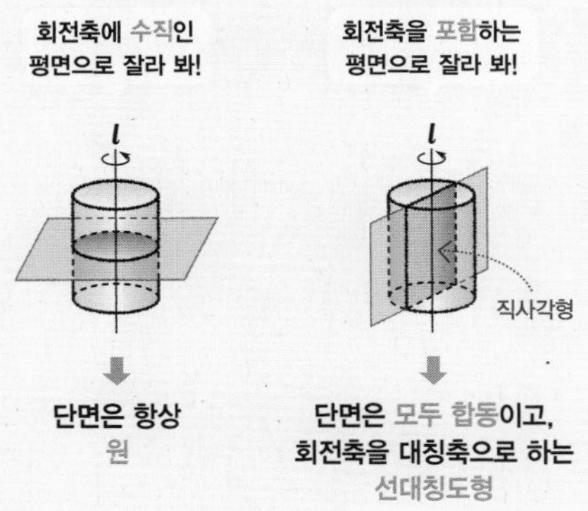

06 회전체의 성질

원기둥, 원뿔, 원뿔대, 구를 회전축에 수직인 평면으로 자를 때 생기는 단면은 모두 원이고, 회전축을 포함하는 평면으로 자를 때 생기는 단면은 각각 직사각형, 이등변삼각형, 사다리꼴, 원이야.
일반적으로 회전체를 회전축을 포함하는 평면으로 자를 때 생기는 단면은 모두 합동이고 회전축을 대칭축으로 하는 선대칭도형이야!

평면을 돌려 만드는!

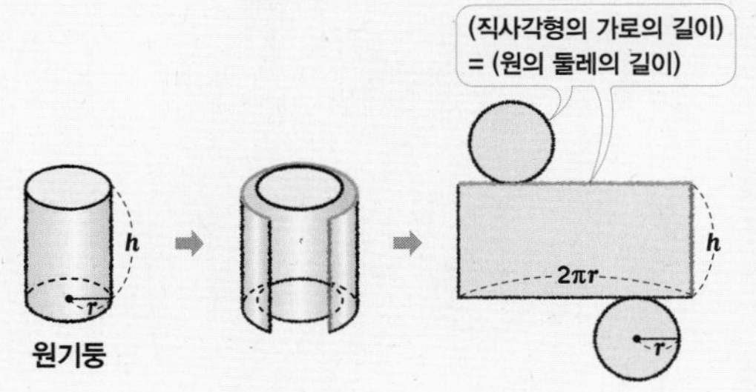

07 회전체의 전개도

회전체의 전개도에는 원이 있을 때가 많아.
회전체의 전개도에서의 선분이나 호가 회전체의 어느 부분과 같은지 살펴 보자!

01 다각형만으로 둘러싸인!

다면체

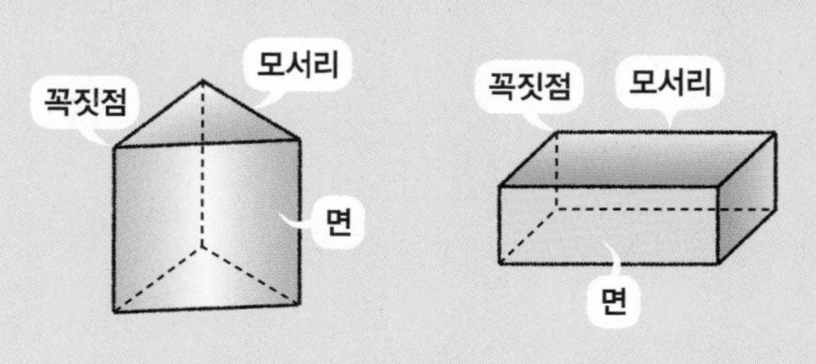

- **다면체 :** 다각형인 면으로만 둘러싸인 입체도형
  ① 면: 다면체를 둘러싸고 있는 다각형
  ② 모서리: 다면체를 이루는 다각형의 변
  ③ 꼭짓점: 다면체를 이루는 다각형의 꼭짓점

참고 다면체는 면의 개수에 따라 사면체, 오면체, 육면체, …라 한다.

원리확인 다음 중 다면체인 것은 ○를, 다면체가 아닌 것은 ×를 (　　) 안에 써넣으시오.

❶
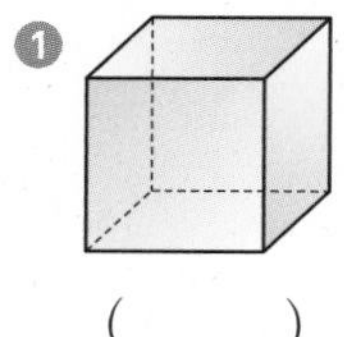
(　　)

❷
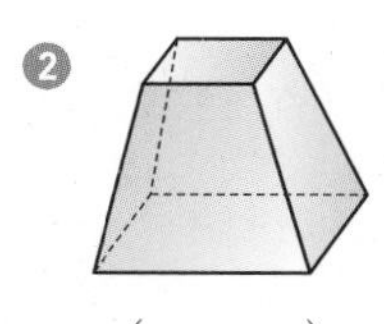
(　　)

❸
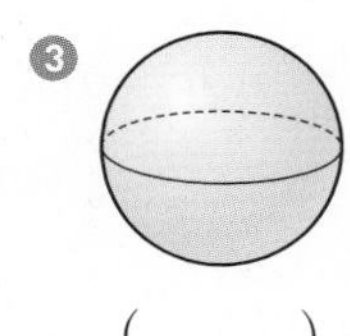
(　　)

곡면이 포함되어 있으므로 다면체가 아니야!

❹
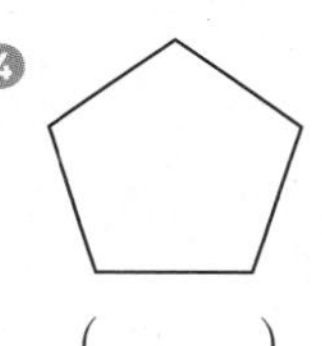
(　　)

❺
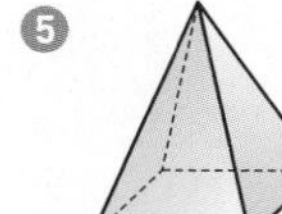
(　　)

❻
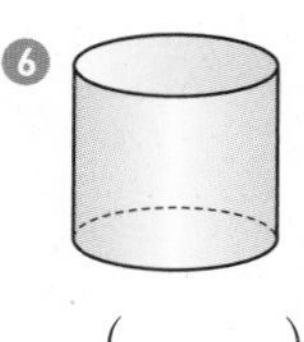
(　　)

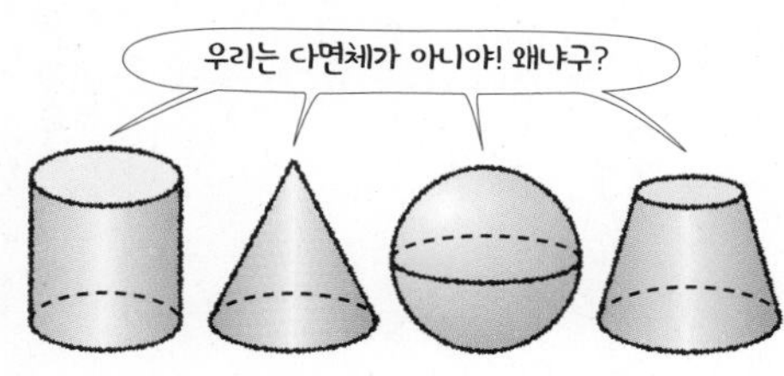

둥근 부분은 다각형이 아니니까!

1st — 다면체 이해하기

● 다음 다면체를 보고 표를 완성하시오.

1

겨냥도			
꼭짓점의 개수			
모서리의 개수			
면의 개수			
이름			

2

겨냥도			
꼭짓점의 개수			
모서리의 개수			
면의 개수			
이름			

3

겨냥도			
꼭짓점의 개수			
모서리의 개수			
면의 개수			
이름			

• 다음 그림의 입체도형은 몇 면체인지 말하시오.

4 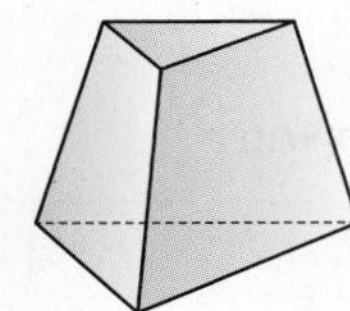

5 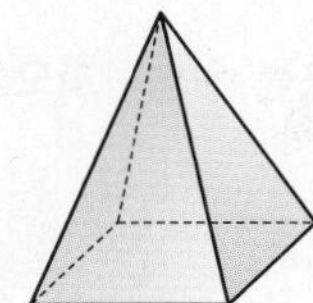

6 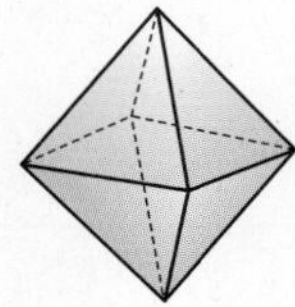

7 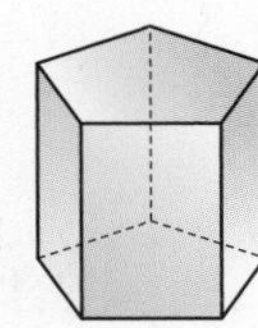

8 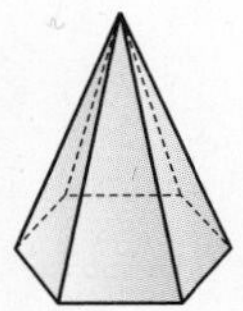

9 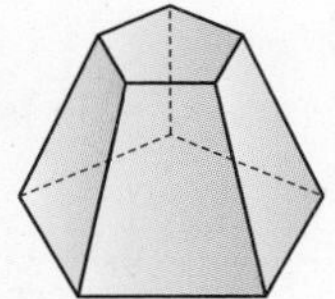

10 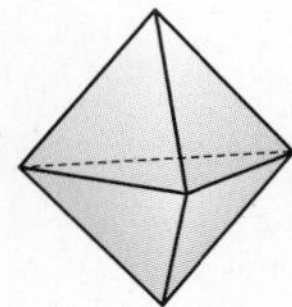

11 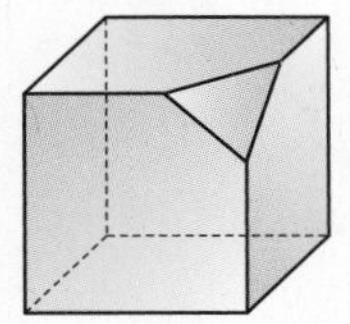

• 다음을 만족시키는 다면체를 보기에서 있는 대로 고르시오.

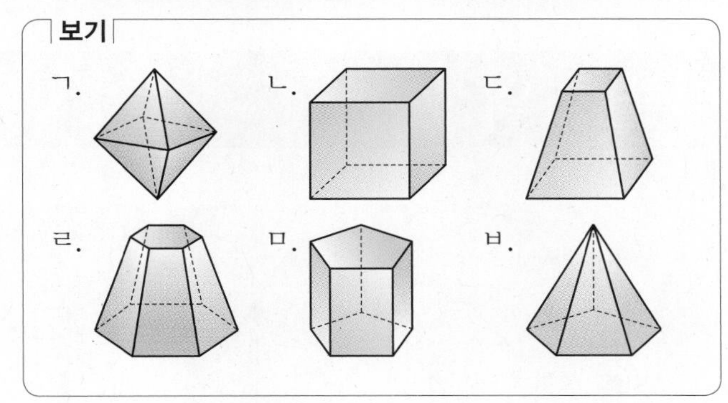

12 꼭짓점의 개수가 6개인 다면체

13 모서리의 개수가 12개인 다면체

14 면의 개수가 6개인 다면체

15 팔면체

내가 발견한 개념 — 다면체의 성질은?

• 다면체는 모든 면의 모양이 ☐ 이다.

개념모음문제

16 다음 **보기**의 입체도형 중 다면체인 것만을 있는 대로 고른 것은?

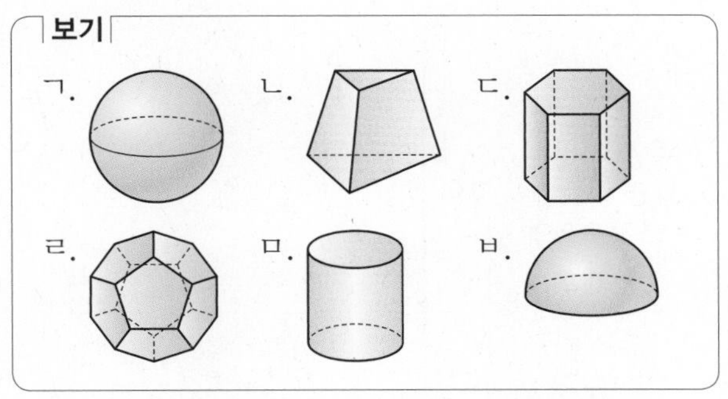

① ㄱ, ㄴ, ㄷ ② ㄴ, ㄷ, ㄹ ③ ㄷ, ㄹ, ㅁ
④ ㄹ, ㅁ, ㅂ ⑤ ㄱ, ㄴ, ㄷ, ㄹ

02 다각형만으로 둘러싸인!

다면체의 종류

	각기둥	각뿔	각뿔대
겨냥도	밑면, 높이, 밑면, 옆면	높이, 옆면, 밑면	밑면, 높이, 밑면, 옆면
이름	사각기둥	사각뿔	사각뿔대
꼭짓점의 개수	8 (=4×2)	5 (=4+1)	8 (=4×2)
모서리의 개수	12 (=4×3)	8 (=4×2)	12 (=4×3)
면의 개수	6 (=4+2)	5 (=4+1)	6 (=4+2)

- **각기둥**: 두 밑면이 평행하고 합동인 다각형으로 이루어지고, 옆면은 모두 직사각형인 입체도형
- **각뿔**: 밑면이 다각형이고, 옆면은 모두 삼각형인 입체도형
- **각뿔대**: 각뿔을 밑면에 평행한 평면으로 잘라서 생기는 두 다면체 중 각뿔이 아닌 쪽의 도형
  ① 밑면: 각뿔대에서 평행한 두 면 ← 다각형
  ② 옆면: 각뿔대에서 밑면이 아닌 면 ← 사다리꼴
  ③ 높이: 각뿔대에서 두 밑면 사이의 거리

참고 ① 각뿔대는 밑면의 모양에 따라 삼각뿔대, 사각뿔대, 오각뿔대, …라 한다.
② 각기둥, 각뿔, 각뿔대는 다면체를 모양에 따라 분류한 것이고, 사면체, 오면체, 육면체, …는 다면체를 면의 개수에 따라 분류한 것이다.

원리확인 다음 각기둥, 각뿔, 각뿔대를 보고 표를 완성하시오.

겨냥도			
이름			
꼭짓점의 개수			
모서리의 개수			
면의 개수			

1st 다면체의 종류 이해하기

● 다음 표를 완성하시오.

1

	꼭짓점의 개수	모서리의 개수	면의 개수
삼각기둥	3×2=6	3×3=9	3+2=5
사각기둥			
오각기둥			
육각기둥			

2

	꼭짓점의 개수	모서리의 개수	면의 개수
삼각뿔	3+1=4	3×2=6	3+1=4
사각뿔			
오각뿔			
육각뿔			

3

	꼭짓점의 개수	모서리의 개수	면의 개수
삼각뿔대	3×2=6	3×3=9	3+2=5
사각뿔대			
오각뿔대			
육각뿔대			

내가 발견한 개념 — n각기둥 vs n각뿔 vs n각뿔대

	꼭짓점의 개수	모서리의 개수	면의 개수
n각기둥	$n\times$□	$n\times$□	$n+$□
n각뿔	$n+$□	$n\times$□	$n+$□
n각뿔대	$n\times$□	$n\times$□	$n+$□

• 다음을 만족시키는 다면체를 보기에서 있는 대로 고르시오.

보기

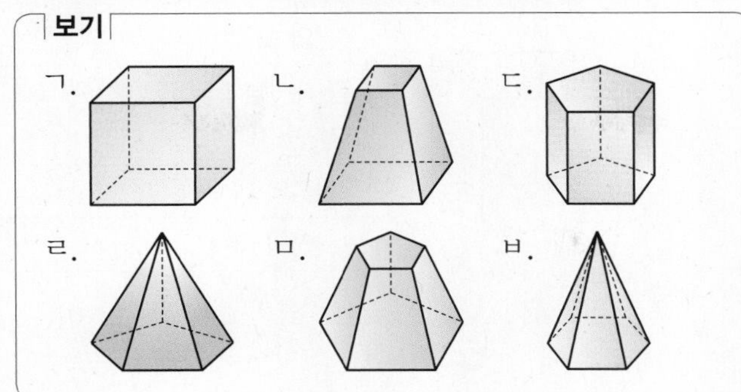

4 밑면의 개수가 2인 다면체

5 옆면의 모양이 삼각형인 다면체

6 밑면의 모양이 오각형인 다면체

7 면의 개수가 6인 다면체

8 꼭짓점의 개수가 10인 다면체

9 모서리의 개수가 12인 다면체

오일러 공식

	점의 개수 v VERTEX		선의 개수 e EDGE		면의 개수 f FACE	
	8		12		6	
	5	−	8	+	5	=2
	8		12		6	

오일러 공식을 이용하면 정다면체가 5개뿐이라는 것을 알 수 있다나 뭐라나…

신기하긴 신기하네!

• 다음 조건을 모두 만족시키는 입체도형을 구하시오.

10
(가) 두 밑면이 서로 평행하고 합동이다.
(나) 옆면의 모양이 직사각형이다.
(다) 밑면의 모양이 삼각형이다.

11
(가) 밑면이 1개이다.
(나) 옆면의 모양이 삼각형이다.
(다) 꼭짓점의 개수는 8이다.

12
(가) 두 밑면이 서로 평행하지만 합동은 아니다.
(나) 옆면의 모양이 사다리꼴이다.
(다) 꼭짓점의 개수는 16이다.

13
(가) 두 밑면이 서로 평행하고 합동이다.
(나) 옆면의 모양이 직사각형이다.
(다) 꼭짓점의 개수는 12, 모서리의 개수는 18이다.

내가 발견한 개념 옆면의 모양으로 다면체의 종류를 맞춰봐!

다면체의 옆면의 모양이
- 직사각형 → 각 ☐
- 삼각형 → 각 ☐
- 사다리꼴 → 각 ☐

03

다섯 가지뿐인!

정다면체

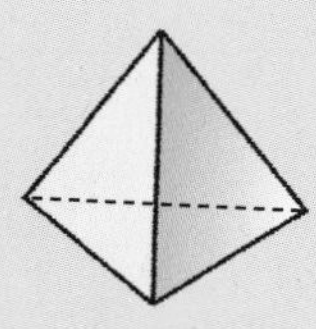
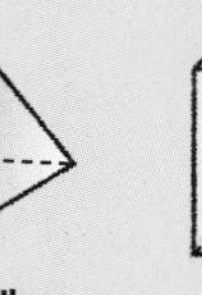
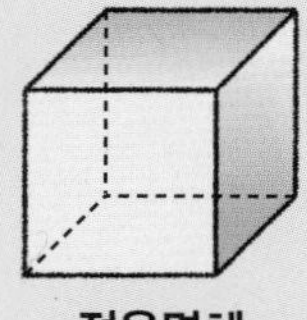
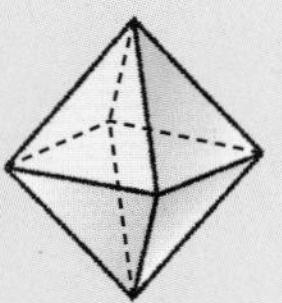

정사면체　　정육면체　　정팔면체

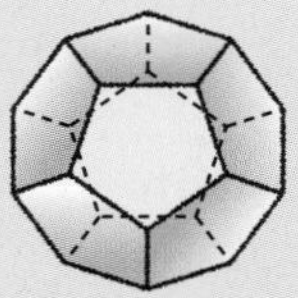
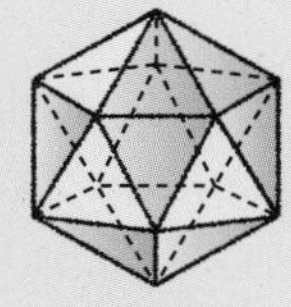

정십이면체　　정이십면체

- **정다면체 :** 각 면이 모두 합동인 정다각형이고, 각 꼭짓점에 모인 면의 개수가 모두 같은 다면체

  참고 ① 모든 면이 합동인 정다각형이라 해서 정다면체인 것은 아니다.
  ② 각 꼭짓점에 모이는 면의 개수가 같다 해서 정다면체인 것은 아니다.
  ③ ①, ②를 모두 만족해야 정다면체이다.
- **정다면체의 종류 :** 정사면체, 정육면체, 정팔면체, 정십이면체, 정이십면체의 5가지뿐이다.

1st 정다면체 이해하기

● **다음 그림의 정다면체를 보고 표를 완성하시오.**

1

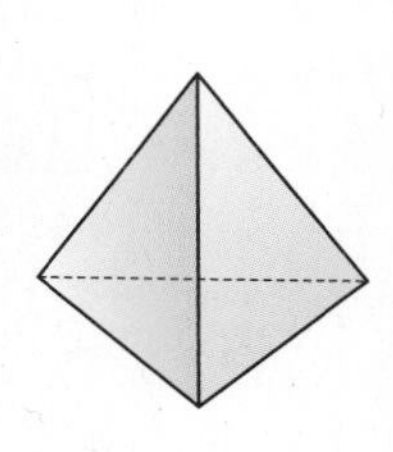

도형의 이름	
면의 모양	
한 꼭짓점에 모인 면의 개수	
꼭짓점의 개수	
모서리의 개수	
면의 개수	

2

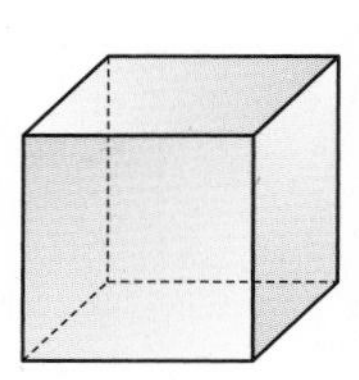

도형의 이름	
면의 모양	
한 꼭짓점에 모인 면의 개수	
꼭짓점의 개수	
모서리의 개수	
면의 개수	

3

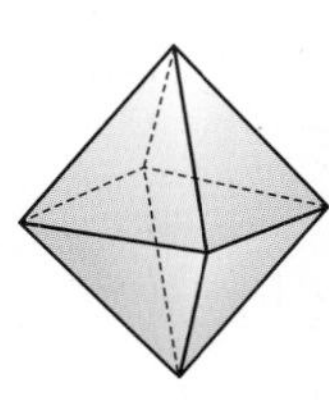

도형의 이름	
면의 모양	
한 꼭짓점에 모인 면의 개수	
꼭짓점의 개수	
모서리의 개수	
면의 개수	

4

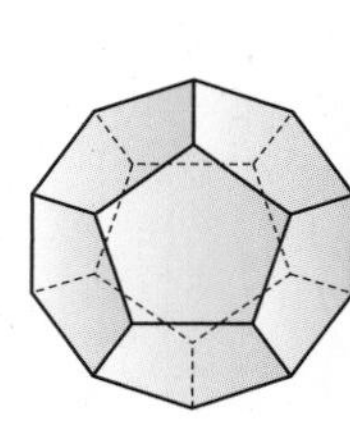

도형의 이름	
면의 모양	
한 꼭짓점에 모인 면의 개수	
꼭짓점의 개수	
모서리의 개수	
면의 개수	

5

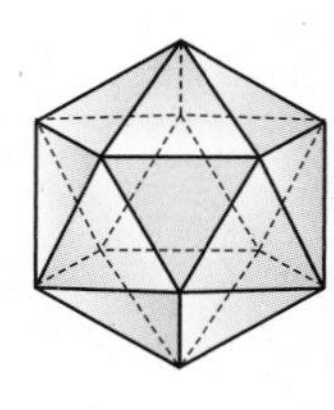

도형의 이름	
면의 모양	
한 꼭짓점에 모인 면의 개수	
꼭짓점의 개수	
모서리의 개수	
면의 개수	

6 각 면의 모양이 다음과 같은 정다면체를 모두 쓰시오.

(1) 정삼각형 ____________

(2) 정사각형 ____________

(3) 정오각형 ____________

7 한 꼭짓점에 모인 면의 개수가 다음과 같은 정다면체를 모두 쓰시오.

(1) 3 ____________

(2) 4 ____________

(3) 5 ____________

● **다음 조건을 모두 만족시키는 입체도형을 구하시오.**

8

(가) 각 꼭짓점에 모인 면의 개수가 같다. (나) 각 면의 모양이 모두 합동인 정다각형이다. (다) 꼭짓점의 개수가 6이다.

____

9

(가) 다면체이다. (나) 각 면은 모두 합동이다. (다) 각 꼭짓점에 모이는 면의 개수는 5이다.

____

10

(가) 각 꼭짓점에 모인 면의 개수는 3이다. (나) 각 면의 모양이 모두 합동인 정사각형이다.

____

● **다음 정다면체에 대한 설명 중 옳은 것은 ○를, 옳지 않은 것은 ×를 (　　) 안에 써넣으시오.**

11 정다면체는 각 면이 모두 합동인 정다각형으로 이루어져 있다. (　　)

12 정다면체의 한 꼭짓점에 모일 수 있는 면의 개수는 최대 6이다. (　　)

13 정다면체는 무수히 많다. (　　)

14 한 꼭짓점에 모인 각의 크기의 합은 360°보다 작아야 한다. (　　)

정다면체가 5가지뿐인 이유

정다면체는 입체도형이므로 한 꼭짓점에서 3개 이상의 면이 만나야 하고, 한 꼭짓점에 모인 각의 크기의 합은 360°보다 작아야 한다. 따라서 정다면체는 다음과 같이 5가지뿐이다.

정삼각형으로 이루어진 정다면체		
60° 60° 60° 한 꼭짓점에 정삼각형 3개가 모이면 **정사면체**가 된다.	60° 60° 60° 60° 한 꼭짓점에 정삼각형 4개가 모이면 **정팔면체**가 된다.	60° 60° 60° 60° 60° 한 꼭짓점에 정삼각형 5개가 모이면 **정이십면체**가 된다.

정사각형으로 이루어진 정다면체	정오각형으로 이루어진 정다면체
90° 90° 90° 한 꼭짓점에 정사각형 3개가 모이면 **정육면체**가 된다.	108° 108° 108° 한 꼭짓점에 정오각형 3개가 모이면 **정십이면체**가 된다.

04

모두 같은 다각형으로 이루어진!

정다면체의 전개도

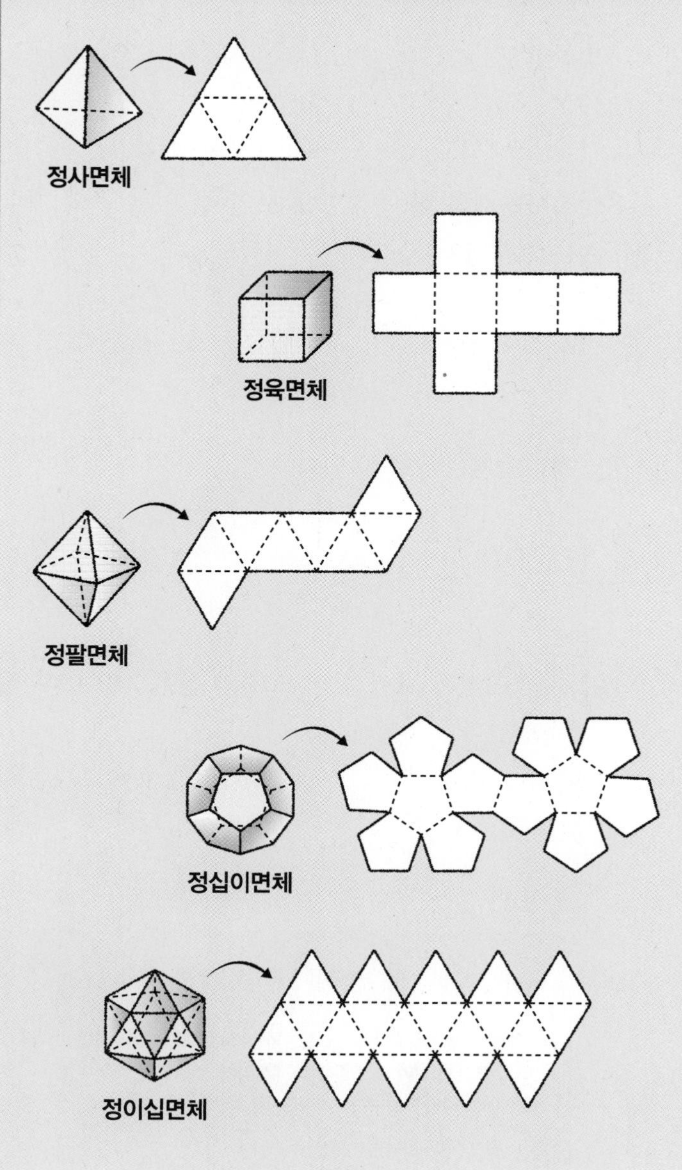

- **전개도**: 입체도형의 겉면을 잘라서 평면 위에 펼쳐 놓은 그림
- 정다면체의 전개도는 정다면체를 어떻게 자르느냐에 따라 여러 가지 모양이 나올 수 있다.

참고 **겨냥도**: 입체도형의 모양을 알아보기 쉽게 하기 위해 보이는 모서리는 실선으로, 보이지 않는 모서리는 점선으로 그린 그림

1st 정육면체의 전개도 이해하기

● 다음 중 정육면체의 전개도가 될 수 있는 것은 ○를, 될 수 없는 것은 ×를 ( ) 안에 써넣으시오.

1 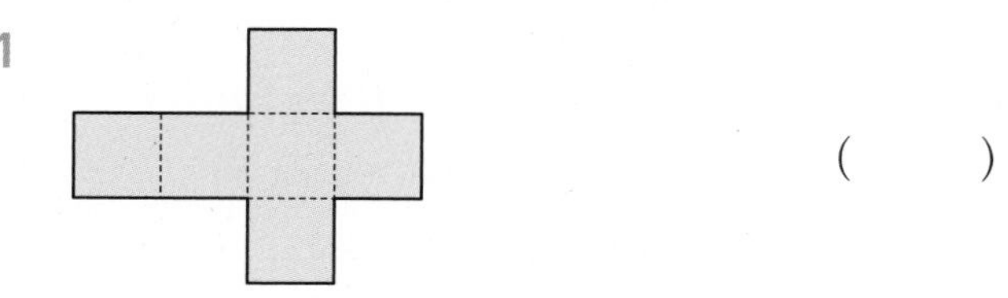 ( )

전개도는 어느 모서리로 자르느냐에 따라 여러 가지 모양이 나와!

2 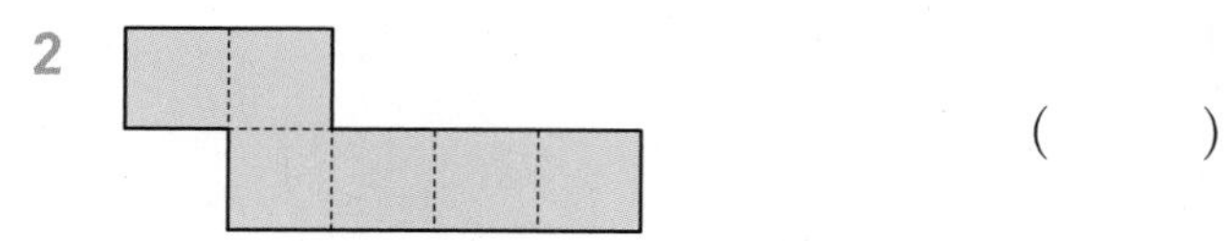 ( )

3 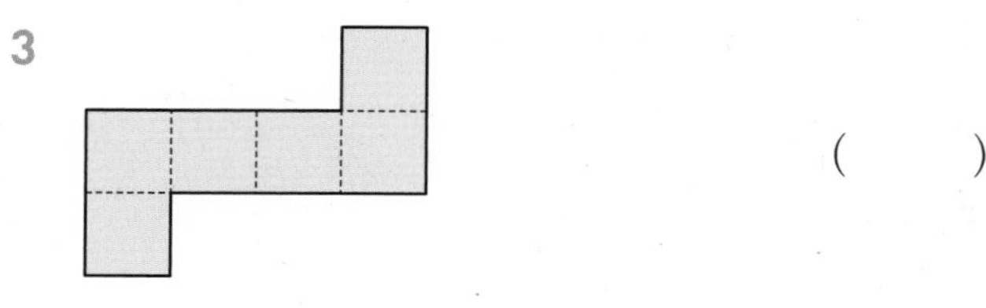 ( )

4 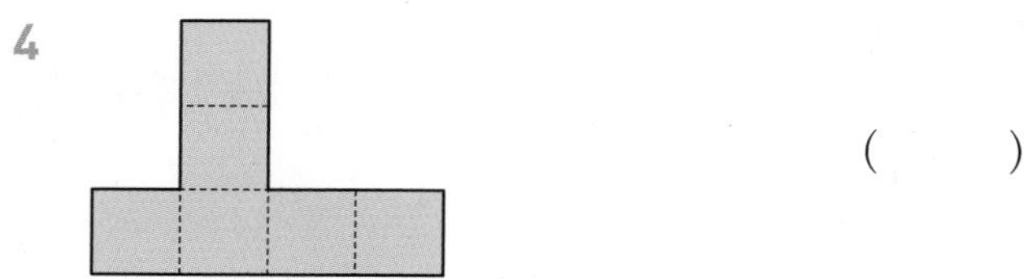 ( )

5 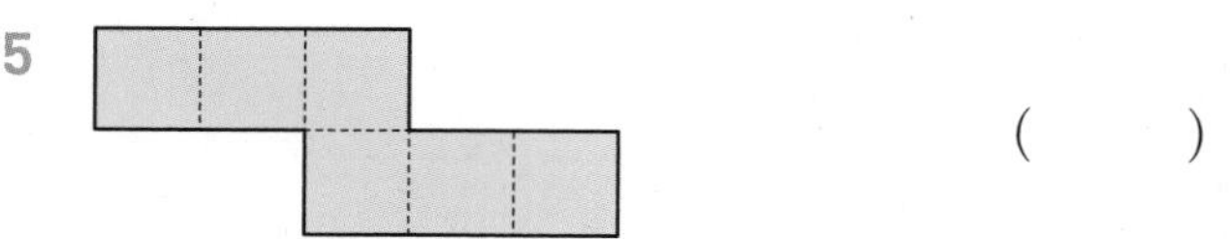 ( )

다면체와 전개도

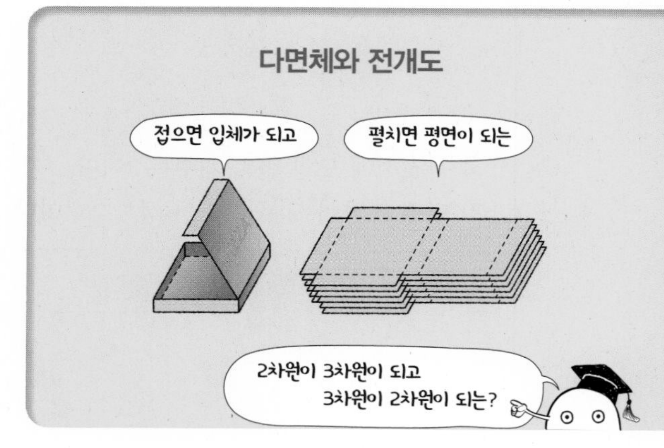

2nd 정다면체의 전개도 이해하기

• 다음 그림의 전개도로 만들어지는 정다면체에 대하여 □ 안에 알맞은 것을 쓰고 전개도에서 다음을 구하시오.

6

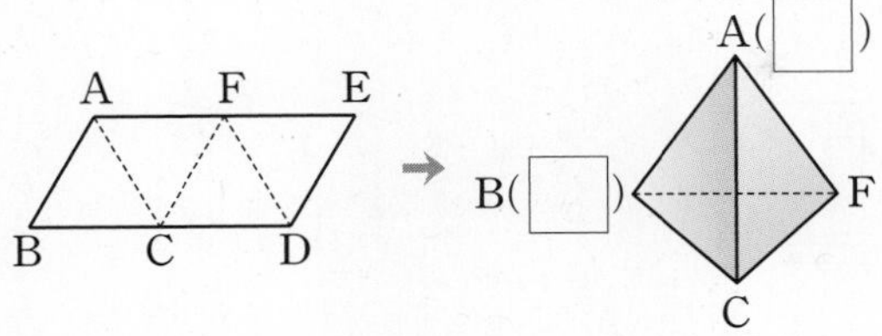

(1) 정다면체의 이름

(2) 점 A와 겹쳐지는 점

(3) 모서리 AB와 겹치는 모서리

(4) 모서리 AB와 꼬인 위치에 있는 모서리

7

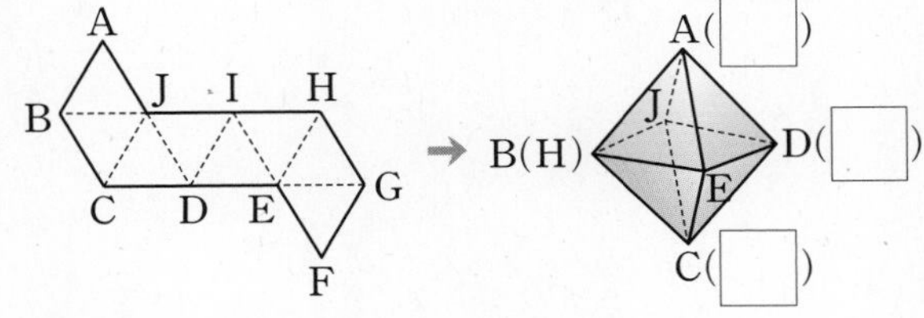

(1) 정다면체의 이름

(2) 모서리 CD와 겹치는 모서리

(3) 모서리 EF와 평행한 모서리

(4) 모서리 BJ와 꼬인 위치에 있는 모서리

8

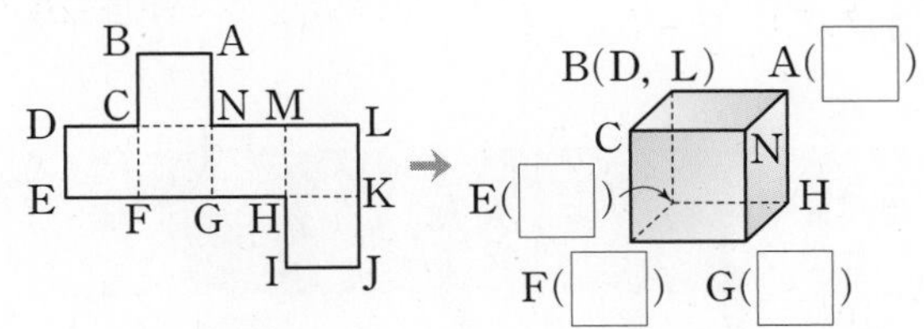

(1) 정다면체의 이름

(2) 점 A와 겹쳐지는 점

(3) 모서리 CD와 겹치는 모서리

(4) 면 CFGN과 평행한 면

공간에서만 존재하는 꼬인 위치

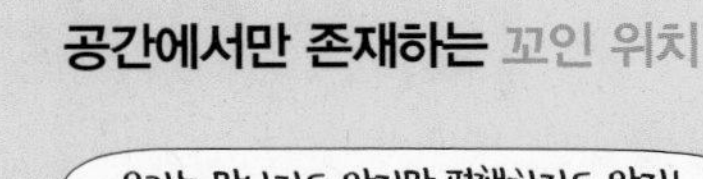

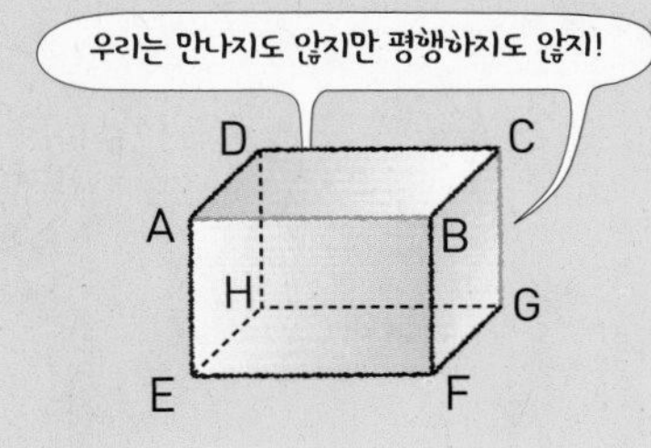

개념모음문제

9 다음 중 오른쪽 그림과 같은 전개도로 만들어지는 정다면체에 대한 설명으로 옳지 않은 것은?

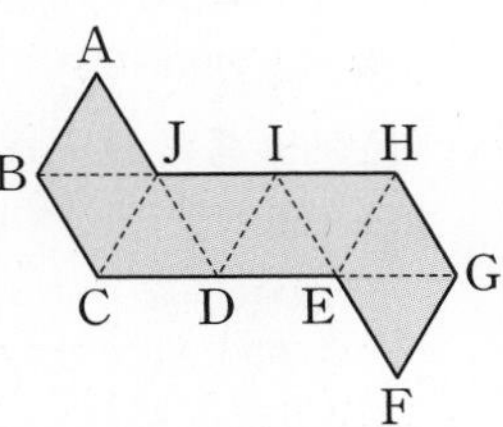

① 정다면체의 이름은 정팔면체이다.
② 모든 면의 모양은 정삼각형이다.
③ 모서리의 개수는 12이다.
④ 한 꼭짓점에 모인 면의 개수는 4이다.
⑤ $\overline{AB}$와 $\overline{EH}$는 꼬인 위치에 있다.

05 회전체

평면을 돌려 만드는!

● 회전체

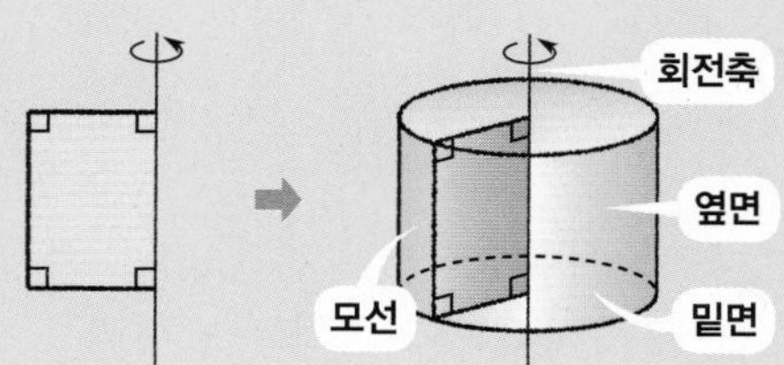

● 회전체의 종류

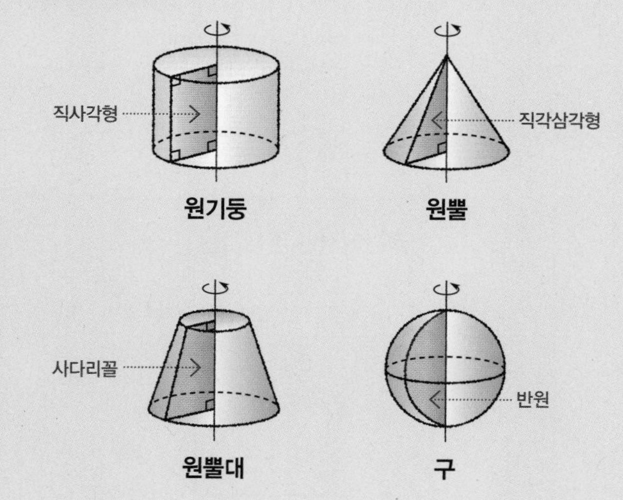

- **회전체**: 평면도형을 한 직선을 축으로 하여 1회전 시킬 때 만들어지는 입체도형
  ① 회전축: 회전시킬 때 축이 되는 직선
  ② 모선: 회전체에서 옆면을 이루는 선분
  참고 구는 옆면이 없으므로 모선을 갖지 않는다.
- **회전체의 종류**: 원기둥, 원뿔, 원뿔대, 구 등이 있다.
  참고 구의 성질
  ① 회전축이 무수히 많다.
  ② 어떤 방향으로 잘라도 그 단면은 항상 원이다.
- **원뿔대**: 원뿔을 밑면에 평행한 평면으로 자를 때 생기는 두 입체도형 중 원뿔이 아닌 쪽의 입체도형
  ① 밑면: 원뿔대에서 평행한 두 면
  ② 옆면: 원뿔대에서 밑면이 아닌 면
  ③ 높이: 원뿔대에서 두 밑면 사이의 거리

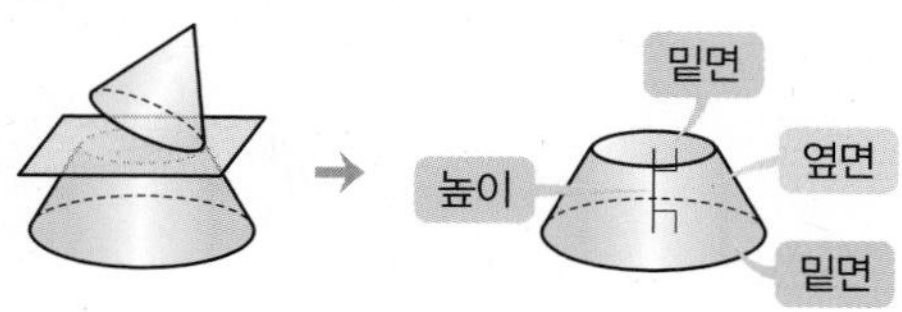

1st 회전체 이해하기

● 다음 그림과 같은 평면도형을 직선 l을 회전축으로 하여 1회전 시킬 때 생기는 회전체를 그리고 그 이름을 써넣으시오.

1 l →

....

2 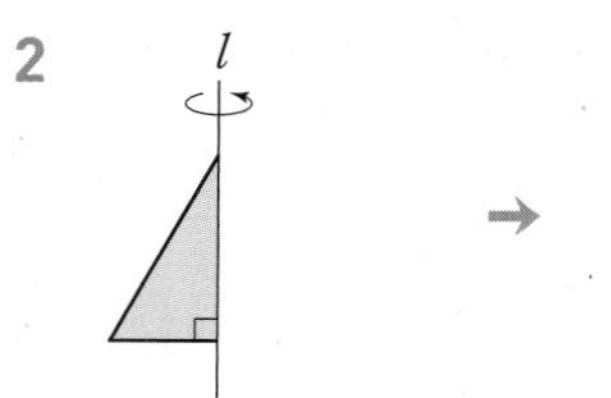 → 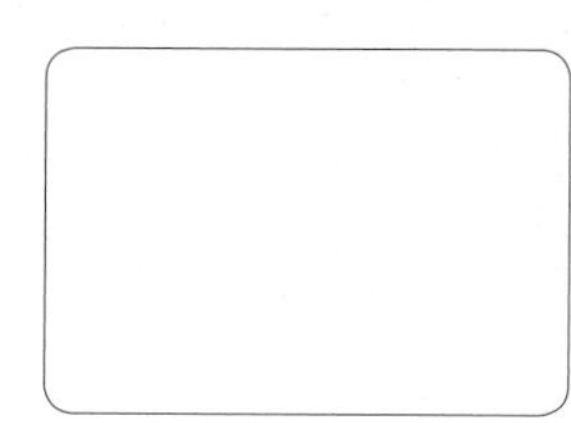

....

3 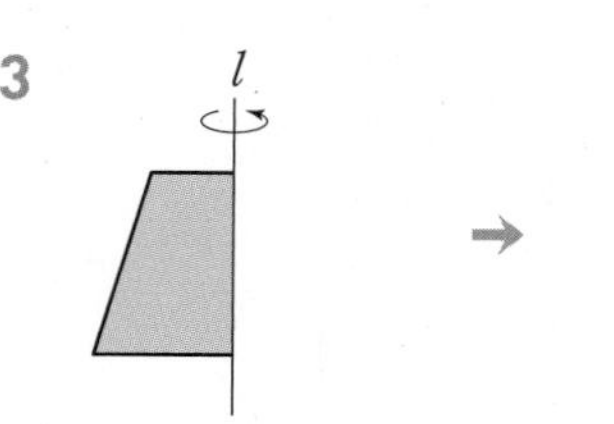 → 

....

4 l → 

....

내가 발견한 개념 어떤 평면도형을 회전시켜 만들어진 회전체일까?

- [　　] —1회전→ 원기둥
- [　　] —1회전→ 원뿔
- 두 각이 직각인 [　　] —1회전→ 원뿔대
- [　　] —1회전→ 구

● 다음 그림과 같은 평면도형을 직선 l을 회전축으로 하여 1회전 시킬 때 생기는 회전체를 그리시오.

5

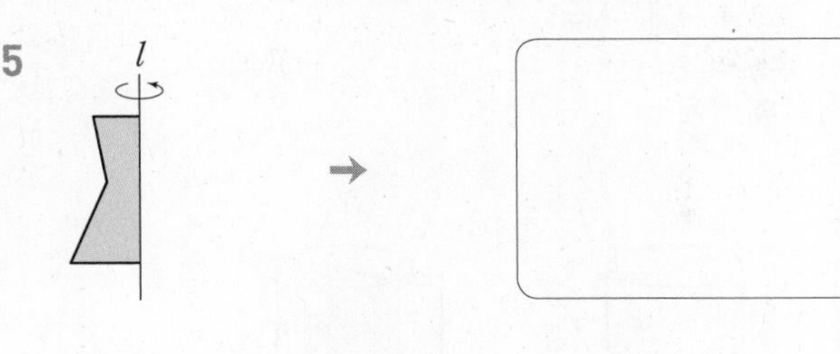

6

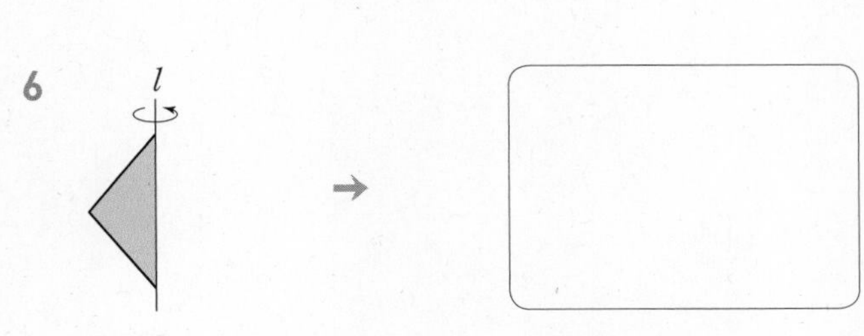

7

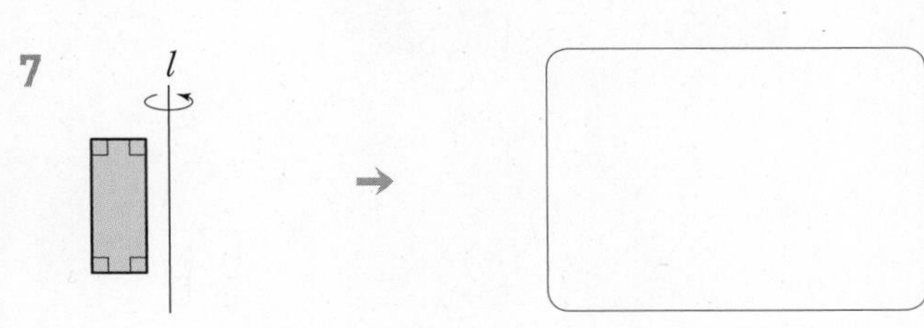

8

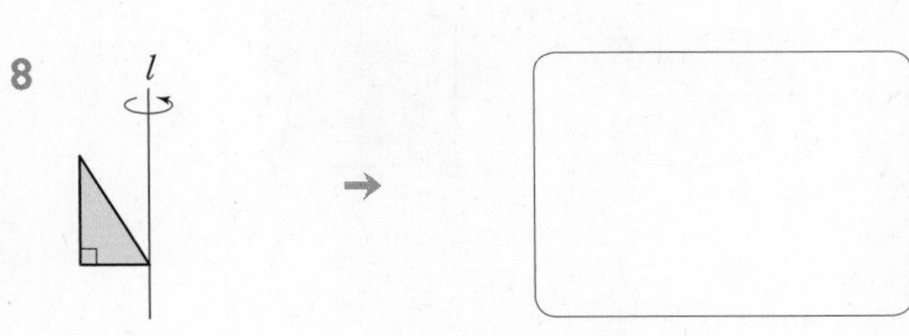

9

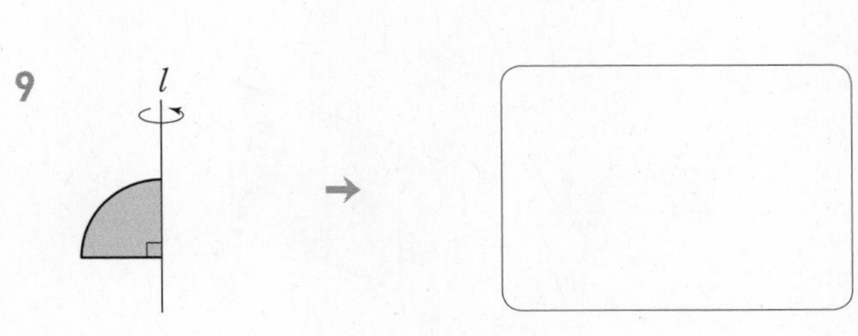

● 아래 그림과 같은 평면도형을 직선 l을 회전축으로 하여 1회전 시킬 때 생기는 입체도형을 다음 보기에서 고르시오.

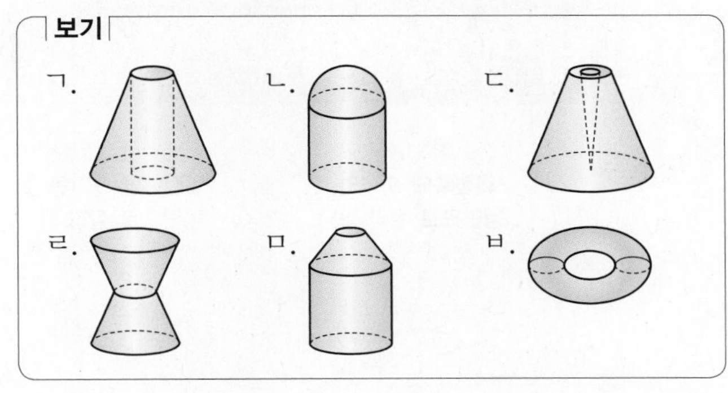

10 11

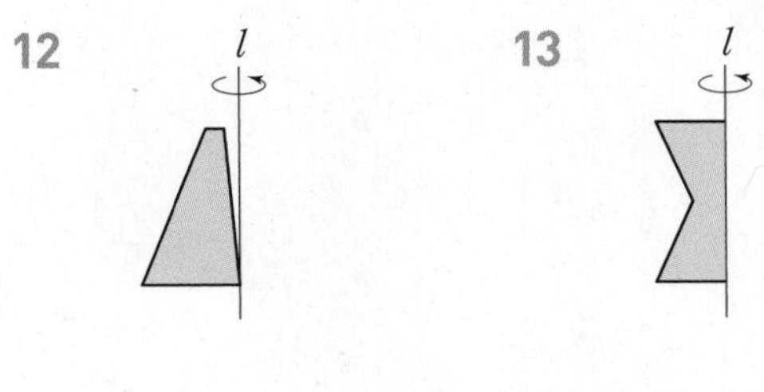

12 13

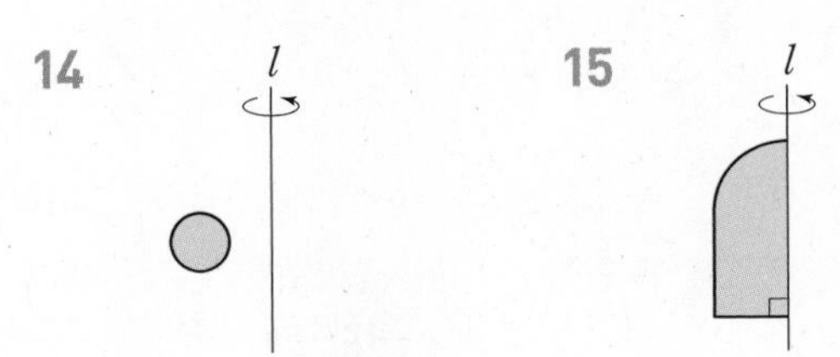

14

15

개념모음문제

16 오른쪽 그림과 같은 입체도형은 다음 중 어떤 평면도형을 1회전 시킨 것인가?

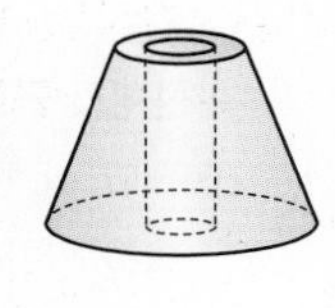

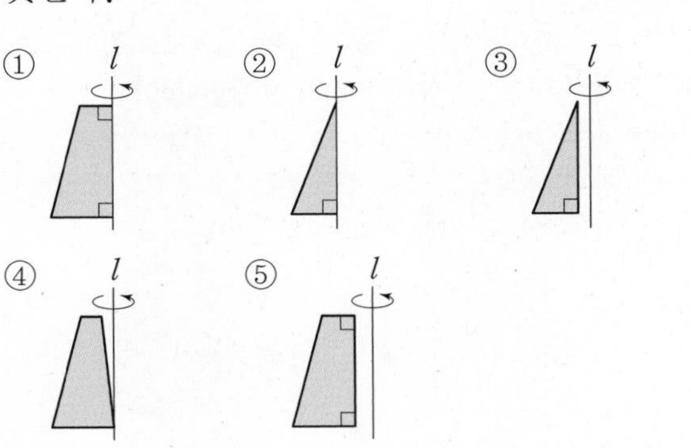

06

평면을 돌려 만드는!

회전체의 성질

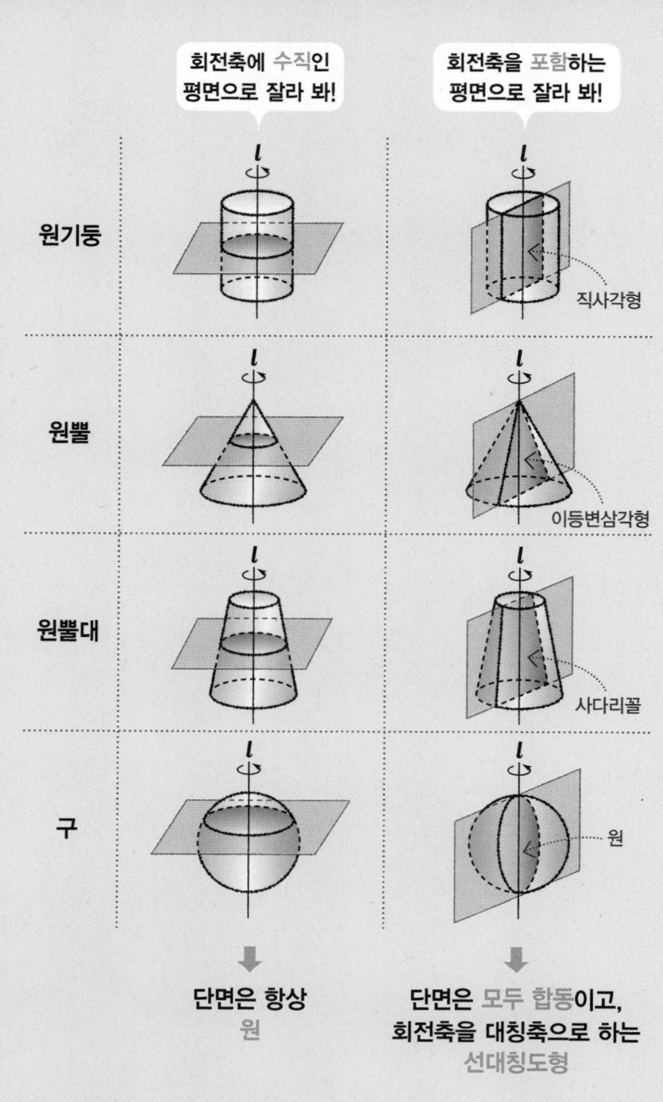

• **회전체의 단면의 모양**

① 속이 꽉 찬 회전체를 회전축에 수직인 평면으로 자르면 단면은 항상 원이다.

② 회전체를 회전축을 포함하는 어느 평면으로 잘라도 그 단면은 모두 합동이고, 회전축에 대하여 선대칭도형이다.

참고 ① 구는 어떤 평면으로 잘라도 단면이 항상 원이다.
② 선대칭도형: 어떤 직선을 기준으로 접었을 때, 완전히 겹쳐지는 도형

원리확인 다음 그림은 회전체를 회전축에 수직인 평면과 회전축을 포함하는 평면으로 자른 것이다. □ 안에 알맞은 것을 써넣으시오.

❶ 원기둥

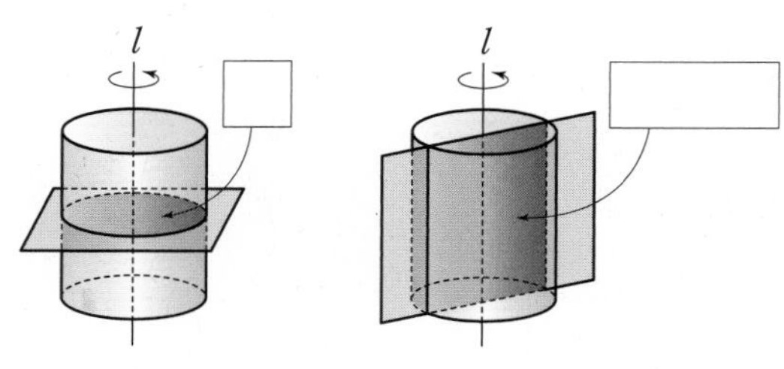

❷ 원뿔

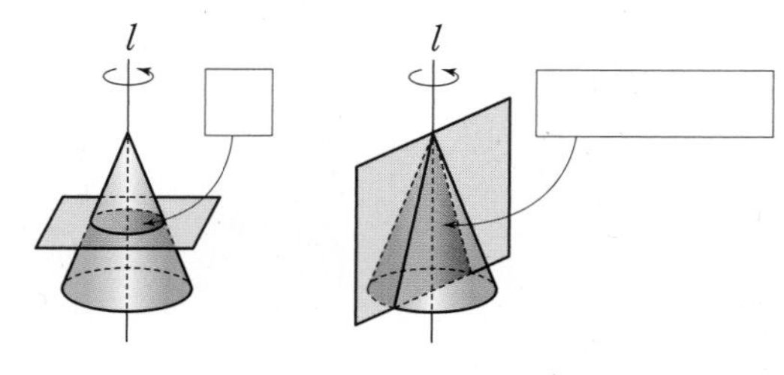

❸ 원뿔대

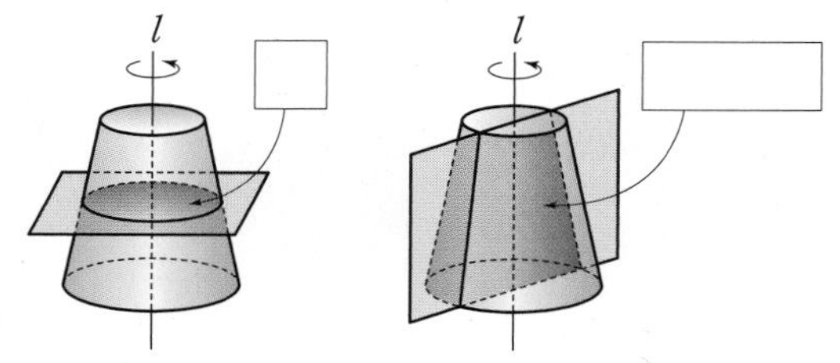

❹ 구

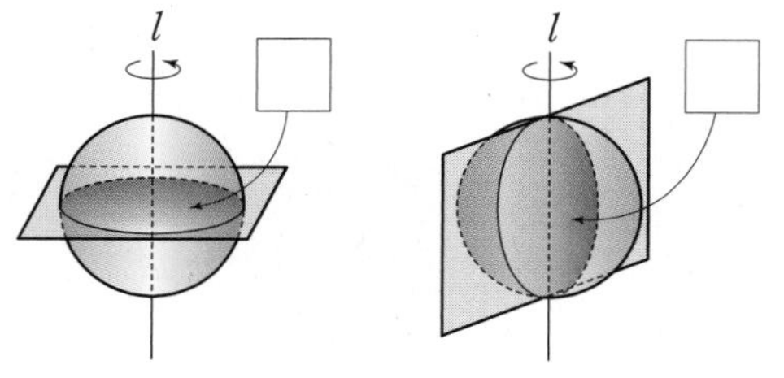

정답과 풀이 45쪽

1st 회전체를 자를 때 생기는 단면 이해하기

• 다음 회전체를 회전축에 수직인 평면으로 자를 때 생기는 단면의 모양을 그리시오.

1

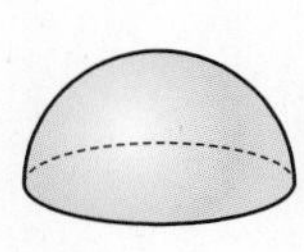

➔

2

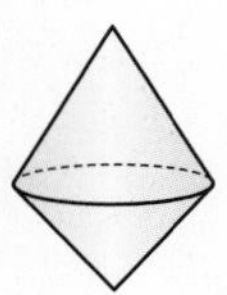

➔

3

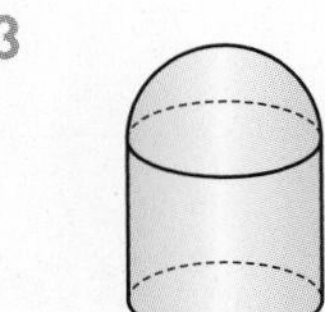

➔

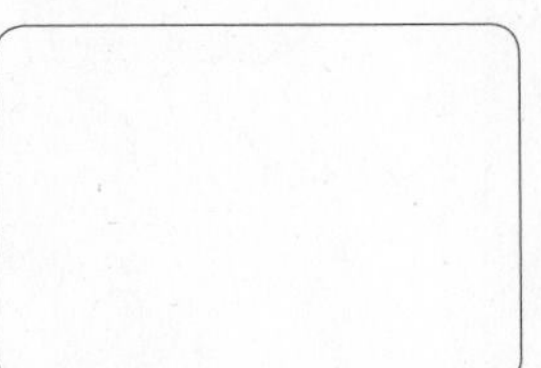

4

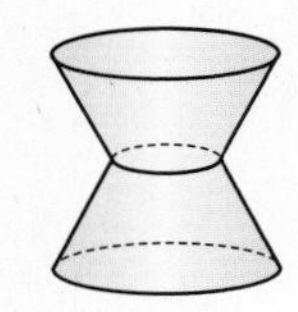

➔

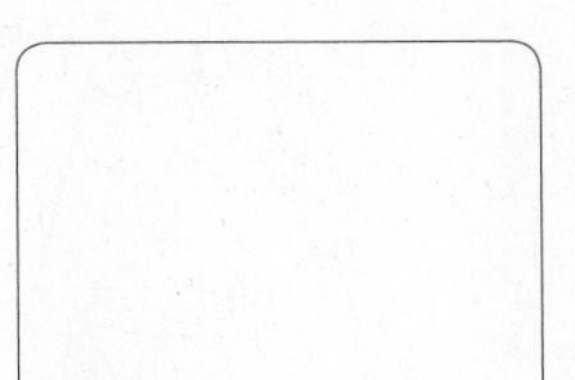

5

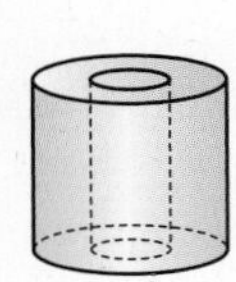

➔

내가 발견한 개념 회전축에 수직인 단면의 모양은?

• 회전축에 ☐인 평면으로 자른 단면의 모양은 항상 ☐이다.

• 다음 회전체를 회전축을 포함하는 평면으로 자를 때 생기는 단면의 모양을 그리시오.

6

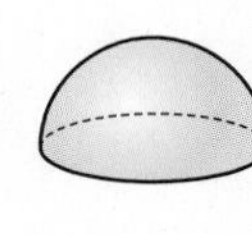

➔

7

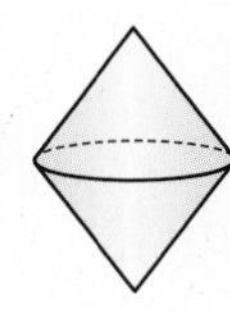

➔

8

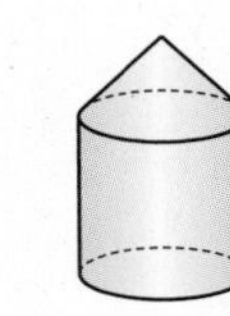

➔

9

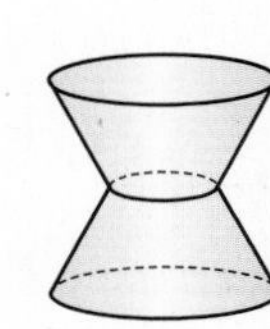

➔

10

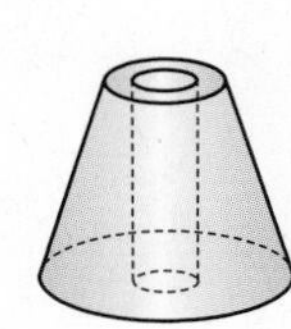

➔

내가 발견한 개념 회전축을 포함하는 평면으로 자른 단면의 성질은?

• 회전축을 포함하는 평면으로 자른 단면은 모두 ☐이고, 회전축을 대칭축으로 하는 ☐이다.

• 다음 설명 중 옳은 것은 ○를, 옳지 않은 것은 ×를 (   ) 안에 써넣으시오.

11 회전체를 회전축에 수직인 평면으로 자를 때 생기는 단면은 원이다. (   )

12 회전체를 회전축을 포함하는 평면으로 자를 때 생기는 단면은 선대칭도형이다. (   )

13 모든 회전체의 회전축은 하나뿐이다. (   )

14 회전체를 회전축을 포함하는 평면으로 자른 단면은 모두 합동이다. (   )

15 구는 어느 방향으로 잘라도 단면이 원이다. (   )

개념모음문제

16 오른쪽 그림과 같은 사다리꼴을 직선 l을 회전축으로 하여 1회전 시킬 때 생기는 회전체에 대한 설명으로 옳지 않은 것은?

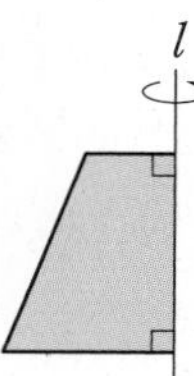

① 회전체의 모양은 원뿔대이다.
② 회전체를 회전축에 수직인 평면으로 자른 단면은 항상 원이다.
③ 회전체를 회전축에 수직인 평면으로 자른 단면은 모두 합동이다.
④ 회전체를 회전축을 포함하는 평면으로 자른 단면은 사다리꼴이다.
⑤ 회전체를 회전축을 포함하는 평면으로 자른 단면은 회전축에 대하여 선대칭도형이다.

2nd 회전체의 단면의 넓이 구하기

• 다음 그림과 같은 회전체를 회전축을 포함하는 평면으로 자를 때 생기는 단면의 모양을 그리고 그 넓이를 구하시오.

17

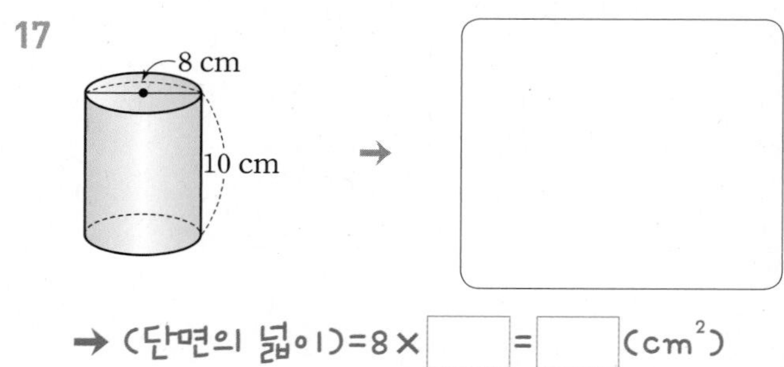

→ (단면의 넓이)=8× ☐ = ☐ (cm^2)

18

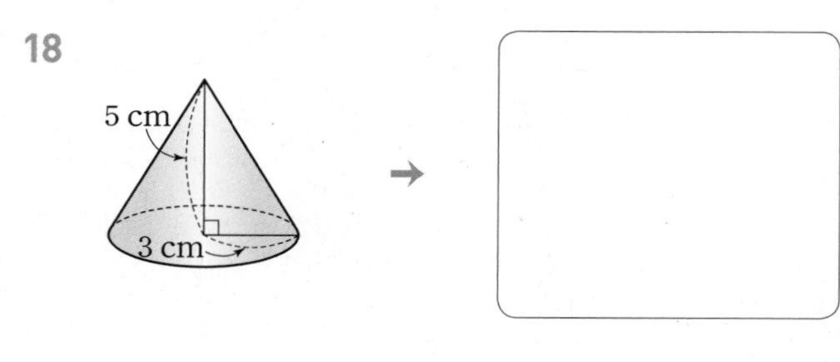

19

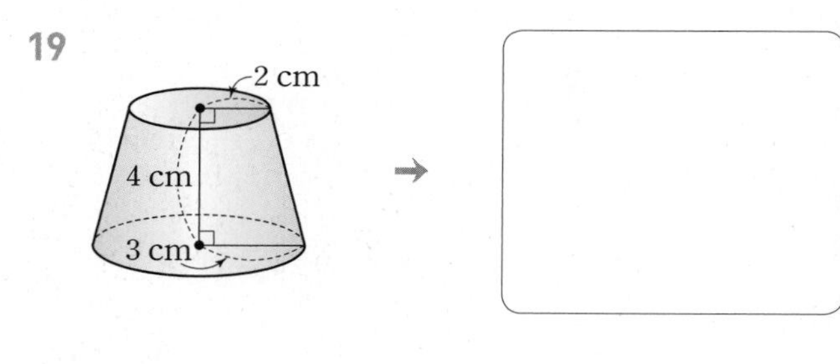

20

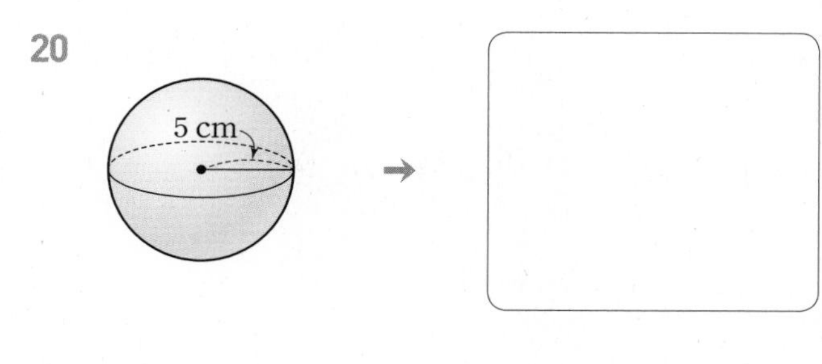

21

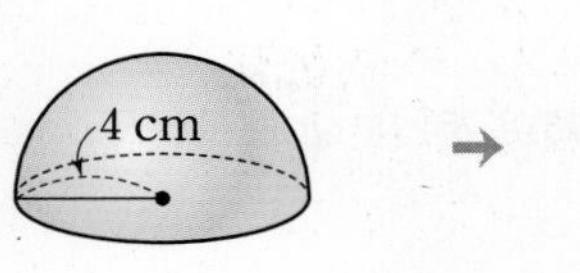

→

22

● **다음 그림과 같은 평면도형을 직선 l을 회전축으로 하여 1회전 시킬 때 생기는 회전체를 회전축을 포함하는 평면으로 자르려 한다. 이때 생기는 단면의 모양을 그리고 그 넓이를 구하시오.**

23

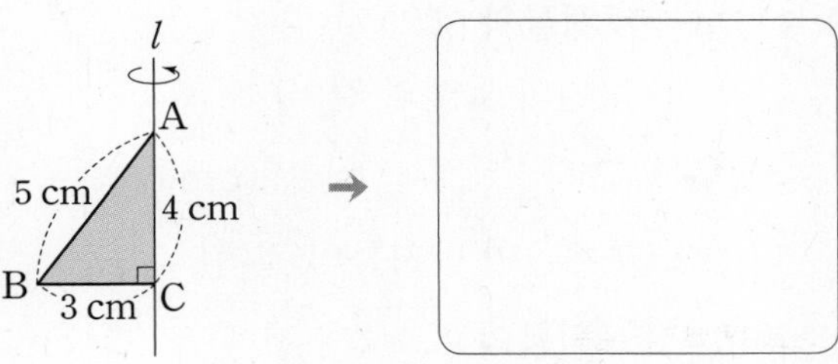

24

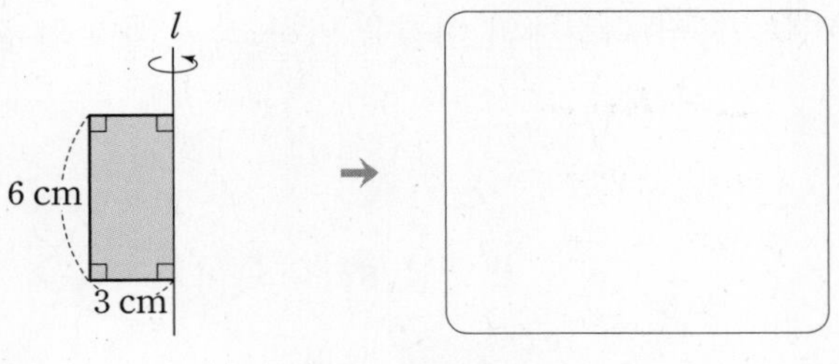

25

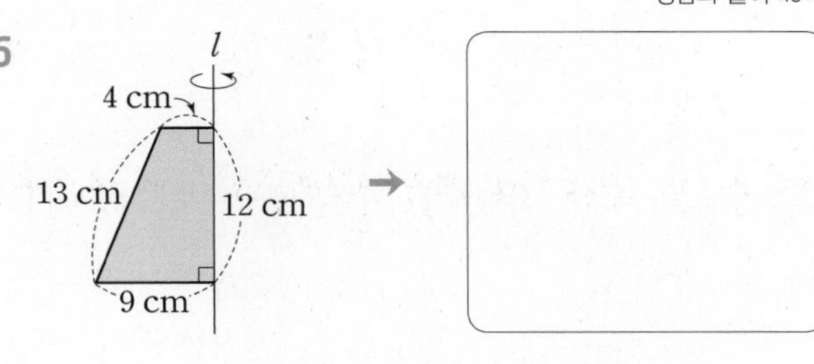

26

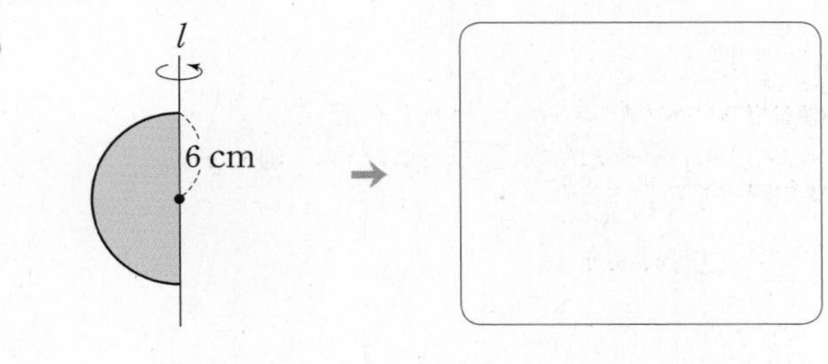

27

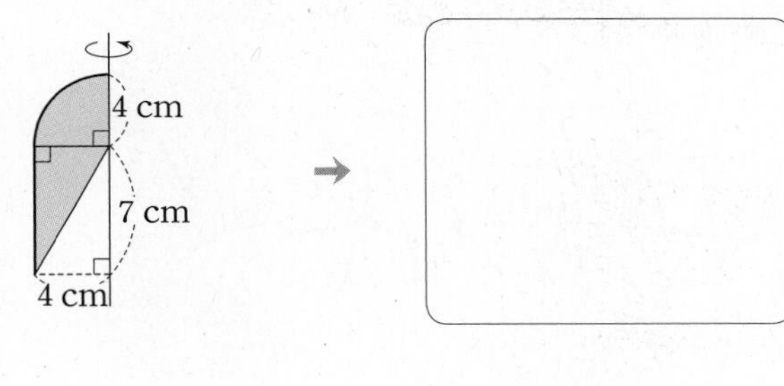

개념모음문제

28 오른쪽 그림과 같은 사다리꼴을 $\overline{CD}$를 회전축으로 하여 1회전 시킬 때 생기는 입체도형을 회전축을 포함하는 평면으로 자르려 한다. 이때 생기는 단면의 넓이는?

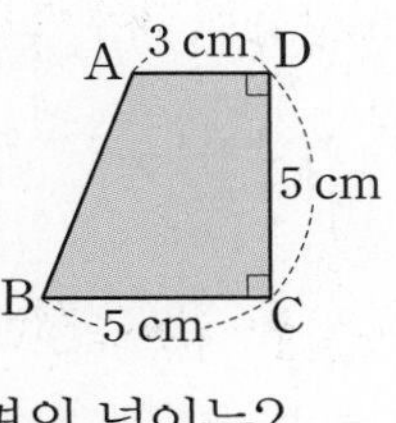

① 20 cm² ② 32 cm² ③ 40 cm² ④ 48 cm² ⑤ 54 cm²

07 평면을 돌려 만드는!

회전체의 전개도

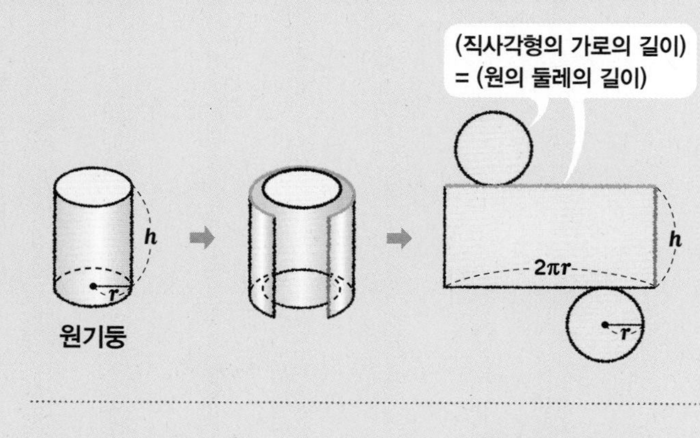

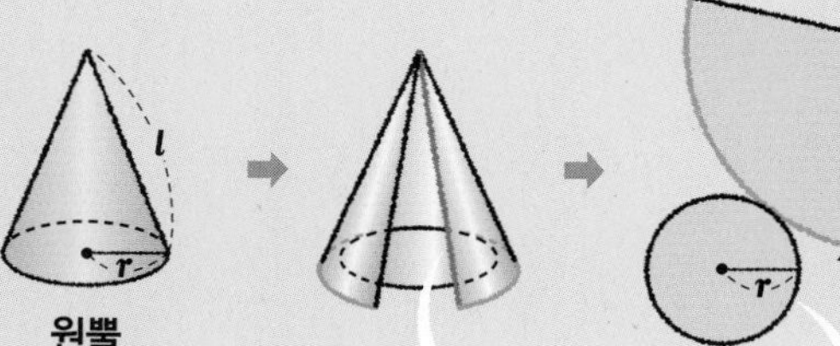

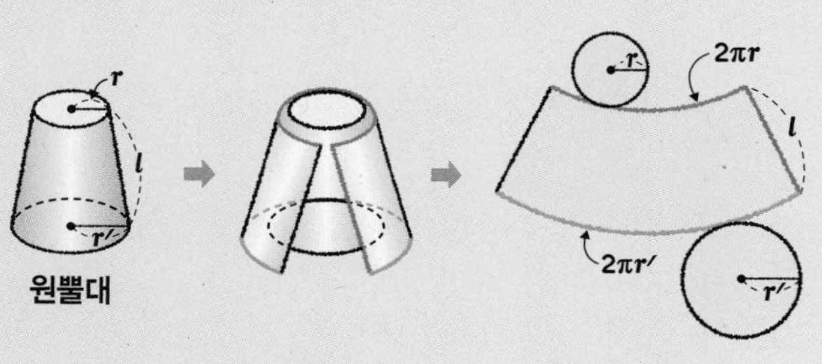

참고 원뿔대의 전개도에서

① (작은 부채꼴의 호의 길이)
=(작은 원의 둘레의 길이)

② (큰 부채꼴의 호의 길이)
=(큰 원의 둘레의 길이)

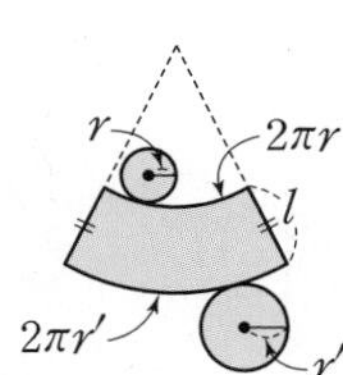

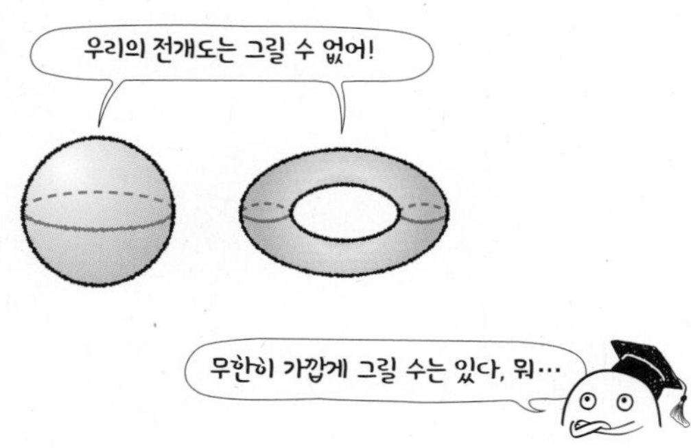

1st — 회전체의 전개도 이해하기

● 다음 그림과 같은 회전체의 전개도에 대하여 □ 안에 알맞은 것을 써넣으시오.

1

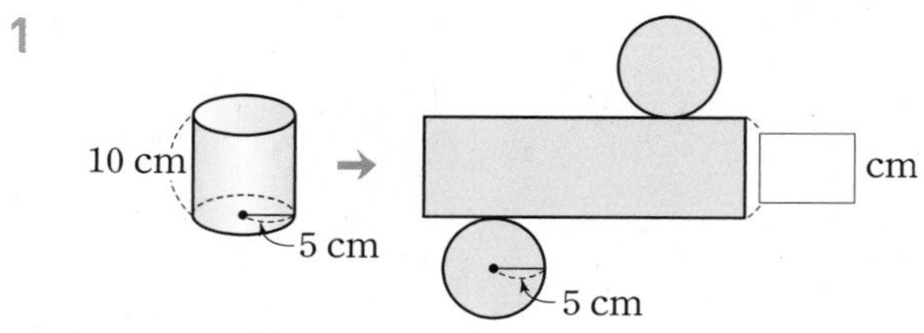

• (직사각형의 가로의 길이)

=(원의 □의 길이)

$=2\pi\times\square=\square$(cm)

• (직사각형의 □의 길이)

=(원기둥의 높이)=□(cm)

2

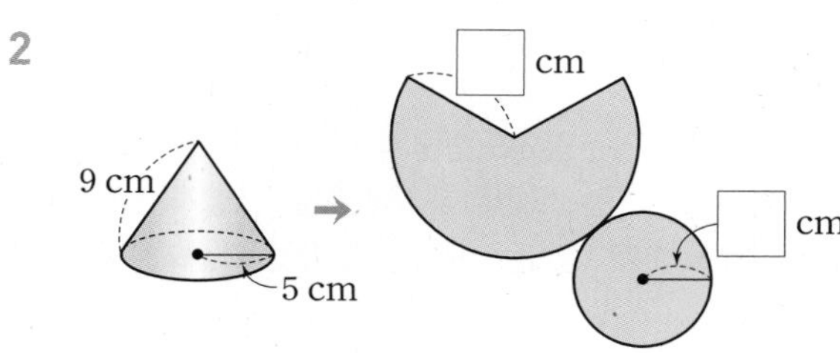

• (부채꼴의 호의 길이)

=(원의 둘레의 길이)

$=2\pi\times\square=\square$(cm)

• (부채꼴의 반지름의 길이)

=(원뿔의 □의 길이)=□ cm

개념모음문제

3 다음 그림의 (나)는 (가)의 사다리꼴을 직선 l을 회전축으로 하여 1회전 시킨 회전체의 전개도이다. 이 회전체의 이름을 말하고, a, b, c의 값을 구하시오.

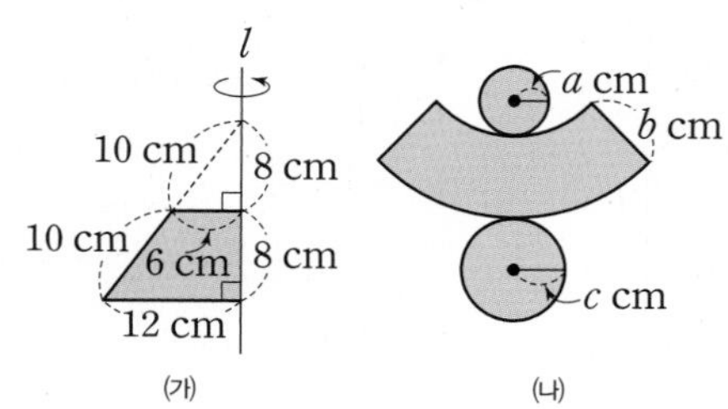

TEST 7. 다면체와 회전체

1 다음 **보기**에서 다면체는 모두 몇 개인가?

보기		
ㄱ. 삼각기둥	ㄴ. 사각뿔대	ㄷ. 원기둥
ㄹ. 오각뿔	ㅁ. 오각뿔대	ㅂ. 육각뿔
ㅅ. 구	ㅇ. 정사면체	ㅈ. 원뿔

① 3개 ② 4개 ③ 5개
④ 6개 ⑤ 7개

2 사각뿔대의 면의 개수를 a, 오각뿔의 모서리의 개수를 b, 오각기둥의 꼭짓점의 개수를 c라 할 때, $a+b-c$의 값은?

① -1 ② 0 ③ 5
④ 6 ⑤ 7

3 다음 조건을 모두 만족시키는 입체도형은?

(가) 다면체이다.
(나) 각 면의 모양이 모두 합동인 정삼각형이다.
(다) 한 꼭짓점에 모인 면의 개수가 5이다.

① 정사면체 ② 정육면체 ③ 정팔면체
④ 정십이면체 ⑤ 정이십면체

4 다음 중 오른쪽 그림과 같은 전개도로 만들어지는 정다면체에 대한 설명으로 옳지 않은 것은?

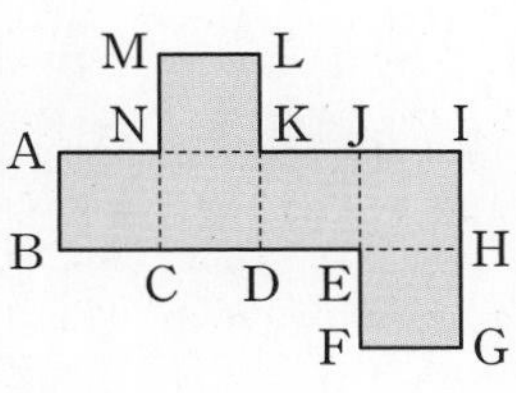

① 입체도형의 이름은 정육면체이다.
② 모서리의 개수는 12이다.
③ $\overline{ML}$과 겹쳐지는 모서리는 $\overline{KJ}$이다.
④ 한 꼭짓점에 모인 면의 개수는 3이다.
⑤ 꼭짓점 A와 겹쳐지는 점은 점 M과 점 I이다.

5 오른쪽 그림과 같은 도형을 직선 l을 회전축으로 하여 1회전 시킬 때 생기는 입체도형을 회전축을 포함하는 평면으로 자를 때 생기는 단면의 넓이를 구하시오.

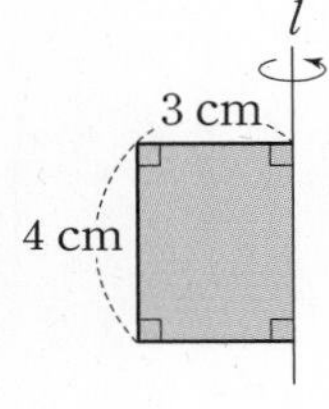

6 오른쪽 그림과 같은 전개도로 만들어지는 원뿔대에 대하여 $\widehat{AD}$의 길이와 $\widehat{BC}$의 길이를 각각 구하시오.

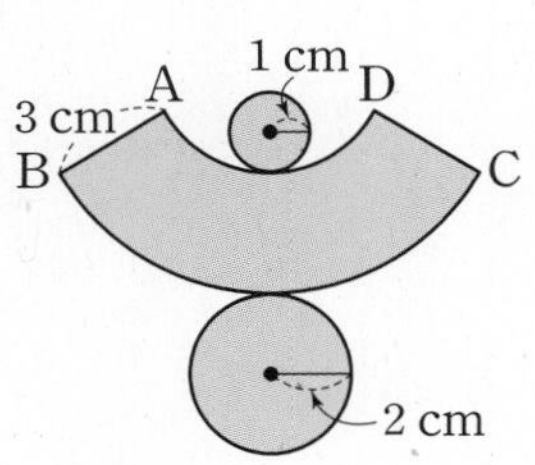

8

면이냐! 공간이냐!

입체도형의 겉넓이와 부피 (1)

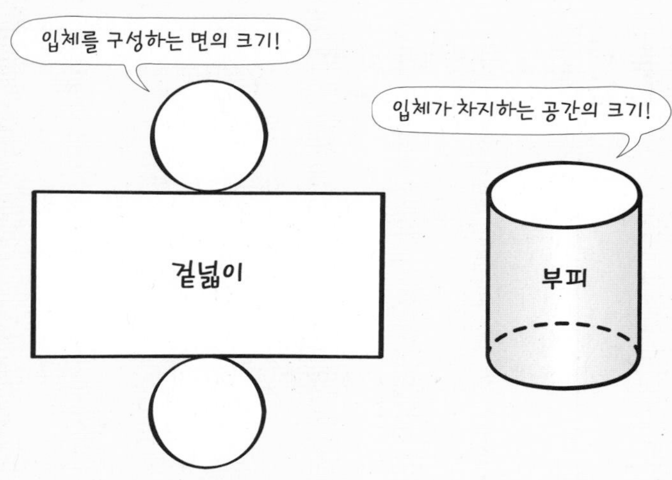

면의 크기냐? 공간의 크기냐?

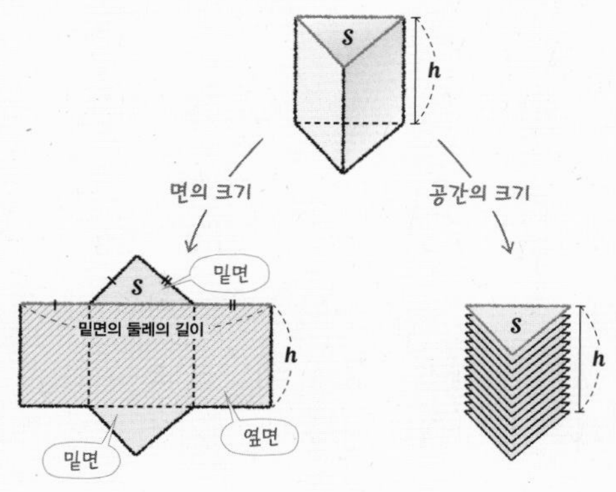

01 각기둥의 겉넓이와 부피

각기둥의 전개도는 서로 합동인 두 개의 밑면과 직사각형 모양의 옆면으로 이루어져 있으므로 각기둥의 겉넓이는 두 밑넓이와 옆넓이의 합으로 구할 수 있어!

한편 각기둥은 여러 개의 삼각기둥으로 나눌 수 있으므로 각기둥의 부피는 각각 삼각기둥의 부피의 합으로 구할 수 있어. 이때 나누어진 삼각기둥의 밑넓이의 합은 주어진 각기둥의 밑넓이와 같으므로 각기둥의 부피는 밑넓이와 높이의 곱이야!

- **겉넓이:** (밑넓이)×2+(옆넓이) ← (밑면의 둘레의 길이)×(높이)
- **부피:** (밑넓이)×(높이)

면의 크기냐? 공간의 크기냐?

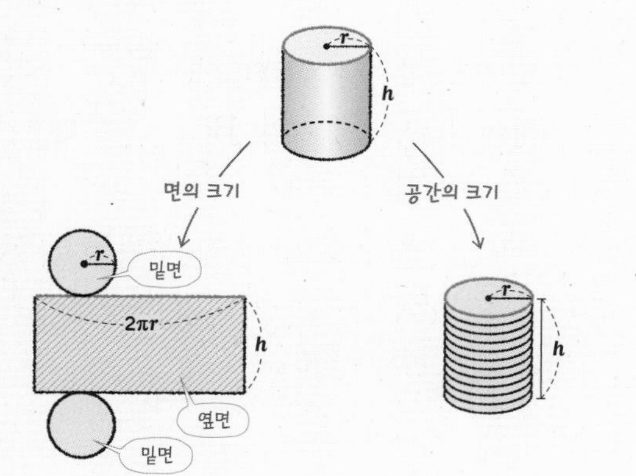

02 원기둥의 겉넓이와 부피

원기둥의 전개도는 서로 합동인 두 개의 밑면과 직사각형 모양의 옆면으로 이루어져 있으므로 원기둥의 겉넓이는 두 밑넓이와 옆넓이의 합으로 구할 수 있어.

한편 원기둥 안에 밑면이 정다각형인 각기둥을 밑면의 변의 개수를 계속 늘려가며 만들면 각기둥은 원기둥에 가까워져. 따라서 원기둥의 부피도 각기둥의 부피와 같은 밑넓이와 높이의 곱이야!

- **겉넓이:** (밑넓이)×2+(옆넓이)
- **부피:** (밑넓이)×(높이)

03 속이 뚫린 기둥의 겉넓이와 부피

속이 뚫린 기둥의 밑넓이는 큰 기둥의 밑넓이에서 작은 기둥의 밑넓이를 빼면 돼. 이 밑넓이를 이용해서 겉넓이와 부피를 구할 수 있어.

이때 겉넓이에서 작은 기둥의 옆넓이를 더하는 것을 빠뜨리지 말아야 해.

한편 부피는 큰 기둥의 부피에서 작은 기둥의 부피를 빼면 돼!

- **겉넓이:** (밑넓이)×2+(큰 기둥의 옆넓이)
  +(작은 기둥의 옆넓이)
- **부피:** (큰 기둥의 부피)−(작은 기둥의 부피)
  =(밑넓이)×(높이)
  (큰 기둥의 밑넓이)−(작은 기둥의 밑넓이)

면의 크기냐? 공간의 크기냐?

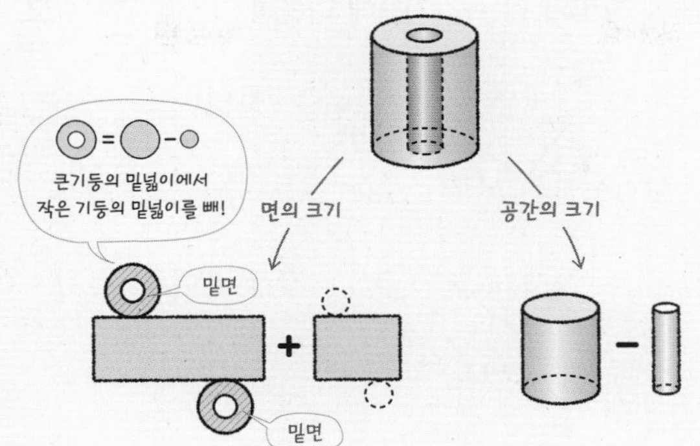

04 다양한 입체도형의 겉넓이와 부피

크기가 다른 두 기둥으로 이루어진 기둥의 겉넓이를 구할 때는 큰 기둥의 겉넓이와 작은 기둥의 옆넓이를 더하면 돼!

한편 부피는 큰 기둥의 부피와 작은 기둥의 부피를 더하면 돼!

- **겉넓이:** (큰 기둥의 겉넓이)+(작은 기둥의 옆넓이)
- **부피:** (큰 기둥의 부피)+(작은 기둥의 부피)

면의 크기냐? 공간의 크기냐?

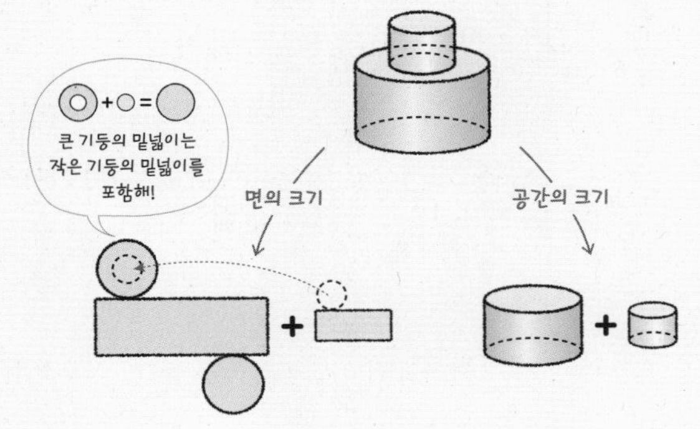

05 밑면이 부채꼴인 기둥의 겉넓이와 부피

밑면이 부채꼴인 기둥의 겉넓이와 부피는 밑넓이가 부채꼴이므로 부채꼴의 넓이를 구하는 공식을 이용하면 돼!

한편 부피는 각기둥과 원기둥의 부피를 구하는 공식과 같은 밑넓이와 높이의 곱이야!

- **겉넓이:** (밑넓이)×2+(옆넓이)
- **부피:** (밑넓이)×(높이)

면의 크기냐? 공간의 크기냐?

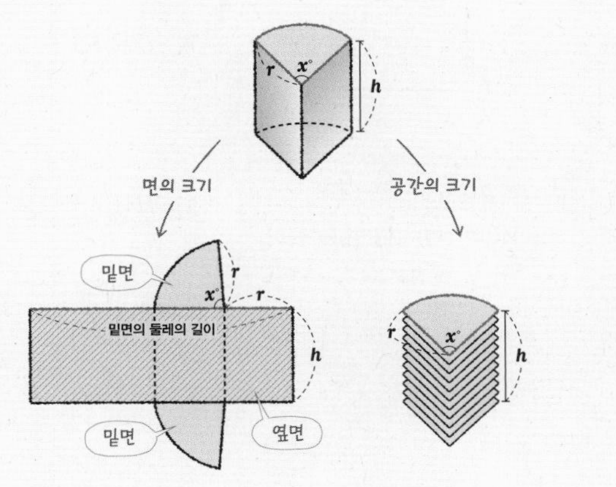

01 면의 크기냐? 공간의 크기냐?

각기둥의 겉넓이와 부피

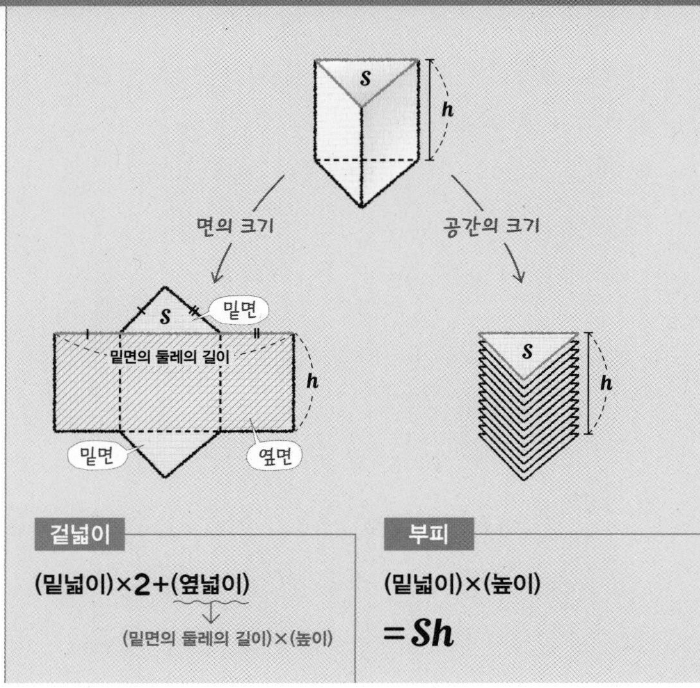

겉넓이

(밑넓이)×2+(옆넓이)

(옆넓이) = (밑면의 둘레의 길이)×(높이)

부피

(밑넓이)×(높이)

$=Sh$

원리확인 아래 그림과 같은 각기둥에 대하여 다음 □ 안에 알맞은 수를 써넣으시오.

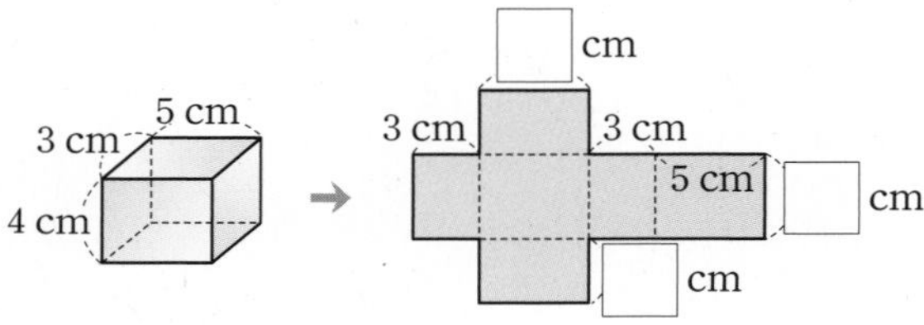

❶ (밑넓이)=3×□=□(cm²)

❷ (옆넓이)=(3+□+3+5)×□
=□(cm²)

❸ (겉넓이)=□×2+□=□(cm²)
(밑넓이) (옆넓이)

❹ (높이)=□ cm

❺ (부피)=□×□=□(cm³)
(밑넓이) (높이)

1st 각기둥의 겉넓이 구하기

● 아래 그림과 같은 각기둥에 대하여 다음을 구하시오.

1

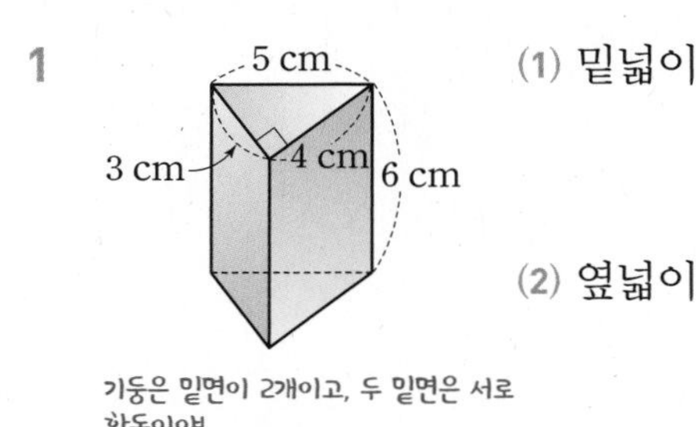

기둥은 밑면이 2개이고, 두 밑면은 서로 합동이야!

(1) 밑넓이

(2) 옆넓이

(3) 겉넓이

2

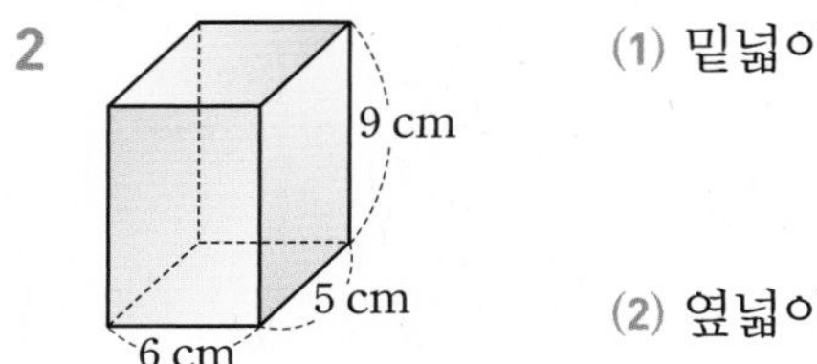

(1) 밑넓이

(2) 옆넓이

(3) 겉넓이

3

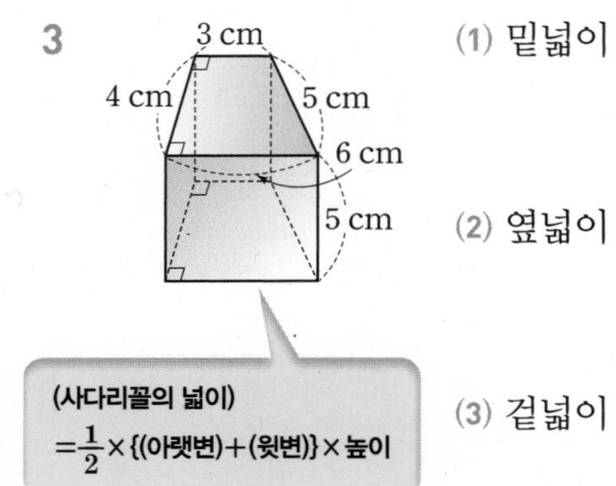

(사다리꼴의 넓이)
$=\frac{1}{2}\times\{(\text{아랫변})+(\text{윗변})\}\times\text{높이}$

(1) 밑넓이

(2) 옆넓이

(3) 겉넓이

● 아래 그림과 같은 전개도로 만든 각기둥에 대하여 다음을 구하시오.

4

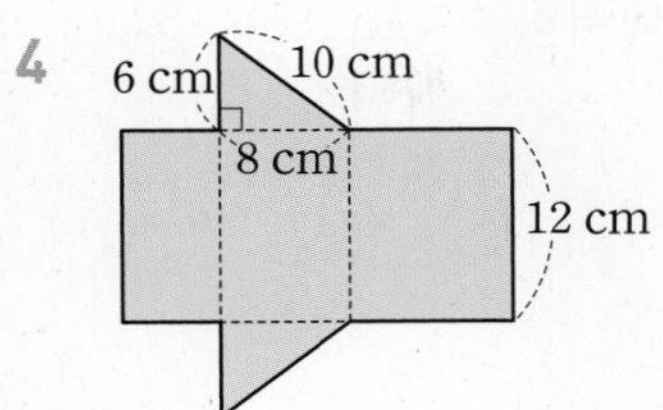

(1) 밑넓이

(2) 옆넓이

(3) 겉넓이

5

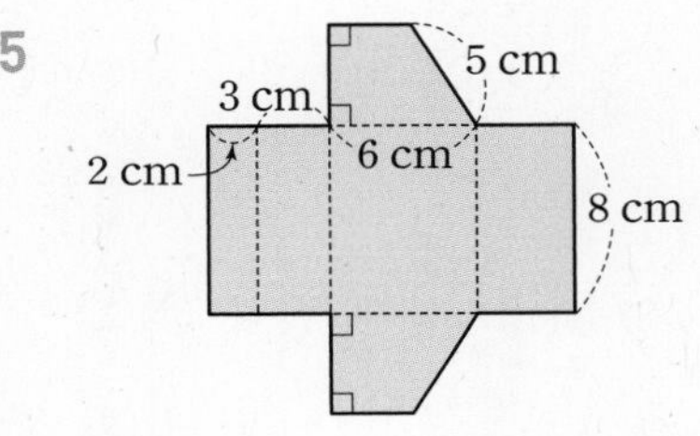

(1) 밑넓이

(2) 옆넓이

(3) 겉넓이

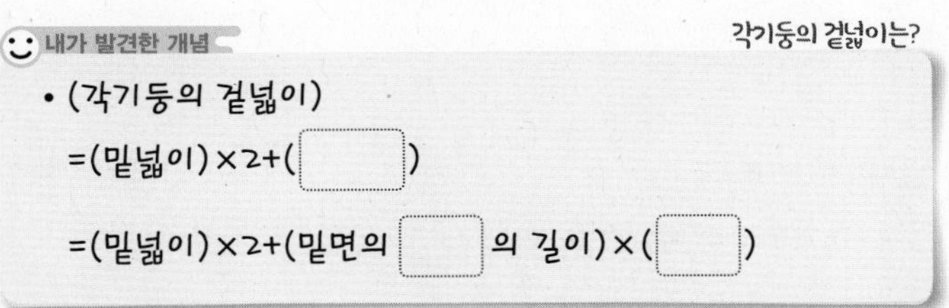

● 다음 그림과 같은 기둥의 겉넓이를 구하시오.

6

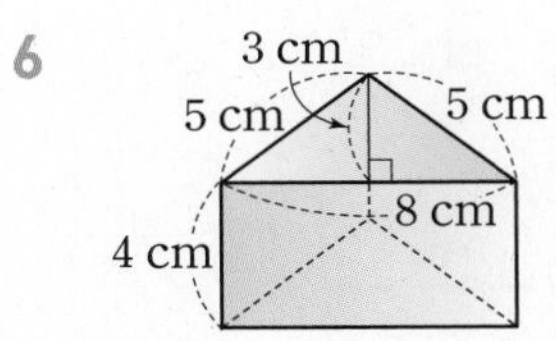

7

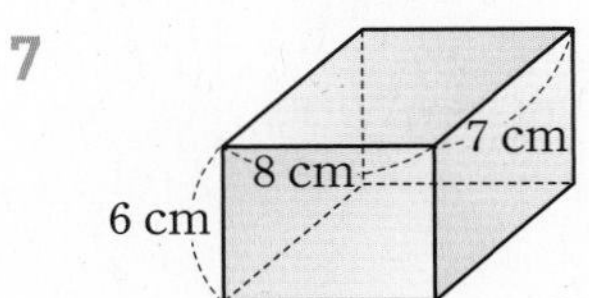

8

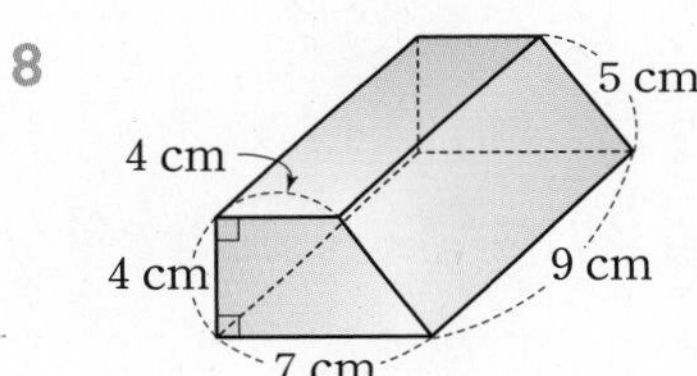

9

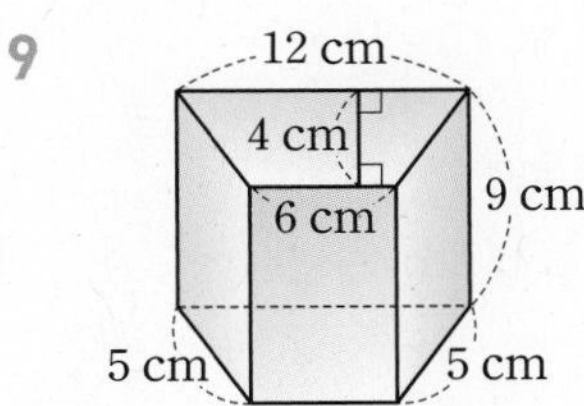

● 아래 그림과 같은 각기둥에 대하여 다음을 구하시오.

10 사각기둥의 겉넓이가 112 cm^2일 때, 사각기둥의 높이

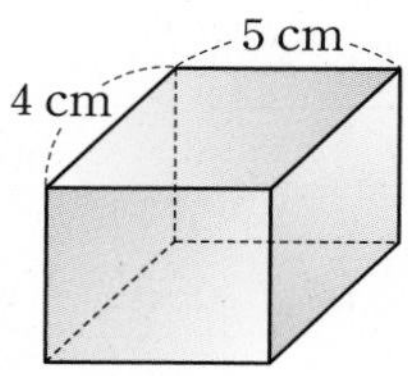

11 삼각기둥의 옆넓이가 360 cm^2일 때, 삼각기둥의 높이

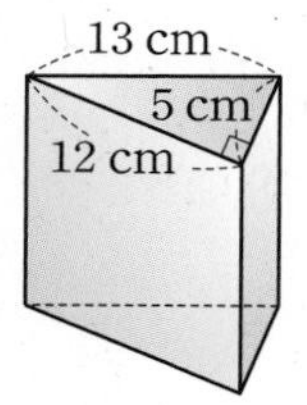

12 각기둥의 겉넓이가 240 cm^2일 때, 각기둥의 높이

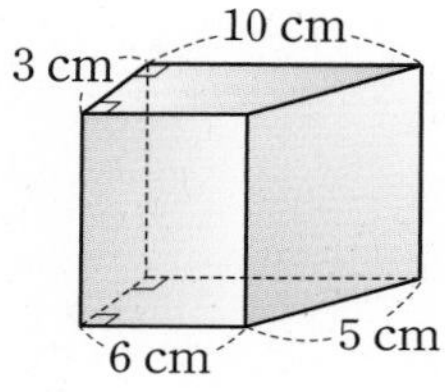

개념모음문제

13 정육면체의 겉넓이가 150 cm^2일 때, 이 정육면체의 한 모서리의 길이는?

① 5 cm ② 10 cm ③ 15 cm
④ 20 cm ⑤ 25 cm

2nd 각기둥의 부피 구하기

● 아래 그림과 같은 각기둥에 대하여 다음을 구하시오.

14

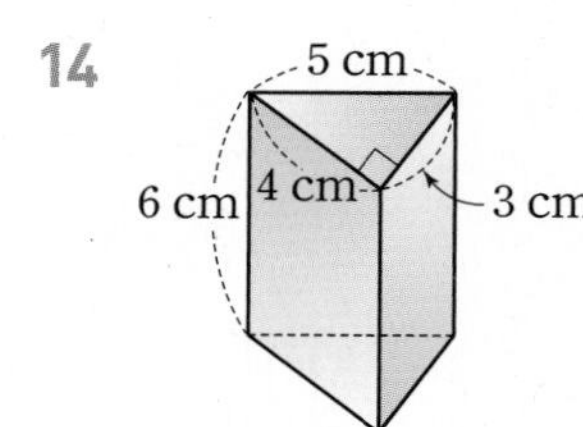

(1) 밑넓이

(2) 높이

(3) 부피

15

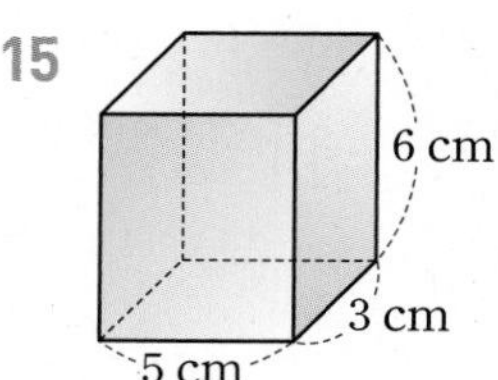

(1) 밑넓이

(2) 높이

(3) 부피

16

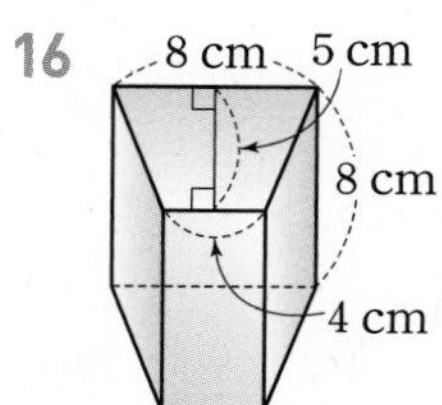

(1) 밑넓이

(2) 높이

(3) 부피

내가 발견한 개념 각기둥의 부피는?

• (각기둥의 부피)=(밑넓이)×(   )

● 다음 그림과 같은 각기둥 또는 전개도로 만든 각기둥의 부피를 구하시오.

17

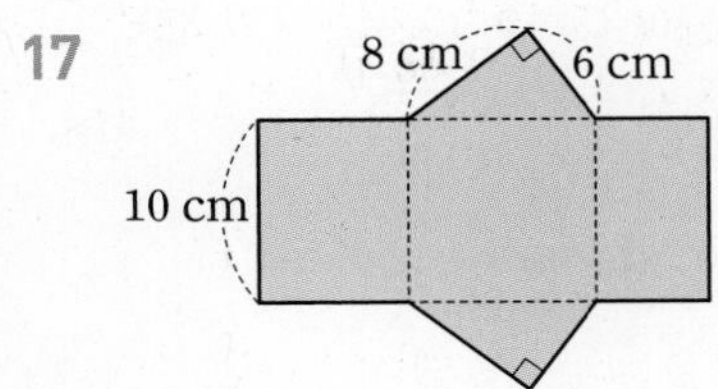

18

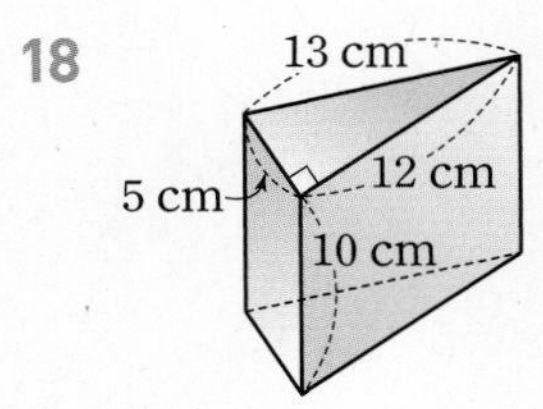

19

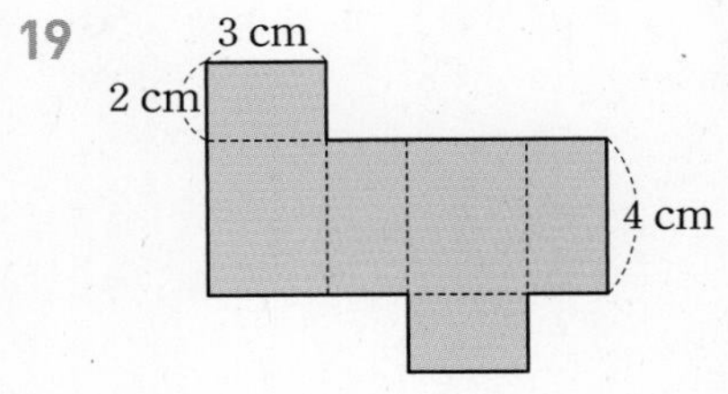

20

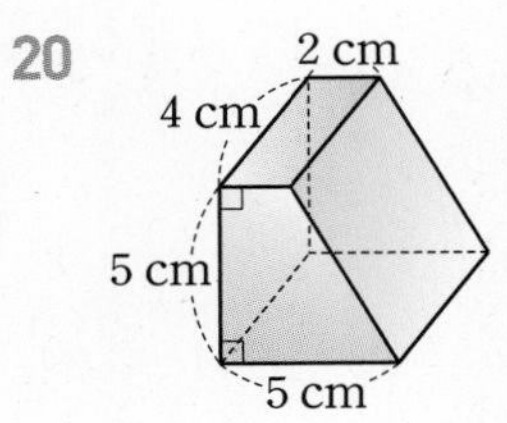

● 아래 그림 또는 조건과 같은 각기둥에 대하여 다음을 구하시오.

21 삼각기둥의 부피가 108 cm^3일 때, 삼각기둥의 높이

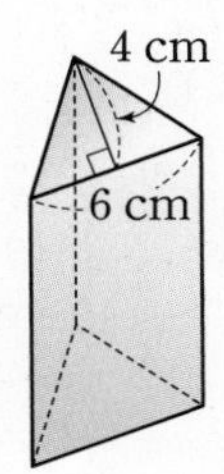

22 각기둥의 부피가 720 cm^3일 때, 각기둥의 높이

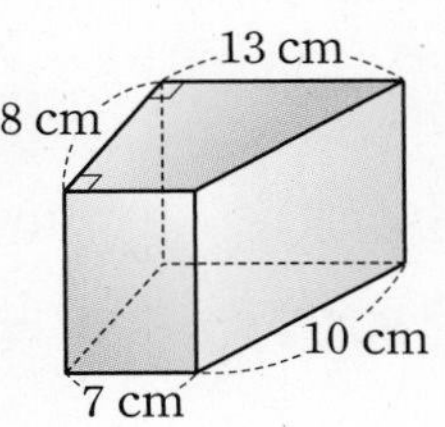

23 부피가 72 cm^3이고 높이가 6 cm인 삼각기둥의 밑넓이

개념모음문제

24 오른쪽 그림과 같은 각기둥의 부피는?

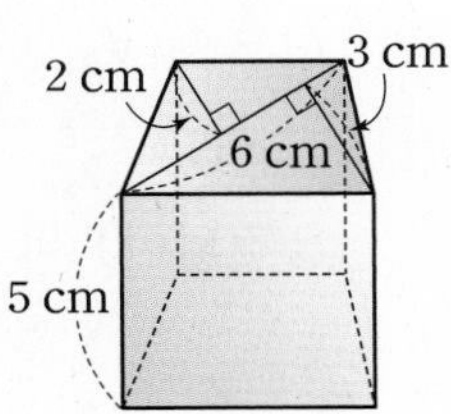

① 50 cm^3
② 75 cm^3
③ 100 cm^3
④ 125 cm^3
⑤ 150 cm^3

02

면의 크기냐? 공간의 크기냐?

원기둥의 겉넓이와 부피

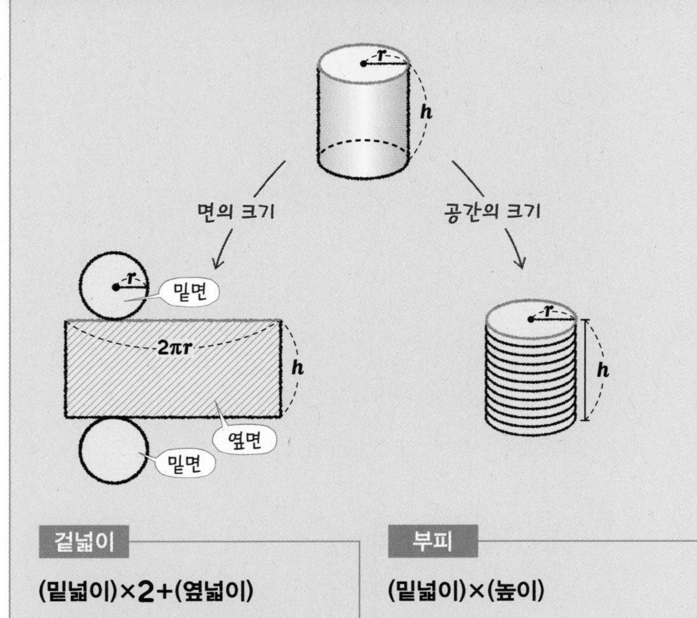

겉넓이

(밑넓이)×2+(옆넓이)

$=2\pi r^2+2\pi rh$

부피

(밑넓이)×(높이)

$=\pi r^2 h$

원리확인 아래 그림과 같은 원기둥에 대하여 다음 □ 안에 알맞은 수를 써넣으시오.

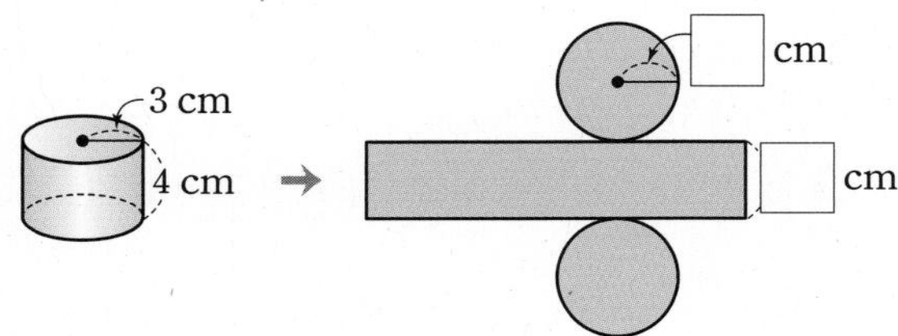

❶ (밑넓이)$=\pi\times$□$^2=$□(cm^2)

❷ (옆넓이)$=(2\pi\times$□$)\times$□$=$□(cm^2)

❸ (겉넓이)=□(밑넓이)×2+□(옆넓이)

=□(cm^2)

❹ (높이)=□ cm

❺ (부피)=□(밑넓이)×□(높이)=□(cm^3)

1st — 원기둥의 겉넓이 구하기

• 아래 그림과 같은 원기둥에 대하여 다음을 구하시오.

1 4 cm, 7 cm

(1) 밑넓이

(2) 옆넓이

(3) 겉넓이

2 2 cm, 6 cm

(1) 밑넓이

(2) 옆넓이

(3) 겉넓이

3

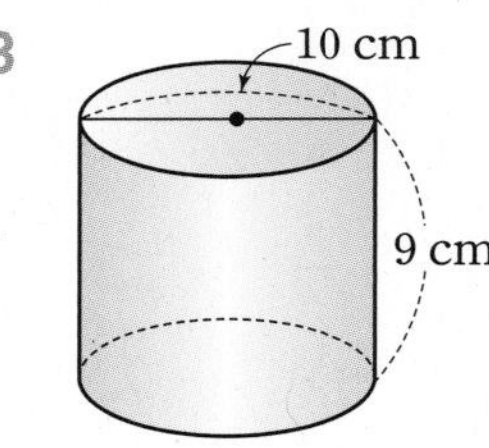

(1) 밑넓이

(2) 옆넓이

(3) 겉넓이

내가 발견한 개념 원기둥의 겉넓이는?

• 밑면의 반지름의 길이가 r, 높이가 h인 원기둥

→(원기둥의 겉넓이)=(밑넓이)×2+(□)

$=\pi r^2\times2+($□$\times h)$

• 아래 그림과 같은 전개도로 만든 원기둥에 대하여 다음을 구하시오.

4

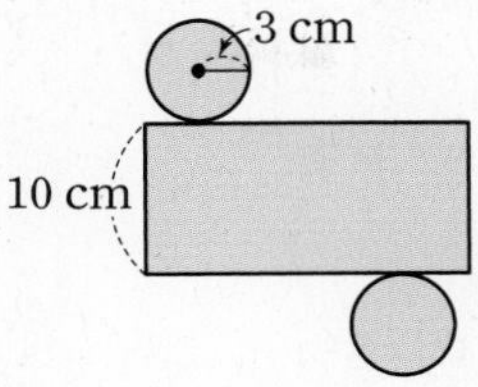

3 cm

10 cm

(1) 밑넓이

(2) 옆넓이

(3) 겉넓이

5

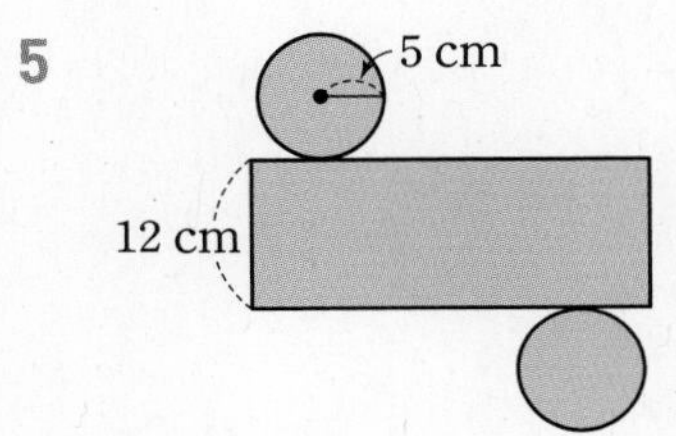

(1) 밑넓이

(2) 옆넓이

(3) 겉넓이

내가 발견한 개념 원기둥의 전개도에서 같은 것을 찾아봐!

- 원기둥의 전개도에서 옆면은 ☐
- (직사각형의 가로의 길이)=(☐의 둘레의 길이)
- (직사각형의 세로의 길이)=(☐의 높이)
- (원기둥의 옆넓이)
=(☐의 둘레의 길이)×(☐의 높이)

• 다음 그림과 같은 원기둥의 겉넓이를 구하시오.

6

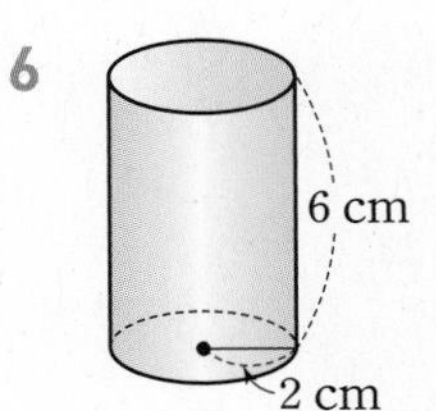

7

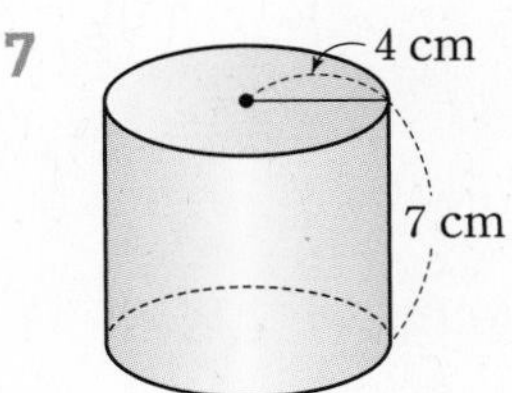

8

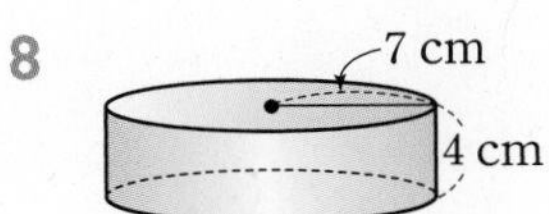

9

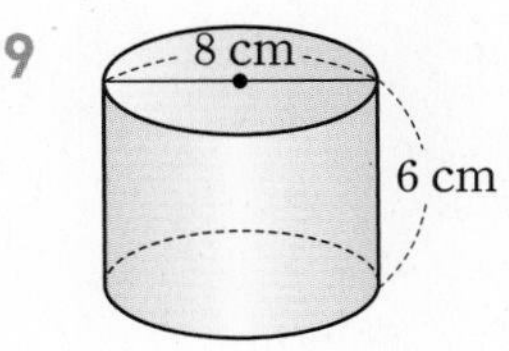

● 아래 그림과 같은 원기둥에 대하여 다음을 구하시오.

10 원기둥의 겉넓이가 112π cm^2, 밑면의 반지름의 길이가 4 cm일 때, 원기둥의 높이

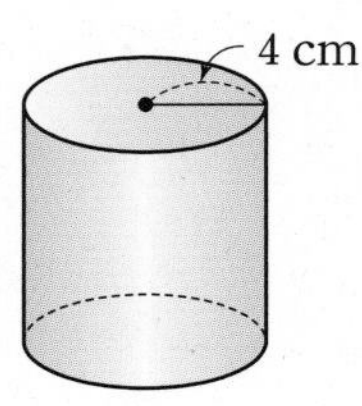

11 원기둥의 겉넓이가 120π cm^2, 밑면의 반지름의 길이가 6 cm일 때, 원기둥의 높이

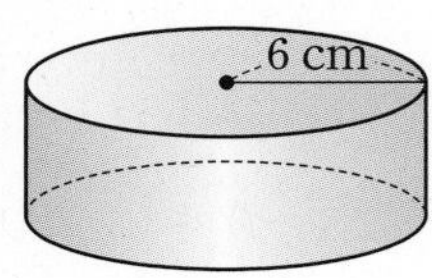

12 원기둥의 겉넓이가 52π cm^2, 밑면의 반지름의 길이가 2 cm일 때, 원기둥의 높이

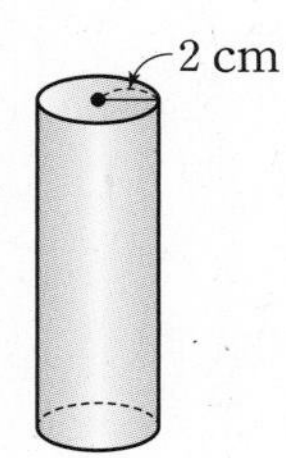

2nd – 원기둥의 부피 구하기

● 아래 그림과 같은 원기둥에 대하여 다음을 구하시오.

13

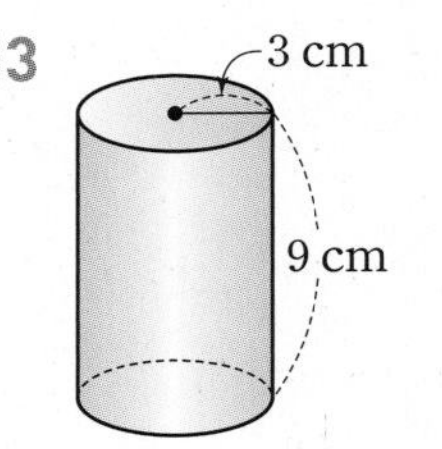

(1) 밑넓이

(2) 높이

(3) 부피

14

7 cm
4 cm

(1) 밑넓이

(2) 높이

(3) 부피

15

10 cm
5 cm

(1) 밑넓이

(2) 높이

(3) 부피

내가 발견한 개념 원기둥의 부피는?

• 밑면의 반지름의 길이가 r, 높이가 h인 원기둥

→(원기둥의 부피)=(밑넓이)×( )=( )

• 다음 그림과 같은 원기둥의 부피를 구하시오.

16

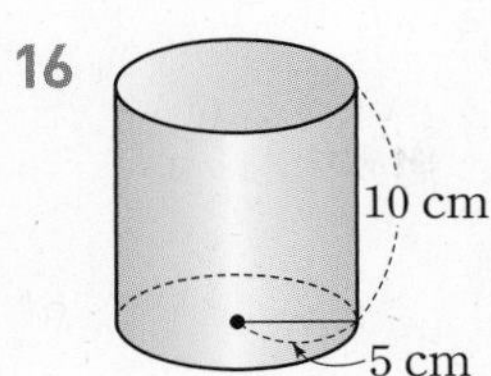

17

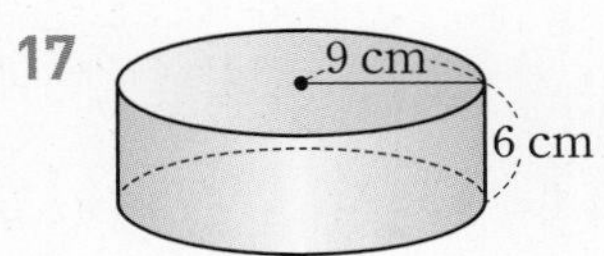

18

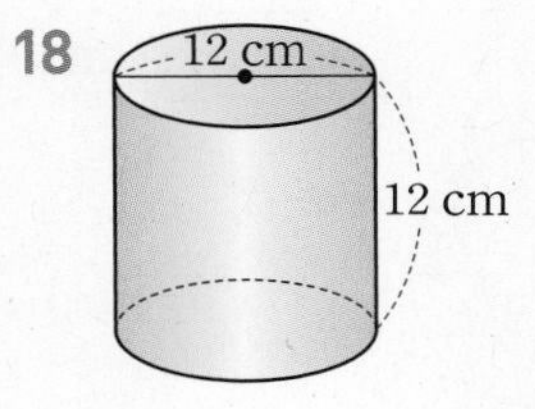

19

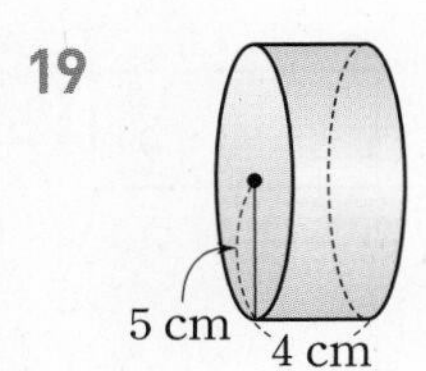

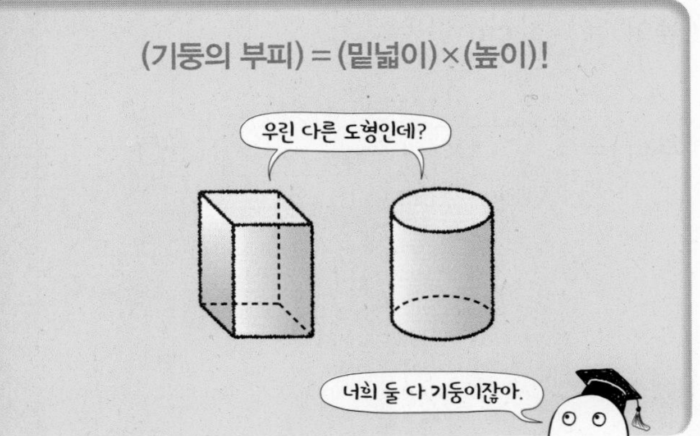

• 아래 그림과 같은 원기둥에 대하여 다음을 구하시오.

20 원기둥의 부피가 32π cm^3, 밑면의 반지름의 길이가 2 cm일 때, 원기둥의 높이

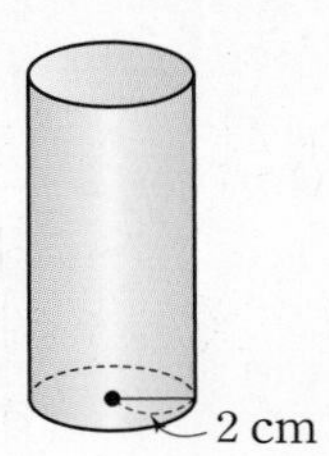

21 원기둥의 부피가 90π cm^3, 높이가 10 cm일 때, 원기둥의 밑면의 반지름의 길이

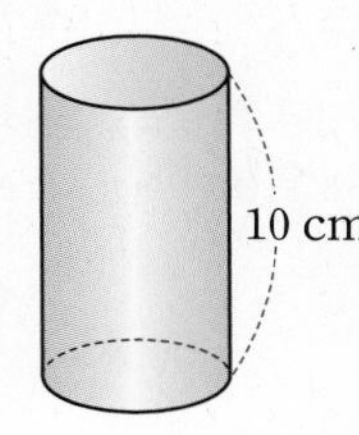

개념모음문제

22 오른쪽 그림과 같은 직사각형을 직선 l을 회전축으로 하여 1회전 시킬 때 생기는 회전체의 겉넓이와 부피를 차례대로 구한 것은?

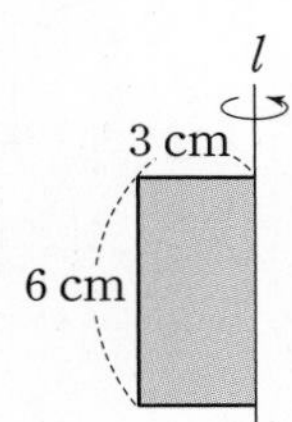

① 36π cm^2, 48π cm^3
② 42π cm^2, 50π cm^3
③ 48π cm^2, 48π cm^3
④ 54π cm^2, 54π cm^3
⑤ 54π cm^2, 58π cm^3

속이 뚫린 기둥의 겉넓이와 부피

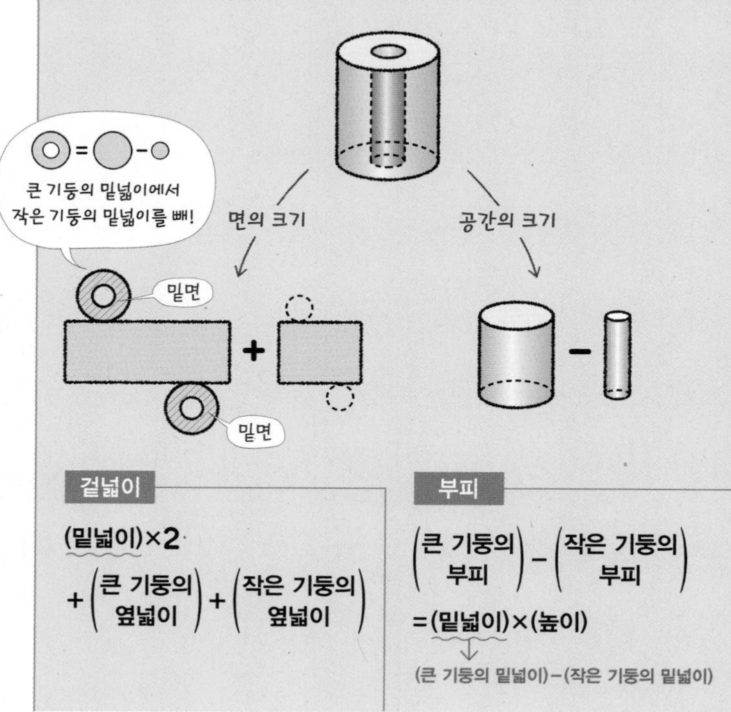

원리확인 아래 그림과 같은 속이 뚫린 기둥에 대하여 다음 □ 안에 알맞은 수를 써넣으시오.

❶

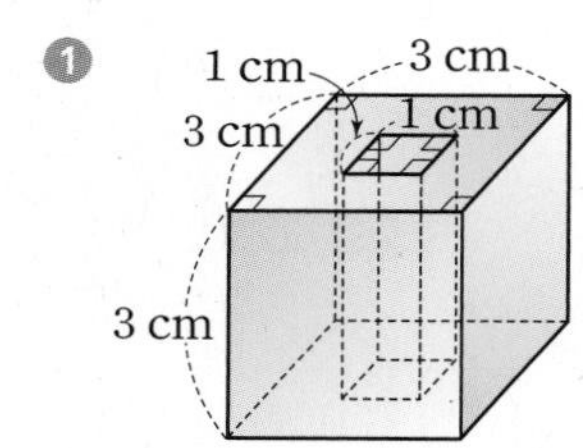

(1) (밑넓이)$=(3\times3)-(\square\times\square)=\square(\text{cm}^2)$

(2) (옆넓이)$=3\times\square+3\times\square=\square(\text{cm}^2)$

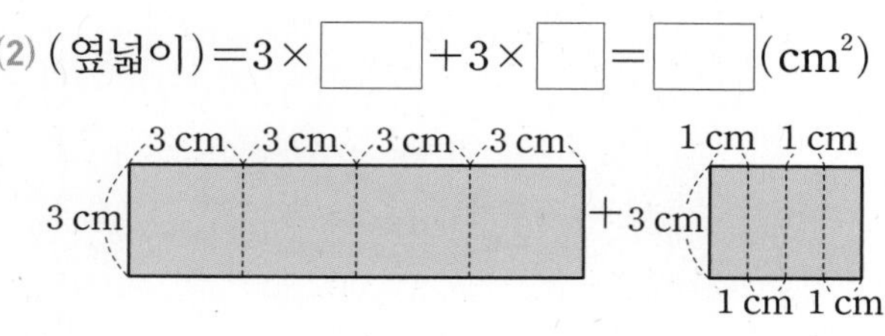

(3) (겉넓이)$=\underset{\text{밑넓이}}{\square}\times2+\underset{\text{옆넓이}}{\square}=\square(\text{cm}^2)$

(4) (높이)$=\square$ cm

(5) (부피)$=\underset{\text{밑넓이}}{\square}\times\underset{\text{높이}}{\square}=\square(\text{cm}^3)$

❷

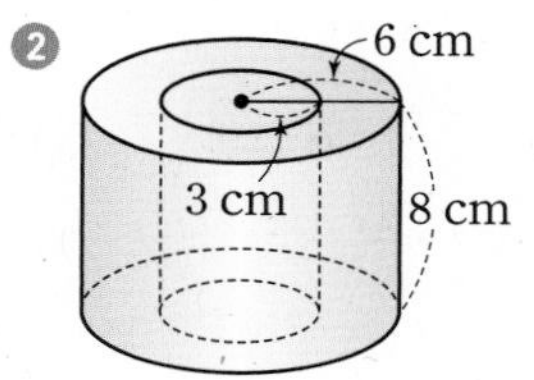

(1) (밑넓이)$=\pi\times\square^2-\pi\times\square^2=\square(\text{cm}^2)$

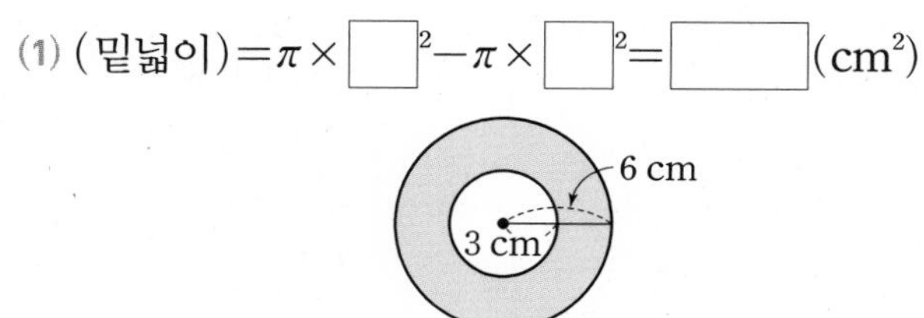

(2) (옆넓이)$=\square\times8+6\pi\times\square$

$=\square(\text{cm}^2)$

(3) (겉넓이)$=\underset{\text{밑넓이}}{\square}\times2+\underset{\text{옆넓이}}{\square}$

$=\square(\text{cm}^2)$

(4) (높이)$=\square$ cm

(5) (부피)$=\underset{\text{밑넓이}}{\square}\times\underset{\text{높이}}{\square}=\square(\text{cm}^3)$

1st 속이 뚫린 도형의 겉넓이 구하기

● 아래 그림과 같은 속이 뚫린 입체도형에 대하여 다음을 구하시오.

1

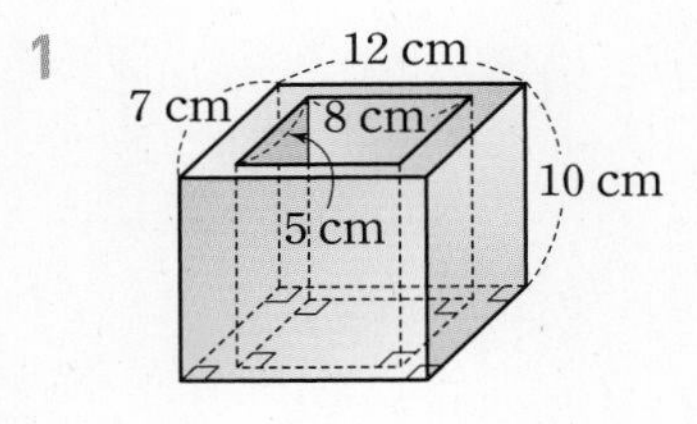

(1) 밑넓이

(2) 옆넓이

(3) 겉넓이

2

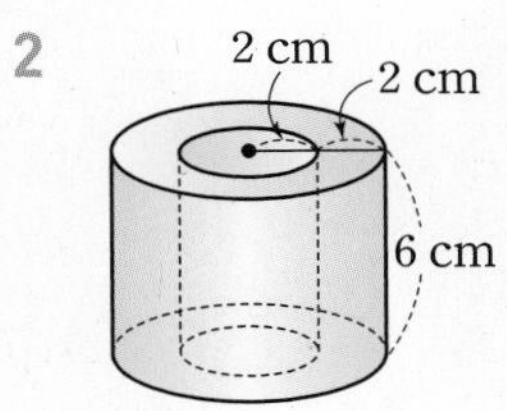

(1) 밑넓이

(2) 옆넓이

(3) 겉넓이

3

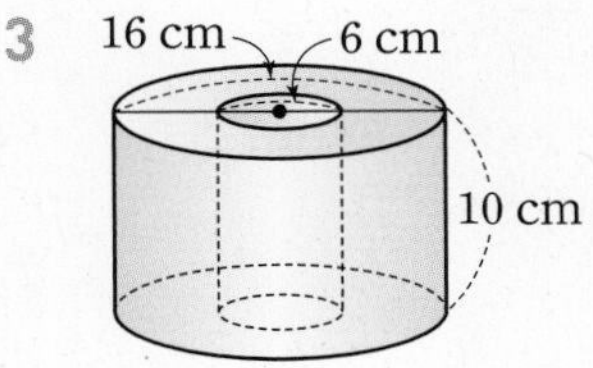

(1) 밑넓이

(2) 옆넓이

(3) 겉넓이

4

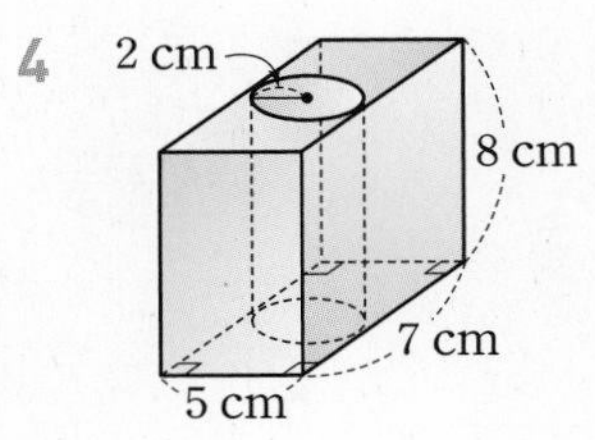

(1) 밑넓이

(2) 옆넓이

(3) 겉넓이

2nd 속이 뚫린 도형의 부피 구하기

● 아래 그림과 같은 속이 뚫린 아래 입체도형에 대하여 다음을 구하시오.

5

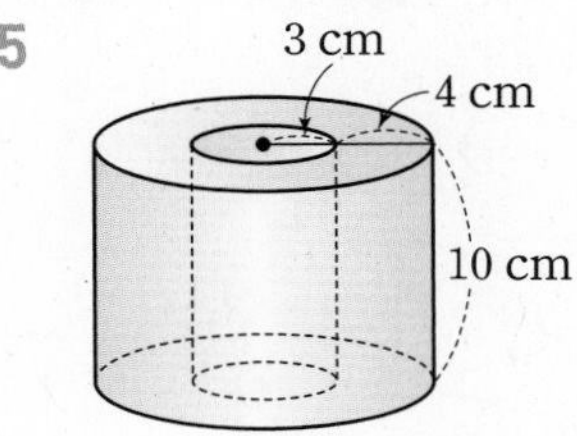

(1) 밑넓이

(2) 높이

(3) 부피

6

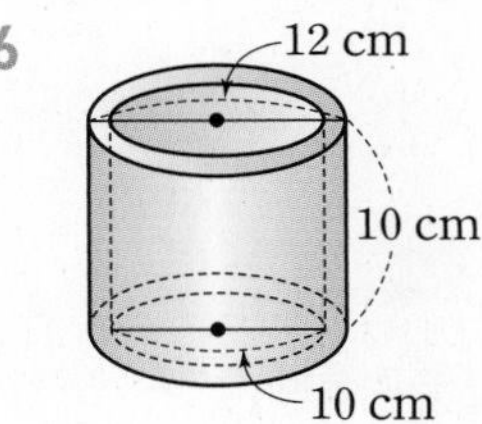

(1) 밑넓이

(2) 높이

(3) 부피

7

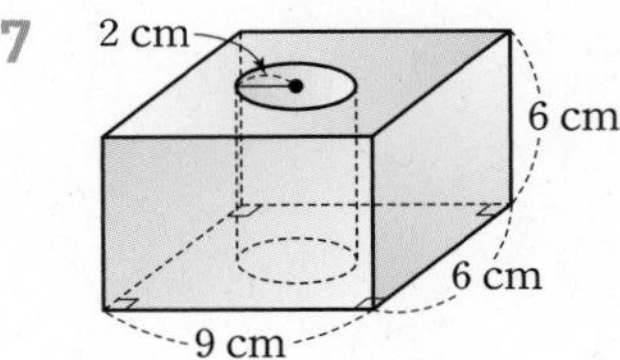

(1) 밑넓이

(2) 높이

(3) 부피

개념모음문제

8 오른쪽 그림과 같은 직사각형을 직선 l을 회전축으로 하여 1회전 시킬 때 생기는 회전체의 겉넓이와 부피를 차례대로 구한 것은?

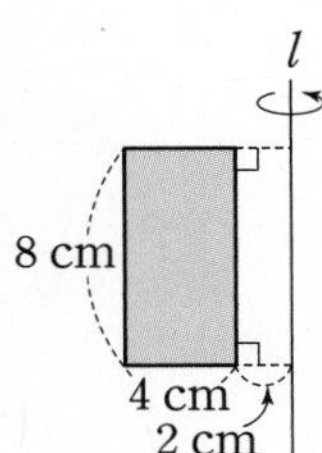

① $84\pi\ cm^2$, $128\pi\ cm^3$
② $150\pi\ cm^2$, $192\pi\ cm^3$
③ $192\pi\ cm^2$, $256\pi\ cm^3$
④ $212\pi\ cm^2$, $231\pi\ cm^3$
⑤ $236\pi\ cm^2$, $280\pi\ cm^3$

04

면의 크기냐? 공간의 크기냐?

다양한 입체도형의 겉넓이와 부피

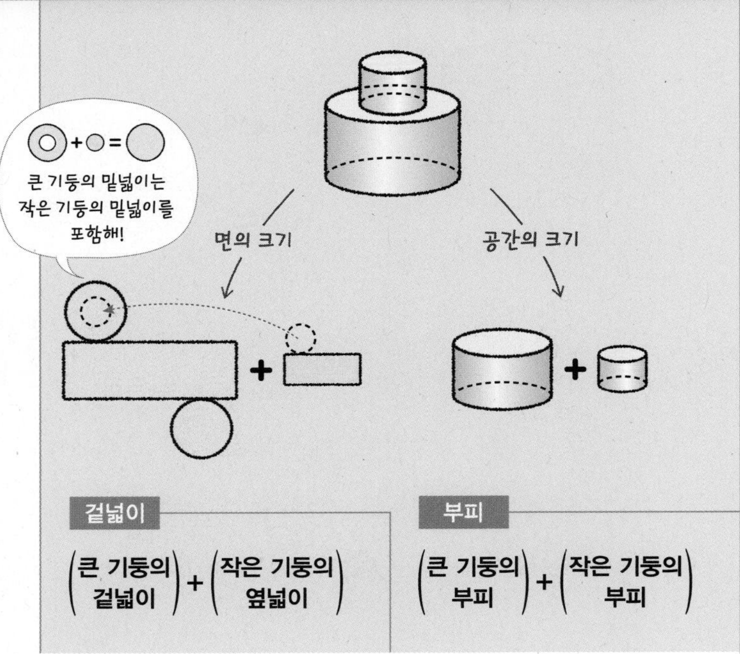

겉넓이

(큰 기둥의 겉넓이) + (작은 기둥의 옆넓이)

부피

(큰 기둥의 부피) + (작은 기둥의 부피)

원리확인 아래 그림과 같은 두 원기둥을 붙인 입체도형에 대하여 다음 □ 안에 알맞은 수를 써넣으시오.

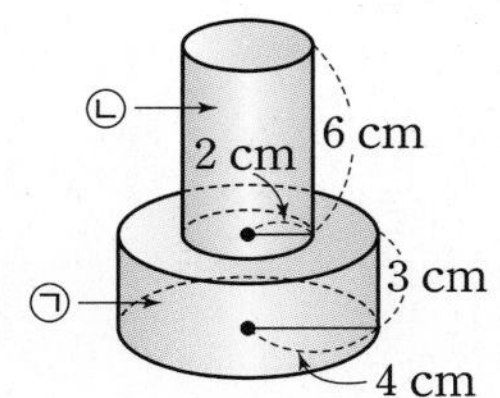

❶ (㉠의 겉넓이)$=2\times(\pi\times\square^2)+(2\pi\times4)\times\square$
$=\square(\text{cm}^2)$

❷ (㉡의 옆넓이)$=(2\pi\times\square)\times\square$
$=\square(\text{cm}^2)$

❸ (입체도형의 겉넓이)$=\square\ \text{cm}^2$

❹ (㉠의 부피)$=(\pi\times\square^2)\times\square=\square(\text{cm}^3)$

❺ (㉡의 부피)$=(\pi\times\square^2)\times\square=\square(\text{cm}^3)$

❻ (입체도형의 부피)$=\square\ \text{cm}^3$

1st — 두 기둥을 붙였을 때의 겉넓이 구하기

● 아래 그림과 같은 두 원기둥을 붙인 입체도형에 대하여 다음을 구하시오.

1 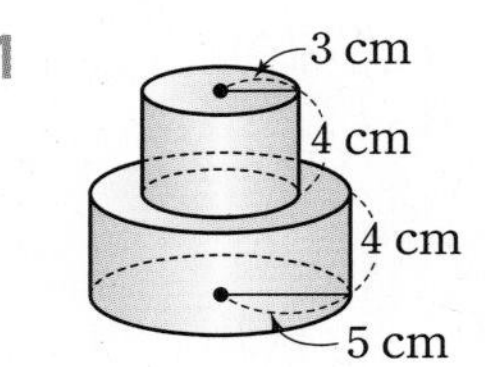

(1) 아래쪽 기둥의 겉넓이

(2) 위쪽 기둥의 옆넓이

(3) 입체도형의 겉넓이

2 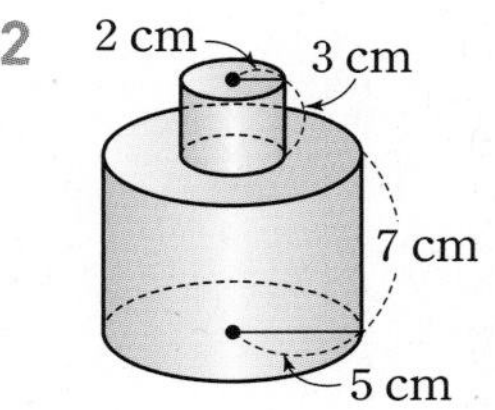

(1) 아래쪽 기둥의 겉넓이

(2) 위쪽 기둥의 옆넓이

(3) 입체도형의 겉넓이

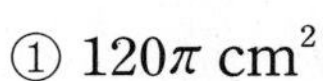

3 오른쪽 그림과 같은 입체도형의 겉넓이는?

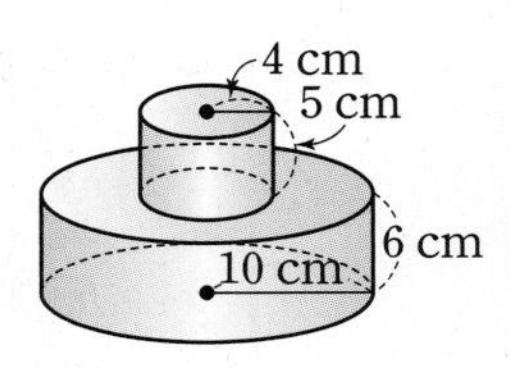

① $120\pi\ \text{cm}^2$
② $240\pi\ \text{cm}^2$
③ $300\pi\ \text{cm}^2$
④ $360\pi\ \text{cm}^2$
⑤ $380\pi\ \text{cm}^2$

2nd 두 기둥을 붙였을 때의 부피 구하기

● 아래 그림과 같은 두 원기둥을 붙인 입체도형에 대하여 다음을 구하시오.

4 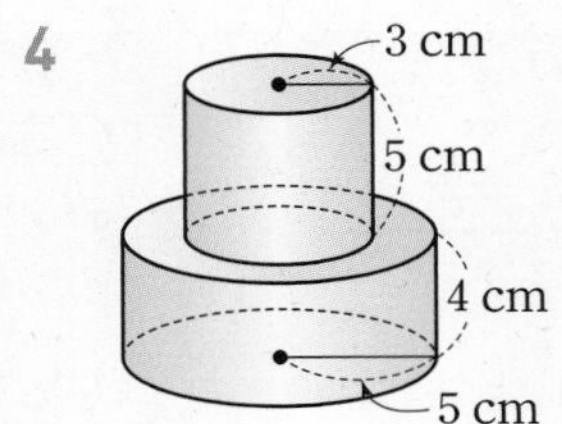

(1) 아래쪽 기둥의 부피

(2) 위쪽 기둥의 부피

(3) 입체도형의 부피

5 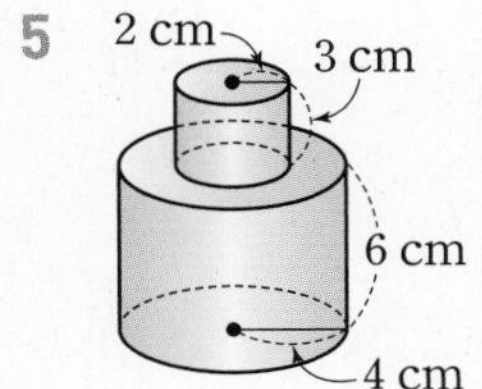

(1) 아래쪽 기둥의 부피

(2) 위쪽 기둥의 부피

(3) 입체도형의 부피

개념모음문제

6 오른쪽 그림과 같은 입체도형의 부피는?

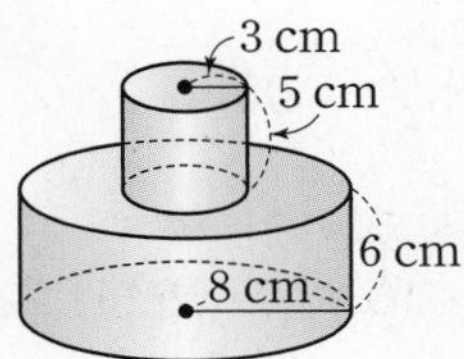

① $424\pi\ \text{cm}^3$
② $425\pi\ \text{cm}^3$
③ $426\pi\ \text{cm}^3$
④ $428\pi\ \text{cm}^3$
⑤ $429\pi\ \text{cm}^3$

3rd 잘라낸 각기둥의 겉넓이와 부피 구하기

● 아래 그림은 직육면체에서 밑면과 옆면에 각각 평행하게 일부를 잘라낸 입체도형이다. 다음을 구하시오.

7 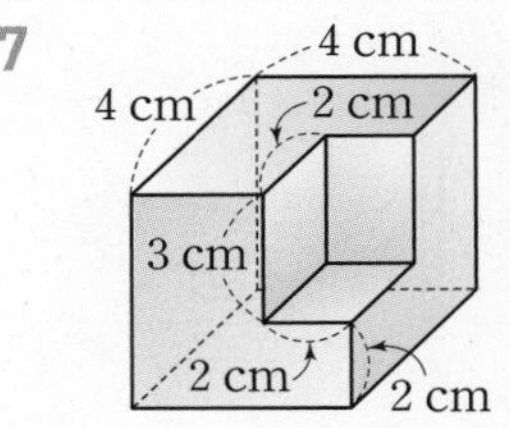

잘라낸 부분의 단면을 그림과 같이 이동하여 생각하면 주어진 입체도형의 겉넓이는 잘라내기 전의 직육면체의 겉넓이와 같다.

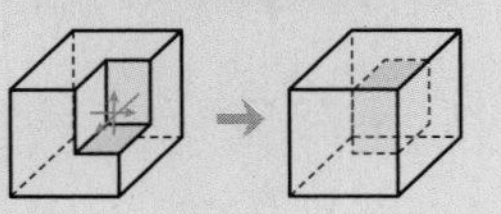

(1) 겉넓이

(2) 부피

8 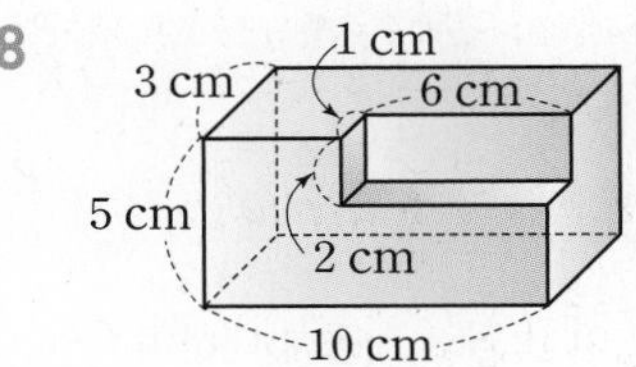

(1) 겉넓이

(2) 부피

9 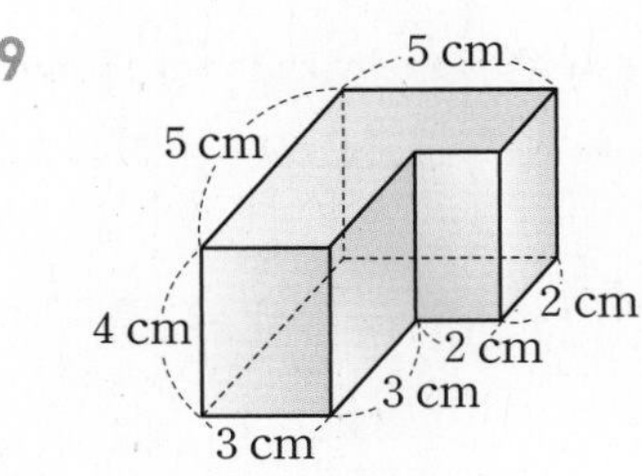

(1) 겉넓이

(2) 부피

05 면의 크기냐? 공간의 크기냐?

밑면이 부채꼴인 기둥의 겉넓이와 부피

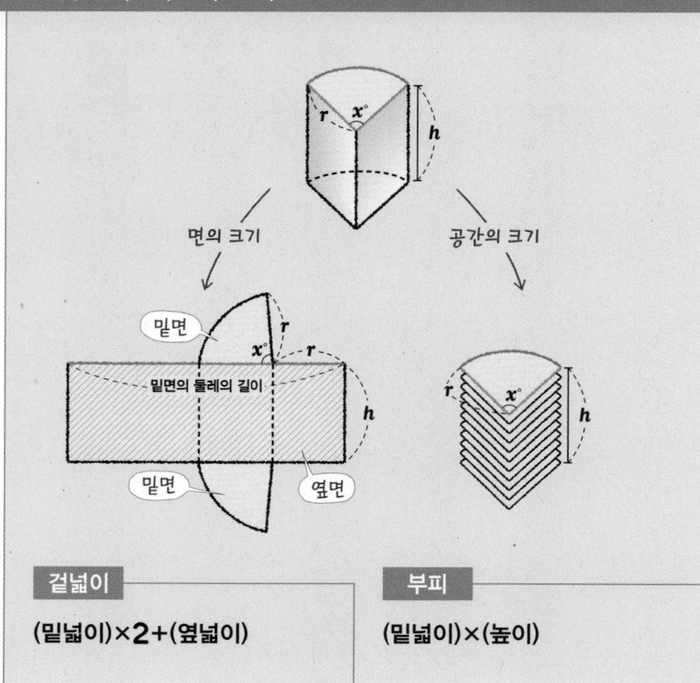

겉넓이

(밑넓이)×2+(옆넓이)

부피

(밑넓이)×(높이)

원리확인 아래 그림과 같은 밑면이 반원인 기둥에 대하여 다음 □ 안에 알맞은 수를 써넣으시오.

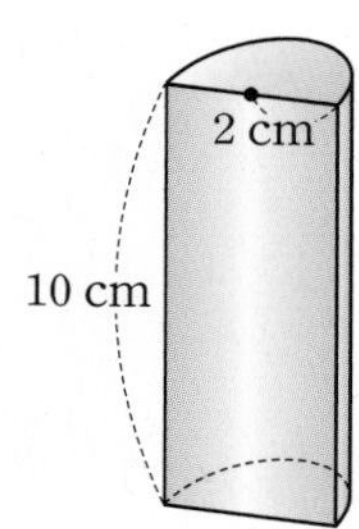

❶ (밑넓이)$=\frac{1}{2}\times(\pi\times\square^2)=\square(\text{cm}^2)$

❷ (옆넓이)$=\square\times10+4\times\square$
$=\square(\text{cm}^2)$

❸ (겉넓이)$=\underset{\text{밑넓이}}{\square}\times2+(\underset{\text{옆넓이}}{\square})$
$=\square(\text{cm}^2)$

❹ (높이)$=\square$ cm

❺ (부피)$=\underset{\text{밑넓이}}{\square}\times\underset{\text{높이}}{\square}=\square(\text{cm}^3)$

1st — 밑면이 부채꼴인 기둥의 겉넓이와 부피 구하기

- 아래 그림과 같은 밑면이 부채꼴인 기둥에 대하여 다음을 구하시오.

1

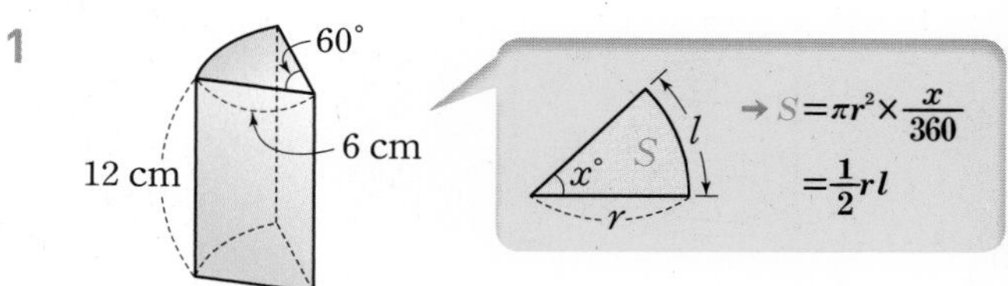

(1) 겉넓이

(2) 부피

2

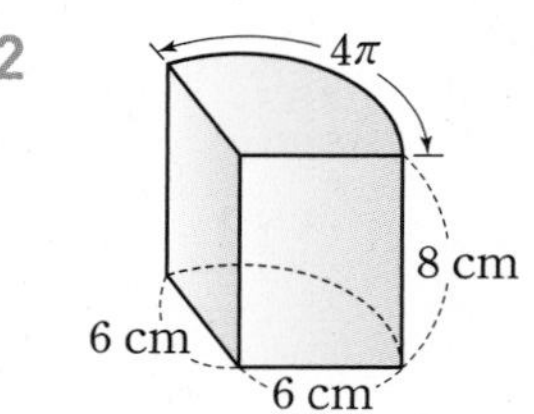

(1) 겉넓이

(2) 부피

3

5 cm

2 cm

(1) 겉넓이

(2) 부피

TEST 8. 입체도형의 겉넓이와 부피(1)

1 오른쪽 그림과 같은 삼각기둥의 겉넓이는?

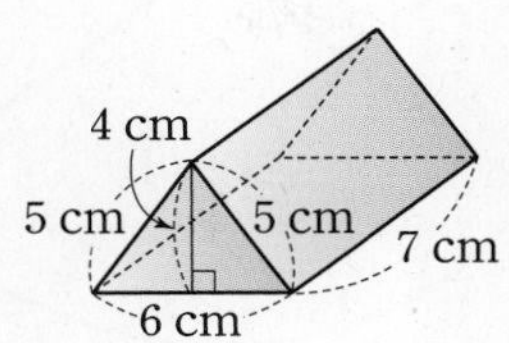

① 120 cm^2
② 128 cm^2
③ 136 cm^2
④ 140 cm^2
⑤ 144 cm^2

2 다음 그림은 원기둥의 전개도이다. 이 전개도로 만들어지는 원기둥의 부피를 구하시오.

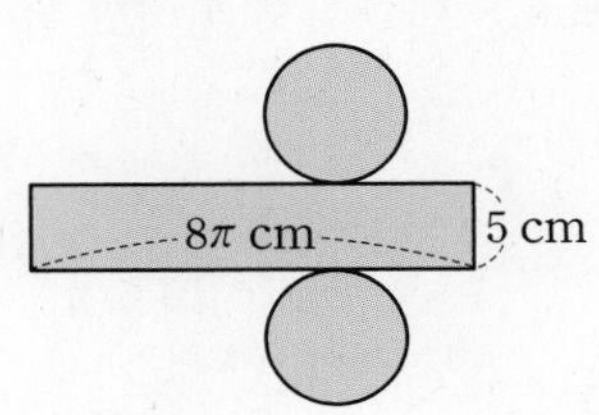

3 오른쪽 그림과 같이 속이 뚫린 입체도형의 부피는?

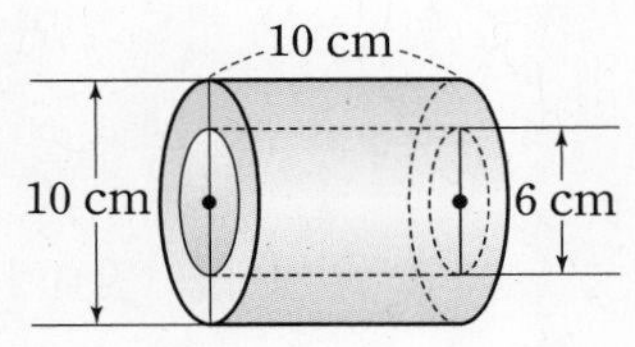

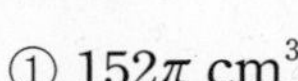

① 152π cm^3
② 160π cm^3
③ 164π cm^3
④ 170π cm^3
⑤ 174π cm^3

4 오른쪽 그림과 같은 평면도형을 직선 l을 회전축으로 하여 1회전 시킬 때 생기는 입체도형의 부피는?

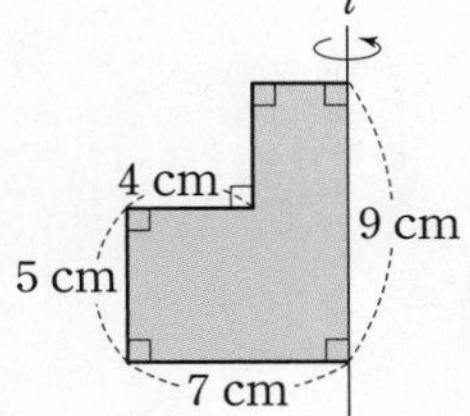

① 260π cm^3
② 265π cm^3
③ 272π cm^3
④ 281π cm^3
⑤ 289π cm^3

5 오른쪽 그림은 정육면체에서 밑면과 옆면에 각각 평행하게 일부를 잘라낸 입체도형이다. 이 입체도형의 겉넓이는?

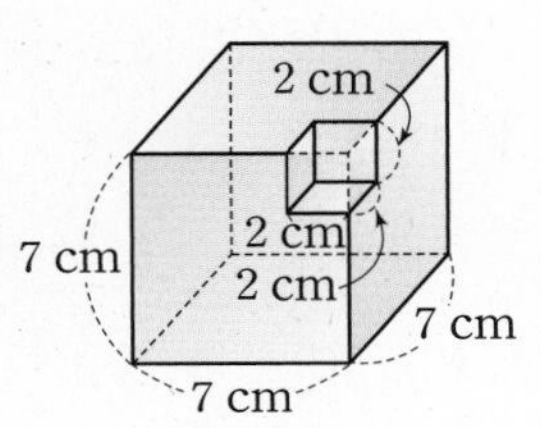

① 268 cm^2 ② 274 cm^2 ③ 280 cm^2
④ 288 cm^2 ⑤ 294 cm^2

6 오른쪽 그림과 같이 밑면이 부채꼴인 기둥의 겉넓이와 부피를 차례대로 구하시오.

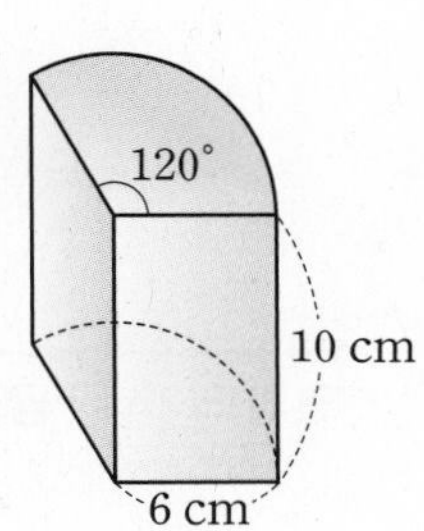

9

면이냐! 공간이냐!

입체도형의 겉넓이와 부피 (2)

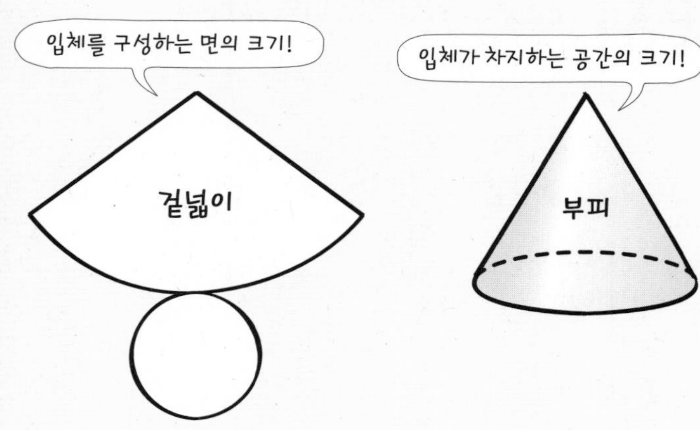

면의 크기냐? 공간의 크기냐?

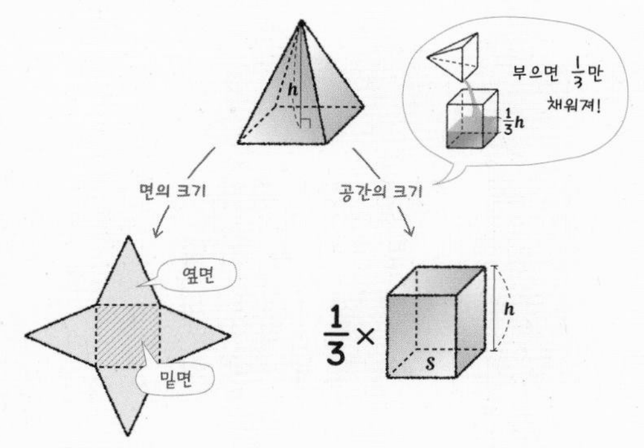

01 각뿔의 겉넓이와 부피

각뿔의 전개도는 한 개의 밑면과 여러 개의 삼각형 모양의 옆면으로 이루어져 있으므로 각뿔의 겉넓이는 밑넓이와 옆넓이의 합으로 구할 수 있어.

한편 뿔의 부피는 밑면이 합동이고 높이가 같은 기둥의 부피의 $\frac{1}{3}$이야!

- **겉넓이:** (밑넓이)+(옆넓이) **•부피:** $\frac{1}{3}\times$(각기둥의 부피)

각뿔의 옆면은 모두 삼각형!

면의 크기냐? 공간의 크기냐?

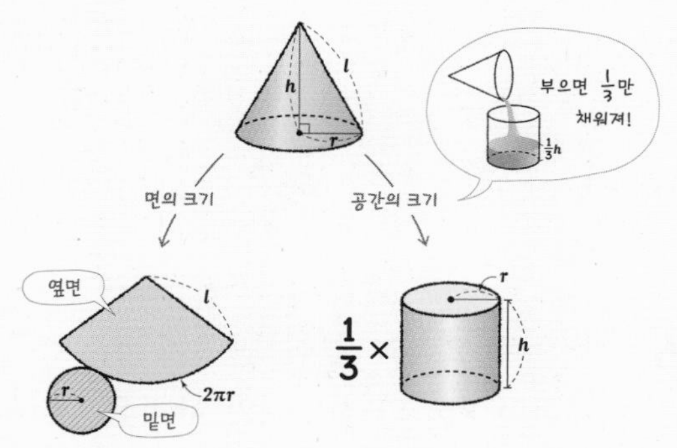

02 원뿔의 겉넓이와 부피

원뿔의 전개도는 한 개의 밑면과 부채꼴 모양의 옆면으로 이루어져 있으므로 원뿔의 겉넓이는 밑넓이와 옆넓이의 합으로 구할 수 있어.

한편 원뿔의 부피도 밑면이 합동이고 높이가 같은 원기둥의 부피의 $\frac{1}{3}$임을 이용하면 돼!

- **겉넓이:** (밑넓이)+(옆넓이) **•부피:** $\frac{1}{3}\times$(원기둥의 부피)

면의 크기냐? 공간의 크기냐?

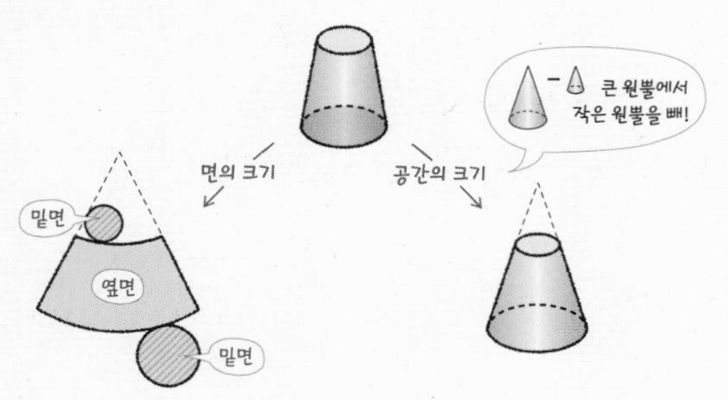

03 뿔대의 겉넓이와 부피

뿔대의 전개도는 두 개의 밑면과 옆면으로 이루어져 있으므로 뿔대의 겉넓이는 두 밑넓이와 옆넓이의 합으로 구할 수 있어!

한편 뿔대의 부피는 잘리기 전의 큰 뿔의 부피에서 잘린 작은 뿔의 부피를 빼면 돼!

- **겉넓이:** (두 밑넓이의 합)+(옆넓이)
- **부피:** (큰 뿔의 부피)−(작은 뿔의 부피)

면의 크기냐? 공간의 크기냐?

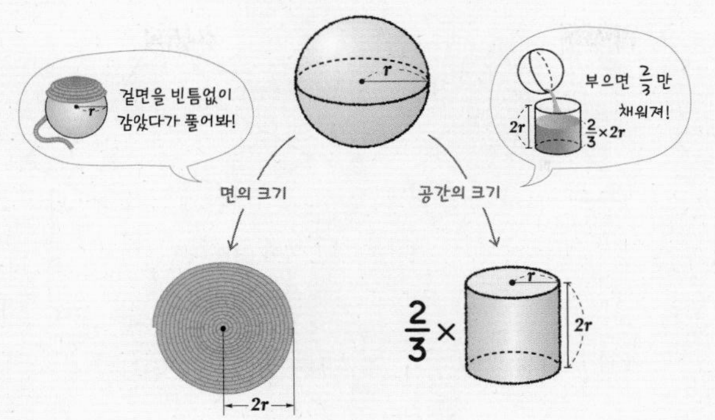

04 구의 겉넓이와 부피

일반적으로 반지름의 길이가 r인 구의 겉넓이는 반지름의 길이가 r인 원의 넓이의 4배야.
또한 일반적으로 반지름의 길이가 r인 구의 부피는 밑면인 원의 반지름의 길이가 r이고 높이가 $2r$인 원기둥의 부피의 $\frac{2}{3}$야!

- **겉넓이:** $\pi\times(2r)^2=4\pi r^2$ • **부피:** $\frac{2}{3}\times$(원기둥의 부피)

면의 크기냐? 공간의 크기냐?

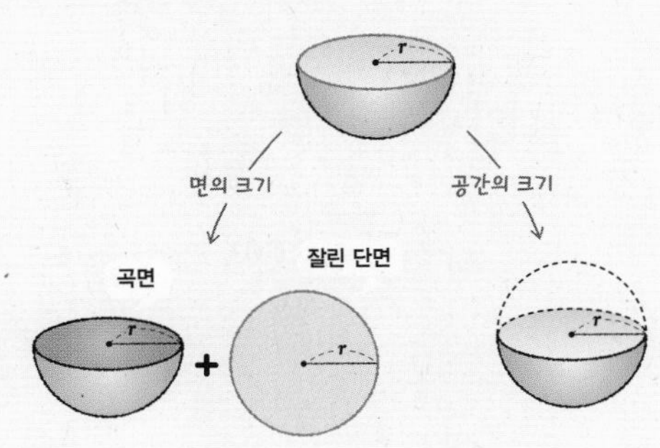

05 잘라낸 구의 겉넓이와 부피

잘라낸 구의 겉넓이는 곡면의 넓이와 잘린 단면의 넓이의 합으로 구할 수 있어. 이때 곡면의 넓이는 구의 겉넓이에서 몇 배 해야 하는지 살펴야 해!
한편 잘라낸 구의 부피는 구의 부피에서 몇 배를 해야 하는지 살펴야 해! 특히 반구는 구의 부피의 $\frac{1}{2}$이야!

- **반구의 겉넓이:** $\frac{1}{2}\times$(구의 겉넓이)+(원의 넓이)
  곡면의 넓이 / 잘린 단면의 넓이
- **반구의 부피:** $\frac{1}{2}\times$(구의 부피)

면의 크기냐? 공간의 크기냐?

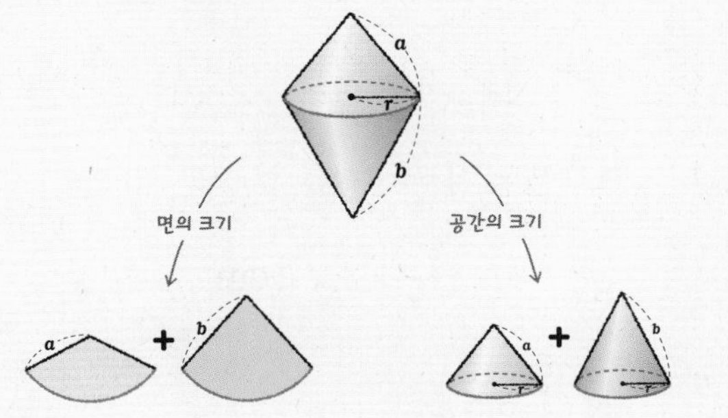

06 두 입체도형을 붙였을 때 겉넓이와 부피

두 입체도형의 겉넓이와 부피를 구할 때는 붙인 두 개의 입체도형 각각의 겉넓이와 부피를 이용하면 돼. 이때 겉넓이를 구할 때 두 입체도형을 붙인 면의 넓이는 생각하지 않음을 기억해!

- **겉넓이:** (위 뿔의 옆넓이)+(아래 뿔의 옆넓이)
- **부피:** (위 뿔의 부피)+(아래 뿔의 부피)

공간의 관계!

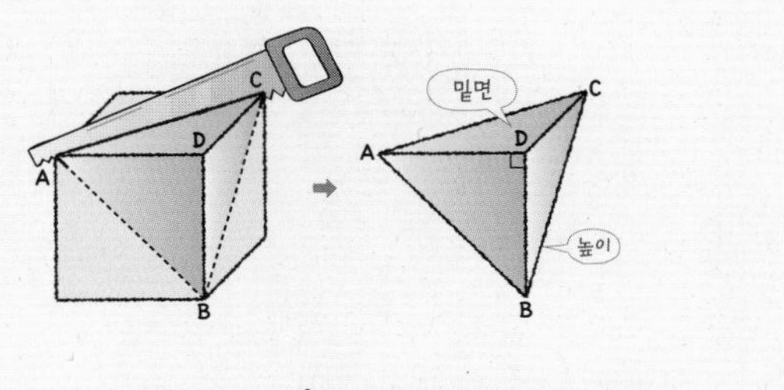

(삼각뿔의 부피) $=\frac{1}{3}\times\triangle ADC\times\overline{DB}$
밑넓이 / 높이

07 여러 가지 입체도형의 부피의 활용

앞에서 연습한 입체도형의 부피를 이용해서 여러 가지 입체도형의 부피를 구해보자.
(기둥의 부피)=(밑넓이)×(높이)
(뿔의 부피)=(기둥의 부피)$\times\frac{1}{3}$

01

면의 크기냐? 공간의 크기냐?

각뿔의 겉넓이와 부피

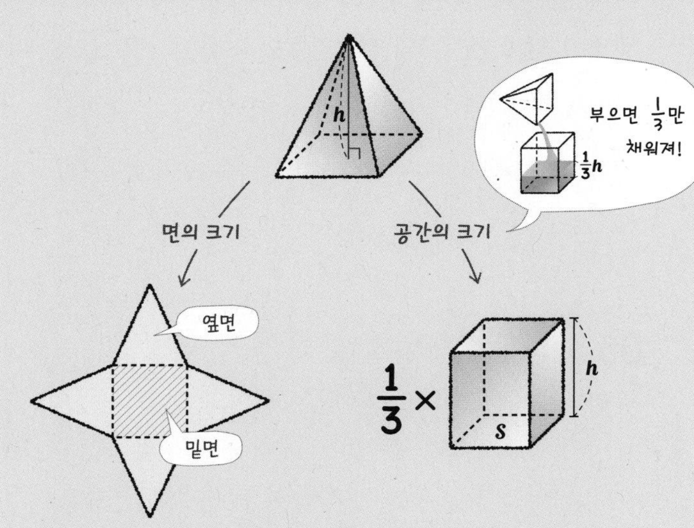

$\frac{1}{3}\times$

겉넓이

(밑넓이)+(옆넓이)

각뿔의 옆면은 모두 삼각형!

부피

$\frac{1}{3}\times$(각기둥의 부피)

$=\frac{1}{3}\times$(밑넓이)$\times$(높이)

$=\frac{1}{3}Sh$

각뿔의 부피는 각기둥의 부피의 $\frac{1}{3}$배?

A

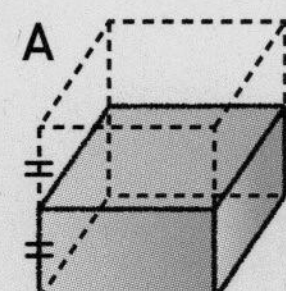

B

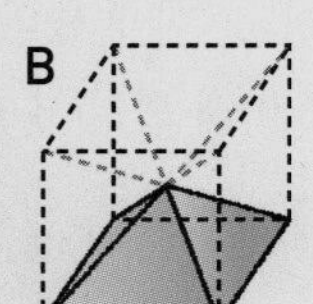

A에서 (사각기둥의 부피)$=\frac{1}{2}\times$(정육면체의 부피)이므로

B에서 (사각뿔의 부피)$=\frac{1}{6}\times$(정육면체의 부피)

$=\frac{1}{3}\times\frac{1}{2}\times$(정육면체의 부피)

$=\frac{1}{3}\times$(사각기둥의 부피)

원리확인 아래 그림과 같은 각뿔에 대하여 다음 □ 안에 알맞은 수를 써넣으시오.

❶

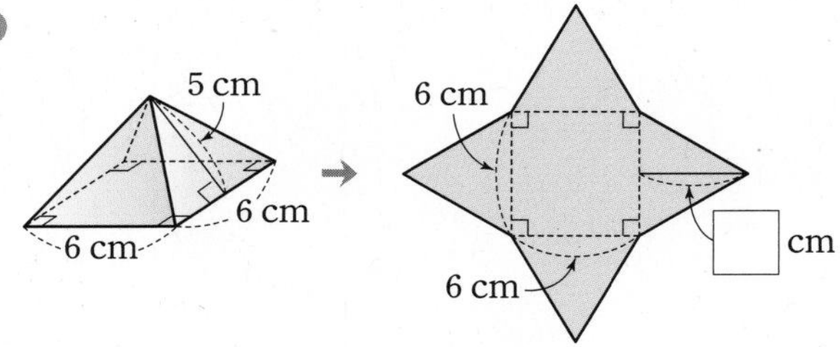

(1) (밑넓이)$=\square\times6=\square$(cm^2)

(2) (옆넓이)$=\left(\frac{1}{2}\times6\times\square\right)\times4$

$=\square$(cm^2)

(3) (겉넓이)$=\square+\square$ (밑넓이, 옆넓이)

$=\square$(cm^2)

❷

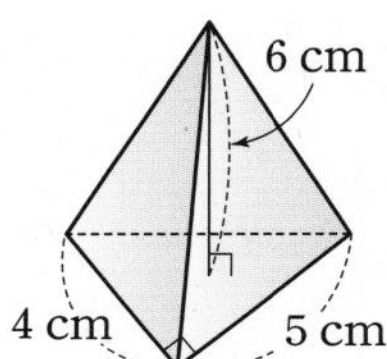

(1) (밑넓이)$=\frac{1}{2}\times\square\times\square$

$=\square$(cm^2)

(2) (높이)$=\square$ cm

(3) (부피)$=\frac{1}{3}\times\square\times\square$ (밑넓이, 높이)

$=\square$(cm^3)

1st 각뿔의 겉넓이 구하기

● 아래 그림과 같은 정사각뿔에 대하여 다음을 구하시오.

1
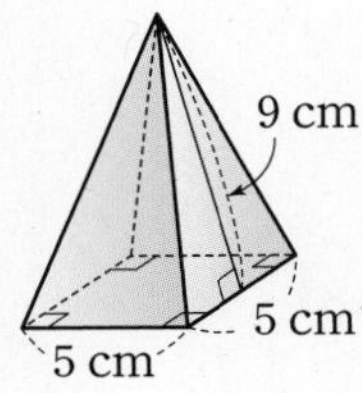

(1) 밑넓이

(2) 옆넓이

(3) 겉넓이

2
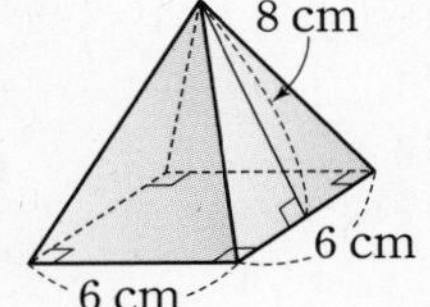

(1) 밑넓이

(2) 옆넓이

(3) 겉넓이

3
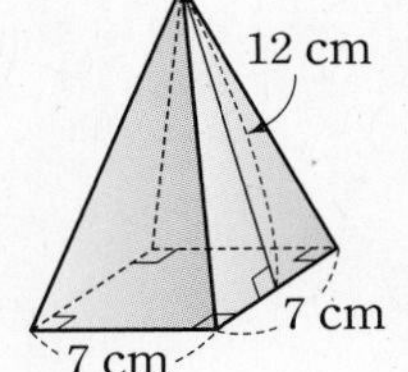

(1) 밑넓이

(2) 옆넓이

(3) 겉넓이

4
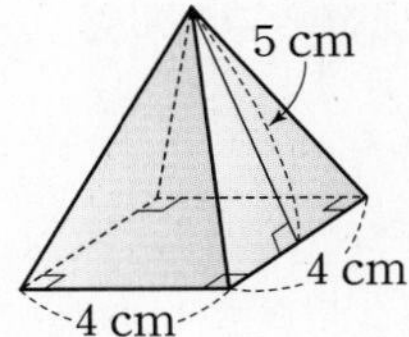

(1) 밑넓이

(2) 옆넓이

(3) 겉넓이

5
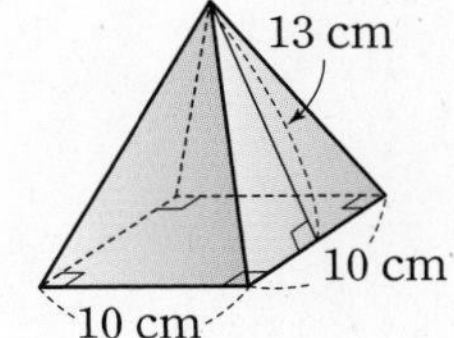

(1) 밑넓이

(2) 옆넓이

(3) 겉넓이

6
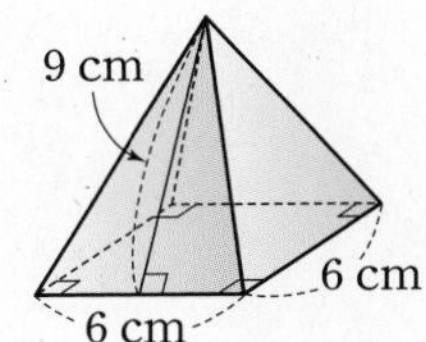

(1) 밑넓이

(2) 옆넓이

(3) 겉넓이

내가 발견한 개념 각뿔의 옆면과 밑면의 특징은?

• 각뿔의 밑면의 개수 → ☐

• 옆면의 모양은 → ☐

● 다음 그림과 같은 정사각뿔의 겉넓이를 구하시오.

7

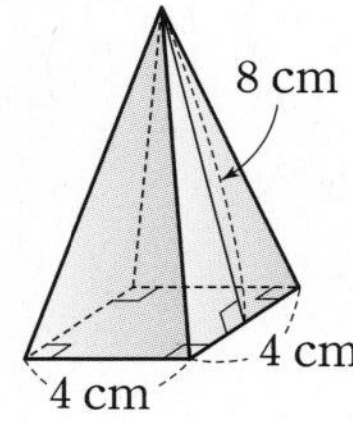

8

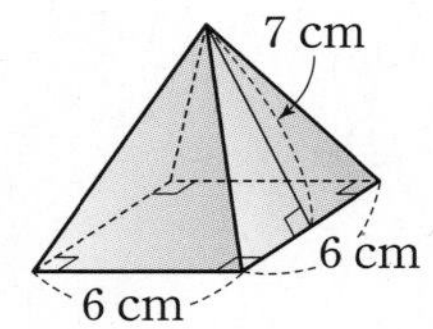

9

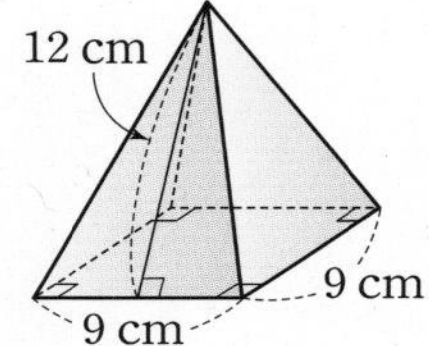

개념모음문제

10 오른쪽 그림과 같은 정사각뿔의 겉넓이가 $112\ \text{cm}^2$일 때, x의 값은?

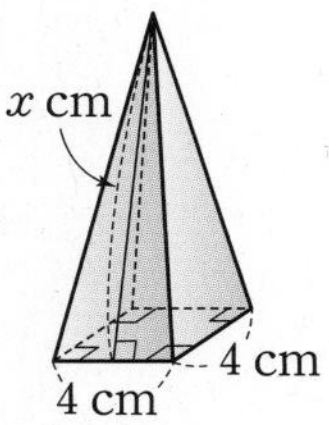

x cm, 4 cm, 4 cm

① 10　② 12　③ 14　④ 16　⑤ 18

2nd 각뿔의 부피 구하기

● 아래 그림과 같은 각뿔에 대하여 다음을 구하시오.

11

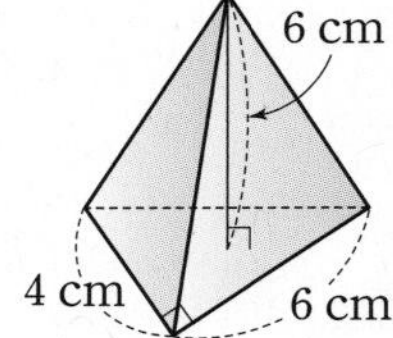

(1) 밑넓이

(2) 높이

(3) 부피

12

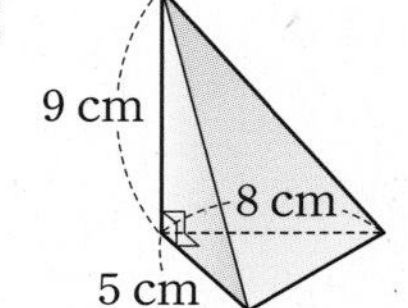

(1) 밑넓이

(2) 높이

(3) 부피

13

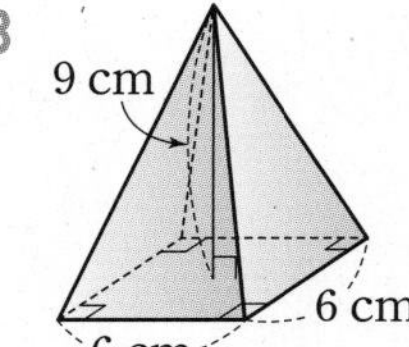

(1) 밑넓이

(2) 높이

(3) 부피

14 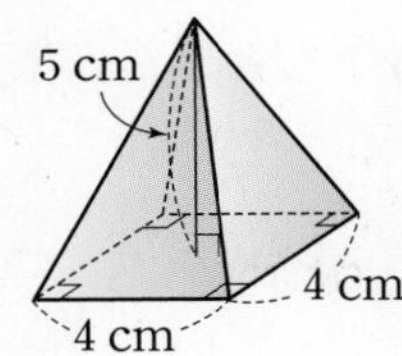

(1) 밑넓이

(2) 높이

(3) 부피

15 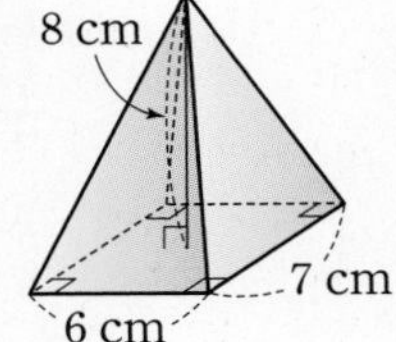

(1) 밑넓이

(2) 높이

(3) 부피

16 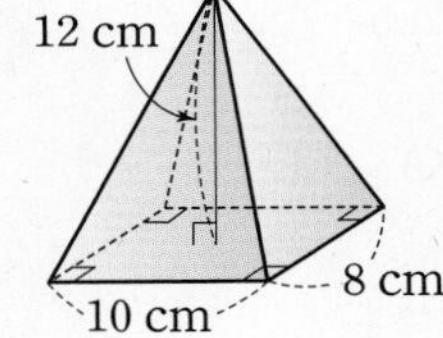

(1) 밑넓이

(2) 높이

(3) 부피

☺ 내가 발견한 개념 — 각뿔과 각기둥의 부피 관계는?

• 각뿔의 부피 → 밑면과 높이가 같은 ☐ 의 부피의 ☐ 배

● 다음 그림과 같은 각뿔의 부피를 구하시오.

17 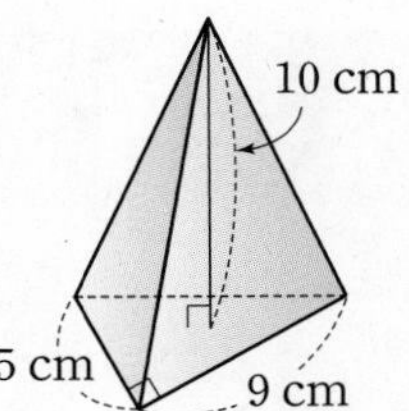

18 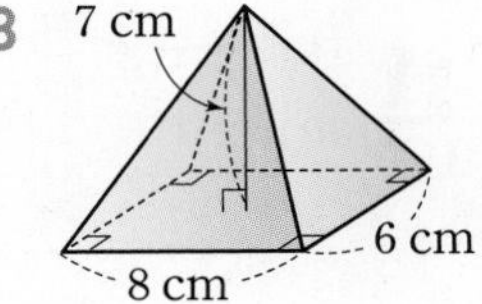

19 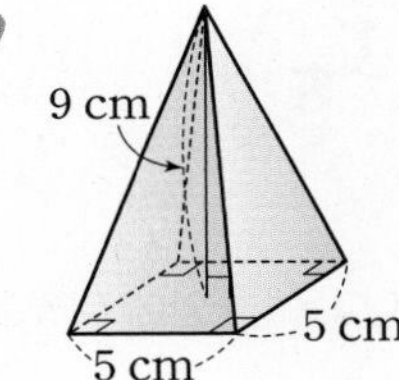

20 오른쪽 그림과 같은 정사각뿔의 부피가 500 cm^3일 때, 이 정사각뿔의 높이는?

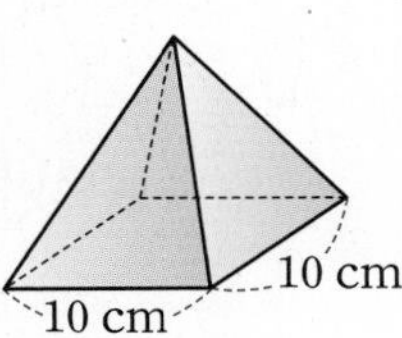

① 11 cm ② 12 cm
③ 13 cm ④ 14 cm
⑤ 15 cm

원뿔의 겉넓이와 부피

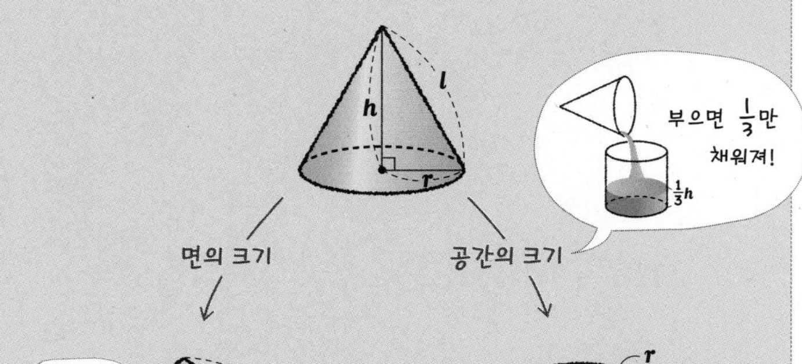

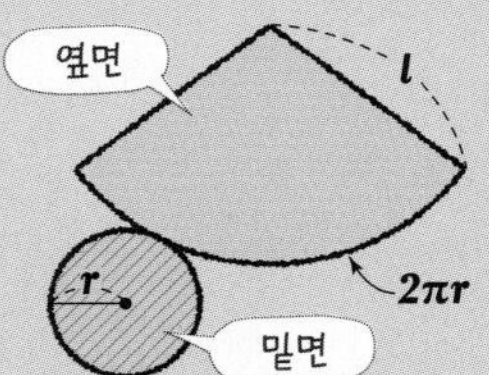

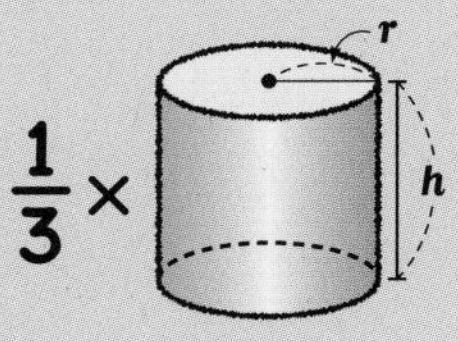

겉넓이

(밑넓이)+(옆넓이)

$=\pi r^2+\pi rl$

$\frac{1}{2}\times$(반지름의 길이)$\times$(호의 길이)

$=\frac{1}{2}\times l\times 2\pi r$

$=\pi rl$

부피

$\frac{1}{3}\times$(원기둥의 부피)

$=\frac{1}{3}\times$(밑넓이)$\times$(높이)

$=\frac{1}{3}\pi r^2h$

원리확인 아래 그림과 같은 원뿔에 대하여 다음 □ 안에 알맞은 수를 써넣으시오.

❶

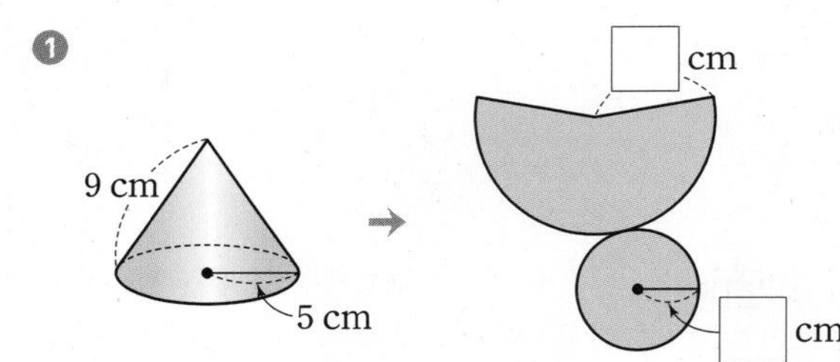

(1) (밑넓이)$=\pi\times$□$^2=$□(cm^2)

(2) (옆넓이)$=\frac{1}{2}\times(2\pi\times$□$)\times$□

(부채꼴의 호의 길이)=(밑면인 원의 둘레의 길이)

$=$□(cm^2)

(3) (겉넓이)$=$□$+$□

밑넓이　옆넓이

$=$□(cm^2)

❷

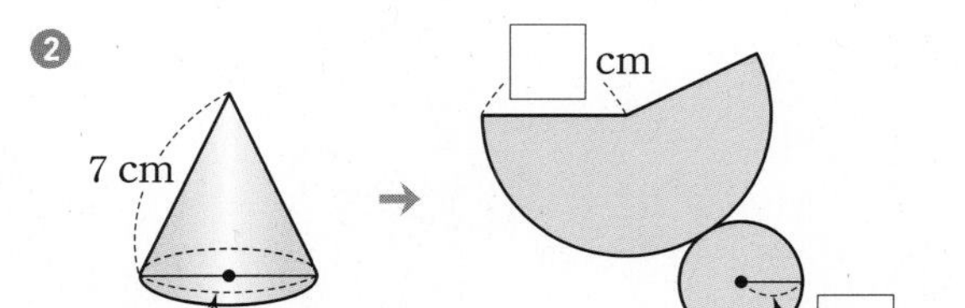

(1) (밑넓이)$=\pi\times$□$^2=$□(cm^2)

(2) (옆넓이)$=\frac{1}{2}\times(2\pi\times$□$)\times$□

$=$□(cm^2)

(3) (겉넓이)$=$□$+$□

밑넓이　옆넓이

$=$□(cm^2)

❸

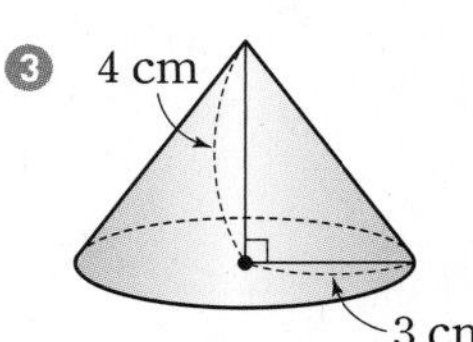

(1) (밑넓이)$=\pi\times$□$^2=$□(cm^2)

(2) (높이)$=$□ cm

(3) (부피)$=\frac{1}{3}\times$□$\times$□

밑넓이　높이

$=$□(cm^3)

❹

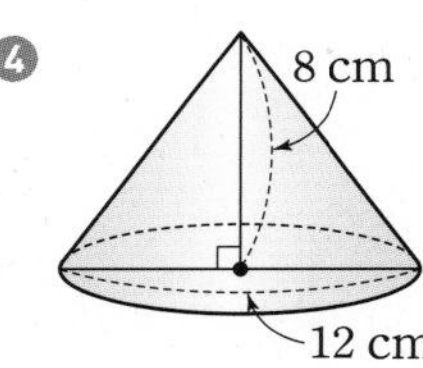

(1) (밑넓이)$=\pi\times$□$^2=$□(cm^2)

(2) (높이)$=$□ cm

(3) (부피)$=\frac{1}{3}\times$□$\times$□

밑넓이　높이

$=$□(cm^3)

1st 원뿔의 겉넓이 구하기

● 아래 그림과 같은 원뿔에 대하여 다음을 구하시오.

1

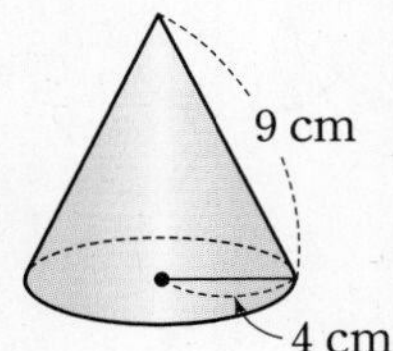

(1) 밑넓이

(2) 옆넓이

(3) 겉넓이

2

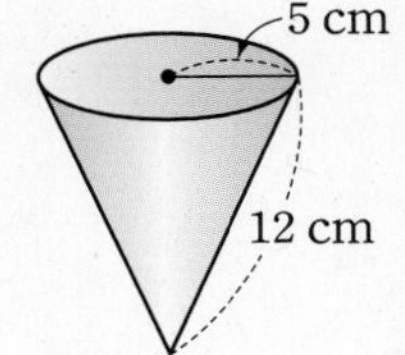

(1) 밑넓이

(2) 옆넓이

(3) 겉넓이

3

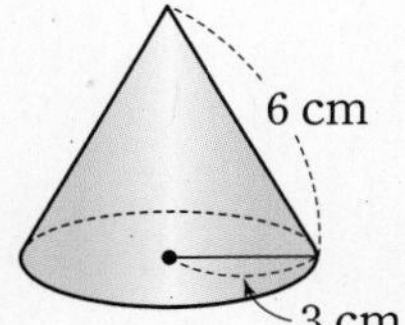

(1) 밑넓이

(2) 옆넓이

(3) 겉넓이

● 다음 그림과 같은 원뿔의 겉넓이를 구하시오.

4

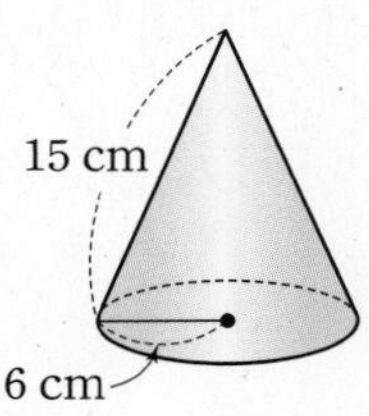

5

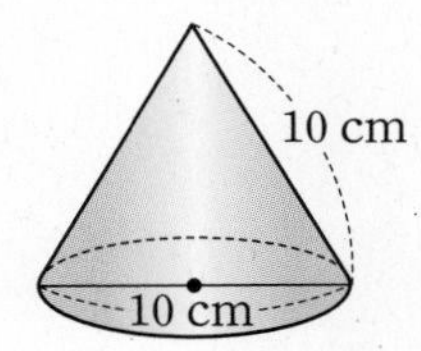

6

17 cm
8 cm

내가 발견한 개념 원뿔의 겉넓이는?

• (원뿔의 겉넓이)=(밑넓이)+(옆넓이)
=(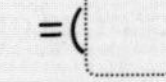 의 넓이)+(의 넓이)

● 다음 그림과 같은 전개도로 만든 원뿔의 겉넓이를 구하시오.

7

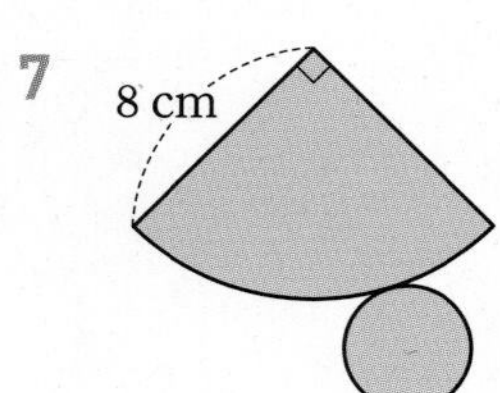

➔ 밑면의 반지름의 길이를 r cm라 하면

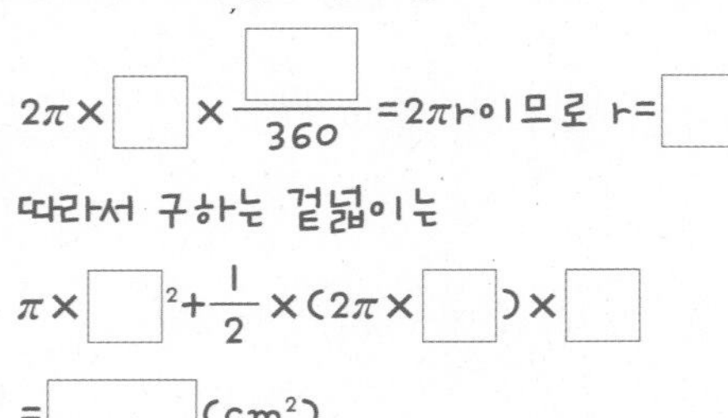

$2\pi \times \square \times \frac{\square}{360} = 2\pi r$이므로 $r = \square$

따라서 구하는 겉넓이는

$\pi \times \square^2 + \frac{1}{2} \times (2\pi \times \square) \times \square$

$= \square$ (cm²)

8

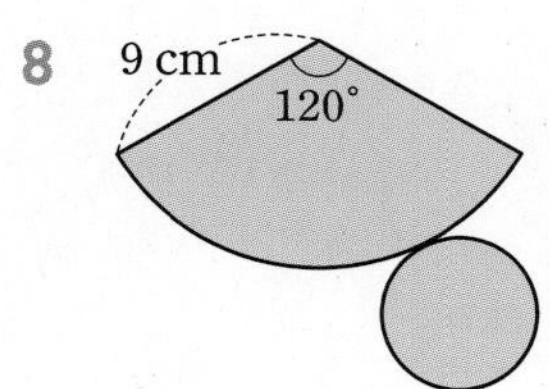

9

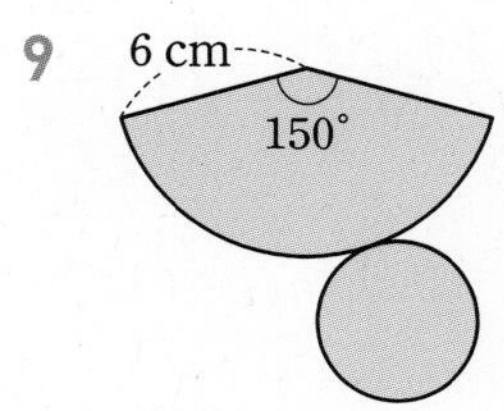

10

120°

4 cm

원뿔의 전개도에서
(부채꼴의 반지름의 길이)
=(원뿔의 모선의 길이)

➔ 원뿔의 모선의 길이를 l cm라 하면

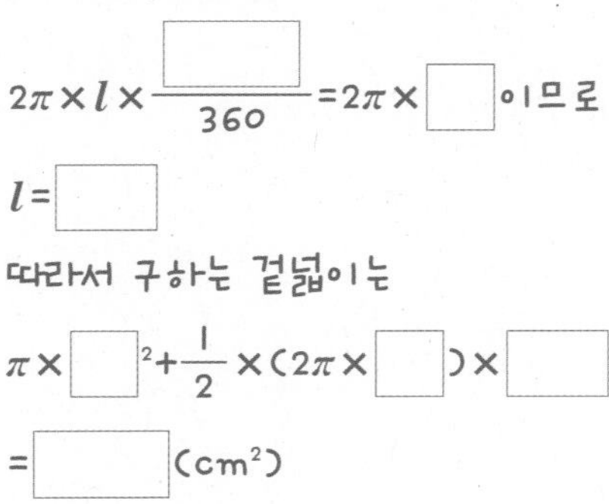

$2\pi \times l \times \frac{\square}{360} = 2\pi \times \square$이므로

$l = \square$

따라서 구하는 겉넓이는

$\pi \times \square^2 + \frac{1}{2} \times (2\pi \times \square) \times \square$

$= \square$ (cm²)

11

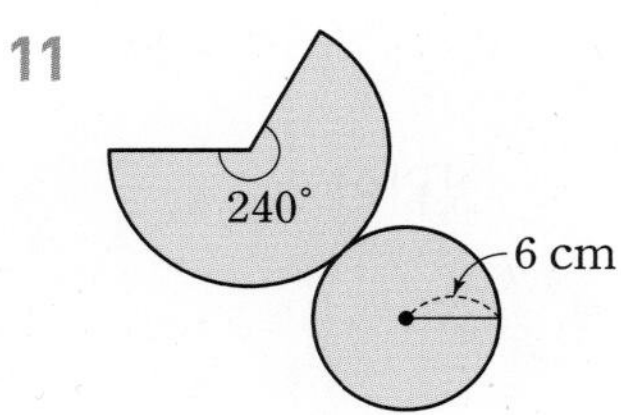

12

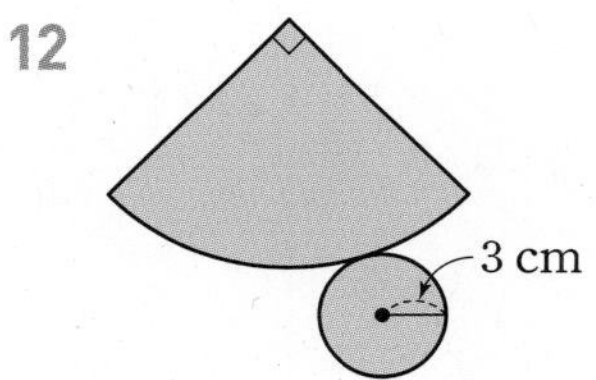

개념모음문제

13 오른쪽 그림과 같은 원뿔의 겉넓이가 65π cm²일 때, 이 원뿔의 모선의 길이는?

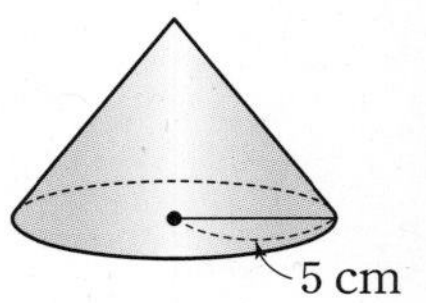

① 6 cm ② 7 cm ③ 8 cm
④ 9 cm ⑤ 10 cm

내가 발견한 개념 부채꼴의 옆면과 밑면의 특징은?

• (옆면인 부채꼴의 ☐ 의 길이)=(밑면인 원의 ☐ 의 길이)

2nd 원뿔의 부피 구하기

● 아래 그림과 같은 원뿔에 대하여 다음을 구하시오.

14

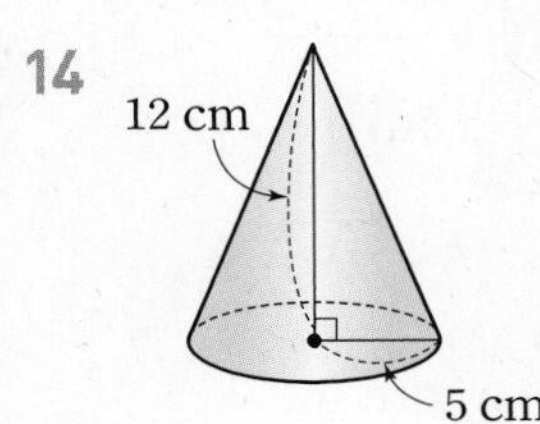

(1) 밑넓이

(2) 높이

(3) 부피

15

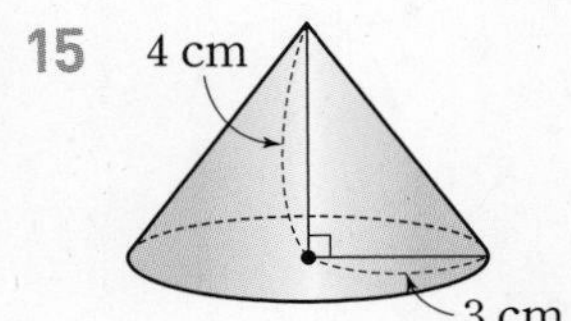

(1) 밑넓이

(2) 높이

(3) 부피

16

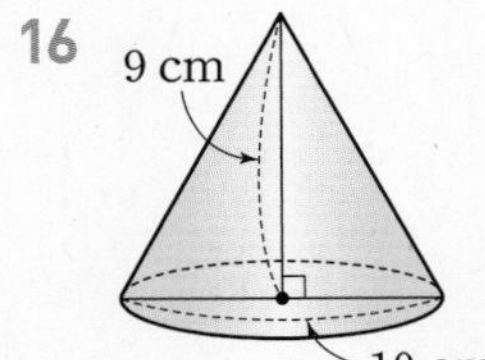

(1) 밑넓이

(2) 높이

(3) 부피

● 다음 그림과 같은 원뿔의 부피를 구하시오.

17

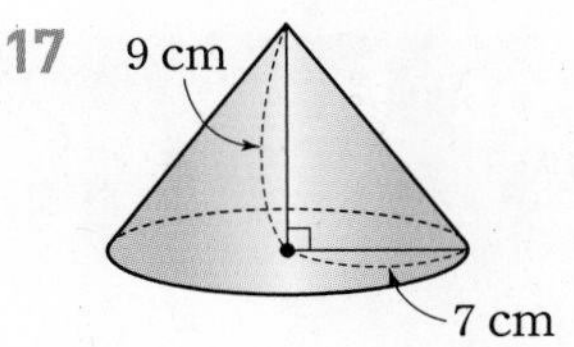

18

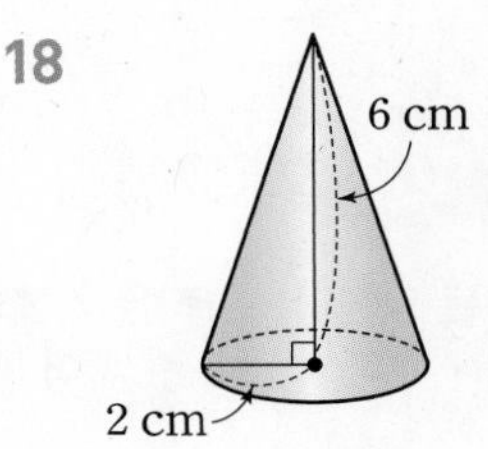

19

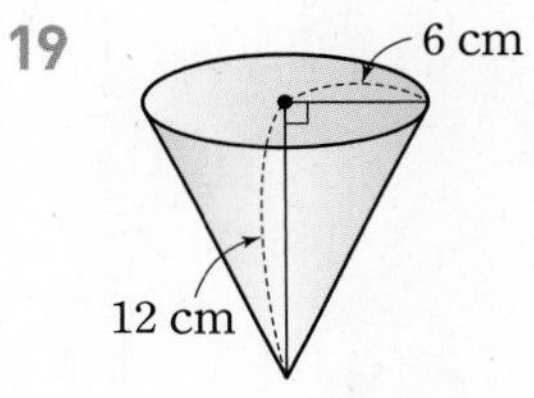

개념모음문제

20 오른쪽 그림과 같은 직각삼각형을 직선 l을 회전축으로 하여 1회전 시킬 때 생기는 입체도형의 부피는?

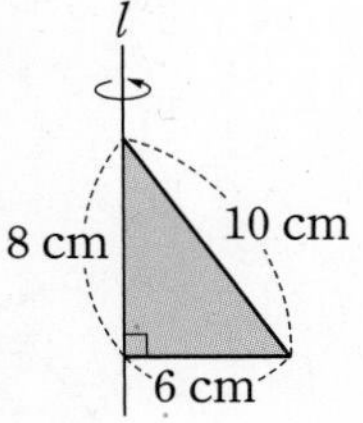

① $94\pi\ \text{cm}^3$　② $96\pi\ \text{cm}^3$
③ $98\pi\ \text{cm}^3$　④ $100\pi\ \text{cm}^3$
⑤ $102\pi\ \text{cm}^3$

뿔대의 겉넓이와 부피

❶ 각뿔대

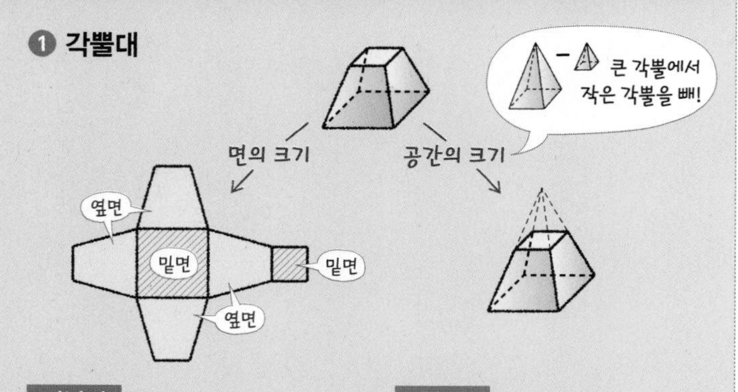

겉넓이

(두 밑넓이의 합)+(옆넓이)

(사다리꼴 1개의 넓이)×(옆면의 개수)

부피

(큰 각뿔의 부피) − (작은 각뿔의 부피)

❷ 원뿔대

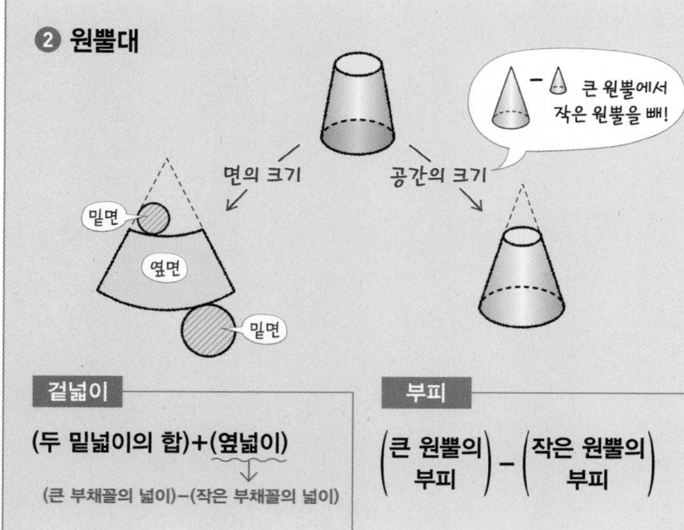

겉넓이

(두 밑넓이의 합)+(옆넓이)

(큰 부채꼴의 넓이)−(작은 부채꼴의 넓이)

부피

(큰 원뿔의 부피) − (작은 원뿔의 부피)

원리확인 아래 그림과 같은 뿔대에 대하여 다음 □ 안에 알맞은 수를 써넣으시오.

❶

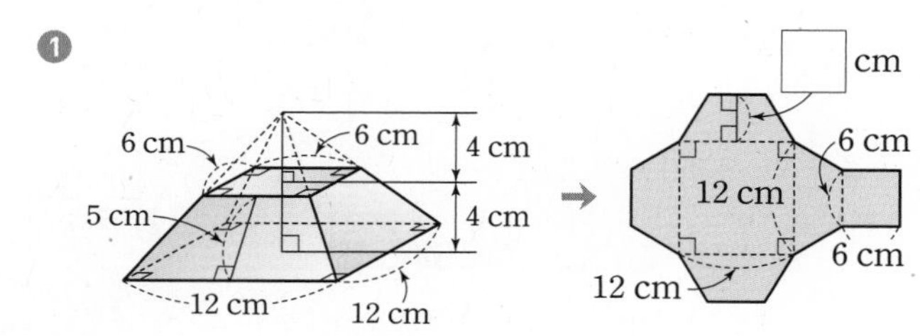

(1) (두 밑넓이의 합) $=12^2+\square^2=\square(\text{cm}^2)$

(2) (옆넓이) $=\left\{\dfrac{1}{2}\times(\square+12)\times\square\right\}\times4$ (사다리꼴의 넓이)

$=\square(\text{cm}^2)$

(3) (겉넓이) $=\square+\square=\square(\text{cm}^2)$ (두 밑넓이의 합, 옆넓이)

(4) (큰 각뿔의 부피) $=\dfrac{1}{3}\times(12\times\square)\times\square$

$=\square(\text{cm}^3)$

(5) (작은 각뿔의 부피) $=\dfrac{1}{3}\times(6\times\square)\times4$

$=\square(\text{cm}^3)$

(6) (부피) $=\square-\square=\square(\text{cm}^3)$ (큰 각뿔의 부피, 작은 각뿔의 부피)

❷

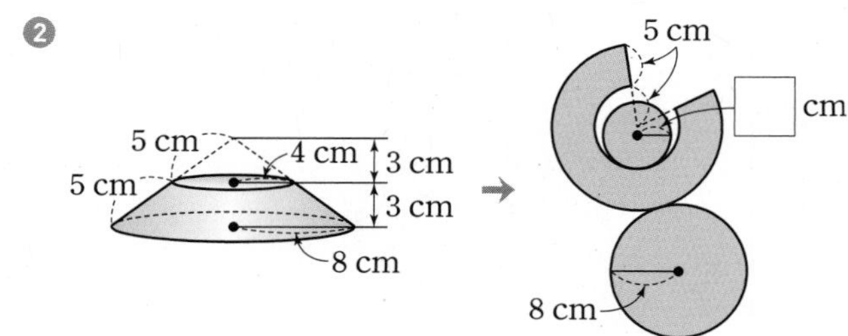

(1) (두 밑넓이의 합) $=\pi\times8^2+\pi\times\square^2$

$=\square(\text{cm}^2)$

(2) (옆넓이) $=\dfrac{1}{2}\times(2\pi\times\square)\times\square$ (큰 부채꼴의 넓이)

$-\dfrac{1}{2}\times(2\pi\times\square)\times\square$ (작은 부채꼴의 넓이)

$=\square(\text{cm}^2)$

(3) (겉넓이) $=\square+\square$ (두 밑넓이의 합, 옆넓이)

$=\square(\text{cm}^2)$

(4) (큰 원뿔의 부피) $=\dfrac{1}{3}\times(\pi\times\square^2)\times\square$

$=\square(\text{cm}^3)$

(5) (작은 원뿔의 부피) $=\dfrac{1}{3}\times(\pi\times\square^2)\times\square$

$=\square(\text{cm}^3)$

(6) (부피) $=\square-\square$ (큰 원뿔의 부피, 작은 원뿔의 부피)

$=\square(\text{cm}^3)$

1st 뿔대의 겉넓이 구하기

● 다음 그림과 같은 뿔대의 겉넓이를 구하시오.

1

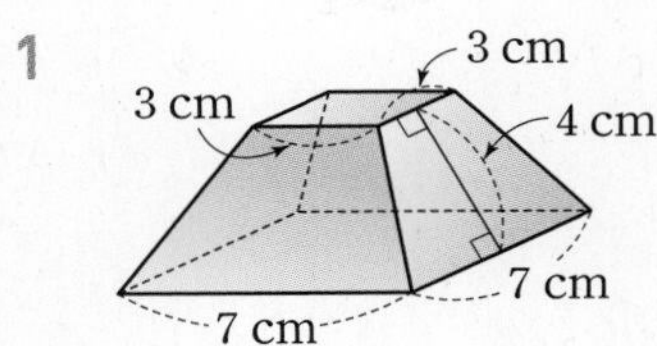

2

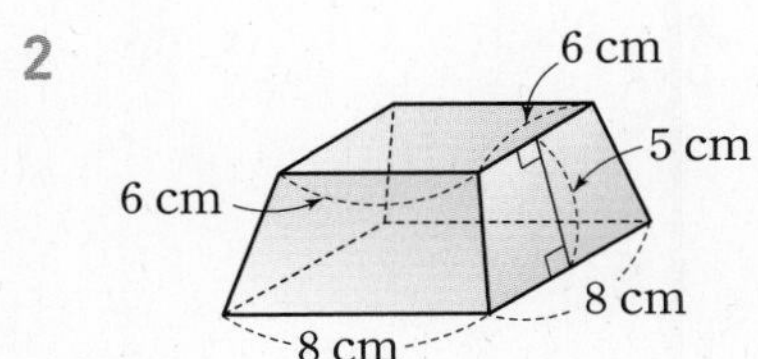

3

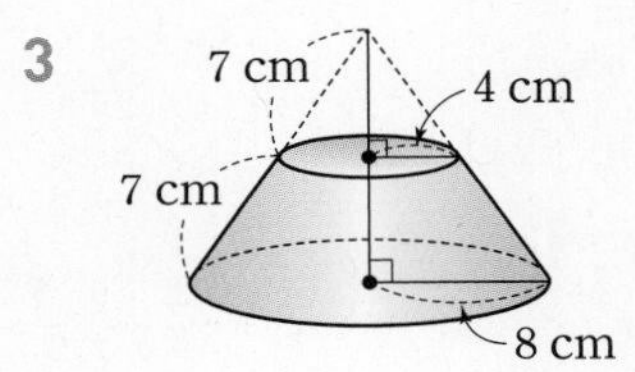

4

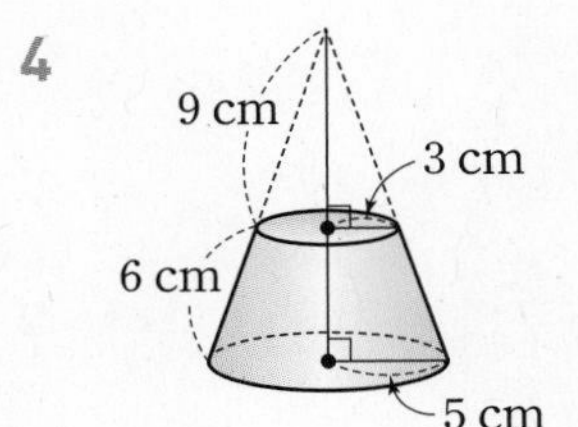

2nd 뿔대의 부피 구하기

● 다음 그림과 같은 뿔대의 부피를 구하시오.

5

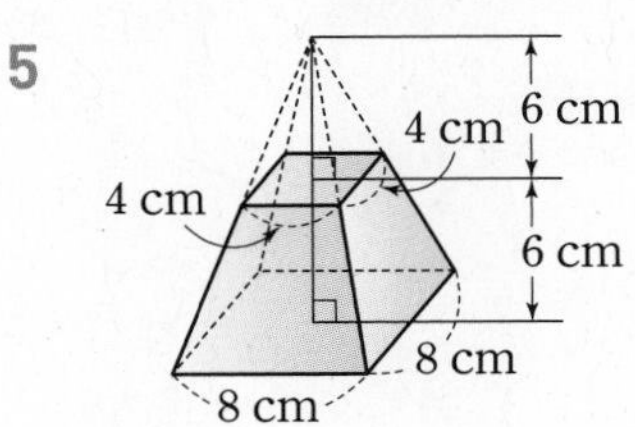

6

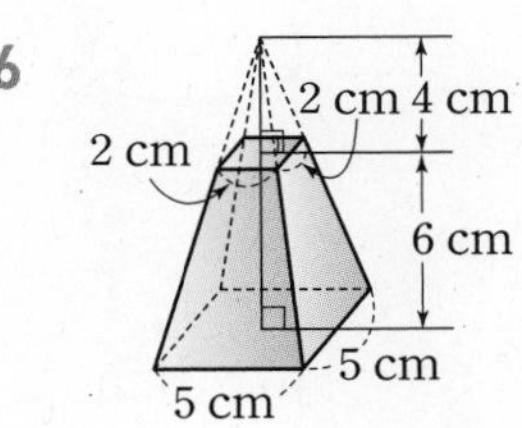

7

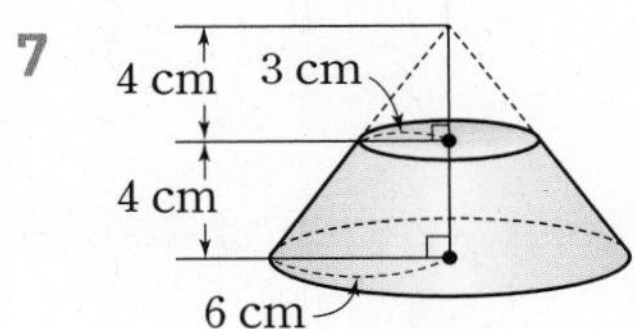

8

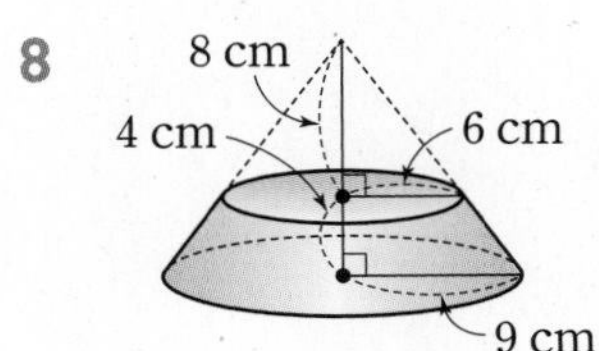

04 면의 크기냐? 공간의 크기냐?

구의 겉넓이와 부피

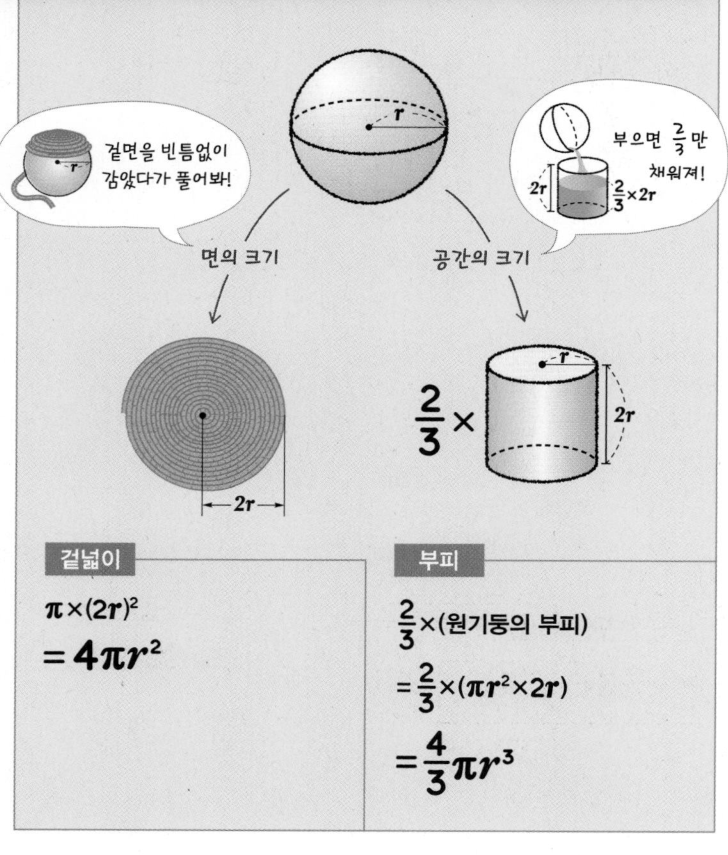

1st 구의 겉넓이 구하기

● 다음 그림 또는 조건을 이용하여 구의 겉넓이를 구하시오.

1

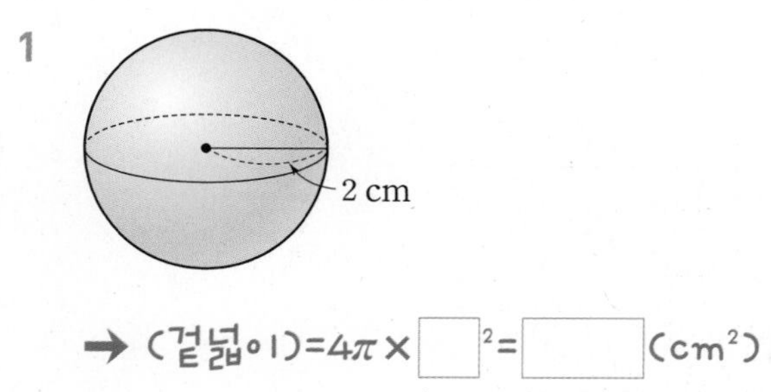

→ (겉넓이)$=4\pi\times$ $\square^2=$ $\square$ (cm^2)

2

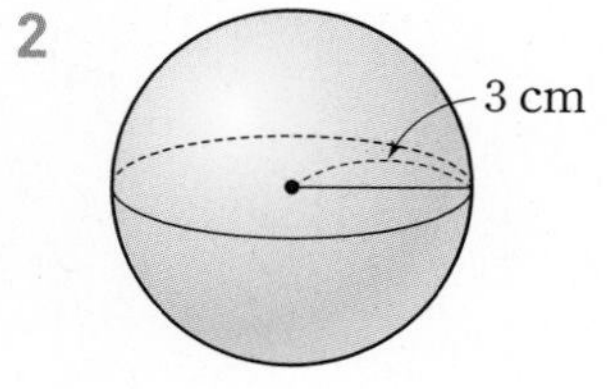

3

4 cm

4

10 cm

5 반지름의 길이가 6 cm인 구

6 지름의 길이가 14 cm인 구

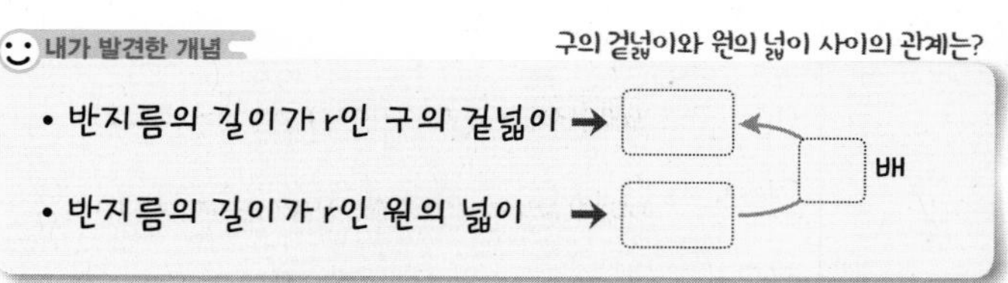

개념모음문제

7 겉넓이가 256π cm^2인 구의 반지름의 길이는?

① 5 cm ② 7 cm ③ 8 cm
④ 9 cm ⑤ 10 cm

2nd 구의 부피 구하기

● 다음 그림 또는 조건을 이용하여 구의 부피를 구하시오.

8

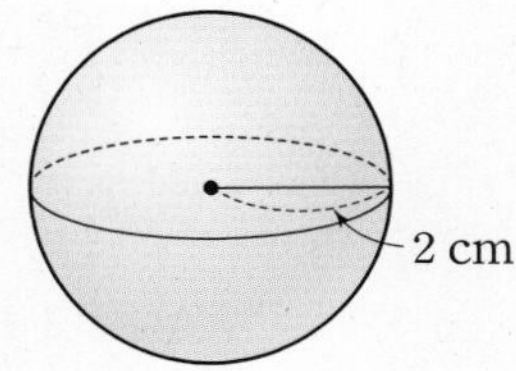

→ (부피)$=\frac{4}{3}\pi\times$ □$^3=$ □ (cm^3)

9

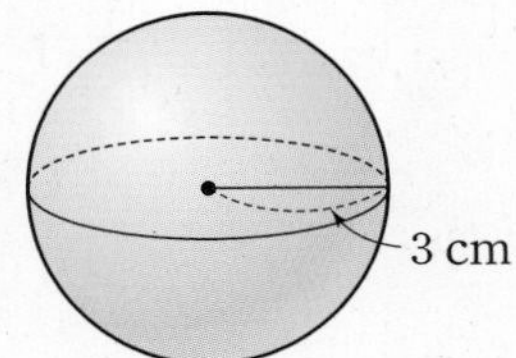

10

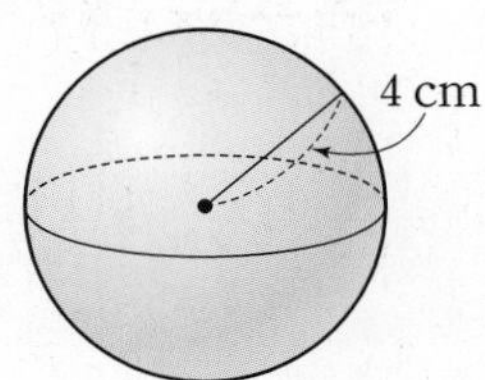

11

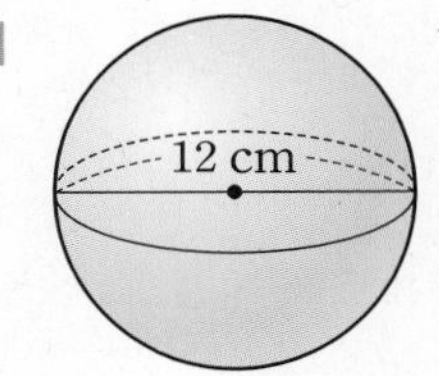

12 반지름의 길이가 5 cm인 구

13 지름의 길이가 2 cm인 구

아르키메데스의 아름다운 비율

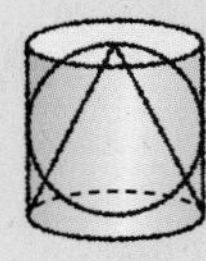

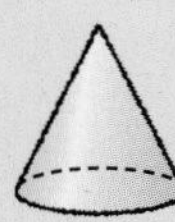 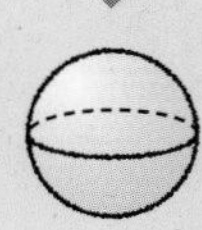 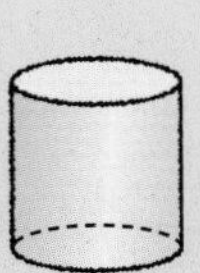

1 : 2 : 3

$\frac{1}{3}$: $\frac{2}{3}$: 1

원기둥에 꼭 맞게 들어 있는 구, 원뿔에 대하여
구의 반지름의 길이를 r라 하면

(원뿔의 부피) : (구의 부피) : (원기둥의 부피)

$=\left(\frac{1}{3}\times\pi r^2\times 2r\right):\left(\frac{4}{3}\times\pi r^3\right):(\pi r^2\times 2r)$

$=\frac{2}{3}\times\pi r^3:\frac{4}{3}\times\pi r^3:2\pi r^3$

$=1:2:3$

내가 발견한 개념 원기둥과 원뿔, 구의 부피의 관계는?

• (원뿔의 부피)$=\frac{\square}{3}\times$(원기둥의 부피)

• (구의 부피)$=\frac{\square}{3}\times$(원기둥의 부피)

개념모음문제

14 오른쪽 그림과 같은 평면도형을 직선 l을 회전축으로 하여 1회전 시킬 때 생기는 입체도형의 부피는?

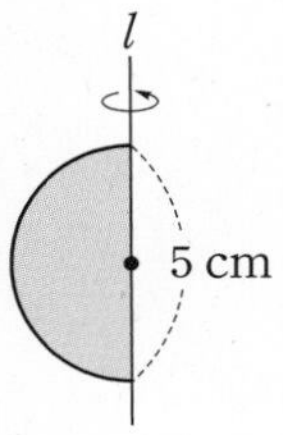

① $\frac{4}{3}\pi\ \text{cm}^3$ ② $\frac{32}{3}\pi\ \text{cm}^3$

③ $36\pi\ \text{cm}^3$ ④ $\frac{125}{6}\pi\ \text{cm}^3$

⑤ $\frac{500}{3}\pi\ \text{cm}^3$

05

면의 크기냐? 공간의 크기냐?

잘라낸 구의 겉넓이와 부피

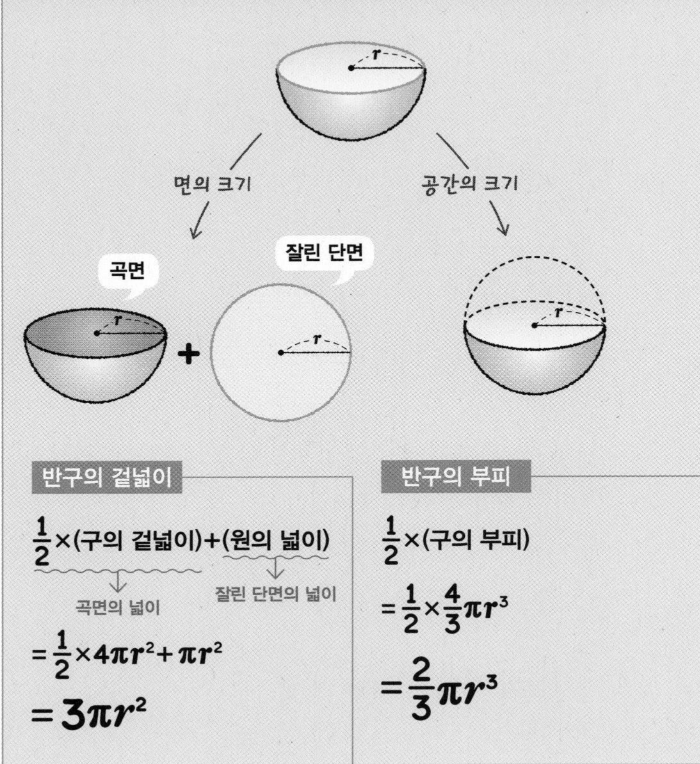

반구의 겉넓이

$\frac{1}{2}\times$(구의 겉넓이)+(원의 넓이)

곡면의 넓이 / 잘린 단면의 넓이

$=\frac{1}{2}\times4\pi r^2+\pi r^2$

$=3\pi r^2$

반구의 부피

$\frac{1}{2}\times$(구의 부피)

$=\frac{1}{2}\times\frac{4}{3}\pi r^3$

$=\frac{2}{3}\pi r^3$

1st 반구의 겉넓이와 부피 구하기

● 아래 그림과 같은 반구에 대하여 다음을 구하시오.

1

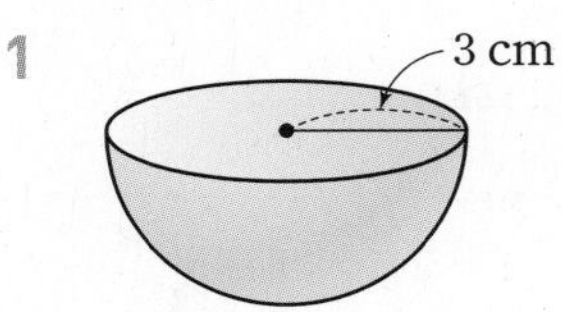

(1) (겉넓이)=(곡면의 넓이)+(단면의 넓이)

$=\frac{1}{2}\times4\pi\times\square^2+\pi\times\square^2$

$=\square+\square=\square$ (cm²)

(2) (부피)$=\frac{1}{2}\times$(구의 부피)

$=\frac{1}{2}\times\left(\frac{4}{3}\pi\times\square^3\right)$

$=\square$ (cm³)

2

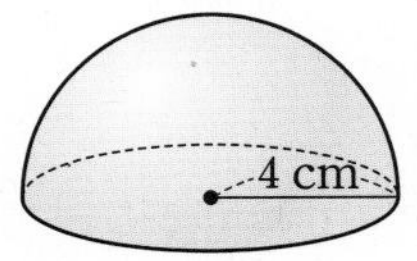

(1) 겉넓이

(2) 부피

3

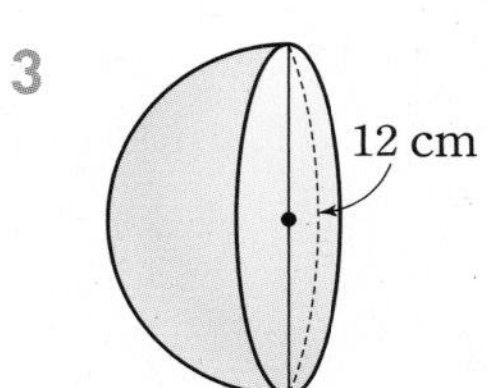

(1) 겉넓이

(2) 부피

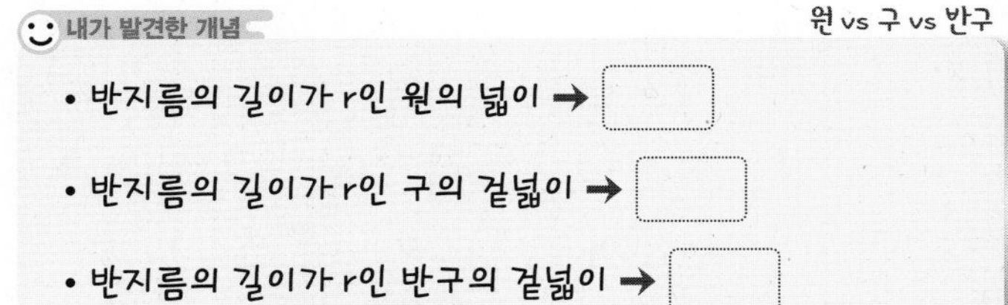

2nd 잘라낸 구의 겉넓이 구하기

● 다음 그림과 같은 구의 일부분을 잘라낸 입체도형의 겉넓이를 구하시오.

4

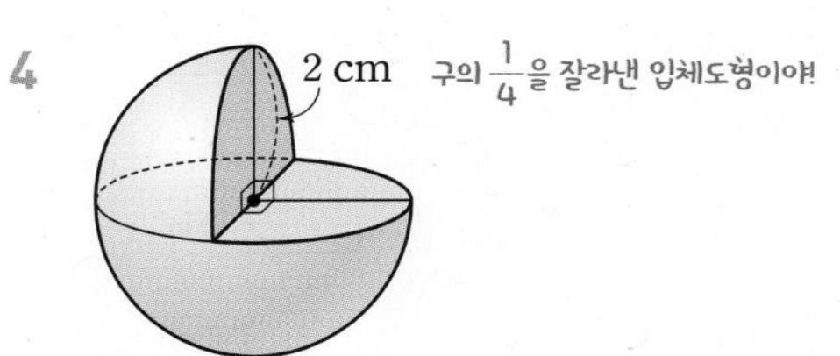

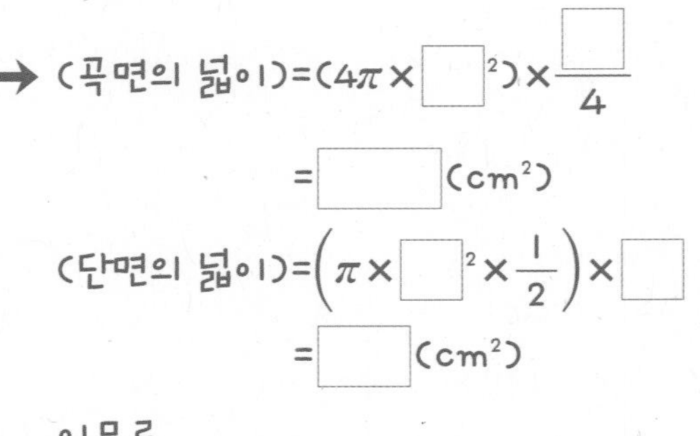

→ (곡면의 넓이)$=(4\pi\times\square^2)\times\frac{\square}{4}$

$=\square$ (cm²)

(단면의 넓이)$=\left(\pi\times\square^2\times\frac{1}{2}\right)\times\square$

$=\square$ (cm²)

이므로

(겉넓이)=(곡면의 넓이)+(단면의 넓이)

$=\square+\square=\square$ (cm²)

5

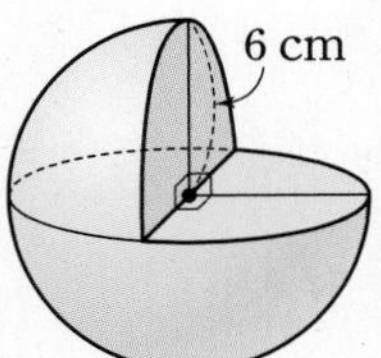

6

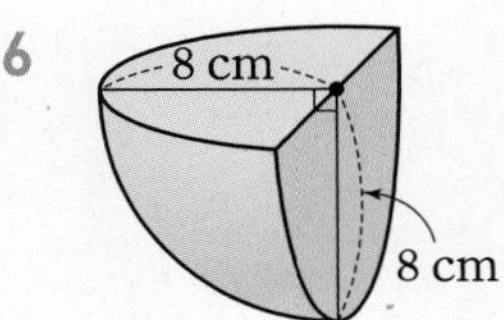

7

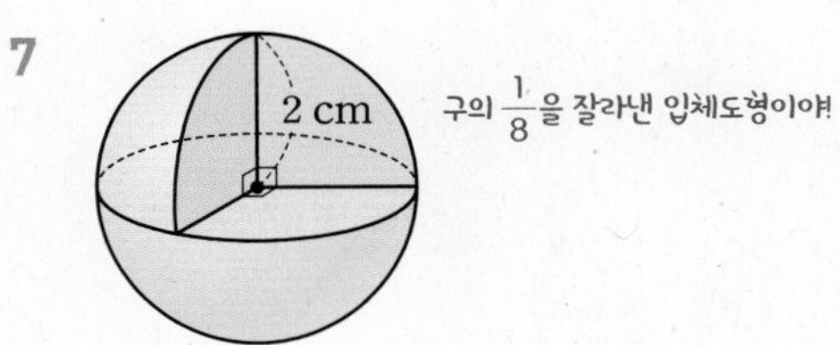

8

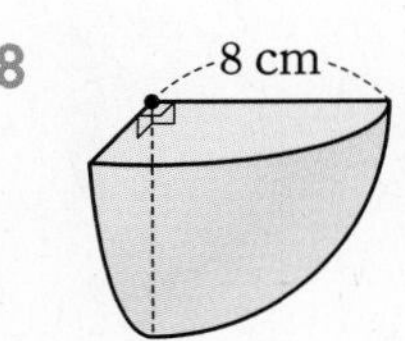

3rd 잘라낸 구의 부피 구하기

● **다음 그림과 같이 구의 일부분을 잘라낸 입체도형의 부피를 구하시오.**

9

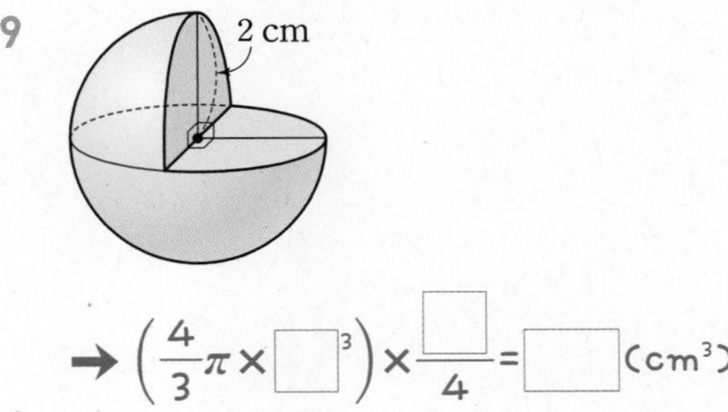

$\rightarrow \left(\frac{4}{3}\pi \times \square^{3}\right) \times \frac{\square}{4} = \square \,(\text{cm}^3)$

10

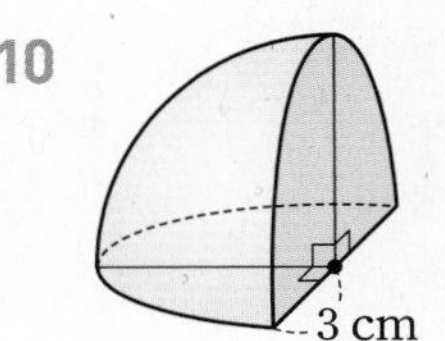

11

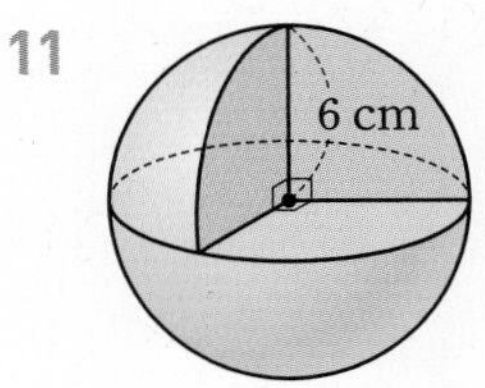

12

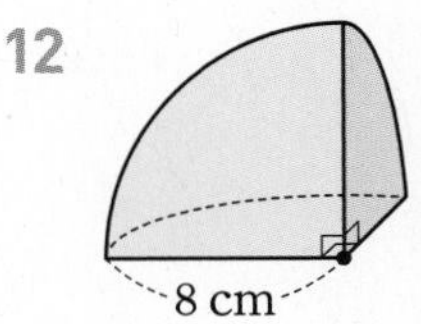

06 면의 크기냐? 공간의 크기냐?

두 입체도형을 붙였을 때 겉넓이와 부피

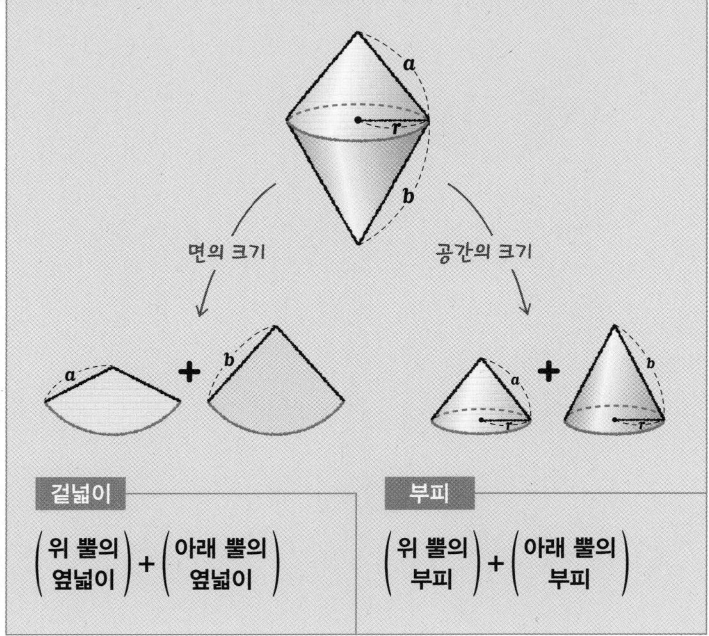

1st — 두 입체도형을 붙였을 때 겉넓이 구하기

● 다음 그림과 같은 입체도형의 겉넓이를 구하시오.

1

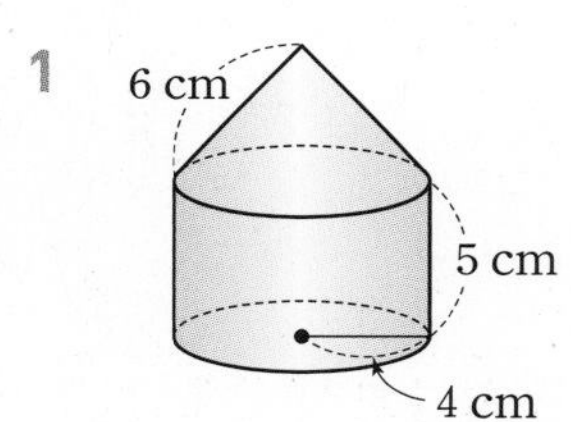

→ (겉넓이)
=(원뿔의 옆넓이)+(원기둥의 옆넓이)
+(원기둥의 밑넓이)

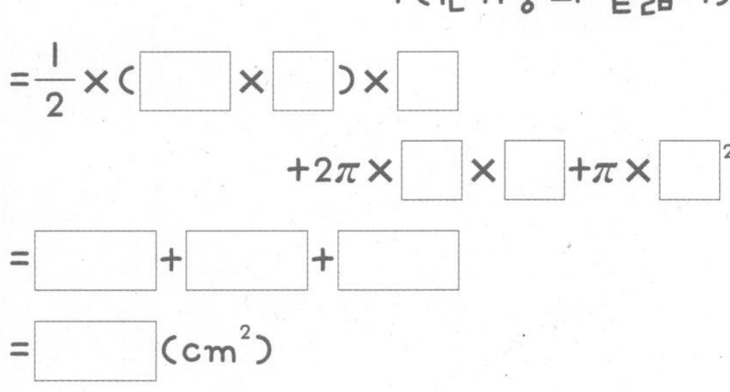

$=\frac{1}{2}\times(\square\times\square)\times\square$
$+2\pi\times\square\times\square+\pi\times\square^2$
$=\square+\square+\square$
$=\square(cm^2)$

2

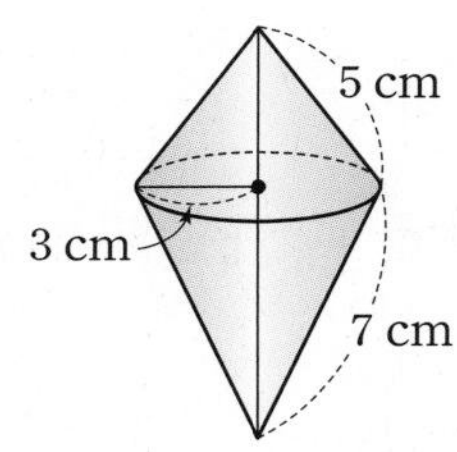

3

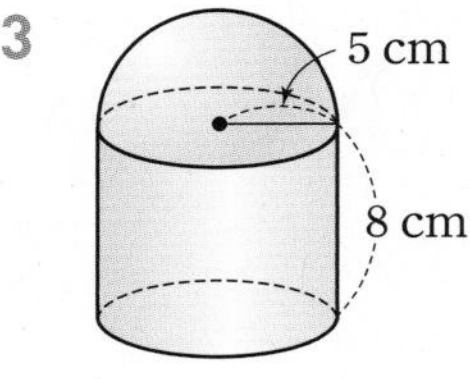

4

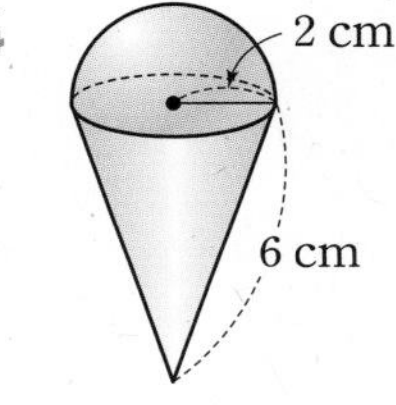

5

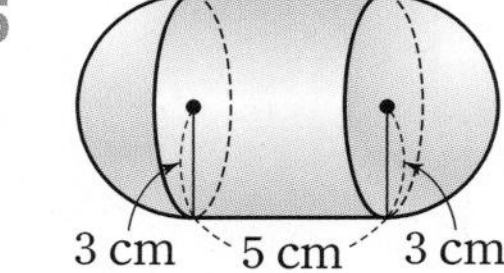

2nd 두 입체도형을 붙였을 때 부피 구하기

• 다음 그림과 같은 입체도형의 부피를 구하시오.

6

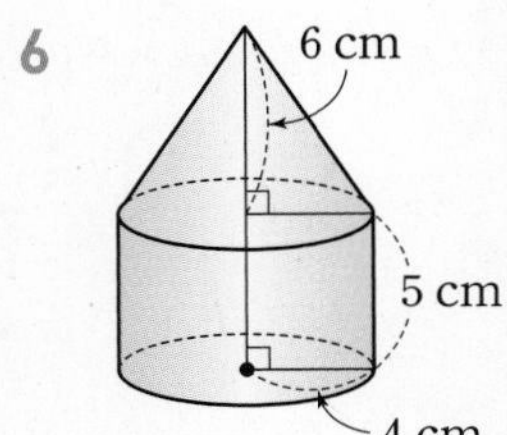

➜ (부피)=(원뿔의 부피)+(원기둥의 부피)

$=\frac{1}{3}\times(\pi\times\square^2)\times\square$

$+(\pi\times\square^2)\times5$

$=\square+\square=\square(\text{cm}^3)$

7

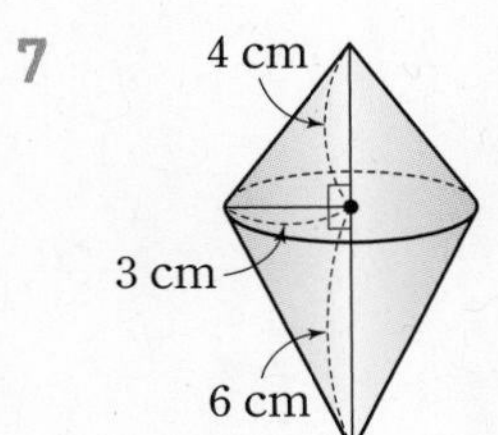

8

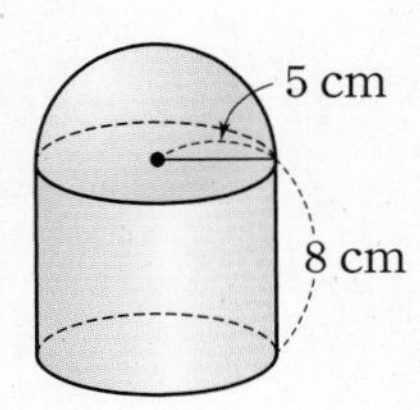

9

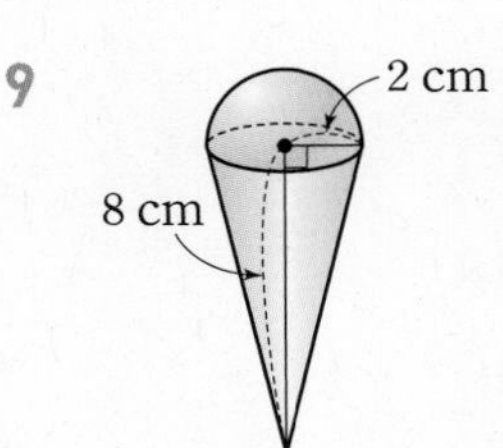

10

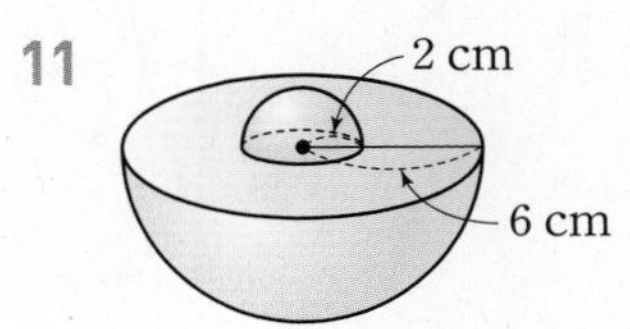

11

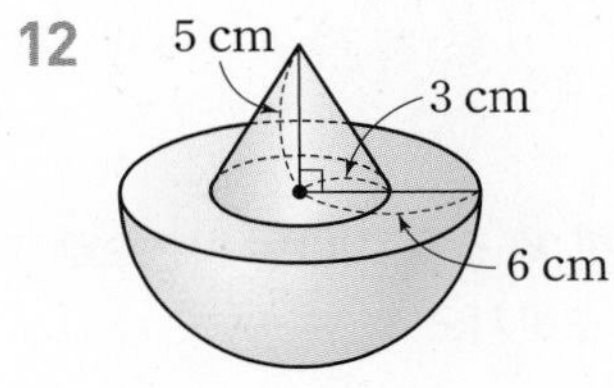

12

5 cm
3 cm
6 cm

개념모음문제

13 오른쪽 그림과 같은 평면도형을 직선 l을 회전축으로 하여 1회전 시킬 때 생기는 회전체의 겉넓이와 부피를 차례대로 구한 것은?

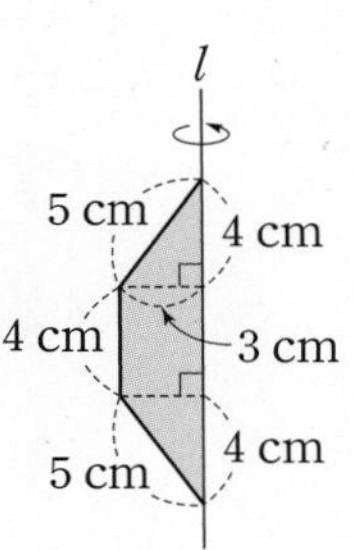

① 48π cm², 54π cm³
② 48π cm², 60π cm³
③ 54π cm², 60π cm³
④ 54π cm², 72π cm³
⑤ 60π cm², 72π cm³

07

공간의 관계!

여러 가지 입체도형의 부피의 활용

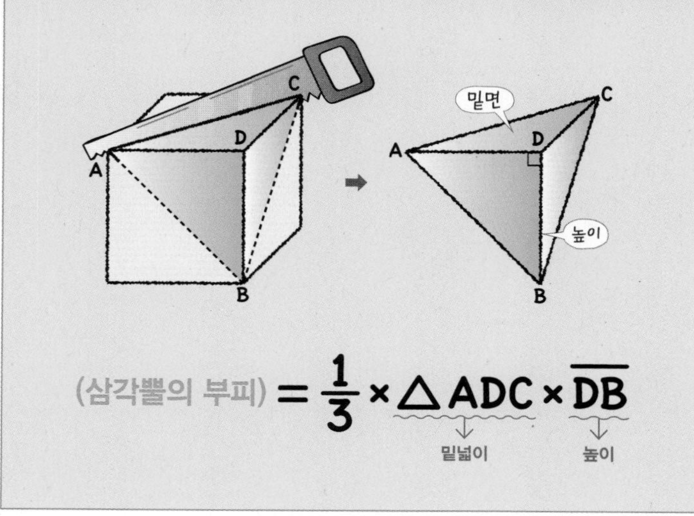

(삼각뿔의 부피) $= \frac{1}{3} \times \triangle ADC \times \overline{DB}$

밑넓이 높이

1st 삼각뿔의 부피 활용하기

● 다음 직육면체를 그림과 같이 세 점을 지나는 평면으로 자를 때 생기는 삼각뿔의 부피를 구하시오.

1 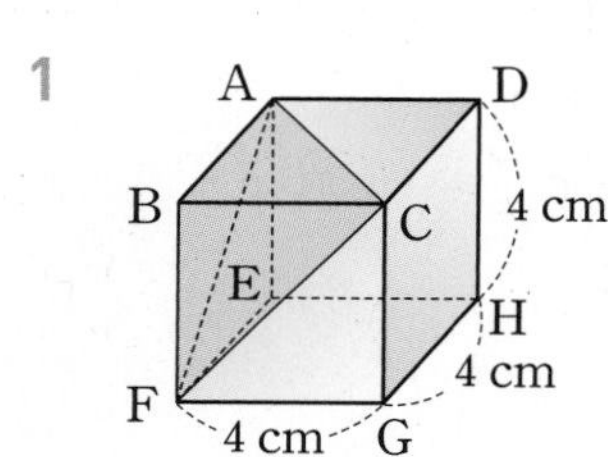

→ (밑면의 넓이) $= \frac{1}{2} \times \square \times \square = \square$ (cm^2)

(높이) $= \square$ cm이므로

(부피) $= \frac{1}{3} \times \square \times \square = \square$ (cm^3)

2 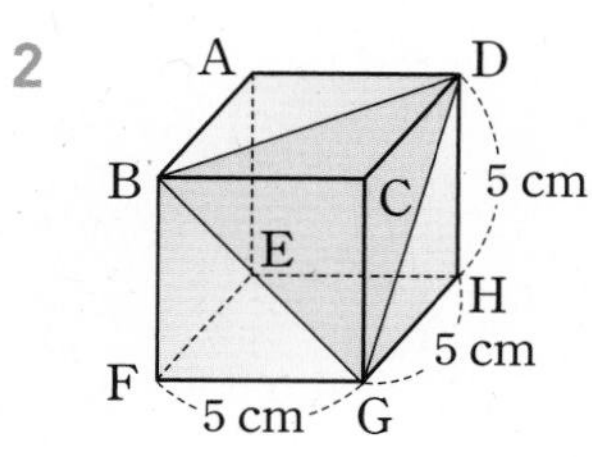

3 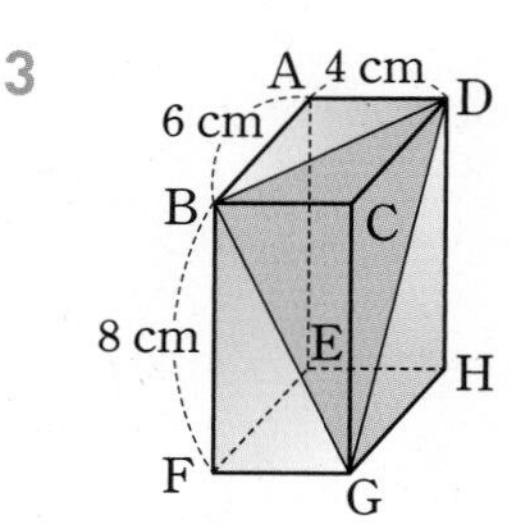

4 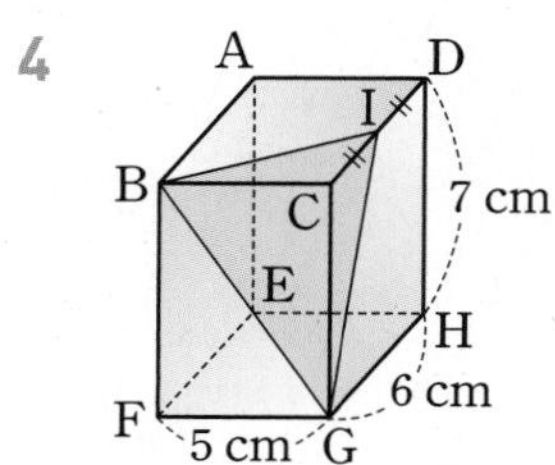

5 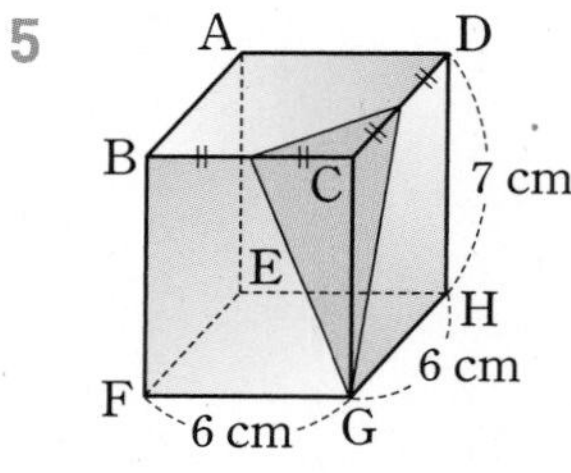

6 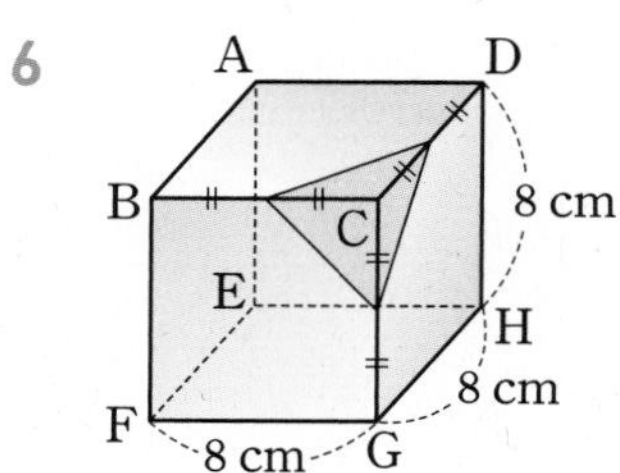

- 직육면체 모양의 그릇에 물을 가득 채운 후 그릇을 기울여 물을 흘려보냈다. 남은 물의 부피를 구하시오.
(단, 그릇의 두께는 생각하지 않는다.)

7

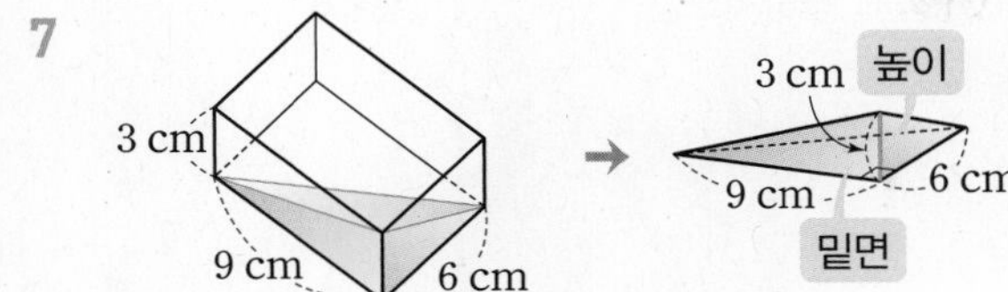

→ (물의 부피) $=\frac{1}{3}\times$(밑면의 넓이)$\times$(높이)

$=\frac{1}{3}\times\left(\frac{1}{2}\times 9\times\square\right)\times\square$

$=\square$ (cm^3)

8

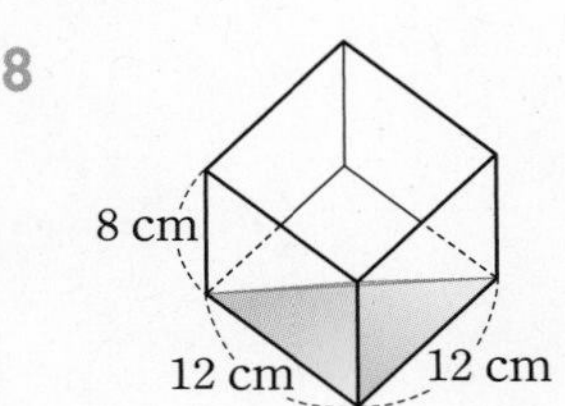

9

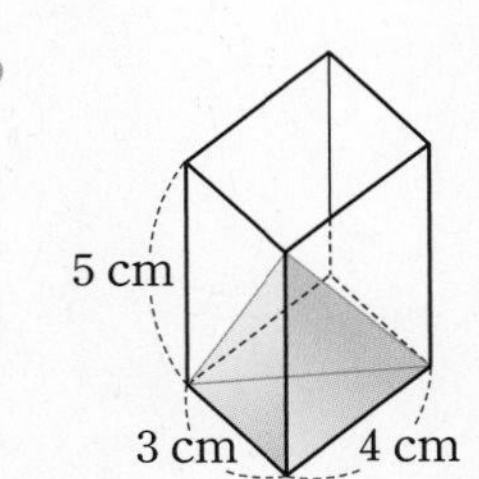

10

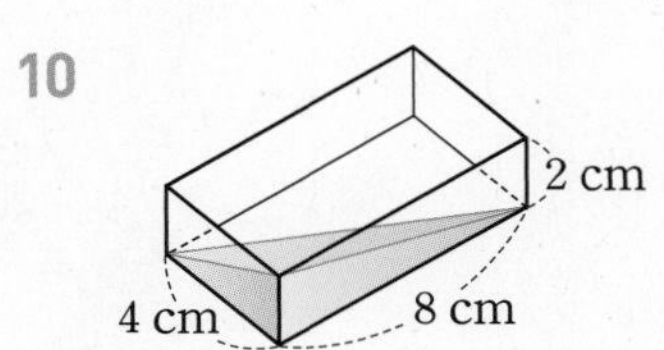

2nd 부피가 같은 두 입체도형의 높이 구하기

- 다음 두 입체도형 A, B의 부피가 같을 때, h의 값을 구하시오.

11

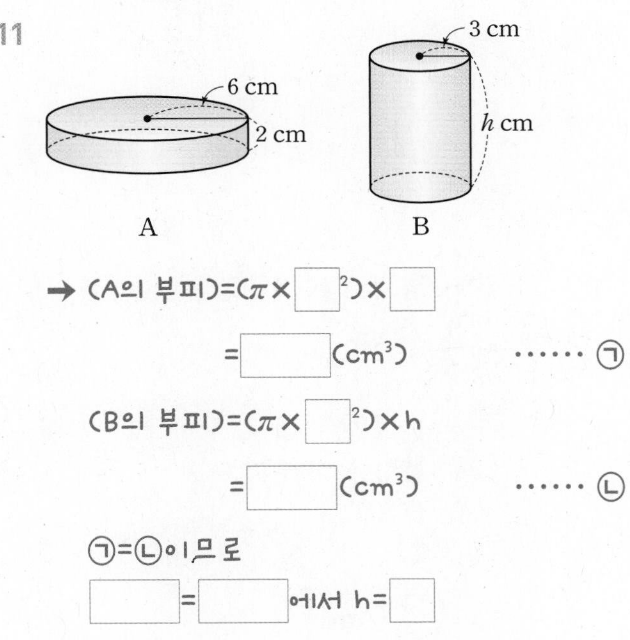

→ (A의 부피) $=(\pi\times\square^2)\times\square$

$=\square$ (cm^3) ······ ㉠

(B의 부피) $=(\pi\times\square^2)\times h$

$=\square$ (cm^3) ······ ㉡

㉠=㉡이므로

$\square=\square$에서 $h=\square$

12

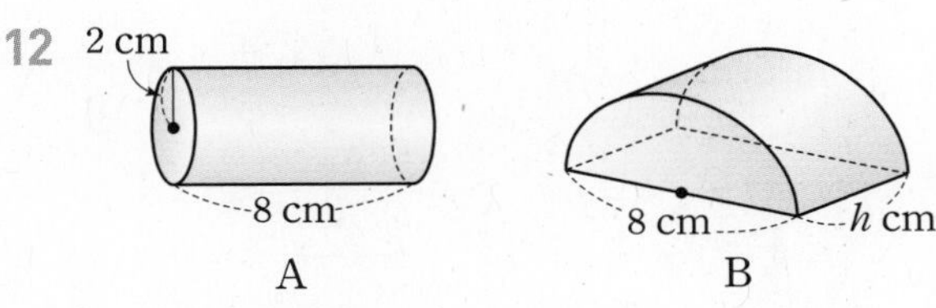

13

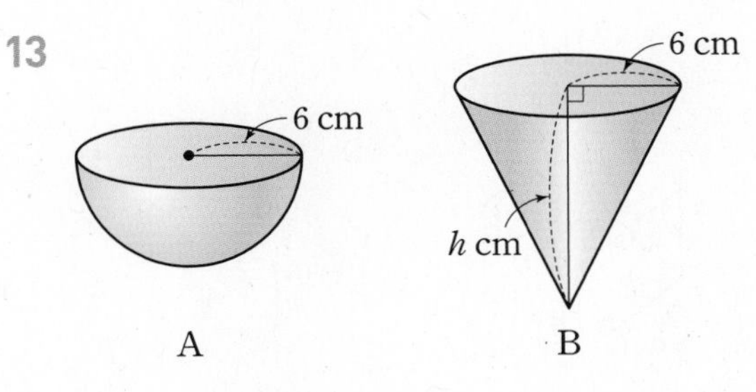

• 다음 두 그릇 A, B에 담긴 물의 부피가 같을 때, h의 값을 구하시오. (단, 그릇의 두께는 생각하지 않는다.)

14

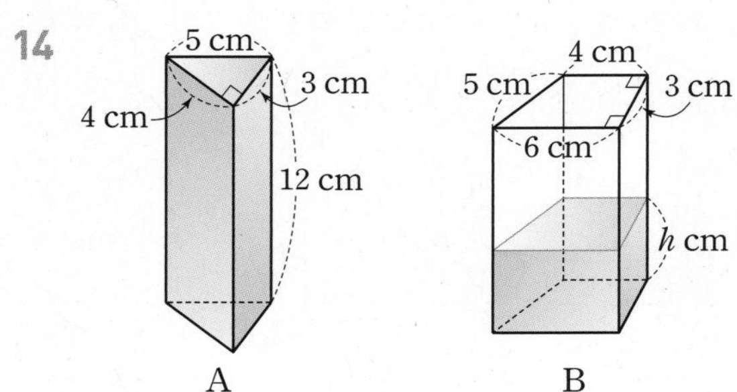

→ (A에 담긴 물의 부피)

$=\left(\frac{1}{2}\times4\times3\right)\times$ ☐

$=$ ☐ (cm³) …… ㉠

(B에 담긴 물의 부피)

$=\left\{\frac{1}{2}\times(☐+☐)\times☐\right\}\times h$

$=$ ☐ (cm³) …… ㉡

㉠=㉡이므로

☐ = ☐ 에서 h= ☐

15

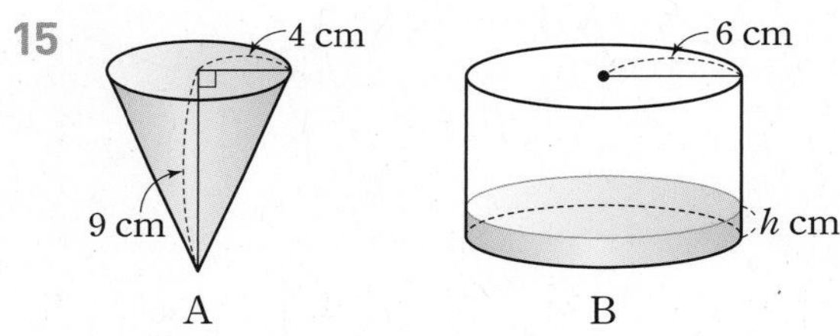

16

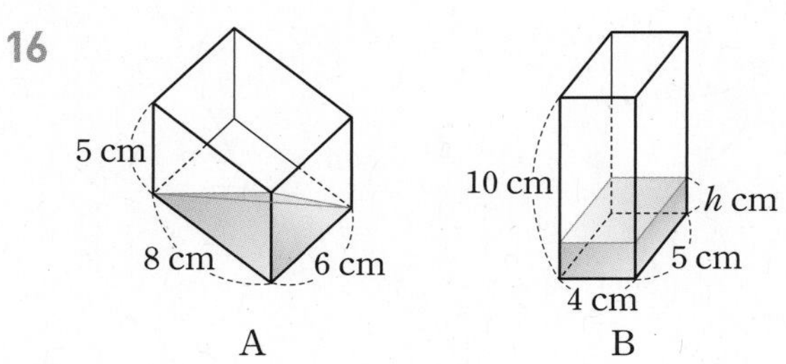

3rd 원기둥에 내접하는 원뿔과 구의 관계 이해하기

• 다음 그림과 같이 원기둥 안에 원뿔과 구가 꼭 맞게 들어 있다. 물음에 답하시오.

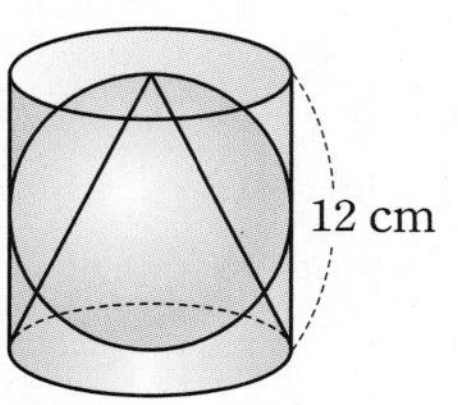

17 원기둥의 부피를 구하시오.

원기둥의 높이는 구의 지름의 길이와 같아!

18 원뿔의 부피를 구하시오.

19 구의 부피를 구하시오.

20 (원기둥의 부피) : (원뿔의 부피) : (구의 부피)를 구하시오.

TEST 9. 입체도형의 겉넓이와 부피(2)

1 오른쪽 그림과 같은 정사각뿔의 겉넓이는?

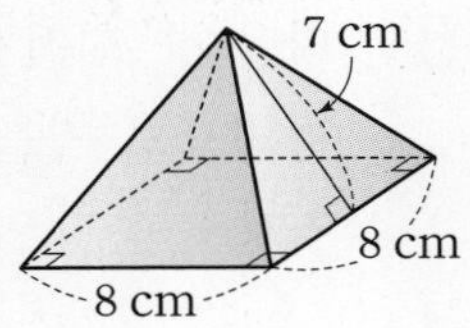

① 156 cm^2　② 166 cm^2
③ 176 cm^2　④ 186 cm^2
⑤ 196 cm^2

2 오른쪽 그림과 같은 전개도로 만들어지는 원뿔의 겉넓이가 $54\pi\text{ cm}^2$일 때, l의 값은?

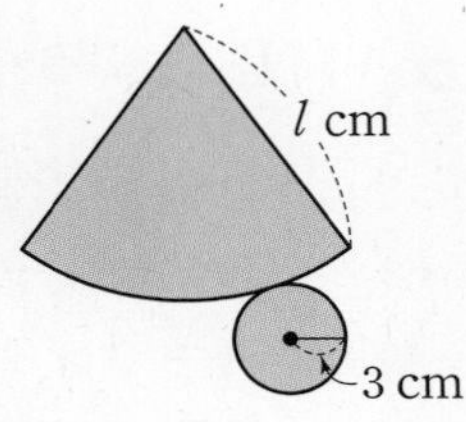

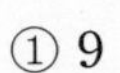
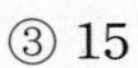

① 9　② 12
③ 15　④ 18
⑤ 20

3 오른쪽 그림과 같은 사다리꼴을 직선 l을 회전축으로 하여 1회전 시킬 때 생기는 회전체의 부피를 구하시오.

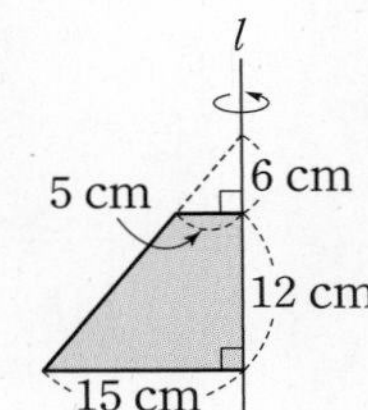

4 오른쪽 그림과 같은 반구의 겉넓이는?

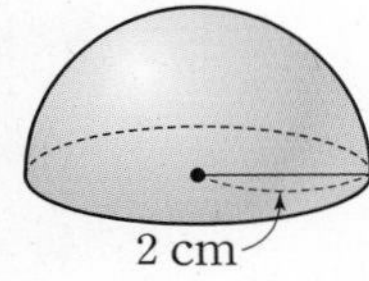

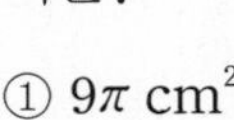
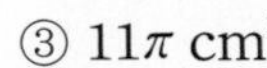

① $9\pi\text{ cm}^2$　② $10\pi\text{ cm}^2$
③ $11\pi\text{ cm}^2$　④ $12\pi\text{ cm}^2$
⑤ $13\pi\text{ cm}^2$

5 오른쪽 그림은 반지름의 길이가 12 cm인 구의 일부분을 잘라낸 것이다. 이 입체도형의 부피를 구하시오.

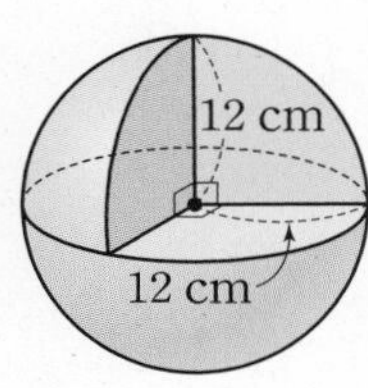

6 오른쪽 그림과 같은 입체도형의 부피는?

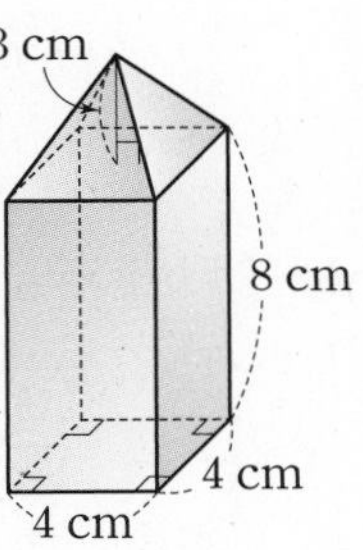

① 96 cm^3　② 121 cm^3
③ 136 cm^3　④ 144 cm^3
⑤ 169 cm^3

대단원
TEST Ⅲ. 입체도형

1 다음 중 다면체에 대한 설명으로 옳은 것은?

① 각뿔대에는 평행한 면이 없다.
② 각기둥의 두 밑면은 합동이다.
③ 각뿔의 옆면은 모두 사다리꼴이다.
④ n각뿔의 꼭짓점의 개수는 $2n$이다.
⑤ n각뿔대의 모서리의 개수는 $2n$이다.

2 면의 개수와 모서리의 개수의 합이 18인 각뿔대의 꼭짓점의 개수는?

① 6 ② 7 ③ 8
④ 9 ⑤ 10

3 다음 중 정다면체와 모서리의 개수가 바르게 짝지어지지 않은 것은?

① 정사면체 — 6
② 정육면체 — 12
③ 정팔면체 — 18
④ 정십이면체 — 30
⑤ 정이십면체 — 30

4 다음 중 오른쪽 그림과 같은 전개도로 만들어지는 정다면체에 대한 설명으로 옳지 않은 것은?

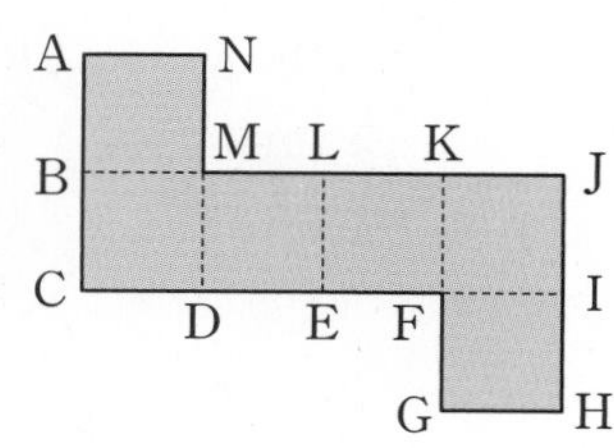

① 정다면체의 이름은 정육면체이다.
② 모든 면의 모양은 정사각형이다.
③ 한 꼭짓점에 모인 면의 개수는 3이다.
④ $\overline{AB}$와 $\overline{DE}$는 꼬인 위치에 있다.
⑤ 점 A와 겹쳐지는 점은 점 K이다.

5 다음 중 회전체와 그 회전체를 회전축을 포함하는 평면으로 자를 때 생기는 단면의 모양을 짝 지은 것으로 옳지 않은 것은?

① 원뿔대 — 평행사변형
② 원뿔 — 이등변삼각형
③ 원기둥 — 직사각형
④ 구 — 원
⑤ 반구 — 반원

6 다음 중 회전체에 대한 설명으로 옳은 것은?

① 모든 회전체는 회전축이 1개이다.
② 회전축에 수직인 평면으로 자른 단면의 모양과 크기는 항상 같다.
③ 구를 회전축에 수직인 평면으로 자른 단면은 모두 합동이다.
④ 회전축을 포함한 평면으로 자른 단면은 선대칭도형이다.
⑤ 원뿔을 회전축에 수직인 평면으로 자른 단면은 삼각형이다.

7 다음 중 오른쪽 그림과 같은 전개도로 만들어지는 회전체에 대한 설명으로 옳은 것은?

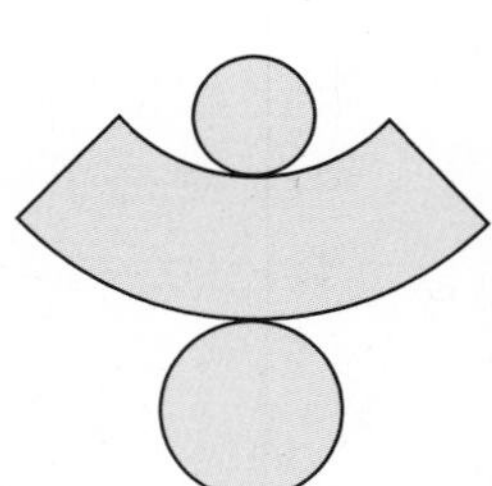

① 이 회전체는 원뿔이다.
② 회전축을 포함한 평면으로 자른 단면은 직사각형이다.
③ 회전축에 수직인 평면으로 자른 단면은 항상 원이다.
④ 두 밑면의 모양과 크기는 서로 같다.
⑤ 한 평면으로 자른 단면은 항상 원이다.

8 오른쪽 그림과 같은 원뿔대를 회전축을 포함하는 평면으로 자를 때 생기는 단면의 넓이를 구하시오.

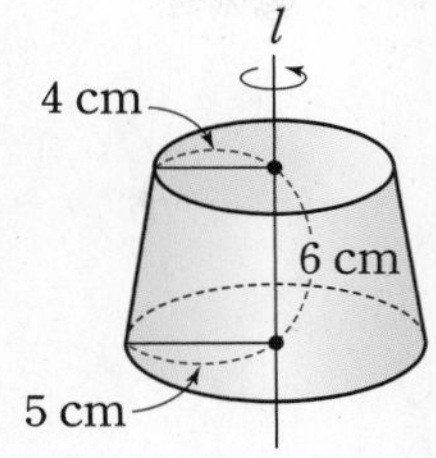

9 오른쪽 그림과 같은 삼각기둥의 겉넓이가 216 cm^2일 때, 이 삼각기둥의 부피를 구하시오.

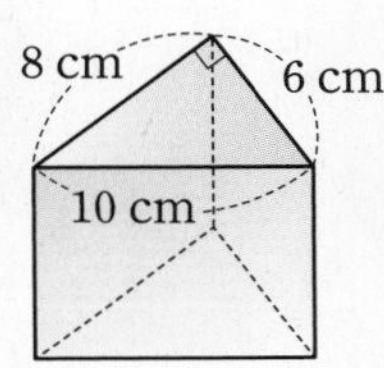

10 오른쪽 그림과 같은 직사각형을 직선 l을 회전축으로 하여 1회전 시킬 때 생기는 회전체의 겉넓이와 부피를 차례대로 구한 것은?

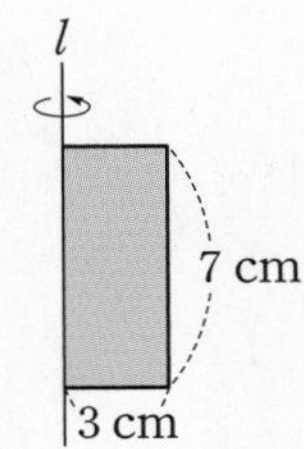

① 51π cm^2, 42π cm^3
② 51π cm^2, 56π cm^3
③ 54π cm^2, 63π cm^3
④ 60π cm^2, 56π cm^3
⑤ 60π cm^2, 63π cm^3

11 다음 그림과 같이 직육면체 모양의 두 그릇에 같은 양의 물이 들어 있을 때, x의 값은?

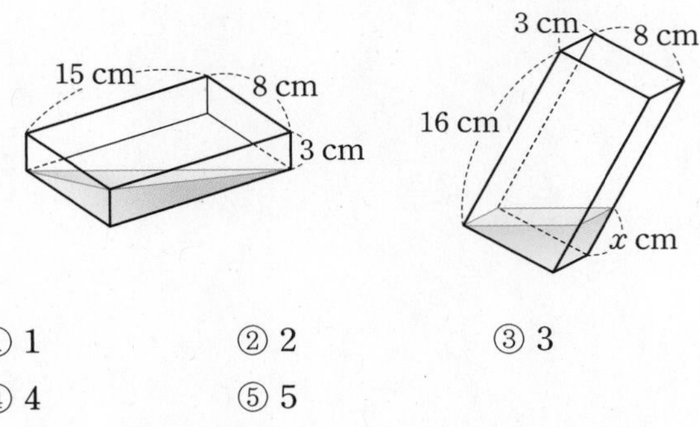

① 1 ② 2 ③ 3
④ 4 ⑤ 5

12 다음 그림과 같은 원뿔대의 부피는?

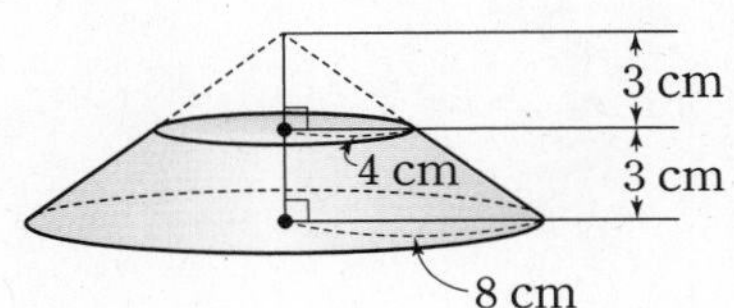

① 112π cm^3 ② 116π cm^3 ③ 120π cm^3
④ 124π cm^3 ⑤ 128π cm^3

13 오른쪽 그림은 반지름의 길이가 10 cm인 구의 일부분을 잘라낸 것이다. 이 입체도형의 겉넓이를 구하시오.

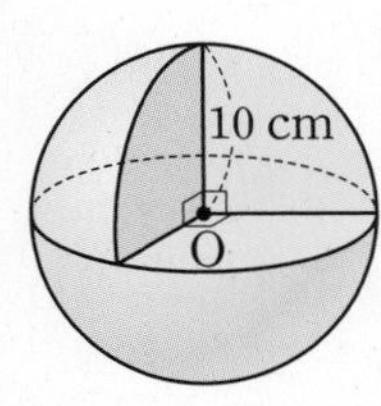

자료의 분석!

통계

10 자료의 특징을 대표하는,
대푯값

11 무질서한 자료를 질서있게,
자료의 정리와 해석(1)

12 무질서한 자료를 질서있게,
자료의 정리와 해석(2)

10

자료의 특징을 대표하는, 대푯값

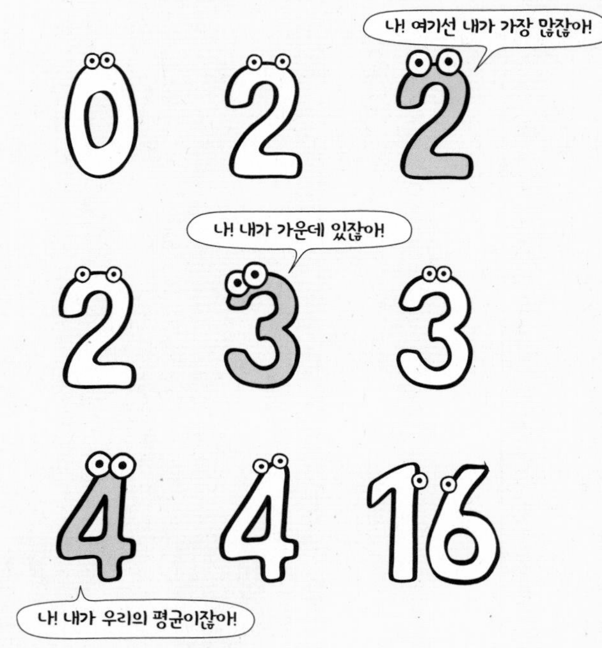

01 대푯값; 평균

자료의 전체의 특징, 특히 자료가 분포한 중심의 위치를 대표할 수 있는 값을 대푯값이라 해. 대푯값으로 쓰이는 것은 자료의 특성에 따라 평균, 중앙값, 최빈값이 있어. 이 중에서도 가장 많이 쓰이는 것이 평균이지. 평균은 변량의 총합을 변량의 개수로 나눈 값이야.

가장 많이 사용되는 대푯값!

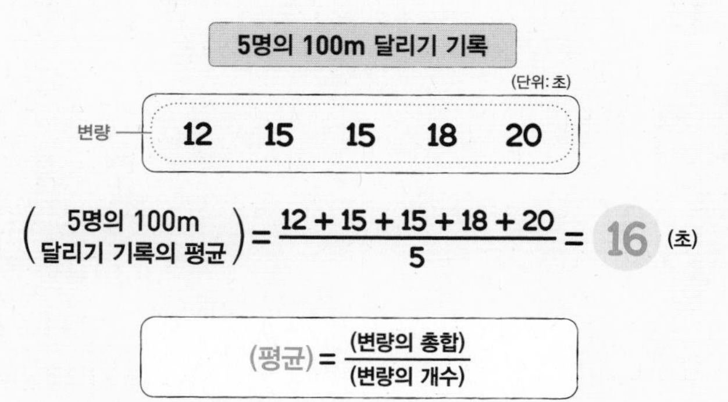

02 대푯값; 중앙값

주어진 변량 중 매우 크거나 매우 작은 값이 있는 경우에 평균은 그 극단적인 값에 영향을 많이 받아. 이와 같은 경우에는 변량을 작은 값부터 크기순으로 나열하였을 때 한가운데 있는 값이 평균보다 그 자료 전체의 중심의 위치를 잘 나타낼 수 있는데, 이를 중앙값이라 해.

한가운데 있는 값!

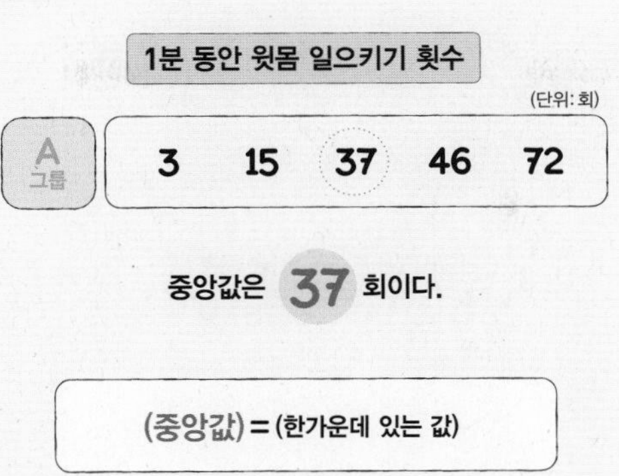

03 대푯값; 최빈값

한편 자료의 변량 중에서 가장 많이 나타나는 값을 최빈값이라 해. 일반적으로 최빈값은 변량의 수가 많고, 변량에 같은 값이 많은 경우에 주로 대푯값으로 사용되기도 해. 또 가장 좋아하는 색깔이나 운동과 같이 숫자로 나타낼 수 없는 경우에도 최빈값을 구할 수 있지.

중앙값과 최빈값은 자료의 극단적인 값에 영향을 받지 않고, 자료의 수가 적거나 자료의 분포의 모양이 복잡해지면 최빈값은 의미가 없을 수도 있어.

따라서 자료의 특징에 따라 평균, 중앙값, 최빈값 중 어느 것이 더 적절한지 판단하는 게 중요해!

가장 많이 나타나는 값!

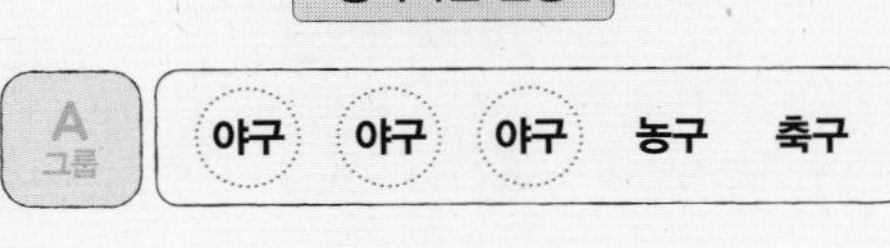

최빈값은 야구 이다.

(최빈값) = (가장 많이 나타나는 값)

01 가장 많이 사용되는 대푯값!

대푯값; 평균

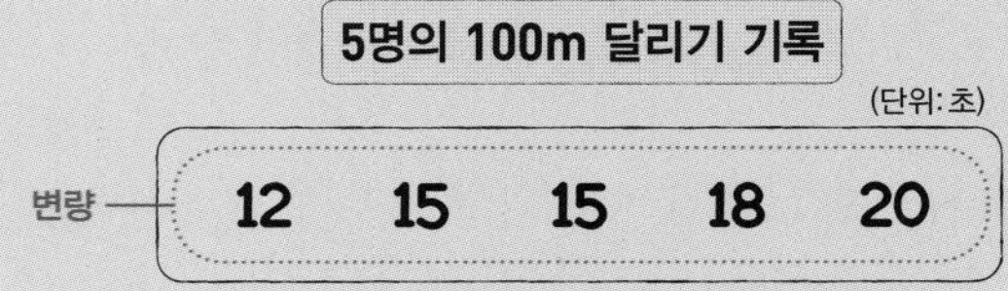

$$\left(\begin{array}{c}\text{5명의 100m}\\ \text{달리기 기록의 평균}\end{array}\right)=\frac{12+15+15+18+20}{5}=16\text{ (초)}$$

$$(\text{평균})=\frac{(\text{변량의 총합})}{(\text{변량의 개수})}$$

- **변량**: 키, 몸무게, 점수 등의 자료를 수량으로 나타낸 것
  예) 다윤이의 키는 167 cm(자료) → 167(변량)
- **대푯값**: 자료 전체의 중심적인 경향이나 특징을 대표적인 수로 나타낸 값
  → 대푯값에는 평균, 중앙값, 최빈값 등이 있다.
- **평균**: 변량의 총합을 변량의 개수로 나눈 값
  → $(\text{평균})=\frac{(\text{변량의 총합})}{(\text{변량의 개수})}$

참고 대푯값 중에서 평균이 가장 많이 사용된다.

1st — 평균 구하기

● 다음 자료의 평균을 구하시오.

1 1, 2, 3, 4

→ $\frac{1+2+\square+4}{\square}=\square$

2 9, 11, 9, 11

3 2, 4, 5, 3, 6

4 1, 3, 5, 7, 9

5 2, 4, 6, 8, 10

6 2, 2, 4, 6, 3, 1

7 7, 7, 7, 7, 7, 7

8 3, 4, 5, 8, 7, 3

우리 키를 모두 더한 다음
4명으로 나누면 그게 우리의 평균 키!

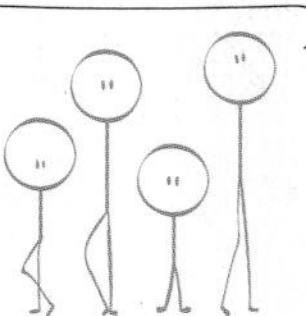

2nd 평균을 이용하여 변량 구하기

● 다음 자료의 평균이 [ ] 안의 수와 같을 때, x의 값을 구하시오.

9 5, x, 2 [4]

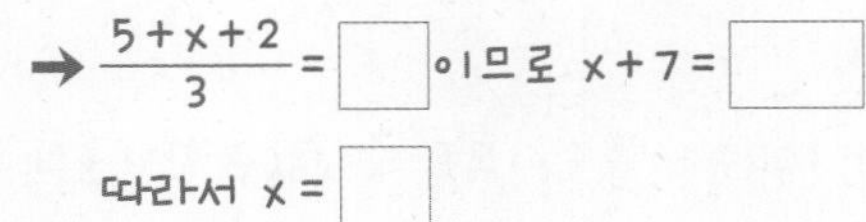

10 2, x, 6, 8 [7]

11 13, 15, 12, x [14]

12 3, x, 6, 5, 9 [5]

13 x, 4, 3, 4, 3 [6]

14 1, 13, 2, x, 8, 3 [7]

내가 발견한 개념 자료의 개수가 n개일 때 평균은?

• 변량 $x_1, x_2, x_3, \cdots, x_n$에 대하여

(평균)$=\frac{x_1+x_2+x_3+\cdots+x_n}{\square}$

3rd 부분의 평균을 이용하여 전체 평균 구하기

● 두 변량 x, y의 평균이 3일 때, 다음 자료의 평균을 구하시오.

15 3, x, y

→ x, y의 평균이 3이므로 $\frac{x+y}{\square}=3$

즉 x+y= □

따라서 3, x, y의 평균은

$\frac{3+x+y}{3}=\frac{3+\square}{3}=\frac{\square}{3}=\square$

16 x, 6, y, 4

17 $x+6$, $y+6$

18 x, $y+3$, $x+y+3$

개념모음문제

19 세 변량 a, b, c의 평균이 2일 때, 다음 자료의 평균은?

4, a, b, c, 5

① 1 ② 2 ③ 3
④ 4 ⑤ 5

02

한가운데 있는 값!

대푯값; 중앙값

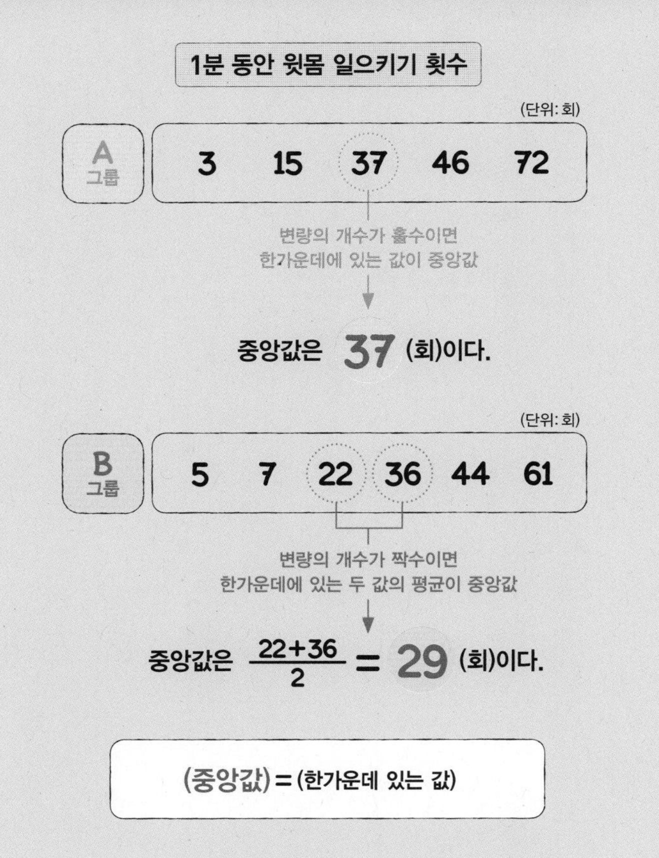

- **중앙값**: 자료의 변량을 작은 값부터 크기순으로 나열했을 때, 한가운데에 있는 값
- **변량의 개수에 따른 중앙값**
  ① 홀수이면 한가운데에 있는 값이 중앙값이다.
  ② 짝수이면 한가운데에 있는 두 값의 평균이 중앙값이다.
- **평균과 중앙값의 비교**

	평균	중앙값
장점	모든 자료의 값을 포함하여 계산한다.	자료의 값 중 매우 크거나 매우 작은 값이 있는 경우에 자료의 특징을 가장 잘 대표할 수 있다.
단점	자료의 값 중 매우 크거나 매우 작은 값이 있는 경우 그 값의 영향을 받는다. 예 자료가 1, 2, 3, 3, 3, 72일 때, 대부분의 값이 3이지만 평균은 14가 되어 커진다.	특징이 다른 두 자료의 중앙값이 같을 수 있다. 예 두 자료 1, 2, 5, 7, 8과 2, 3, 5, 10, 36은 서로 다르지만 중앙값은 5로 같다.

1st — 자료의 개수가 홀수일 때 중앙값 구하기

● 다음 자료의 중앙값을 구하시오.

1 5, 2, 8, 6, 4

→ 변량을 작은 값부터 크기순으로 나열하면
2, 4, ☐, ☐, 8
변량의 개수가 홀수이므로 중앙값은 한가운데 있는 ☐이다.

2 13, 11, 17, 9, 3

3 28, 15, 10, 22, 30

4 80, 96, 58, 104, 85, 92, 119

5 110, 125, 205, 221, 196, 143, 217

6 44, 37, 41, 53, 55, 61, 41, 39, 59

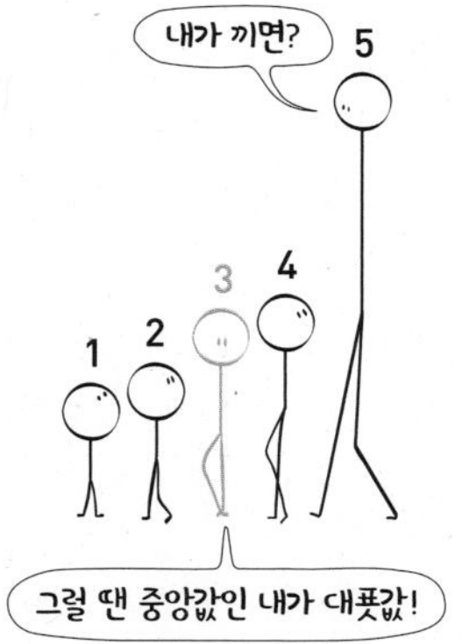

2nd 자료의 개수가 짝수일 때 중앙값 구하기

• 다음 자료의 중앙값을 구하시오.

7 8, 2, 5, 3

→ 변량을 작은 값부터 크기순으로 나열하면
2, ☐, ☐, 8
변량의 개수가 짝수이므로 중앙값은
한가운데 있는 두 값 ☐, ☐의 평균이다.
따라서 중앙값은 $\frac{\square+\square}{2}=\square$

8 4, 10, 5, 7

9 20, 15, 8, 13, 11, 17

10 123, 153, 195, 273, 197, 134

11 5, 3, 5, 2, 7, 9, 1, 11

12 19, 16, 13, 18, 24, 26, 17, 10

내가 발견한 개념 — 한가운데 있는 값!

자료를 작은 값부터 크기순으로 나열하였을 때
• 자료의 개수가 ☐이면 중앙에 있는 값
• 자료의 개수가 ☐이면 중앙에 있는 두 값의 ☐

3rd 중앙값이 주어졌을 때 변량 구하기

• 다음은 자료의 변량을 작은 값부터 크기순으로 나열한 것이다. 이 자료의 중앙값이 [ ] 안에 있는 수와 같을 때, x의 값을 구하시오.

13 1, x, 5, 6 [4]

→ 한가운데에 있는 두 값은 x, ☐이므로
$\frac{x+\square}{2}=\square$
따라서 $x=\square$

14 8, 10, x, 17 [11]

15 2, 5, x, 14, 19, 20 [12.5]

16 11, 12, x, 22, 24, 26 [21]

17 36, 49, 52, 58, x, 70, 72, 79 [60]

개념모음문제

18 네 개의 변량 84, x, 67, 75의 중앙값이 73일 때, x의 값은?

① 69 ② 71 ③ 73
④ 75 ⑤ 77

03 가장 많이 나타나는 값!

대푯값; 최빈값

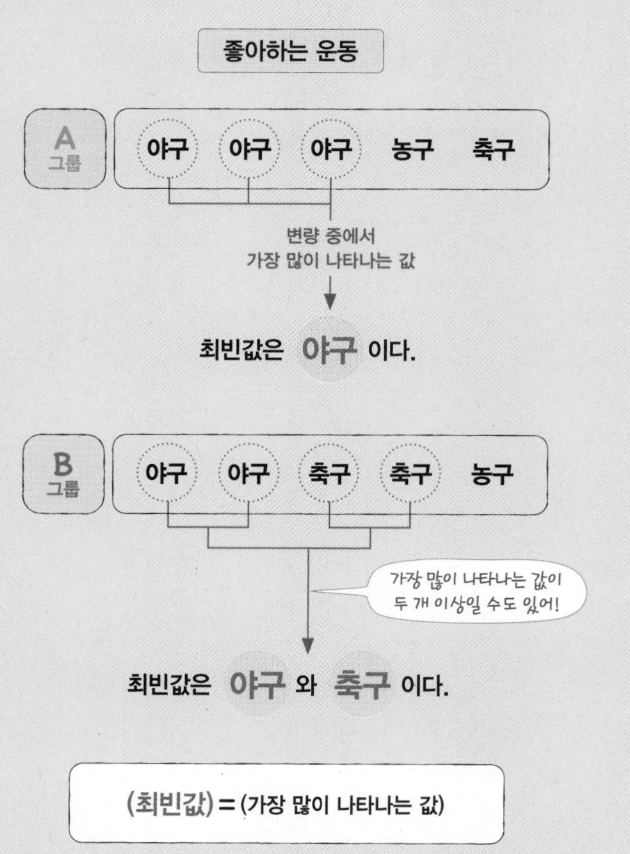

- **최빈값**: 자료의 변량 중에서 가장 많이 나타나는 값
- 일반적으로 최빈값은 변량의 수가 많고, 변량에 같은 값이 많은 경우에 주로 대푯값으로 사용된다.

참고 최빈값은 선호도를 조사할 때 주로 사용되고, 좋아하는 과일이나 좋아하는 취미 생활처럼 숫자로 나타내지 못하는 자료의 경우에도 구할 수 있다. 또 자료에 따라서 두 개 이상일 수도 있다.

1st — 최빈값 구하기

- 다음 자료의 최빈값을 구하시오.

1 2, 4, 5, 2, 3

➔ 자료의 변량 중에서 ☐가 가장 많이 나타나므로 최빈값은 ☐이다.

2 5, 10, 5, 10, 5

3 10, 14, 15, 14, 11, 12

4 7, 7, 8, 8, 7, 7, 8

5 38, 29, 38, 28, 27, 29, 29

6 4, 4, 7, 6, 6

7 20, 27, 24, 23, 27, 20

8 9, 11, 19, 11, 17, 9, 10

● **주어진 자료의 최빈값을 구하시오.**

9 재윤이네 반 학생 30명의 혈액형

혈액형	A형	B형	O형	AB형
학생 수(명)	10	8	7	5

10 채린이네 반 학생 25명의 취미

취미	독서	게임	운동	노래
학생 수(명)	3	8	6	8

11 어느 독서 동호회 회원 20명이 좋아하는 책의 장르

장르	문학	만화	인문	자기 계발	여행
회원 수(명)	7	3	1	5	4

12 어느 학교의 중학생 40명이 좋아하는 스포츠

스포츠	농구	야구	축구	육상	수영
학생 수(명)	9	14	14	1	2

13 하윤이네 반 학생 30명이 좋아하는 색깔

색깔	하양	노랑	빨강	파랑	초록
학생 수(명)	4	7	5	7	7

14 6명의 학생의 1학기 동안의 봉사 활동 시간

학생	설아	보나	성소	은서	다영	수빈
봉사 시간 (시간)	24	18	46	32	9	24

15 A, B, C, D, E, F 6곳의 쇼핑몰의 판매 상품의 수

쇼핑몰	A	B	C	D	E	F
상품 수(개)	321	558	633	558	558	132

내가 발견한 개념 최빈값의 특징은?

• 자료에 따라서 (평균 , 중앙값 , 최빈값)은 두 개 이상일 수도 있다.

개념모음문제

16 다음 표는 학생 수가 같은 A, B 두 반 학생들의 작년 도서관 방문 횟수를 조사하여 나타낸 자료이다. A반의 최빈값을 a회, B반의 최빈값을 b회라 할 때, $a+b$의 값은?

방문 횟수(회)	A반(명)	B반(명)
1	2	1
2	4	4
3	x	5
4	5	6
5	3	4
합계		20

① 3 ② 4 ③ 5
④ 6 ⑤ 7

2nd 평균, 중앙값, 최빈값 구하기

● 다음 중 옳은 것은 ○를, 옳지 않은 것은 ×를 ( ) 안에 써넣으시오.

17 자료 전체의 특성을 대표적으로 나타내는 값을 평균이라 한다. ( )

18 최빈값은 항상 1개만 존재한다. ( )

19 대푯값 중 가장 많이 사용하는 것은 평균이다. ( )

20 최빈값은 자료가 수치로 주어지지 않은 경우에도 이용할 수 있다. ( )

21 중앙값은 항상 자료에 있는 값 중 하나이다. ( )

22 대푯값에는 평균, 중앙값, 최빈값 등이 있다. ( )

● 다음 자료의 평균, 중앙값, 최빈값을 각각 구하시오.

23 10, 30, 20, 20

평균 :

중앙값 :

최빈값 :

24 4, 8, 2, 7, 4

평균 :

중앙값 :

최빈값 :

25 9, 13, 9, 16, 11, 38

평균 :

중앙값 :

최빈값 :

26 111, 95, 100, 90, 100, 95, 95

평균 :

중앙값 :

최빈값 :

TEST 10. 대푯값

1 다음은 미림이가 월요일부터 금요일까지 손을 씻는 횟수를 나타낸 표이다. 이 자료의 평균을 구하시오.

요일	월요일	화요일	수요일	목요일	금요일
횟수(회)	9	13	8	10	15

2 5개의 변량 a, b, c, d, 27의 평균이 19일 때, 6개의 변량 a, b, c, d, 23, 29의 평균은?

① 16 ② 17 ③ 18
④ 19 ⑤ 20

3 다음 자료의 중앙값이 20일 때, x의 값은?

31, x, 11, 18, 14, 23

① 18 ② 19 ③ 20
④ 21 ⑤ 22

4 다음 자료의 중앙값을 a, 최빈값을 b라 할 때, $a+b$의 값은?

5, 7, 10, 14, 8, 11, 5

① 9 ② 11 ③ 13
④ 15 ⑤ 17

5 다음은 학생 7명의 수학 점수를 조사하여 나타낸 자료이다. 이 자료의 평균과 최빈값이 같을 때, x의 값은?

75, 80, 75, 85, 65, x, 75

① 65 ② 70 ③ 75
④ 80 ⑤ 85

6 다음 중 옳은 것은?

① 대푯값은 항상 자료에 있는 값 중 하나이다.
② 대푯값은 자료가 수량으로 주어질 때만 사용할 수 있다.
③ 평균, 중앙값, 최빈값이 모두 같은 경우는 없다.
④ 중앙값은 주어진 자료의 변량 중 가장 큰 값과 가장 작은 값의 합을 2로 나눈 값이다.
⑤ 자료에 매우 크거나 매우 작은 값이 있는 경우에는 평균보다 중앙값이 자료 전체의 특징을 더 잘 나타낸다.

11

무질서한 자료를 질서있게, 자료의 정리와 해석(1)

(명)

22 20 18 16 14 12 10 8 6 4 2 0

130 140 150 160 170 180 (cm)

키가 150 cm 이상 160 cm 미만인 학생이 가장 많군!

학생들의 키

질서있게 보여주는!

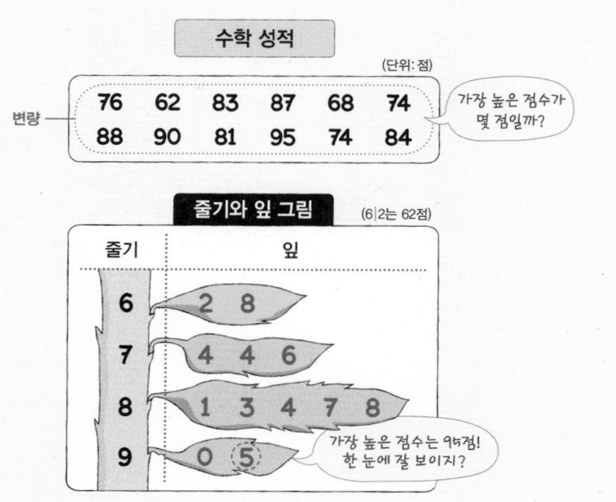

01 줄기와 잎 그림

어떤 조건을 만족시키는 자료의 수나 자료의 체계적인 분포 상태를 쉽게 알아보기 위해서는 자료를 적당한 방법으로 정리할 필요가 있어.

먼저 줄기와 잎 그림을 배워볼 거야. 변량을 줄기와 잎으로 구분한 후 자료를 정리하는 것을 줄기와 잎 그림이라 하지.

줄기와 잎 그림을 활용하면 원래의 값을 정확히 알 수 있을 뿐만 아니라 자료의 전체적인 분포 상태도 쉽게 알아볼 수 있어!

질서있게 보여주는!

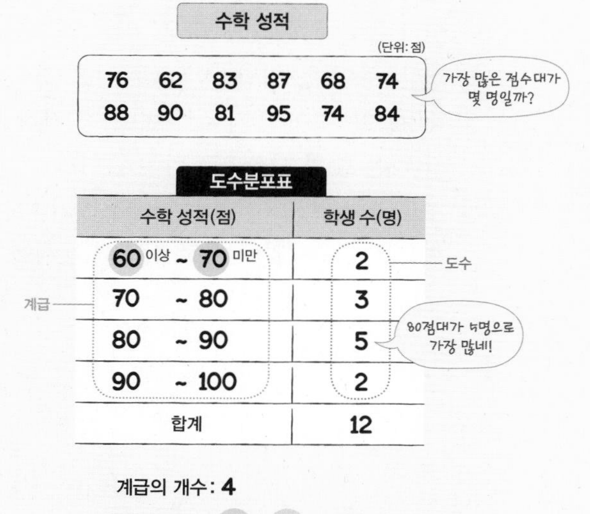

수학 성적(점)	학생 수(명)
60 이상 ~ 70 미만	2
70 ~ 80	3
80 ~ 90	5
90 ~ 100	2
합계	12

계급의 개수: 4

계급의 크기: 70 - 60 = 10(점)

02 도수분포표

변량을 일정한 간격으로 나눈 구간을 계급이라 해. 이때 구간의 너비를 계급의 크기, 각 계급에 속하는 자료의 수를 그 계급의 도수라 하지.

이때 자료를 몇 개의 계급으로 나누고 각 계급의 도수를 나타낸 표를 도수분포표라 해. 도수분포표를 보면 계급, 계급의 크기, 도수 등은 알 수 있지만 변량은 알 수 없어!

03 히스토그램

자료를 그래프로 나타내면 표로 나타내는 것보다 자료의 전체적인 분포 상태를 쉽게 알 수 있어.
도수분포표를 그래프로 나타낸 그림을 히스토그램이라 해. 히스토그램에서 직사각형의 세로의 길이는 각 계급의 도수를 나타내므로 자료의 분포 상태를 한눈에 알아볼 수 있지!

질서있게 보여주는!

도수분포표

수학 성적(점)	학생 수(명)
60 이상 ~ 70 미만	2
70 ~ 80	3
80 ~ 90	5
90 ~ 100	2
합계	12

히스토그램

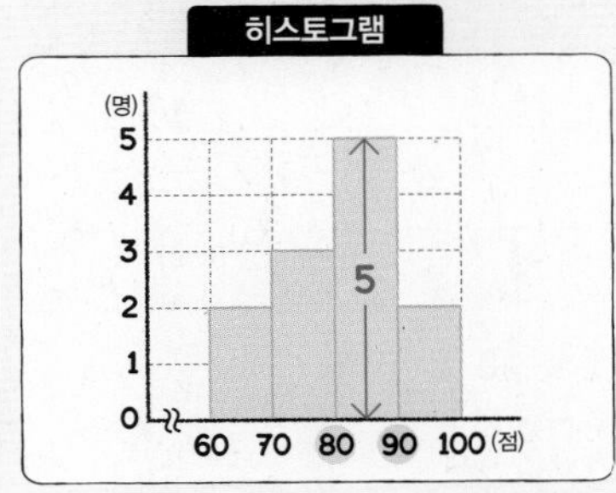

계급의 크기: 90 - 80 = 10(점)

04 도수분포다각형

히스토그램의 각 직사각형의 윗변의 중앙의 점을 차례로 선분으로 연결하여 그린 그래프를 도수분포다각형이라 해.
도수분포다각형도 히스토그램과 마찬가지로 자료의 분포 상태를 한눈에 알아보기 편리해!

질서있게 보여주는!

히스토그램

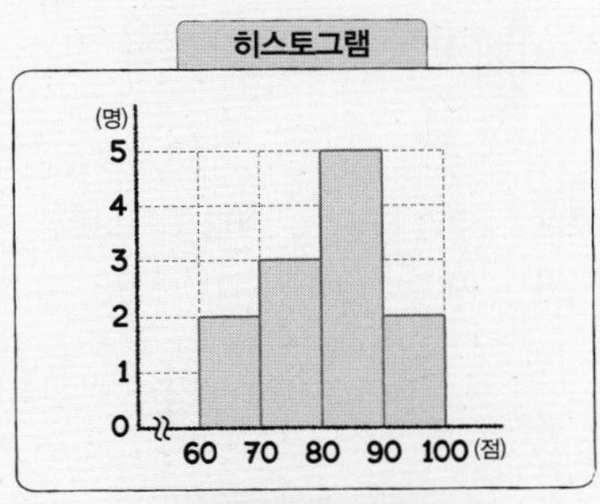

도수분포다각형

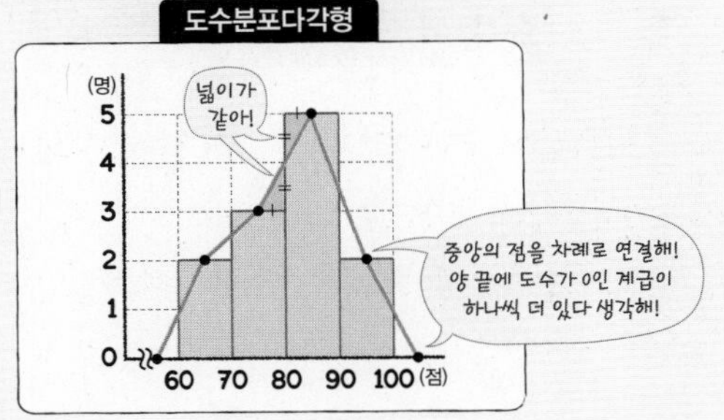

01

질서있게 보여주는!

줄기와 잎 그림

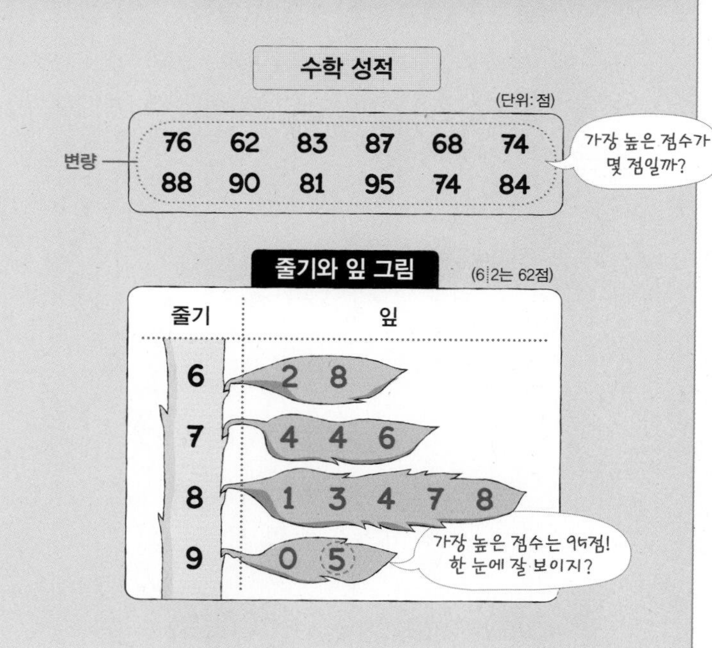

- **줄기와 잎 그림 :** 줄기와 잎을 이용하여 자료를 나타낸 그림
  세로선을 긋고, 세로선을 중심으로 왼쪽에 있는 수를 줄기, 오른쪽에 있는 수를 잎으로 나타낸다.
- **줄기와 잎 그림을 그리는 순서**
  (i) 변량을 줄기와 잎으로 구분한다.
  (ii) 세로선을 긋고, 세로선을 중심으로 왼쪽에 줄기를 작은 값부터 차례로 세로로 쓴다.
  (iii) 세로선의 오른쪽에 각 줄기에 해당하는 잎을 작은 값부터 차례로 가로로 쓴다.

참고 잎은 크기가 작은 값부터 차례로 쓰고, 중복되는 잎도 모두 쓴다.

원리확인 다음 □ 안에 알맞은 것을 써넣으시오.

〈서율이네 반 학생들의 봉사 활동 시간〉

(1|3은 13시간)

줄기	잎
1	3 4 7 9
2	0 2 2 5 6 8 8

❶ 줄기는 변량의 □의 자리의 숫자이고, 잎은 변량의 □의 자리의 숫자이다.

❷ 줄기는 1, □이다.

1st 줄기와 잎 그림 그리기

● 다음 자료를 줄기와 잎 그림으로 나타낸 것이다. □ 안에 알맞은 수를 써넣으시오.

1 영화 동호회 회원들의 1년 동안의 영화 관람 횟수

(단위: 회)

12 30 42 25 38 27 18 49 32 15
23 39 41 10 27 22 16 45 29 37

↓

(1|0은 10회)

줄기	잎
1	0 2 5 6 □
2	2 □ 5 7 7 9
□	0 2 □ 8 9
4	□ 2 5 9

작은 수부터 적으면 분석할 때 편리해!

● 다음 자료를 줄기와 잎 그림으로 나타내시오.

2 지원이네 반 학생들의 수학 점수

(단위: 점)

88 77 94 62 68 73 86 82
76 96 67 70 88 65 75 96

↓

(6|2는 62점)

줄기	잎
6	2

내가 발견한 개념 잎의 총 개수의 의미는?

• (잎의 총 개수)=(전체 □의 개수)

3 어느 대학교 학생들의 하루 동안의 휴대전화 사용 시간

(단위: 분)

32	20	40	36	29	44	38	15	24	35
35	25	43	26	18	58	27	55	54	49

↓

(1|5는 15분)

줄기	잎
1	5

4 운동부 선수들의 멀리뛰기 기록

(단위: cm)

166	172	184	162	193	178	180
168	177	190	182	164	175	172

↓

(16|2는 162 cm)

줄기	잎
16	2

2nd 줄기와 잎 그림 이해하기

● **주어진 줄기와 잎 그림에 대하여 다음을 구하시오.**

5 은서네 반 학생들의 아버지 연세

(3|7은 37세)

줄기	잎
3	7 8 9
4	0 2 4 5 5 6 6 6 7
5	0 1 5

(1) 줄기가 3인 잎

(2) 잎이 가장 많은 줄기

(3) 은서네 반 전체 학생 수

(4) 아버지 연세가 50세 이상인 학생 수

(5) 은서네 반 학생들의 아버지 연세의 최빈값

6 명준이네 반 학생들의 통학 시간

(0|3은 3분)

줄기	잎
0	3 4 4 5 6
1	2 2 3 6 7 9
2	0 1 1 2 4 5 8
3	2 5 5 7

(1) 잎이 가장 적은 줄기

(2) 명준이네 반 전체 학생 수

(3) 통학 시간이 10분 미만인 학생 수

(4) 명준이네 반 학생들의 통학 시간의 중앙값

7 수진이네 반 학생들의 과학 수행 평가 점수

(1|5는 15점)

줄기	잎
1	5 6 8 9
2	2 3 4 5 6 7 8
3	3 4 5 8
4	0 4 5 7

(1) 과학 수행 평가 점수가 가장 높은 학생의 점수

(2) 과학 수행 평가 점수가 30점 미만인 학생 수

(3) 과학 수행 평가 점수가 높은 쪽에서 5번째인 학생의 점수

(4) 과학 수행 평가 점수가 낮은 쪽에서 8번째인 학생의 점수

(5) 수진이네 반 학생들의 과학 수행 평가 점수의 중앙값

8 어느 마을 성인들의 나이

(3|0은 30세)

줄기	잎
3	0 1 3 4 7
4	1 2 4 5 6 9
5	2 4 6 8 9
6	1 2 7 9
7	2 3 5 8

(1) 60세 이상인 마을 성인의 수

(2) 나이가 많은 쪽에서 3번째인 성인의 나이

(3) 나이가 적은 쪽에서 10번째인 성인의 나이

(4) 어느 마을 성인들의 나이의 중앙값

9 어느 야구팀 타자들이 1년 동안 친 홈런의 개수

(0|3은 3개)

줄기	잎
0	3 4 5 5 8
1	0 2 3 5 6 7 8
2	1 4 4 9
3	2 3

(1) 홈런의 개수가 가장 많은 타자의 홈런의 개수

(2) 홈런의 개수가 15 미만인 타자의 수

(3) 홈런의 개수가 많은 쪽에서 6번째인 타자의 홈런의 개수

(4) 어느 야구팀 타자들이 1년 동안 친 홈런의 개수의 최빈값

개념모음문제

10 아래는 어느 독서 동호회 회원들의 한 달 동안의 독서 시간을 조사하여 나타낸 줄기와 잎 그림이다. 다음 중 옳지 않은 것은?

(0|4는 4시간)

줄기	잎
0	4 7 8 9
1	0 3 5 7 8 8
2	1 2 2 4 7
3	4 5 6 8 9

① 잎이 가장 많은 줄기는 1이다.
② 전체 회원 수는 20명이다.
③ 독서 시간이 10시간 미만인 회원 수는 4명이다.
④ 독서 시간이 30시간 이상인 회원 수는 전체의 20 %이다.
⑤ 독서 시간이 가장 적은 회원과 가장 많은 회원의 독서 시간의 합은 43시간이다.

3rd — 두 집단에서의 줄기와 잎 그림 이해하기

● **주어진 줄기와 잎 그림에 대하여 다음을 구하시오.**

11 시현이네 반 남학생과 여학생의 수학 성적

(6|3은 63점)

잎(남학생)	줄기	잎(여학생)
7 5	6	3
9 5 4 1 0	7	0 4 7
8 7 4	8	2 7 8 8
3 0	9	1 5 8

(1) 시현이네 반 남학생 수

(2) 시현이네 반 여학생 수

(3) 잎이 가장 많은 줄기

(4) 수학 성적이 가장 높은 학생의 점수와 가장 낮은 학생의 점수의 차

(5) 수학 성적이 88점 이상인 학생 수

상행 서울방면		시	하행 강릉방면	
평일	토·일·공휴일		평일	토·일·공휴일
03 14 23 32 41 51	03 18 31 43 55	5		
00 09 17 25 32 39 44	07 18 29 39 50	6	05 19 31 41 52	06 21 34 47
01 13 21 29 36 42 48 55	00 10 18 26 34 42 50 58	7	01 10 18 27 35 44 52 59	00 12 24 36 47 59

12 어느 중학교 1학년 1반과 2반 학생들의 한 달 동안의 컴퓨터 사용 시간

(1|0은 10시간)

잎(1반)	줄기	잎(2반)
9 6 6 2	1	0 3 6 8 9
8 6 5 1 1	2	3 4 7
6 5 3	3	1 5 8 8
9 8 6 2 1	4	0 3 4 5

(1) 1반과 2반의 학생 수

1반: ____________ 2반: ____________

(2) 컴퓨터를 가장 오래 사용한 학생이 속한 반

(3) 컴퓨터 사용 시간이 21시간 이하인 학생이 더 많은 반

(4) 컴퓨터를 6번째로 많이 사용한 학생의 컴퓨터 사용 시간

개념모음문제

13 다음은 어느 산악 동호회 회원들의 등산 횟수를 조사하여 나타낸 줄기와 잎 그림이다. 남자 중 등산 횟수가 가장 많은 회원과 여자 중 등산 횟수가 가장 적은 회원의 등산 횟수의 차는?

(0|3은 3회)

잎(남자)	줄기	잎(여자)
9 7 4	0	3 4 6
8 7 5 3 1	1	0 2 5 8
8 6 5 2	2	1 3 4 7

① 17회 ② 19회 ③ 21회
④ 23회 ⑤ 25회

02 질서있게 보여주는!

도수분포표

수학 성적

(단위: 점)

76	62	83	87	68	74
88	90	81	95	74	84

가장 많은 점수대가 몇 명일까?

도수분포표

수학 성적(점)	학생 수(명)
60 이상 ~ 70 미만	2
70 ~ 80	3
80 ~ 90	5
90 ~ 100	2
합계	12

계급 / 도수

80점대가 5명으로 가장 많네!

계급의 개수: 4

계급의 크기: 70 - 60 = 10(점)

- **계급**: 변량을 일정한 간격으로 나눈 구간
  ① 계급의 크기: 계급의 양 끝 값의 차, 즉 구간의 너비
  ② 계급의 개수: 변량을 나눈 구간의 수
  참고 계급값: 계급을 대표하는 값으로 각 계급의 가운데 값
  → $(\text{계급값})=\frac{(\text{계급값의 양 끝 값의 합})}{2}$
- **도수**: 각 계급에 속하는 변량의 개수
- **도수분포표**: 주어진 자료를 몇 개의 계급으로 나누고, 각 계급에 속하는 도수를 조사하여 나타낸 표
- **도수분포표를 만드는 방법**
  (i) 주어진 자료에서 가장 작은 변량과 가장 큰 변량을 찾는다.
  (ii) 계급의 개수와 크기를 정한다.
  (iii) 각 계급에 속하는 변량의 개수를 세어 계급의 도수를 구한다.
  참고 ① 일반적으로 도수분포표를 만들 때는 계급의 크기는 모두 같게 하고, 계급의 개수는 보통 5~15개 정도로 한다.
  ② 계급, 계급의 크기, 계급값, 도수를 구할 때만 단위를 붙여서 쓴다.

1st 도수분포표로 나타내기

● 다음 자료의 도수분포표를 완성하시오.

1 재석이네 반 학생들이 하루 동안 발송하는 문자 메시지의 개수

(단위: 개)

16	12	10	14	8	11	18	15	2	8
4	10	19	15	3	15	6	7	18	13

↓

문자 메시지의 개수(개)	학생 수(명)
$0^{이상}$ ~ $4^{미만}$	2
4 ~ 8	
8 ~ 12	
12 ~ 16	
16 ~ 20	
합계	20

2 희진이네 반 학생들의 하루 운동 시간

(단위: 분)

20	100	70	50	45	60	15	5
80	35	55	90	80	75	25	10
35	65	15	140	95	65	130	50
15	40	120	20	70	110		

↓

운동 시간(분)	학생 수(명)
$0^{이상}$ ~ $30^{미만}$	
30 ~ 60	
60 ~ 90	
90 ~ 120	
120 ~ 150	
합계	30

3 준우네 반 학생들의 키

(단위: cm)

155 178 158 159 172 140 163
164 177 145 148 150 144 169
159 155 148 161 156 160

키(cm)	학생 수(명)
$140^{이상}\sim150^{미만}$	
합계	20

4 조선시대 왕들의 재위 기간

(단위: 년)

6 2 18 32 2 3 13 1 25 12
38 1 22 41 15 26 10 15 46 4
52 24 34 15 14 44 3

재위 기간(년)	도수(명)
$0^{이상}\sim10^{미만}$	
합계	27

2nd 도수분포표 이해하기

5 아래는 혜성이네 반 학생들의 1분 동안의 턱걸이 횟수를 조사하여 나타낸 도수분포표이다. 다음 □ 안에 알맞은 수를 써넣으시오.

턱걸이 횟수(회)	학생 수(명)
$0^{이상}\sim3^{미만}$	6
$3\sim6$	8
$6\sim9$	4
$9\sim12$	2
합계	20

(1) 계급의 크기는 6－□＝□(회)

(2) 계급의 개수는 □이다.

(3) 턱걸이 횟수가 6회 이상 9회 미만인 계급의 도수는 □명이다.

(4) 도수가 가장 큰 계급은 □회 이상 □회 미만이다.

(5) 도수의 총합은 □명이다.

(6) 턱걸이 횟수가 6회 미만인 학생 수는
□＋□＝□(명)

• **주어진 도수분포표에 대하여 다음을 구하시오.**

6 청하네 반 학생들의 한 달 동안 읽은 책의 수

책의 수(권)	학생 수(명)
0이상 ~ 2미만	3
2 ~ 4	10
4 ~ 6	5
6 ~ 8	8
8 ~ 10	4
합계	30

(1) 계급의 크기

(2) 계급의 개수

(3) 도수가 가장 큰 계급

(4) 도수가 가장 작은 계급에 속하는 학생 수

(5) 읽은 책이 5권인 학생이 속하는 계급의 도수

(6) 읽은 책이 4권 미만인 학생 수

(7) 읽은 책이 15번째로 많은 학생이 속하는 계급

7 어느 식당의 20일 동안의 일일 방문자 수

방문자 수(명)	일수(일)
10이상 ~ 15미만	3
15 ~ 20	4
20 ~ 25	5
25 ~ 30	8
합계	20

(1) 계급의 크기

(2) 계급의 개수

(3) 도수가 가장 큰 계급

(4) 도수가 가장 작은 계급의 날의 수

(5) 방문자 수가 15명인 날이 속하는 계급의 도수

(6) 방문자 수가 20명 이상인 날의 수

(7) 방문자 수가 7번째로 적은 날이 속하는 계급

● 주어진 도수분포표에 대하여 다음 물음에 답하시오.

8 중학교 학생 30명이 수학 학습 게임에서 획득한 점수

게임 점수(점)	학생 수(명)
$0^{이상}\sim10^{미만}$	2
10 ~20	5
20 ~30	11
30 ~40	A
40 ~50	3
합계	30

(1) A의 값을 구하시오.

(2) 게임 점수가 10점 이상 20점 미만인 학생 수를 구하시오.

(3) 게임 점수가 30점 이상인 학생 수를 구하시오.

(4) 도수가 두 번째로 큰 계급을 구하시오.

(5) 게임 점수가 10번째로 낮은 학생이 속하는 계급을 구하시오.

(6) 게임 점수가 40점 이상 50점 미만인 학생은 전체의 몇 %인지 구하시오.

내가 발견한 개념 특정 계급의 백분율은 어떻게 구할까?

• (특정 계급의 백분율)$=\dfrac{(\text{그 계급의 도수})}{(\text{전체 도수})}\times$ ☐

9 어느 과수원에서 수확한 사과의 무게

사과의 무게(g)	개수(개)
$150^{이상}\sim200^{미만}$	8
200 ~250	A
250 ~300	14
300 ~350	7
350 ~400	10
합계	50

(1) A의 값을 구하시오.

(2) 무게가 300 g 이상 350 g 미만인 사과의 개수를 구하시오.

(3) 무게가 250 g 미만인 사과의 개수를 구하시오.

(4) 무게가 350 g인 사과가 속하는 계급을 구하시오.

(5) 무게가 20번째로 무거운 사과가 속하는 계급을 구하시오.

(6) 무게가 200 g 이상 300 g 미만인 사과는 전체의 몇 %인지 구하시오.

03

질서있게 보여주는!

히스토그램

도수분포표

수학 성적(점)	학생 수(명)
60 이상 ~ 70 미만	2
70 ~ 80	3
80 ~ 90	5
90 ~ 100	2
합계	12

히스토그램

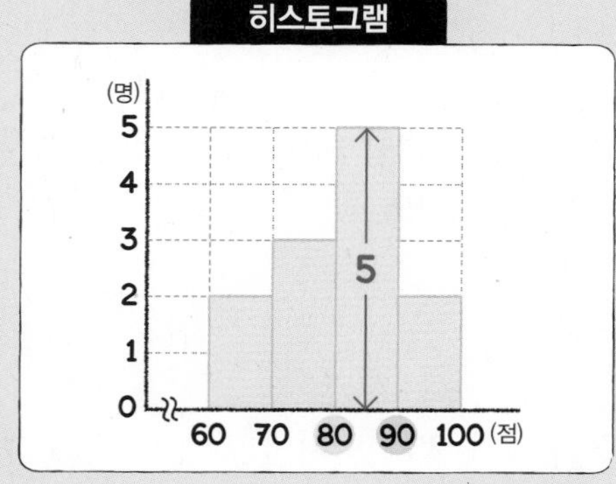

계급의 크기: 90 - 80 = 10(점)

- **히스토그램**: 도수분포표에서 각 계급을 가로축에, 그 계급의 도수를 세로축에 표시하여 직사각형으로 나타낸 그림
- **히스토그램을 그리는 방법**
  - (i) 가로축에는 각 계급의 양 끝 값을, 세로축에는 도수를 차례로 나타낸다.
  - (ii) 각 계급의 크기를 가로의 길이로, 그 도수를 세로의 길이로 하는 직사각형을 차례로 그린다.
- **히스토그램의 특징**
  - ① 도수의 분포 상태를 쉽게 알아볼 수 있다.
  - ② 각 직사각형의 넓이는 각 계급의 도수에 정비례한다.
    → (직사각형의 넓이)=(계급의 크기)×(그 계급의 도수)
  - ③ (직사각형의 넓이의 합)=(계급의 크기)×(도수의 총합)

참고 (직사각형의 가로의 길이)=(계급의 크기)
(직사각형의 세로의 길이)=(각 계급의 도수)

1st 히스토그램으로 나타내기

● 다음 도수분포표를 히스토그램으로 나타내시오.

1 성인 20명이 하루에 받는 스팸 메시지의 개수

스팸 메시지(개)	도수(명)
1이상~3미만	5
3 ~5	8
5 ~7	4
7 ~9	3
합계	20

↓

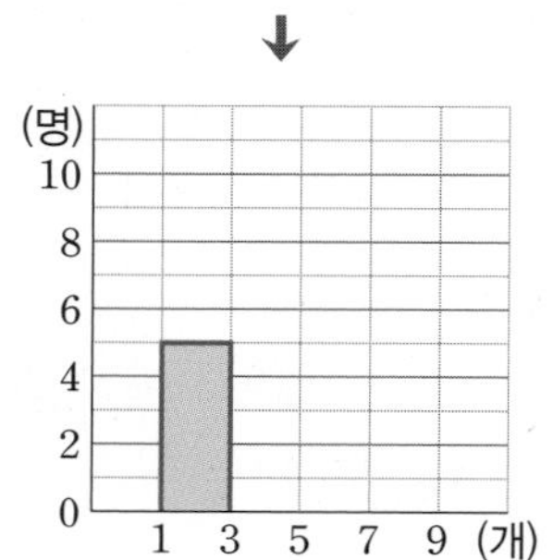

2 정우네 반 학생들의 하루 동안의 TV 시청 시간

시청 시간(분)	도수(명)
30이상~ 60미만	3
60 ~ 90	7
90 ~120	9
120 ~150	5
합계	24

↓

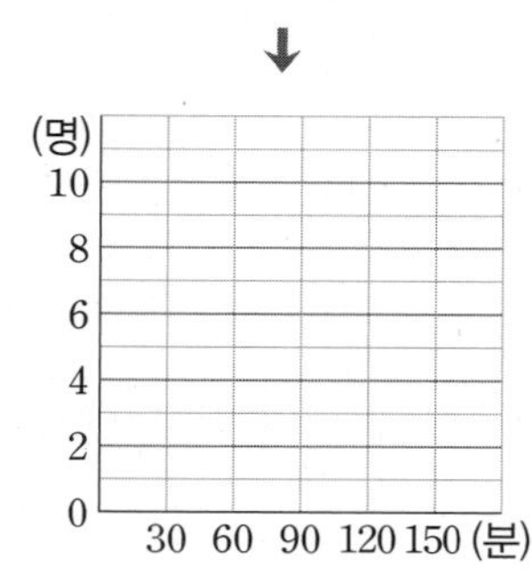

3 승범이네 반 학생들의 키

키(cm)	도수(명)
130이상~140미만	2
140 ~150	6
150 ~160	11
160 ~170	7
170 ~180	4
합계	30

↓

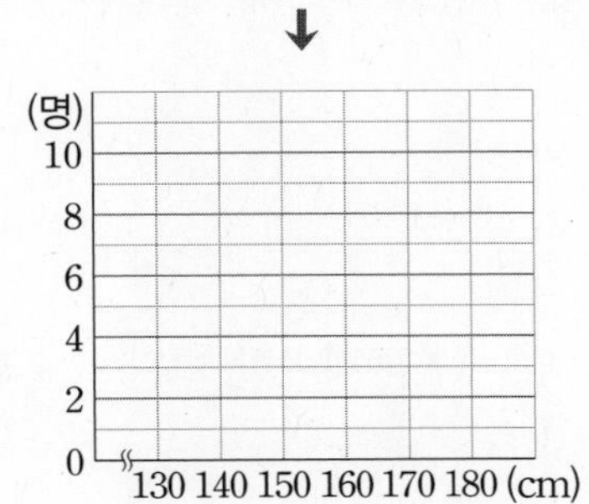

4 나래네 반 학생들의 100 m 달리기 기록

달리기 기록(초)	도수(명)
13이상~15미만	6
15 ~17	4
17 ~19	8
19 ~21	2
합계	20

↓

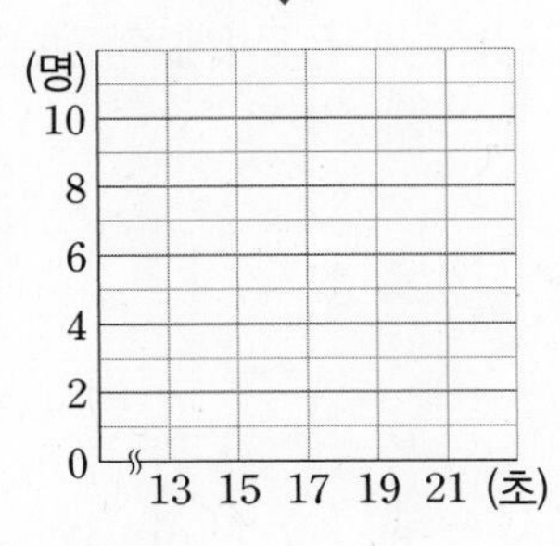

2nd 히스토그램 이해하기

5 아래 그림은 어느 자전거 동호회 회원들의 한 달 동안의 자전거 탑승 시간을 조사하여 나타낸 히스토그램이다. 다음 □ 안에 알맞은 것을 써넣으시오.

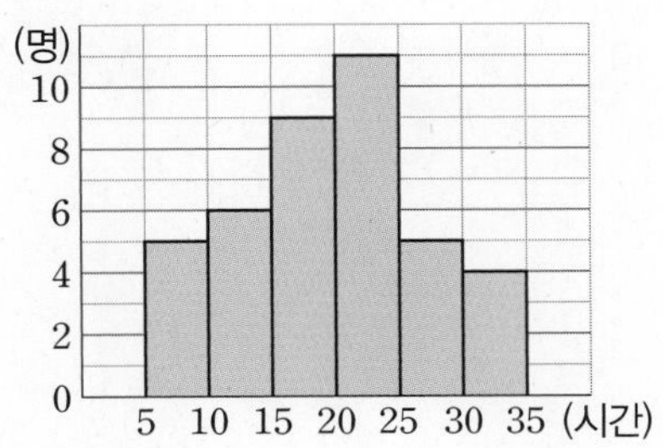

(1) (계급의 크기)=(직사각형의 □의 길이)
=□−5=□(시간)

(2) (계급의 개수)=(직사각형의 □)
=□

(3) (15시간 이상 20시간 미만인 계급의 도수)
=(해당 계급의 직사각형의 □의 길이)
=□(명)

(4) 도수가 가장 큰 계급은 □시간 이상
□시간 미만이다.

(5) 탑승 시간이 10시간 이상 20시간 미만인 회원 수는 □+□=□(명)

(6) 자전거 동호회의 전체 회원 수는
□+6+9+□+5+4=□(명)

내가 발견한 개념 히스토그램에서 가로의 길이와 세로의 길이는?

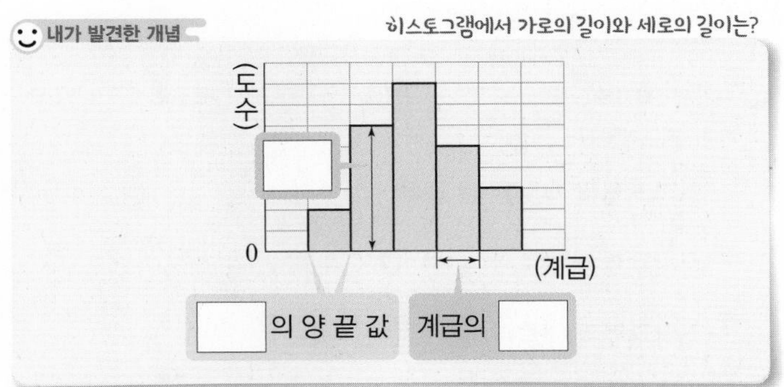

● 주어진 히스토그램에 대하여 다음 물음에 답하시오.

6 선호네 반 학생들의 하루 수면 시간

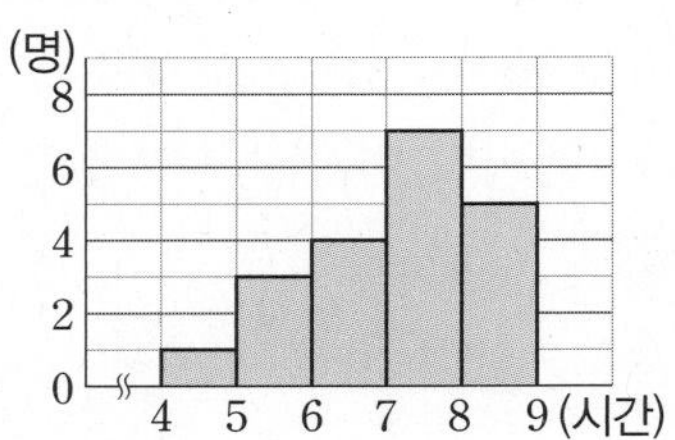

(1) 계급의 크기를 구하시오.

(2) 계급의 개수를 구하시오.

(3) 6시간 이상 7시간 미만인 계급의 도수를 구하시오.

(4) 도수가 가장 작은 계급을 구하시오.

(5) 하루 수면 시간이 7시간 이상 9시간 미만인 학생 수를 구하시오.

(6) 선호네 반 전체 학생 수를 구하시오.

내가 발견한 개념 히스토그램과 도수분포표 사이에는 어떤 관계가 있을까?

히스토그램에서

- (직사각형의 개수)=(계급의 ☐)
- (직사각형의 가로의 길이)=(계급의 ☐)
- (직사각형의 세로의 길이)=(각 계급의 ☐)

7 어느 독서 동호회 회원들이 일주일 동안 도서관에서 대여한 책의 수

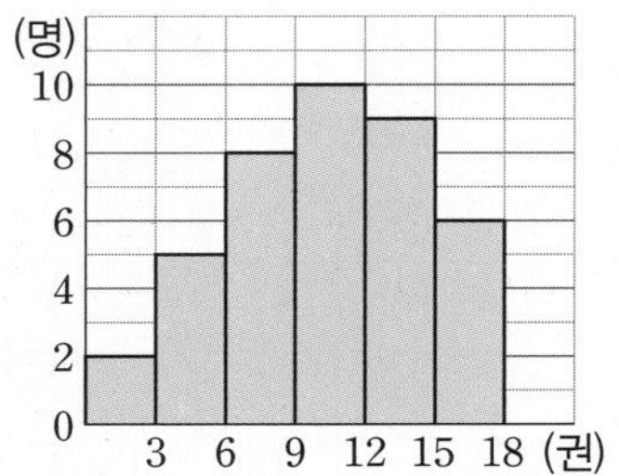

(1) 독서 동호회 전체 회원 수를 구하시오.

(2) 책을 14권 대여한 회원이 속하는 계급을 구하시오.

(3) 대여한 책이 6권 이상 12권 미만인 회원 수를 구하시오.

(4) 도수가 가장 큰 계급을 구하시오.

(5) 대여한 책이 5번째로 많은 회원이 속하는 계급을 구하시오.

(6) 대여한 책이 3권 미만인 회원은 전체의 몇 %인지 구하시오.

8 한 상자에 들어 있는 사과의 무게

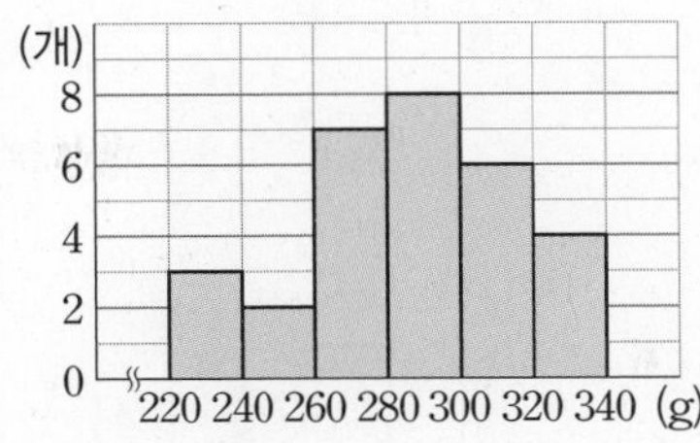

(1) 한 상자에 들어 있는 사과의 개수를 구하시오.

(2) 무게가 290 g인 사과가 속하는 계급을 구하시오.

(3) 무게가 300 g 이상인 사과의 개수를 구하시오.

(4) 무게가 7번째로 가벼운 사과가 속하는 계급을 구하시오.

(5) 무게가 240 g 이상 280 g 미만인 사과는 전체의 몇 %인지 구하시오.

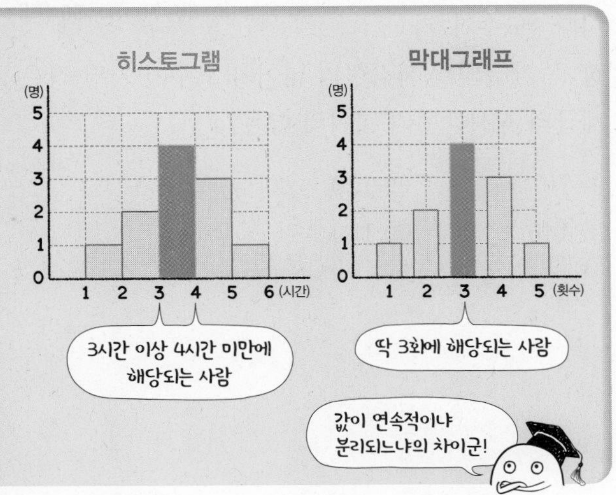

9 아래 그림은 어느 중학교 1학년 학생들이 신청한 체험학습 일수를 조사하여 나타낸 히스토그램이다. 다음 중 옳은 것은 ○를, 옳지 않은 것은 ×를 ( ) 안에 써넣으시오.

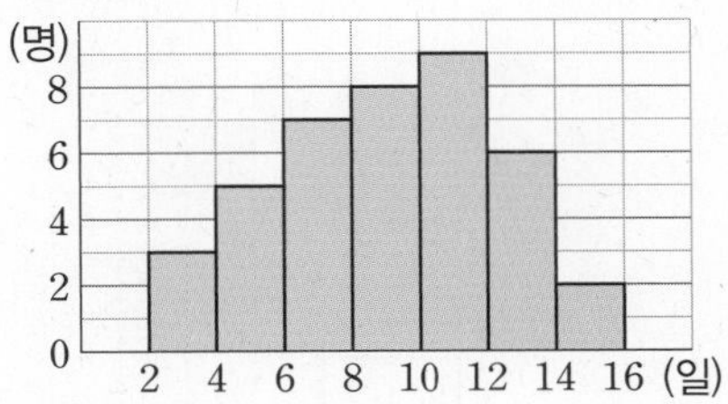

(1) 중학교 1학년 전체 학생 수는 40명이다. ( )

(2) 체험학습을 7일 신청한 학생이 속하는 계급은 6일 이상 8일 미만이다. ( )

(3) 체험학습을 12일 이상 신청한 학생 수는 6명이다. ( )

(4) 체험학습을 3번째로 적게 신청한 학생이 속하는 계급은 4일 이상 6일 미만이다. ( )

(5) 체험학습을 6일 미만 신청한 학생은 전체의 20 %이다. ( )

개념모음문제

10 오른쪽 그림은 어느 사이트 이용자의 만족도를 조사하여 나타낸 히스토그램이다. 다음 중 옳지 않은 것은?

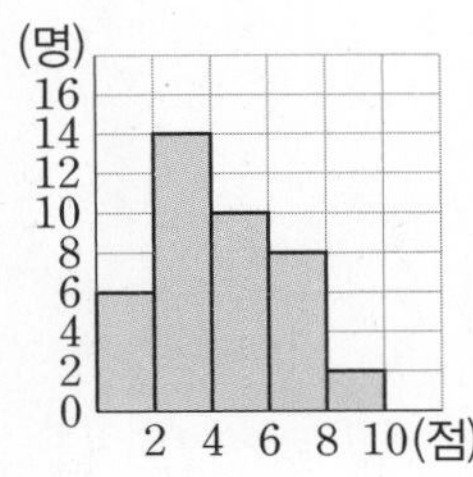

① 만족도 조사에 참여한 이용자는 40명이다.
② 계급의 크기는 2점이다.
③ 만족도가 9점인 이용자가 속하는 계급의 도수는 2명이다.
④ 도수가 가장 큰 계급은 2점 이상 4점 미만이다.
⑤ 만족도가 2점 미만인 이용자는 전체의 30 %이다.

3rd 히스토그램에서 직사각형의 넓이 구하기

● 주어진 히스토그램에 대하여 다음을 구하시오.

11 소미네 반 학생들의 기술 수행평가 점수

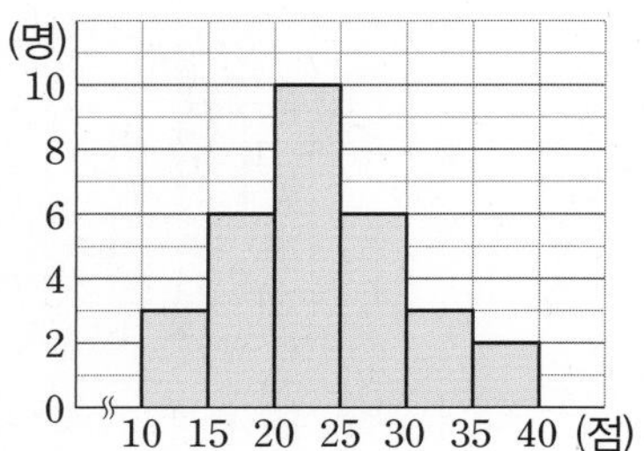

(1) 도수가 10명인 계급의 직사각형의 넓이

(2) 점수가 15점 이상 20점 미만인 계급의 직사각형의 넓이

(3) 모든 직사각형의 넓이의 합

(4) 점수가 34점인 학생이 속하는 계급의 직사각형의 넓이

내가 발견한 개념 히스토그램에서 직사각형의 넓이는 어떻게 구할까?

• (직사각형의 넓이)=(계급의 ☐)×(그 계급의 ☐)

• (직사각형의 넓이의 합)=(계급의 ☐)×(☐의 총합)

12 어느 편의점에 하루 동안 방문한 고객의 나이

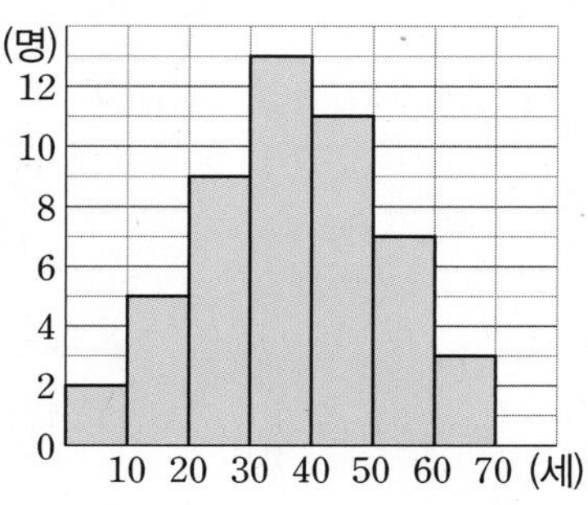

(1) 모든 직사각형의 넓이의 합

(2) 도수가 가장 큰 계급의 직사각형의 넓이

(3) 도수가 가장 작은 계급의 직사각형의 넓이

(4) 도수가 가장 큰 계급의 직사각형의 넓이와 도수가 가장 작은 계급의 직사각형의 넓이의 차

개념모음문제

13 오른쪽 그림은 현수네 반 학생들의 수학 성적을 조사하여 나타낸 히스토그램이다. 도수가 가장 큰 계급의 직사각형의 넓이와 도수가 가장 작은 계급의 직사각형의 넓이의 합은?

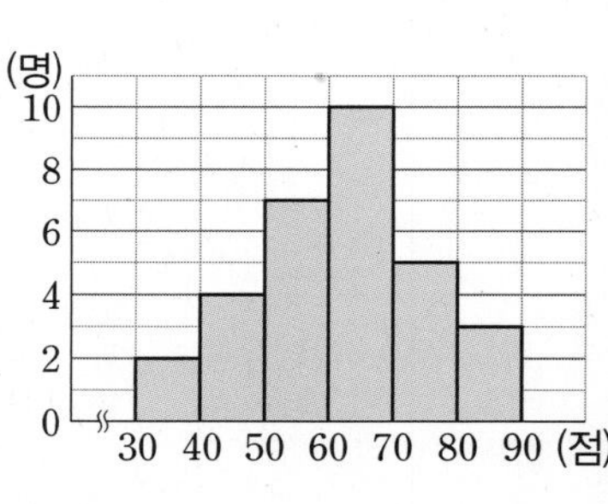

① 70 ② 120 ③ 130
④ 140 ⑤ 150

4th 찢어진 히스토그램 이해하기

● 다음 그림은 어떤 자료를 조사하여 나타낸 히스토그램인데 일부가 찢어져 보이지 않는다. 보이지 않는 계급의 도수를 구하시오.

14 학생 40명이 하루 동안 SNS에 올린 게시물의 개수

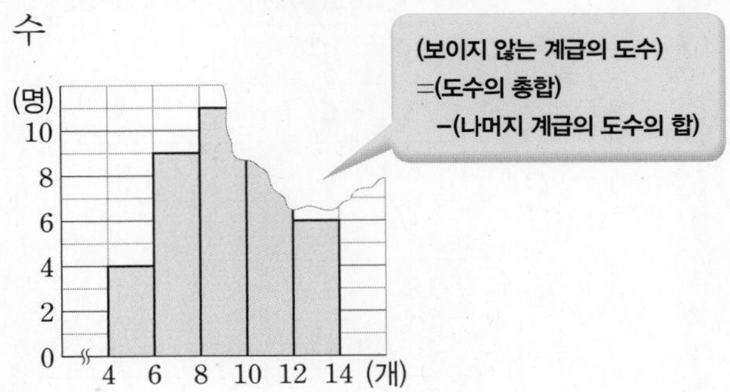

15 과자 35봉지의 무게

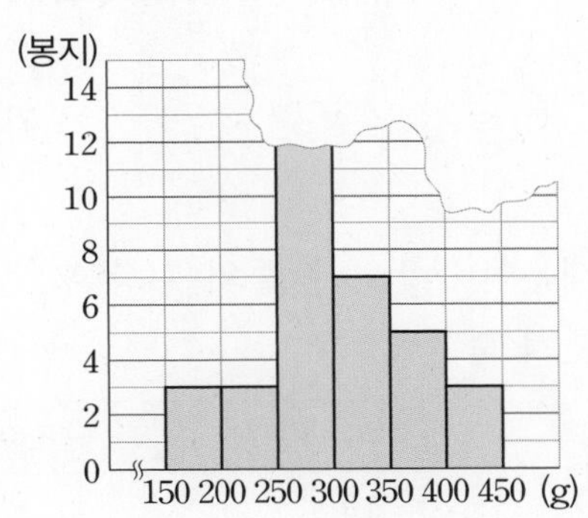

16 학생 45명이 1분 동안 팔굽혀펴기를 한 횟수

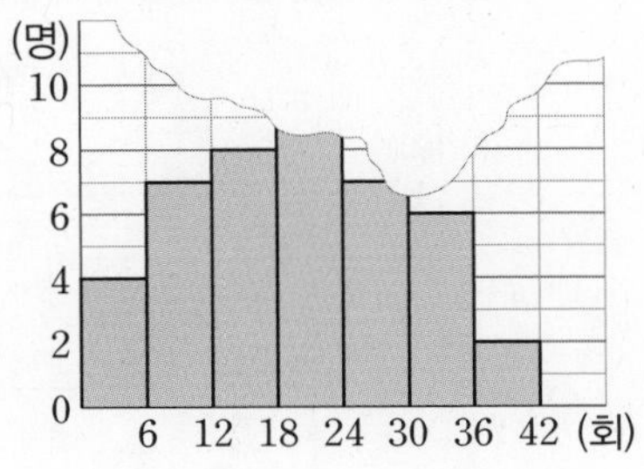

● 아래 그림은 어떤 자료를 조사하여 나타낸 히스토그램인데 일부가 찢어져 보이지 않는다. 다음을 구하시오.

17 준희네 반 학생들의 키

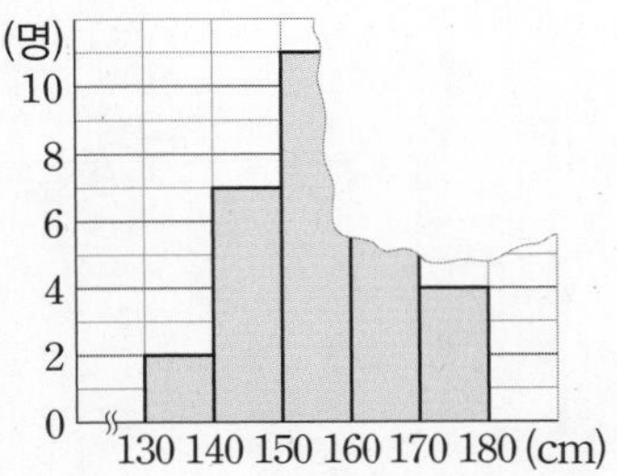

키가 170 cm 이상 180 cm 미만인 학생이 전체의 12.5 %일 때

(1) 준희네 반 전체 학생 수

(2) 키가 160 cm 이상 170 cm 미만인 학생 수

(3) 키가 160 cm 이상인 학생 수

18 어느 지역의 낮 평균 기온

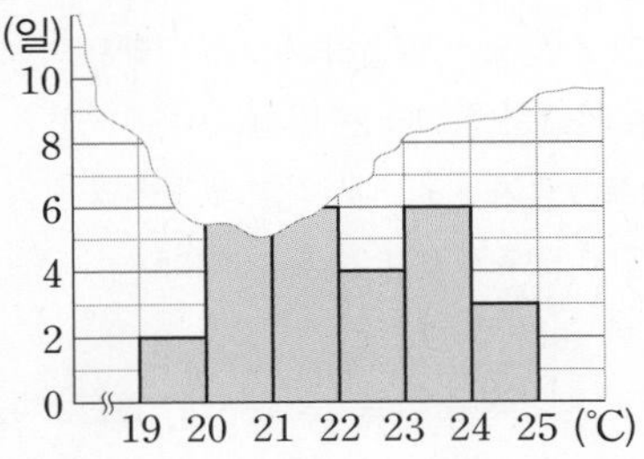

기온이 23℃ 이상 24℃ 미만인 날이 전체의 20 %일 때

(1) 기온이 22℃ 이상 23℃ 미만인 날의 수

(2) 조사한 전체 날의 수

(3) 기온이 20℃ 이상 21℃ 미만인 날의 수

04 질서있게 보여주는!

도수분포다각형

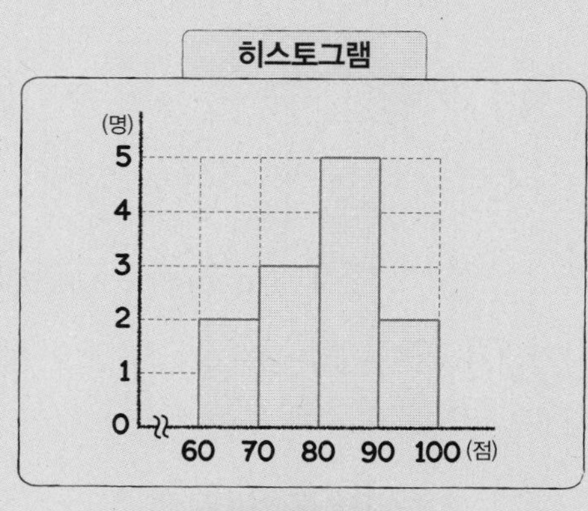

도수분포다각형

넓이가 같아!

중앙의 점을 차례로 연결해! 양 끝에 도수가 0인 계급이 하나씩 더 있다 생각해!

• **도수분포다각형**: 히스토그램에서 각 직사각형의 윗변의 중앙의 점을 차례로 선분으로 연결하여 그린 그래프

• **도수분포다각형을 그리는 방법**

(i) 히스토그램에서 각 직사각형의 윗변의 중앙에 점을 찍는다.

(ii) 양 끝에 도수가 0인 계급이 하나씩 더 있는 것으로 생각하여 그 중앙에 점을 찍는다.

(iii) (i), (ii)에서 찍은 점들을 선분으로 연결한다.

참고 도수분포다각형에서 계급의 개수를 셀 때는 양 끝에 도수가 0인 계급은 세지 않는다.

• **도수분포다각형의 특징**

① 도수의 분포 상태를 연속적으로 관찰할 수 있다.

② 두 개 이상의 자료의 분포 상태를 비교하는 데 편리하다.

1st 도수분포다각형 그리기

● **다음 도수분포표를 히스토그램과 도수분포다각형으로 나타내시오.**

1 해인이네 반 학생들의 하루 수면 시간

수면 시간(시간)	도수(명)
4이상 ~ 5미만	2
5 ~ 6	5
6 ~ 7	9
7 ~ 8	6
8 ~ 9	3
합계	25

↓

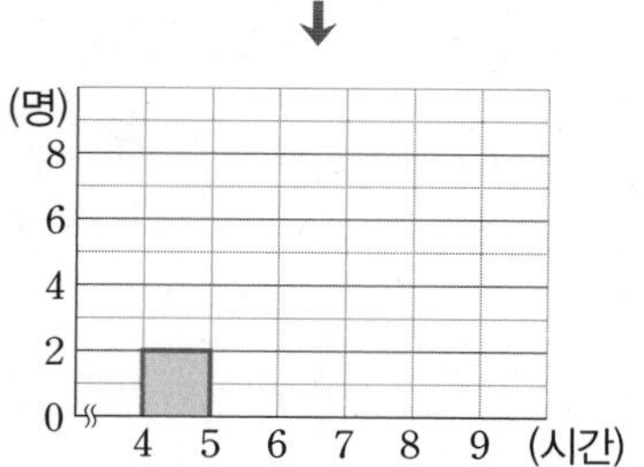

2 태운이네 반 학생들의 기상 후 등교할 때까지의 준비 시간

시간(분)	도수(명)
10이상 ~ 20미만	3
20 ~ 30	7
30 ~ 40	11
40 ~ 50	5
50 ~ 60	4
합계	30

↓

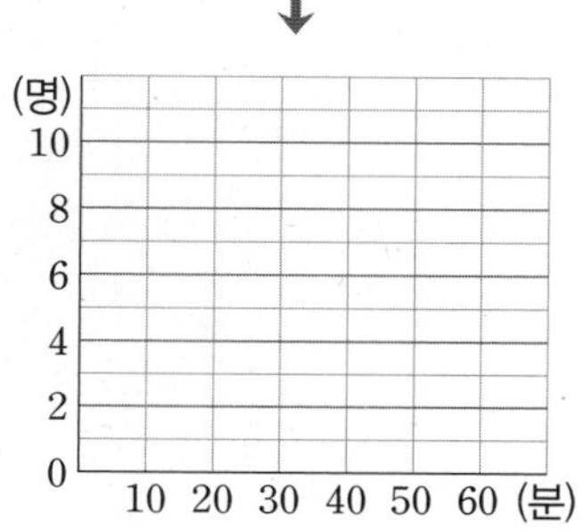

2nd 도수분포다각형 이해하기

3 아래는 우성이네 반 학생들이 1분 동안 윗몸일으키기를 한 횟수를 조사하여 나타낸 도수분포다각형이다. 다음 □ 안에 알맞은 수를 써넣으시오.

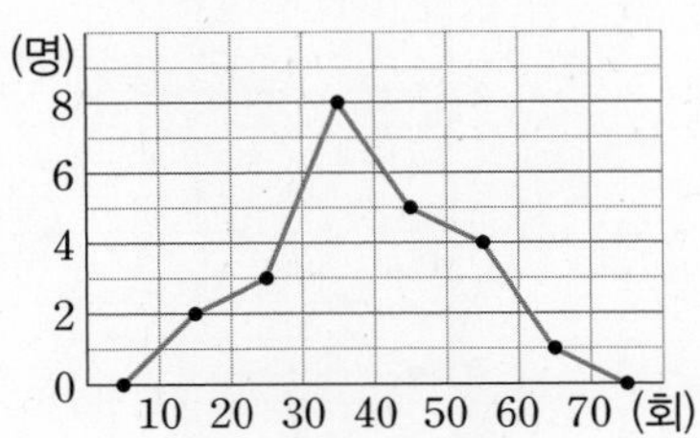

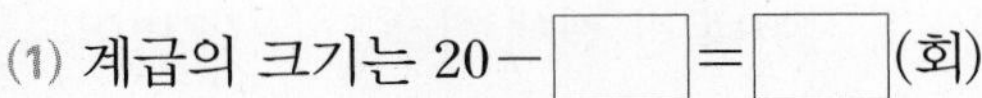
(1) 계급의 크기는 20−□=□(회)

(2) 계급의 개수는 □이다.

(3) 20회 이상 30회 미만인 계급의 도수는 □명이다.

(4) 도수가 가장 큰 계급은 □회 이상 □회 미만이다.

(5) 윗몸일으키기 횟수가 50회 이상인 학생 수는 □+1=□(명)

(6) 우성이네 반 전체 학생 수는
2+□+8+5+□+1=□(명)

● **주어진 도수분포다각형에 대하여 다음 물음에 답하시오.**

4 어느 댄스 동호회 회원들이 일주일 동안 댄스 연습을 한 시간

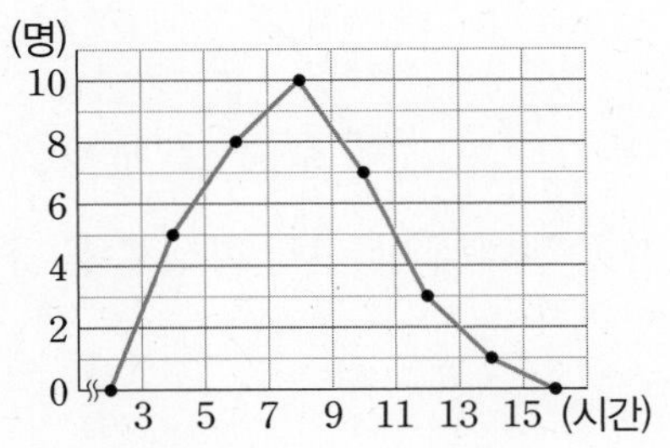

(1) 계급의 크기를 구하시오.

(2) 계급의 개수를 구하시오.

(3) 9시간 이상 11시간 미만인 계급의 도수를 구하시오.

(4) 도수가 가장 작은 계급을 구하시오.

(5) 댄스 연습 시간이 3시간 이상 7시간 미만인 회원 수를 구하시오.

(6) 댄스 동호회 전체 회원 수를 구하시오.

5 종현이네 반 학생들의 공 던지기 기록

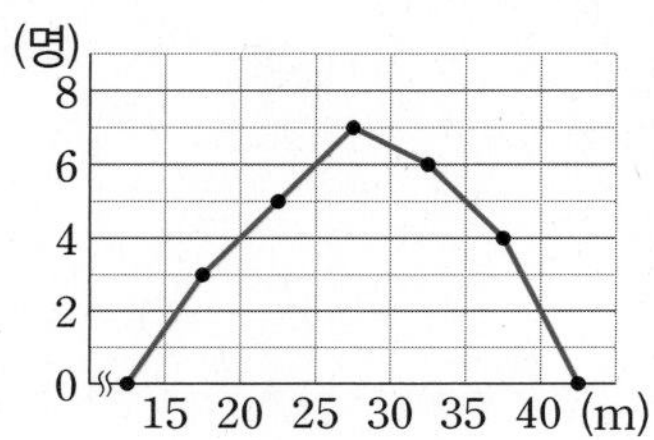

(1) 종현이네 반 전체 학생 수를 구하시오.

(2) 공 던지기 기록이 31 m인 학생이 속하는 계급을 구하시오.

(3) 공 던지기 기록이 25 m 미만인 학생 수를 구하시오.

(4) 공 던지기 기록이 28 m인 학생이 속하는 계급의 도수를 구하시오.

(5) 공 던지기 기록이 11번째로 짧은 학생이 속하는 계급을 구하시오.

(6) 공 던지기 기록이 30 m 이상인 학생은 전체의 몇 %인지 구하시오.

6 아래 그림은 유진이네 반 학생들의 사회 점수를 조사하여 나타낸 도수분포다각형이다. 다음 중 옳은 것은 ○를, 옳지 않은 것은 ×를 ( ) 안에 써넣으시오.

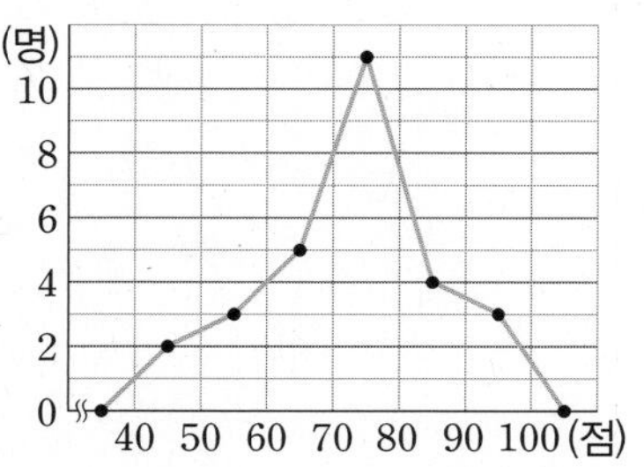

(1) 유진이네 반 전체 학생 수는 27명이다. ( )

(2) 점수가 78점인 학생이 속하는 계급은 70점 이상 80점 미만이다. ( )

(3) 점수가 40점 이상 60점 미만인 학생 수는 5명이다. ( )

(4) 점수가 6번째로 낮은 학생이 속하는 계급은 50점 이상 60점 미만이다. ( )

(5) 점수가 80점 이상인 학생은 전체의 20 %이다. ( )

개념모음문제

7 오른쪽 그림은 어느 공연장에서 관람객의 나이를 조사하여 나타낸 도수분포다각형이다. 다음 중 옳지 않은 것은?

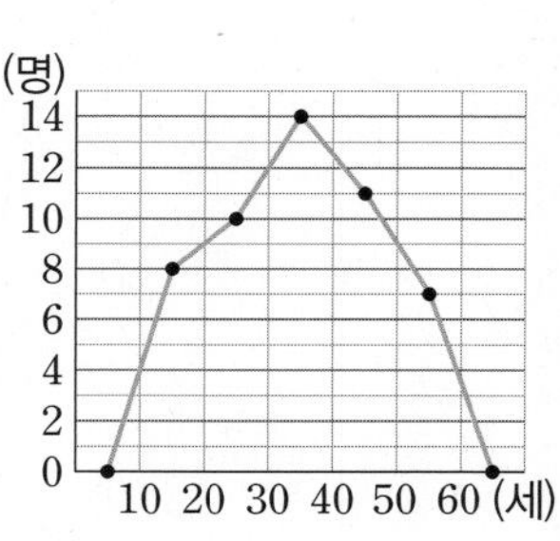

① 계급의 개수는 7개이다.
② 계급의 크기는 10세이다.
③ 나이가 30세 이상 40세 미만인 계급의 도수는 14명이다.
④ 나이가 30세 미만인 관람객은 18명이다.
⑤ 나이가 40세 이상인 관람객은 전체의 36 %이다.

3rd 도수분포다각형에서 넓이 구하기

8 도수분포다각형과 가로축으로 둘러싸인 부분의 넓이를 히스토그램을 이용하여 구하려 한다. 다음 물음에 답하시오.

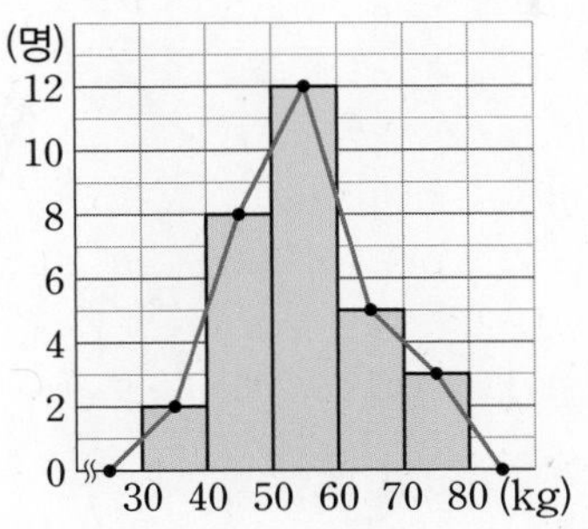

(1) 히스토그램에서 모든 직사각형의 넓이의 합을 구하시오.

(2) 도수분포다각형과 가로축으로 둘러싸인 부분의 넓이를 구하시오.

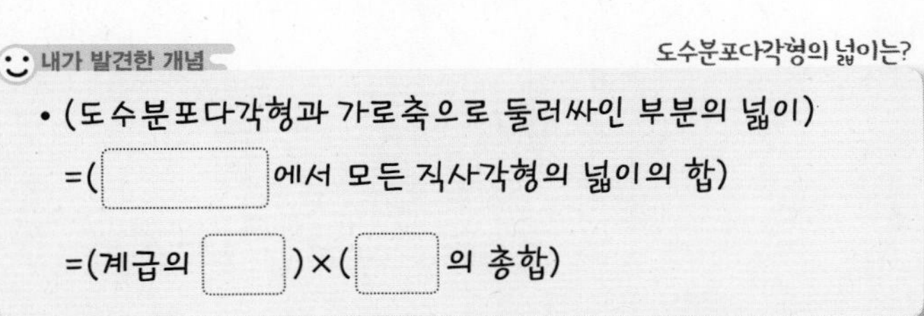

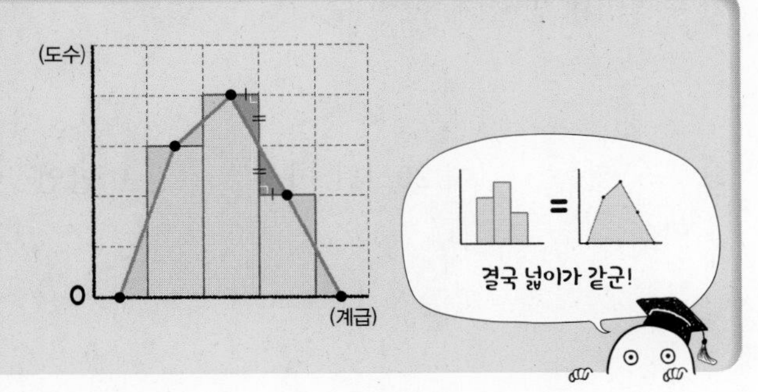

● 주어진 그림에서 도수분포다각형과 가로축으로 둘러싸인 부분의 넓이를 구하시오.

9 지우네 반 학생들이 하루 동안 가족과 대화한 시간

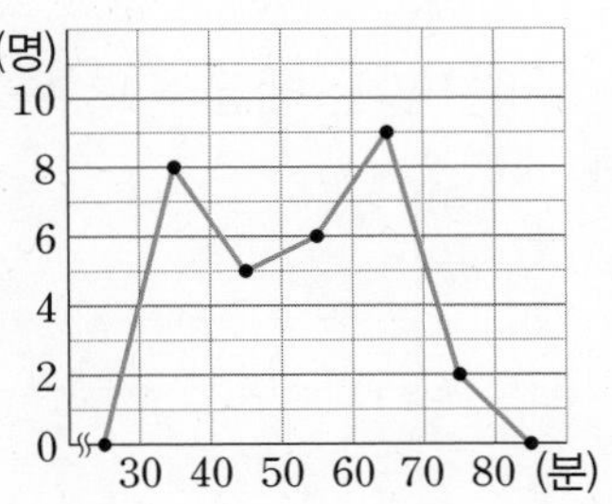

10 어느 공원에 있는 나무들의 키

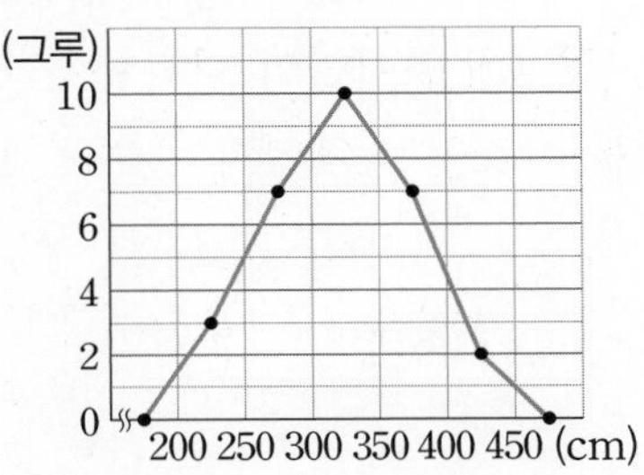

11 컴퓨터 동아리 학생들의 1분당 컴퓨터 타수

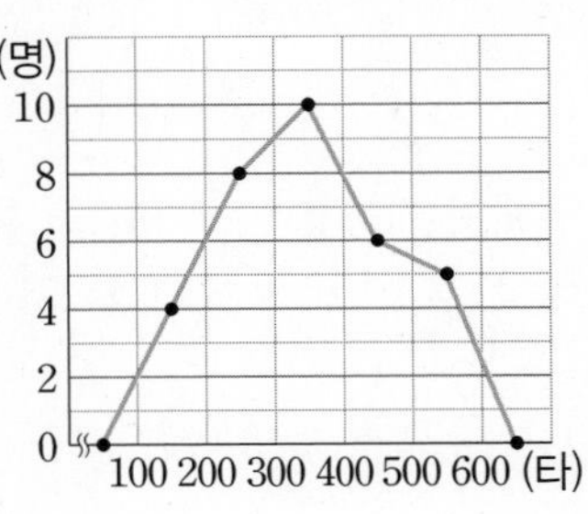

4th 찢어진 도수분포다각형 이해하기

12 다음 그림은 어느 독서실 이용자 30명이 주말 동안 독서실에서 공부한 시간을 조사하여 나타낸 도수분포다각형인데 일부가 찢어져 보이지 않는다. 보이지 않는 계급의 도수를 구하시오.

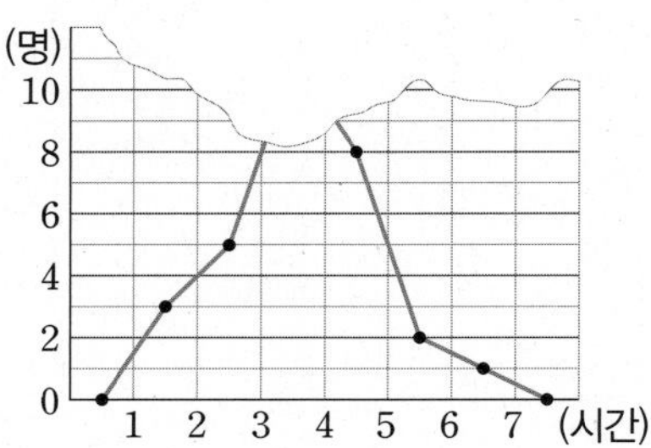

13 아래 그림은 어느 농장에서 생산한 포도 35송이의 무게를 조사하여 나타낸 도수분포다각형인데 일부가 찢어져 보이지 않는다. 다음 물음에 답하시오.

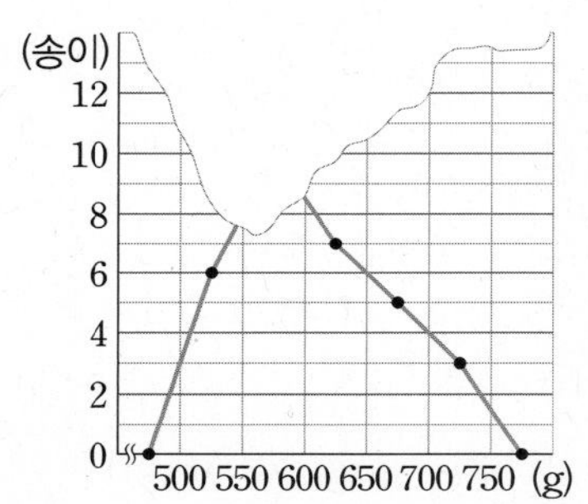

(1) 550 g 이상 600 g 미만인 계급의 도수를 구하시오.

(2) 무게가 550 g 이상 600 g 미만인 포도는 전체의 몇 %인지 구하시오.

내가 발견한 개념 　보이지 않는 계급의 도수는 어떻게 구할까?

• (보이지 않는 계급의 도수)
=(도수의 ☐)−(보이는 계급의 ☐의 합)

● 아래 그림은 어떤 자료를 조사하여 나타낸 도수분포다각형인데 일부가 찢어져 보이지 않는다. 다음을 구하시오.

14 수정이네 반 학생들의 앉은키

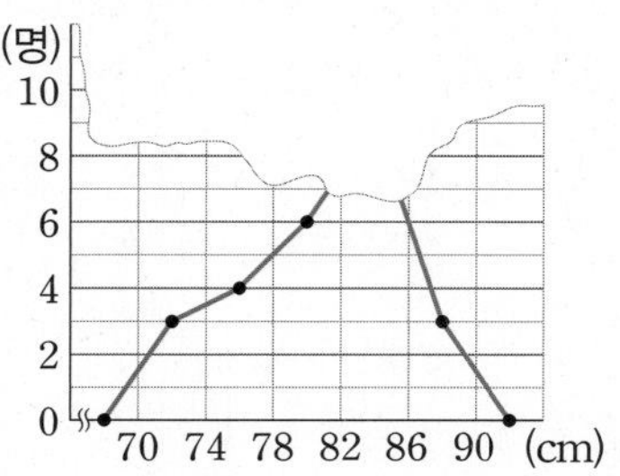

앉은키가 78 cm 이상 82 cm 미만인 학생이 전체의 25 %일 때

(1) 앉은키가 78 cm 이상 82 cm 미만인 학생 수

(2) 수정이네 반 전체 학생 수

(3) 앉은키가 82 cm 이상 86 cm 미만인 학생 수

15 주형이네 반 학생들의 1학기 봉사 활동 시간

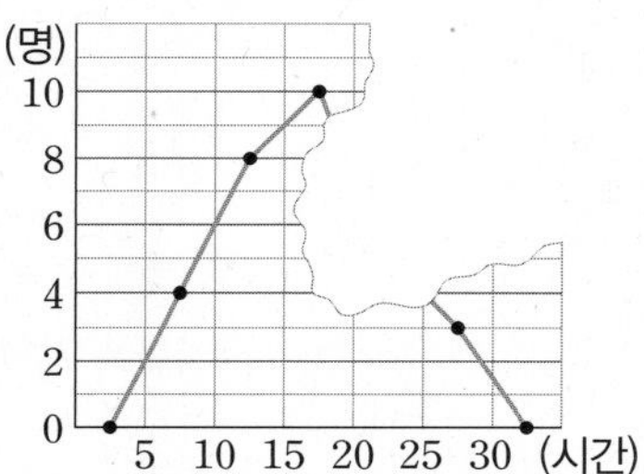

봉사 활동 시간이 25시간 이상 30시간 미만인 학생이 전체의 10 %일 때

(1) 봉사 활동 시간이 25시간 이상 30시간 미만인 학생 수

(2) 주형이네 반 전체 학생 수

(3) 봉사 활동 시간이 20시간 이상 25시간 미만인 학생 수

TEST 11. 자료의 정리와 해석(1)

1 다음은 한얼이네 반 학생들의 줄넘기 횟수를 조사하여 나타낸 줄기와 잎 그림이다. 한얼이네 반 전체 학생 수는?

(3|2는 32회)

줄기	잎
3	2 5 8 9
4	3 3 4 4 5 7 8
5	2 4 5 6 6 8
6	2 3 5

① 17명 ② 18명 ③ 19명
④ 20명 ⑤ 21명

2 오른쪽은 연두네 반 학생들의 일주일 동안의 통화 시간을 조사하여 나타낸 도수분포표이다. 계급의 크기를 a시간, 계급의 개수를 b라 할 때, $a-b$의 값을 구하시오.

통화 시간(시간)	도수(명)
$0^{이상}$ ~ $5^{미만}$	4
5 ~ 10	7
10 ~ 15	5
15 ~ 20	4
합계	20

3 오른쪽은 야구 선수 30명의 홈런 개수를 조사하여 나타낸 도수분포표이다. 홈런을 15개 이상 친 선수는 전체의 몇 %인지 구하시오.

홈런 개수(개)	도수(명)
$0^{이상}$ ~ $5^{미만}$	4
5 ~ 10	7
10 ~ 15	10
15 ~ 20	6
20 ~ 25	3
합계	30

4 오른쪽 그림은 어느 중학교 방송반 학생들의 키를 조사하여 나타낸 히스토그램이다. 다음 중 옳지 않은 것을 모두 고르면? (정답 2개)

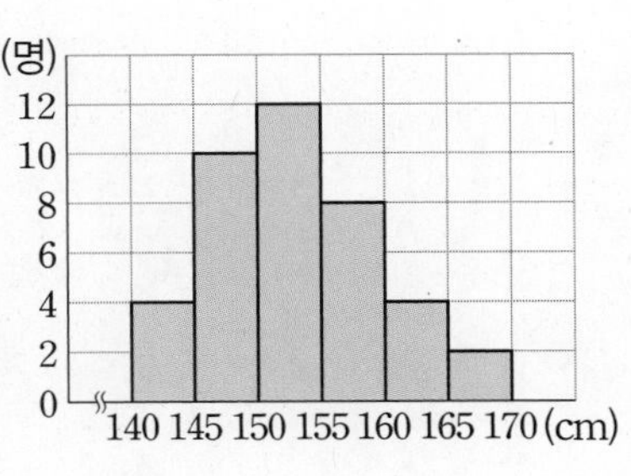

① 계급의 크기는 5 cm이다.
② 도수가 가장 큰 계급은 165 cm 이상 170 cm 미만이다.
③ 계급의 개수는 6이다.
④ 전체 학생 수는 40명이다.
⑤ 모든 직사각형의 넓이의 합은 100이다.

5 오른쪽은 수지네 반 학생들의 수학 서술형 평가 점수를 조사하여 나타낸 히스토그램인데 일부가 찢어져 보이지 않는다.

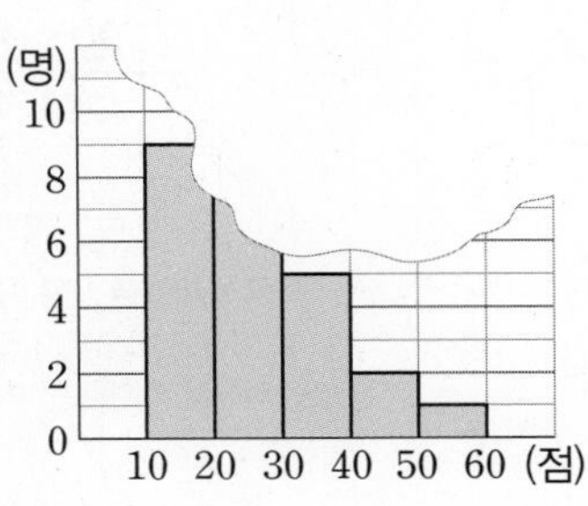

점수가 20점 미만인 학생이 전체의 36 %일 때, 점수가 20점 이상 30점 미만인 학생 수를 구하시오.

6 오른쪽 그림은 교내 발명 대회에 응시한 학생 30명의 점수를 조사하여 나타낸 도수분포다각형인데 일부가 찢어져 보이지 않는다. 보이지 않는 계급의 도수를 구하시오.

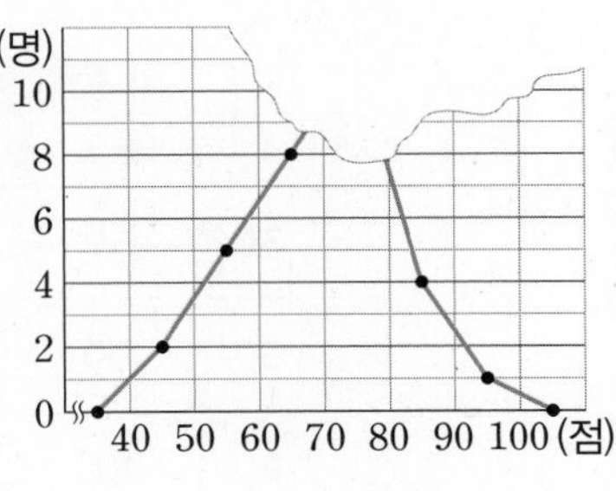

12

무질서한 자료를 질서있게, 자료의 정리와 해석(2)

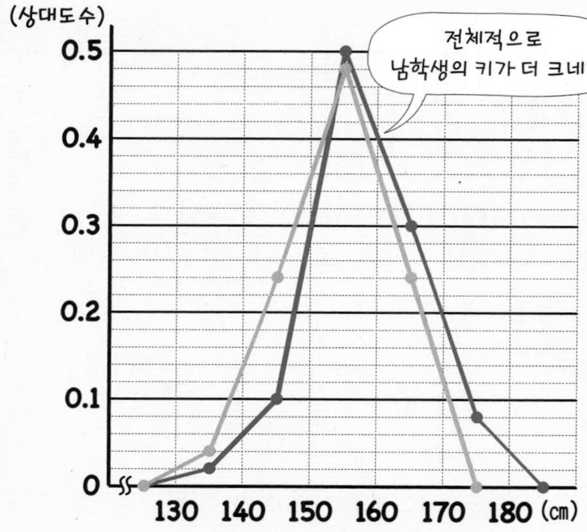

(상대도수)
0.5
0.4
0.3
0.2
0.1
0
130 140 150 160 170 180 (cm)
전체적으로 남학생의 키가 더 크네?

여학생의 키와 남학생의 키

전체에서 차지하는 비율!

도수분포표

하루 스마트폰 사용 시간(분)	학생 수(명)
30 이상 ~ 60 미만	3
60 ~ 90	12
90 ~ 120	9
120 ~ 150	6
합계	30

전체에서 이 계급의 도수의 비율은?

하루 스마트폰 사용 시간이 90분 이상 120분 미만인 학생이 전체에서 차지하는 비율 ➡ $\frac{9}{30}=0.3$

01 상대도수

어떤 자료의 분포를 알아볼 때 도수보다는 도수가 전체에서 차지하는 비율을 고려해야 하는 경우가 있어. 이 비율을 알아보기 위해서는 각 계급의 도수를 전체 도수로 나눈 값을 이용해야 해.
이때 도수분포표에서 전체 도수에 대한 각 계급의 도수의 비율을 그 계급의 상대도수라 해!

전체를 1로 보는!

상대도수의 분포표

하루 스마트폰 사용 시간(분)	학생 수(명)	상대도수
30 이상 ~ 60 미만	3	$\frac{3}{30}=0.1$
60 ~ 90	12	$\frac{12}{30}=0.4$
90 ~ 120	9	$\frac{9}{30}=0.3$
120 ~ 150	6	$\frac{6}{30}=0.2$
합계	30	1

4배 4배

상대도수의 총합은 항상 1이야!

02 상대도수의 분포표

도수분포표에서 각 계급의 상대도수를 구하여 도수를 상대도수로 나타낸 것을 상대도수의 도수분포표라 해. 일반적으로 각 계급의 상대도수는 0 이상 1 이하이고, 상대도수의 총합은 1이야!

03 상대도수의 분포를 나타낸 그래프

도수분포표와 마찬가지로 상대도수의 분포표도 그래프로 나타내면 자료의 분포 상태를 한눈에 알아볼 수 있어.

상대도수의 분포표를 그래프로 나타내는 방법은 도수분포표를 히스토그램이나 도수분포다각형으로 나타내는 것과 같아. 이때 그래프의 세로축에는 도수 대신 상대도수를 적으면 돼!

전체를 1로 보는!

상대도수의 분포표

하루 스마트폰 사용 시간(분)	상대도수
30 이상 ~ 60 미만	0.1
60 ~ 90	0.4
90 ~ 120	0.3
120 ~ 150	0.2
합계	1

상대도수의 분포를 나타낸 그래프

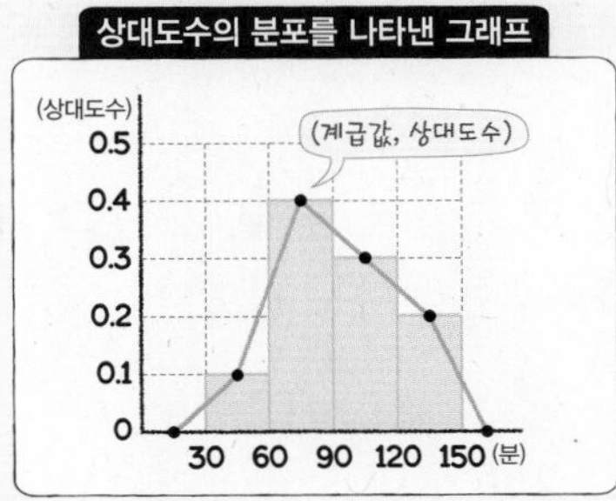

04 도수의 총합이 다른 두 자료의 비교

도수의 총합이 다른 두 자료의 분포를 비교할 때 각 계급의 도수를 비교하는 것보다 상대도수를 비교하는 것이 더 적절해. 왜냐하면 도수의 총합이 다른 두 자료는 각 계급의 도수를 비교하는 것이 의미가 없지만 각 계급의 상대도수를 비교하면 각 도수의 총합에 따른 각 계급의 분포 상태를 비교할 수 있기 때문이야!

상대도수로 쉽게 알 수 있는!

하루 스마트폰 사용 시간(분)	A 그룹		B 그룹	
	도수	상대도수	도수	상대도수
30 이상 ~ 60 미만	3	0.1	5	0.05
60 ~ 90	12	0.4	20	0.2
90 ~ 120	9	0.3	50	0.5
120 ~ 150	6	0.2	25	0.25
합계	30	1	100	1

도수의 총합이 다를 때는 상대도수로 비교해!

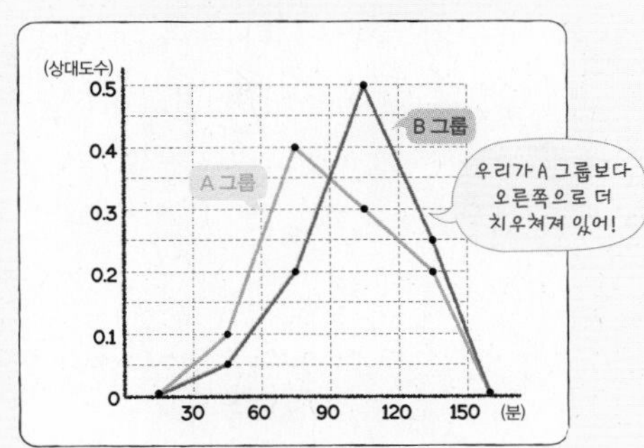

상대적으로 A 그룹보다 B 그룹이 하루 스마트폰 사용 시간이 더 많은 편이다.

01

전체에서 차지하는 비율!

상대도수

도수분포표

하루 스마트폰 사용 시간(분)	학생 수(명)
30 이상 ~ 60 미만	3
60 ~ 90	12
90 ~ 120	9
120 ~ 150	6
합계	30

전체에서 이 계급의 도수의 비율은?

하루 스마트폰 사용 시간이 90분 이상 120분 미만인 학생이 전체에서 차지하는 비율 ➡ $\frac{9}{30}=0.3$

- **상대도수:** 전체 도수에 대한 각 계급의 도수의 비율

  ➜ (어떤 계급의 상대도수) $=\frac{(\text{그 계급의 도수})}{(\text{전체 도수})}$

  ① (어떤 계급의 도수)
  $=$(전체 도수)$\times$(그 계급의 상대도수)

  ② (전체 도수) $=\frac{(\text{그 계급의 도수})}{(\text{어떤 계급의 상대도수})}$

  그 계급의 도수 ÷ 상대도수 × 전체 도수 ÷

- 도수의 총합이 다른 두 집단을 비교할 때, 상대도수를 이용하면 편리하다.

참고 상대도수는 분수보다 소수로 나타내는 것이 크기를 비교하기 좋으므로 일반적으로 소수로 나타낸다.

원리확인 다음 □ 안에 알맞은 수를 써넣으시오.

❶ 10명의 학생 중 혈액형이 O형인 학생이 2명일 때, 혈액형이 O형인 학생의 비율은 $\frac{\square}{10}=\square$

❷ 50명의 학생 중에서 안경을 쓴 학생이 30명일 때, 안경을 쓴 학생의 비율은 $\frac{\square}{50}=\frac{\square}{100}=\square$

❸ 전체 도수가 100이고 어떤 계급의 도수가 27일 때, 전체 도수에 대한 이 계급의 도수의 비율은

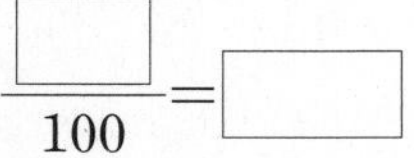

$\frac{\square}{100}=\square$

1st — 상대도수 이해하기

1 다음 중 옳은 것은 ○를, 옳지 않은 것은 ×를 ( ) 안에 써넣으시오.

(1) 전체 도수에 대한 각 계급의 도수의 비율을 상대도수라 한다. ( )

(2) 어떤 계급의 상대도수는 그 계급의 도수를 전체 도수로 나눈 값이다. ( )

(3) 어떤 계급의 도수는 전체 도수를 그 계급의 상대도수로 나눈 값이다. ( )

(4) (전체 도수) $=\frac{(\text{그 계급의 도수})}{(\text{어떤 계급의 상대도수})}$이다. ( )

(5) 도수의 총합이 다른 두 집단을 비교할 때, 상대도수를 이용하면 편리하다. ( )

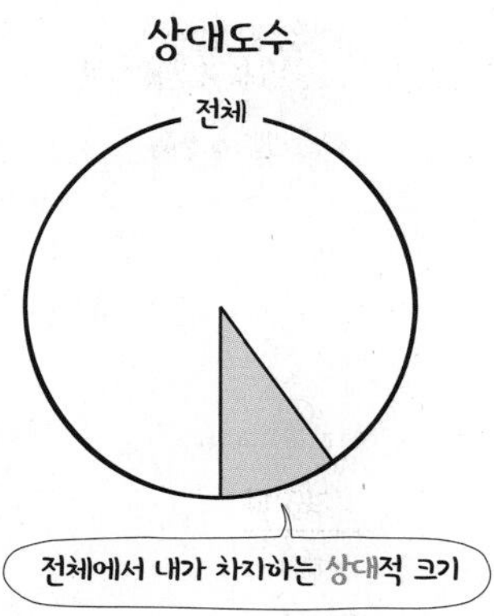

2 전체 도수와 어떤 계급의 도수가 다음과 같을 때, 그 계급의 상대도수를 구하시오.

(1) 전체 도수가 20, 어떤 계급의 도수가 3

(2) 전체 도수가 18, 어떤 계급의 도수가 9

(3) 전체 도수가 60, 어떤 계급의 도수가 12

(4) 전체 도수가 50, 어떤 계급의 도수가 18

3 전체 도수와 어떤 계급의 상대도수가 다음과 같을 때, 그 계급의 도수를 구하시오.

(1) 전체 도수가 100, 상대도수가 0.72

(2) 전체 도수가 40, 상대도수가 0.2

(3) 전체 도수가 25, 상대도수가 0.8

(4) 전체 도수가 50, 상대도수가 0.14

내가 발견한 개념

어떤 계급의 상대도수는?

• (어떤 계급의 상대도수)$=\dfrac{(\text{그 계급의 }\square)}{(\text{전체 }\square)}$

4 어떤 계급의 도수와 그 계급의 상대도수가 다음과 같을 때, 전체 도수를 구하시오.

(1) 어떤 계급의 도수가 10, 상대도수가 0.2

(2) 어떤 계급의 도수가 6, 상대도수가 0.4

(3) 어떤 계급의 도수가 14, 상대도수가 0.35

(4) 어떤 계급의 도수가 1, 상대도수가 0.05

(5) 어떤 계급의 도수가 3, 상대도수가 0.12

(6) 어떤 계급의 도수가 8, 상대도수가 0.25

개념모음문제

5 다음 표는 어느 여행 동호회 남자 회원 60명, 여자 회원 40명 중에서 제주도를 방문한 경험이 있는 회원의 상대도수를 조사하여 나타낸 것이다. 전체 회원 100명에 대하여 제주도를 방문한 회원의 상대도수는?

상대 도수	
남자 회원	여자 회원
0.7	0.8

① 0.7　② 0.72　③ 0.74
④ 0.76　⑤ 0.78

02 전체를 1로 보는!

상대도수의 분포표

상대도수의 분포표

하루 스마트폰 사용 시간(분)	학생 수(명)	상대도수
30 이상 ~ 60 미만	3	$\frac{3}{30}=0.1$
60 ~ 90	12	$\frac{12}{30}=0.4$
90 ~ 120	9	$\frac{9}{30}=0.3$
120 ~ 150	6	$\frac{6}{30}=0.2$
합계	30	1

4배 4배

상대도수의 총합은 항상 1이야!

- **상대도수의 분포표**: 각 계급의 상대도수를 나타낸 표
- **상대도수의 특징**
  ① 상대도수의 총합은 항상 1이다.

  참고 $(\text{상대도수의 총합})=\frac{(\text{각 계급의 도수의 합})}{(\text{전체 도수})}=\frac{(\text{도수의 총합})}{(\text{도수의 총합})}=1$

  ② 각 계급의 상대도수는 그 계급의 도수에 정비례한다.

원리확인 다음 상대도수의 분포표에서 □ 안에 알맞은 수를 써넣으시오.

개수(개)	도수(명)	상대도수
$10^{\text{이상}}\sim20^{\text{미만}}$	2	$\frac{2}{20}=0.1$
20 ~ 30	□	$\frac{8}{20}=0.4$
30 ~ 40	10	$\frac{□}{20}=□$
합계	20	□

1st — 상대도수의 분포표 만들기

● 다음 상대도수의 분포표를 완성하시오.

1

횟수(회)	도수(명)	상대도수
$5^{\text{이상}}\sim10^{\text{미만}}$	2	$\frac{2}{25}=0.08$
10 ~ 15	3	
15 ~ 20	5	
20 ~ 25	7	
25 ~ 30	8	
합계	25	1

2

성적(점)	도수(명)	상대도수
$50^{\text{이상}}\sim60^{\text{미만}}$	4	
60 ~ 70	6	
70 ~ 80	12	
80 ~ 90	10	
90 ~ 100	8	
합계	40	1

3

키(cm)	도수(명)	상대도수
$140^{\text{이상}}\sim145^{\text{미만}}$	1	
145 ~ 150	2	
150 ~ 155	5	
155 ~ 160	8	
160 ~ 165	4	
합계	20	1

4

몸무게(kg)	학생 수(명)	상대도수
35이상~40미만	0.1×20=2	0.1
40 ~45		0.3
45 ~50		0.25
50 ~55		0.2
55 ~60		0.15
합계	20	1

5

득점(점)	도수(팀)	상대도수
0이상~ 2미만		0.12
2 ~ 4		0.2
4 ~ 6		0.28
6 ~ 8		0.36
8 ~10		0.04
합계	25	1

6

시간(분)	도수(명)	상대도수
0이상~10미만		0.04
10 ~20		0.14
20 ~30		0.42
30 ~40		0.2
40 ~50		0.16
50 ~60		0.04
합계	50	1

내가 발견한 개념

상대도수의 총합은?

• 상대도수의 총합은 항상 ☐ 이다.

2nd 상대도수의 분포표 이해하기

7 아래는 성준이네 반 학생들의 한 달 동안의 지하철 탑승 횟수를 조사하여 나타낸 상대도수의 분포표이다. 다음 물음에 답하시오.

횟수(회)	상대도수
0이상~ 3미만	0.12
3 ~ 6	0.28
6 ~ 9	0.32
9 ~12	0.22
12 ~15	0.06
합계	1

(1) 지하철 탑승 횟수가 3회 이상 6회 미만인 학생의 상대도수를 구하시오.

(2) 지하철 탑승 횟수가 3회 이상 6회 미만인 학생은 전체의 몇 %인지 구하시오.

(3) 지하철 탑승 횟수가 9회 이상인 학생은 전체의 몇 %인지 구하시오.

(4) 지하철 탑승 횟수가 6회 미만인 학생은 전체의 몇 %인지 구하시오.

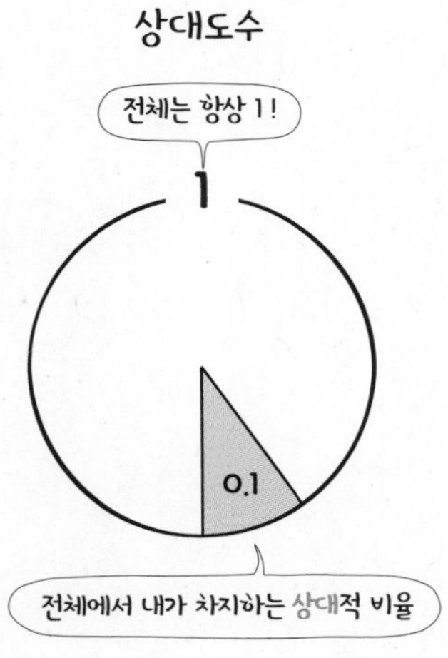

● **주어진 상대도수의 분포표에 대하여 다음 물음에 답하시오.**

8 찬혁이네 학교 학생 50명이 하루 동안 가족과 대화한 시간

대화 시간(분)	도수(명)	상대도수
0이상 ~ 20미만	4	A
20 ~ 40	9	0.18
40 ~ 60		0.3
60 ~ 80	B	0.24
80 ~ 100	10	
합계	50	1

(1) A의 값을 구하시오.

(2) B의 값을 구하시오.

(3) 가족과 대화한 시간이 40분 미만인 학생은 전체의 몇 %인지 구하시오.

(4) 가족과 대화하는 시간이 15번째로 적은 학생이 속한 계급의 상대도수를 구하시오.

(5) 가족과 대화한 시간이 60분 이상인 학생은 전체의 몇 %인지 구하시오.

9 예진이네 반 학생들의 수학 점수

점수(점)	도수(명)	상대도수
50이상 ~ 60미만	7	A
60 ~ 70	6	0.3
70 ~ 80	4	
80 ~ 90		0.1
90 ~ 100	B	0.05
합계		1

(1) 예진이네 반 전체 학생 수를 구하시오.

(2) A, B의 값을 구하시오.

(3) 수학 점수가 70점 미만인 학생은 전체의 몇 %인지 구하시오.

(4) 수학 점수가 70점 이상 90점 미만인 학생은 전체의 몇 %인지 구하시오.

(5) 수학 점수가 4번째로 좋은 학생이 속하는 계급의 상대도수를 구하시오.

10 지현이네 학교 학생들의 뮤지컬 관람 횟수

관람 횟수(회)	도수(명)	상대도수
$0^{이상} \sim 5^{미만}$		0.1
5 ~10	30	
10 ~15	C	0.3
15 ~20	24	B
20 ~25	18	0.15
합계		A

(1) 지현이네 학교 전체 학생 수를 구하시오.

(2) A, B, C의 값을 구하시오.

(3) 뮤지컬 관람 횟수가 15회 이상인 학생은 전체의 몇 %인지 구하시오.

(4) 뮤지컬 관람 횟수가 20번째로 적은 학생이 속하는 계급의 상대도수를 구하시오.

(5) 뮤지컬 관람 횟수가 5회 이상 15회 미만인 학생은 전체의 몇 %인지 구하시오.

3rd 상대도수의 특징 이해하기

11 다음 중 옳은 것은 ○를, 옳지 않은 것은 ×를 ( ) 안에 써넣으시오.

(1) 상대도수는 0 이상 1 이하의 수로만 나타난다. ( )

(2) 하나의 도수분포표에서 상대도수가 같아도 도수는 다를 수 있다. ( )

(3) 어떤 계급의 도수와 상대도수를 알면 전체 도수를 알 수 있다. ( )

(4) 하나의 도수분포표에서 도수가 가장 큰 계급의 상대도수가 가장 작다. ( )

(5) 상대도수의 총합은 항상 1이다. ( )

(6) 어떤 계급의 도수는 전체 도수와 상대도수의 총합을 곱한 값이다. ( )

개념모음문제

12 다음은 어느 동물원에서 사육했던 토끼의 수명을 조사하여 나타낸 상대도수의 분포표이다. 수명이 8년 이상인 토끼는 전체의 몇 %인가?

수명(년)	도수(마리)	상대도수
$0^{이상} \sim 4^{미만}$		
4 ~ 8	12	0.24
8 ~12	18	
12 ~16	14	
합계		

① 36 %　② 43 %　③ 50 %
④ 57 %　⑤ 64 %

03

전체를 1로 보는!

상대도수의 분포를 나타낸 그래프

상대도수의 분포표

하루 스마트폰 사용 시간(분)	상대도수
30 이상 ~ 60 미만	0.1
60 ~ 90	0.4
90 ~ 120	0.3
120 ~ 150	0.2
합계	1

상대도수의 분포를 나타낸 그래프

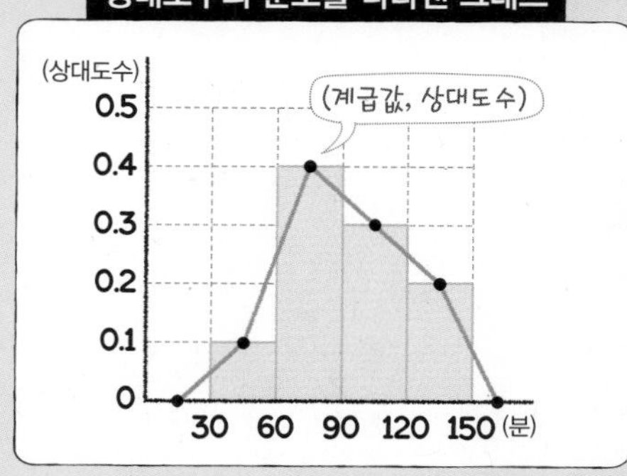

• **상대도수의 분포를 나타낸 그래프:** 상대도수의 분포표를 히스토그램이나 도수분포다각형과 같은 모양으로 나타낸 그래프

• **상대도수의 분포를 나타낸 그래프를 그리는 방법**

(i) 가로축에는 각 계급의 양 끝 값을 차례로 써넣는다.

(ii) 세로축에 상대도수를 차례로 써넣는다.

(iii) 히스토그램이나 도수분포다각형과 같은 모양으로 그린다.

1st 상대도수의 분포를 나타낸 그래프 그리기

● 다음 상대도수의 분포표를 히스토그램 모양의 그래프로 나타내시오.

1

횟수(회)	상대도수
10이상~20미만	0.05
20 ~30	0.2
30 ~40	0.35
40 ~50	0.25
50 ~60	0.15
합계	1

↓

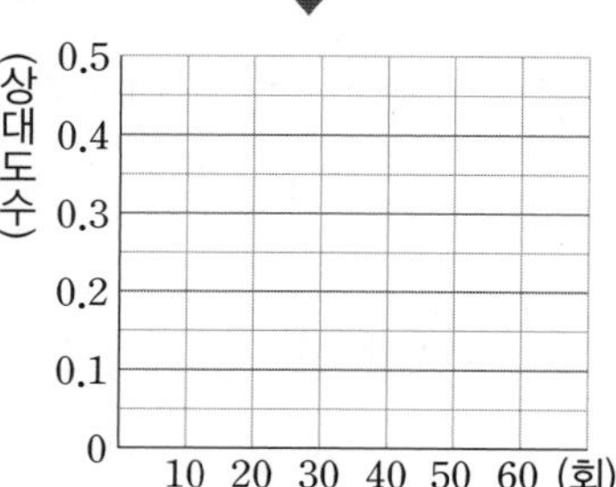

2

개수(개)	상대도수
0이상~ 5미만	0.1
5 ~10	0.25
10 ~15	0.4
15 ~20	0.15
20 ~25	0.1
합계	1

↓

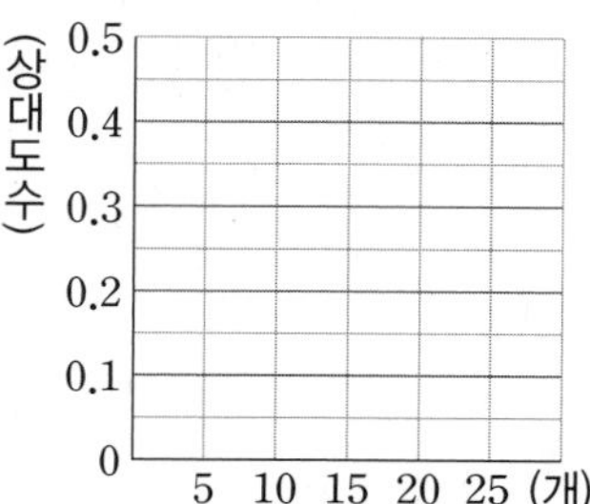

내가 발견한 개념

세로축의 의미는?

• 히스토그램, 도수분포다각형의 세로축 → ☐

• 상대도수의 분포를 나타낸 그래프의 세로축 → ☐

2nd 상대도수의 분포를 나타낸 그래프 이해하기

● **주어진 상대도수의 분포를 나타낸 그래프에 대하여 다음 물음에 답하시오.**

3 어느 중학교 1학년 200명의 영어 점수

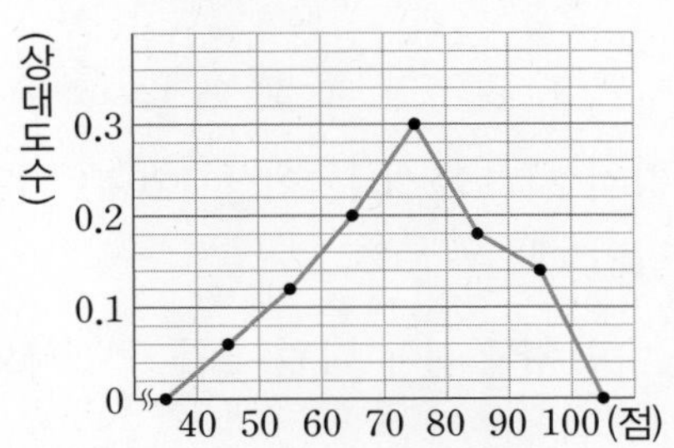

(1) 도수가 가장 작은 계급을 구하시오.

(2) 상대도수가 가장 작은 계급의 도수를 구하시오.

(3) 영어 점수가 60점 이상 70점 미만인 학생은 전체의 몇 %인지 구하시오.

(4) 영어 점수가 80점 이상인 학생은 전체의 몇 %인지 구하시오.

(5) 영어 점수가 80점 이상인 학생 수를 구하시오.

4 지율이네 학교 남학생 80명의 멀리뛰기 기록

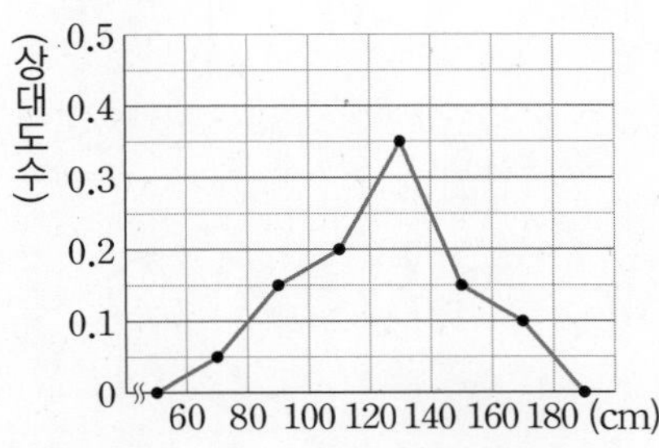

(1) 도수가 가장 큰 계급을 구하시오.

(2) 상대도수가 가장 큰 계급의 도수를 구하시오.

(3) 기록이 140 cm 이상 160 cm 미만인 학생은 전체의 몇 %인지 구하시오.

(4) 기록이 100 cm 미만인 학생은 전체의 몇 %인지 구하시오.

(5) 기록이 100 cm 미만인 학생 수를 구하시오.

5 어느 독서 동호회 회원들이 작년에 구매한 도서의 수

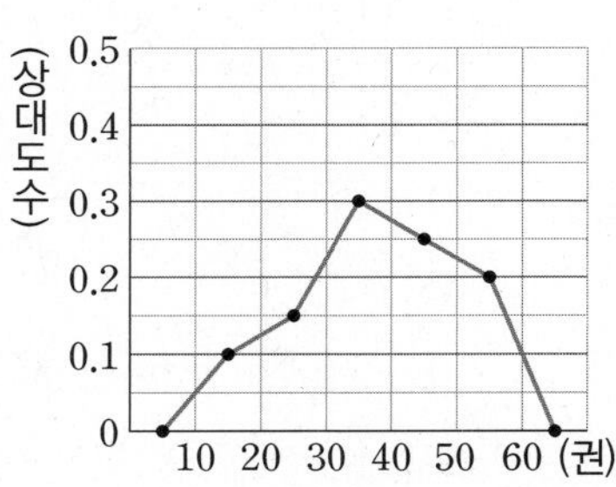

구입한 도서가 20권 이상 30권 미만인 회원이 6명일 때

(1) 독서 동호회 전체 회원 수를 구하시오.

(2) 상대도수가 가장 작은 계급의 도수를 구하시오.

(3) 구입한 도서가 50권 이상 60권 미만인 회원 수를 구하시오.

(4) 구입한 도서가 30권 미만인 회원 수를 구하시오.

(5) 구입한 도서가 11번째로 많은 회원이 속하는 계급을 구하시오.

6 어느 방송국 직원들의 하루 동안 라디오 청취 시간

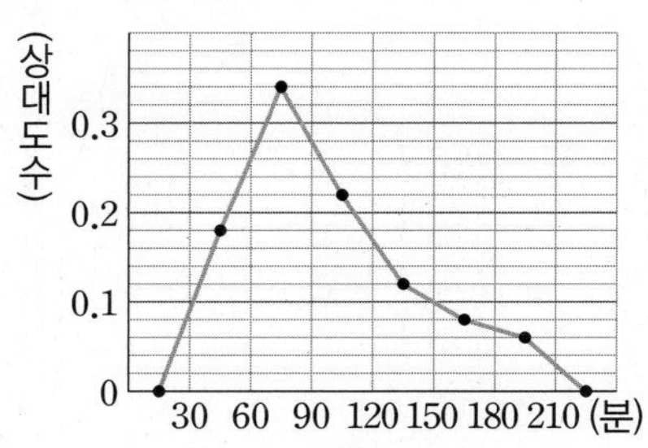

청취 시간이 90분 이상 120분 미만인 직원이 33명일 때

(1) 방송국 전체 직원 수를 구하시오.

(2) 상대도수가 가장 큰 계급의 도수를 구하시오.

(3) 청취 시간이 30분 이상 60분 미만인 직원 수를 구하시오.

(4) 청취 시간이 120분 이상인 직원 수를 구하시오.

(5) 청취 시간이 46번째로 짧은 직원이 속하는 계급을 구하시오.

3rd 찢어진 상대도수의 분포를 나타낸 그래프 이해하기

● 아래 그림은 어떤 자료를 조사하여 상대도수의 분포를 나타낸 그래프인데 일부가 찢어져 보이지 않는다. 다음을 구하시오.

7 민호네 반 학생 20명의 키

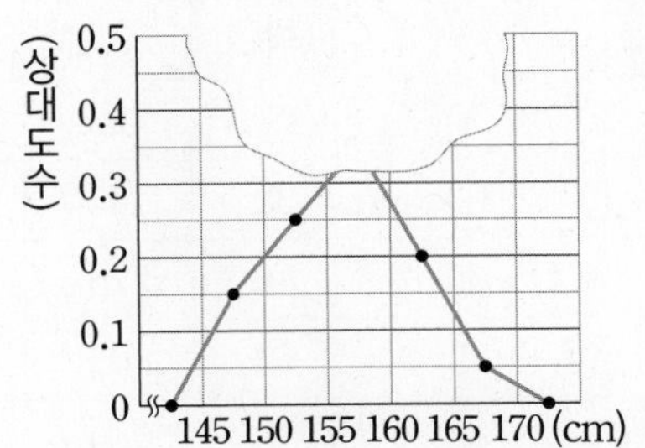

(1) 155 cm 이상 160 cm 미만인 계급의 상대도수

(2) 키가 155 cm 이상 160 cm 미만인 학생 수

8 어느 등산 동호회 회원 60명의 일주일 동안의 등산 시간

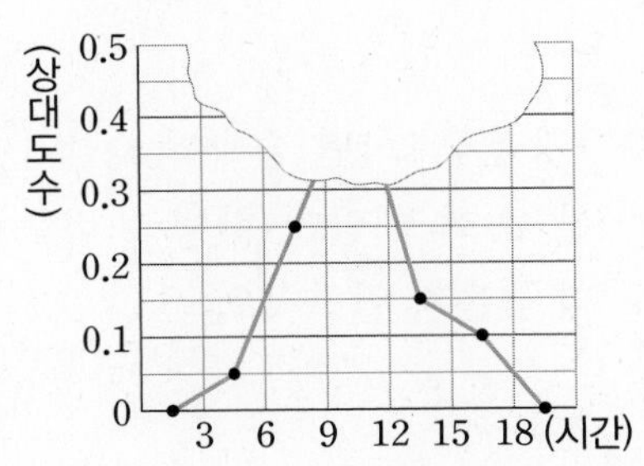

(1) 9시간 이상 12시간 미만인 계급의 상대도수

(2) 등산 시간이 9시간 이상 12시간 미만인 회원 수

9 어느 중학교 1학년 학생들의 필통 속 필기구의 수

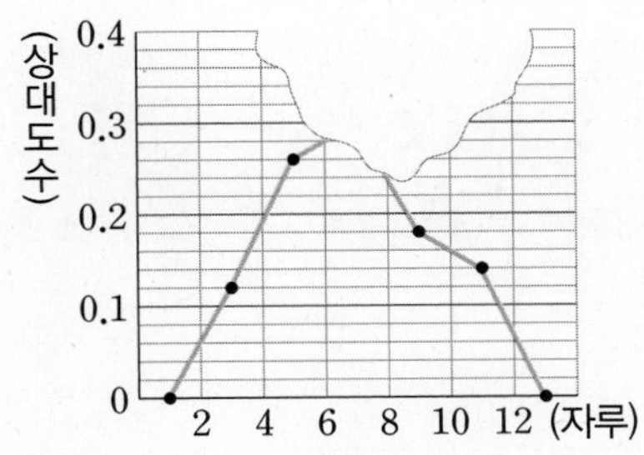

필기구가 6자루 이상 8자루 미만인 학생 수가 120명일 때

(1) 6자루 이상 8자루 미만인 계급의 상대도수

(2) 전체 학생 수

10 어느 영화 동호회 회원들의 수면 시간

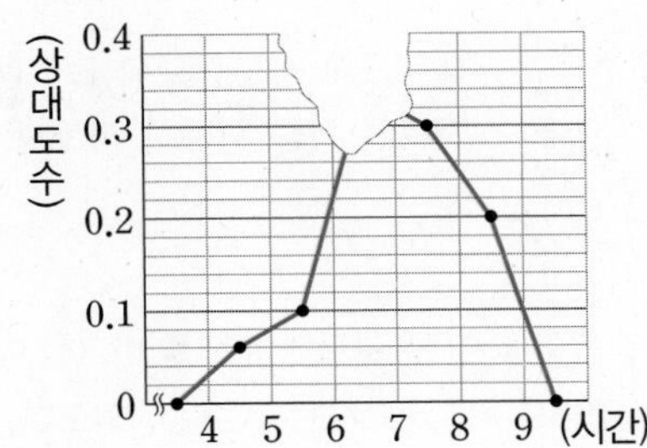

수면 시간이 6시간 이상 7시간 미만인 회원 수가 17명일 때

(1) 6시간 이상 7시간 미만인 계급의 상대도수

(2) 전체 회원 수

04 상대도수로 쉽게 알 수 있는!

도수의 총합이 다른 두 자료의 비교

하루 스마트폰 사용 시간(분)	A 그룹		B 그룹	
	도수	상대도수	도수	상대도수
30 이상 ~ 60 미만	3	0.1	5	0.05
60 ~ 90	12	0.4	20	0.2
90 ~ 120	9	0.3	50	0.5
120 ~ 150	6	0.2	25	0.25
합계	30	1	100	1

도수의 총합이 다를 때는 상대도수로 비교해!

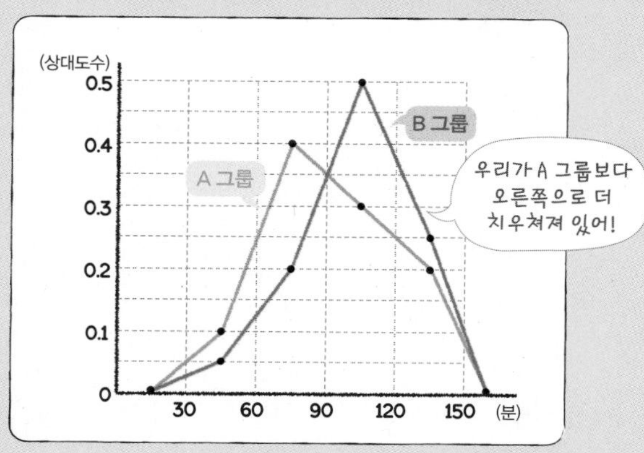

상대적으로 A 그룹보다 B 그룹이 하루 스마트폰 사용 시간이 더 많은 편이다.

- 도수의 총합이 다른 두 자료의 분포를 비교할 때
  ① 각 계급의 도수를 비교하는 것보다 상대도수를 비교하는 것이 더 적절하다.
  ② 상대도수의 분포를 나타낸 그래프를 이용하면 편리하다.

내가 안타수가 더 많아!

흥! 넌 타율도 모르냐?

	A	B
전체 타수	30	20
안타수	9	7
타율	$\frac{9}{30}=0.3$	$\frac{7}{20}=0.35$

1st 도수의 총합이 다른 두 자료 비교하기

● 주어진 상대도수의 분포표에 대하여 다음 물음에 답하시오.

1 어느 중학교 1학년과 2학년의 줄넘기 횟수

횟수(회)	도수(명)		상대도수	
	1학년	2학년	1학년	2학년
30이상 ~ 40미만	8	25		
40 ~ 50	32	45		
50 ~ 60	40	75		
60 ~ 70	64	65		
70 ~ 80	56	40		
합계	200	250	1	1

(1) 위의 표를 완성하고, 1학년과 2학년의 줄넘기 횟수에 대한 상대도수의 분포표를 도수분포다각형 모양의 그래프로 각각 나타내시오.

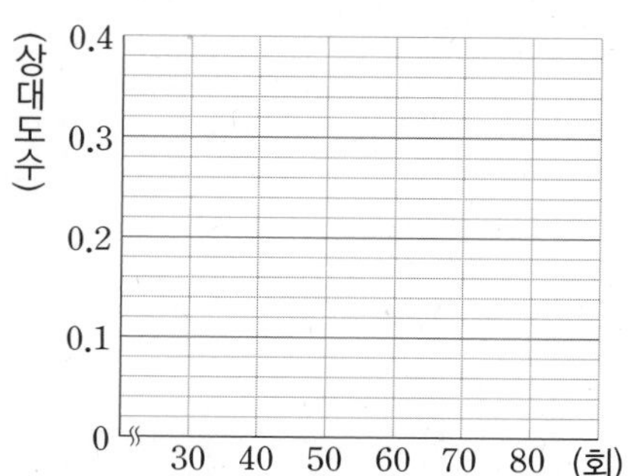

(2) 1학년과 2학년 중에서 줄넘기 횟수가 60회 이상 70회 미만인 학생의 비율은 어느 학년이 더 높은지 말하시오.

(3) 1학년과 2학년 중에서 줄넘기 횟수가 60회 미만인 학생의 비율은 어느 학년이 더 높은지 말하시오.

(4) 1학년과 2학년 중에서 줄넘기를 상대적으로 더 많이 한 학년을 말하시오.

2 A 중학교 학생 200명과 B 중학교 학생 300명의 주말 동안의 휴대전화 사용 시간

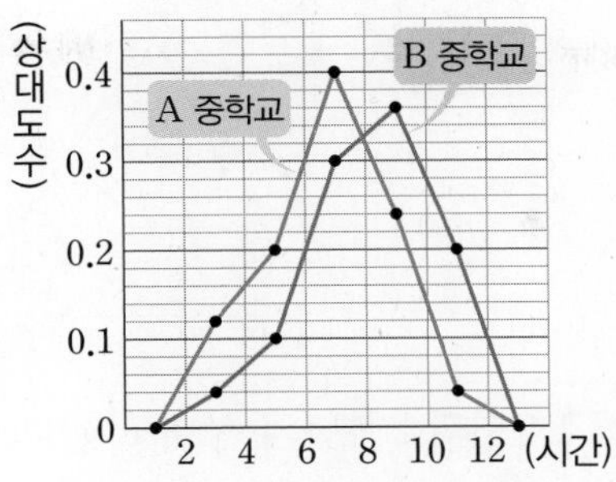

(1) 두 중학교 A, B 중에서 휴대전화 사용 시간이 6시간 이상 8시간 미만인 학생의 비율은 어느 중학교가 더 높은지 말하시오.

(2) 두 중학교 A, B 중에서 휴대전화 사용 시간이 6시간 미만인 학생의 비율은 어느 중학교가 더 높은지 말하시오.

(3) A 중학교에서 휴대전화 사용 시간이 6시간 이상 10시간 미만인 학생 수를 구하시오.

(4) B 중학교에서 휴대전화 사용 시간이 8시간 이상인 학생 수를 구하시오.

(5) 두 중학교 A, B 중에서 휴대전화를 상대적으로 더 많이 사용한 중학교를 말하시오.

3 어느 중학교 1학년 남학생 150명과 여학생 100명의 통학 시간

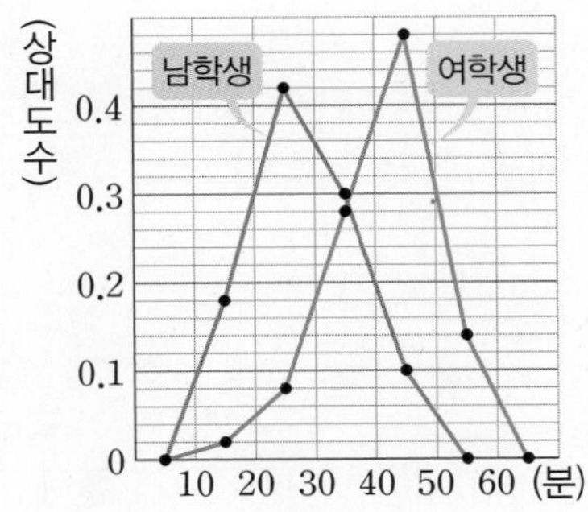

(1) 남학생과 여학생 중에서 통학 시간이 30분 이상 40분 미만인 학생의 비율은 어느 쪽이 더 높은지 말하시오.

(2) 남학생과 여학생 중에서 통학 시간이 40분 이상인 학생의 비율은 어느 쪽이 더 높은지 말하시오.

(3) 통학 시간이 30분 미만인 남학생 수를 구하시오.

(4) 통학 시간이 20분 이상 40분 미만인 여학생 수를 구하시오.

(5) 남학생과 여학생 중에서 통학 시간이 상대적으로 더 오래 걸리는 쪽을 말하시오.

● 주어진 상대도수의 분포표를 나타낸 그래프에 대하여 다음 중 옳은 것은 ○를, 옳지 않은 것은 ×를 ( ) 안에 써넣으시오.

4 어느 중학교 1반과 2반 학생들이 일주일 동안 읽은 책의 수

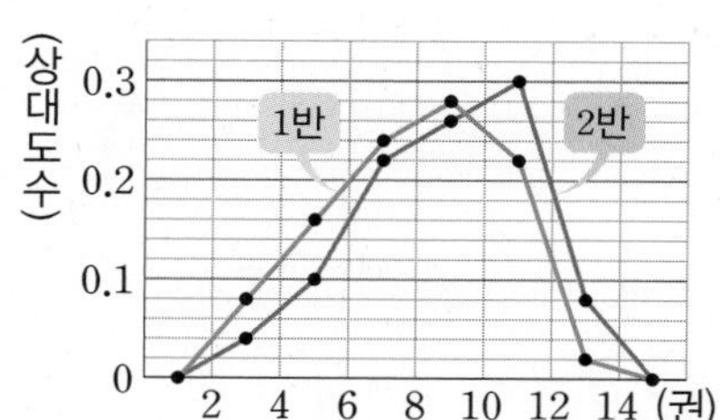

(1) 1반과 2반의 도수의 총합은 같다. ( )

(2) 읽은 책이 8권 이상 10권 미만인 학생의 비율은 1반이 2반보다 더 높다. ( )

(3) 1반의 상대도수가 2반의 상대도수보다 더 큰 계급은 모두 4개이다. ( )

(4) 읽은 책이 4권 이상 6권 미만인 학생 수는 1반이 2반보다 더 많다. ( )

(5) 1반보다 2반의 읽은 책의 수가 상대적으로 더 많은 편이다. ( )

5 어느 중학교 1학년과 2학년 학생들의 몸무게

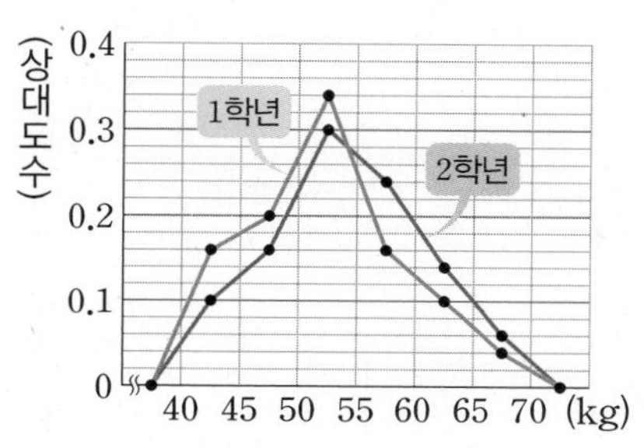

(1) 1학년과 2학년의 상대도수의 총합은 같다. ( )

(2) 몸무게가 55 kg 이상 60 kg 미만인 학생의 비율은 1학년이 2학년보다 더 높다. ( )

(3) 1학년에서 도수가 가장 큰 계급은 65 kg 이상 70 kg 미만이다. ( )

(4) 2학년에서 몸무게가 50 kg 미만인 학생은 전체의 26 %이다. ( )

(5) 1학년보다 2학년이 상대적으로 몸무게가 더 많이 나가는 편이다. ( )

내가 발견한 개념 총합이 다른 두 자료의 비교는?

• 도수의 총합이 다른 두 자료의 분포 비교
→ [   ]를 이용하면 분포 상태를 한눈에 비교할 수 있다.

TEST 12. 자료의 정리와 해석(2)

1 전체 도수가 25, 어떤 계급의 도수가 4일 때, 이 계급의 상대도수는?

① 0.12 ② 0.16 ③ 0.2
④ 0.24 ⑤ 0.28

2 다음은 민식이네 반 학생 40명의 추석 연휴 동안의 TV 시청 시간을 조사하여 나타낸 상대도수의 분포표이다. TV 시청 시간이 5시간 미만인 학생 수는?

시청 시간(시간)	상대도수
1^{이상}～3^{미만}	0.15
3 ～5	0.2
5 ～7	0.4
7 ～9	0.25
합계	1

① 10명 ② 11명 ③ 12명
④ 13명 ⑤ 14명

3 다음은 어느 회사 근무자들이 하루 동안 시계를 보는 횟수를 조사하여 나타낸 상대도수의 분포표이다. $A+B$의 값은?

횟수(회)	도수(명)	상대도수
0^{이상}～ 4^{미만}		
4 ～ 8	A	0.16
8 ～12	10	0.2
12 ～16	13	B
합계		1

① 5.42 ② 6.35 ③ 7.54
④ 8.26 ⑤ 9.18

4 오른쪽 표는 어느 중학교 남학생 30명, 여학생 20명 중에서 순댓국을 좋아하는 학생의 상대도수를 조사하여 나타낸 것이다.

상대도수	
남학생	여학생
0.4	0.35

남학생과 여학생을 합한 전체 학생에 대하여 순댓국을 좋아하는 학생의 상대도수를 구하시오.

5 오른쪽 그림은 어느 보건소 방문자의 1분당 맥박 수를 조사하여 상대도수의 분포를 나타낸 그래프이다.

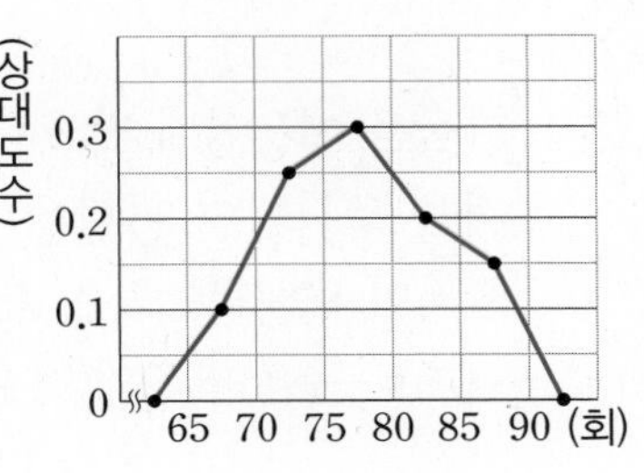

맥박 수가 70회 이상 75회 미만인 방문자가 20명일 때, 이 보건소의 전체 방문자의 수를 구하시오.

6 오른쪽 그림은 어느 중학교 1학년 학생 200명의 음악 수행 평가 점수를 조사하여 상대도수의 분포를 나타낸 그래프인데 일부가 찢어져 보이지 않는다. 보이지 않는 계급의 도수를 구하시오.

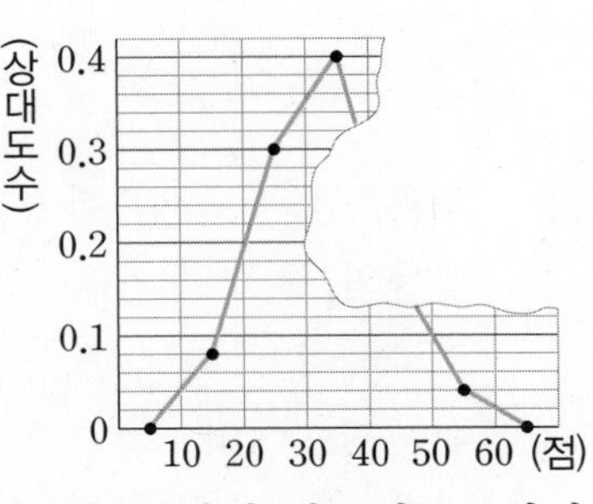

1 다음은 8명의 학생이 하루 동안 먹은 귤의 수를 조사하여 나타낸 자료이다. 이 자료의 평균을 a개, 중앙값을 b개, 최빈값을 c개라 할 때, $a+b+c$의 값은?

(단위: 개)

8, 3, 5, 4, 8, 7, 5, 8

① 16 ② 17 ③ 18
④ 19 ⑤ 20

2 다음은 예은이네 반 학생들의 수학 성적과 영어 성적을 조사하여 나타낸 줄기와 잎 그림이다. 영어 성적이 8번째로 높은 학생의 점수와 수학 성적이 3번째로 높은 학생의 점수의 차를 구하시오.

(6|0은 60점)

잎(수학)	줄기	잎(영어)
5 2	6	0 3 8
8 5 4 3 1 1 0	7	1 2 2 3 8 9
8 7 4 2 1 0	8	0 1 4 6 7 9
9 7 0	9	0 5 8

3 오른쪽은 어느 반 학생들의 통학 시간을 조사하여 나타낸 도수분포표이다. 통학 시간이 20분 미만인 학생이 전체의 40 %일 때, $A-B$의 값은?

시간(분)	학생 수(명)
$0^{이상}\sim10^{미만}$	A
10 ~20	5
20 ~30	11
30 ~40	B
40 ~50	4
합계	40

① 1 ② 2 ③ 3
④ 4 ⑤ 5

[4~5] 아래 그림은 혜나네 반 학생들의 하루 동안의 핸드폰 사용 시간을 조사하여 나타낸 히스토그램이다. 다음 물음에 답하시오.

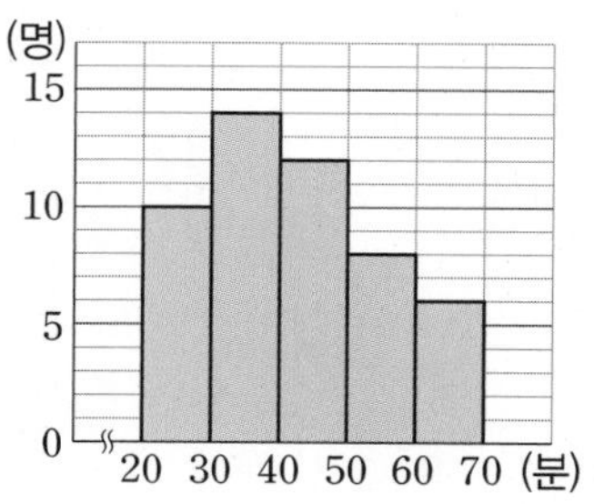

4 핸드폰 사용 시간이 12번째로 많은 학생이 속하는 계급은?

① 20분 이상 30분 미만
② 30분 이상 40분 미만
③ 40분 이상 50분 미만
④ 50분 이상 60분 미만
⑤ 60분 이상 70분 미만

5 핸드폰 사용 시간이 40분 미만인 학생은 전체의 몇 %인가?

① 46 % ② 48 % ③ 50 %
④ 52 % ⑤ 54 %

6 다음 중 상대도수에 대한 설명으로 옳지 않은 것은?

① 상대도수의 총합은 항상 1이다.
② 상대도수는 그 계급의 도수에 정비례한다.
③ 상대도수가 가장 큰 계급이 도수도 가장 크다.
④ 두 집단의 자료에서 도수가 같은 계급은 상대도수도 같다.
⑤ 도수의 합이 서로 다른 두 집단을 비교할 때 편리하다.

7 오른쪽은 어느 중학교 학생들의 공던지기 기록을 조사하여 나타낸 상대도수의 분포표이다. 기록이 40 m 미만인 학생이 전체의 75 %일 때, 기록이 40 m 이상 50 m 미만인 학생은 전체의 몇 %인지 구하시오.

기록(m)	상대도수
0^이상^~10^미만^	0.2
10 ~20	0.15
20 ~30	0.28
30 ~40	
40 ~50	
50 ~60	0.15
60 ~70	0.05
합계	1

8 다음은 지수네 반 학생들의 키를 조사하여 나타낸 상대도수의 분포표인데 일부가 찢어져 보이지 않는다. 이때 키가 155 cm 이상 160 cm 미만인 계급의 상대도수는?

키(cm)	도수(명)	상대도수
150^이상^~155^미만^	8	0.4
155 ~160	2	

① 0.05 ② 0.1 ③ 0.15
④ 0.2 ⑤ 0.25

9 오른쪽 그림은 찬호네 반 학생 50명의 윗몸일으키기 기록을 조사하여 상대도수의 분포를 나타낸 그래프이다. 윗몸일으키기 기록이 25회 이상 35회 미만인 학생 수는?

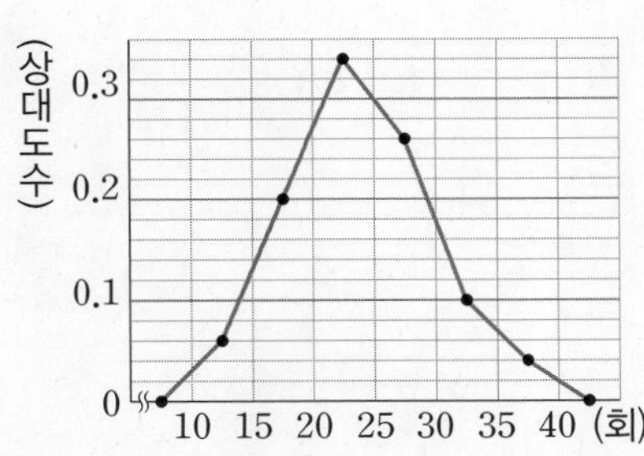

① 12명 ② 14명 ③ 16명
④ 18명 ⑤ 20명

10 다음 설명 중 옳지 않은 것은?

① 자료 전체의 특징을 대표적으로 나타내는 값을 대푯값이라 한다.
② 대푯값에는 평균, 중앙값, 최빈값 등이 있다.
③ 중앙값은 자료에 있지 않은 값이 될 수도 있다.
④ 학급 임원을 선출할 때 사용하는 대푯값은 최빈값이다.
⑤ 최빈값은 항상 하나로 정해진다.

11 오른쪽 그림은 어느 마을 주민의 나이를 조사하여 나타낸 도수분포다각형인데 일부가 찢어져 보이지 않는다. 나이가 22세 미만인 주민과 22세 이상인 주민 수의 비가 2 : 1일 때, 나이가 18세 이상 22세 미만인 주민 수를 구하시오.

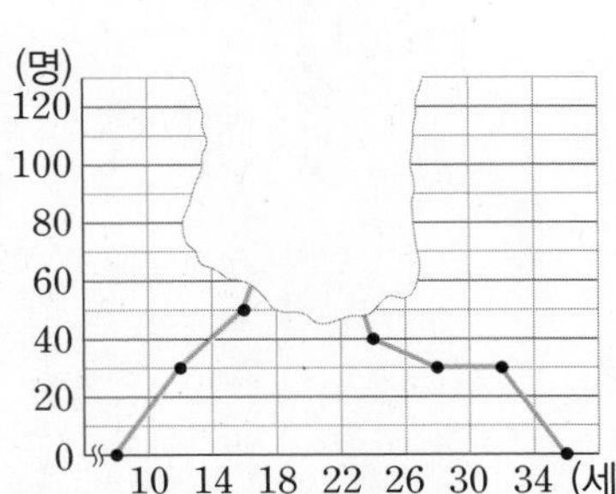

12 다음은 예주네 반 남학생과 여학생의 키를 조사하여 나타낸 상대도수의 분포표이다. 키가 155 cm 이상 160 cm 미만인 남학생 수와 여학생 수가 모두 6명일 때, 예주네 반 전체 학생 수는?

키(cm)	상대도수	
	남학생	여학생
145^이상^~150^미만^	0.2	0.1
150 ~155	0.1	0.15
155 ~160	0.3	0.2
160 ~165	0.2	0.35
165 ~170	0.1	0.1
170 ~175	0.1	0.1
합계	1	1

① 40명 ② 45명 ③ 50명
④ 55명 ⑤ 60명

빠른 정답

1 기본 도형

01 점, 선, 면 10쪽

1 ○ 2 × 3 ○ 4 ×
5 ○ 6 × 7 ×
8 (1) ㄱ, ㄷ, ㅂ (2) ㄴ, ㄹ, ㅁ 9 꼭짓점 C
10 꼭짓점 E 11 꼭짓점 D 12 꼭짓점 H
13 모서리 BC 14 모서리 AE 15 8, 12
16 5, 8 17 6, 9 18 7, 12
☺ 꼭짓점, 모서리 19 ③

02 직선, 반직선, 선분 12쪽

원리확인 $\overleftrightarrow{AB}$, 반직선 AB, $\overrightarrow{BA}$, 반직선 BA, $\overline{AB}(\overline{BA})$, 선분 AB(선분 BA)

1 $\overrightarrow{MN}(\overrightarrow{NM})$ 2 $\overrightarrow{MN}$
3 $\overrightarrow{NM}$ 4 $\overline{MN}(\overline{NM})$
5 6
7 8
9 10

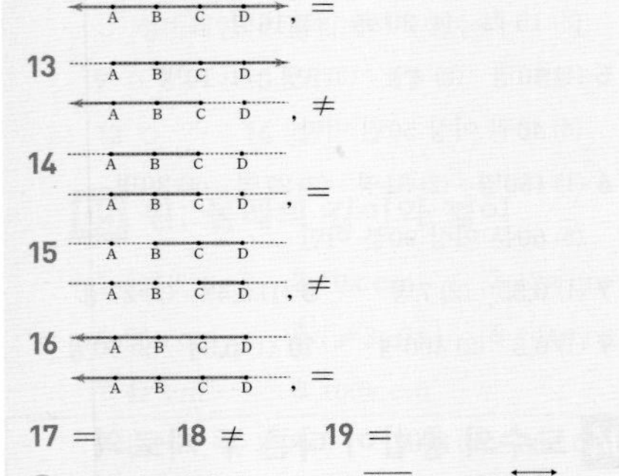
11 , =
12 , =
13 , ≠
14 , =
15 , ≠
16 , =

17 = 18 ≠ 19 =
☺ 시작점, 방향 20 $\overrightarrow{CA}$ 21 $\overrightarrow{BC}$
22 $\overrightarrow{CB}$ 23 $\overrightarrow{AB}$ 24 $\overline{CB}$ 25 $\overrightarrow{BA}$

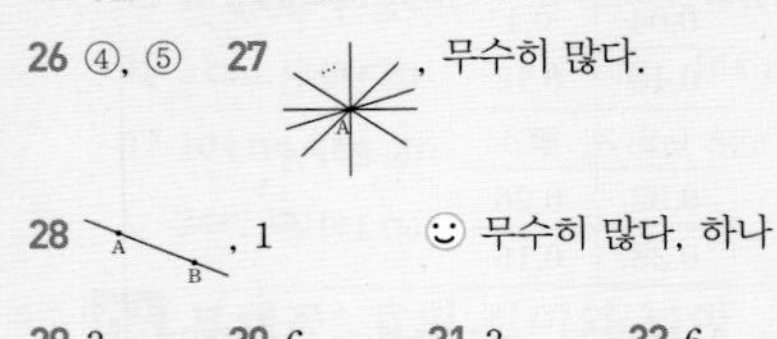
26 ④, ⑤ 27 , 무수히 많다.
28 , 1 ☺ 무수히 많다, 하나

29 3 30 6 31 3 32 6
33 12 34 6 ☺ 2 35 ②

03 두 점 사이의 거리 16쪽

1 7 2 12 3 5 4 13
5 8 6 15 cm 7 17 cm 8 21 cm
9 9 cm 10 18 cm ☺ 4
11 (1) $\frac{1}{2}$, 8 (2) $\frac{1}{2}$, 8 (3) 2, 2
12 (1) $\frac{1}{2}$, 17 (2) $\frac{1}{2}$, 17
13 (1) 3 (2) 2, 6 14 (1) 7 (2) 2, 14
15 (1) 12 (2) $\frac{1}{2}$, 6 (3) 2, 24
16 (1) $\frac{1}{2}$, 15 (2) $\frac{1}{2}$, $\frac{1}{2}$, $\frac{1}{2}$, $\frac{1}{4}$, $\frac{15}{2}$
(3) 30, $\frac{15}{2}$, $\frac{45}{2}$

17 (1) $\frac{1}{2}$, 14 (2) $\frac{1}{2}$, $\frac{1}{2}$, $\frac{1}{2}$, $\frac{1}{4}$, 7 (3) 21
(4) 2, 2, 4
18 (1) $\frac{1}{2}$, $\frac{1}{2}$ (2) $\frac{1}{2}$, $\frac{1}{2}$, $\frac{1}{2}$, $\frac{1}{2}$ (3) 2, 16
19 3 cm 20 20 cm 21 30 cm 22 22 cm
23 (1) 3 (2) $\frac{1}{3}$, 6 (3) 2, 12
24 (1) 5 cm (2) 10 cm (3) 15 cm 25 ③, ⑤

04 각 20쪽

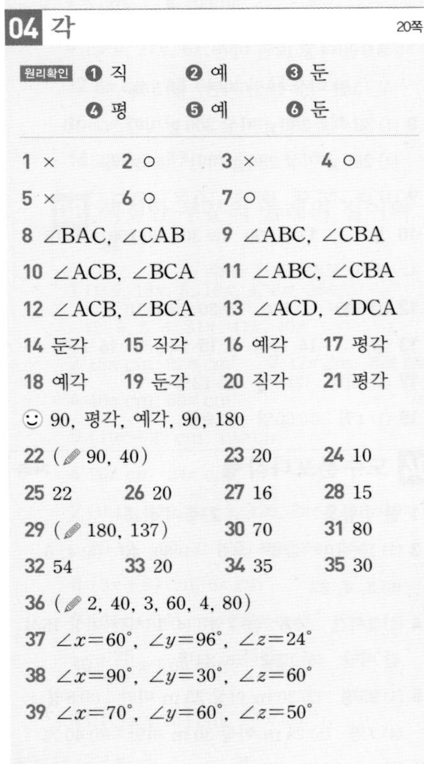

원리확인 ❶ 직 ❷ 예 ❸ 둔
❹ 평 ❺ 예 ❻ 둔

1 × 2 ○ 3 × 4 ○
5 × 6 ○ 7 ○
8 ∠BAC, ∠CAB 9 ∠ABC, ∠CBA
10 ∠ACB, ∠BCA 11 ∠ABC, ∠CBA
12 ∠ACB, ∠BCA 13 ∠ACD, ∠DCA
14 둔각 15 직각 16 예각 17 평각
18 예각 19 둔각 20 직각 21 평각
☺ 90, 평각, 예각, 90, 180
22 (✎ 90, 40) 23 20 24 10
25 22 26 20 27 16 28 15
29 (✎ 180, 137) 30 70 31 80
32 54 33 20 34 35 35 30
36 (✎ 2, 40, 3, 60, 4, 80)
37 $\angle x=60°$, $\angle y=96°$, $\angle z=24°$
38 $\angle x=90°$, $\angle y=30°$, $\angle z=60°$
39 $\angle x=70°$, $\angle y=60°$, $\angle z=50°$

05 맞꼭지각 24쪽

1 ∠DOE 또는 ∠EOD 2 ∠COD 또는 ∠DOC
3 ∠AOE 또는 ∠EOA 4 ∠COA 또는 ∠AOC
5 ∠DOB 또는 ∠BOD 6 ∠COE 또는 ∠EOC
7 ∠AOF 또는 ∠FOA 8 ∠COB 또는 ∠BOC
9 $\angle x=50°$ 10 $\angle x=110°$ 11 $\angle x=90°$
12 $\angle x=20°$, $\angle y=65°$ 13 $\angle x=30°$, $\angle y=85°$
14 28 15 105 16 14
17 15 18 58 ☺ $\angle b$, $\angle c$
19 (✎ 130, 180, 50)
20 $\angle x=80°$, $\angle y=100°$
21 $\angle x=38°$, $\angle y=142°$
22 $\angle x=124°$, $\angle y=56°$
23 $\angle x=140°$, $\angle y=140°$
24 $\angle x=35°$, $\angle y=65°$
25 $\angle x=30°$, $\angle y=75°$
26 $\angle x=12°$, $\angle y=90°$
27 $\angle x=135°$, $\angle y=45°$
28 $\angle x=15$, $\angle y=60$ 29 (✎ 180, 60)
30 80 31 38 32 21 33 14
34 28 35 9 36 13 ☺ 180°
37 ④

06 수직과 수선 28쪽

원리확인 ❶ ⊥ ❷ O ❸ 수직이등분선

1 × 2 ○ 3 × 4 ○
5 (✎ ⊥, $\overline{BC}$) 6 $\overline{AB}\perp\overline{BC}$
7 $\overleftrightarrow{PM}$ 8 $\overleftrightarrow{PM}$ 9 5 10 90
11 90 ☺
12 (1) (2) 3, 2, 1, 4
(3) 점 C
(4) 점 D
13 (1) (2) 2, 4, 3, 2
(3) 점 A, 점 D
(4) 점 B
14 (1) 점 D (2) 6 cm (3) 8 cm
15 (1) 점 H (2) 8 cm 16 (1) 점 C (2) 12 cm
17 점 B 18 점 G 19 5 cm 20 11 cm
21 ②, ⑤

TEST 1. 기본 도형 31쪽

1 22 2 ②, ⑤ 3 30 cm
4 ③ 5 65 6 ④

2 위치 관계

01 점과 직선, 점과 평면의 위치 관계 34쪽

원리확인 ❶ (1) 있다 (2) 있지 않다
❷ (1) 있다 (2) 있지 않다

1 (✎ A, C) 2 점 C, 점 D
3 점 B, 점 D, 점 E 4 점 A, 점 B, 점 E
5 점 C 6 점 B, 점 E 7 있지 않다
8 있다 9 있다 10 있지 않다
11 점 A, 점 B 12 점 C, 점 D
☺ 지난다, 포함한다 13 $\overline{AB}$, $\overline{AC}$, $\overline{AD}$
14 점 E, 점 F
15 점 A, 점 D, 점 F, 점 C
16 점 D, 점 E, 점 F 17 면 ABED, 면 DEF
18 ③

02 평면에서 두 직선의 위치 관계 36쪽

1 만나지 않는다 2 한 점에서 만난다
3 한 점에서 만난다 4 평행하다
5 일치한다 ☺
6 변 AD, 변 BC 7 변 AB, 변 CD
8 변 BC 9 변 AD, 변 BC
10 변 AB, 변 CD 11 변 AD
12 직선 EF
13 직선 AB, 직선 BC, 직선 CD, 직선 EF, 직선 FG, 직선 GH
14 직선 FG 15 직선 CD, 직선 DE
☺ 0, 1, 2 16 ①, ③

03 공간에서 두 직선의 위치 관계 38쪽

1 풀이 참조, (✎ $\overline{AE}$, $\overline{BC}$, $\overline{BF}$)
2 풀이 참조, $\overline{AB}$, $\overline{BF}$, $\overline{CD}$, $\overline{CG}$
3 풀이 참조, $\overline{BC}$, $\overline{CD}$, $\overline{FG}$, $\overline{GH}$
4 풀이 참조, $\overline{AE}$, $\overline{EF}$, $\overline{DH}$, $\overline{HG}$
5 풀이 참조, (✎ $\overline{EF}$, $\overline{GH}$)
6 풀이 참조, $\overline{AE}$, $\overline{CG}$, $\overline{DH}$
7 풀이 참조, $\overline{AD}$, $\overline{BC}$, $\overline{EH}$
8 풀이 참조, $\overline{AE}$, $\overline{BF}$, $\overline{CG}$
9 풀이 참조, (✎ $\overline{EH}$, $\overline{CG}$, $\overline{FG}$)
10 풀이 참조, $\overline{AB}$, $\overline{AD}$, $\overline{EF}$, $\overline{EH}$
11 풀이 참조, $\overline{AB}$, $\overline{AE}$, $\overline{CD}$, $\overline{DH}$
12 풀이 참조, $\overline{AB}$, $\overline{BC}$, $\overline{EF}$, $\overline{FG}$
☺ 한 점에서 만난다, 일치한다 / 평행하다, 꼬인 위치에 있다 / 한 점에서 만난다, 일치한다, 평행하다
13 (1) $\overline{AB}$, $\overline{AD}$, $\overline{BC}$, $\overline{CD}$ (2) $\overline{AD}$ (3) $\overline{AB}$
14 (1) $\overline{AB}$, $\overline{BC}$, $\overline{AD}$, $\overline{CF}$ (2) $\overline{AD}$, $\overline{CF}$ (3) $\overline{AB}$, $\overline{AC}$, $\overline{AD}$
15 (1) $\overline{AB}$, $\overline{BC}$, $\overline{AE}$, $\overline{ED}$ (2) $\overline{BC}$, $\overline{CD}$ (3) $\overline{AB}$, $\overline{AE}$
16 (1) $\overline{AB}$, $\overline{BF}$, $\overline{CD}$, $\overline{CG}$ (2) $\overline{AB}$, $\overline{CD}$, $\overline{EF}$ (3) $\overline{AD}$, $\overline{CD}$, $\overline{EH}$, $\overline{GH}$
17 (1) $\overline{AB}$, $\overline{BC}$, $\overline{AD}$, $\overline{CD}$, $\overline{AE}$, $\overline{CG}$ (2) $\overline{AD}$, $\overline{EH}$, $\overline{FG}$ (3) $\overline{BF}$, $\overline{DH}$, $\overline{EF}$, $\overline{FG}$, $\overline{GH}$, $\overline{EH}$
18 (1) $\overline{AB}$, $\overline{AC}$, $\overline{AD}$, $\overline{BE}$, $\overline{DE}$, $\overline{EF}$ (2) $\overline{AC}$, $\overline{DG}$ (3) $\overline{AB}$, $\overline{AE}$, $\overline{BE}$, $\overline{DE}$, $\overline{EF}$
19 ○ 20 ○ 21 × 22 ○
23 × ☺ 0, 1, 2 24 ③, ④

04 공간에서 직선과 평면의 위치 관계 42쪽

1 풀이 참조, (✎ $\overline{BF}$, $\overline{CG}$, $\overline{DH}$)
2 풀이 참조, $\overline{AD}$, $\overline{BC}$, $\overline{FG}$, $\overline{EH}$
3 풀이 참조, $\overline{AB}$, $\overline{CD}$, $\overline{EF}$, $\overline{GH}$
4 풀이 참조, $\overline{AD}$, $\overline{BC}$, $\overline{EH}$, $\overline{FG}$
5 풀이 참조, $\overline{AB}$, $\overline{CD}$, $\overline{EF}$, $\overline{GH}$
6 풀이 참조, (✎ $\overline{FG}$, $\overline{GH}$, $\overline{HE}$)
7 풀이 참조, $\overline{CD}$, $\overline{DH}$, $\overline{GH}$, $\overline{CG}$
8 풀이 참조, $\overline{AD}$, $\overline{AE}$, $\overline{EH}$, $\overline{DH}$
9 풀이 참조, $\overline{AB}$, $\overline{BF}$, $\overline{EF}$, $\overline{AE}$
10 풀이 참조, $\overline{BC}$, $\overline{BF}$, $\overline{CG}$, $\overline{FG}$
11 풀이 참조, (✎ ABFE)
12 풀이 참조, 면 ABFE, 면 BFGC
13 풀이 참조, 면 AEHD, 면 EFGH
14 풀이 참조, 면 ABCD, 면 BFGC
15 풀이 참조, 면 AEHD, 면 CGHD
16 풀이 참조,(✎ CGHD)
17 풀이 참조, 면 ABCD, 면 EFGH
18 풀이 참조, 면 AEHD, 면 BFGC
19 풀이 참조, 면 ABFE, 면 CGHD
☺ ⊥
20 (1) 면 ABC, 면 ABED (2) $\overline{AD}$, $\overline{BE}$, $\overline{CF}$ (3) 면 BEFC (4) 면 ABC, 면 DEF
21 (1) 면 BFGC, 면 AEHD, 면 AEFB (2) 면 BFGC, 면 EFGH (3) $\overline{AD}$, $\overline{AE}$, $\overline{EH}$, $\overline{DH}$ (4) $\overline{AE}$, $\overline{BF}$, $\overline{CG}$, $\overline{DH}$
22 (1) $\overline{CD}$, $\overline{CG}$, $\overline{GH}$, $\overline{DH}$ (2) $\overline{AD}$, $\overline{BC}$, $\overline{EH}$, $\overline{FG}$, $\overline{CG}$, $\overline{DH}$ (3) $\overline{AB}$, $\overline{CD}$, $\overline{EF}$, $\overline{GH}$ (4) 면 AEHD, 면 BFGC
23 (1) 면 ABCDEF, 면 GHIJKL (2) 면 BHGA, 면 AGLF (3) $\overline{AG}$, $\overline{BH}$, $\overline{CI}$, $\overline{DJ}$, $\overline{EK}$, $\overline{FL}$ (4) 점 G
24 × 25 ○ 26 ○ 27 ○
28 × ☺ 0, 1, 2 29 ③

05 공간에서 두 평면의 위치 관계 46쪽

1 (✎ BFGC, CGHD, AEHD)
2 면 ABCD, 면 BFGC, 면 EFGH, 면 AEHD
3 면 ABCD, 면 ABFE, 면 EFGH, 면 CGHD
4 면 ABCD, 면 BFGC, 면 EFGH, 면 AEHD
5 면 ABFE, 면 BFGC, 면 CGHD, 면 AEHD
6 (✎ EFGH) 7 면 CGHD 8 면 AEHD
9 면 ABFE 10 면 ABCD
11 (✎ BFGC, CGHD, AEHD)
12 면 ABCD, 면 BFGC, 면 EFGH, 면 AEHD
13 면 ABCD, 면 ABFE, 면 EFGH, 면 CGHD
14 면 ABCD, 면 BFGC, 면 EFGH, 면 AEHD
15 면 ABFE, 면 BFGC, 면 CGHD, 면 AEHD
16 (1) 면 DEF (2) 면 ABC, 면 ABED, 면 DEF, 면 ADFC (3) 면 ABC, 면 ADFC, 면 DEF
17 (1) 면 ABCD (2) 면 ABCD, 면 BFGC, 면EFGH, 면 AEHD, 면 AEFB (3) 면ABCD, 면EFGH
18 (1) 면 ABHG, 면 FLKE, 면 ABCDEF, 면 GHIJKL, 면 BHIC, 면 DJKE (2) 면 DJKE (3) 면 ABHG, 면 BHIC, 면 CIJD, 면 DJKE, 면 FLKE, 면 AGLF
19 (1) 면 ABC (2) $\overline{CF}$ (3) 면 ADEB, 면 DEF
20 (1) 면 EFGH (2) $\overline{AE}$ (3) 면 BFGC, 면 CGHD
21 (1) 면 FGHIJ (2) $\overline{FJ}$ (3) 면 AFGB, 면 AFJE
22 ○ 23 × 24 ○ 25 ×
26 ○ ☺ 27 ③ 28 $\overline{AD}$, $\overline{BF}$
29 $\overline{AE}$, $\overline{AD}$, $\overline{EF}$, $\overline{DG}$ 30 면 BFGC
31 면 AEB, 면 BEF 32 면 DEFG
33 면 AED, 면 BEF, 면 BFGC, 면 ADGC
34 직선 AD, 직선 DH, 직선 BC, 직선 CG, 직선 HG
35 직선 DH, 직선 EH, 직선 CG, 직선 FG, 직선 HG
36 $\overline{AE}$, $\overline{BF}$, $\overline{CG}$, $\overline{DH}$, $\overline{EF}$, $\overline{HG}$
37 $\overline{AE}$, $\overline{EH}$, $\overline{DH}$, $\overline{AD}$
38 면 AEHD, 면 BFGC
39 면 BFGC 40 × 41 ○
42 × 43 ○ 44 × 45 ○
46 × 47 ○ 48 ○ 49 ×
50 ○ 51 × 52 × 53 ○

TEST 2. 위치 관계 53쪽

1 ② 2 ㄴ, ㄹ 3 ④, ⑤ 4 ⑤
5 (1) 면 BFGC, 면 EFGH (2) 면 CGHD, 면 EFGH (3) $\overline{AE}$, $\overline{BF}$, $\overline{CG}$, $\overline{DH}$ 6 3

3 평행선

01 동위각과 엇각 56쪽

1 (1) $\angle e$ (2) $\angle f$ (3) $\angle h$ (4) $\angle a$ (5) $\angle c$ (6) $\angle d$
2 (1) $\angle f$ (2) $\angle e$ (3) $\angle c$ (4) $\angle d$
3 (1) $\angle y$ (2) $\angle w$ (3) $\angle a$ (4) $\angle c$ (5) $\angle d$ (6) $\angle b$ ☺ 동위각, 엇각
4 (1) 110, 70 (2) 110
5 (1) $\angle f$, $\angle f$, 75, 105 (2) $\angle e$, $\angle e$, 75
6 (1) $\angle c$, $\angle c$, 60, 120 (2) $\angle d$, $\angle d$, 40, 140
7 (1) 85° (2) 70° (3) 110° (4) 70°
8 (1) 65° (2) 115° (3) 100° (4) 80° 9 ④

02 평행선의 성질 58쪽

1 72° 2 65° 3 45° 4 140°
5 55° 6 30° 7 110° ☺ =, =
8 (✎ 55, 55, 125)
9 $\angle x=70°$, $\angle y=110°$
10 $\angle x=85°$, $\angle y=95°$
11 $\angle x=75°$, $\angle y=105°$
12 $\angle x=155°$, $\angle y=25°$
13 $\angle x=45°$, $\angle y=135°$
14 $\angle x=44°$, $\angle y=136°$
15 $\angle x=50°$, $\angle y=130°$
16 $\angle x=115°$, $\angle y=65°$
17 (✎ 85, 60, 120)
18 $\angle x=80°$, $\angle y=70°$
19 $\angle x=42°$, $\angle y=105°$
20 $\angle x=131°$, $\angle y=50°$
21 $\angle x=120°$, $\angle y=100°$
22 $\angle x=96°$, $\angle y=50°$
23 $\angle x=125°$, $\angle y=85°$
24 $\angle x=120°$, $\angle y=60°$
25 $\angle x=80°$, $\angle y=135°$
☺ 180°, $\angle h$, 180°

수학은 개념이다!

디딤돌의 중학 수학 시리즈는
여러분의 수학 자신감을 높여 줍니다.

개념 이해
디딤돌수학 개념연산

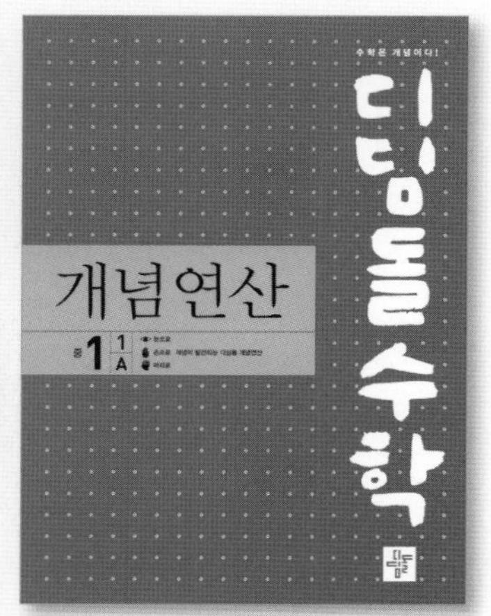

다양한 이미지와 단계별 접근을 통해
개념이 쉽게 이해되는 교재

개념 적용
디딤돌수학 개념기본

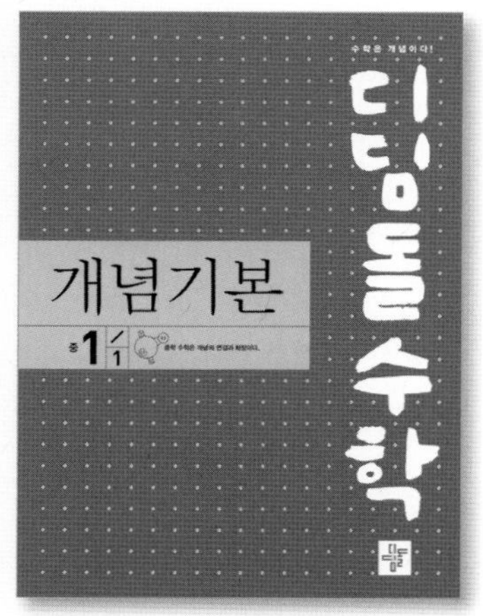

개념 이해, 개념 적용, 개념 완성으로
개념에 강해질 수 있는 교재

개념 응용
최상위수학 라이트

개념을 다양하게 응용하여
문제해결력을 키워주는 교재

개념 완성

디딤돌수학 개념연산과 개념기본은 동일한 학습 흐름으로 구성되어 있습니다.
연계 학습이 가능한 개념연산과 개념기본을 통해
중학 수학 개념을 완성할 수 있습니다.

수학은 개념이다!

개념연산

중1 / 2

2022 개정 교육과정

정답과 풀이

수학은 개념이다!

디딤돌수학

개념연산

중 1-2

정답과 풀이

디딤돌

1 기본 도형

01 점, 선, 면

본문 10쪽

1 ○ 2 × 3 ○ 4 ×

5 ○ 6 × 7 ×

8 (1) ㄱ, ㄷ, ㅂ (2) ㄴ, ㄹ, ㅁ 9 꼭짓점 C

10 꼭짓점 E 11 꼭짓점 D 12 꼭짓점 H 13 모서리 BC

14 모서리 AE 15 8, 12 16 5, 8

17 6, 9 18 7, 12 ☺ 꼭짓점, 모서리

19 ③

2 점이 움직인 자리는 선이 된다.

4 교점은 선과 선, 선과 면이 만나서 생긴다.

6 한 평면 위에 있는 도형은 평면도형이다.

7 삼각형과 사각형은 평면도형이고, 오각뿔은 입체도형이다.

19 ㄴ. 교선은 모두 9개이다.
ㄷ. 모서리 BE와 모서리 EF의 교점은 꼭짓점 E이다.
따라서 옳은 것은 ③이다.

02 직선, 반직선, 선분

본문 12쪽

원리확인

$\overrightarrow{AB}$, 반직선 AB, $\overrightarrow{BA}$, 반직선 BA, $\overline{AB}$($\overline{BA}$),
선분 AB(선분 BA)

1 $\overleftrightarrow{MN}$($\overleftrightarrow{NM}$) 2 $\overrightarrow{MN}$

3 $\overrightarrow{NM}$ 4 $\overline{MN}$($\overline{NM}$)

5 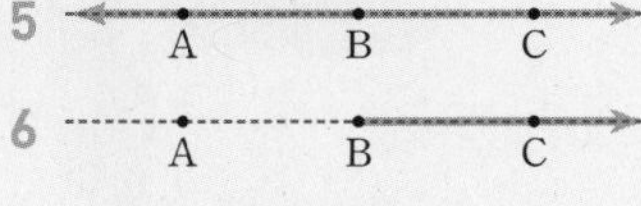

6 A B C

7 A B C

8 A B C

9 A B C

10 A B C

11 A B C D

A B C D, =

12 A B C D

A B C D, =

13 A B C D

A B C D, ≠

14 A B C D

A B C D, =

15 A B C D

A B C D, ≠

16 A B C D

A B C D, =

17 = 18 ≠ 19 = ☺ 시작점, 방향

20 $\overline{CA}$ 21 $\overleftrightarrow{BC}$ 22 $\overrightarrow{CB}$ 23 $\overrightarrow{AB}$

24 $\overline{CB}$ 25 $\overline{BA}$ 26 ④, ⑤

27 A, 무수히 많다.

28 A B, 1 ☺ 무수히 많다, 하나

29 3 30 6 31 3 32 6

33 12 34 6 ☺ 2 35 ②

26 ① $\overleftrightarrow{PQ}=\overleftrightarrow{QP}$
② $\overrightarrow{PQ}$와 $\overrightarrow{QR}$는 시작점이 다르므로 $\overrightarrow{PQ}\neq\overrightarrow{QR}$
③ $\overline{PQ}\neq\overline{QR}$

29 $\overleftrightarrow{AB}$, $\overleftrightarrow{BC}$, $\overleftrightarrow{CA}$

30 $\overrightarrow{AB}$, $\overrightarrow{BA}$, $\overrightarrow{BC}$, $\overrightarrow{CB}$, $\overrightarrow{CA}$, $\overrightarrow{AC}$

31 $\overline{AB}$, $\overline{BC}$, $\overline{CA}$

32 $\overleftrightarrow{AB}$, $\overleftrightarrow{BC}$, $\overleftrightarrow{CD}$, $\overleftrightarrow{DA}$, $\overleftrightarrow{AC}$, $\overleftrightarrow{BD}$

33 $\overrightarrow{AB}$, $\overrightarrow{BA}$, $\overrightarrow{BC}$, $\overrightarrow{CB}$, $\overrightarrow{CD}$, $\overrightarrow{DC}$, $\overrightarrow{DA}$, $\overrightarrow{AD}$, $\overrightarrow{AC}$, $\overrightarrow{CA}$,
$\overrightarrow{BD}$, $\overrightarrow{DB}$

34 $\overline{AB}$, $\overline{BC}$, $\overline{CD}$, $\overline{DA}$, $\overline{AC}$, $\overline{BD}$

35 서로 다른 직선의 개수는 l의 1이므로 $a=1$
서로 다른 반직선의 개수는 $\overrightarrow{PQ}$, $\overrightarrow{QP}$, $\overrightarrow{QR}$, $\overrightarrow{RQ}$, $\overrightarrow{RS}$, $\overrightarrow{SR}$의 6이므로 $b=6$
서로 다른 선분의 개수는 $\overline{PQ}$, $\overline{PR}$, $\overline{PS}$, $\overline{QR}$, $\overline{QS}$, $\overline{RS}$의 6이므로 $c=6$
따라서 $a+b+c=1+6+6=13$

03 두 점 사이의 거리

본문 16쪽

1 7　2 12　3 5　4 13
5 8　6 15 cm　7 17 cm　8 21 cm
9 9 cm　10 18 cm　☺ 4
11 (1) $\frac{1}{2}$, 8　(2) $\frac{1}{2}$, 8　(3) 2, 2
12 (1) $\frac{1}{2}$, 17　(2) $\frac{1}{2}$, 17　13 (1) 3　(2) 2, 6
14 (1) 7　(2) 2, 14　15 (1) 12　(2) $\frac{1}{2}$, 6　(3) 2, 24
16 (1) $\frac{1}{2}$, 15　(2) $\frac{1}{2}$, $\frac{1}{2}$, $\frac{1}{2}$, $\frac{1}{4}$, $\frac{15}{2}$　(3) 30, $\frac{15}{2}$, $\frac{45}{2}$
17 (1) $\frac{1}{2}$, 14　(2) $\frac{1}{2}$, $\frac{1}{2}$, $\frac{1}{2}$, $\frac{1}{4}$, 7　(3) 21　(4) 2, 2, 4
18 (1) $\frac{1}{2}$, $\frac{1}{2}$　(2) $\frac{1}{2}$, $\frac{1}{2}$, $\frac{1}{2}$, $\frac{1}{2}$　(3) 2, 16
19 3 cm　20 20 cm　21 30 cm　22 22 cm
23 (1) 3　(2) $\frac{1}{3}$, 6　(3) 2, 12
24 (1) 5 cm　(2) 10 cm　(3) 15 cm　25 ③, ⑤

19 $\overline{MB}=\frac{1}{2}\overline{AB}$이므로
$\overline{MN}=\frac{1}{2}\overline{MB}=\frac{1}{2}\times\frac{1}{2}\overline{AB}$
$=\frac{1}{4}\overline{AB}=\frac{1}{4}\times 12=3(\text{cm})$

20 $\overline{AM}=2\overline{NM}$이므로
$\overline{AB}=2\overline{AM}=2\times 2\overline{NM}=4\overline{NM}=4\times 5=20(\text{cm})$

21 $\overline{AM}=\overline{MB}=\frac{1}{2}\overline{AB}$이므로
$\overline{MN}=\frac{1}{2}\overline{MB}=\frac{1}{2}\times\frac{1}{2}\overline{AB}=\frac{1}{4}\overline{AB}$
따라서
$\overline{AN}=\overline{AM}+\overline{MN}=\frac{1}{2}\overline{AB}+\frac{1}{4}\overline{AB}$
$=\frac{3}{4}\overline{AB}=\frac{3}{4}\times 40=30(\text{cm})$

22 $\overline{AB}=2\overline{MB}$, $\overline{BC}=2\overline{BN}$이므로
$\overline{AC}=\overline{AB}+\overline{BC}=2\overline{MB}+2\overline{BN}$
$=2(\overline{MB}+\overline{BN})=2\overline{MN}$
$=2\times 11=22(\text{cm})$

24 (1) $\overline{MN}=\overline{AM}=5\text{ cm}$
(2) $\overline{MB}=2\overline{AM}=2\times 5=10(\text{cm})$
(3) $\overline{AB}=3\overline{AM}=3\times 5=15(\text{cm})$

25 ③ $\overline{AB}=\frac{1}{2}\overline{BD}$
⑤ $\overline{AB}=\overline{BC}=\overline{CD}=\frac{1}{3}\overline{AD}$이므로
$2\overline{AC}=2\times\frac{2}{3}\overline{AD}=\frac{4}{3}\overline{AD}$
따라서 옳지 않은 것은 ③, ⑤이다.

04 각

본문 20쪽

원리확인
❶ 직　❷ 예　❸ 둔
❹ 평　❺ 예　❻ 둔

1 ×　2 ○　3 ×　4 ○
5 ×　6 ○　7 ○
8 ∠BAC, ∠CAB　9 ∠ABC, ∠CBA
10 ∠ACB, ∠BCA　11 ∠ABC, ∠CBA
12 ∠ACB, ∠BCA　13 ∠ACD, ∠DCA
14 둔각　15 직각　16 예각　17 평각
18 예각　19 둔각　20 직각　21 평각
☺ 90, 평각, 예각, 90, 180
22 (✎ 90, 40)　23 20　24 10
25 22　26 20　27 16　28 15
29 (✎ 180, 137)　30 70　31 80
32 54　33 20　34 35　35 30
36 (✎ 2, 40, 3, 60, 4, 80)
37 $\angle x=60°$, $\angle y=96°$, $\angle z=24°$
38 $\angle x=90°$, $\angle y=30°$, $\angle z=60°$
39 $\angle x=70°$, $\angle y=60°$, $\angle z=50°$

3 평각의 크기는 180°이다.

5 둔각은 90°보다 크고 180°보다 작은 각이다.

6 평각은 180°이므로 $180^\circ\times\frac{1}{2}=90^\circ$

14 $\angle AOD=130^\circ$이므로 둔각이다.

15 $\angle AOC=90^\circ$이므로 직각이다.

16 $\angle BOC=50^\circ$이므로 예각이다.

17 $\angle AOE=180^\circ$이므로 평각이다.

18 $\angle BOD=75^\circ$이므로 예각이다.

19 $\angle BOE=105^\circ$이므로 둔각이다.

20 $\angle COE=90^\circ$이므로 직각이다.

21 $\angle EOA=180^\circ$이므로 평각이다.

23 $x+70=90$이므로 $x=20$

24 $5x+4x=90$이므로 $9x=90$
따라서 $x=10$

25 $x+(3x+2)=90$이므로 $4x=88$
따라서 $x=22$

26 $(x+3)+(3x+7)=90$이므로 $4x=80$
따라서 $x=20$

27 $(2x+15)+(3x-5)=90$이므로 $5x=80$
따라서 $x=16$

28 $(5x-30)+(90-3x)=90$이므로 $2x=30$
따라서 $x=15$

30 $x+110=180$이므로 $x=70$

31 $70+x+30=180$이므로 $x=80$

32 $36+90+x=180$이므로 $x=54$

33 $(5x+5)+(2x+35)=180$이므로 $7x=140$
따라서 $x=20$

34 $(2x-25)+(4x-5)=180$이므로 $6x=210$
따라서 $x=35$

35 $x+3x+2x=180$이므로 $6x=180$
따라서 $x=30$

37 $\angle x=180^\circ\times\frac{5}{5+8+2}=60^\circ$
$\angle y=180^\circ\times\frac{8}{5+8+2}=96^\circ$
$\angle z=180^\circ\times\frac{2}{5+8+2}=24^\circ$

38 $\angle x=180^\circ\times\frac{3}{3+1+2}=90^\circ$
$\angle y=180^\circ\times\frac{1}{3+1+2}=30^\circ$
$\angle z=180^\circ\times\frac{2}{3+1+2}=60^\circ$

39 $\angle x=180^\circ\times\frac{7}{7+6+5}=70^\circ$
$\angle y=180^\circ\times\frac{6}{7+6+5}=60^\circ$
$\angle z=180^\circ\times\frac{5}{7+6+5}=50^\circ$

05 맞꼭지각

본문 24쪽

1 $\angle DOE$ 또는 $\angle EOD$ 2 $\angle COD$ 또는 $\angle DOC$
3 $\angle AOE$ 또는 $\angle EOA$ 4 $\angle COA$ 또는 $\angle AOC$
5 $\angle DOB$ 또는 $\angle BOD$ 6 $\angle COE$ 또는 $\angle EOC$
7 $\angle AOF$ 또는 $\angle FOA$ 8 $\angle COB$ 또는 $\angle BOC$
9 $\angle x=50^\circ$ 10 $\angle x=110^\circ$
11 $\angle x=90^\circ$ 12 $\angle x=20^\circ$, $\angle y=65^\circ$
13 $\angle x=30^\circ$, $\angle y=85^\circ$ 14 28 15 105
16 14 17 15 18 58 ☺ $\angle b$, $\angle c$
19 (✎ 130, 180, 50)
20 $\angle x=80^\circ$, $\angle y=100^\circ$ 21 $\angle x=38^\circ$, $\angle y=142^\circ$
22 $\angle x=124^\circ$, $\angle y=56^\circ$ 23 $\angle x=140^\circ$, $\angle y=140^\circ$
24 $\angle x=35^\circ$, $\angle y=65^\circ$ 25 $\angle x=30^\circ$, $\angle y=75^\circ$

26 $\angle x=12°$, $\angle y=90°$　27 $\angle x=135°$, $\angle y=45°$
28 $\angle x=15°$, $\angle y=60°$　29 (✎ 180, 60)
30 80　31 38　32 21　33 14
34 28　35 9　36 13　☺ 180°
37 ④

14 $3x=84$에서 $x=28$

15 $x+15=120$에서 $x=105$

16 $7x-10=88$에서 $x=14$

17 $2x+15+90=135$에서 $x=15$

18 $44+90=x+76$에서 $x=58$

20 $\angle x=80°$(맞꼭지각)
$80°+\angle y=180°$이므로 $\angle y=100°$

21 $\angle x=38°$(맞꼭지각)
$38°+\angle y=180°$이므로 $\angle y=142°$

22 $\angle x=124°$(맞꼭지각)
$124°+\angle y=180°$이므로 $\angle y=56°$

23 $\angle x+40°=180°$이므로 $\angle x=140°$
$\angle y=\angle x=140°$(맞꼭지각)

24 $\angle x=35°$(맞꼭지각)
$\angle y+35°+80°=180°$이므로 $\angle y=65°$

25 $\angle x=30°$(맞꼭지각)
$75°+30°+\angle y=180°$이므로 $\angle y=75°$

26 $\angle x=12°$(맞꼭지각)
$78°+12°+\angle y=180°$이므로 $\angle y=90°$

27 $\angle x=90°+45°=135°$(맞꼭지각)
$135°+\angle y=180°$이므로 $\angle y=45°$

28 $3\angle x+15°=2\angle x+30°$(맞꼭지각)이므로 $\angle x=15°$
$(\angle y+60°)+(2\times15°+30°)=180°$이므로 $\angle y=60°$

30 $43+x+57=180$이므로 $x=80$

31 $90+x+52=180$이므로 $x=38$

32 $69+x+90=180$이므로 $x=21$

33 $6x+4x+40=180$이므로 $10x=140$
따라서 $x=14$

34 $28+3x+(2x+12)=180$이므로 $5x=140$
따라서 $x=28$

35 $110+(3x-10)+(4x+17)=180$이므로 $7x=63$
따라서 $x=9$

36 $6x+(2x+10)+(7x-25)=180$이므로 $15x=195$
따라서 $x=13$

37 $y=x+47$이므로
$(3x-5)+(x+47)+(2x-30)=180$
$6x=168$, 즉 $x=28$
따라서 $y=x+47=28+47=75$이므로
$x+y=28+75=103$

06 수직과 수선

본문 28쪽

원리확인
❶ ⊥　❷ O　❸ 수직이등분선

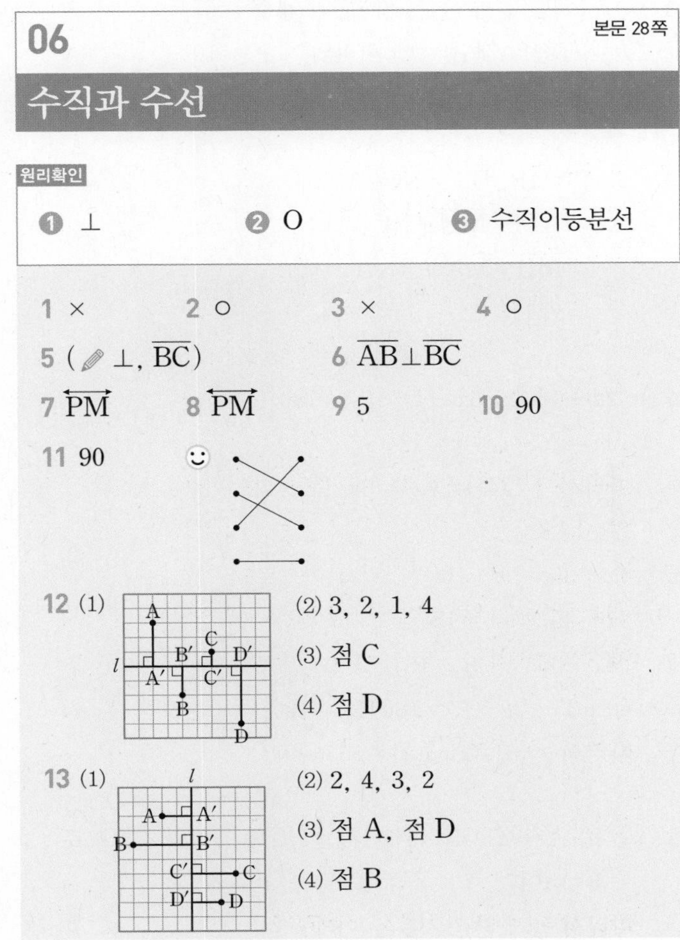

14 (1) 점 D (2) 6 cm (3) 8 cm
15 (1) 점 H (2) 8 cm 16 (1) 점 C (2) 12 cm
17 점 B 18 점 G 19 5 cm 20 11 cm
21 ②, ⑤

1 $\overline{AB}\perp\overline{AD}$, $\overline{AB}\perp\overline{BC}$

3 $\overline{AD}$의 수선은 $\overline{AB}$이다.

21 ② $\overline{CD}$와 수직으로 만나는 선분은 없다.
⑤ 점 D와 $\overline{BC}$ 사이의 거리는 $\overline{AB}$의 길이와 같으므로 12 cm이다.
따라서 옳지 않은 것은 ②, ⑤이다.

TEST 1. 기본 도형

본문 31쪽

1 22	2 ②, ⑤	3 30 cm
4 ③	5 65	6 ④

1 a=(교점의 개수)=(꼭짓점의 개수)=6
b=(교선의 개수)=(모서리의 개수)=10
따라서 $2a+b=2\times6+10=22$

3 $\overline{AM}=\overline{MB}$, $\overline{BN}=\overline{NC}$이므로
$\overline{AC}=\overline{AM}+\overline{MN}+\overline{NC}$
$=\overline{MB}+\overline{MN}+\overline{BN}$
$=2\overline{MN}=2\times15=30$(cm)

4 $(2x+16)+(6x-4)+6x=180$
$14x=168$에서 $x=12$
따라서 $\angle COD=6x^\circ=6\times12^\circ=72^\circ$

5 $4x+35=7x-10$(맞꼭지각)이므로
$3x=45$, 즉 $x=15$
$(4x+35)+(2y-15)=180$이므로
$60+35+2y-15=180$, $2y=100$, 즉 $y=50$
따라서 $x+y=15+50=65$

6 ④ 점 A와 $\overline{CD}$ 사이의 거리는 $\overline{BC}$의 길이와 같으므로 8 cm이다.
따라서 옳지 않은 것은 ④이다.

2 위치 관계

01 점과 직선, 점과 평면의 위치 관계

본문 34쪽

원리확인

❶ (1) 있다 (2) 있지 않다
❷ (1) 있다 (2) 있지 않다

1 (✎ A, C)	2 점 C, 점 D
3 점 B, 점 D, 점 E	4 점 A, 점 B, 점 E
5 점 C	6 점 B, 점 E
7 있지 않다	8 있다
9 있다	10 있지 않다
11 점 A, 점 B	12 점 C, 점 D
☺ 지난다, 포함한다	13 $\overline{AB}$, $\overline{AC}$, $\overline{AD}$
14 점 E, 점 F	15 점 A, 점 D, 점 F, 점 C
16 점 D, 점 E, 점 F	17 면 ABED, 면 DEF
18 ③	

18 ㄴ. 직선 l 위에 있지 않은 점의 개수는 점 A, 점 B, 점 E의 3이다.
ㄷ. 평면 P 위에 있지 않은 점은 점 A, 점 B이다.
따라서 옳은 것은 ㄱ, ㄹ이다.

02 평면에서 두 직선의 위치 관계

본문 36쪽

1 만나지 않는다	2 한 점에서 만난다
3 한 점에서 만난다	4 평행하다
5 일치한다	☺
6 변 AD, 변 BC	7 변 AB, 변 CD
8 변 BC	9 변 AD, 변 BC
10 변 AB, 변 CD	11 변 AD 12 직선 EF

13 직선 AB, 직선 BC, 직선 CD, 직선 EF, 직선 FG, 직선 GH

14 직선 FG 15 직선 CD, 직선 DE

☺ 0, 1, 2 16 ①, ③

16 ① $\overline{AB}$와 $\overline{CD}$는 평행하지 않는다.
③ $\overline{AB}$와 $\overline{DC}$는 수직이 아니다.
따라서 옳지 않은 것은 ①, ③이다.

03 공간에서 두 직선의 위치 관계

본문 38쪽

1 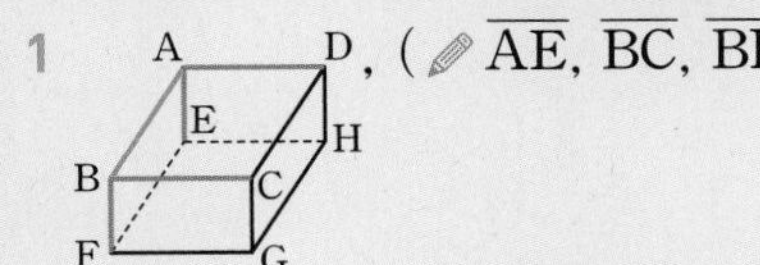, ($\overline{AE}$, $\overline{BC}$, $\overline{BF}$)

2 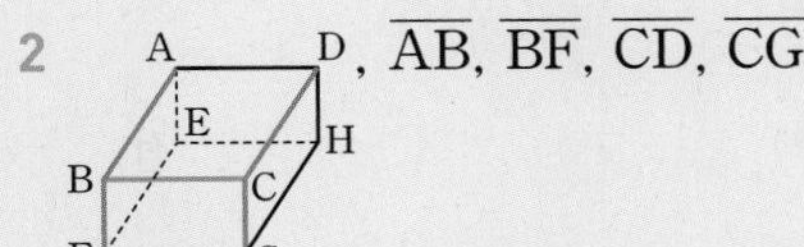, $\overline{AB}$, $\overline{BF}$, $\overline{CD}$, $\overline{CG}$

3 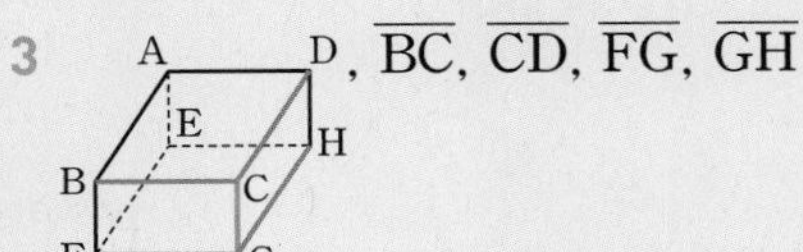, $\overline{BC}$, $\overline{CD}$, $\overline{FG}$, $\overline{GH}$

4 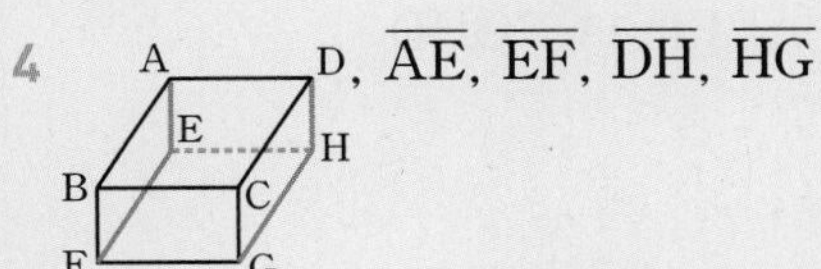, $\overline{AE}$, $\overline{EF}$, $\overline{DH}$, $\overline{HG}$

5 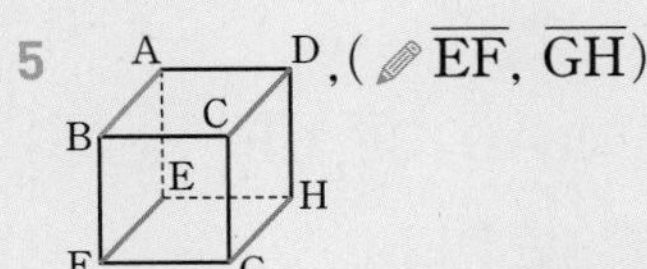, ($\overline{EF}$, $\overline{GH}$)

6 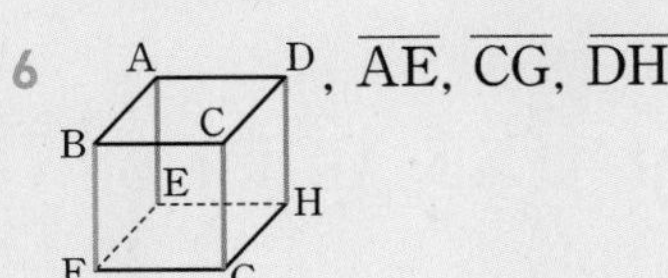, $\overline{AE}$, $\overline{CG}$, $\overline{DH}$

7 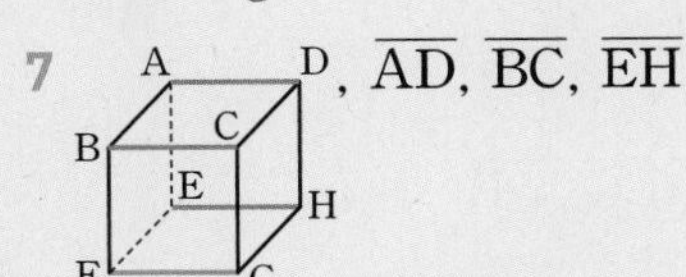, $\overline{AD}$, $\overline{BC}$, $\overline{EH}$

8 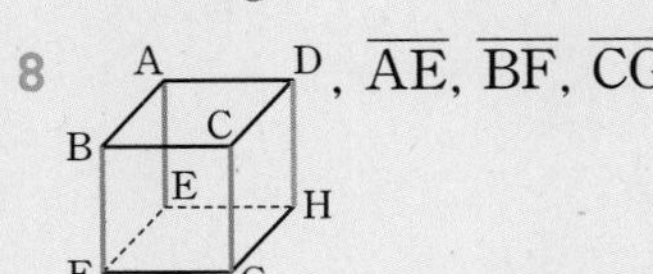, $\overline{AE}$, $\overline{BF}$, $\overline{CG}$

9 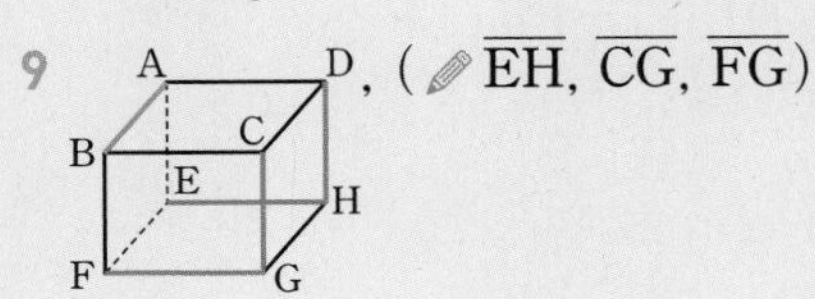, ($\overline{EH}$, $\overline{CG}$, $\overline{FG}$)

10 $\overline{AB}$, $\overline{AD}$, $\overline{EF}$, $\overline{EH}$

11 $\overline{AB}$, $\overline{AE}$, $\overline{CD}$, $\overline{DH}$

12 $\overline{AB}$, $\overline{BC}$, $\overline{EF}$, $\overline{FG}$

☺ 한 점에서 만난다, 일치한다 /
평행하다, 꼬인 위치에 있다 /
한 점에서 만난다, 일치한다, 평행하다

13 (1) $\overline{AB}$, $\overline{AD}$, $\overline{BC}$, $\overline{CD}$ (2) $\overline{AD}$ (3) $\overline{AB}$

14 (1) $\overline{AB}$, $\overline{BC}$, $\overline{AD}$, $\overline{CF}$ (2) $\overline{AD}$, $\overline{CF}$
(3) $\overline{AB}$, $\overline{AC}$, $\overline{AD}$

15 (1) $\overline{AB}$, $\overline{BC}$, $\overline{AE}$, $\overline{ED}$ (2) $\overline{BC}$, $\overline{CD}$ (3) $\overline{AB}$, $\overline{AE}$

16 (1) $\overline{AB}$, $\overline{BF}$, $\overline{CD}$, $\overline{CG}$ (2) $\overline{AB}$, $\overline{CD}$, $\overline{EF}$
(3) $\overline{AD}$, $\overline{CD}$, $\overline{EH}$, $\overline{GH}$

17 (1) $\overline{AB}$, $\overline{BC}$, $\overline{AD}$, $\overline{CD}$, $\overline{AE}$, $\overline{CG}$ (2) $\overline{AD}$, $\overline{EH}$, $\overline{FG}$
(3) $\overline{BF}$, $\overline{DH}$, $\overline{EF}$, $\overline{FG}$, $\overline{GH}$, $\overline{EH}$

18 (1) $\overline{AB}$, $\overline{AC}$, $\overline{AD}$, $\overline{BE}$, $\overline{DE}$, $\overline{EF}$ (2) $\overline{AC}$, $\overline{DG}$
(3) $\overline{AB}$, $\overline{AE}$, $\overline{BE}$, $\overline{DE}$, $\overline{EF}$

19 ○ 20 ○ 21 × 22 ○

23 × ☺ 0, 1, 2 24 ③, ④

21 직선 AB와 직선 CD는 한 점에서 만난다.

23 직선 AE와 꼬인 위치에 있는 직선의 개수는 $\overleftrightarrow{BG}$, $\overleftrightarrow{CH}$, $\overleftrightarrow{DI}$, $\overleftrightarrow{FG}$, $\overleftrightarrow{GH}$, $\overleftrightarrow{HI}$, $\overleftrightarrow{IJ}$의 7이다.

24 ① 만나지 않는 두 직선 중 평행한 두 직선은 한 평면 위에 있다.
② 한 평면 위에서 두 직선이 만나면 한 점에서 만나거나 일치한다.
⑤ 꼬인 위치에 있는 두 직선을 포함하는 평면은 없다.
따라서 옳은 것은 ③, ④이다.

04 공간에서 직선과 평면의 위치 관계

본문 42쪽

1 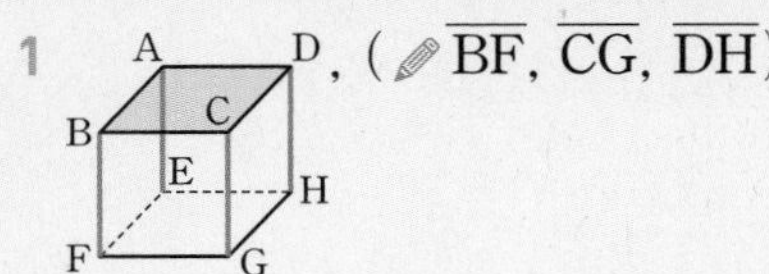
(✎ $\overline{BF}$, $\overline{CG}$, $\overline{DH}$)

2 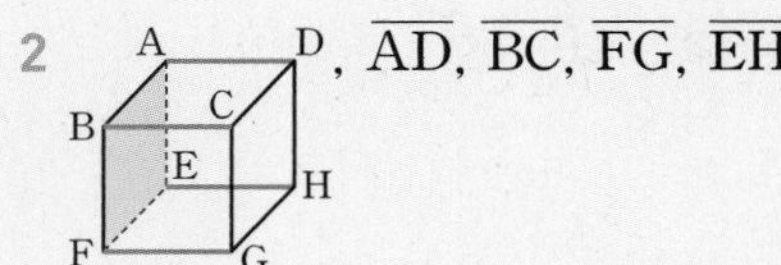
$\overline{AD}$, $\overline{BC}$, $\overline{FG}$, $\overline{EH}$

3 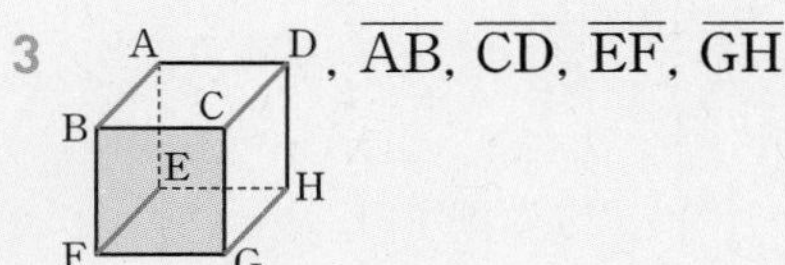
$\overline{AB}$, $\overline{CD}$, $\overline{EF}$, $\overline{GH}$

4 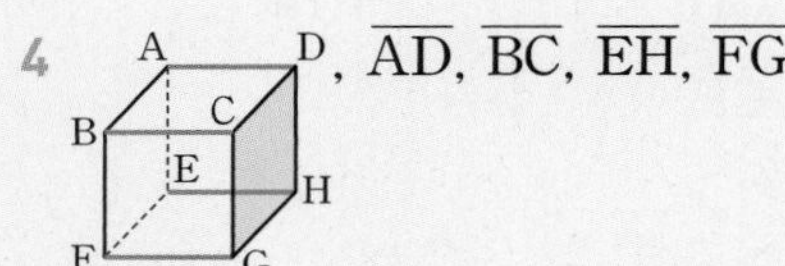
$\overline{AD}$, $\overline{BC}$, $\overline{EH}$, $\overline{FG}$

5 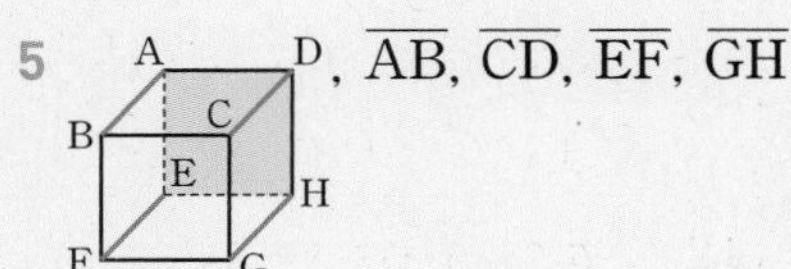
$\overline{AB}$, $\overline{CD}$, $\overline{EF}$, $\overline{GH}$

6 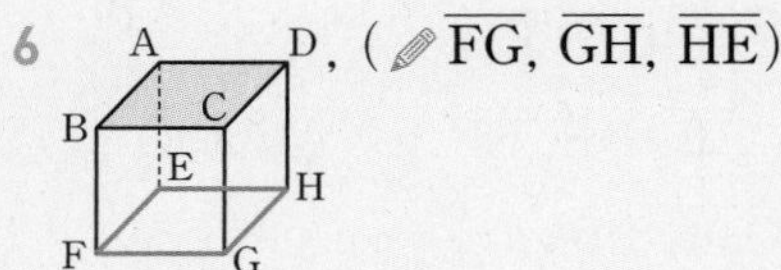
(✎ $\overline{FG}$, $\overline{GH}$, $\overline{HE}$)

7 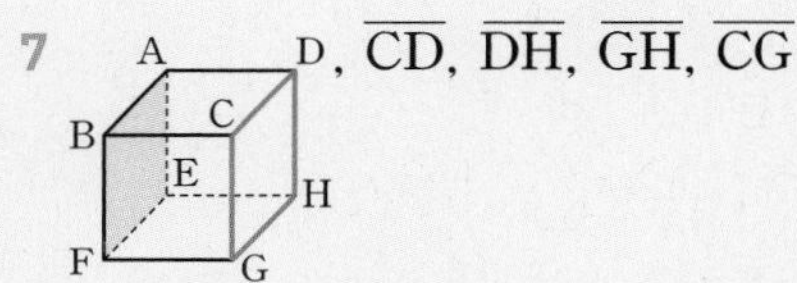
$\overline{CD}$, $\overline{DH}$, $\overline{GH}$, $\overline{CG}$

8 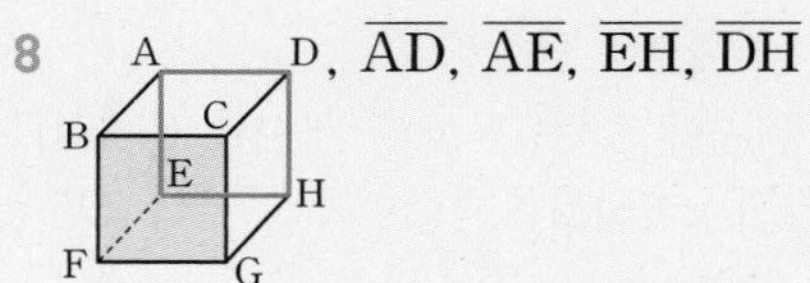
$\overline{AD}$, $\overline{AE}$, $\overline{EH}$, $\overline{DH}$

9 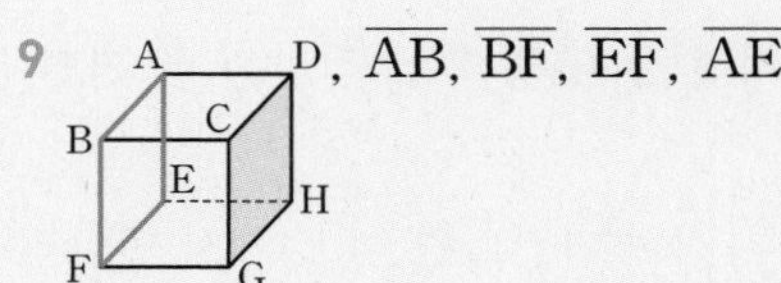
$\overline{AB}$, $\overline{BF}$, $\overline{EF}$, $\overline{AE}$

10 $\overline{BC}$, $\overline{BF}$, $\overline{CG}$, $\overline{FG}$

11 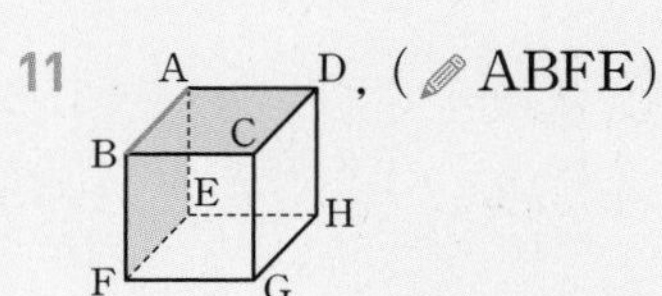
(✎ ABFE)

12 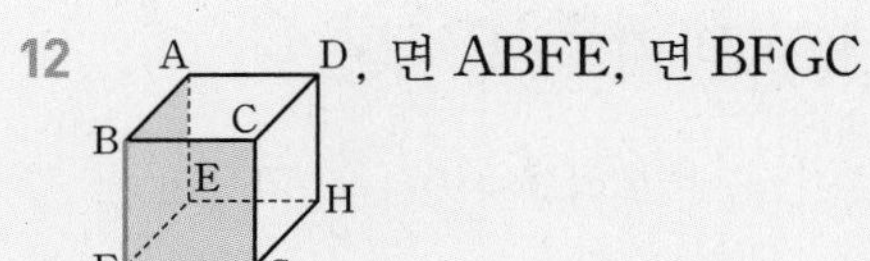
면 ABFE, 면 BFGC

13 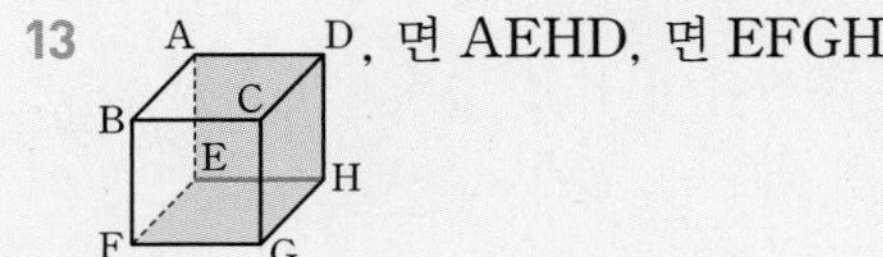
면 AEHD, 면 EFGH

14 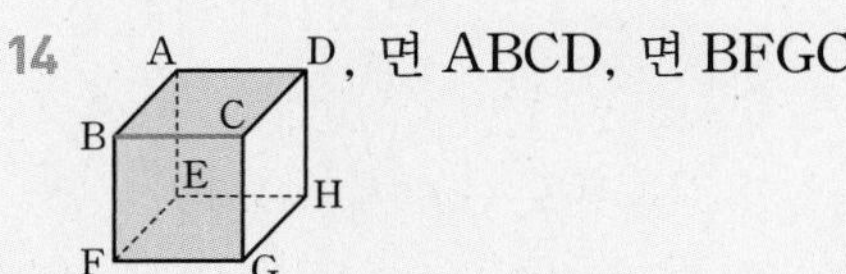
면 ABCD, 면 BFGC

15 면 AEHD, 면 CGHD

16 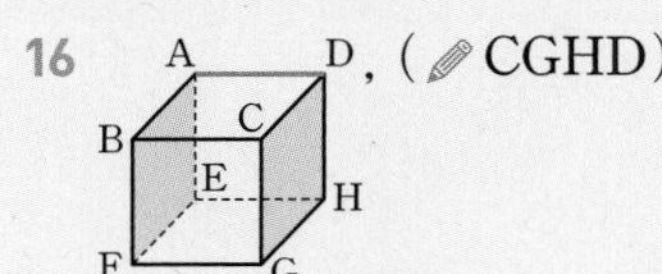
(✎ CGHD)

17 면 ABCD, 면 EFGH

18 면 AEHD, 면 BFGC

19 면 ABFE, 면 CGHD

☺ ⊥

20 (1) 면 ABC, 면 ABED (2) $\overline{AD}$, $\overline{BE}$, $\overline{CF}$
(3) 면 BEFC (4) 면 ABC, 면 DEF

21 (1) 면 BFGC, 면 AEHD, 면 AEFB
(2) 면 BFGC, 면 EFGH (3) $\overline{AD}$, $\overline{AE}$, $\overline{EH}$, $\overline{DH}$
(4) $\overline{AE}$, $\overline{BF}$, $\overline{CG}$, $\overline{DH}$

22 (1) $\overline{CD}$, $\overline{CG}$, $\overline{GH}$, $\overline{DH}$
(2) $\overline{AD}$, $\overline{BC}$, $\overline{EH}$, $\overline{FG}$, $\overline{CG}$, $\overline{DH}$
(3) $\overline{AB}$, $\overline{CD}$, $\overline{EF}$, $\overline{GH}$ (4) 면 AEHD, 면 BFGC

23 (1) 면 ABCDEF, 면 GHIJKL
(2) 면 BHGA, 면 AGLF
(3) $\overline{AG}$, $\overline{BH}$, $\overline{CI}$, $\overline{DJ}$, $\overline{EK}$, $\overline{FL}$ (4) 점 G

24 × 25 ○ 26 ○ 27 ○

28 × ☺ 0, 1, 2 29 ③

24 모서리 BF와 면 AEHD는 평행하므로 만나지 않는다.

27 면 ABCD와 수직인 모서리의 개수는 $\overline{AE}$, $\overline{BF}$, $\overline{CG}$, $\overline{DH}$의 4이다.

28 모서리 AB와 한 점에서 만나는 면의 개수는 면 AEHD, 면 BFGC의 2이다.

29 면 BFHD와 한 점에서 만나는 모서리의 개수는 $\overline{AB}$, $\overline{BC}$, $\overline{CD}$, $\overline{AD}$, $\overline{EF}$, $\overline{EH}$, $\overline{FG}$, $\overline{GH}$의 8이므로 $a=8$
모서리 AD와 수직인 면의 개수는 면 ABFE, 면 CGHD의 2이므로 $b=2$
따라서 $ab=8\times2=16$

05 공간에서 두 평면의 위치 관계

본문 46쪽

1 (✎ BFGC, CGHD, AEHD)
2 면 ABCD, 면 BFGC, 면 EFGH, 면 AEHD
3 면 ABCD, 면 ABFE, 면 EFGH, 면 CGHD
4 면 ABCD, 면 BFGC, 면 EFGH, 면 AEHD
5 면 ABFE, 면 BFGC, 면 CGHD, 면 AEHD
6 (✎ EFGH)
7 면 CGHD　　8 면 AEHD
9 면 ABFE　　10 면 ABCD
11 (✎ BFGC, CGHD, AEHD)
12 면 ABCD, 면 BFGC, 면 EFGH, 면 AEHD
13 면 ABCD, 면 ABFE, 면 EFGH, 면 CGHD
14 면 ABCD, 면 BFGC, 면 EFGH, 면 AEHD
15 면 ABFE, 면 BFGC, 면 CGHD, 면 AEHD
16 (1) 면 DEF
(2) 면 ABC, 면 ABED, 면 DEF, 면 ADFC
(3) 면 ABC, 면 ADFC, 면 DEF
17 (1) 면 ABCD
(2) 면 ABCD, 면 BFGC, 면 EFGH, 면 AEHD, 면 AEFB
(3) 면 ABCD, 면 EFGH
18 (1) 면 ABHG, 면 FLKE, 면 ABCDEF, 면 GHIJKL, 면 BHIC, 면 DJKE
(2) 면 DJKE
(3) 면 ABHG, 면 BHIC, 면 CIJD, 면 DJKE, 면 FLKE, 면 AGLF
19 (1) 면 ABC　(2) $\overline{CF}$　(3) 면 ADEB, 면 DEF
20 (1) 면 EFGH　(2) $\overline{AE}$　(3) 면 BFGC, 면 CGHD
21 (1) 면 FGHIJ　(2) $\overline{FJ}$　(3) 면 AFGB, 면 AFJE
22 ○　23 ×　24 ○　25 ×
26 ○　27 ③　28 $\overline{AD}$, $\overline{BF}$
29 $\overline{AE}$, $\overline{AD}$, $\overline{EF}$, $\overline{DG}$　30 면 BFGC
31 면 AEB, 면 BEF　32 면 DEFG
33 면 AED, 면 BEF, 면 BFGC, 면 ADGC
34 직선 AD, 직선 DH, 직선 BC, 직선 CG, 직선 HG
35 직선 DH, 직선 EH, 직선 CG, 직선 FG, 직선 HG
36 $\overline{AE}$, $\overline{BF}$, $\overline{CG}$, $\overline{DH}$, $\overline{EF}$, $\overline{HG}$
37 $\overline{AE}$, $\overline{EH}$, $\overline{DH}$, $\overline{AD}$　38 면 AEHD, 면 BFGC
39 면 BFGC　40 ×　41 ○
42 ×　43 ○　44 ×　45 ○
46 ×　47 ○　48 ○　49 ×
50 ○　51 ×　52 ×　53 ○

23 면 AEHD와 면 CGHD는 수직이다.

24 면 EFGH와 한 직선에서 만나는 면의 개수는 면 ABFE, 면 BFGC, 면 CGHD, 면 AEHD의 4이다.

25 면 ABFE와 평행한 면의 개수는 면 CGHD의 1이다.

27 면 BHIC와 평행한 면의 개수는 면 FLKE의 1이므로 $a=1$, 면 GHIJKL과 수직인 면의 개수는 면 ABHG, 면 BHIC, 면 CIJD, 면 DJKE, 면 FLKE, 면 AGLF의 6이므로 $b=6$,
면 DJKE와 한 직선에서 만나는 면의 개수는 면 ABCDEF, 면 CIJD, 면 FLKE, 면 GHIJKL, 면 BHIC, 면 AGLF의 6이므로 $c=6$
따라서 $a+b+c=1+6+6=13$

40 $l /\!/ m$인 직선 l, m에 대하여 $m \perp n$인 직선 n을 나타내면 오른쪽 그림과 같이 $l \perp n$ 또는 l과 n은 꼬인 위치에 있다.

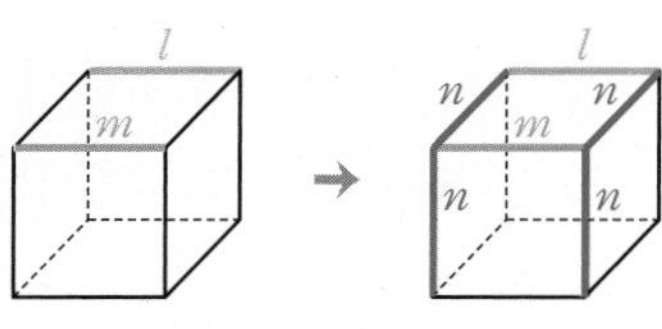

41 $l /\!/ m$인 직선 l, m에 대하여 $l /\!/ n$인 직선 n을 나타내면 오른쪽 그림과 같으므로 $m /\!/ n$이다.

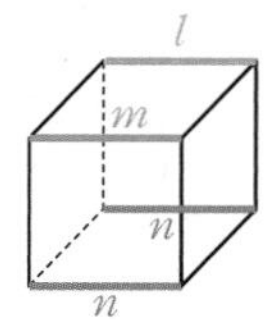

42 $l /\!/ m$인 직선 l, m에 대하여 $l \perp n$인 직선 n을 나타내면 오른쪽 그림과 같으므로 $m \perp n$ 또는 m과 n은 꼬인 위치에 있다.

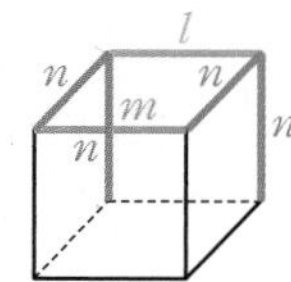

43 $l \perp m$인 직선 l, m에 대하여 $m \perp n$인 직선 n을 나타내면 오른쪽 그림과 같으므로 $l /\!/ n$ 또는 $l \perp n$ 또는 l과 n은 꼬인 위치에 있다.

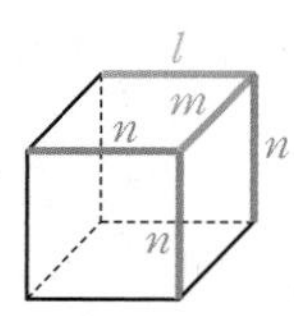

44 $l \perp m$인 직선 l, m에 대하여 $l \perp n$인 직선 n을 나타내면 오른쪽 그림과 같으므로 $m /\!/ n$ 또는 $m \perp n$ 또는 m과 n은 꼬인 위치에 있다.

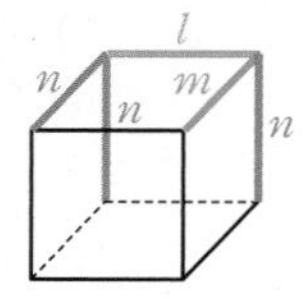

45 $l /\!/ m$인 직선 l, m에 대하여 $m /\!/ n$인 직선 n을 나타내면 오른쪽 그림과 같으므로 $l /\!/ n$이다.

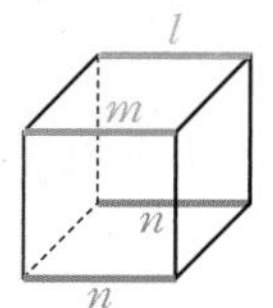

46 $l \perp m$인 직선 l, m에 대하여 $m /\!/ n$인 직선 n을 나타내면 오른쪽 그림과 같으므로 $l \perp n$ 또는 l과 n은 꼬인 위치에 있다.

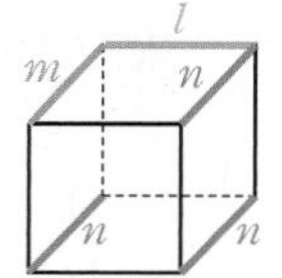

47 $l \perp P$인 직선 l, 평면 P에 대하여 $l \perp Q$인 평면 Q를 나타내면 오른쪽 그림과 같으므로 $P /\!/ Q$이다.

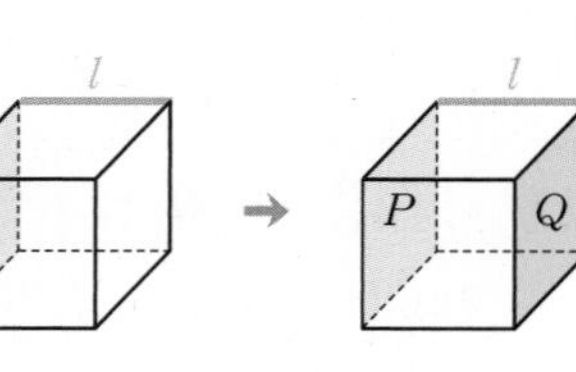

48 $l \perp P$인 직선 l과 평면 P에 대하여 $l /\!/ Q$인 평면 Q를 나타내면 오른쪽 그림과 같으므로 $P \perp Q$이다.

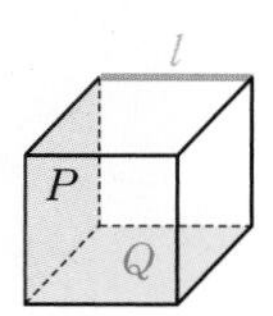

49 $l \perp m$인 직선 l, m에 대하여 $l /\!/ P$인 평면 P를 나타내면 오른쪽 그림과 같으므로 $m \perp P$ 또는 $m /\!/ P$이다.

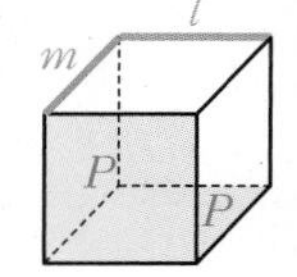

50 $l \perp P$인 직선 l과 평면 P에 대하여 $P /\!/ Q$인 평면 Q를 나타내면 오른쪽 그림과 같으므로 $l \perp Q$이다.

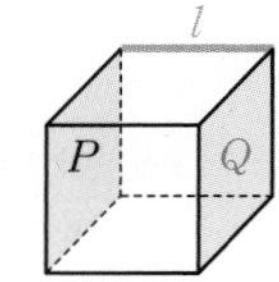

51 $l \perp P$인 직선 l과 평면 P에 대하여 $P \perp Q$인 평면 Q를 나타내면 오른쪽 그림과 같으므로 직선 l은 평면 Q에 포함되거나 $l /\!/ Q$이다.

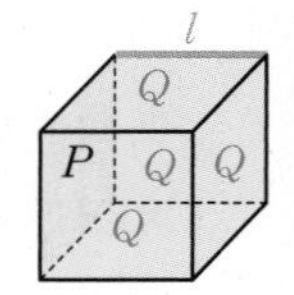

52 $l /\!/ m$인 직선 l, m에 대하여 $l /\!/ P$인 평면 P를 나타내면 오른쪽 그림과 같으므로 직선 m은 평면 P에 포함되거나 $m /\!/ P$이다.

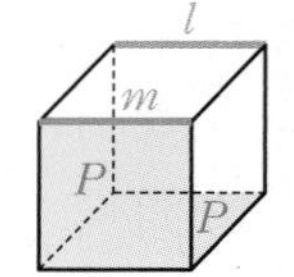

53 $l \perp P$인 직선 l과 평면 P에 대하여 $m \perp P$인 직선 m을 나타내면 오른쪽 그림과 같으므로 $l /\!/ m$이다.

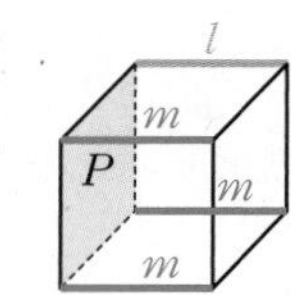

TEST 2. 위치 관계

본문 53쪽

1 ② **2** ㄴ, ㄹ **3** ④, ⑤
4 ⑤
5 (1) 면 BFGC, 면 EFGH (2) 면 CGHD, 면 EFGH
(3) $\overline{AE}$, $\overline{BF}$, $\overline{CG}$, $\overline{DH}$
6 3

1 ② 점 C는 직선 l 위에 있다.

2 ㄱ. 점 A는 평면 P 위에 있지 않다.
ㄷ. 두 점 C, D는 직선 l 위에 있고 평면 P 위에도 있다.
ㄹ. 직선 l 위에 있지 않은 점의 개수는 점 A, 점 B의 2이다.
따라서 옳은 것은 ㄴ, ㄹ이다.

3 ④ 두 직선이 두 점 이상의 교점을 가지면 두 직선은 일치한다.
⑤ 평면에서는 두 직선이 꼬인 위치에 있는 경우가 존재하지 않는다.
따라서 l, m의 위치 관계가 될 수 없는 것은 ④, ⑤이다.

4 ⑤ $\overline{BF}$와 꼬인 위치에 있는 모서리의 개수는 $\overline{AD}$, $\overline{CD}$, $\overline{EH}$, $\overline{GH}$의 4이다.
따라서 옳지 않은 것은 ⑤이다.

6 모서리 BC와 꼬인 위치에 있는 모서리의 개수는 $\overline{AD}$, $\overline{DE}$, $\overline{EF}$, $\overline{FG}$, $\overline{DG}$의 5이므로 $a=5$
면 ADGC와 평행한 면의 개수는 면 BEF의 1이므로 $b=1$
면 BEF와 수직인 면의 개수는 면 ABC, 면 ABED, 면 DEFG, 면 CFG의 4이므로 $c=4$
따라서 $a+2b-c=5+2-4=3$

3 평행선

01 동위각과 엇각

본문 56쪽

1 (1) $\angle e$ (2) $\angle f$ (3) $\angle h$ (4) $\angle a$ (5) $\angle c$ (6) $\angle d$
2 (1) $\angle f$ (2) $\angle e$ (3) $\angle c$ (4) $\angle d$
3 (1) $\angle y$ (2) $\angle w$ (3) $\angle a$ (4) $\angle c$ (5) $\angle d$ (6) $\angle b$
☺ 동위각, 엇각
4 (1) 110, 70 (2) 110
5 (1) $\angle f$, $\angle f$, 75, 105 (2) $\angle e$, $\angle e$, 75
6 (1) $\angle c$, $\angle c$, 60, 120 (2) $\angle d$, $\angle d$, 40, 140
7 (1) 85° (2) 70° (3) 110° (4) 70°
8 (1) 65° (2) 115° (3) 100° (4) 80°
9 ④

7 (1) $\angle d=85°$(맞꼭지각)
(3) $\angle c=180°-70°=110°$

8 (1) $\angle b=65°$(맞꼭지각)
(2) $\angle c=180°-65°=115°$
(3) $\angle f=100°$(맞꼭지각)
(4) $\angle d=180°-100°=80°$

9 ④ $\angle d$의 동위각은 $\angle b$이므로 $\angle b=95°$ (맞꼭지각)
따라서 옳지 않은 것은 ④이다.

02 평행선의 성질

본문 58쪽

1 72° **2** 65° **3** 45° **4** 140°
5 55° **6** 30° **7** 110° ☺ =, =
8 (✎ 55, 55, 125)
9 $\angle x=70°$, $\angle y=110°$ **10** $\angle x=85°$, $\angle y=95°$
11 $\angle x=75°$, $\angle y=105°$ **12** $\angle x=155°$, $\angle y=25°$
13 $\angle x=45°$, $\angle y=135°$ **14** $\angle x=44°$, $\angle y=136°$
15 $\angle x=50°$, $\angle y=130°$ **16** $\angle x=115°$, $\angle y=65°$
17 (✎ 85, 60, 120)

18 $\angle x=80°$, $\angle y=70°$ 19 $\angle x=42°$, $\angle y=105°$
20 $\angle x=131°$, $\angle y=50°$ 21 $\angle x=120°$, $\angle y=100°$
22 $\angle x=96°$, $\angle y=50°$ 23 $\angle x=125°$, $\angle y=85°$
24 $\angle x=120°$, $\angle y=60°$ 25 $\angle x=80°$, $\angle y=135°$
☺ $180°$, $\angle h$, $180°$
26 (✎ 180, 80, 40, 180, 60)
27 $70°$ 28 $55°$ 29 $90°$ 30 $80°$
31 (✎ 180, 72, 48, 180, 60) 32 $62°$
33 $40°$ 34 $30°$ 35 ①

5 $\angle x=55°$ (맞꼭지각)

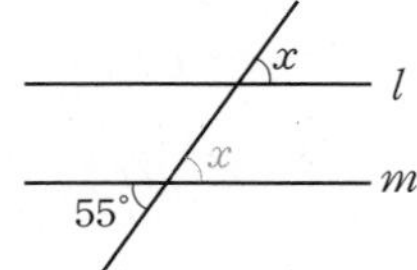

6 $\angle x=180°-150°=30°$

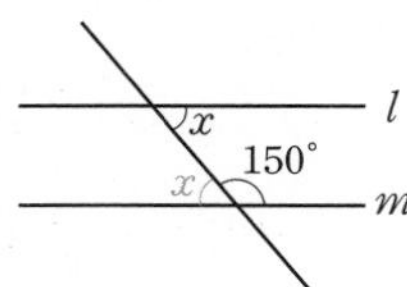

7 $\angle x=180°-70°=110°$

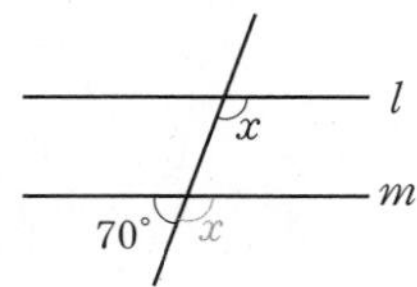

9 $\angle x=70°$ (동위각), $\angle y=180°-70°=110°$

10 $\angle x=85°$ (엇각), $\angle y=180°-85°=95°$

11 $\angle y=105°$ (엇각), $\angle x=180°-105°=75°$

12 $\angle x=155°$ (동위각), $\angle y=180°-155°=25°$

13 $\angle y=135°$ (엇각), $\angle x=180°-135°=45°$

14 $\angle x=44°$ (엇각), $\angle y=180°-44°=136°$

15 $\angle a=130°$ (동위각)
$\angle x=180°-130°=50°$
$\angle y=\angle a=130°$ (맞꼭지각)

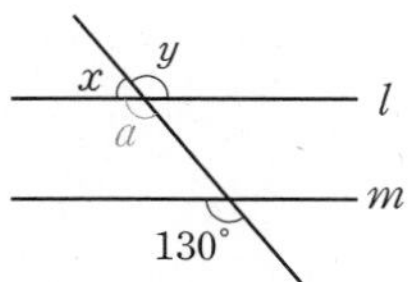

16 $\angle a=65°$ (동위각)
$\angle x=180°-65°=115°$
$\angle y=\angle a=65°$ (맞꼭지각)

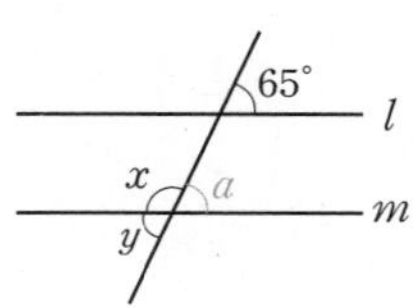

18 $\angle x=80°$ (동위각),
$\angle y=180°-110°=70°$

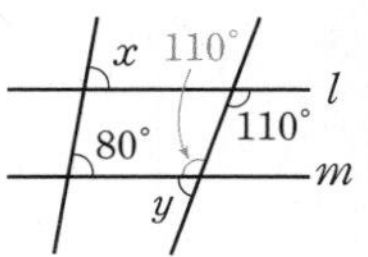

19 $\angle x=42°$ (엇각),
$\angle y=105°$ (맞꼭지각)

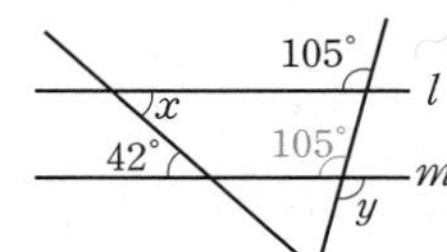

20 $\angle y=50°$ (동위각),
$\angle x=180°-49°=131°$

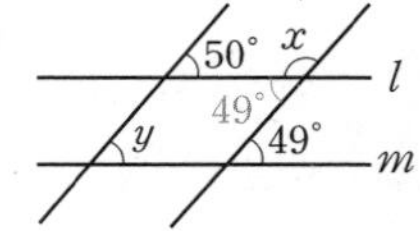

21 $\angle x=120°$ (동위각)
$\angle y=180°-80°=100°$

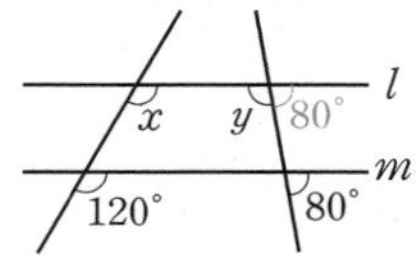

22 $\angle x=180°-84°=96°$,
$\angle y=180°-130°=50°$

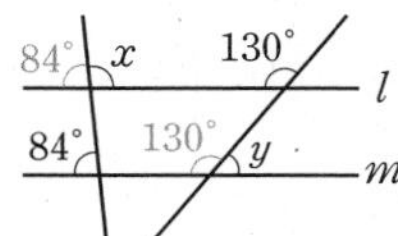

23 $\angle x=180°-55°=125°$,
$\angle y=180°-95°=85°$

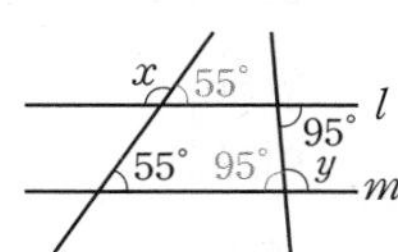

24 $\angle x=180°-60°=120°$,
$\angle y=180°-120°=60°$

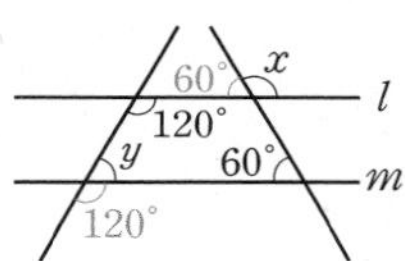

25 $\angle x=180°-100°=80°$,
$\angle y=180°-45°=135°$

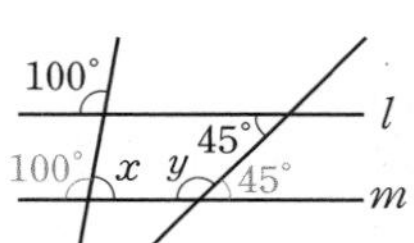

27 평각의 크기는 $180°$이므로
$\angle x+40°+70°=180°$
따라서 $\angle x=70°$

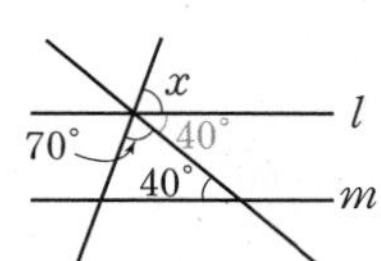

28 평각의 크기는 $180°$이므로
$\angle x+75°+50°=180°$
따라서 $\angle x=55°$

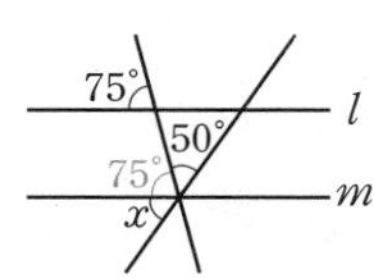

29 평각의 크기는 $180°$이므로
$25°+\angle x+65°=180°$
따라서 $\angle x=90°$

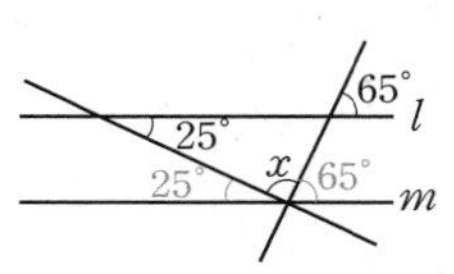

30 평각의 크기는 180°이므로
$55^\circ + 45^\circ + \angle x = 180^\circ$
따라서 $\angle x = 80^\circ$

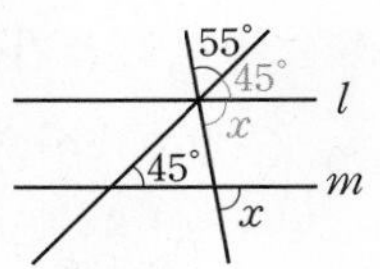

32 삼각형의 세 내각의 크기의 합은 180°이므로
$60^\circ + \angle x + 58^\circ = 180^\circ$
따라서 $\angle x = 62^\circ$

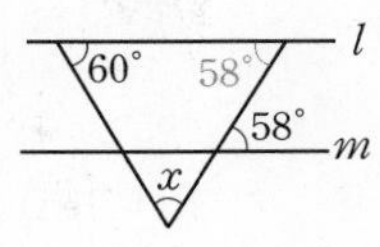

33 삼각형의 세 내각의 크기의 합은 180°이므로
$65^\circ + 75^\circ + \angle x = 180^\circ$
따라서 $\angle x = 40^\circ$

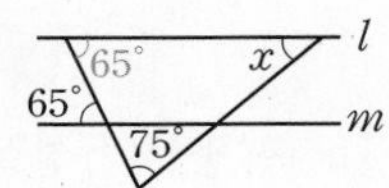

34 삼각형의 세 내각의 크기의 합은 180°이므로
$65^\circ + \angle x + 85^\circ = 180^\circ$
따라서 $\angle x = 30^\circ$

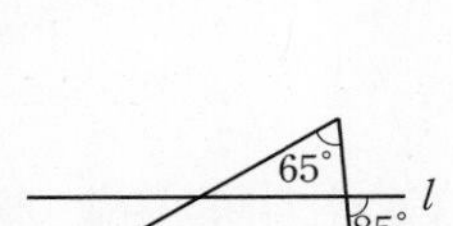
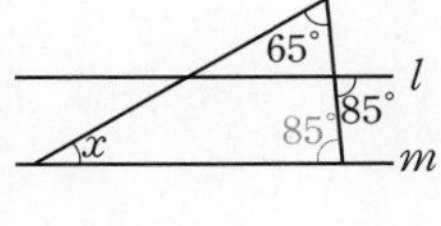

35 $l /\!/ m$, $p /\!/ q$이므로
$\angle x = 180^\circ - 67^\circ = 113^\circ$
삼각형의 세 내각의 크기의 합은 180°이므로
$\angle y + 67^\circ + 80^\circ = 180^\circ$, 즉 $\angle y = 33^\circ$
따라서 $\angle x - \angle y = 113^\circ - 33^\circ = 80^\circ$

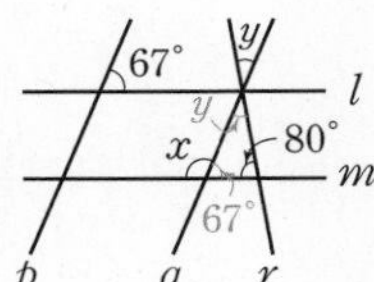

03 평행선과 꺾인 선

본문 62쪽

1 (✎30, 55, 85)　2 98°　3 65°
4 80°　5 20°　☺ $\angle a$, $\angle b$
6 (✎40, 60, 100)　7 45°　8 33°
9 ①
10 (✎70, ④, 30, 70, 40, 40, 75, 40, 75, 115)
11 30°　12 35°

2 두 직선 l, m에 평행한 직선 n을 그으면
$\angle x = 40^\circ + 58^\circ = 98^\circ$

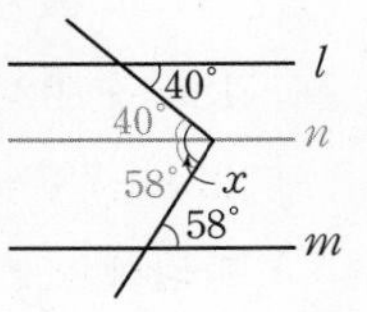

3 두 직선 l, m에 평행한 직선 n을 그으면
$22^\circ + \angle x = 87^\circ$
따라서 $\angle x = 65^\circ$

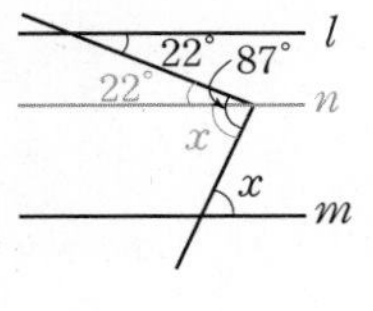

4 두 직선 l, m에 평행한 직선 n을 그으면
$\angle x = 25^\circ + 55^\circ = 80^\circ$

5 두 직선 l, m에 평행한 직선 n을 그으면
$\angle x + 26^\circ = 46^\circ$
따라서 $\angle x = 20^\circ$

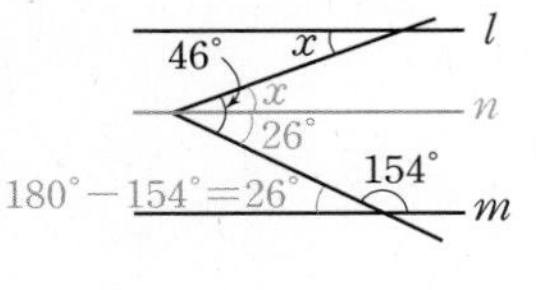

7 두 직선 l, m에 평행한 직선 n을 그으면
$\angle x + 70^\circ = 115^\circ$
따라서 $\angle x = 45^\circ$

8 두 직선 l, m에 평행한 직선 n을 그으면
$\angle x + 92^\circ = 125^\circ$
따라서 $\angle x = 33^\circ$

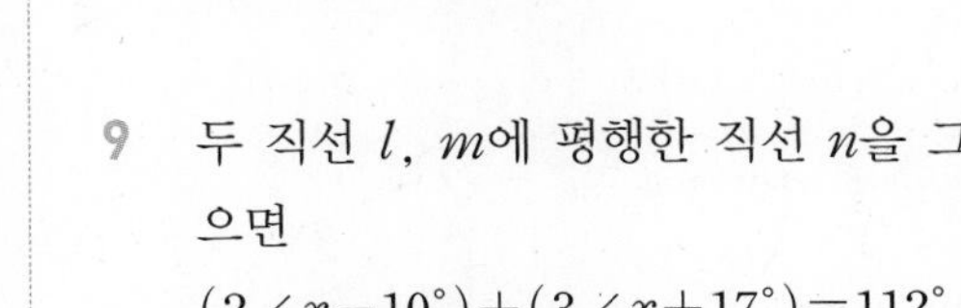

9 두 직선 l, m에 평행한 직선 n을 그으면
$(2\angle x - 10^\circ) + (3\angle x + 17^\circ) = 112^\circ$
따라서 $\angle x = 21^\circ$

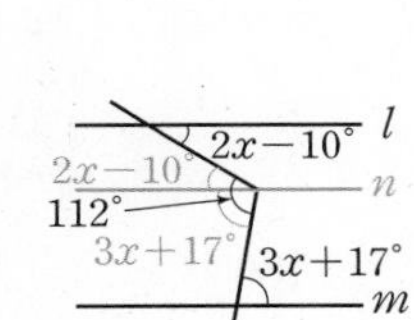

11 두 직선 l, m에 평행한 직선 n, k를 그으면
$15^\circ + \angle x = 45^\circ$
따라서 $\angle x = 30^\circ$

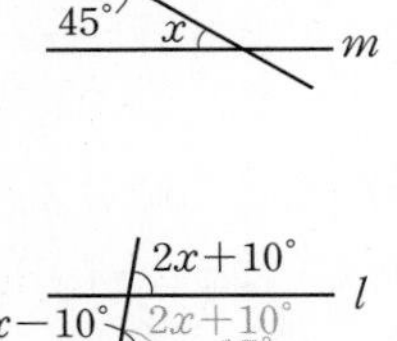

12 두 직선 l, m에 평행한 직선 n, k를 그으면
$(2\angle x + 10^\circ) + 15^\circ = 3\angle x - 10^\circ$
따라서 $\angle x = 35^\circ$

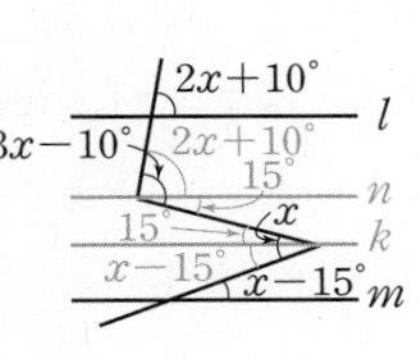

04 평행선과 종이접기

본문 64쪽

원리확인

❶ 55, 55, 180, 55, 55, 180, 70

❷ 70, 70, 180, 70, 70, 180, 40

1 54°	2 100°	3 134°	4 24°
5 26°	6 44°	7 40°	8 52°
9 78°	10 82°	11 73°	12 75°
13 54°	14 30°	15 ④	

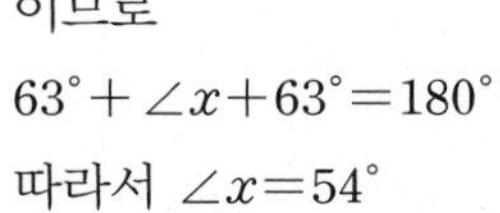

1 삼각형의 세 내각의 크기의 합은 180° 이므로

$63° + \angle x + 63° = 180°$

따라서 $\angle x = 54°$

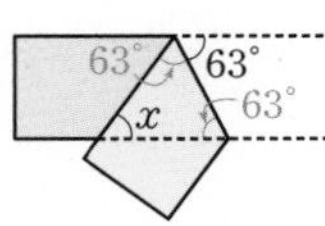

2 평각의 크기는 180°이므로

$\angle x + 40° + 40° = 180°$

따라서 $\angle x = 100°$

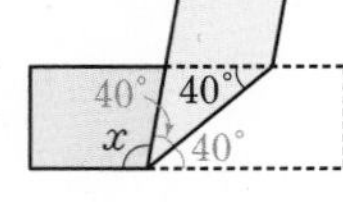

3 평각의 크기는 180°이므로

$\angle x + 46° = 180°$

따라서 $\angle x = 134°$

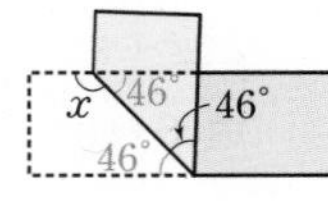

4 삼각형의 세 내각의 크기의 합은 180°이므로

$\angle x + 78° + 78° = 180°$

따라서 $\angle x = 24°$

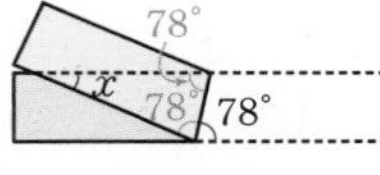

5 평각의 크기는 180°이므로

$\angle x + 77° + 77° = 180°$

따라서 $\angle x = 26°$

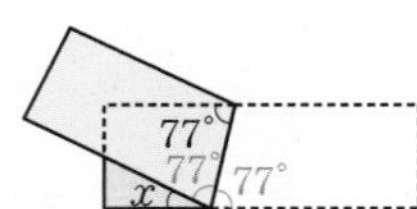

6 평각의 크기는 180°이므로

$180° - 112° = 68°$이고

$\angle x + 68° + 68° = 180°$

따라서 $\angle x = 44°$

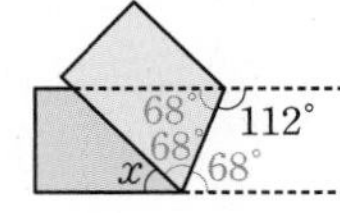

7 평각의 크기는 180°이므로

$180° - 110° = 70°$

삼각형의 세 내각의 크기의 합은 180° 이므로

$\angle x + 70° + 70° = 180°$

따라서 $\angle x = 40°$

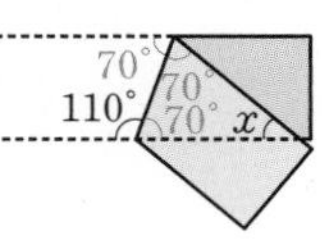

8 평각의 크기는 180°이므로

$180° - 116° = 64°$이고

$\angle x + 64° + 64° = 180°$

따라서 $\angle x = 52°$

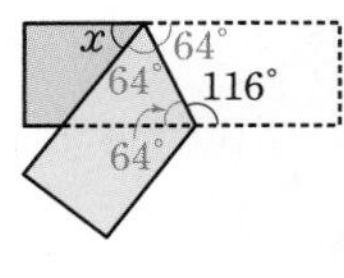

9 평행선의 성질에 의하여 엇각의 크기는 서로 같으므로

$\angle x = 39° + 39° = 78°$

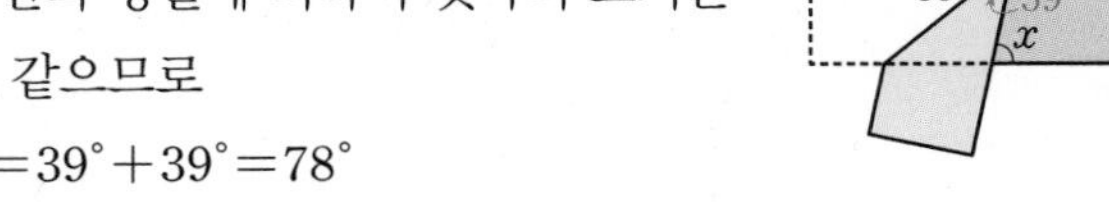

10 평행선의 성질에 의하여 엇각의 크기는 서로 같으므로

$\angle x = 41° + 41° = 82°$

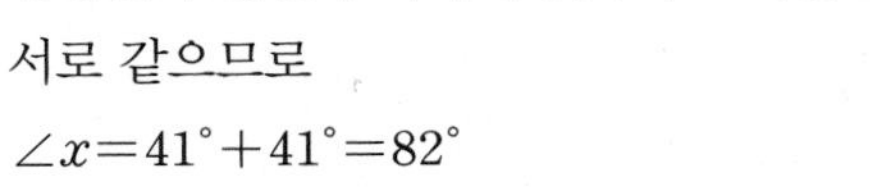

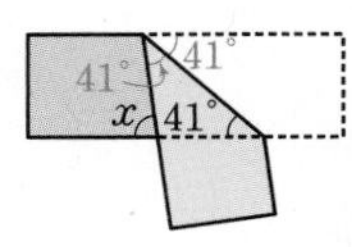

11 삼각형의 세 내각의 크기의 합은 180° 이므로

$\angle x + 34° + \angle x = 180°$

따라서 $\angle x = 73°$

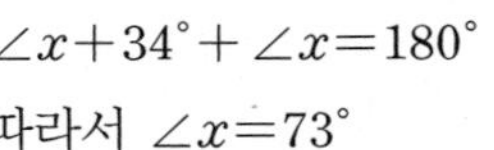

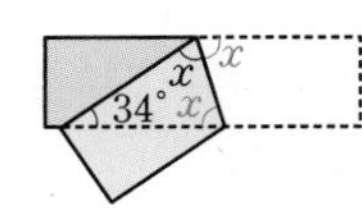

12 평각의 크기는 180°이므로

$\angle x + \angle x + 30° = 180°$

따라서 $\angle x = 75°$

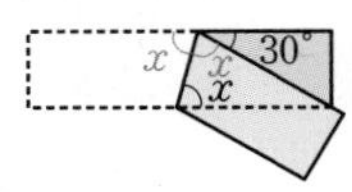

13 $\angle ABC = 27°$ (접은 각)이므로

$\angle ACB = 180° - 27° - 90° = 63°$

즉 $\angle BCD = \angle ACB = 63°$ (접은 각) 이므로

$\angle x = 180° - 63° - 63° = 54°$

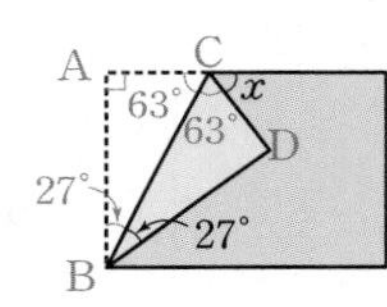

14 $\angle BAC = \angle BAD = \frac{1}{2} \times (90° - 60°)$

$= 15°$ (접은 각)

이므로

$\angle ABC = 180° - 15° - 90° = 75°$

즉 $\angle ABD = \angle ABC = 75°$ (접은 각)이므로

$\angle x = 180° - 75° - 75° = 30°$

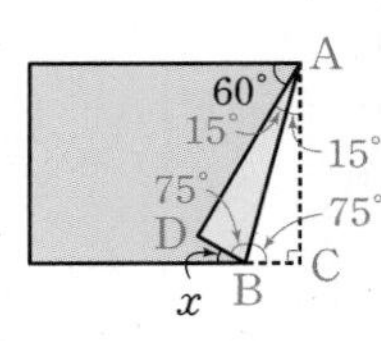

15 평각의 크기는 180°이므로

$180° - 102° = 78°$이고,

$\angle x + 78° + 78° = 180°$

따라서 $\angle x = 24°$

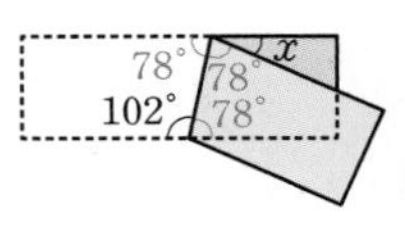

05
본문 66쪽

두 직선이 평행할 조건

1 동위각, 같으므로, 평행하다
2 44, 엇각, 같지 않으므로, 평행하지 않다
3 70, 72, l, n, 동위각, 70, l, n
4 44, l, m, 엇각, 44, l, m 5 ③

5 두 직선 l, k에서 엇각의 크기가 55°로 서로 같으므로
$l /\!/ k$

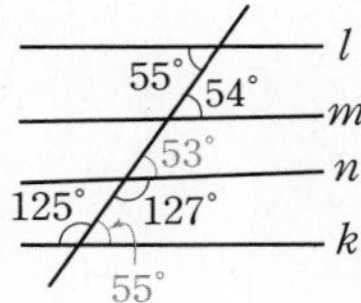

TEST 3. 평행선
본문 67쪽

1 ④	2 $\angle x=48°$, $\angle y=67°$	3 ①
4 ②	5 34°	6 ②

1 ④ $\angle e$의 동위각은 $\angle c$이므로 $\angle c=180°-65°=115°$
따라서 옳지 않은 것은 ④이다.

2 $\angle x=180°-132°=48°$ (엇각), $\angle y=67°$ (동위각)

3 $p /\!/ q$이므로
$\angle x=180°-55°=125°$ (동위각)
$55°+\angle y+42°=180°$ (동위각)에서
$\angle y=83°$
따라서 $\angle x+\angle y=125°+83°=208°$

4 두 직선 l, m에 평행한 직선 n을 그으면
$\angle x+52°=89°$
따라서 $\angle x=37°$

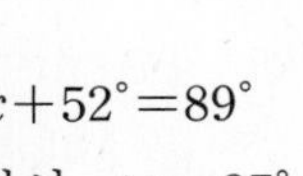

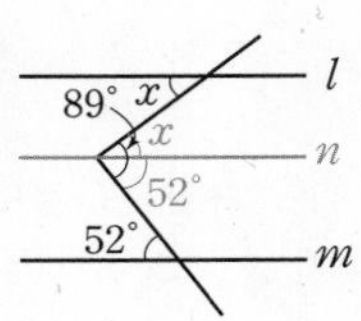

5 평각의 크기는 180°이므로
$180°-107°=73°$이고,
$\angle x+73°+73°=180°$
따라서 $\angle x=34°$

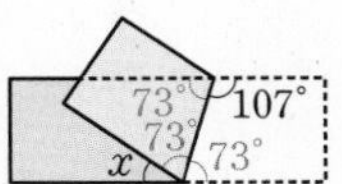

6 두 직선 l, n에서 동위각의 크기가 48°로 서로 같으므로
$l /\!/ n$

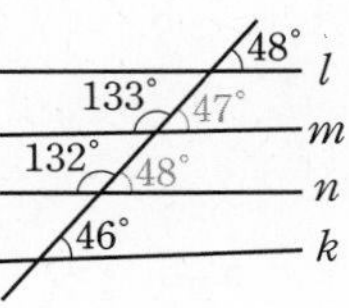

4 작도와 합동

01
본문 70쪽

길이가 같은 선분의 작도

1 × 2 ○ 3 × 4 ×
5 × 6 ○ 7 × 8 ×
9 ❶ 눈금 없는 자 ❷ 컴퍼스 ❸ $\overline{AB}$
10 (A, B, C: ①, ②)
11 (A, B, C: ①, ②, ③)
12 (A, B → P, Q: ②, ③, ①)
13 (A, B → P, Q: ②, ③, ④, ①)
14 ❶ 컴퍼스 ❷ $\overline{AB}$, C ❸ 눈금 없는 자
☺ ❸, ❶, ❷ 15 ②, ③

1 작도를 할 때는 눈금 없는 자, 컴퍼스만을 사용한다.

3 작도에서 주어진 선분을 연장할 때는 눈금 없는 자를 사용한다.

4 작도에서 선분의 길이를 잴 때는 컴퍼스를 사용한다.

5 작도에서 두 선분의 길이를 비교할 때는 컴퍼스를 사용한다.

7 작도에서는 선분의 길이를 자로 재지 않는다.

8 작도할 때는 눈금없는 자, 컴퍼스만을 사용한다.

15 ② 작도에서 선분의 길이를 잴 때는 컴퍼스를 사용한다.
③ 선분 PQ를 점 Q의 방향으로 연장할 때, 눈금 없는 자가 필요하다.
따라서 옳지 않은 것은 ②, ③이다.

02 크기가 같은 각의 작도

본문 72쪽

1 ❶ A, B ❷ D ❸ 컴퍼스, $\overline{AB}$ ❹ $\overline{AB}$, C
❺ CPD

2
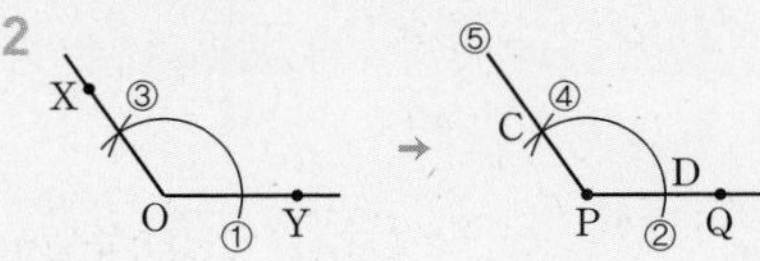

3

4
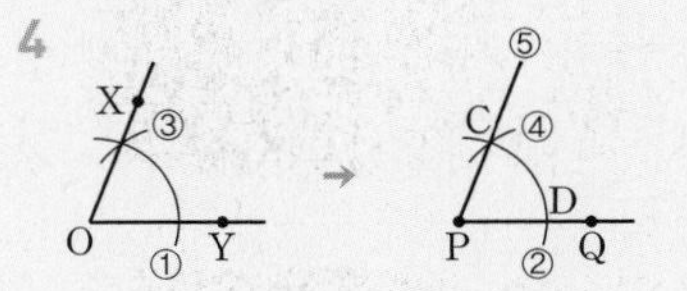

5
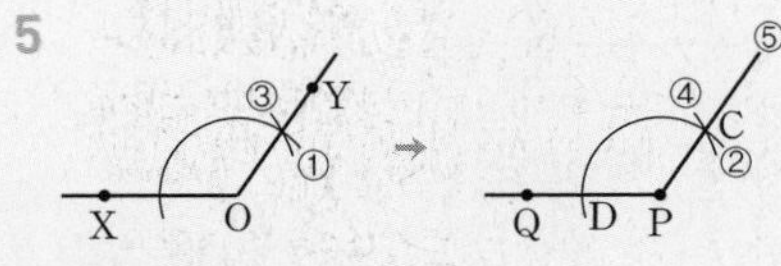

☺ ❺, ❶, ❹

6 ❶ Q ❷ A, B ❸ C ❹ 컴퍼스, $\overline{AB}$ ❺ $\overline{AB}$, D
❻ P, D, PD

7 8
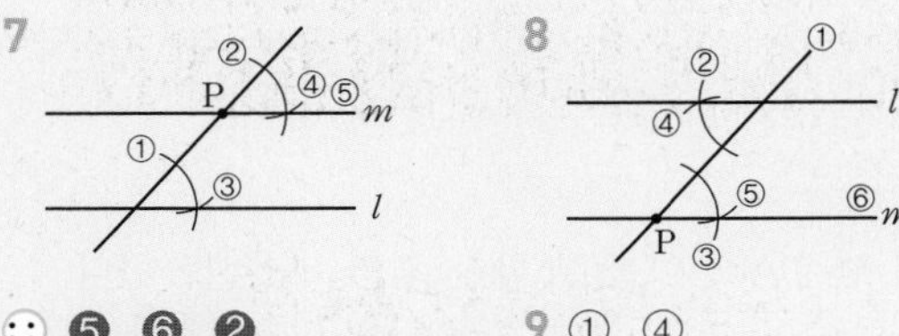

☺ ❺, ❻, ❷ 9 ①, ④

9 ① $\overline{QA}=\overline{QB}=\overline{PC}=\overline{PD}$이지만 $\overline{PA}$, $\overline{AB}$의 길이는 같을 수도 있고 다를 수도 있다.
④ ∠AQB와 크기가 같은 ∠CPD의 작도를 이용한 것으로, 동위각의 크기가 같으면 두 직선은 서로 평행함을 이용하였다.
따라서 옳지 않은 것은 ①, ④이다.

03 삼각형

본문 74쪽

1 (1) $\overline{BC}$ (2) $\overline{AC}$ (3) $\overline{AB}$ (4) ∠C (5) ∠A (6) ∠B
2 (1) 5 cm (2) 7 cm (3) 67°
3 (1) 7 cm (2) 52° (3) 80° 4 >, 3, 없다
5 ○ 6 × 7 ○ 8 ○
9 × 10 ×
11 10, 10, 7, 9, 6, 3, 5, 6, 3, 5, 3, 5, 7, 9, 7
12 9 13 11 14 ⑤

5 $4<2+3$ 6 $6=2+4$

7 $5<3+4$ 8 $7<3+5$

9 $12>4+6$ 10 $11=5+6$

12 가장 긴 변의 길이로 가능한 것은 x cm와 7 cm이다.
(i) 가장 긴 변의 길이가 x cm일 때, 즉 $x\geq7$이고 $x<5+7=12$이므로 x의 값이 될 수 있는 자연수는 7보다 크거나 같고 12보다 작은 자연수인 7, 8, 9, 10, 11이다.
(ii) 가장 긴 변의 길이가 7 cm일 때, 즉 $x\leq7$이고, $7<x+5$이므로 x의 값이 될 수 있는 자연수는 7보다 작거나 같은 자연수 1, 2, 3, 4, 5, 6, 7중에서 $7<x+5$를 만족시키는 자연수인 3, 4, 5, 6, 7이다.
(i), (ii)에서 x의 값이 될 수 있는 자연수의 개수는 3, 4, 5, 6, 7, 8, 9, 10, 11의 9이다.

13 가장 긴 변의 길이로 가능한 것은 $x$cm와 10cm이다.
(i) 가장 긴 변의 길이가 x cm일 때, 즉 $x\geq10$이고 $x<6+10=16$이므로 x의 값이 될 수 있는 자연수는 10보다 크거나 같고 16보다 작은 자연수인 10, 11, 12, 13, 14, 15이다.
(ii) 가장 긴 변의 길이가 10 cm일 때, 즉 $x\leq10$이고 $10<x+6$이므로 x의 값이 될 수 있는 자연수는 10보다 작거나 같은 자연수 1, 2, 3, 4, 5, 6, 7, 8, 9, 10중에서 $10<x+6$을 만족시키는 자연수인 5, 6, 7, 8, 9, 10이다.
(i), (ii)에서 x의 값이 될 수 있는 자연수의 개수는 5, 6, 7, 8, 9, 10, 11, 12, 13, 14, 15의 11이다.

14 가장 긴 변의 길이로 가능한 것은 x cm와 8 cm이다.
(i) 가장 긴 변의 길이가 x cm일 때, 즉 $x\geq8$이고 $x<5+8=13$이므로 x의 값이 될 수 있는 자연수는 8보다 크거나 같고 13보다 작은 자연수인 8, 9, 10, 11, 12이다.
(ii) 가장 긴 변의 길이가 8cm일 때, 즉 $x\leq8$이고 $8<x+5$이므로 x의 값이 될 수 있는 자연수는 8보다 작거나 같은 자연수 1, 2, 3, 4, 5, 6, 7, 8중에서 $8<x+5$를 만족시키는 자연수인 4, 5, 6, 7, 8이다.
(i), (ii)에서 x의 값이 될 수 있는 자연수는 4, 5, 6, 7, 8, 9, 10, 11, 12이다.
따라서 삼각형의 한 변의 길이가 될 수 없는 것은 ⑤이다.

04 본문 76쪽

삼각형의 작도

1 ❶ l, 선분, a, BC ❷ c, b ❸ B, A

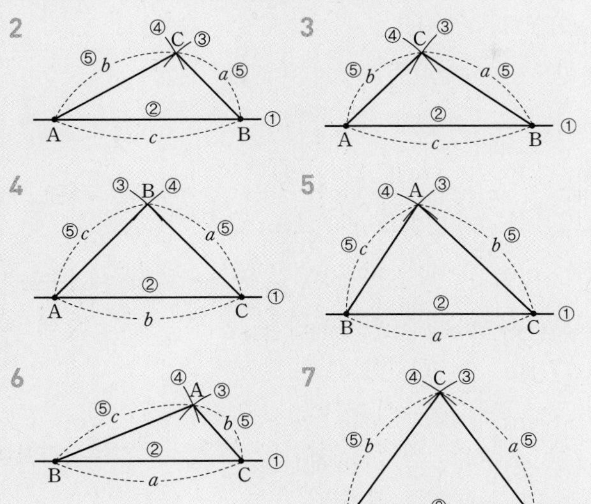

☺ ❺, ❶, ❷, ❺, ❷, ❶

8 ❶ 각 ❷ 선분, c, a ❸ C

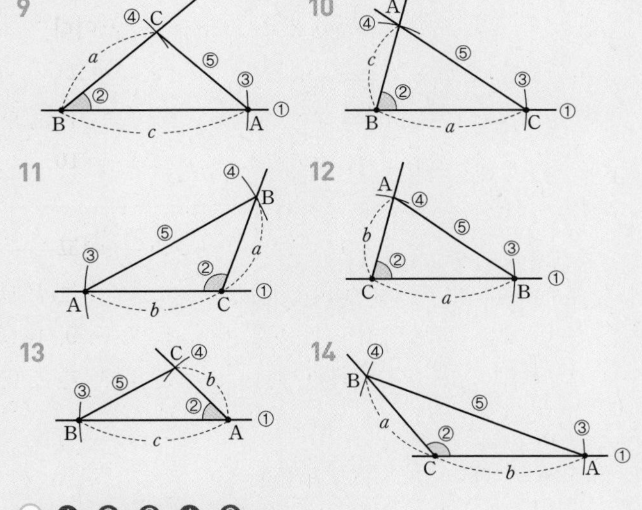

☺ ❶, ❸, ❷, ❶, ❸

15 ❶ 선분, a ❷ 각, B, C ❸ A

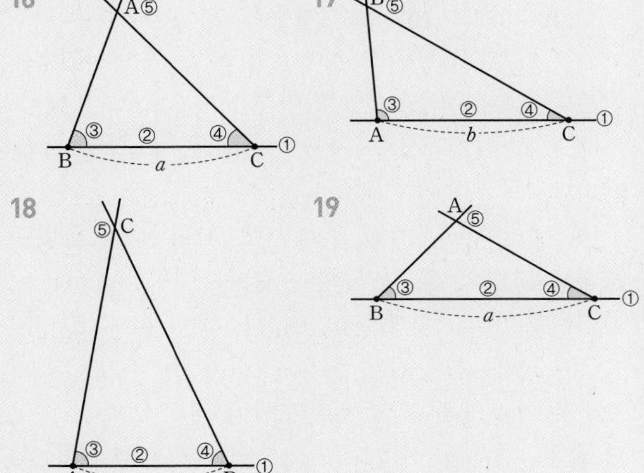

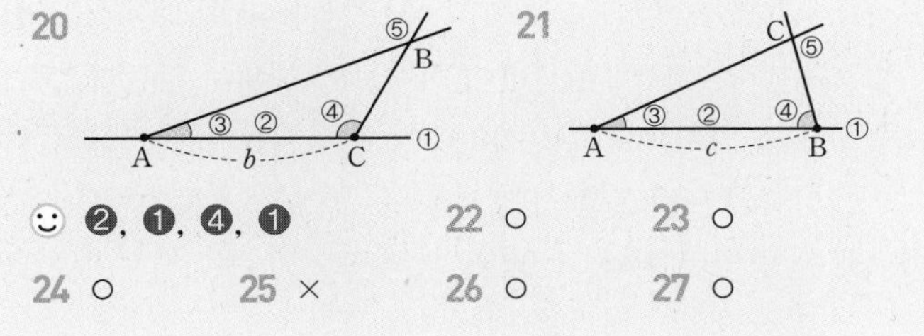

☺ ❷, ❶, ❹, ❶ 22 ○ 23 ○

24 ○ 25 × 26 ○ 27 ○

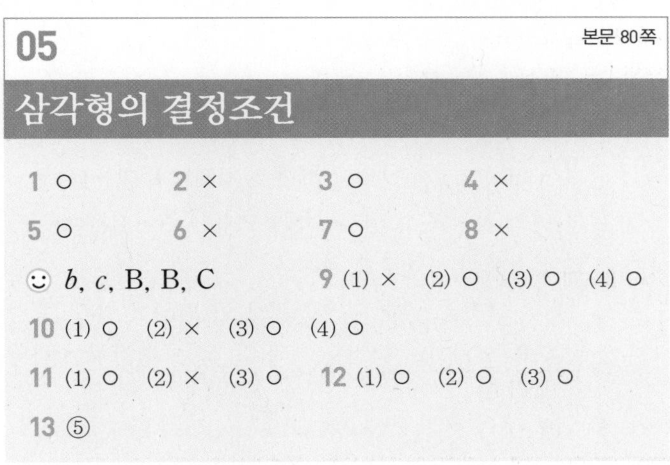

05 본문 80쪽

삼각형의 결정조건

1 ○ 2 × 3 ○ 4 ×

5 ○ 6 × 7 ○ 8 ×

☺ b, c, B, B, C 9 (1) × (2) ○ (3) ○ (4) ○

10 (1) ○ (2) × (3) ○ (4) ○

11 (1) ○ (2) × (3) ○ 12 (1) ○ (2) ○ (3) ○

13 ⑤

1 세 변의 길이가 주어졌고 $11<5+8$이므로 삼각형이 하나로 정해진다.

2 세 변의 길이가 주어졌고 $12>4+7$이므로 삼각형이 만들어지지 않는다.

3 두 변의 길이와 그 끼인각의 크기가 주어졌으므로 삼각형이 하나로 정해진다.

4 두 변의 길이와 그 끼인각이 아닌 다른 한 각의 크기가 주어졌으므로 삼각형이 하나로 정해지지 않는다.

5 한 변의 길이와 그 양 끝 각의 크기가 주어졌으므로 삼각형이 하나로 정해진다.

6 한 변의 길이와 그 양 끝 각의 크기가 주어졌지만 $\angle B+\angle C>180^\circ$이므로 삼각형이 만들어지지 않는다.

7 $\angle C=180^\circ-50^\circ-60^\circ=70^\circ$이므로 한 변의 길이와 그 양 끝 각의 크기가 주어지는 것과 같다. 따라서 삼각형이 하나로 정해진다.

8 세 각의 크기로는 삼각형을 하나로 결정할 수 없다.

9 (1) 두 변의 길이와 그 끼인각이 아닌 한 각의 크기가 주어지는 것이므로 삼각형이 하나로 정해지지 않는다.
(2) 두 변의 길이와 그 끼인각이 주어지는 것이므로 삼각형이 하나로 정해진다.
(3) 한 변의 길이와 그 양 끝 각의 크기가 주어지는 것이므로 삼각형이 하나로 정해진다.
(4) ∠C의 크기를 구할 수 있으므로 한 변의 길이와 그 양 끝 각의 크기가 주어지는 것과 같다. 즉 삼각형이 하나로 정해진다.

10 (1) 두 변의 길이와 그 끼인각의 크기가 주어지는 것이므로 삼각형이 하나로 정해진다.
(2) 두 변의 길이와 그 끼인각이 아닌 한 각의 크기가 주어지는 것이므로 삼각형이 하나로 정해지지 않는다.
(3) 한 변의 길이와 그 양 끝 각의 크기가 주어지는 것이므로 삼각형이 하나로 정해진다.
(4) ∠C의 크기를 구할 수 있으므로 한 변의 길이와 그 양 끝 각의 크기가 주어지는 것과 같다. 즉 삼각형이 하나로 정해진다.

11 (1) 세 변의 길이가 주어지는 것이므로 삼각형이 하나로 정해진다.
(2) 두 변의 길이와 그 끼인각이 아닌 한 각의 크기가 주어지는 것이므로 삼각형이 하나로 정해지지 않는다.
(3) 한 변의 길이와 그 양 끝 각의 크기가 주어지는 것이므로 삼각형이 하나로 정해진다.

12 (1) 두 변의 길이와 그 끼인각의 크기가 주어지는 것이므로 삼각형이 하나로 정해진다.
(2) 두 변의 길이와 그 끼인각의 크기가 주어지는 것이므로 삼각형이 하나로 정해진다.
(3) ∠C의 크기를 구할 수 있으므로 한 변의 길이와 그 양 끝 각의 크기가 주어지는 것과 같다. 즉 삼각형이 하나로 정해진다.

13 ㄱ. $15>7+5$이므로 삼각형은 만들어지지 않는다.
ㄴ. 두 변의 길이와 그 끼인각의 크기가 주어졌으므로 삼각형이 하나로 정해진다.
ㄷ. $\angle A=180^\circ-50^\circ-75^\circ=55^\circ$이므로 한 변의 길이와 그 양 끝 각의 크기가 주어진 것과 같다. 즉 삼각형이 하나로 정해진다.
따라서 삼각형 ABC가 오직 하나로 정해지는 것은 ㄴ, ㄷ이다.

06 도형의 합동

본문 82쪽

1 △DEF	2 △HGI	3 △GIH	4 □ILKJ
5 □HEFG	6 점 E	7 점 H	8 점 C
9 변 EF	10 변 FG	11 변 CD	12 ∠H
13 ∠B	14 ∠A		

15 (1) 점 E (2) 변 AC (3) ∠D
16 (1) 점 C (2) 변 ED (3) ∠A　17 ③, ④
18 (1) 8 cm (2) 60° (3) 70°
19 (1) 6 cm (2) 30° (3) 25°
20 (1) 7 cm (2) 60° (3) 65°
21 (1) 8 cm (2) 45° (3) 80°
22 (1) 7 cm (2) 8 cm (3) 90° (4) 100°
23 (1) 9 cm (2) 8 cm (3) 95° (4) 95°
24 (1) 5 cm (2) 75° (3) 90° (4) 55°
25 (1) 6 cm (2) 80° (3) 115° (4) 90°

26 ○	27 ○	28 ○	29 ○
30 ×	31 ×	32 ×	33 ×
34 ×	☺ D, E, $\overline{EF}$		35 ⑤

17 ③ ∠D의 대응각은 ∠H이다.
④ 두 직사각형의 한 변의 길이는 같지만 합동은 아니다.

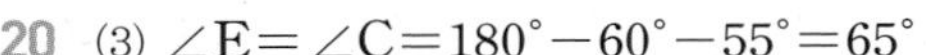

따라서 옳지 않은 것은 ③, ④이다.

20 (3) $\angle E=\angle C=180^\circ-60^\circ-55^\circ=65^\circ$

21 (3) $\angle F=\angle B=180^\circ-55^\circ-45^\circ=80^\circ$

24 (4) $\angle C=360^\circ-75^\circ-90^\circ-140^\circ=55^\circ$

25 (4) $\angle A=360^\circ-80^\circ-75^\circ-115^\circ=90^\circ$

30 오른쪽 그림의 두 사각형은 대응하는 변의 길이가 각각 서로 같지만 합동이 아니다.

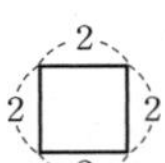

31 오른쪽 그림의 두 삼각형은 대응하는 각의 크기가 같지만 합동이 아니다.

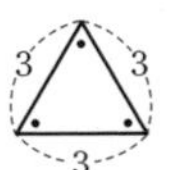

32 오른쪽 그림의 두 삼각형은 모양이 서로 같지만 합동이 아니다.

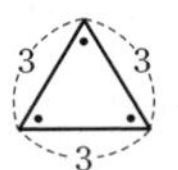

33 오른쪽 그림의 두 삼각형은 둘레의 길이가 같지만 합동이 아니다.

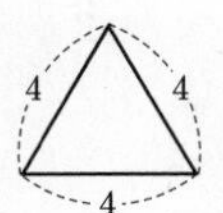

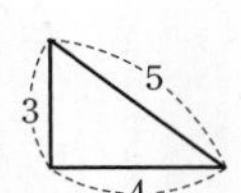

34 오른쪽 그림의 두 삼각형은 넓이가 같지만 합동이 아니다.

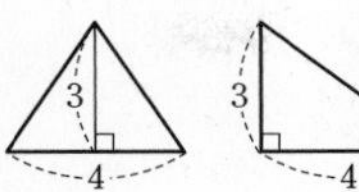

35 ⑤ $\angle$F의 대응각은 $\angle$C이므로

$\angle F=\angle C=180^\circ-75^\circ-60^\circ=45^\circ$

따라서 옳지 않은 것은 ⑤이다.

07 삼각형의 합동 조건

본문 86쪽

원리확인

❶ $\overline{DE}$, $\overline{BC}$, $\overline{FD}$, 변, 길이, SSS

❷ $\overline{DE}$, $\angle$E, $\overline{BC}$, 변, 길이, 끼인각, 크기, SAS

❸ $\angle$A, $\overline{DE}$, $\angle$E, 변, 길이, 각, 크기, ASA

1 $\triangle$ACB, $\overline{BA}$, 10, $\angle$OMN, 32, $\overline{AC}$, 5, $\triangle$ACB, SAS

2 $\triangle$IGH, $\angle$GHI, 45, $\overline{HI}$, 8, $\angle$GIH, 180, 65, $\triangle$IGH, ASA

3 $\triangle$FDE, $\overline{FD}$, 6, $\overline{KL}$, 10, $\overline{EF}$, 8, $\triangle$FDE, SSS

4 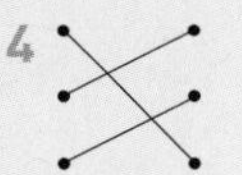
5 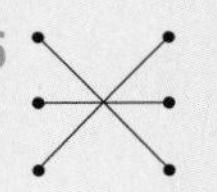
6 ○
7 ×

8 ○
9 ×
10 ○
11 ○

12 ×

13 (1) $\overline{EF}$, $\triangle$DEF, SSS (2) $\angle$D, $\triangle$DEF, SAS

14 (1) $\overline{DF}$, $\triangle$DFE, SAS (2) $\angle$E, $\triangle$DFE, ASA

(3) $\angle$F, 180, 180, $\angle$F, $\angle$E, $\triangle$DFE, ASA

15 (1) $\overline{DE}$, $\triangle$DEF, ASA (2) $\overline{EF}$, $\angle$F, $\triangle$DEF, ASA

(3) $\overline{FD}$, $\angle$F, $\triangle$DEF, ASA

16 $\overline{AD}$, $\overline{DC}$, $\overline{CA}$, $\triangle$ADC, SSS

17 $\overline{OC}$, $\overline{OD}$, $\angle$COD, $\triangle$OCD, SAS

18 $\overline{AC}$, $\overline{DC}$, $\angle$DCA, $\overline{BC}$, $\angle$CAD, $\triangle$CDA, ASA

19 $\overline{MC}$, $\perp$, $\overline{AM}$, $\overline{CM}$, $\angle$AMC, 90, $\triangle$ACM, SAS

20 $\overline{CD}$, $\overline{CB}$, $\overline{BD}$, $\triangle$CDB, SSS
21 $\triangle$CDA, SAS

22 $\overline{CO}$, $\overline{OB}$, $\angle$O, $\triangle$COB, SAS

23 $\triangle$DOC, ASA
24 $\triangle$BOP, ASA

25 ④

4 ㉠-㉥: SSS 합동

㉡-㉢: SAS 합동

㉣-㉤: ASA 합동

5 ㉠-㉥: ASA 합동

㉡-㉤: SSS 합동

㉢-㉣: SAS 합동

6 $\triangle ABC\equiv\triangle DEF$(SSS 합동)

7 오른쪽 그림의 두 삼각형은 합동이 아니다.

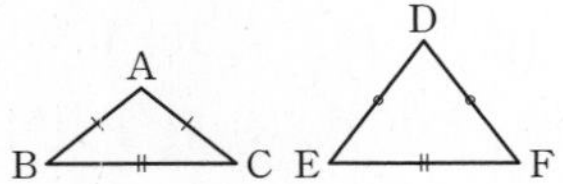

8 $\triangle ABC\equiv\triangle DEF$(SAS 합동)

9 $\angle$A, $\angle$D는 끼인각이 아니므로 합동이 아니다.

10 $\triangle ABC\equiv\triangle DEF$(ASA 합동)

11 $\angle B=180^\circ-\angle A-\angle C=180^\circ-\angle D-\angle F=\angle E$

따라서 $\triangle ABC\equiv\triangle DEF$(ASA 합동)

12 오른쪽 그림의 두 삼각형은 합동이 아니다.

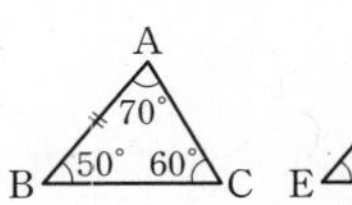

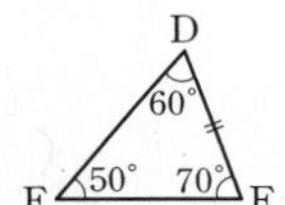

25 ㄱ. $\overline{AB}=\overline{DE}=3$ cm이면 끼인각인 $\angle$A, $\angle$D의 크기는 알 수 없으므로 $\triangle$ABC와 $\triangle$DEF가 합동인지 알 수 없다.

ㄴ. SAS 합동

ㄷ. ASA 합동

따라서 $\triangle$ABC와 $\triangle$DEF가 합동이기 위하여 필요한 나머지 한 조건은 ㄴ, ㄷ이다.

TEST 4. 작도와 합동

본문 91쪽

1 ⑤	2 ①	3 11
4 125	5 ⑤	6 ③, ⑤

1 ① 눈금 없는 자와 컴퍼스를 사용한다.

②, ④ 컴퍼스를 사용한다.

③ 눈금 없는 자를 사용한다.

따라서 옳은 것은 ⑤이다.

2 ㄴ. $\overline{PA}=\overline{PB}=\overline{QC}=\overline{QD}$, $\overline{AB}=\overline{CD}$이지만 $\overline{QC}$, $\overline{CD}$의 길이는 다를 수 있다.

ㄹ. 엇각의 크기가 같으면 두 직선이 평행하다는 성질을 이용한 것이다.

따라서 옳은 것은 ㄱ, ㄷ이다.

3 가장 긴 변의 길이로 가능한 것은 11 cm, a cm이다.

(i) 가장 긴 변의 길이가 a cm일 때, 즉 $a \geq 11$이고 $a < 11+6=17$이므로 a의 값이 될 수 있는 자연수는 11보다 크거나 같고 17보다 작은 자연수인 11, 12, 13, 14, 15, 16이다

(ii) 가장 긴 변의 길이가 11 cm일 때, 즉 $a \leq 11$이고 $11 < 6+a$이므로 a의 값이 될 수 있는 자연수는 11보다 작거나 같은 자연수 1, 2, 3, 4, 5, 6, 7, 8, 9, 10, 11중에서 $11 < 6+a$를 만족시키는 자연수인 6, 7, 8, 9, 10, 11이다.

(i), (ii)에서 a의 값이 될 수 있는 자연수의 개수는 6, 7, 8, 9, 10, 11, 12, 13, 14, 15, 16의 11이다.

4 $\angle D=\angle H=80°$이므로

$\angle A=360°-90°-70°-80°=120°$에서 $x=120$

$\overline{HE}=\overline{DA}=5$ cm이므로 $y=5$

따라서 $x+y=120+5=125$

5 ⑤ 삼각형에서 나머지 한 각의 크기는 $180°-75°-60°=45°$이므로 주어진 삼각형과 ASA 합동이다.

6 ③ SAS 합동

④ $\angle A$, $\angle D$가 끼인각이 아니므로 합동이 아니다.

⑤ $\angle B=180°-\angle A-\angle C=180°-\angle D-\angle F=\angle E$이므로 ASA 합동이다.

따라서 $\triangle ABC$와 $\triangle DEF$가 합동이기 위하여 필요한 나머지 한 조건은 ③, ⑤이다.

대단원 **TEST** Ⅰ. 도형의 기초 본문 92쪽

1 ①	**2** 50 cm	**3** ②
4 ⑤	**5** ④	**6** ②
7 ③, ⑤	**8** ④	**9** ㄴ, ㄷ
10 ③, ④	**11** ②	**12** ③
13 60°		

1 a=(교점의 개수)=(꼭짓점의 개수)=7

b=(교선의 개수)=(모서리의 개수)=12

c=(면의 개수)=7

따라서 $a+b-c=7+12-7=12$

2 $\overline{AM}=\overline{MN}=\overline{NB}$이므로 $\overline{MN}=\frac{1}{3}\overline{AB}$

$\overline{NQ}=\overline{QB}$이므로

$\overline{NQ}=\frac{1}{2}\overline{NB}=\frac{1}{2}\times\frac{1}{3}\overline{AB}=\frac{1}{6}\overline{AB}$

따라서 $\overline{MQ}=\frac{1}{3}\overline{AB}+\frac{1}{6}\overline{AB}=\frac{1}{2}\overline{AB}$이므로

$\overline{AB}=60$(cm)

$\overline{PM}=\frac{1}{2}\overline{AM}=\frac{1}{2}\times\frac{1}{3}\overline{AB}=\frac{1}{6}\overline{AB}$이므로

$\overline{PB}=\overline{PM}+\overline{MN}+\overline{NB}=\frac{1}{6}\overline{AB}+\frac{1}{3}\overline{AB}+\frac{1}{3}\overline{AB}$

$=\frac{5}{6}\overline{AB}=\frac{5}{6}\times 60=50$(cm)

3 $(\angle x+35°)+(2\angle x-23°)+(90°-\angle x)=180°$이므로

$2\angle x=78°$

따라서 $\angle x=39°$

4 ⑤ 두 직선이 꼬인 위치에 있는 것은 한 공간 위에 있는 두 직선의 위치 관계이다.

5 $l /\!/ m$, $p /\!/ q$이므로

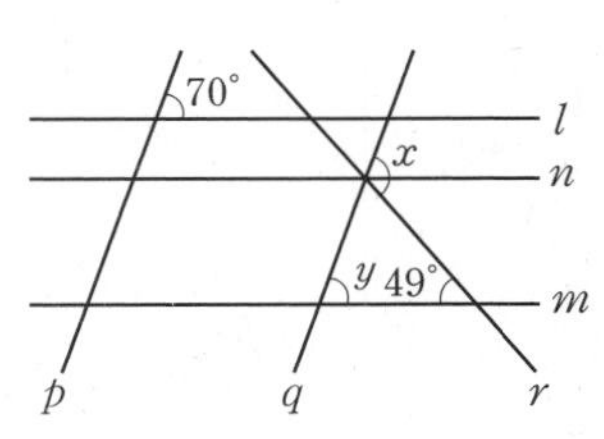

$\angle y=70°$

두 직선 l, m에 평행한 직선 n을 그으면

$\angle x=70°+49°=119°$

6 평각의 크기는 180°이고 엇각의 크기는 서로 같으므로

$(180°-\angle x)$

$+(180°-\angle x)+28°$

$=180°$

$388°-2\angle x=180°$, $-2\angle x=-208°$

따라서 $\angle x=104°$

7 ① 눈금 없는 자로는 두 선분의 길이를 비교할 수 없다.
② 선분을 연장할 때는 눈금 없는 자를 사용한다.
④ 작도할 때는 각도기를 사용하지 않는다.
따라서 옳은 것은 ③, ⑤이다.

9 ㄱ. 세 각의 크기로는 삼각형을 하나로 결정할 수 없다.
ㄴ. $\angle A=30°$, $\angle B=50°$이므로
$\angle C=180°-(30°+50°)=100°$
따라서 한 변의 길이와 그 양 끝 각의 크기가 주어졌으므로 삼각형이 하나로 정해진다.
ㄷ. 세 변의 길이가 주어지고 가장 긴 변의 길이가 나머지 두 변의 길이의 합보다 작으므로 삼각형이 하나로 정해진다.
ㄹ. $7+3<11$이므로 삼각형이 만들어지지 않는다.
ㅁ. 두 변의 길이와 그 끼인각이 아닌 다른 한 각의 크기가 주어졌으므로 삼각형이 하나로 정해지지 않는다.
따라서 $\triangle ABC$가 하나로 정해지는 것은 ㄴ, ㄷ이다.

10 ① 사각형 ABCD가 정사각형이므로 $\overline{BC}=\overline{DC}$
② 사각형 GCEF가 정사각형이므로 $\overline{GC}=\overline{EC}$
⑤ $\triangle GBC$와 $\triangle EDC$에서
$\overline{BC}=\overline{DC}$, $\overline{GC}=\overline{EC}$, $\angle GCB=\angle ECD=90°$이므로
$\triangle GBC\equiv\triangle EDC$(SAS 합동)
따라서 옳지 않은 것은 ③, ④이다.

11 모서리 DI와 꼬인 위치에 있는 모서리의 개수는 $\overline{AB}$, $\overline{AE}$, $\overline{BC}$, $\overline{FG}$, $\overline{FJ}$, $\overline{GH}$의 6이므로 $a=6$
면 DIJE와 평행한 모서리의 개수는 $\overline{AF}$, $\overline{BG}$, $\overline{CH}$, $\overline{AB}$, $\overline{FG}$의 5이므로 $b=5$
면 BGHC와 수직인 면의 개수는 면 ABCDE, 면 FGHIJ의 2이므로 $c=2$
따라서 $a+b-2c=6+5-4=7$

12 ① 만나지 않는 두 직선 중 꼬인 위치에 있는 두 직선은 한 평면 위에 있지 않다.
② 한 평면과 평행한 두 직선은 평행하거나 한 점에서 만나거나 꼬인 위치에 있다.
④ 평면 밖의 한 점을 지나고 그 평면과 평행한 직선은 무수히 많다.
⑤ 세 직선이 모두 만날 수도 있고 평행할 수도 있다.

13 $\triangle ACE$와 $\triangle DCB$에서
$\overline{AC}=\overline{DC}$, $\overline{CE}=\overline{CB}$
$\angle ACE=\angle ACD+\angle DCE=60°+\angle DCE$
$=\angle BCE+\angle DCE=\angle DCB$
이므로 $\triangle ACE\equiv\triangle DCB$ (SAS 합동)
이때 $\angle CDB=\angle CAE$이므로
$\angle CDB+\angle CEA=\angle CAE+\angle CEA$
$=180°-\angle ACE$
$=180°-120°=60°$

5 다각형의 성질

01 다각형

본문 98쪽

원리확인

❶ × ❷ ○ ❸ ×
❹ ○ ❺ × ❻ ×

1 (✎삼), 3, 3, 3
2 오각형, 5, 5, 5
3 육각형, 6, 6, 6
4 칠각형, 7, 7, 7
5 팔각형, 8, 8, 8
☺ 같다

6 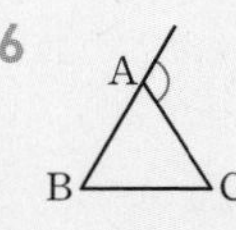

7 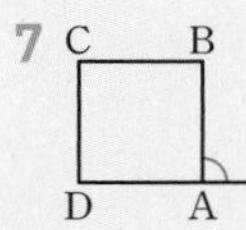

8 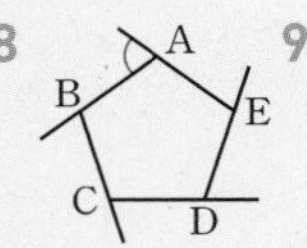

9 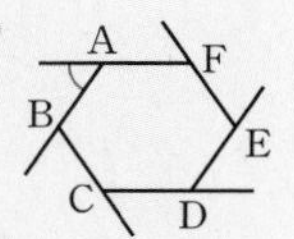

10 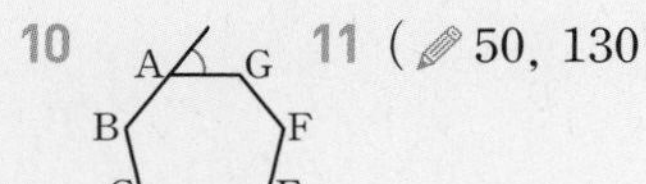

11 (✎50, 130)
12 80°

13 65° 14 85° 15 50° ☺ 180°

16 (1) 60° (2) 120° (3) 125°

17 (1) 90° (2) 95° (3) 110°

18 (1) 45° (2) 130° (3) 65° (4) 110°

19 (1) 55° (2) (✎55, 125) (3) 60°

20 (1) 55° (2) 95° (3) 90°

21 (1) 115° (2) 100° (3) 120° (4) 130°

22 $\angle x=65^\circ$, $\angle y=130^\circ$ 23 $\angle x=96^\circ$, $\angle y=127^\circ$

24 $\angle x=77^\circ$, $\angle y=75^\circ$ 25 $\angle x=85^\circ$, $\angle y=55^\circ$

26 $\angle x=108^\circ$, $\angle y=72^\circ$ 27 ○ 28 ×

29 × 30 ○ 31 ○ 32 ×

33 × 34 ③

12 $180^\circ-100^\circ=80^\circ$

13 $180^\circ-115^\circ=65^\circ$

14 $180^\circ-95^\circ=85^\circ$

15 $180^\circ-130^\circ=50^\circ$

19 (3) $180^\circ-120^\circ=60^\circ$

20 (1) $180^\circ-125^\circ=55^\circ$
(2) $180^\circ-85^\circ=95^\circ$
(3) $180^\circ-90^\circ=90^\circ$

21 (1) $180^\circ-65^\circ=115^\circ$
(2) $180^\circ-80^\circ=100^\circ$
(3) $180^\circ-60^\circ=120^\circ$
(4) $180^\circ-50^\circ=130^\circ$

22 $\angle x=180^\circ-115^\circ=65^\circ$, $\angle y=180^\circ-50^\circ=130^\circ$

23 $\angle x=180^\circ-84^\circ=96^\circ$, $\angle y=180^\circ-53^\circ=127^\circ$

24 $\angle x=180^\circ-103^\circ=77^\circ$, $\angle y=180^\circ-105^\circ=75^\circ$

25 $\angle x=180^\circ-95^\circ=85^\circ$, $\angle y=180^\circ-125^\circ=55^\circ$

26 $\angle x=180^\circ-72^\circ=108^\circ$, $\angle y=180^\circ-108^\circ=72^\circ$

28 다각형은 3개 이상의 선분으로 둘러싸여 있다.

29 구각형은 9개의 선분으로 둘러싸여 있다.

32 다각형의 한 꼭짓점에서 내각의 크기와 외각의 크기의 합은 180°이다.

33 다각형에서 한 내각에 대한 외각은 두 개이다.

34 한 내각의 크기와 이웃한 한 외각의 크기의 합은 180°이므로 주어진 오각형의 내각의 크기는 오른쪽 그림과 같다.

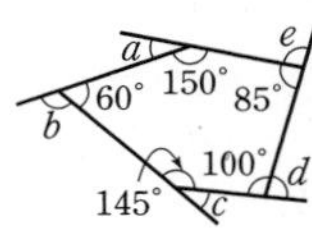

따라서 오각형의 내각의 크기가 아닌 것은 ③이다.

02 정다각형

본문 102쪽

원리확인

 ○  ×  ×  ○

1 같다, 같다, 정다각형이다

2 같다, 같다, 정다각형이다

3 같다, 같지 않다, 정다각형이 아니다

4 같지 않다, 같다, 정다각형이 아니다

5 (✎ 삼) 6 정오각형 7 정구각형 8 정육각형

9 정십이각형 10 ○ 11 ×

12 × 13 ○ 14 ○ 15 ×

16 × 17 ③

11 정사각형은 네 변의 길이가 같고, 네 내각의 크기가 같다.

12 직사각형의 변의 길이는 같지 않을 수 있으므로 정다각형이 아니다.

15 변의 길이가 모두 같고 내각의 크기가 모두 같은 다각형을 정다각형이라 한다.

16 정삼각형의 한 내각의 크기는 60°이고 한 외각의 크기는 120°이다.

17 ③ 오른쪽 그림과 같이 두 대각선의 길이가 다르다.

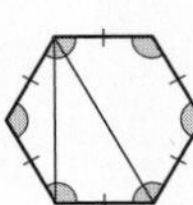

03 다각형의 대각선

본문 104쪽

원리확인

❶ 0 ❷ 1 ❸ 3 ❹ 5

1 (✎ 2, 5, 오) 2 구각형 3 십일각형

4 십오각형 ☺ $n-3$ 5 (✎ 5, 2, 5)

6 20 7 54 8 152

9 (✎ 3, 6, 육각형, 6, 2, 9) 10 20

11 65 12 90 13 209

14 (✎ 14, 7, 7, 칠각형) 15 구각형 16 십각형

17 십삼각형 18 십사각형 19 십팔각형 ☺ $n-3$

2 구하는 다각형을 n각형이라 하면 $n-3=6$에서 $n=9$
따라서 구각형이다.

3 구하는 다각형을 n각형이라 하면 $n-3=8$에서 $n=11$
따라서 십일각형이다.

4 구하는 다각형을 n각형이라 하면 $n-3=12$에서 $n=15$
따라서 십오각형이다.

6 $\frac{8(8-3)}{2}=20$

7 $\frac{12(12-3)}{2}=54$

8 $\frac{19(19-3)}{2}=152$

10 구하는 다각형을 n각형이라 하면 $n-3=5$에서 $n=8$
따라서 팔각형의 대각선의 개수는 $\frac{8(8-3)}{2}=20$

11 구하는 다각형을 n각형이라 하면 $n-3=10$에서 $n=13$
따라서 십삼각형의 대각선의 개수는 $\frac{13(13-3)}{2}=65$

12 구하는 다각형을 n각형이라 하면 $n-3=12$에서 $n=15$
따라서 십오각형의 대각선의 개수는 $\frac{15(15-3)}{2}=90$

13 구하는 다각형을 n각형이라 하면 $n-3=19$에서 $n=22$
따라서 이십이각형의 대각선의 개수는 $\frac{22(22-3)}{2}=209$

15 구하는 다각형을 n각형이라 하면
$\frac{n(n-3)}{2}=27$에서 $n(n-3)=54$
이때 $54=9\times6$이므로 $n=9$
따라서 구하는 다각형은 구각형이다.

16 구하는 다각형을 n각형이라 하면
$\frac{n(n-3)}{2}=35$에서 $n(n-3)=70$
이때 $70=10\times7$이므로 $n=10$
따라서 구하는 다각형은 십각형이다.

17 구하는 다각형을 n각형이라 하면
$\frac{n(n-3)}{2}=65$에서 $n(n-3)=130$
이때 $130=13\times10$이므로 $n=13$
따라서 구하는 다각형은 십삼각형이다.

18 구하는 다각형을 n각형이라 하면
$\frac{n(n-3)}{2}=77$에서 $n(n-3)=154$
이때 $154=14\times11$이므로 $n=14$
따라서 구하는 다각형은 십사각형이다.

19 구하는 다각형을 n각형이라 하면
$\frac{n(n-3)}{2}=135$에서 $n(n-3)=270$
이때 $270=18\times15$이므로 $n=18$
따라서 구하는 다각형은 십팔각형이다.

04 삼각형; 내각의 크기의 합

본문 106쪽

원리확인

$\angle ACE$, $\angle ECD$, $180°$

1 $40°$	2 $40°$	3 (✎ 180, 20)	
4 $30°$	5 $10°$	6 $25°$	7 $15°$
☺ 180	8 (✎ 50 / 50, 180, 60)		
9 $65°$	10 $35°$	11 $32°$	12 $45°$
13 (✎ 1, 30, 180, 180, 30)			14 $40°$
15 $45°$	16 $30°$	17 $40°$	18 ②

1 $\angle x+75°+65°=180°$이므로 $\angle x=40°$

2 $50°+90°+\angle x=180°$이므로 $\angle x=40°$

4 $\angle x+2\angle x+90°=180°$이므로 $3\angle x=90°$
따라서 $\angle x=30°$

5 $3\angle x+115°+35°=180°$이므로 $3\angle x=30°$
따라서 $\angle x=10°$

6 $(5\angle x-20°)+2\angle x+25°=180°$이므로
$\angle 7x=175°$ 따라서 $\angle x=25°$

7 $(4\angle x+30°)+(2\angle x+15°)+3\angle x=180°$이므로
$9\angle x=135°$ 따라서 $\angle x=15°$

9 맞꼭지각의 크기가 같으므로
$(180°-105°)+\angle x+40°=180°$ 따라서 $\angle x=65°$

10 $\angle x+(90°-35°)=90°$이므로 $\angle x=35°$

11 $\angle x+(90°-32°)+90°=180°$이므로 $\angle x=32°$

12 맞꼭지각의 크기는 같으므로
$75°+35°=65°+\angle x$ 따라서 $\angle x=45°$

14 $180°\times\frac{2}{3+2+4}=40°$

15 $180°\times\frac{3}{3+4+5}=45°$

16 $180°\times\frac{2}{2+3+7}=30°$

17 $180°\times\frac{4}{4+5+9}=40°$

18 $\angle A=\angle x$라 하면 $\angle B=3\angle x$, $\angle C=60°$이고
삼각형의 세 내각의 크기의 합은 $180°$이므로
$\angle x+3\angle x+60°=180°$, $4\angle x=120°$, $\angle x=30°$
따라서 $\angle A=30°$

05 삼각형; 외각의 성질

본문 108쪽

원리확인

$\angle ECD$, $\angle ACE$, $\angle ACE$, $\angle ECD$

1 (✎ 30, 105)		2 $115°$	3 $110°$
4 $120°$	5 $60°$	☺ b, c, a, c, a, b	
6 (✎ $\angle x$, $3\angle x$, 20)		7 $45°$	8 $22°$
9 $20°$	10 $30°$	11 (✎ 25, 55, 80, 155)	
12 $\angle x=80°$, $\angle y=120°$		13 $\angle x=130°$, $\angle y=60°$	
14 $\angle x=70°$, $\angle y=25°$			

2 $\angle x=55°+60°=115°$

3 $\angle x=(180°-120°)+50°=110°$

4 $\angle x=90°+(180°-150°)=120°$

5 $\angle x+50°=110°$이므로 $\angle x=60°$

7 $3\angle x-10°=(180°-100°)+\angle x$이므로 $2\angle x=90°$
따라서 $\angle x=45°$

8 $125° = (\angle x + 15°) + 4\angle x$이므로 $5\angle x = 110°$
따라서 $\angle x = 22°$

9 $5\angle x = (180° - 110°) + (3\angle x - 30°)$이므로 $2\angle x = 40°$
따라서 $\angle x = 20°$

10 $\angle x + 80° = (3\angle x - 40°) + (180° - 120°)$
$2\angle x = 60°$
따라서 $\angle x = 30°$

12 $\angle x = 35° + 45° = 80°$
$\angle y = 40° + 80° = 120°$

13 $\angle x = 20° + 110° = 130°$
$\angle y + 50° = 110°$이므로 $\angle y = 60°$

14 $\angle x + 40° = 110°$이므로 $\angle x = 70°$
$\angle y + 110° = 135°$이므로 $\angle y = 25°$

06 삼각형; 내각과 외각의 성질의 활용

본문 110쪽

1 80, 40, 60, 30 / 30, 110 2 95°
3 75° 4 80° 5 95° 6 100°
7 95, 40 / 80, 80, 135 8 160° 9 125°
10 75° 11 95° 12 85° 13 95°
14 50, 50, 65 / 65, 115 15 110° 16 125°
17 150° 18 50° 19 100° 20 68°
21 80, 80, 40 / 40 22 25° 23 34°
24 35° 25 60° 26 74° 27 80°
28 80, 35 / 80, 25 29 $\angle x = 45°$, $\angle y = 30°$
30 $\angle x = 40°$, $\angle y = 50°$ 31 $\angle x = 30°$, $\angle y = 65°$
32 $\angle x = 70°$, $\angle y = 40°$ 33 $\angle x = 110°$, $\angle y = 75°$
34 $\angle x = 90°$, $\angle y = 30°$ 35 65, 95 / 95, 120
36 145° 37 25°
38 (✎ 180, 35, 180, 35, 145) 39 120°
40 115° 41 25, 50, 50 / 50, 75 42 60°
43 90° 44 126° 45 39° 46 38°
47 111° 48 b, d / c, e / d, c, 180
49 50° 50 55° 51 35° 52 30°
53 43°

2 $\triangle ABC$에서 $\angle ABC = 180° - (55° + 65°) = 60°$이므로
$\angle DBC = \frac{1}{2}\angle ABC = 30°$
따라서 $\triangle BCD$에서 $\angle x = 65° + 30° = 95°$

3 $\triangle ABC$에서 $\angle BAC = 180° - (40° + 70°) = 70°$이므로
$\angle BAD = \frac{1}{2}\angle BAC = 35°$
따라서 $\triangle ABD$에서 $\angle x = 35° + 40° = 75°$

4 $\triangle ABC$에서 $\angle BAC = 180° - (60° + 40°) = 80°$이므로
$\angle DAC = \frac{1}{2}\angle BAC = 40°$
따라서 $\triangle ADC$에서 $\angle x = 40° + 40° = 80°$

5 $\triangle ABC$에서 $\angle BAC = 180° - (30° + 20°) = 130°$이므로
$\angle BAD = \frac{1}{2}\angle BAC = 65°$
따라서 $\triangle ABD$에서 $\angle x = 65° + 30° = 95°$

6 $\triangle ABC$에서 $\angle ABC = 180° - (50° + 30°) = 100°$
이므로 $\angle ABD = \frac{1}{2}\angle ABC = 50°$
따라서 $\triangle ABD$에서 $\angle x = 50° + 50° = 100°$

8 $\triangle ABD$에서 $60° + \angle ABD = 110°$이므로
$\angle ABD = 50°$
$\angle ABC = 2\angle ABD = 100°$
따라서 $\triangle ABC$에서 $\angle x = 60° + 100° = 160°$

9 $\triangle ADC$에서 $25° + \angle ACD = 75°$이므로
$\angle ACD = 50°$
$\angle ACB = 2\angle ACD = 100°$
따라서 $\triangle ABC$에서 $\angle x = 25° + 100° = 125°$

10 $\triangle ABC$에서 $\angle BAC + 40° = 110°$이므로
$\angle BAC = 70°$
$\angle BAD = \frac{1}{2}\angle BAC = 35°$
따라서 $\triangle ABD$에서 $\angle x = 35° + 40° = 75°$

11 $\triangle ABC$에서 $\angle BAC + 55° = 135°$이므로
$\angle BAC = 80°$
$\angle CAD = \frac{1}{2}\angle BAC = 40°$
따라서 $\triangle ADC$에서 $\angle x = 40° + 55° = 95°$

12 △ABC에서 $20^\circ+\angle ABC=150^\circ$이므로

$\angle ABC=130^\circ$

$\angle ABD=\frac{1}{2}\angle ABC=65^\circ$

따라서 △ABD에서 $\angle x=20^\circ+65^\circ=85^\circ$

13 △ABC에서 $\angle BAC=180^\circ-110^\circ=70^\circ$이므로

$\angle BAD=\frac{1}{2}\angle BAC=35^\circ$

따라서 △ABD에서 $\angle x=60^\circ+35^\circ=95^\circ$

15 △ABC에서 $\angle ABC+\angle ACB+40^\circ=180^\circ$이므로

$\angle ABC+\angle ACB=140^\circ$

$\angle DBC+\angle DCB=\frac{1}{2}(\angle ABC+\angle ACB)=70^\circ$

따라서 △DBC에서

$\angle x=180^\circ-(\angle DBC+\angle DCB)=180^\circ-70^\circ=110^\circ$

16 △ABC에서 $\angle ABC+\angle ACB+70^\circ=180^\circ$이므로

$\angle ABC+\angle ACB=110^\circ$

$\angle DBC+\angle DCB=\frac{1}{2}(\angle ABC+\angle ACB)=55^\circ$

따라서 △DBC에서

$\angle x=180^\circ-(\angle DBC+\angle DCB)=180^\circ-55^\circ=125^\circ$

17 △ABC에서 $\angle ABC+\angle ACB+120^\circ=180^\circ$이므로

$\angle ABC+\angle ACB=60^\circ$

$\angle DBC+\angle DCB=\frac{1}{2}(\angle ABC+\angle ACB)=30^\circ$

따라서 △DBC에서

$\angle x=180^\circ-(\angle DBC+\angle DCB)=180^\circ-30^\circ=150^\circ$

18 △DBC에서 $\angle DBC+\angle DCB+115^\circ=180^\circ$이므로

$\angle DBC+\angle DCB=65^\circ$

$\angle ABC+\angle ACB=2(\angle DBC+\angle DCB)=130^\circ$

따라서 △ABC에서

$\angle x=180^\circ-(\angle ABC+\angle ACB)=180^\circ-130^\circ=50^\circ$

19 △DBC에서 $\angle DBC+\angle DCB+140^\circ=180^\circ$이므로

$\angle DBC+\angle DCB=40^\circ$

$\angle ABC+\angle ACB=2(\angle DBC+\angle DCB)=80^\circ$

따라서 △ABC에서

$\angle x=180^\circ-(\angle ABC+\angle ACB)=180^\circ-80^\circ=100^\circ$

20 △DBC에서 $\angle DBC+\angle DCB+124^\circ=180^\circ$이므로

$\angle DBC+\angle DCB=56^\circ$

$\angle ABC+\angle ACB=2(\angle DBC+\angle DCB)=112^\circ$

따라서 △ABC에서

$\angle x=180^\circ-(\angle ABC+\angle ACB)=180^\circ-112^\circ=68^\circ$

22 △ABC에서 $50^\circ+\angle ABC=\angle ACE$이므로

$\angle ACE-\angle ABC=50^\circ$

$\angle DCE-\angle DBC=\frac{1}{2}\angle ACE-\frac{1}{2}\angle ABC$

$=\frac{1}{2}(\angle ACE-\angle ABC)=25^\circ$

△DBC에서 $\angle x+\angle DBC=\angle DCE$이므로

$\angle x=\angle DCE-\angle DBC=25^\circ$

23 △ABC에서 $68^\circ+\angle ABC=\angle ACE$이므로

$\angle ACE-\angle ABC=68^\circ$

$\angle DCE-\angle DBC=\frac{1}{2}\angle ACE-\frac{1}{2}\angle ABC$

$=\frac{1}{2}(\angle ACE-\angle ABC)=34^\circ$

△DBC에서 $\angle x+\angle DBC=\angle DCE$이므로

$\angle x=\angle DCE-\angle DBC=34^\circ$

24 △BCD에서 $70^\circ+\angle DCB=\angle DBE$이므로

$\angle DBE-\angle DCB=70^\circ$

$\angle ABE-\angle ACB=\frac{1}{2}\angle DBE-\frac{1}{2}\angle DCB$

$=\frac{1}{2}(\angle DBE-\angle DCB)=35^\circ$

△ABC에서 $\angle x+\angle ACB=\angle ABE$이므로

$\angle x=\angle ABE-\angle ACB=35^\circ$

25 △BCD에서 $\angle DBC+30^\circ=\angle DCE$이므로

$\angle DCE-\angle DBC=30^\circ$

$\angle ACE-\angle ABC=2\angle DCE-2\angle DBC$

$=2(\angle DCE-\angle DBC)=60^\circ$

△ABC에서 $\angle x+\angle ABC=\angle ACE$이므로

$\angle x=\angle ACE-\angle ABC=60^\circ$

26 △BCD에서 $\angle DBC+37^\circ=\angle DCE$이므로

$\angle DCE-\angle DBC=37^\circ$

$\angle ACE-\angle ABC=2\angle DCE-2\angle DBC$

$=2(\angle DCE-\angle DBC)=74^\circ$

△ABC에서 $\angle x+\angle ABC=\angle ACE$이므로

$\angle x=\angle ACE-\angle ABC=74^\circ$

27 △ACD에서 $40^\circ+\angle DAC=\angle EDC$이므로

$\angle EDC-\angle DAC=40^\circ$

$\angle EDB-\angle DAB=2\angle EDC-2\angle DAC$

$=2(\angle EDC-\angle DAC)=80^\circ$

$\triangle$ABD에서 $\angle DAB+\angle x=\angle EDB$이므로
$\angle x=\angle EDB-\angle DAB=80^\circ$

29 $40^\circ+\angle x=85^\circ$이므로 $\angle x=45^\circ$
$\angle y+55^\circ=85^\circ$이므로 $\angle y=30^\circ$

30 $60^\circ+\angle x=100^\circ$이므로 $\angle x=40^\circ$
$\angle y+50^\circ=100^\circ$이므로 $\angle y=50^\circ$

31 $\angle x+60^\circ=90^\circ$이므로 $\angle x=30^\circ$
$25^\circ+\angle y=90^\circ$이므로 $\angle y=65^\circ$

32 $\angle x=25^\circ+45^\circ=70^\circ$
$30^\circ+\angle y=70^\circ$이므로 $\angle y=40^\circ$

33 $\angle x=20^\circ+90^\circ=110^\circ$
$35^\circ+\angle y=110^\circ$이므로 $\angle y=75^\circ$

34 $\angle x=44^\circ+46^\circ=90^\circ$
$60^\circ+\angle y=90^\circ$이므로 $\angle y=30^\circ$

36 $\triangle$ABE에서 $\angle BEC=70^\circ+35^\circ=105^\circ$
$\triangle$CDE에서 $\angle x=105^\circ+40^\circ=145^\circ$

37 $\triangle$EDC에서 $\angle DEC=155^\circ-30^\circ=125^\circ$
$\triangle$ABE에서 $100^\circ+\angle x=125^\circ$이므로
$\angle x=25^\circ$

39 $\overline{BC}$를 그으면 $\triangle$ABC에서
$\angle DBC+\angle DCB=180^\circ-(60^\circ+40^\circ+20^\circ)=60^\circ$
$\triangle$DBC에서 $\angle x+\angle DBC+\angle DCB=180^\circ$이므로
$\angle x=180^\circ-60^\circ=120^\circ$

40 $\overline{BC}$를 그으면 $\triangle$ABC에서
$\angle DBC+\angle DCB=180^\circ-(80^\circ+15^\circ+20^\circ)=65^\circ$
$\triangle$DBC에서 $\angle x+\angle DBC+\angle DCB=180^\circ$이므로
$\angle x=180^\circ-65^\circ=115^\circ$

42 $\triangle$DBC는 이등변삼각형이므로
$\angle DCB=\angle DBC=20^\circ$
$\angle ADC=20^\circ+20^\circ=40^\circ$
$\triangle$ADC는 이등변삼각형이므로
$\angle DAC=\angle ADC=40^\circ$
따라서 $\triangle$ABC에서
$\angle x=20^\circ+40^\circ=60^\circ$

43 $\triangle$DBC는 이등변삼각형이므로
$\angle DCB=\angle DBC=30^\circ$
$\angle ADC=30^\circ+30^\circ=60^\circ$
$\triangle$ADC는 이등변삼각형이므로
$\angle DAC=\angle ADC=60^\circ$
따라서 $\triangle$ABC에서
$\angle x=30^\circ+60^\circ=90^\circ$

44 $\triangle$DBC는 이등변삼각형이므로
$\angle DCB=\angle DBC=42^\circ$
$\angle ADC=42^\circ+42^\circ=84^\circ$
$\triangle$ADC는 이등변삼각형이므로
$\angle DAC=\angle ADC=84^\circ$
따라서 $\triangle$ABC에서
$\angle x=42^\circ+84^\circ=126^\circ$

45 $\triangle$DBC는 이등변삼각형이므로
$\angle BCD=\angle DBC=\angle x$
$\triangle$DBC에서 $\angle ADC=\angle x+\angle x=2\angle x$
$\triangle$ADC는 이등변삼각형이므로
$\angle DAC=\angle ADC=2\angle x$
$\triangle$ABC에서 $\angle x+2\angle x=117^\circ$, $3\angle x=117^\circ$
따라서 $\angle x=39^\circ$

46 $\triangle$DBC는 이등변삼각형이므로
$\angle DBC=\angle DCB=\angle x$
$\triangle$DBC에서 $\angle BDA=\angle x+\angle x=2\angle x$
$\triangle$ABD는 이등변삼각형이므로
$\angle BAD=\angle BDA=2\angle x$
$\triangle$ABC에서 $\angle x+2\angle x=114^\circ$, $3\angle x=114^\circ$
따라서 $\angle x=38^\circ$

47 $\triangle$CAD는 이등변삼각형이므로
$\angle CDA=\angle CAD=74^\circ$
$\angle DBC+\angle DCB=\angle CDA$이고
$\angle DBC=\angle DCB$이므로
$\angle DBC=\angle DCB=\frac{1}{2}\times 74^\circ=37^\circ$
따라서 $\triangle$ABC에서 $\angle x=37^\circ+74^\circ=111^\circ$

49 $\angle b=23^\circ+30^\circ=53^\circ$
$\angle c=45^\circ+32^\circ=77^\circ$
따라서 $\angle a=180^\circ-(\angle b+\angle c)=180^\circ-130^\circ=50^\circ$
[다른 풀이]
$\angle a+45^\circ+23^\circ+32^\circ+30^\circ=180^\circ$이므로
$\angle a=180^\circ-(45^\circ+23^\circ+32^\circ+30^\circ)=50^\circ$

50 ㉠$=25°+30°=55°$
㉡$=29°+41°=70°$
따라서
$\angle a=180°-(㉠+㉡)$
$=180°-125°=55°$
[다른 풀이]
$\angle a+30°+29°+25°+41°=180°$이므로
$\angle a=180°-(30°+29°+25°+41°)=55°$

51 ㉠$=33°+37°=70°$
㉡$=53°+22°=75°$
따라서
$\angle a=180°-(㉠+㉡)$
$=180°-145°=35°$

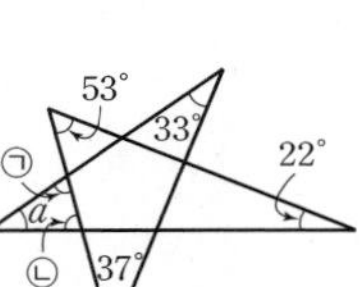
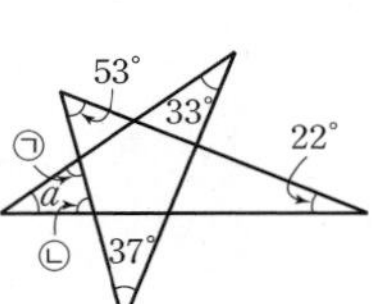
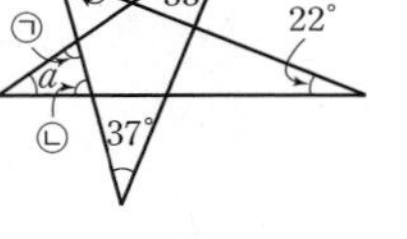

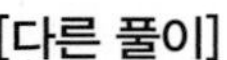
[다른 풀이]
$\angle a+53°+33°+22°+37°=180°$이므로
$\angle a=180°-(53°+33°+22°+37°)=35°$

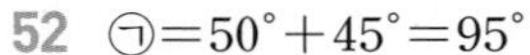
52 ㉠$=50°+45°=95°$
㉡$=30°+25°=55°$
따라서
$\angle a=180°-(㉠+㉡)$
$=180°-150°=30°$
[다른 풀이]
$\angle a+30°+50°+25°+45°=180°$이므로
$\angle a=180°-(30°+50°+25°+45°)=30°$

53 ㉠$=40°+30°=70°$
㉡$=45°+22°=67°$
따라서
$\angle a=180°-(㉠+㉡)$
$=180°-137°=43°$
[다른 풀이]
$\angle a+22°+40°+45°+30°=180°$이므로
$\angle a=180°-(22°+40°+45°+30°)=43°$

07 다각형의 내각의 크기의 합

본문 118쪽

1 (✎ 2, 7, 7, 1260)
2 (✎ 2, 1440) 3 1800° 4 2340°
5 2880° 6 3240° 7 3600°
8 (✎ 2, 2, 3, 2, 3, 540) 9 900°
10 1080° 11 1440° 12 1800° 13 2340°
☺ $n-2$, $n-2$
14 (✎ 2, 2, 9, 구각형) 15 육각형
16 칠각형 17 팔각형 18 십각형 19 십칠각형
20 ② 21 (✎ 2, 360, 360, 65)
22 90° 23 115° 24 120° 25 80°
26 110° 27 110° 28 125° 29 ④
30 (✎ 5, 5, 108) 31 120° 32 135°
33 144° 34 150° 35 156° 36 162°
37 (✎ n, n, 108, 108, 72, 5, 정오각형)
38 정사각형 39 정육각형 40 정구각형 41 정십이각형
42 정이십각형 ☺ $n-2$, n

3 $180°\times(12-2)=1800°$

4 $180°\times(15-2)=2340°$

5 $180°\times(18-2)=2880°$

6 $180°\times(20-2)=3240°$

7 $180°\times(22-2)=3600°$

9 $180°\times5=900°$

10 $180°\times6=1080°$

11 $180°\times8=1440°$

12 $180°\times10=1800°$

13 $180°\times13=2340°$

15 구하는 다각형을 n각형이라 하면
$180°\times(n-2)=720°$, $n-2=4$, $n=6$
따라서 구하는 다각형은 육각형이다.

16 구하는 다각형을 n각형이라 하면
$180°\times(n-2)=900°$, $n-2=5$, $n=7$
따라서 구하는 다각형은 칠각형이다.

17 구하는 다각형을 n각형이라 하면
$180°\times(n-2)=1080°$, $n-2=6$, $n=8$
따라서 구하는 다각형은 팔각형이다.

18 구하는 다각형을 n각형이라 하면
$180° \times (n-2)=1440°$, $n-2=8$, $n=10$
따라서 구하는 다각형은 십각형이다.

19 구하는 다각형을 n각형이라 하면
$180° \times (n-2)=2700°$, $n-2=15$, $n=17$
따라서 구하는 다각형은 십칠각형이다.

20 구하는 다각형을 n각형이라 하면
$180° \times (n-2)=1620°$, $n-2=9$, $n=11$
따라서 십일각형의 변의 개수는 11이다.

22 사각형의 내각의 크기의 합은
$180° \times (4-2)=360°$이므로
$105°+90°+\angle x+75°=360°$
따라서 $\angle x=90°$

23 오각형의 내각의 크기의 합은
$180° \times (5-2)=540°$이므로
$125°+\angle x+85°+105°+110°=540°$
따라서 $\angle x=115°$

24 육각형의 내각의 크기의 합은
$180° \times (6-2)=720°$이므로
$140°+120°+\angle x+102°+108°+130°=720°$
따라서 $\angle x=120°$

25 사각형의 내각의 크기의 합은
$180° \times (4-2)=360°$이므로
$\angle x+97°+(180°-110°)+113°=360°$
따라서 $\angle x=80°$

26 오각형의 내각의 크기의 합은
$180° \times (5-2)=540°$이므로
$95°+\angle x+70°+(180°-65°)+150°=540°$
따라서 $\angle x=110°$

27 육각형의 내각의 크기의 합은
$180° \times (6-2)=720°$이므로
$145°+\angle x+(180°-55°)+110°+(180°-50°)+100°=720°$
따라서 $\angle x=110°$

28 칠각형의 내각의 크기의 합은
$180° \times (7-2)=900°$이므로
$\angle x+124°+(180°-48°)+125°+136°+118°+(180°-40°)=900°$
따라서 $\angle x=125°$

29 오각형의 내각의 크기의 합은
$180° \times (5-2)=540°$이므로
$90°+90°+\angle x+\angle x+\angle x=540°$
$3\angle x=360°$
따라서 $\angle x=120°$

31 $\frac{180° \times (6-2)}{6}=120°$

32 $\frac{180° \times (8-2)}{8}=135°$

33 $\frac{180° \times (10-2)}{10}=144°$

34 $\frac{180° \times (12-2)}{12}=150°$

35 $\frac{180° \times (15-2)}{15}=156°$

36 $\frac{180° \times (20-2)}{20}=162°$

38 구하는 정다각형을 정n각형이라 하면
$\frac{180° \times (n-2)}{n}=90°$, $180° \times n-360°=90° \times n$
$90° \times n=360°$, $n=4$
따라서 구하는 정다각형은 정사각형이다.

39 구하는 정다각형을 정n각형이라 하면
$\frac{180° \times (n-2)}{n}=120°$, $180° \times n-360°=120° \times n$
$60° \times n=360°$, $n=6$
따라서 구하는 정다각형은 정육각형이다.

40 구하는 정다각형을 정n각형이라 하면
$\frac{180° \times (n-2)}{n}=140°$, $180° \times n-360°=140° \times n$
$40° \times n=360°$, $n=9$
따라서 구하는 정다각형은 정구각형이다.

41 구하는 정다각형을 정n각형이라 하면
$\frac{180° \times (n-2)}{n}=150°$, $180° \times n-360°=150° \times n$

$30° \times n = 360°$, $n = 12$

따라서 구하는 정다각형은 정십이각형이다.

42 구하는 정다각형을 정n각형이라 하면

$\frac{180° \times (n-2)}{n} = 162°$, $180° \times n - 360° = 162° \times n$

$18° \times n = 360°$, $n = 20$

따라서 구하는 정다각형은 정이십각형이다.

08 다각형의 외각의 크기의 합

본문 122쪽

1 360° 2 360° 3 360° 4 360°

5 360° 6 360° 7 360° ☺ 360

8 (✎360, 70) 9 85° 10 80°

11 65° 12 110° 13 (✎360, 360, 50)

14 30° 15 85° 16 70° 17 ③

18 (✎5, 72) 19 90° 20 60°

21 45° 22 30° 23 20° 24 18°

25 (✎72, 5, 정오각형) 26 정삼각형 27 정육각형

28 정팔각형 29 정구각형 30 정십이각형

31 정이십각형

32 (✎1, 60, 60, 6, 정육각형)

33 정사각형 34 정오각형 35 정십이각형

36 ④ 37 (✎2, 2, 9, 정구각형, 9, 140)

38 120° 39 135° 40 144° 41 150°

42 (✎2, 5, 정오각형, 5, 5, 108) 43 135°

44 144° 45 150° 46 ③

47 (✎2, 2, 2, 6, 정육각형, 6, 60) 48 72°

49 45° 50 30° ☺ $n-2$, 360

9 $\angle x + 140° + 135° = 360°$

따라서 $\angle x = 85°$

10 $\angle x + 120° + 95° + 65° = 360°$

따라서 $\angle x = 80°$

11 $\angle x + (180° - 110°) + 65° + 70° + 90° = 360°$

따라서 $\angle x = 65°$

12 $70° + \angle x + (180° - 135°) + 55° + 80° = 360°$

따라서 $\angle x = 110°$

14 $85° + 2\angle x + 125° + 3\angle x = 360°$

$5\angle x + 210° = 360°$

따라서 $\angle x = 30°$

15 $\angle x + (\angle x - 40°) + 80° + (2\angle x - 70°) + 50° = 360°$

$4\angle x + 20° = 360°$

따라서 $\angle x = 85°$

16 $55° + 40° + 65° + \angle x + (\angle x + 20°) + (2\angle x - 100°) = 360°$

$4\angle x + 80° = 360°$

따라서 $\angle x = 70°$

17 다각형의 외각의 크기의 합은 360°이므로

$\angle a + \angle b + \angle c + \angle d + \angle e = 360°$

19 $\frac{360°}{4} = 90°$

20 $\frac{360°}{6} = 60°$

21 $\frac{360°}{8} = 45°$

22 $\frac{360°}{12} = 30°$

23 $\frac{360°}{18} = 20°$

24 $\frac{360°}{20} = 18°$

26 구하는 정다각형을 정n각형이라 하면

$\frac{360°}{n} = 120°$이므로 $n = 3$

따라서 구하는 정다각형은 정삼각형이다.

27 구하는 정다각형을 정n각형이라 하면

$\frac{360°}{n} = 60°$이므로 $n = 6$

따라서 구하는 정다각형은 정육각형이다.

28 구하는 정다각형을 정n각형이라 하면

$\frac{360°}{n} = 45°$이므로 $n = 8$

따라서 구하는 정다각형은 정팔각형이다.

29 구하는 정다각형을 정n각형이라 하면

$\frac{360°}{n}=40°$이므로 $n=9$

따라서 구하는 정다각형은 정구각형이다.

30 구하는 정다각형을 정n각형이라 하면

$\frac{360°}{n}=30°$이므로 $n=12$

따라서 구하는 정다각형은 정십이각형이다.

31 구하는 정다각형을 정n각형이라 하면

$\frac{360°}{n}=18°$이므로 $n=20$

따라서 구하는 정다각형은 정이십각형이다.

33 한 외각의 크기는 $180°\times\frac{1}{1+1}=90°$

구하는 정다각형을 정n각형이라 하면

$\frac{360°}{n}=90°$이므로 $n=4$

따라서 구하는 정다각형은 정사각형이다.

34 한 외각의 크기는 $180°\times\frac{2}{3+2}=72°$

구하는 정다각형을 정n각형이라 하면

$\frac{360°}{n}=72°$이므로 $n=5$

따라서 구하는 정다각형은 정오각형이다.

35 한 외각의 크기는 $180°\times\frac{1}{5+1}=30°$

구하는 정다각형을 정n각형이라 하면

$\frac{360°}{n}=30°$이므로 $n=12$

따라서 구하는 정다각형은 정십이각형이다.

36 한 외각의 크기는 $180°\times\frac{1}{3+1}=45°$

구하는 정다각형을 정n각형이라 하면

$\frac{360°}{n}=45°$이므로 $n=8$

따라서 정팔각형의 대각선의 개수는

$\frac{8\times(8-3)}{2}=20$

38 구하는 정다각형을 정n각형이라 하면

$180°\times(n-2)=720°$, $n-2=4$이므로 $n=6$

따라서 정육각형의 한 내각의 크기는

$\frac{720°}{6}=120°$

39 구하는 정다각형을 정n각형이라 하면

$180°\times(n-2)=1080°$, $n-2=6$이므로 $n=8$

따라서 정팔각형의 한 내각의 크기는

$\frac{1080°}{8}=135°$

40 구하는 정다각형을 정n각형이라 하면

$180°\times(n-2)=1440°$, $n-2=8$이므로 $n=10$

따라서 정십각형의 한 내각의 크기는

$\frac{1440°}{10}=144°$

41 구하는 정다각형을 정n각형이라 하면

$180°\times(n-2)=1800°$, $n-2=10$이므로 $n=12$

따라서 정십이각형의 한 내각의 크기는

$\frac{1800°}{12}=150°$

43 구하는 정다각형을 정n각형이라 하면

$n-3=5$이므로 $n=8$

따라서 정팔각형의 한 내각의 크기는

$\frac{180°\times(8-2)}{8}=135°$

44 구하는 정다각형을 정n각형이라 하면

$n-3=7$이므로 $n=10$

따라서 정십각형의 한 내각의 크기는

$\frac{180°\times(10-2)}{10}=144°$

45 구하는 정다각형을 정n각형이라 하면

$n-3=9$이므로 $n=12$

따라서 정십이각형의 한 내각의 크기는

$\frac{180°\times(12-2)}{12}=150°$

46 구하는 정다각형을 정n각형이라 하면

$\frac{360°}{n}=20°$이므로 $n=18$

따라서 정십팔각형의 대각선의 개수는

$\frac{18\times(18-3)}{2}=135$

48 구하는 정다각형을 정n각형이라 하면

$180°\times(n-2)+360°=900°$

$180°\times(n-2)=540°$

$n-2=3$이므로 $n=5$

따라서 정오각형의 한 외각의 크기는

$\frac{360°}{5}=72°$

49 구하는 정다각형을 정n각형이라 하면
$180° \times (n-2)+360°=1440°$
$180° \times (n-2)=1080°$
$n-2=6$이므로 $n=8$
따라서 정팔각형의 한 외각의 크기는
$\frac{360°}{8}=45°$

50 구하는 정다각형을 정n각형이라 하면
$180° \times (n-2)+360°=2160°$
$180° \times (n-2)=1800°$
$n-2=10$이므로 $n=12$
따라서 정십이각형의 한 외각의 크기는
$\frac{360°}{12}=30°$

TEST 5. 다각형의 성질

본문 127쪽

1 ③, ④	**2** ⑤	**3** ②
4 ②	**5** 34°	**6** 정구각형

1 ③ 다각형의 한 꼭짓점에서 내각의 크기와 외각의 크기의 합은 180°이다.
④ 마름모의 네 내각의 크기는 같지 않을 수 있으므로 정다각형이 아니다.

2 구하는 다각형을 n각형이라 하면
$\frac{n \times (n-3)}{2}=77$에서 $n(n-3)=154$
이때 $154=14 \times 11$이므로 $n=14$
따라서 십사각형의 내각의 크기의 합은
$180° \times (14-2)=2160°$

3 삼각형의 외각의 성질에 의하여
$(2\angle x-10°)+(\angle x+40°)=120°$
$3\angle x=90°$
따라서 $\angle x=30°$

4 다각형의 외각의 크기의 합은 360°이므로
$\angle x+95°+85°+\angle y+70°=360°$
따라서 $\angle x+\angle y=110°$

5 $\triangle ABC$는 이등변삼각형이므로
$\angle ACB=\angle ABC=\angle x$
$\triangle ABC$에서 $\angle CAD=\angle x+\angle x=2\angle x$
$\triangle ACD$는 이등변삼각형이므로
$\angle CDA=\angle CAD=2\angle x$
$\triangle DBC$에서 $\angle x+2\angle x=102°$
따라서 $\angle x=34°$

6 한 외각의 크기는 $180° \times \frac{2}{7+2}=40°$
구하는 정다각형을 정n각형이라 하면
$\frac{360°}{n}=40°$이므로 $n=9$
따라서 구하는 정다각형은 정구각형이다.

6 원과 부채꼴

Ⅱ. 평면도형

01 원과 부채꼴

본문 130쪽

원리확인

❶ 활꼴 ❷ 호 ❸ 현 ❹ 부채꼴

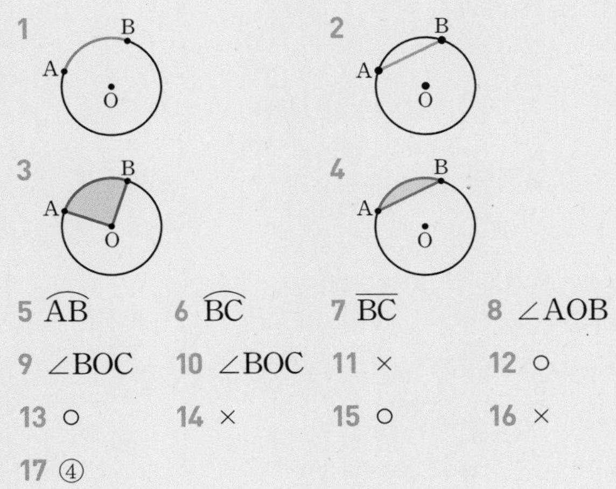

5 $\widehat{AB}$ 6 $\widehat{BC}$ 7 $\overline{BC}$ 8 ∠AOB
9 ∠BOC 10 ∠BOC 11 × 12 ○
13 ○ 14 × 15 ○ 16 ×
17 ④

11 부채꼴은 호와 두 반지름으로 이루어진 도형이다.

14 $\overline{OA}$와 $\overline{OB}$는 반지름이다.

16 부채꼴이 활꼴이 될 때 중심각의 크기는 180°이다.

17 ④ 반원에 대한 중심각의 크기는 180°이다.

02 부채꼴; 중심각의 크기와 호의 길이

본문 132쪽

원리확인

2 cm, 3 cm, 4 cm, 정비례

1 10 2 3 3 40 4 65
☺ 호, 중심각 5 (✎12, 6)
6 6 7 5 8 35 ☺ 정비례
9 (✎2, 4, 6, 105) 10 $x=4$, $y=75$
11 $x=10$, $y=50$ 12 $x=20$, $y=18$
13 $x=63$, $y=2$ 14 (✎2, 72)
15 54° 16 135° 17 (✎2, 120)
18 168°
19 COB, 30, DAO, 30, 120, AOD, 120, 20
20 35 21 25
22 COB, 30, OCD, 30, 120, COD, 120, 12
23 15 24 5
25 20, 20, 40, OCD, 40, 40, 60, BOD, 60, 3
26 10 27 8

6 45 : 90=3 : x이므로 $x=6$

7 30 : 120=x : 20이므로 $x=5$

8 3 : 6=x : 70이므로 $x=35$

10 30 : 45=x : 6이므로 $x=4$
45 : y=6 : 10이므로 $y=75$

11 30 : 100=3 : x이므로 $x=10$
30 : y=3 : 5이므로 $y=50$

12 80 : x=16 : 4이므로 $x=20$
80 : 90=16 : y이므로 $y=18$

13 105 : x=5 : 3이므로 $x=63$
42 : 105=y : 5이므로 $y=2$

15 $\angle x=180^\circ\times\frac{3}{3+7}=54^\circ$

16 $\angle x=180^\circ\times\frac{3}{1+3}=135^\circ$

18 $\angle x=360^\circ\times\frac{7}{2+6+7}=168^\circ$

20 $\overline{AD}/\!/\overline{OC}$이므로
∠DAB=∠COB=20°(동위각)
$\overline{OD}$를 그으면 $\overline{OA}=\overline{OD}$이므로
∠ODA=∠DAO=20°
∠AOD=180°−(20°+20°)=140°
따라서 $\widehat{AD}$: $\widehat{BC}$=∠AOD : ∠COB이므로
x : 5=140 : 20, $x=35$

21 $\overline{BC}\,/\!/\,\overline{OD}$이므로
$\angle CBA = \angle DOA = 40°$(동위각)
$\overline{OC}$를 그으면 $\overline{OB} = \overline{OC}$이므로
$\angle OCB = \angle CBO = 40°$
$\angle BOC = 180° - (40° + 40°) = 100°$
따라서 $\widehat{AD} : \widehat{BC} = \angle AOD : \angle BOC$이므로
$10 : x = 40 : 100$, $x = 25$

23 $\overline{AB}\,/\!/\,\overline{DC}$이므로
$\angle OCD = \angle COB = 40°$(엇각)
$\overline{OD}$를 그으면 $\overline{OC} = \overline{OD}$이므로
$\angle ODC = \angle OCD = 40°$
$\angle COD = 180° - (40° + 40°) = 100°$
따라서 $\widehat{BC} : \widehat{DC} = \angle BOC : \angle COD$이므로
$6 : x = 40 : 100$, $x = 15$

24 $\overline{OD} = \overline{OC}$이므로
$\angle OCD = \angle ODC = 50°$
$\angle COD = 180° - (50° + 50°) = 80°$이고
$\overline{AB}\,/\!/\,\overline{DC}$이므로
$\angle BOC = \angle OCD = 50°$(엇각)
따라서 $\widehat{BC} : \widehat{DC} = \angle BOC : \angle COD$이므로
$x : 8 = 50 : 80$, $x = 5$

26 $\overline{CO} = \overline{CP}$이므로
$\angle POC = \angle OPC = 15°$
$\triangle OPC$에서 $\angle OCD = 15° + 15° = 30°$
$\overline{OC} = \overline{OD}$이므로
$\angle ODC = \angle OCD = 30°$
$\triangle OPD$에서 $\angle BOD = 15° + 30° = 45°$
따라서 $\widehat{AC} : \widehat{BD} = \angle AOC : \angle BOD$이므로
$\widehat{AC} : 30 = 15 : 45$, $\widehat{AC} = 10$

27 $\overline{CO} = \overline{CP}$이므로
$\angle POC = \angle OPC = 25°$
$\triangle OPC$에서 $\angle OCD = 25° + 25° = 50°$
$\overline{OC} = \overline{OD}$이므로
$\angle ODC = \angle OCD = 50°$
$\triangle OPD$에서 $\angle BOD = 25° + 50° = 75°$
따라서 $\widehat{AC} : \widehat{BD} = \angle AOC : \angle BOD$이므로
$\widehat{AC} : 24 = 25 : 75$이므로 $\widehat{AC} = 8$

03 부채꼴; 중심각의 크기와 넓이

본문 136쪽

원리확인

2 cm², 3 cm², 4 cm², 정비례

1 5　2 10　3 70　4 20
☺ 넓이, 중심각　5 (✎ 15, 5)
6 15　7 80　8 75　☺ 정비례
9 30　10 $\frac{25}{2}$　11 9　12 2
13 ⑤

6 $10 : x = 50 : 75$이므로 $x = 15$

7 $12 : 3 = x : 20$이므로 $x = 80$

8 $20 : 12 = x : 45$이므로 $x = 75$

9 $25 : 10 = 75 : x$이므로 $x = 30$

10 $4 : 5 = 10 : x$이므로 $x = \frac{25}{2}$

11 $3 : x = 8 : 24$이므로 $x = 9$

12 $x : 10 = 10 : 50$이므로 $x = 2$

13 원의 넓이를 x cm²라 하면
$108 : 360 = 18 : x$이므로 $x = 60$
따라서 원의 넓이는 60 cm²이다.

04 부채꼴; 중심각의 크기와 현의 길이

본문 138쪽

원리확인

❶ ○　❷ ○　❸ ○
❹ ×　❺ ○　❻ ×

1 3　2 4　3 8　4 15
☺ 현, 중심각　5 65　6 135
7 70　8 50

☺ 정비례한다, 정비례하지 않는다

9 ○	10 ○	11 ○	12 ×
13 ○	14 ⑤		

12 현의 길이는 중심각의 크기에 정비례하지 않는다.

14 ① 알 수 없다.
② $2\widehat{AB}=\widehat{CD}$
③ $\overline{AB}\neq\frac{1}{2}\overline{CD}$
④ (△COD의 넓이)<2×(△AOB의 넓이)

05 원; 둘레의 길이와 넓이

본문 140쪽

1 (✎ $3, 6\pi$) 2 10π cm 3 12π cm 4 20π cm
5 (✎ $3, 9\pi$) 6 144π cm^2 7 4π cm^2 8 100π cm^2
9 (✎ $6\pi, 3, 3, 9\pi$) 10 6 cm, 36π cm^2
11 9 cm, 81π cm^2 12 12 cm, 144π cm^2
13 20 cm, 400π cm^2 14 (✎ $4\pi, 2, 2, 4\pi$)
15 5 cm, 10π cm 16 8 cm, 16π cm
17 10 cm, 20π cm 18 16 cm, 32π cm
☺ $2\pi r$, πr^2

2 $2\pi\times5=10\pi$(cm)

3 반지름의 길이가 6 cm이므로
$2\pi\times6=12\pi$(cm)

4 반지름의 길이가 10 cm이므로
$2\pi\times10=20\pi$(cm)

6 $\pi\times12^2=144\pi$(cm^2)

7 반지름의 길이가 2 cm이므로
$\pi\times2^2=4\pi$(cm^2)

8 반지름의 길이가 10 cm이므로
$\pi\times10^2=100\pi$(cm^2)

10 $2\pi r=12\pi$이므로 $r=6$(cm)
$S=\pi\times6^2=36\pi$(cm^2)

11 $2\pi r=18\pi$이므로 $r=9$(cm)
$S=\pi\times9^2=81\pi$(cm^2)

12 $2\pi r=24\pi$이므로 $r=12$(cm)
$S=\pi\times12^2=144\pi$(cm^2)

13 $2\pi r=40\pi$이므로 $r=20$(cm)
$S=\pi\times20^2=400\pi$(cm^2)

15 $\pi r^2=25\pi$이므로 $r=5$(cm)
$l=2\pi\times5=10\pi$(cm)

16 $\pi r^2=64\pi$이므로 $r=8$(cm)
$l=2\pi\times8=16\pi$(cm)

17 $\pi r^2=100\pi$이므로 $r=10$(cm)
$l=2\pi\times10=20\pi$(cm)

18 $\pi r^2=256\pi$이므로 $r=16$(cm)
$l=2\pi\times16=32\pi$(cm)

06 부채꼴; 호의 길이와 넓이

본문 142쪽

1 (✎ $18, 40, 4\pi$) 2 π cm 3 2π cm
4 $\frac{40}{3}\pi$ cm 5 (✎ $9, 120, 6\pi, 18$) 6 $(\pi+6)$ cm
7 $(8\pi+20)$ cm 8 $(7\pi+28)$ cm
9 $\left(\frac{10}{3}\pi+8\right)$ cm 10 (✎ $18, 40, 36\pi$)
11 96π cm^2 12 $\frac{9}{2}\pi$ cm^2 13 27π cm^2 14 54π cm^2
15 $\frac{75}{4}\pi$ cm^2 ☺ $\frac{x}{360}$, $\frac{x}{360}$
16 (✎ $60, 9, 9$) 17 12 cm 18 9 cm
19 16 cm 20 18 cm 21 10 cm 22 $\frac{9}{2}$ cm
23 ② 24 (✎ $10, 72, 72$) 25 150°
26 45° 27 240° 28 288° 29 30°

30 81°	31 (✎120, 36, 6, 6)		32 2 cm
33 5 cm	34 12 cm	35 9 cm	36 4 cm
37 (✎3, 80, 80)		38 150°	39 90°
40 135°	41 210°	42 30°	

2 $2\pi\times3\times\frac{60}{360}=\pi(\text{cm})$

3 $2\pi\times8\times\frac{45}{360}=2\pi(\text{cm})$

4 $2\pi\times10\times\frac{240}{360}=\frac{40}{3}\pi(\text{cm})$

6 (부채꼴의 호의 길이)$=2\pi\times3\times\frac{60}{360}=\pi(\text{cm})$
따라서 (부채꼴의 둘레의 길이)$=\pi+6(\text{cm})$

7 (부채꼴의 호의 길이)$=2\pi\times10\times\frac{144}{360}=8\pi(\text{cm})$
따라서 (부채꼴의 둘레의 길이)$=8\pi+20(\text{cm})$

8 (부채꼴의 호의 길이)$=2\pi\times14\times\frac{90}{360}=7\pi(\text{cm})$
따라서 (부채꼴의 둘레의 길이)$=7\pi+28(\text{cm})$

9 (부채꼴의 호의 길이)$=2\pi\times4\times\frac{150}{360}=\frac{10}{3}\pi(\text{cm})$
따라서 (부채꼴의 둘레의 길이)$=\frac{10}{3}\pi+8(\text{cm})$

11 $\pi\times12^2\times\frac{240}{360}=96\pi(\text{cm}^2)$

12 $\pi\times6^2\times\frac{45}{360}=\frac{9}{2}\pi(\text{cm}^2)$

13 $\pi\times9^2\times\frac{120}{360}=27\pi(\text{cm}^2)$

14 $\pi\times12^2\times\frac{135}{360}=54\pi(\text{cm}^2)$

15 $\pi\times15^2\times\frac{30}{360}=\frac{75}{4}\pi(\text{cm}^2)$

17 부채꼴의 반지름의 길이를 r cm라 하면
$2\pi r\times\frac{150}{360}=10\pi$, $r=12$
따라서 반지름의 길이는 12 cm이다.

18 부채꼴의 반지름의 길이를 r cm라 하면
$2\pi r\times\frac{40}{360}=2\pi$, $r=9$
따라서 반지름의 길이는 9 cm이다.

19 부채꼴의 반지름의 길이를 r cm라 하면
$2\pi r\times\frac{45}{360}=4\pi$, $r=16$
따라서 반지름의 길이는 16 cm이다.

20 부채꼴의 반지름의 길이를 r cm라 하면
$2\pi r\times\frac{120}{360}=12\pi$, $r=18$
따라서 반지름의 길이는 18 cm이다.

21 부채꼴의 반지름의 길이를 r cm라 하면
$2\pi r\times\frac{144}{360}=8\pi$, $r=10$
따라서 반지름의 길이는 10 cm이다.

22 부채꼴의 반지름의 길이를 r cm라 하면
$2\pi r\times\frac{240}{360}=6\pi$, $r=\frac{9}{2}$
따라서 반지름의 길이는 $\frac{9}{2}$ cm이다.

23 부채꼴의 반지름의 길이를 r cm라 하면
$2\pi r\times\frac{30}{360}=\pi$, $r=6$
따라서 구하는 부채꼴의 둘레의 길이는
$\pi+12(\text{cm})$

25 부채꼴의 중심각의 크기를 $x°$라 하면
$2\pi\times6\times\frac{x}{360}=5\pi$이므로 $x=150$
따라서 중심각의 크기는 150°이다.

26 부채꼴의 중심각의 크기를 $x°$라 하면
$2\pi\times4\times\frac{x}{360}=\pi$이므로 $x=45$
따라서 중심각의 크기는 45°이다.

27 부채꼴의 중심각의 크기를 $x°$라 하면
$2\pi\times3\times\frac{x}{360}=4\pi$이므로 $x=240$
따라서 중심각의 크기는 240°이다.

28 부채꼴의 중심각의 크기를 $x°$라 하면
$2\pi\times5\times\frac{x}{360}=8\pi$이므로 $x=288$
따라서 중심각의 크기는 288°이다.

29 부채꼴의 중심각의 크기를 $x°$라 하면

$2\pi\times12\times\frac{x}{360}=2\pi$이므로 $x=30$

따라서 중심각의 크기는 $30°$이다.

30 부채꼴의 중심각의 크기를 $x°$라 하면

$2\pi\times20\times\frac{x}{360}=9\pi$이므로 $x=81$

따라서 중심각의 크기는 $81°$이다.

32 부채꼴의 반지름의 길이를 r cm라 하면

$\pi r^2\times\frac{90}{360}=\pi$이므로 $r^2=4$, $r=2$ $(r>0)$

따라서 반지름의 길이는 2 cm이다.

33 부채꼴의 반지름의 길이를 r cm라 하면

$\pi r^2\times\frac{144}{360}=10\pi$이므로 $r^2=25$, $r=5$ $(r>0)$

따라서 반지름의 길이는 5 cm이다.

34 부채꼴의 반지름의 길이를 r cm라 하면

$\pi r^2\times\frac{60}{360}=24\pi$이므로 $r^2=144$, $r=12$ $(r>0)$

따라서 반지름의 길이는 12 cm이다.

35 부채꼴의 반지름의 길이를 r cm라 하면

$\pi r^2\times\frac{120}{360}=27\pi$이므로 $r^2=81$, $r=9$ $(r>0)$

따라서 반지름의 길이는 9 cm이다.

36 부채꼴의 반지름의 길이를 r cm라 하면

$\pi r^2\times\frac{135}{360}=6\pi$이므로 $r^2=16$, $r=4$ $(r>0)$

따라서 반지름의 길이는 4 cm이다.

38 부채꼴의 중심각의 크기를 $x°$라 하면

$\pi\times12^2\times\frac{x}{360}=60\pi$이므로 $x=150$

따라서 중심각의 크기는 $150°$이다.

39 부채꼴의 중심각의 크기를 $x°$라 하면

$\pi\times10^2\times\frac{x}{360}=25\pi$이므로 $x=90$

따라서 중심각의 크기는 $90°$이다.

40 부채꼴의 중심각의 크기를 $x°$라 하면

$\pi\times8^2\times\frac{x}{360}=24\pi$이므로 $x=135$

따라서 중심각의 크기는 $135°$이다.

41 부채꼴의 중심각의 크기를 $x°$라 하면

$\pi\times6^2\times\frac{x}{360}=21\pi$이므로 $x=210$

따라서 중심각의 크기는 $210°$이다.

42 부채꼴의 중심각의 크기를 $x°$라 하면

$\pi\times16^2\times\frac{x}{360}=\frac{64}{3}\pi$이므로 $x=30$

따라서 중심각의 크기는 $30°$이다.

07 부채꼴; 호의 길이와 넓이 사이의 관계

본문 146쪽

1 (✎ 3π, 6π) 2 8π cm^2 3 27π cm^2
4 (✎ 2π, 8π, 8, 8) 5 6 cm 6 15 cm
7 5 cm 8 10 cm ☺ $\frac{1}{2}rl$
9 (✎ 9, 27π, 6π, 6π) 10 3π cm 11 5π cm
12 6π cm 13 6π cm 14 2π cm
15 (✎ 2π, 3π, 3, 3, 3π, 120, 120) 16 $225°$
17 $120°$

2 $\frac{1}{2}\times8\times2\pi=8\pi(cm^2)$

3 $\frac{1}{2}\times9\times6\pi=27\pi(cm^2)$

5 부채꼴의 반지름의 길이를 r cm라 하면

$\frac{1}{2}\times r\times5\pi=15\pi$이므로 $r=6$

따라서 반지름의 길이는 6 cm이다.

6 부채꼴의 반지름의 길이를 r cm라 하면

$\frac{1}{2}\times r\times18\pi=135\pi$이므로 $r=15$

따라서 반지름의 길이는 15 cm이다.

7 부채꼴의 반지름의 길이를 r cm라 하면

$\frac{1}{2}\times r\times6\pi=15\pi$이므로 $r=5$

따라서 반지름의 길이는 5 cm이다.

8 부채꼴의 반지름의 길이를 r cm라 하면

$\frac{1}{2}\times r\times5\pi=25\pi$이므로 $r=10$

따라서 반지름의 길이는 10 cm이다.

10 부채꼴의 호의 길이를 l cm라 하면

$\frac{1}{2}\times 4\times l=6\pi$이므로 $l=3\pi$

따라서 호의 길이는 3π cm이다.

11 부채꼴의 호의 길이를 l cm라 하면

$\frac{1}{2}\times 6\times l=15\pi$이므로 $l=5\pi$

따라서 호의 길이는 5π cm이다.

12 부채꼴의 호의 길이를 l cm라 하면

$\frac{1}{2}\times 10\times l=30\pi$이므로 $l=6\pi$

따라서 호의 길이는 6π cm이다.

13 부채꼴의 호의 길이를 l cm라 하면

$\frac{1}{2}\times 6\times l=18\pi$이므로 $l=6\pi$

따라서 호의 길이는 6π cm이다.

14 부채꼴의 호의 길이를 l cm라 하면

$\frac{1}{2}\times 10\times l=10\pi$이므로 $l=2\pi$

따라서 호의 길이는 2π cm이다.

16 부채꼴의 반지름의 길이를 r cm라 하면

$\frac{1}{2}\times r\times 10\pi=40\pi$이므로 $r=8$

부채꼴의 중심각의 크기를 $x°$라 하면

$\pi\times 8^2\times\frac{x}{360}=40\pi$이므로 $x=225$

따라서 중심각의 크기는 225°이다.

17 부채꼴의 반지름의 길이를 r cm라 하면

$\frac{1}{2}\times r\times 6\pi=27\pi$이므로 $r=9$

부채꼴의 중심각의 크기를 $x°$라 하면

$\pi\times 9^2\times\frac{x}{360}=27\pi$이므로 $x=120$

따라서 중심각의 크기는 120°이다.

08 색칠한 부분의 둘레의 길이와 넓이

본문 148쪽

1 (1) 9, 18π, 5, 10π, 4, 8π, 36π

(2) 9, 5, 4, 81π, 41π, 40π

2 18π cm, 27π cm^2

3 12π cm, 12π cm^2

4 40π cm, 50π cm^2

5 $(10\pi+4)$ cm, 10π cm^2

6 20π cm, 24π cm^2

7 (1) 12, 120, 8π, 3, 120, 2π, 9, 18, $10\pi+18$

(2) 12, 120, 3, 120, 48π, 3π, 45π

8 $(3\pi+8)$ cm, 6π cm^2

9 $(25\pi+36)$ cm, 225π cm^2

10 $\left(\frac{25}{6}\pi+6\right)$ cm, $\frac{25}{4}\pi$ cm^2

11 $\left(\frac{7}{2}\pi+10\right)$ cm, $\frac{35}{4}\pi$ cm^2

12 $\left(\frac{7}{4}\pi+6\right)$ cm, $\frac{21}{8}\pi$ cm^2

13 $(6\pi+6)$ cm, 9π cm^2

14 (1) 4, 2π, 4, 8, $2\pi+8$ (2) 4, 4, $16-4\pi$

15 $(4\pi+16)$ cm, $(64-16\pi)$ cm^2

16 $(5\pi+20)$ cm, $(100-25\pi)$ cm^2

17 $(6\pi+24)$ cm, $(72-18\pi)$ cm^2

18 $(20\pi+40)$ cm, $(400-100\pi)$ cm^2

19 $(8\pi+16)$ cm, $(128-32\pi)$ cm^2

20 $(30\pi+120)$ cm, $(900-225\pi)$ cm^2

21 (1) 10, 5π, 5, 5π, 10, $10\pi+10$

(2) 10, 5, 25π, $\frac{25}{2}\pi$, $\frac{25}{2}\pi$

22 $(4\pi+4)$ cm, 2π cm^2

23 $(6\pi+6)$ cm, $\frac{9}{2}\pi$ cm^2

24 $(5\pi+5)$ cm, $\frac{25}{8}\pi$ cm^2

25 $(4\pi+12)$ cm, $(16-2\pi)$ cm^2

26 $(12\pi+36)$ cm, $(144-18\pi)$ cm^2

27 $(8\pi+8)$ cm, 8π cm^2

28 (1) 8, 4π, 8π (2) 8, 8, $16\pi-32$, $32\pi-64$

29 10π cm, $(50\pi-100)$ cm^2

30 20π cm, $(200\pi-400)$ cm^2

31 $(4\pi+16)$ cm, $(32-8\pi)$ cm^2

32 $(6\pi+24)$ cm, $(72-18\pi)$ cm^2

33 $(2\pi+8)$ cm, $(8-2\pi)$ cm^2

34 $(9\pi+12)$ cm, $(45\pi-36)$ cm^2

35 (1) 2, π, 4π (2) 2, 4, $16-4\pi$

36 12π cm, $(144-36\pi)$ cm^2

37 24π cm, $(72\pi-144)$ cm^2

38 $(10\pi+20)$ cm, $(200-50\pi)$ cm^2

39 $(16\pi+48)$ cm, $(256-64\pi)$ cm^2

40 20π cm, $(50\pi-100)$ cm^2

41 6π cm, $\left(\frac{9}{2}\pi-9\right)$ cm^2

42 (1) 10, 10π, 5, 5π, 20π (2) 10, 50π

43 $(4\pi+4)$ cm, 8 cm^2

44 14π cm, 98 cm^2

45 10π cm, 50 cm^2

46 $\frac{9}{2}\pi$ cm, $\frac{9}{4}\pi$ cm^2

47 48π cm, 128π cm^2

48 $(8\pi+16)$ cm, 32 cm^2

49 (1) 12, 6π, 6, 6π, 18π (2) 12, 12, $36\pi-72$

50 $(5\pi+10)$ cm, $\frac{25}{2}$ cm^2

51 $(10\pi+20)$ cm, 50 cm^2

52 $(6\pi+12)$ cm, 18 cm^2

53 $(4\pi+4)$ cm, 2π cm^2

54 $(15\pi+20)$ cm, $\frac{25}{2}\pi$ cm^2

55 $(24\pi+32)$ cm, 32π cm^2

56 (1) 2, 2π, $\frac{3}{2}$, $\frac{3}{2}\pi$, $\frac{5}{2}$, $\frac{5}{2}\pi$, 6π

(2) 2, 2, $\frac{3}{2}$, 2, 4, $\frac{5}{2}$, 2, 6

57 15π cm, 30 cm^2

58 (1) 6, 6π, 12, 4π, 6, 6π, 16π (2) 6, 12, 6, 24π

59 5π cm, 2π cm^2

2 (둘레의 길이)$=2\pi\times6+2\pi\times3=18\pi$(cm)
(넓이)$=\pi\times6^2-\pi\times3^2=27\pi$(cm^2)

3 (둘레의 길이)$=2\pi\times4+2\pi\times2=12\pi$(cm)
(넓이)$=\pi\times4^2-\pi\times2^2=12\pi$(cm^2)

4 (둘레의 길이)$=2\pi\times10+2\times2\pi\times5=40\pi$(cm)
(넓이)$=\pi\times10^2-2\times\pi\times5^2=50\pi$(cm^2)

5 (둘레의 길이)=(곡선 부분)+(직선 부분)
$=\left(\frac{1}{2}\times2\pi\times6+\frac{1}{2}\times2\pi\times4\right)+4$
$=10\pi+4$(cm)
(넓이)$=\frac{1}{2}\times\pi\times6^2-\frac{1}{2}\times\pi\times4^2=10\pi$(cm^2)

6 (둘레의 길이)$=\frac{1}{2}\times2\pi\times10+\frac{1}{2}\times2\pi\times6+\frac{1}{2}\times2\pi\times4$
$=20\pi$(cm)
(넓이)$=\frac{1}{2}\times\pi\times10^2-\frac{1}{2}\times\pi\times6^2-\frac{1}{2}\times\pi\times4^2$
$=24\pi$(cm^2)

8 (둘레의 길이)=(곡선 부분)+(직선 부분)
$=\left(2\pi\times8\times\frac{45}{360}+2\pi\times4\times\frac{45}{360}\right)+2\times4$
$=3\pi+8$(cm)
(넓이)$=\pi\times8^2\times\frac{45}{360}-\pi\times4^2\times\frac{45}{360}=6\pi$(cm^2)

9 (둘레의 길이)
=(곡선 부분)+(직선 부분)
$=\left(2\pi\times24\times\frac{150}{360}+2\pi\times6\times\frac{150}{360}\right)+2\times18$
$=25\pi+36$(cm)
(넓이)$=\pi\times24^2\times\frac{150}{360}-\pi\times6^2\times\frac{150}{360}=225\pi$(cm^2)

10 (둘레의 길이)=(곡선 부분)+(직선 부분)
$=\left(2\pi\times9\times\frac{50}{360}+2\pi\times6\times\frac{50}{360}\right)+2\times3$
$=\frac{25}{6}\pi+6$(cm)
(넓이)$=\pi\times9^2\times\frac{50}{360}-\pi\times6^2\times\frac{50}{360}=\frac{25}{4}\pi$(cm^2)

11 (둘레의 길이)=(곡선 부분)+(직선 부분)
$=\left(2\pi\times6\times\frac{90}{360}+2\pi\times1\times\frac{90}{360}\right)+2\times5$
$=\frac{7}{2}\pi+10$(cm)
(넓이)$=\pi\times6^2\times\frac{90}{360}-\pi\times1^2\times\frac{90}{360}=\frac{35}{4}\pi$(cm^2)

12 (둘레의 길이)=(곡선 부분)+(직선 부분)
$=\left(2\pi\times5\times\frac{45}{360}+2\pi\times2\times\frac{45}{360}\right)+2\times3$
$=\frac{7}{4}\pi+6$(cm)
(넓이)$=\pi\times5^2\times\frac{45}{360}-\pi\times2^2\times\frac{45}{360}=\frac{21}{8}\pi$(cm^2)

13 (둘레의 길이)=(곡선 부분)+(직선 부분)
$=\left(2\pi\times6\times\frac{120}{360}+2\pi\times3\times\frac{120}{360}\right)+2\times3$
$=6\pi+6$(cm)
(넓이)$=\pi\times6^2\times\frac{120}{360}-\pi\times3^2\times\frac{120}{360}=9\pi$(cm^2)

15 (둘레의 길이)=(곡선 부분)+(직선 부분)

$=2\pi\times8\times\frac{1}{4}+2\times8$

$=4\pi+16(\text{cm})$

(넓이)$=8\times8-\pi\times8^2\times\frac{1}{4}=64-16\pi(\text{cm}^2)$

16 (둘레의 길이)=(곡선 부분)+(직선 부분)

$=2\pi\times10\times\frac{1}{4}+2\times10$

$=5\pi+20(\text{cm})$

(넓이)$=10\times10-\pi\times10^2\times\frac{1}{4}=100-25\pi(\text{cm}^2)$

17 (둘레의 길이)=(곡선 부분)+(직선 부분)

$=2\pi\times6\times\frac{1}{2}+2\times6+12$

$=6\pi+24(\text{cm})$

(넓이)$=12\times6-\pi\times6^2\times\frac{1}{2}=72-18\pi(\text{cm}^2)$

18 (둘레의 길이)=(곡선 부분)+(직선 부분)

$=2\times2\pi\times10\times\frac{1}{2}+2\times20$

$=20\pi+40(\text{cm})$

(넓이)$=20\times20-2\times\pi\times10^2\times\frac{1}{2}=400-100\pi(\text{cm}^2)$

19 (둘레의 길이)=(곡선 부분)+(직선 부분)

$=2\times2\pi\times8\times\frac{1}{4}+2\times8$

$=8\pi+16(\text{cm})$

(넓이)$=16\times8-2\times\pi\times8^2\times\frac{1}{4}=128-32\pi(\text{cm}^2)$

20 (둘레의 길이)=(곡선 부분)+(직선 부분)

$=2\pi\times15+4\times30$

$=30\pi+120(\text{cm})$

(넓이)$=30\times30-\pi\times15^2=900-225\pi(\text{cm}^2)$

22 (둘레의 길이)=(곡선 부분)+(직선 부분)

$=\left(2\pi\times4\times\frac{1}{4}+2\pi\times2\times\frac{1}{2}\right)+4$

$=4\pi+4(\text{cm})$

(넓이)$=\pi\times4^2\times\frac{1}{4}-\pi\times2^2\times\frac{1}{2}=2\pi(\text{cm}^2)$

23 (둘레의 길이)=(곡선 부분)+(직선 부분)

$=\left(2\pi\times3\times\frac{1}{2}+2\pi\times6\times\frac{1}{4}\right)+6$

$=6\pi+6(\text{cm})$

(넓이)$=\pi\times6^2\times\frac{1}{4}-\pi\times3^2\times\frac{1}{2}=\frac{9}{2}\pi(\text{cm}^2)$

24 (둘레의 길이)=(곡선 부분)+(직선 부분)

$=\left(2\pi\times5\times\frac{1}{4}+2\pi\times\frac{5}{2}\times\frac{1}{2}\right)+5$

$=5\pi+5(\text{cm})$

(넓이)$=\pi\times5^2\times\frac{1}{4}-\pi\times\left(\frac{5}{2}\right)^2\times\frac{1}{2}=\frac{25}{8}\pi(\text{cm}^2)$

25 (둘레의 길이)=(곡선 부분)+(직선 부분)

$=\left(2\pi\times2\times\frac{1}{2}+2\pi\times4\times\frac{1}{4}\right)+3\times4$

$=4\pi+12(\text{cm})$

(넓이)$=4\times4-\pi\times4^2\times\frac{1}{4}+\pi\times2^2\times\frac{1}{2}=16-2\pi(\text{cm}^2)$

26 (둘레의 길이)=(곡선 부분)+(직선 부분)

$=\left(2\pi\times12\times\frac{1}{4}+2\pi\times6\times\frac{1}{2}\right)+3\times12$

$=12\pi+36(\text{cm})$

(넓이)$=12\times12-\pi\times12^2\times\frac{1}{4}+\pi\times6^2\times\frac{1}{2}$

$=144-18\pi(\text{cm}^2)$

27 (둘레의 길이)=(곡선 부분)+(직선 부분)

$=\left(2\pi\times8\times\frac{1}{4}+2\pi\times4\times\frac{1}{2}\right)+8$

$=8\pi+8(\text{cm})$

(넓이)$=\pi\times8^2\times\frac{1}{4}-\pi\times4^2\times\frac{1}{2}=8\pi(\text{cm}^2)$

29 (둘레의 길이)$=2\pi\times10\times\frac{1}{4}\times2=10\pi(\text{cm})$

(넓이)$=\left(\pi\times10^2\times\frac{1}{4}-\frac{1}{2}\times10\times10\right)\times2$

$=50\pi-100(\text{cm}^2)$

30 (둘레의 길이)$=2\pi\times20\times\frac{1}{4}\times2=20\pi(\text{cm})$

(넓이)$=\left(\pi\times20^2\times\frac{1}{4}-\frac{1}{2}\times20\times20\right)\times2$

$=200\pi-400(\text{cm}^2)$

31 (둘레의 길이)$=\left(2\pi\times4\times\frac{1}{4}+2\times4\right)\times2=4\pi+16(\text{cm})$

(넓이)$=\left(4\times4-\pi\times4^2\times\frac{1}{4}\right)\times2=32-8\pi(\text{cm}^2)$

32 (둘레의 길이)$=\left(2\pi\times6\times\frac{1}{4}+2\times6\right)\times2=6\pi+24(\text{cm})$

(넓이)$=\left(6\times6-\pi\times6^2\times\frac{1}{4}\right)\times2=72-18\pi(\text{cm}^2)$

33 (둘레의 길이)$=\left(2\pi\times2\times\frac{1}{4}+2\times2\right)\times2=2\pi+8$(cm)

(넓이)$=\left(2\times2-\pi\times2^2\times\frac{1}{4}\right)\times2=8-2\pi$(cm^2)

34 (둘레의 길이)=(곡선 부분)+(직선 부분)

$=2\pi\times6\times\frac{1}{4}+2\pi\times12\times\frac{1}{4}+2\times6$

$=9\pi+12$(cm)

(넓이)$=\pi\times12^2\times\frac{1}{4}-\left(6\times6-\pi\times6^2\times\frac{1}{4}\right)$

$=45\pi-36$(cm^2)

36 (둘레의 길이)$=\left(2\pi\times6\times\frac{1}{4}\right)\times4=12\pi$(cm)

(넓이)$=\left(6\times6-\pi\times6^2\times\frac{1}{4}\right)\times4=144-36\pi$(cm^2)

37 (둘레의 길이)$=\left(2\pi\times6\times\frac{1}{4}\right)\times8=24\pi$(cm)

(넓이)$=\left(\pi\times6^2\times\frac{1}{4}-\frac{1}{2}\times6\times6\right)\times8=72\pi-144$(cm^2)

38 (둘레의 길이)=(곡선 부분)+(직선 부분)

$=\left(2\pi\times10\times\frac{1}{4}\right)\times2+20$

$=10\pi+20$(cm)

(넓이)$=\left(10\times10-\pi\times10^2\times\frac{1}{4}\right)\times2=200-50\pi$(cm^2)

39 (둘레의 길이)=(곡선 부분)+(직선 부분)

$=\left(2\pi\times8\times\frac{1}{4}\right)\times4+2\times8+2\times16$

$=16\pi+48$(cm)

(넓이)$=\left(8\times8-\pi\times8^2\times\frac{1}{4}\right)\times4=256-64\pi$(cm^2)

40 (둘레의 길이)$=\left(2\pi\times5\times\frac{1}{4}\right)\times8=20\pi$(cm)

(넓이)$=\left(\pi\times5^2\times\frac{1}{4}-\frac{1}{2}\times5\times5\right)\times8=50\pi-100$(cm^2)

41 (둘레의 길이)$=2\pi\times6\times\frac{1}{4}+\left(2\pi\times3\times\frac{1}{4}\right)\times2=6\pi$(cm)

(넓이)$=\left(\pi\times6^2\times\frac{1}{4}\right)-\left(\pi\times3^2\times\frac{1}{4}\times2+3\times3\right)$

$=\frac{9}{2}\pi-9$(cm^2)

43 (둘레의 길이)$=\left(2\pi\times2\times\frac{1}{2}+2\right)\times2$

$=4\pi+4$(cm)

(넓이)$=2\times4=8$(cm^2)

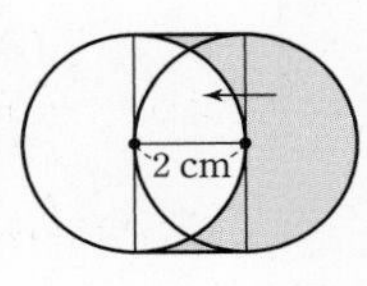

44 (둘레의 길이)$=\left(2\pi\times7\times\frac{1}{4}\right)\times4$

$=14\pi$(cm)

(넓이)$=7\times14=98$(cm^2)

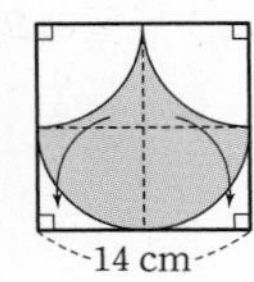

45 (둘레의 길이)$=\left(2\pi\times5\times\frac{1}{4}\right)\times4$

$=10\pi$(cm)

(넓이)$=10\times5=50$(cm^2)

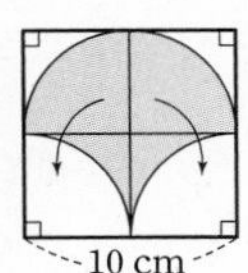

46 (둘레의 길이)

$=2\pi\times3\times\frac{1}{4}+\left(2\pi\times\frac{3}{2}\times\frac{1}{2}\right)\times2$

$=\frac{9}{2}\pi$(cm)

(넓이)$=\pi\times3^2\times\frac{1}{4}=\frac{9}{4}\pi$(cm^2)

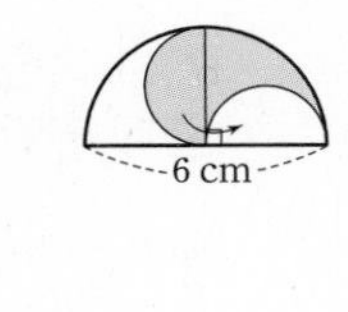

47 (둘레의 길이)

$=\left(2\pi\times16\times\frac{1}{4}\right)\times2+\left(2\pi\times8\times\frac{1}{2}\right)\times4$

$=48\pi$(cm)

(넓이)$=\pi\times16^2\times\frac{1}{2}=128\pi$(cm^2)

16 cm

48 (둘레의 길이)=(곡선 부분)+(직선 부분)

$=\left(2\pi\times2\times\frac{1}{2}\right)\times4+4\times4$

$=8\pi+16$(cm)

(넓이)$=(4\times4)\times2=32$(cm^2)

8 cm 8 cm

50 (둘레의 길이)

=(곡선 부분)+(직선 부분)

$=\left(2\pi\times\frac{5}{2}\times\frac{1}{2}\right)\times2+2\times5$

$=5\pi+10$(cm)

(넓이)$=\frac{1}{2}\times5\times5=\frac{25}{2}$(cm^2)

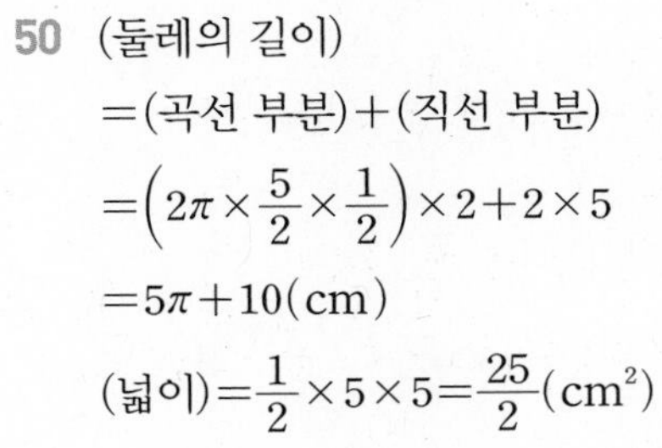

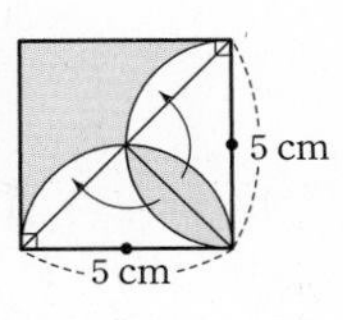

51 (둘레의 길이)

=(곡선 부분)+(직선 부분)

$=\left(2\pi\times5\times\frac{1}{2}\right)\times2+2\times10$

$=10\pi+20$(cm)

(넓이)$=\frac{1}{2}\times10\times10=50$(cm^2)

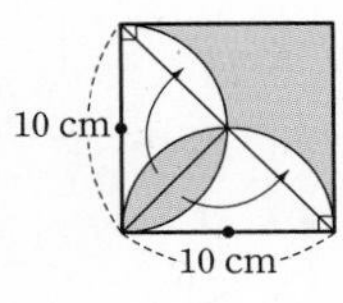

52 (둘레의 길이)
$=$(곡선 부분)$+$(직선 부분)
$=\left(2\pi\times3\times\frac{1}{2}\right)\times2+2\times6$
$=6\pi+12(\text{cm})$
(넓이)$=\frac{1}{2}\times6\times6=18(\text{cm}^2)$

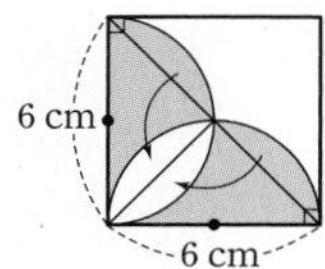

53 (둘레의 길이)$=$(곡선 부분)$+$(직선 부분)
$=\left(2\pi\times2\times\frac{1}{4}\right)\times4+4$
$=4\pi+4(\text{cm})$
(넓이)$=\pi\times2^2\times\frac{1}{2}=2\pi(\text{cm}^2)$

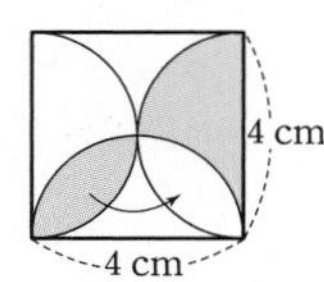

54 (둘레의 길이)$=$(곡선 부분)$+$(직선 부분)
$=\left(2\pi\times5\times\frac{1}{4}\right)\times6+5\times4$
$=15\pi+20(\text{cm})$
(넓이)$=\left(\pi\times5^2\times\frac{1}{4}\right)\times2=\frac{25}{2}\pi(\text{cm}^2)$

55 (둘레의 길이)$=$(곡선 부분)$+$(직선 부분)
$=\left(2\pi\times8\times\frac{1}{4}\right)\times6+8\times4$
$=24\pi+32(\text{cm})$
(넓이)$=\left(\pi\times8^2\times\frac{1}{4}\right)\times2=32\pi(\text{cm}^2)$

57 (둘레의 길이)$=2\pi\times6\times\frac{1}{2}+2\pi\times\frac{5}{2}\times\frac{1}{2}+2\pi\times\frac{13}{2}\times\frac{1}{2}$
$=15\pi(\text{cm})$
(넓이)$=\pi\times6^2\times\frac{1}{2}+\pi\times\left(\frac{5}{2}\right)^2\times\frac{1}{2}+\frac{1}{2}\times5\times12$
$-\pi\times\left(\frac{13}{2}\right)^2\times\frac{1}{2}$
$=30(\text{cm}^2)$

59 (둘레의 길이)$=2\pi\times2\times\frac{1}{2}+2\pi\times4\times\frac{45}{360}+2\pi\times2\times\frac{1}{2}$
$=5\pi(\text{cm})$
(넓이)$=\pi\times2^2\times\frac{1}{2}+\pi\times4^2\times\frac{45}{360}-\pi\times2^2\times\frac{1}{2}$
$=2\pi(\text{cm}^2)$

TEST 6. 원과 부채꼴

본문 157쪽

1 ⑤	2 ⑤	3 ③	4 ③
5 $(3\pi+10)$ cm, $\frac{15}{2}\pi$ cm^2			6 ①

1 ⑤ 부채꼴에서 현의 길이는 중심각의 크기에 정비례하지 않는다.

2 $\angle\text{BOC}=360^\circ\times\frac{7}{3+7+8}=140^\circ$

3 $\overline{\text{AB}}\,/\!/\,\overline{\text{CD}}$이므로
$\angle\text{OCD}=\angle\text{AOC}=30^\circ$(엇각)
$\overline{\text{OC}}=\overline{\text{OD}}$이므로 $\angle\text{ODC}=\angle\text{OCD}=30^\circ$
$\angle\text{COD}=180^\circ-(30^\circ+30^\circ)=120^\circ$
따라서 $\widehat{\text{AC}}:\widehat{\text{CD}}=\angle\text{AOC}:\angle\text{COD}$이므로
$3:\widehat{\text{CD}}=30:120$이므로
$\widehat{\text{CD}}=12(\text{cm})$

4 부채꼴의 호의 길이를 l cm라 하면
$\frac{1}{2}\times4\times l=2\pi$이므로 $l=\pi$
따라서 부채꼴의 호의 길이는 π cm이다.

5 정오각형의 한 내각의 크기는
$\frac{180^\circ\times(5-2)}{5}=108^\circ$
(둘레의 길이)$=$(곡선 부분)$+$(직선 부분)
$=2\pi\times5\times\frac{108}{360}+2\times5$
$=3\pi+10(\text{cm})$
(넓이)$=\pi\times5^2\times\frac{108}{360}=\frac{15}{2}\pi(\text{cm}^2)$

6 $6\times6\times\frac{1}{4}=9(\text{cm}^2)$

대단원

TEST Ⅱ. 평면도형

본문 158쪽

1 ⑤	2 ④	3 ⑤
4 ②	5 ④	6 ②
7 ③	8 ①	9 ②
10 ③	11 32π cm^2	12 ②
13 ①	14 10 cm	

1 ⑤ 다각형의 외각의 크기의 합은 360°이다.

2 $\angle x=180°-120°=60°$
$\angle BAD=180°-105°=75°$이고
사각형의 내각의 크기의 합이 360°이므로
$\angle y=360°-(75°+85°+120°)=80°$
따라서 $\angle x+\angle y=60°+80°=140°$

3 $\dfrac{16\times(16-3)}{2}=\dfrac{16\times13}{2}=104$

4 삼각형의 한 외각의 크기는 그와 이웃하지 않는 두 내각의 크기의 합과 같으므로
$3\angle x-5°=\angle x+(\angle x+25°)$
$3\angle x-5°=2\angle x+25°$
따라서 $\angle x=30°$

5 $\angle BAC+40°=120°$이므로 $\angle BAC=80°$
$\overline{AD}$가 $\angle A$의 이등분선이므로 $\angle BAD=40°$
따라서 $\triangle ABD$에서 $\angle x=40°+40°=80°$

6 $\triangle ACD$는 $\overline{AC}=\overline{CD}$인 이등변삼각형이므로
$\angle CAD=\angle CDA=180°-150°=30°$
또 $\triangle ABC$는 $\overline{AB}=\overline{AC}$인 이등변삼각형이므로
$\angle B=\angle ACB=\angle CAD+\angle CDA$
$=30°+30°=60°$

7 구하는 다각형을 n각형이라 하면
$180°\times(n-2)=1080°$, $n-2=6$, $n=8$
따라서 구하는 다각형은 팔각형이다.

8 ① 한 원에서 현의 길이는 중심각의 크기에 정비례하지 않는다.

9 $\overline{OC}\,/\!/\,\overline{AB}$이므로 $\angle OBA=\angle BOC=40°$ (엇각)
$\overline{OA}=\overline{OB}$이므로 $\angle OAB=\angle OBA=40°$
$\triangle OAB$에서 $\angle AOB=180°-(40°+40°)=100°$
즉 $\angle AOC=100°+40°=140°$
$40:140=5:\widehat{AC}$이므로
$2:7=5:\widehat{AC}$, $2\widehat{AC}=35$
따라서 $\widehat{AC}=\dfrac{35}{2}$(cm)

10 $30:120=12:$(부채꼴 OCD의 넓이)이므로
$1:4=12:$(부채꼴 OCD의 넓이)
따라서 (부채꼴 OCD의 넓이)$=48$(cm^2)

11 원 O의 반지름의 길이가 8 cm이므로 원 O의 넓이는
$\pi\times8^2=64\pi$(cm^2)
$\overline{AO}$를 지름으로 하는 원과 $\overline{BO}$를 지름으로 하는 원은 반지름의 길이가 4 cm이므로 색칠하지 않은 부분의 넓이는
$(\pi\times4^2)\times2=32\pi$(cm^2)
따라서 색칠한 부분의 넓이는
$64\pi-32\pi=32\pi$(cm^2)

12 구하는 다각형을 n각형이라 하면 $n-2=9$에서 $n=11$
따라서 십일각형의 변의 개수는 11이다.

13 삼각형의 세 내각의 크기의 합이 180°이므로
$(\angle a+\angle b-45°)$
$+65°+\angle c=180°$
따라서 $\angle a+\angle b+\angle c=160°$

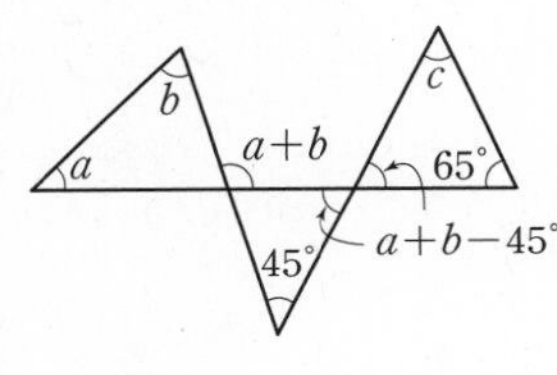

14 $\overline{OC}$를 그으면 $\triangle OBC$는
$\overline{OB}=\overline{OC}$인 이등변삼각형이므로
$\angle OCB=\angle CBO=30°$
이때
$\angle COB=180°-2\times30°=120°$
이므로
$\angle AOC=180°-120°=60°$
$\angle AOC:\angle COB=\widehat{AC}:\widehat{BC}$이므로
$60:120=5:\widehat{BC}$, $1:2=5:\widehat{BC}$
따라서 $\widehat{BC}=10$(cm)

7 다면체와 회전체

01 다면체

본문 164쪽

원리확인

❶ ○ ❷ ○ ❸ ×
❹ × ❺ ○ ❻ ×

1

4	8	8
6	12	12
4	6	6
사면체	육면체	육면체

2

6	6	7
9	10	12
5	6	7
오면체	육면체	칠면체

3

6	8	12
9	12	18
5	6	8
오면체	육면체	팔면체

4 오면체

5 오면체 6 팔면체 7 칠면체 8 칠면체
9 칠면체 10 육면체 11 칠면체 12 ㄱ, ㅂ
13 ㄱ, ㄴ, ㄷ 14 ㄴ, ㄷ, ㅂ
15 ㄱ, ㄹ ☺ 다각형 16 ②

02 다면체의 종류

본문 166쪽

원리확인

오각기둥	오각뿔	오각뿔대
10	6	10
15	10	15
7	6	7

1

6	9	5
8	12	6
10	15	7
12	18	8

2

4	6	4
5	8	5
6	10	6
7	12	7

3

6	9	5
8	12	6
10	15	7
12	18	8

☺ 2, 3, 2, 1, 2, 1, 2, 3, 2 4 ㄱ, ㄴ, ㄷ, ㅁ
5 ㄹ, ㅂ 6 ㄷ, ㄹ, ㅁ 7 ㄱ, ㄴ, ㄹ 8 ㄷ, ㅁ
9 ㄱ, ㄴ, ㅂ 10 삼각기둥 11 칠각뿔 12 팔각뿔대
13 육각기둥 ☺ 기둥, 뿔, 뿔대

03 정다면체

본문 168쪽

1 정사면체, 정삼각형, 3, 4, 6, 4
2 정육면체, 정사각형, 3, 8, 12, 6
3 정팔면체, 정삼각형, 4, 6, 12, 8
4 정십이면체, 정오각형, 3, 20, 30, 12
5 정이십면체, 정삼각형, 5, 12, 30, 20
6 (1) 정사면체, 정팔면체, 정이십면체 (2) 정육면체
(3) 정십이면체
7 (1) 정사면체, 정육면체, 정십이면체 (2) 정팔면체
(3) 정이십면체
8 정팔면체 9 정이십면체 10 정육면체 11 ○
12 × 13 × 14 ○

12 정다면체의 한 꼭짓점에 모일 수 있는 면의 개수는 최대 5이다.

13 정다면체는 정사면체, 정육면체, 정팔면체, 정십이면체, 정이십면체의 5가지뿐이다.

04 정다면체의 전개도

본문 170쪽

1 ○ 2 × 3 ○ 4 ×
5 ○
6 E, D (1) 정사면체 (2) 점 E (3) $\overline{ED}$ (4) $\overline{CF}$

7 I, F, G (1) 정팔면체 (2) $\overline{GF}$ (3) $\overline{BJ}$
(4) $\overline{IE}$, $\overline{ID}$, $\overline{EG}$, $\overline{DC}$($\overline{FG}$)

8 M, K, J, I (1) 정육면체 (2) 점 M (3) $\overline{BC}$
(4) 면 MHKL

9 ⑤

9 ⑤ 주어진 전개도로 만들어지는 정다면체는 정팔면체로 오른쪽 그림과 같다.
따라서 $\overline{AB}$와 꼬인 위치에 있는 모서리는 $\overline{DE}$, $\overline{DJ}$, $\overline{JC}$, $\overline{EC}$이다.

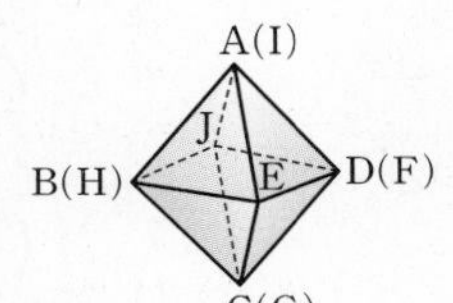

05 회전체

본문 172쪽

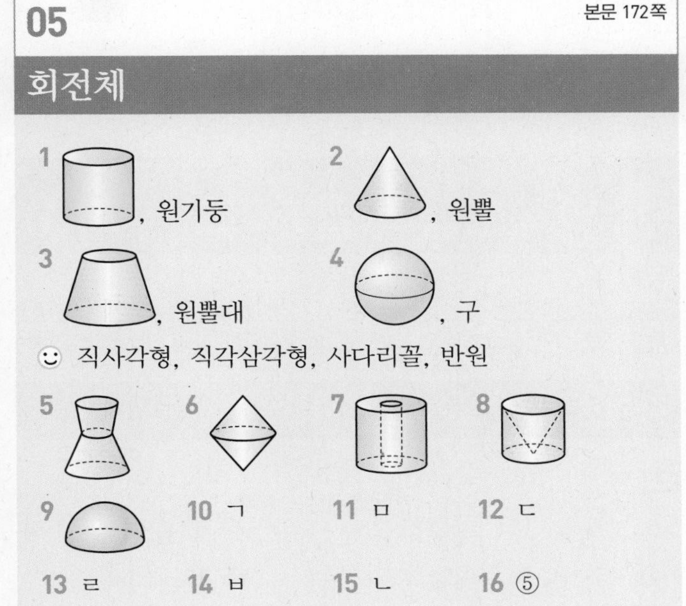

06 회전체의 성질

본문 174쪽

원리확인

❶ 원, 직사각형 ❷ 원, 이등변삼각형
❸ 원, 사다리꼴 ❹ 원, 원

1 2 3 4 5 ☺ 수직, 원 6 7

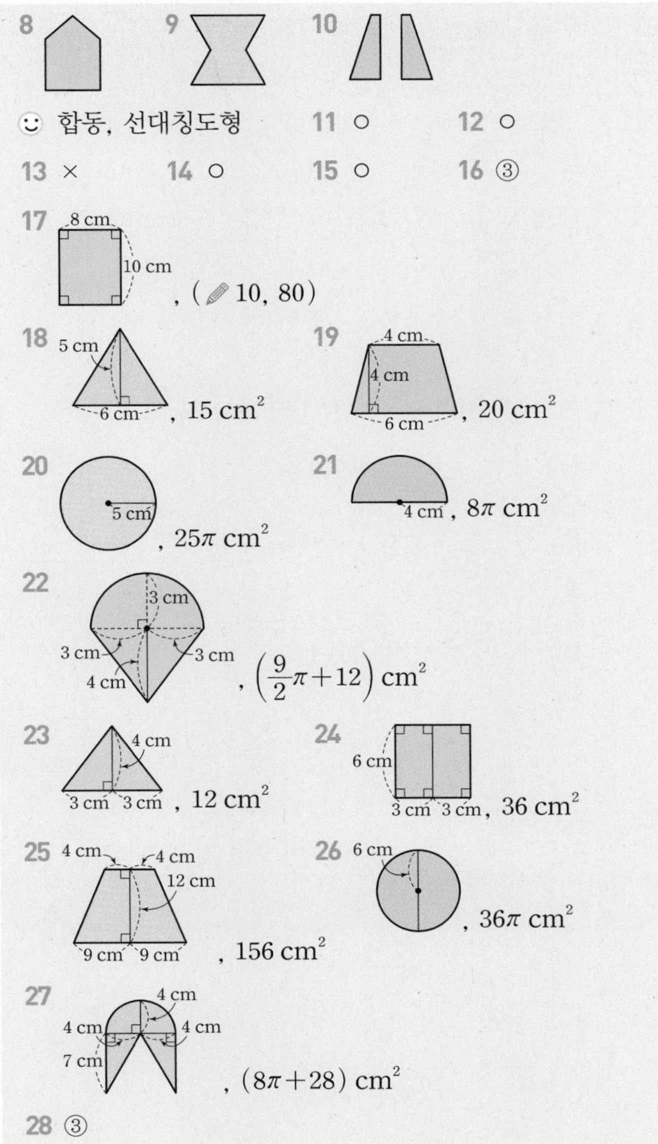

13 구는 회전축이 무수히 많다.

16 ③ 회전체를 회전축에 수직인 평면으로 자른 단면은 모두 원이지만 합동은 아니다.

18 (단면의 넓이)$=\frac{1}{2}\times5\times6=15(\text{cm}^2)$

19 (단면의 넓이)$=\frac{1}{2}\times(4+6)\times4=20(\text{cm}^2)$

20 (단면의 넓이)$=\pi\times5^2=25\pi(\text{cm}^2)$

21 (단면의 넓이)$=\frac{1}{2}\times\pi\times4^2=8\pi(\text{cm}^2)$

22 (단면의 넓이)$=\left(\frac{1}{2}\times\pi\times3^2\right)+\left(\frac{1}{2}\times6\times4\right)$
$=\frac{9}{2}\pi+12(\text{cm}^2)$

23 (단면의 넓이)$=\frac{1}{2}\times6\times4=12(\text{cm}^2)$

24 (단면의 넓이)$=6\times6=36(\text{cm}^2)$

25 (단면의 넓이)$=\frac{1}{2}\times(8+18)\times12=156(\text{cm}^2)$

26 (단면의 넓이)$=\pi\times6^2=36\pi(\text{cm}^2)$

27 (단면의 넓이)$=\left(\frac{1}{2}\times\pi\times4^2\right)+\left(\frac{1}{2}\times4\times7\right)\times2$
$=8\pi+28(\text{cm}^2)$

28 단면은 오른쪽 그림과 같으므로 그 넓이는
$\frac{1}{2}\times(6+10)\times5=40(\text{cm}^2)$

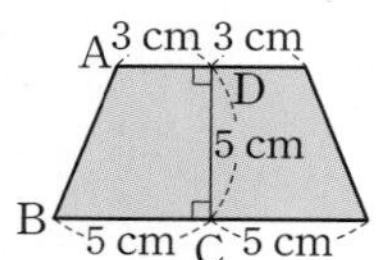

07 본문 178쪽

회전체의 전개도

1 10, 둘레, 5, 10π, 세로, 10
2 9, 5, 5, 10π, 모선, 9
3 원뿔대, $a=6$, $b=10$, $c=12$

3 (가)의 사다리꼴을 직선 l을 회전축으로 하여 1회전 시키면 오른쪽 그림과 같은 원뿔대가 된다. 따라서
$a=6$, $b=10$, $c=12$

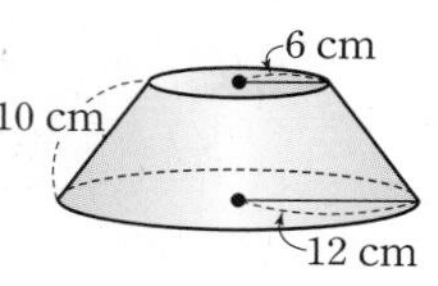

TEST 7. 다면체와 회전체 본문 179쪽

1 ④ 2 ④ 3 ⑤ 4 ③
5 24 cm^2 6 $\widehat{AD}=2\pi$ cm, $\widehat{BC}=4\pi$ cm

1 다면체는 ㄱ, ㄴ, ㄹ, ㅁ, ㅂ, ㅇ이므로 6개이다.

2 사각뿔대의 면의 개수 $a=6$,
오각뿔의 모서리의 개수 $b=10$,
오각기둥의 꼭짓점의 개수 $c=10$
따라서 $a+b-c=6+10-10=6$

3 (가), (나) 조건을 만족시키는 입체도형은 정사면체, 정팔면체, 정이십면체이고, 이 중 (다) 조건을 만족시키는 입체도형은 정이십면체이다.

4 ③ $\overline{ML}$과 겹쳐지는 모서리는 $\overline{JI}$이다.

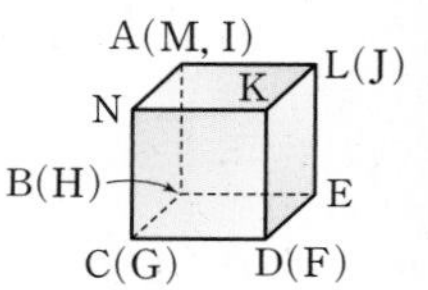

5 단면은 오른쪽 그림과 같으므로 그 넓이는
$6\times4=24(\text{cm}^2)$

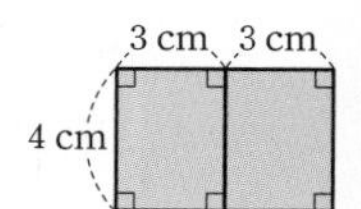

6 $\widehat{AD}=2\pi\times1=2\pi(\text{cm})$, $\widehat{BC}=2\pi\times2=4\pi(\text{cm})$

Ⅲ. 입체도형

8 입체도형의 겉넓이와 부피(1)

01 본문 182쪽

각기둥의 겉넓이와 부피

원리확인

5, 4, 3 ❶ 5, 15 ❷ 5, 4, 64
❸ 15, 64, 94 ❹ 4 ❺ 15, 4, 60

1 (1) 6 cm^2 (2) 72 cm^2 (3) 84 cm^2
2 (1) 30 cm^2 (2) 198 cm^2 (3) 258 cm^2
3 (1) 18 cm^2 (2) 90 cm^2 (3) 126 cm^2
4 (1) 24 cm^2 (2) 288 cm^2 (3) 336 cm^2
5 (1) 12 cm^2 (2) 128 cm^2 (3) 152 cm^2
☺ 옆넓이, 둘레, 높이 6 96 cm^2 7 292 cm^2
8 224 cm^2 9 324 cm^2 10 4 cm 11 12 cm
12 8 cm 13 ①
14 (1) 6 cm^2 (2) 6 cm (3) 36 cm^3
15 (1) 15 cm^2 (2) 6 cm (3) 90 cm^3
16 (1) 30 cm^2 (2) 8 cm (3) 240 cm^3 ☺ 높이
17 240 cm^3 18 300 cm^3 19 24 cm^3 20 70 cm^3
21 9 cm 22 9 cm 23 12 cm^2 24 ②

1 (1) $\frac{1}{2}\times3\times4=6(\text{cm}^2)$
(2) $(3+4+5)\times6=72(\text{cm}^2)$
(3) $2\times6+72=84(\text{cm}^2)$

2 (1) $6\times5=30(\text{cm}^2)$
(2) $(6+5+6+5)\times9=198(\text{cm}^2)$
(3) $2\times30+198=258(\text{cm}^2)$

3 (1) $\frac{1}{2}\times(3+6)\times4=18(\text{cm}^2)$
(2) $(3+4+6+5)\times5=90(\text{cm}^2)$
(3) $2\times18+90=126(\text{cm}^2)$

4 (1) $\frac{1}{2}\times6\times8=24(\text{cm}^2)$
(2) $(6+8+10)\times12=288(\text{cm}^2)$
(3) $2\times24+288=336(\text{cm}^2)$

5 (1) $\frac{1}{2}\times(2+6)\times3=12(\text{cm}^2)$
(2) $(2+3+6+5)\times8=128(\text{cm}^2)$
(3) $2\times12+128=152(\text{cm}^2)$

6 (밑넓이)$=\frac{1}{2}\times8\times3=12(\text{cm}^2)$
(옆넓이)$=(5+8+5)\times4=72(\text{cm}^2)$이므로
(겉넓이)$=2\times12+72=96(\text{cm}^2)$

7 (밑넓이)$=8\times7=56(\text{cm}^2)$
(옆넓이)$=(8+7+8+7)\times6=180(\text{cm}^2)$이므로
(겉넓이)$=2\times56+180=292(\text{cm}^2)$

8 (밑넓이)$=\frac{1}{2}\times(4+7)\times4=22(\text{cm}^2)$
(옆넓이)$=(4+4+7+5)\times9=180(\text{cm}^2)$이므로
(겉넓이)$=2\times22+180=224(\text{cm}^2)$

9 (밑넓이)$=\frac{1}{2}\times(12+6)\times4=36(\text{cm}^2)$
(옆넓이)$=(12+5+6+5)\times9=252(\text{cm}^2)$이므로
(겉넓이)$=2\times36+252=324(\text{cm}^2)$

10 높이를 x cm라 하면
(밑넓이)$=4\times5=20(\text{cm}^2)$
(옆넓이)$=(4+5+4+5)\times x=18x(\text{cm}^2)$
(겉넓이)$=2\times20+18x=112$, $18x=72$, $x=4$
따라서 사각기둥의 높이는 4 cm이다.

11 높이를 x cm라 하면
$(13+12+5)\times x=360$, $30x=360$, $x=12$
따라서 삼각기둥의 높이는 12 cm이다.

12 높이를 x cm라 하면
(밑넓이)$=\frac{1}{2}\times(6+10)\times3=24(\text{cm}^2)$
(옆넓이)$=(3+10+5+6)\times x=24x(\text{cm}^2)$
(겉넓이)$=2\times24+24x=240$, $24x=192$, $x=8$
따라서 각기둥의 높이는 8 cm이다.

13 정육면체의 한 모서리의 길이를 a cm라 하면
(겉넓이)$=$(한 면의 넓이)$\times6=6a^2$
$6a^2=150$, $a^2=25$
$a>0$이므로 $a=5$
따라서 한 모서리의 길이는 5 cm이다.

14 (1) $\frac{1}{2}\times3\times4=6(\text{cm}^2)$
(3) $6\times6=36(\text{cm}^3)$

15 (1) $5\times3=15(\text{cm}^2)$
(3) $15\times6=90(\text{cm}^3)$

16 (1) $\frac{1}{2}\times(4+8)\times5=30(\text{cm}^2)$
(3) $30\times8=240(\text{cm}^3)$

17 (밑넓이)$=\frac{1}{2}\times8\times6=24(\text{cm}^2)$
(높이)$=10$ cm이므로
(부피)$=24\times10=240(\text{cm}^3)$

18 (밑넓이)$=\frac{1}{2}\times5\times12=30(\text{cm}^2)$
(높이)$=10$ cm이므로
(부피)$=30\times10=300(\text{cm}^3)$

19 (밑넓이)$=2\times3=6(\text{cm}^2)$
(높이)$=4$ cm이므로
(부피)$=6\times4=24(\text{cm}^3)$

20 (밑넓이)$=\frac{1}{2}\times(2+5)\times5=\frac{35}{2}$(cm^2)
(높이)$=4$ cm이므로
(부피)$=\frac{35}{2}\times4=70$(cm^3)

21 삼각기둥의 높이를 x cm라 하면
(밑넓이)$=\frac{1}{2}\times6\times4=12$(cm^2)
(부피)$=12\times x=108$, $x=9$
따라서 삼각기둥의 높이는 9 cm이다.

22 각기둥의 높이를 x cm라 하면
(밑넓이)$=\frac{1}{2}\times(13+7)\times8=80$(cm^2)
(부피)$=80\times x=720$, $x=9$
따라서 각기둥의 높이는 9 cm이다.

23 밑넓이를 x cm^{2}라 하면
(부피)$=x\times6=72$, $x=12$
따라서 삼각기둥의 밑넓이는 12 cm^{2}이다.

24 (부피)=(밑넓이)×(높이)
$=\left(\frac{1}{2}\times6\times2+\frac{1}{2}\times6\times3\right)\times5=75$(cm^3)

02 원기둥의 겉넓이와 부피

본문 186쪽

원리확인

3, 4　❶ 3, 9π　❷ 3, 4, 24π
❸ 9π, 24π, 42π　❹ 4　❺ 9π, 4, 36π

1 (1) 16π cm^2 (2) 56π cm^2 (3) 88π cm^2
2 (1) 4π cm^2 (2) 24π cm^2 (3) 32π cm^2
3 (1) 25π cm^2 (2) 90π cm^2 (3) 140π cm^2
☺ 옆넓이, $2\pi r$
4 (1) 9π cm^2 (2) 60π cm^2 (3) 78π cm^2
5 (1) 25π cm^2 (2) 120π cm^2 (3) 170π cm^2
☺ 직사각형, 원, 원기둥, 원, 원기둥
6 32π cm^2 7 88π cm^2 8 154π cm^2 9 80π cm^2
10 10 cm 11 4 cm 12 11 cm
13 (1) 9π cm^2 (2) 9 cm (3) 81π cm^3
14 (1) 16π cm^2 (2) 7 cm (3) 112π cm^3
15 (1) 25π cm^2 (2) 5 cm (3) 125π cm^3
☺ 높이, πr^2h　16 250π cm^3
17 486π cm^3　18 432π cm^3
19 100π cm^3　20 8 cm　21 3 cm
22 ④

1 (1) $\pi\times4^2=16\pi$(cm^2)
(2) $(2\pi\times4)\times7=56\pi$(cm^2)
(3) $2\times16\pi+56\pi=88\pi$(cm^2)

2 (1) $\pi\times2^2=4\pi$(cm^2)
(2) $(2\pi\times2)\times6=24\pi$(cm^2)
(3) $2\times4\pi+24\pi=32\pi$(cm^2)

3 (1) $\pi\times5^2=25\pi$(cm^2)
(2) $(2\pi\times5)\times9=90\pi$(cm^2)
(3) $2\times25\pi+90\pi=140\pi$(cm^2)

4 (1) $\pi\times3^2=9\pi$(cm^2)
(2) $(2\pi\times3)\times10=60\pi$(cm^2)
(3) $2\times9\pi+60\pi=78\pi$(cm^2)

5 (1) $\pi\times5^2=25\pi$(cm^2)
(2) $(2\pi\times5)\times12=120\pi$(cm^2)이므로
(3) $2\times25\pi+120\pi=170\pi$(cm^2)

6 (밑넓이)$=\pi\times2^2=4\pi$(cm^2)
(옆넓이)$=(2\pi\times2)\times6=24\pi$(cm^2)이므로
(겉넓이)$=2\times4\pi+24\pi=32\pi$(cm^2)

7 (밑넓이)$=\pi\times4^2=16\pi$(cm^2)
(옆넓이)$=(2\pi\times4)\times7=56\pi$(cm^2)이므로
(겉넓이)$=2\times16\pi+56\pi=88\pi$(cm^2)

8 (밑넓이)$=\pi\times7^2=49\pi$(cm^2)
(옆넓이)$=(2\pi\times7)\times4=56\pi$(cm^2)이므로
(겉넓이)$=2\times49\pi+56\pi=154\pi$(cm^2)

9 (밑넓이)$=\pi\times4^2=16\pi$(cm^2)
(옆넓이)$=(2\pi\times4)\times6=48\pi$(cm^2)이므로
(겉넓이)$=2\times16\pi+48\pi=80\pi$(cm^2)

10 원기둥의 높이를 h cm라 하면
(겉넓이)$=2\times\pi\times4^2+(2\pi\times4\times h)=112\pi$
$8\pi h=80\pi$, $h=10$
따라서 원기둥의 높이는 10 cm이다.

11 원기둥의 높이를 h cm라 하면
(겉넓이)$=2\times\pi\times6^2+(2\pi\times6\times h)=120\pi$
$12\pi h=48\pi$, $h=4$
따라서 원기둥의 높이는 4 cm이다.

12 원기둥의 높이를 h cm라 하면
(겉넓이)$=2\times\pi\times2^2+(2\pi\times2\times h)=52\pi$
$4\pi h=44\pi$, $h=11$
따라서 원기둥의 높이는 11 cm이다.

13 (1) $\pi\times3^2=9\pi(\text{cm}^2)$
(3) $9\pi\times9=81\pi(\text{cm}^3)$

14 (1) $\pi\times4^2=16\pi(\text{cm}^2)$
(3) $16\pi\times7=112\pi(\text{cm}^3)$

15 (1) $\pi\times5^2=25\pi(\text{cm}^2)$
(3) $25\pi\times5=125\pi(\text{cm}^3)$

16 (부피)$=\pi\times5^2\times10=250\pi(\text{cm}^3)$

17 (부피)$=\pi\times9^2\times6=486\pi(\text{cm}^3)$

18 (부피)$=\pi\times6^2\times12=432\pi(\text{cm}^3)$

19 (부피)$=\pi\times5^2\times4=100\pi(\text{cm}^3)$

20 원기둥의 높이를 h cm라 하면
(부피)$=\pi\times2^2\times h=32\pi$
$4\pi h=32\pi$, $h=8$
따라서 원기둥의 높이는 8 cm이다.

21 원기둥의 밑면의 반지름의 길이를 r cm라 하면
(부피)$=\pi\times r^2\times10=90\pi$, $r^2=9$
$r>0$이므로 $r=3$
따라서 원기둥의 밑면의 반지름의 길이는 3 cm이다.

22 회전시킬 때 생기는 회전체는 오른쪽 그림과 같으므로

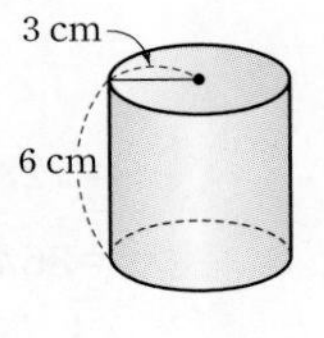

(겉넓이)$=(\pi\times3^2)\times2+(2\pi\times3)\times6$
$=54\pi(\text{cm}^2)$
(부피)$=\pi\times3^2\times6=54\pi(\text{cm}^3)$

03 속이 뚫린 기둥의 겉넓이와 부피

본문 190쪽

원리확인

❶ (1) 1, 1, 8 (2) 12, 4, 48 (3) 8, 48, 64 (4) 3
(5) 8, 3, 24

❷ (1) 6, 3, 27π (2) 12π, 8, 144π
(3) 27π, 144π, 198π (4) 8 (5) 27π, 8, 216π

1 (1) 44 cm² (2) 640 cm² (3) 728 cm²
2 (1) 12π cm² (2) 72π cm² (3) 96π cm²
3 (1) 55π cm² (2) 220π cm² (3) 330π cm²
4 (1) $(35-4\pi)$ cm² (2) $(192+32\pi)$ cm²
(3) $(262+24\pi)$ cm²
5 (1) 40π cm² (2) 10 cm (3) 400π cm³
6 (1) 11π cm² (2) 10 cm (3) 110π cm³
7 (1) $(54-4\pi)$ cm² (2) 6 cm (3) $(324-24\pi)$ cm³
8 ③

1 (1) $7\times12-5\times8=44(\text{cm}^2)$
(2) $(7+12+7+12)\times10+(5+8+5+8)\times10$
$=640(\text{cm}^2)$
(3) $2\times44+640=728(\text{cm}^2)$

2 (1) $\pi\times4^2-\pi\times2^2=12\pi(\text{cm}^2)$
(2) $(2\pi\times4)\times6+(2\pi\times2)\times6=72\pi(\text{cm}^2)$
(3) $2\times12\pi+72\pi=96\pi(\text{cm}^2)$

3 (1) $\pi\times8^2-\pi\times3^2=55\pi(\text{cm}^2)$
(2) $(2\pi\times8)\times10+(2\pi\times3)\times10=220\pi(\text{cm}^2)$
(3) $2\times55\pi+220\pi=330\pi(\text{cm}^2)$

4 (1) $5\times7-\pi\times2^2=35-4\pi(\text{cm}^2)$
(2) $(5+7+5+7)\times8+(2\pi\times2)\times8$
$=192+32\pi(\text{cm}^2)$
(3) $2\times(35-4\pi)+(192+32\pi)$
$=262+24\pi(\text{cm}^2)$

5 (1) $\pi\times7^2-\pi\times3^2=40\pi(\text{cm}^2)$
(3) $40\pi\times10=400\pi(\text{cm}^3)$

6 (1) $\pi\times6^2-\pi\times5^2=11\pi(\text{cm}^2)$
(3) $11\pi\times10=110\pi(\text{cm}^3)$

7 (1) $9\times6-\pi\times2^2=54-4\pi(\text{cm}^2)$
(3) $(54-4\pi)\times6=324-24\pi(\text{cm}^3)$

8 회전시킬 때 생기는 회전체는 오른쪽 그림과 같이 속이 뚫린 원기둥이다.

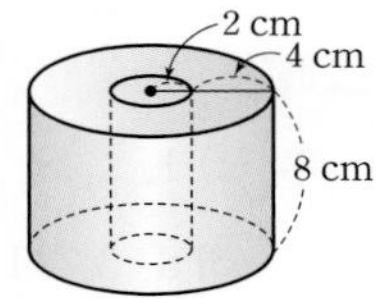

(밑넓이)$=\pi\times6^2-\pi\times2^2=32\pi(\text{cm}^2)$
(옆넓이)$=(2\pi\times6)\times8+(2\pi\times2)\times8$
$=128\pi(\text{cm}^2)$
이므로
(겉넓이)$=2\times32\pi+128\pi=192\pi(\text{cm}^2)$
(부피)$=32\pi\times8=256\pi(\text{cm}^3)$

04 다양한 입체도형의 겉넓이와 부피

본문 192쪽

원리확인

❶ 4, 3, 56π ❷ 2, 6, 24π ❸ 80π
❹ 4, 3, 48π ❺ 2, 6, 24π ❻ 72π

1 (1) 90π cm² (2) 24π cm² (3) 114π cm²
2 (1) 120π cm² (2) 12π cm² (3) 132π cm²
3 ④
4 (1) 100π cm³ (2) 45π cm³ (3) 145π cm³
5 (1) 96π cm³ (2) 12π cm³ (3) 108π cm³
6 ⑤ 7 (1) 112 cm² (2) 68 cm³
8 (1) 190 cm² (2) 138 cm³
9 (1) 118 cm² (2) 76 cm³

1 (1) $2\times(\pi\times5^2)+(2\pi\times5)\times4=90\pi(\text{cm}^2)$
(2) $(2\pi\times3)\times4=24\pi(\text{cm}^2)$
(3) $90\pi+24\pi=114\pi(\text{cm}^2)$

2 (1) $2\times(\pi\times5^2)+(2\pi\times5)\times7=120\pi(\text{cm}^2)$
(2) $(2\pi\times2)\times3=12\pi(\text{cm}^2)$
(3) $120\pi+12\pi=132\pi(\text{cm}^2)$

3 (아래쪽 기둥의 겉넓이)
$=2\times(\pi\times10^2)+(2\pi\times10)\times6=320\pi(\text{cm}^2)$
(위쪽 기둥의 옆넓이)$=(2\pi\times4)\times5=40\pi(\text{cm}^2)$이므로
(입체도형의 겉넓이)$=320\pi+40\pi=360\pi(\text{cm}^2)$

4 (1) $(\pi\times5^2)\times4=100\pi(\text{cm}^3)$
(2) $(\pi\times3^2)\times5=45\pi(\text{cm}^3)$
(3) $100\pi+45\pi=145\pi(\text{cm}^3)$

5 (1) $(\pi\times4^2)\times6=96\pi(\text{cm}^3)$
(2) $(\pi\times2^2)\times3=12\pi(\text{cm}^3)$
(3) $96\pi+12\pi=108\pi(\text{cm}^3)$

6 (입체도형의 부피)$=(\pi\times8^2)\times6+(\pi\times3^2)\times5$
$=429\pi(\text{cm}^3)$

7 (1) $(4\times4)\times2+(4+4+4+4)\times5=32+80$
$=112(\text{cm}^2)$
(2) $(4\times4\times5)-(2\times2\times3)=68(\text{cm}^3)$

8 (1) $(3\times10)\times2+(3+10+3+10)\times5=60+130$
$=190(\text{cm}^2)$
(2) $(3\times10\times5)-(1\times6\times2)=138(\text{cm}^3)$

9 (1) $(5\times5-2\times3)\times2+(5+5+5+5)\times4=38+80$
$=118(\text{cm}^2)$
(2) $(5\times5\times4)-(2\times3\times4)=76(\text{cm}^3)$

05 밑면이 부채꼴인 기둥의 겉넓이와 부피

본문 194쪽

원리확인

❶ 2, 2π ❷ 2π, 10, $20\pi+40$
❸ 2π, $20\pi+40$, $24\pi+40$
❹ 10 ❺ 2π, 10, 20π

1 (1) $(36\pi+144)$ cm² (2) 72π cm³
2 (1) $(56\pi+96)$ cm² (2) 96π cm³
3 (1) $(14\pi+20)$ cm² (2) 10π cm³

1 (1) $2\times\left(\pi\times6^2\times\frac{60}{360}\right)$
$+\left\{\left(2\pi\times6\times\frac{60}{360}\right)\times12+12\times6+12\times6\right\}$
$=12\pi+24\pi+72+72$
$=36\pi+144(\text{cm}^2)$
(2) $\left(\pi\times6^2\times\frac{60}{360}\right)\times12=72\pi(\text{cm}^3)$

2 (1) $2\times\left(\frac{1}{2}\times6\times4\pi\right)+(4\pi\times8+6\times8+6\times8)$

$=24\pi+32\pi+48+48=56\pi+96(\text{cm}^2)$

(2) $\left(\frac{1}{2}\times6\times4\pi\right)\times8=96\pi(\text{cm}^3)$

3 (1) $2\times\left(\pi\times2^2\times\frac{1}{2}\right)+\left\{\left(2\pi\times2\times\frac{1}{2}\right)\times5+4\times5\right\}$

$=4\pi+10\pi+20$

$=14\pi+20(\text{cm}^2)$

(2) $\left(\pi\times2^2\times\frac{1}{2}\right)\times5=10\pi(\text{cm}^3)$

TEST 8. 입체도형의 겉넓이와 부피(1)

본문 195쪽

1 ③ 2 80π cm^3 3 ② 4 ④
5 ⑤ 6 $(64\pi+120)$ cm^2, 120π cm^3

1 (겉넓이)$=2\times\left(\frac{1}{2}\times6\times4\right)+\{(5+6+5)\times7\}$

$=136(\text{cm}^2)$

2 밑면인 원의 반지름의 길이를 r cm라 하면

$2\pi r=8\pi$, $r=4$

따라서 (부피)$=(\pi\times4^2)\times5=80\pi(\text{cm}^3)$

3 (부피)$=(\pi\times5^2-\pi\times3^2)\times10$

$=160\pi(\text{cm}^3)$

4 주어진 평면도형을 회전시킬 때 생기는 입체도형은 오른쪽 그림과 같다.

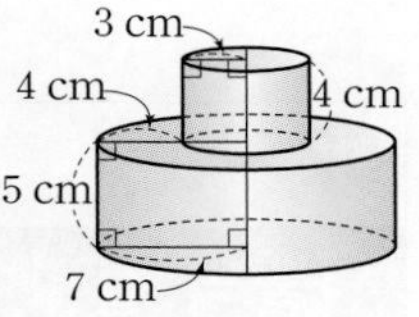

(아래쪽 원기둥의 부피)

$=\pi\times7^2\times5=245\pi(\text{cm}^3)$

(위쪽 원기둥의 부피)$=\pi\times3^2\times4=36\pi(\text{cm}^3)$이므로

(입체도형의 부피)$=245\pi+36\pi=281\pi(\text{cm}^3)$

5 (겉넓이)$=(7\times7)\times6=294(\text{cm}^2)$

6 (겉넓이)$=2\times\left(\pi\times6^2\times\frac{120}{360}\right)$

$+\left\{\left(2\pi\times6\times\frac{120}{360}\right)\times10+6\times10+6\times10\right\}$

$=24\pi+(40\pi+60+60)=64\pi+120(\text{cm}^2)$

(부피)$=\left(\pi\times6^2\times\frac{120}{360}\right)\times10=120\pi(\text{cm}^3)$

Ⅲ. 입체도형

9 입체도형의 겉넓이와 부피(2)

01 각뿔의 겉넓이와 부피

본문 198쪽

원리확인

❶ 5 (1) 6, 36 (2) 5, 60 (3) 36, 60, 96

❷ (1) 4, 5, 10 (2) 6 (3) 10, 6, 20

1 (1) 25 cm^2 (2) 90 cm^2 (3) 115 cm^2

2 (1) 36 cm^2 (2) 96 cm^2 (3) 132 cm^2

3 (1) 49 cm^2 (2) 168 cm^2 (3) 217 cm^2

4 (1) 16 cm^2 (2) 40 cm^2 (3) 56 cm^2

5 (1) 100 cm^2 (2) 260 cm^2 (3) 360 cm^2

6 (1) 36 cm^2 (2) 108 cm^2 (3) 144 cm^2

☺ 1, 삼각형 7 80 cm^2 8 120 cm^2

9 297 cm^2 10 ②

11 (1) 12 cm^2 (2) 6 cm (3) 24 cm^3

12 (1) 20 cm^2 (2) 9 cm (3) 60 cm^3

13 (1) 36 cm^2 (2) 9 cm (3) 108 cm^3

14 (1) 16 cm^2 (2) 5 cm (3) $\frac{80}{3}$ cm^3

15 (1) 42 cm^2 (2) 8 cm (3) 112 cm^3

16 (1) 80 cm^2 (2) 12 cm (3) 320 cm^3

☺ 각기둥, $\frac{1}{3}$ 17 75 cm^3 18 112 cm^3

19 75 cm^3 20 ⑤

1 (1) $5\times5=25(\text{cm}^2)$

(2) $\left(\frac{1}{2}\times5\times9\right)\times4=90(\text{cm}^2)$

(3) $25+90=115(\text{cm}^2)$

2 (1) $6\times6=36(\text{cm}^2)$

(2) $\left(\frac{1}{2}\times6\times8\right)\times4=96(\text{cm}^2)$

(3) $36+96=132(\text{cm}^2)$

3 (1) $7\times7=49(\text{cm}^2)$

(2) $\left(\frac{1}{2}\times7\times12\right)\times4=168(\text{cm}^2)$

(3) $49+168=217(\text{cm}^2)$

4 (1) $4\times4=16(\text{cm}^2)$

(2) $\left(\frac{1}{2}\times4\times5\right)\times4=40(\text{cm}^2)$

(3) $16+40=56(\text{cm}^2)$

5 (1) $10\times10=100(\text{cm}^2)$

(2) $\left(\frac{1}{2}\times10\times13\right)\times4=260(\text{cm}^2)$

(3) $100+260=360(\text{cm}^2)$

6 (1) $6\times6=36(\text{cm}^2)$

(2) $\left(\frac{1}{2}\times6\times9\right)\times4=108(\text{cm}^2)$

(3) $36+108=144(\text{cm}^2)$

7 (밑넓이)$=4\times4=16(\text{cm}^2)$

(옆넓이)$=\left(\frac{1}{2}\times4\times8\right)\times4=64(\text{cm}^2)$이므로

(겉넓이)$=16+64=80(\text{cm}^2)$

8 (밑넓이)$=6\times6=36(\text{cm}^2)$

(옆넓이)$=\left(\frac{1}{2}\times6\times7\right)\times4=84(\text{cm}^2)$이므로

(겉넓이)$=36+84=120(\text{cm}^2)$

9 (밑넓이)$=9\times9=81(\text{cm}^2)$

(옆넓이)$=\left(\frac{1}{2}\times9\times12\right)\times4=216(\text{cm}^2)$이므로

(겉넓이)$=81+216=297(\text{cm}^2)$

10 (밑넓이)$=4\times4=16(\text{cm}^2)$

(옆넓이)$=\left(\frac{1}{2}\times4\times x\right)\times4=8x(\text{cm}^2)$

겉넓이가 112 cm^2이므로

$16+8x=112$, $8x=96$

따라서 $x=12$

11 (1) $\frac{1}{2}\times4\times6=12(\text{cm}^2)$

(3) $\frac{1}{3}\times12\times6=24(\text{cm}^3)$

12 (1) $\frac{1}{2}\times5\times8=20(\text{cm}^2)$

(3) $\frac{1}{3}\times20\times9=60(\text{cm}^3)$

13 (1) $6\times6=36(\text{cm}^2)$

(3) $\frac{1}{3}\times36\times9=108(\text{cm}^3)$

14 (1) $4\times4=16(\text{cm}^2)$

(3) $\frac{1}{3}\times16\times5=\frac{80}{3}(\text{cm}^3)$

15 (1) $6\times7=42(\text{cm}^2)$

(3) $\frac{1}{3}\times42\times8=112(\text{cm}^3)$

16 (1) $10\times8=80(\text{cm}^2)$

(3) $\frac{1}{3}\times80\times12=320(\text{cm}^3)$

17 (밑넓이)$=\frac{1}{2}\times5\times9=\frac{45}{2}(\text{cm}^2)$

(높이)$=10$ cm이므로

(부피)$=\frac{1}{3}\times\frac{45}{2}\times10=75(\text{cm}^3)$

18 (밑넓이)$=8\times6=48(\text{cm}^2)$

(높이)$=7$ cm이므로

(부피)$=\frac{1}{3}\times48\times7=112(\text{cm}^3)$

19 (밑넓이)$=5\times5=25(\text{cm}^2)$

(높이)$=9$ cm이므로

(부피)$=\frac{1}{3}\times25\times9=75(\text{cm}^3)$

20 정사각뿔의 높이를 x cm라 하면

(밑넓이)$=10\times10=100(\text{cm}^2)$이므로

(부피)$=\frac{1}{3}\times100\times x=500$, $x=15$

따라서 정사각뿔의 높이는 15 cm이다.

02 원뿔의 겉넓이와 부피

본문 202쪽

원리확인

❶ 9, 5 (1) 5, 25π (2) 5, 9, 45π (3) 25π, 45π, 70π

❷ 7, 3 (1) 3, 9π (2) 3, 7, 21π (3) 9π, 21π, 30π

❸ (1) 3, 9π (2) 4 (3) 9π, 4, 12π

❹ (1) 6, 36π (2) 8 (3) 36π, 8, 96π

1 (1) $16\pi\text{ cm}^2$ (2) $36\pi\text{ cm}^2$ (3) $52\pi\text{ cm}^2$

2 (1) $25\pi\text{ cm}^2$ (2) $60\pi\text{ cm}^2$ (3) $85\pi\text{ cm}^2$

3 (1) $9\pi\text{ cm}^2$ (2) $18\pi\text{ cm}^2$ (3) $27\pi\text{ cm}^2$

4 $126\pi\text{ cm}^2$ 5 $75\pi\text{ cm}^2$ 6 $200\pi\text{ cm}^2$ ☺ 원, 부채꼴

7 (✐ 8, 90, 2, 2, 2, 8, 20π)　　8 36π cm^2

9 $\frac{85}{4}\pi$ cm^2　　☺ 호, 둘레

10 (✐ 120, 4, 12, 4, 4, 12, 64π)

11 90π cm^2　12 45π cm^2　13 ③

14 (1) 25π cm^2　(2) 12 cm　(3) 100π cm^3

15 (1) 9π cm^2　(2) 4 cm　(3) 12π cm^3

16 (1) 25π cm^2　(2) 9 cm　(3) 75π cm^3

17 147π cm^3　　18 8π cm^3

19 144π cm^3　　20 ②

1 (1) $\pi\times4^2=16\pi(\text{cm}^2)$

(2) $\frac{1}{2}\times(2\pi\times4)\times9=36\pi(\text{cm}^2)$

(3) $16\pi+36\pi=52\pi(\text{cm}^2)$

2 (1) $\pi\times5^2=25\pi(\text{cm}^2)$

(2) $\frac{1}{2}\times(2\pi\times5)\times12=60\pi(\text{cm}^2)$

(3) $25\pi+60\pi=85\pi(\text{cm}^2)$

3 (1) $\pi\times3^2=9\pi(\text{cm}^2)$

(2) $\frac{1}{2}\times(2\pi\times3)\times6=18\pi(\text{cm}^2)$

(3) $9\pi+18\pi=27\pi(\text{cm}^2)$

4 (밑넓이)$=\pi\times6^2=36\pi(\text{cm}^2)$

(옆넓이)$=\frac{1}{2}\times(2\pi\times6)\times15=90\pi(\text{cm}^2)$이므로

(겉넓이)$=36\pi+90\pi=126\pi(\text{cm}^2)$

5 (밑넓이)$=\pi\times5^2=25\pi(\text{cm}^2)$

(옆넓이)$=\frac{1}{2}\times(2\pi\times5)\times10=50\pi(\text{cm}^2)$이므로

(겉넓이)$=25\pi+50\pi=75\pi(\text{cm}^2)$

6 (밑넓이)$=\pi\times8^2=64\pi(\text{cm}^2)$

(옆넓이)$=\frac{1}{2}\times(2\pi\times8)\times17=136\pi(\text{cm}^2)$이므로

(겉넓이)$=64\pi+136\pi=200\pi(\text{cm}^2)$

8 밑면의 반지름의 길이를 r cm라 하면

$2\pi\times9\times\frac{120}{360}=2\pi r$이므로 $r=3$

따라서 구하는 겉넓이는

$\pi\times3^2+\frac{1}{2}\times(2\pi\times3)\times9=36\pi(\text{cm}^2)$

9 밑면의 반지름의 길이를 r cm라 하면

$2\pi\times6\times\frac{150}{360}=2\pi r$이므로 $r=\frac{5}{2}$

따라서 구하는 겉넓이는

$\pi\times\left(\frac{5}{2}\right)^2+\frac{1}{2}\times\left(2\pi\times\frac{5}{2}\right)\times6=\frac{85}{4}\pi(\text{cm}^2)$

11 원뿔의 모선의 길이를 l cm라 하면

$2\pi\times l\times\frac{240}{360}=2\pi\times6$이므로 $l=9$

따라서 구하는 겉넓이는

$\pi\times6^2+\frac{1}{2}\times(2\pi\times6)\times9=90\pi(\text{cm}^2)$

12 원뿔의 모선의 길이를 l cm라 하면

$2\pi\times l\times\frac{90}{360}=2\pi\times3$이므로 $l=12$

따라서 구하는 겉넓이는

$\pi\times3^2+\frac{1}{2}\times(2\pi\times3)\times12=45\pi(\text{cm}^2)$

13 모선의 길이를 l cm라 하면

(밑넓이)$=\pi\times5^2=25\pi(\text{cm}^2)$

(옆넓이)$=\frac{1}{2}\times(2\pi\times5)\times l=5\pi l(\text{cm}^2)$

겉넓이가 65π cm^{2}이므로

$25\pi+5\pi l=65\pi$에서 $5\pi l=40\pi$, $l=8$

따라서 모선의 길이는 8 cm이다.

14 (1) $\pi\times5^2=25\pi(\text{cm}^2)$

(3) $\frac{1}{3}\times25\pi\times12=100\pi(\text{cm}^3)$

15 (1) $\pi\times3^2=9\pi(\text{cm}^2)$

(3) $\frac{1}{3}\times9\pi\times4=12\pi(\text{cm}^3)$

16 (1) $\pi\times5^2=25\pi(\text{cm}^2)$

(3) $\frac{1}{3}\times25\pi\times9=75\pi(\text{cm}^3)$

17 (밑넓이)$=\pi\times7^2=49\pi(\text{cm}^2)$

(높이)$=9$ cm이므로

(부피)$=\frac{1}{3}\times49\pi\times9=147\pi(\text{cm}^3)$

18 (밑넓이)$=\pi\times2^2=4\pi(\text{cm}^2)$

(높이)$=6$ cm이므로

(부피)$=\frac{1}{3}\times4\pi\times6=8\pi(\text{cm}^3)$

19 (밑넓이)$=\pi\times 6^2=36\pi(\text{cm}^2)$
(높이)$=12$ cm이므로
(부피)$=\frac{1}{3}\times 36\pi\times 12=144\pi(\text{cm}^3)$

20 직선 l을 회전축으로 하여 1회전 시킬 때 생기는 입체도형은 오른쪽 그림과 같은 원뿔이다.

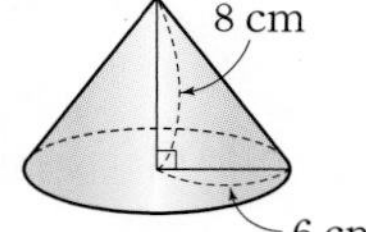

(밑넓이)$=\pi\times 6^2=36\pi(\text{cm}^2)$
(높이)$=8$ cm이므로
(부피)$=\frac{1}{3}\times 36\pi\times 8=96\pi(\text{cm}^3)$

03 뿔대의 겉넓이와 부피

본문 206쪽

원리확인

❶ 5 (1) 6, 180 (2) 6, 5, 180 (3) 180, 180, 360
(4) 12, 8, 384 (5) 6, 48 (6) 384, 48, 336

❷ 4 (1) 4, 80π (2) 8, 10, 4, 5, 60π
(3) 80π, 60π, 140π (4) 8, 6, 128π (5) 4, 3, 16π
(6) 128π, 16π, 112π

1 138 cm^2 2 240 cm^2 3 164π cm^2 4 82π cm^2
5 224 cm^3 6 78 cm^3 7 84π cm^3 8 228π cm^3

1 (두 밑넓이의 합)$=7^2+3^2=58(\text{cm}^2)$
(옆넓이)$=\left\{\frac{1}{2}\times(3+7)\times 4\right\}\times 4=80(\text{cm}^2)$이므로
(겉넓이)$=58+80=138(\text{cm}^2)$

2 (두 밑넓이의 합)$=8^2+6^2=100(\text{cm}^2)$
(옆넓이)$=\left\{\frac{1}{2}\times(6+8)\times 5\right\}\times 4=140(\text{cm}^2)$이므로
(겉넓이)$=100+140=240(\text{cm}^2)$

3 (두 밑넓이의 합)$=\pi\times 8^2+\pi\times 4^2=80\pi(\text{cm}^2)$
(옆넓이)$=\frac{1}{2}\times(2\pi\times 8)\times 14-\frac{1}{2}\times(2\pi\times 4)\times 7$
$=84\pi(\text{cm}^2)$
이므로
(겉넓이)$=80\pi+84\pi=164\pi(\text{cm}^2)$

4 (두 밑넓이의 합)$=\pi\times 5^2+\pi\times 3^2=34\pi(\text{cm}^2)$
(옆넓이)$=\frac{1}{2}\times(2\pi\times 5)\times 15-\frac{1}{2}\times(2\pi\times 3)\times 9$
$=48\pi(\text{cm}^2)$
이므로
(겉넓이)$=34\pi+48\pi=82\pi(\text{cm}^2)$

5 (큰 각뿔의 부피)$=\frac{1}{3}\times(8\times 8)\times 12=256(\text{cm}^3)$
(작은 각뿔의 부피)$=\frac{1}{3}\times(4\times 4)\times 6=32(\text{cm}^3)$이므로
(부피)$=256-32=224(\text{cm}^3)$

6 (큰 각뿔의 부피)$=\frac{1}{3}\times(5\times 5)\times 10=\frac{250}{3}(\text{cm}^3)$
(작은 각뿔의 부피)$=\frac{1}{3}\times(2\times 2)\times 4=\frac{16}{3}(\text{cm}^3)$이므로
(부피)$=\frac{250}{3}-\frac{16}{3}=78(\text{cm}^3)$

7 (큰 원뿔의 부피)$=\frac{1}{3}\times(\pi\times 6^2)\times 8=96\pi(\text{cm}^3)$
(작은 원뿔의 부피)$=\frac{1}{3}\times(\pi\times 3^2)\times 4=12\pi(\text{cm}^3)$
이므로
(부피)$=96\pi-12\pi=84\pi(\text{cm}^3)$

8 (큰 원뿔의 부피)$=\frac{1}{3}\times(\pi\times 9^2)\times 12=324\pi(\text{cm}^3)$
(작은 원뿔의 부피)$=\frac{1}{3}\times(\pi\times 6^2)\times 8=96\pi(\text{cm}^3)$
이므로
(부피)$=324\pi-96\pi=228\pi(\text{cm}^3)$

04 구의 겉넓이와 부피

본문 208쪽

1 (✎2, 16π) 2 36π cm^2 3 64π cm^2
4 100π cm^2 5 144π cm^2 6 196π cm^2 ☺ $4\pi r^2$, πr^2, 4
7 ③ 8 $\left(✎2, \frac{32}{3}\pi\right)$ 9 36π cm^3
10 $\frac{256}{3}\pi$ cm^3 11 288π cm^3
12 $\frac{500}{3}\pi$ cm^3 13 $\frac{4}{3}\pi$ cm^3 ☺ 1, 2
14 ④

2 (겉넓이)$=4\pi\times3^2=36\pi(\text{cm}^2)$

3 (겉넓이)$=4\pi\times4^2=64\pi(\text{cm}^2)$

4 (겉넓이)$=4\pi\times5^2=100\pi(\text{cm}^2)$

5 (겉넓이)$=4\pi\times6^2=144\pi(\text{cm}^2)$

6 (겉넓이)$=4\pi\times7^2=196\pi(\text{cm}^2)$

7 구의 반지름의 길이를 r cm라 하면
$4\pi r^2=256\pi$, $r^2=64$
$r>0$이므로 $r=8$
따라서 구의 반지름의 길이는 8 cm이다.

9 (부피)$=\frac{4}{3}\pi\times3^3=36\pi(\text{cm}^3)$

10 (부피)$=\frac{4}{3}\pi\times4^3=\frac{256}{3}\pi(\text{cm}^3)$

11 (부피)$=\frac{4}{3}\pi\times6^3=288\pi(\text{cm}^3)$

12 (부피)$=\frac{4}{3}\pi\times5^3=\frac{500}{3}\pi(\text{cm}^3)$

13 (부피)$=\frac{4}{3}\pi\times1^3=\frac{4}{3}\pi(\text{cm}^3)$

14 직선 l을 회전축으로 하여 1회전 시킬 때 생기는 입체도형은 오른쪽 그림과 같은 구이다.

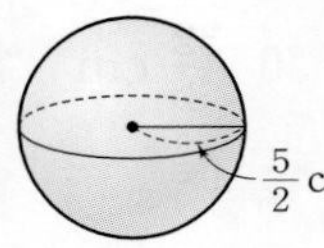

(부피)$=\frac{4}{3}\pi\times\left(\frac{5}{2}\right)^3=\frac{125}{6}(\text{cm}^3)$

05

본문 210쪽

잘라낸 구의 겉넓이와 부피

1 (1) (✎3, 3, 18π, 9π, 27π) (2) (✎3, 18π)
2 (1) 48π cm² (2) $\frac{128}{3}\pi$ cm³
3 (1) 108π cm² (2) 144π cm³
☺ πr^2, $4\pi r^2$, $3\pi r^2$
4 (✎2, 3, 12π, 2, 2, 4π, 12π, 4π, 16π)
5 144π cm² 6 128π cm² 7 17π cm² 8 80π cm²
9 (✎2, 3, 8π) 10 9π cm³ 11 252π cm³
12 $\frac{256}{3}\pi$ cm³

2 (1) $\frac{1}{2}\times(4\pi\times4^2)+\pi\times4^2=32\pi+16\pi=48\pi(\text{cm}^2)$
(2) $\frac{1}{2}\times\left(\frac{4}{3}\pi\times4^3\right)=\frac{128}{3}\pi(\text{cm}^3)$

3 (1) $\frac{1}{2}\times(4\pi\times6^2)+\pi\times6^2=72\pi+36\pi=108\pi(\text{cm}^2)$
(2) $\frac{1}{2}\times\left(\frac{4}{3}\pi\times6^3\right)=144\pi(\text{cm}^3)$

5 (곡면의 넓이)$=(4\pi\times6^2)\times\frac{3}{4}=108\pi(\text{cm}^2)$
(단면의 넓이)$=\left(\pi\times6^2\times\frac{1}{2}\right)\times2=36\pi(\text{cm}^2)$이므로
(겉넓이)$=108\pi+36\pi=144\pi(\text{cm}^2)$

6 (곡면의 넓이)$=(4\pi\times8^2)\times\frac{1}{4}=64\pi(\text{cm}^2)$
(단면의 넓이)$=\left(\pi\times8^2\times\frac{1}{2}\right)\times2=64\pi(\text{cm}^2)$이므로
(겉넓이)$=64\pi+64\pi=128\pi(\text{cm}^2)$

7 (곡면의 넓이)$=(4\pi\times2^2)\times\frac{7}{8}=14\pi(\text{cm}^2)$
(단면의 넓이)$=\left(\pi\times2^2\times\frac{1}{4}\right)\times3=3\pi(\text{cm}^2)$이므로
(겉넓이)$=14\pi+3\pi=17\pi(\text{cm}^2)$

8 (곡면의 넓이)$=(4\pi\times8^2)\times\frac{1}{8}=32\pi(\text{cm}^2)$
(단면의 넓이)$=\left(\pi\times8^2\times\frac{1}{4}\right)\times3=48\pi(\text{cm}^2)$이므로
(겉넓이)$=32\pi+48\pi=80\pi(\text{cm}^2)$

10 (부피)$=\left(\frac{4}{3}\pi\times3^3\right)\times\frac{1}{4}=9\pi(\text{cm}^3)$

11 (부피)$=\left(\frac{4}{3}\pi\times6^3\right)\times\frac{7}{8}=252\pi(\text{cm}^3)$

12 (부피)$=\left(\frac{4}{3}\pi\times8^3\right)\times\frac{1}{8}=\frac{256}{3}\pi(\text{cm}^3)$

06 두 입체도형을 붙였을 때 겉넓이와 부피

본문 212쪽

1 ($\mathscr{}$ 2π, 4, 6, 4, 5, 4, 24π, 40π, 16π, 80π)
2 36π cm^2 3 155π cm^2 4 20π cm^2 5 66π cm^2
6 (4, 6, 4, 32π, 80π, 112π)
7 30π cm^3 8 $\frac{850}{3}\pi$ cm^3 9 16π cm^3
10 81π cm^3 11 $\frac{448}{3}\pi$ cm^3 12 159π cm^3
13 ③

2 (겉넓이)$=\frac{1}{2}\times(2\pi\times3)\times5+\frac{1}{2}\times(2\pi\times3)\times7$
$=15\pi+21\pi=36\pi(\text{cm}^2)$

3 (겉넓이)$=\frac{1}{2}\times(4\pi\times5^2)+(2\pi\times5)\times8+\pi\times5^2$
$=50\pi+80\pi+25\pi=155\pi(\text{cm}^2)$

4 (겉넓이)$=\frac{1}{2}\times(4\pi\times2^2)+\frac{1}{2}\times(2\pi\times2)\times6$
$=8\pi+12\pi=20\pi(\text{cm}^2)$

5 (겉넓이)$=\frac{1}{2}\times(4\pi\times3^2)+(2\pi\times3)\times5+\frac{1}{2}\times(4\pi\times3^2)$
$=18\pi+30\pi+18\pi=66\pi(\text{cm}^2)$

7 (부피)$=\frac{1}{3}\times(\pi\times3^2)\times4+\frac{1}{3}\times(\pi\times3^2)\times6$
$=12\pi+18\pi=30\pi(\text{cm}^3)$

8 (부피)$=\frac{1}{2}\times\left(\frac{4}{3}\pi\times5^3\right)+(\pi\times5^2)\times8$
$=\frac{250}{3}\pi+200\pi=\frac{850}{3}\pi(\text{cm}^3)$

9 (부피)$=\frac{1}{2}\times\left(\frac{4}{3}\pi\times2^3\right)+\frac{1}{3}\times(\pi\times2^2)\times8$
$=\frac{16}{3}\pi+\frac{32}{3}\pi=16\pi(\text{cm}^3)$

10 (부피)$=\frac{1}{2}\times\left(\frac{4}{3}\pi\times3^3\right)+(\pi\times3^2)\times5+\frac{1}{2}\times\left(\frac{4}{3}\pi\times3^3\right)$
$=18\pi+45\pi+18\pi=81\pi(\text{cm}^3)$

11 (부피)$=\frac{1}{2}\times\left(\frac{4}{3}\pi\times2^3\right)+\frac{1}{2}\times\left(\frac{4}{3}\pi\times6^3\right)$
$=\frac{16}{3}\pi+144\pi=\frac{448}{3}\pi(\text{cm}^3)$

12 (부피)$=\frac{1}{3}\times(\pi\times3^2)\times5+\frac{1}{2}\times\left(\frac{4}{3}\pi\times6^3\right)$
$=15\pi+144\pi=159\pi(\text{cm}^3)$

13 직선 l을 회전축으로 하여 1회전 시킬 때 생기는 회전체는 오른쪽 그림과 같다.

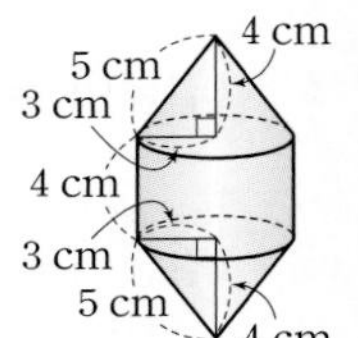

(겉넓이)
$=\frac{1}{2}\times(2\pi\times3)\times5+(2\pi\times3)\times4$
$+\frac{1}{2}\times(2\pi\times3)\times5$
$=15\pi+24\pi+15\pi=54\pi(\text{cm}^2)$
(부피)$=\frac{1}{3}\times(\pi\times3^2)\times4+(\pi\times3^2)\times4$
$+\frac{1}{3}\times(\pi\times3^2)\times4$
$=12\pi+36\pi+12\pi=60\pi(\text{cm}^3)$

07 여러 가지 입체도형의 부피의 활용

본문 214쪽

1 (4, 4, 8, 4, 8, 4, $\frac{32}{3}$) 2 $\frac{125}{6}$ cm^3
3 32 cm^3 4 $\frac{35}{2}$ cm^3 5 $\frac{21}{2}$ cm^3 6 $\frac{32}{3}$ cm^3
7 (6, 3, 27) 8 192 cm^3 9 10 cm^3
10 $\frac{32}{3}$ cm^3 11 (6, 2, 72π, 3, $9\pi h$, 72π, $9\pi h$, 8)
12 4 13 12
14 (12, 72, 4, 6, 3, $15h$, 72, $15h$, $\frac{24}{5}$)
15 $\frac{4}{3}$ 16 2 17 432π cm^3
18 144π cm^3 19 288π cm^3
20 3 : 1 : 2

2 (밑면의 넓이)$=\frac{1}{2}\times5\times5=\frac{25}{2}(\text{cm}^2)$
(높이)=5 cm이므로
(부피)$=\frac{1}{3}\times\frac{25}{2}\times5=\frac{125}{6}(\text{cm}^3)$

3 (밑면의 넓이)$=\frac{1}{2}\times4\times6=12(\text{cm}^2)$
(높이)=8 cm이므로
(부피)$=\frac{1}{3}\times12\times8=32(\text{cm}^3)$

4 (밑면의 넓이)$=\frac{1}{2}\times5\times3=\frac{15}{2}(\text{cm}^2)$

(높이)$=7$ cm이므로

(부피)$=\frac{1}{3}\times\frac{15}{2}\times7=\frac{35}{2}(\text{cm}^3)$

5 (밑면의 넓이)$=\frac{1}{2}\times3\times3=\frac{9}{2}(\text{cm}^2)$

(높이)$=7$ cm이므로

(부피)$=\frac{1}{3}\times\frac{9}{2}\times7=\frac{21}{2}(\text{cm}^3)$

6 (밑면의 넓이)$=\frac{1}{2}\times4\times4=8(\text{cm}^2)$

(높이)$=4$ cm이므로

(부피)$=\frac{1}{3}\times8\times4=\frac{32}{3}(\text{cm}^3)$

8 (물의 부피)$=\frac{1}{3}\times\left(\frac{1}{2}\times12\times12\right)\times8=192(\text{cm}^3)$

9 (물의 부피)$=\frac{1}{3}\times\left(\frac{1}{2}\times3\times4\right)\times5=10(\text{cm}^3)$

10 (물의 부피)$=\frac{1}{3}\times\left(\frac{1}{2}\times4\times8\right)\times2=\frac{32}{3}(\text{cm}^3)$

12 (A의 부피)$=(\pi\times2^2)\times8=32\pi(\text{cm}^3)$

(B의 부피)$=\left(\pi\times4^2\times\frac{1}{2}\right)\times h=8\pi h(\text{cm}^3)$

$32\pi=8\pi h$이므로 $h=4$

13 (A의 부피)$=\left(\frac{4}{3}\pi\times6^3\right)\times\frac{1}{2}=144\pi(\text{cm}^3)$

(B의 부피)$=\frac{1}{3}\times(\pi\times6^2)\times h=12\pi h(\text{cm}^3)$

$144\pi=12\pi h$이므로 $h=12$

15 (A의 물에 담긴 부피)$=\frac{1}{3}\times(\pi\times4^2)\times9=48\pi(\text{cm}^3)$

(B의 물에 담긴 부피)$=(\pi\times6^2)\times h=36\pi h(\text{cm}^3)$

$48\pi=36\pi h$이므로 $h=\frac{4}{3}$

16 (A의 물에 담긴 부피)$=\frac{1}{3}\times\left(\frac{1}{2}\times8\times6\right)\times5=40(\text{cm}^3)$

(B의 물에 담긴 부피)$=(4\times5)\times h=20h(\text{cm}^3)$

$40=20h$이므로 $h=2$

17 (원기둥의 부피)$=(\pi\times6^2)\times12=432\pi(\text{cm}^3)$

18 (원뿔의 부피)$=\frac{1}{3}\times(\pi\times6^2)\times12=144\pi(\text{cm}^3)$

19 (구의 부피)$=\frac{4}{3}\pi\times6^3=288\pi(\text{cm}^3)$

20 $432\pi:144\pi:288\pi=3:1:2$

TEST 9. 입체도형의 겉넓이와 부피(2)

본문 217쪽

1 ③	2 ③	3 1300π cm^3
4 ④	5 2016π cm^3	6 ④

1 (밑넓이)$=8\times8=64(\text{cm}^2)$

(옆넓이)$=\left(\frac{1}{2}\times8\times7\right)\times4=112(\text{cm}^2)$이므로

(겉넓이)$=64+112=176(\text{cm}^2)$

2 (밑넓이)$=\pi\times3^2=9\pi(\text{cm}^2)$

(옆넓이)$=\frac{1}{2}\times(2\pi\times3)\times l=3\pi l(\text{cm}^2)$

$9\pi+3\pi l=54\pi$에서 $3\pi l=45\pi$

따라서 $l=15$

3 직선 l을 회전축으로 하여 1회전 시킬 때 생기는 회전체는 오른쪽 그림과 같으므로

(부피)$=\frac{1}{3}\times(\pi\times15^2)\times18$

$-\frac{1}{3}\times(\pi\times5^2)\times6$

$=1350\pi-50\pi=1300\pi(\text{cm}^3)$

4 (겉넓이)$=\frac{1}{2}\times(4\pi\times2^2)+\pi\times2^2$

$=8\pi+4\pi=12\pi(\text{cm}^2)$

5 (부피)$=\left(\frac{4}{3}\pi\times12^3\right)\times\frac{7}{8}=2016\pi(\text{cm}^3)$

6 (부피)=(사각뿔의 부피)+(사각기둥의 부피)

$=\frac{1}{3}\times(4\times4)\times3+(4\times4)\times8$

$=16+128=144(\text{cm}^3)$

대단원 TEST Ⅲ. 입체도형

본문 218쪽

1 ②	2 ③	3 ③
4 ④	5 ①	6 ④
7 ③	8 54 cm^2	9 168 cm^3
10 ⑤	11 ⑤	12 ①
13 $425\pi\text{ cm}^2$		

1 ① 각뿔대의 두 밑면은 평행하다.
③ 각뿔의 옆면은 모두 삼각형이다.
④ n각뿔의 꼭짓점의 개수는 $n+1$이다.
⑤ n각뿔대의 모서리의 개수는 $3n$이다.
따라서 옳은 것은 ②이다.

2 n각뿔대의 면의 개수는 $n+2$, 모서리의 개수는 $3n$이다.
$(n+2)+3n=18$에서 $4n+2=18$, $4n=16$
즉 $n=4$
따라서 이 각뿔대는 사각뿔대이므로 꼭짓점의 개수는 8이다.

3 ③ 정팔면체 − 12

4 ④ $\overline{\text{AB}}$와 $\overline{\text{DE}}$는 평행하다.

5 ① 원뿔대 − 사다리꼴

6 ① 구는 회전축이 무수히 많다.
② 원뿔을 회전축에 수직인 평면으로 자른 단면은 모두 원이지만 그 크기는 다르다.
③ 구를 회전축에 수직인 평면으로 자른 단면은 모두 원이지만 그 크기는 다르다.
⑤ 원뿔을 회전축에 수직인 평면으로 자른 단면은 원이다.
따라서 옳은 것은 ④이다.

7 ① 이 회전체는 원뿔대이다.
② 회전축을 포함한 평면으로 자른 단면은 사다리꼴이다.
④ 원뿔대의 두 밑면의 모양은 같지만 크기는 다르다.
⑤ 회전축을 포함한 평면으로 자른 단면은 사다리꼴이다.
따라서 옳은 것은 ③이다.

8 주어진 원뿔대를 회전축을 포함하는 평면으로 자를 때 생기는 단면은 오른쪽 그림과 같다.

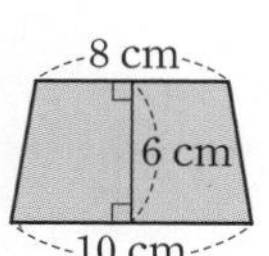

따라서 단면의 넓이는 $\frac{1}{2}\times(8+10)\times6=54(\text{cm}^2)$

9 삼각기둥의 높이를 x cm라 하면
$\left(\frac{1}{2}\times8\times6\right)\times2+(8+10+6)\times x=216$
$48+24x=216$, $24x=168$, $x=7$
즉 삼각기둥의 높이는 7 cm이다.
따라서 삼각기둥의 부피는
$\left(\frac{1}{2}\times8\times6\right)\times7=168(\text{cm}^3)$

10 회전시킬 때 생기는 회전체는 오른쪽 그림과 같으므로

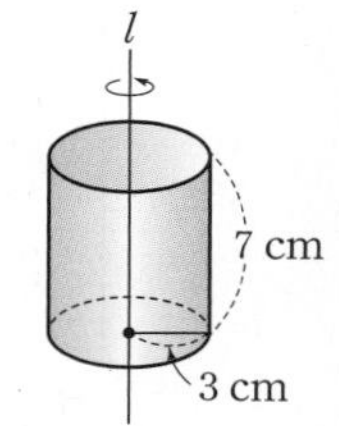

$(\text{겉넓이})=(\pi\times3^2)\times2+(2\pi\times3)\times7$
$=60\pi(\text{cm}^2)$
$(\text{부피})=\pi\times3^2\times7=63\pi(\text{cm}^3)$

11 왼쪽 그릇에 담긴 물의 부피는
$\frac{1}{3}\times\left(\frac{1}{2}\times15\times8\right)\times3=60(\text{cm}^3)$
오른쪽 그릇에 담긴 물의 부피는
$\left(\frac{1}{2}\times8\times x\right)\times3=12x(\text{cm}^3)$
$12x=60$에서 $x=5$

12 원뿔대의 부피는 큰 원뿔의 부피에서 작은 원뿔의 부피를 뺀 것과 같다.
$(\text{큰 원뿔의 부피})=\frac{1}{3}\times(\pi\times8^2)\times6=128\pi(\text{cm}^3)$
$(\text{작은 원뿔의 부피})=\frac{1}{3}\times(\pi\times4^2)\times3=16\pi(\text{cm}^3)$
따라서 $(\text{원뿔대의 부피})=128\pi-16\pi=112\pi(\text{cm}^3)$

13 $(\text{겉넓이})=\frac{7}{8}\times(\text{구의 겉넓이})+\frac{3}{4}\times(\text{원의 넓이})$
$=\frac{7}{8}\times4\pi\times10^2+\frac{3}{4}\times\pi\times10^2$
$=425\pi(\text{cm}^2)$

10 대푯값

IV. 통계

01 대푯값; 평균

본문 224쪽

1 (✎3, 4, 2.5)		2 10	3 4
4 5	5 6	6 3	7 7
8 5	9 (✎4, 12, 5)		10 12
11 16	12 2	13 16	14 15
☺ n			
15 (✎2, 6, 6, 9, 3)		16 4	17 9
18 6	19 ③		

2 $(\text{평균})=\frac{9+11+9+11}{4}=10$

3 $(\text{평균})=\frac{2+4+5+3+6}{5}=4$

4 $(\text{평균})=\frac{1+3+5+7+9}{5}=5$

5 $(\text{평균})=\frac{2+4+6+8+10}{5}=6$

6 $(\text{평균})=\frac{2+2+4+6+3+1}{6}=3$

7 $(\text{평균})=\frac{7+7+7+7+7+7}{6}=7$

8 $(\text{평균})=\frac{3+4+5+8+7+3}{6}=5$

10 $(\text{평균})=\frac{2+x+6+8}{4}=7$이므로 $x+16=28$

따라서 $x=12$

11 $(\text{평균})=\frac{13+15+12+x}{4}=14$이므로 $x+40=56$

따라서 $x=16$

12 $(\text{평균})=\frac{3+x+6+5+9}{5}=5$이므로 $x+23=25$

따라서 $x=2$

13 $(\text{평균})=\frac{x+4+3+4+3}{5}=6$이므로 $x+14=30$

따라서 $x=16$

14 $(\text{평균})=\frac{1+13+2+x+8+3}{6}=7$이므로 $x+27=42$

따라서 $x=15$

16 $x+y=6$이므로

$(\text{평균})=\frac{x+6+y+4}{4}=\frac{6+10}{4}=4$

17 $x+y=6$이므로

$(\text{평균})=\frac{x+6+y+6}{2}=\frac{x+y+12}{2}$

$=\frac{6+12}{2}=\frac{18}{2}=9$

18 $x+y=6$이므로

$(\text{평균})=\frac{x+y+3+x+y+3}{3}=\frac{6+3+6+3}{3}$

$=\frac{18}{3}=6$

19 a, b, c의 평균이 2이므로

$\frac{a+b+c}{3}=2$, 즉 $a+b+c=6$

따라서 4, a, b, c, 5의 평균은

$\frac{4+a+b+c+5}{5}=\frac{6+9}{5}=\frac{15}{5}=3$

02 대푯값; 중앙값

본문 226쪽

1 (✎5, 6, 5)	2 11	3 22
4 92	5 196	6 44
7 (✎3, 5, 3, 5, 3, 5, 4)	8 6	9 14
10 174	11 5	12 $\frac{35}{2}$
☺ 홀수, 짝수, 평균		
13 (✎5, 5, 4, 3)	14 12	15 11
16 20	17 62	18 ②

2 변량을 작은 값부터 크기순으로 나열하면

3, 9, 11, 13, 17

변량의 개수가 홀수이므로 중앙값은 11이다.

3 변량을 작은 값부터 크기순으로 나열하면

10, 15, 22, 28, 30

변량의 개수가 홀수이므로 중앙값은 22이다.

4 변량을 작은 값부터 크기순으로 나열하면

58, 80, 85, 92, 96, 104, 119

변량의 개수가 홀수이므로 중앙값은 92이다.

5 변량을 작은 값부터 크기순으로 나열하면
110, 125, 143, 196, 205, 217, 221
변량의 개수가 홀수이므로 중앙값은 196이다.

6 변량을 작은 값부터 크기순으로 나열하면
37, 39, 41, 41, 44, 53, 55, 59, 61
변량의 개수가 홀수이므로 중앙값은 44이다.

8 변량을 작은 값부터 크기순으로 나열하면
4, 5, 7, 10
변량의 개수가 짝수이므로 중앙값은 $\frac{5+7}{2}=6$

9 변량을 작은 값부터 크기순으로 나열하면
8, 11, 13, 15, 17, 20
변량의 개수가 짝수이므로 중앙값은 $\frac{13+15}{2}=14$

10 변량을 작은 값부터 크기순으로 나열하면
123, 134, 153, 195, 197, 273
변량의 개수가 짝수이므로 중앙값은 $\frac{153+195}{2}=174$

11 변량을 작은 값부터 크기순으로 나열하면
1, 2, 3, 5, 5, 7, 9, 11
변량의 개수가 짝수이므로 중앙값은 $\frac{5+5}{2}=5$

12 변량을 작은 값부터 크기순으로 나열하면
10, 13, 16, 17, 18, 19, 24, 26
변량의 개수가 짝수이므로 중앙값은 $\frac{17+18}{2}=\frac{35}{2}$

14 한가운데에 있는 두 값은 10, x이므로
$\frac{10+x}{2}=11$, $10+x=22$
따라서 $x=12$

15 한가운데에 있는 두 값은 x, 14이므로
$\frac{x+14}{2}=12.5$, $x+14=25$
따라서 $x=11$

16 한가운데에 있는 두 값은 x, 22이므로
$\frac{x+22}{2}=21$, $x+22=42$
따라서 $x=20$

17 한가운데에 있는 두 값은 58, x이므로
$\frac{58+x}{2}=60$, $58+x=120$
따라서 $x=62$

18 x를 제외한 나머지 변량을 작은 값부터 크기순으로 나열하면
67, 75, 84
중앙값이 73이므로 x는 67과 75 사이의 수이어야 하고, 전체 자료를 작은 값부터 크기순으로 나열하면
67, x, 75, 84
(중앙값)$=\frac{x+75}{2}=73$이므로 $x+75=146$
따라서 $x=71$

03 대푯값; 최빈값

본문 228쪽

1 (✎2, 2) 2 5 3 14
4 7 5 29 6 4, 6 7 20, 27
8 9, 11 9 A형 10 게임, 노래
11 문학 12 야구, 축구
13 노랑, 파랑, 초록 14 24시간 15 558개
☺ 최빈값
16 ⑤ 17 × 18 × 19 ○
20 ○ 21 × 22 ○
23 평균: 20, 중앙값: 20, 최빈값: 20
24 평균: 5, 중앙값: 4, 최빈값: 4
25 평균: 16, 중앙값: 12, 최빈값: 9
26 평균: 98, 중앙값: 95, 최빈값: 95

2 자료의 변량 중에서 5가 가장 많이 나타나므로 최빈값은 5이다.

3 자료의 변량 중에서 14가 가장 많이 나타나므로 최빈값은 14이다.

4 자료의 변량 중에서 7이 가장 많이 나타나므로 최빈값은 7이다.

5 자료의 변량 중에서 29가 가장 많이 나타나므로 최빈값은 29이다.

6 자료의 변량 중에서 4, 6이 가장 많이 나타나므로 최빈값은 4, 6이다.

7 자료의 변량 중에서 20, 27이 가장 많이 나타나므로 최빈값은 20, 27이다.

8 자료의 변량 중에서 9, 11이 가장 많이 나타나므로 최빈값은 9, 11이다.

9 주어진 표에서 학생 수가 가장 많이 나타나는 것은 A형이므로 최빈값은 A형이다.

10 주어진 표에서 학생 수가 가장 많이 나타나는 것은 게임, 노래이므로 최빈값은 게임, 노래이다.

11 주어진 표에서 회원 수가 가장 많이 나타나는 것은 문학이므로 최빈값은 문학이다.

12 주어진 표에서 학생 수가 가장 많이 나타나는 것은 야구, 축구이므로 최빈값은 야구, 축구이다.

13 주어진 표에서 학생 수가 가장 많이 나타나는 것은 노랑, 파랑, 초록이므로 최빈값은 노랑, 파랑, 초록이다.

14 주어진 표에서 24가 가장 많이 나타나므로 최빈값은 24시간이다.

15 주어진 표에서 558이 가장 많이 나타나므로 최빈값은 558개이다.

16 A, B 두 반의 학생 수가 같으므로
$2+4+x+5+3=20$, $x=6$
따라서 A반의 최빈값은 3회이므로 $a=3$
B반의 최빈값은 4회이므로 $b=4$
따라서 $a+b=7$

17 자료 전체의 특성을 대표적으로 나타내는 값을 대푯값이라 한다.

18 최빈값은 한 개일 수도 있고 여러 개일 수도 있다.

21 변량의 개수가 짝수이면 한가운데에 있는 두 값의 평균이 중앙값이므로 중앙값이 자료에 없는 값일 수도 있다.

23 $(\text{평균})=\dfrac{10+30+20+20}{4}=20$
변량을 작은 값부터 크기순으로 나열하면 10, 20, 20, 30
변량의 개수가 짝수이므로
중앙값은 $\dfrac{20+20}{2}=20$
자료의 변량 중에서 20이 가장 많이 나타나므로 최빈값은 20이다.

24 $(\text{평균})=\dfrac{4+8+2+7+4}{5}=5$
변량을 작은 값부터 크기순으로 나열하면 2, 4, 4, 7, 8
변량의 개수가 홀수이므로 중앙값은 4이다.
자료의 변량 중에서 4가 가장 많이 나타나므로 최빈값은 4이다.

25 $(\text{평균})=\dfrac{9+13+9+16+11+38}{6}=16$
변량을 작은 값부터 크기순으로 나열하면
9, 9, 11, 13, 16, 38
변량의 개수가 짝수이므로
중앙값은 $\dfrac{11+13}{2}=12$
자료의 변량 중에서 9가 가장 많이 나타나므로 최빈값은 9이다.

26 $(\text{평균})=\dfrac{111+95+100+90+100+95+95}{7}=98$
변량을 작은 값부터 크기순으로 나열하면
90, 95, 95, 95, 100, 100, 111
변량의 개수가 홀수이므로 중앙값은 95이다.
자료의 변량 중에서 95가 가장 많이 나타나므로 최빈값은 95이다.

TEST 10. 대푯값

본문 231쪽

1 11회	2 ⑤	3 ⑤
4 ③	5 ②	6 ⑤

1 $(\text{평균})=\dfrac{9+13+8+10+15}{5}=\dfrac{55}{5}=11(\text{회})$

2 5개의 변량 a, b, c, d, 27의 평균이 19이므로
$\dfrac{a+b+c+d+27}{5}=19$, $a+b+c+d=68$
따라서 6개의 변량 a, b, c, d, 23, 29의 평균은
$\dfrac{a+b+c+d+23+29}{6}=\dfrac{68+23+29}{6}=20$

3 x를 제외한 나머지 변량을 크기순으로 나열하면
11, 14, 18, 23, 31
중앙값이 20이므로 x는 18과 23사이의 수 이어야 하고, 전체 자료를 작은 값부터 크기순으로 나열하면
11, 14, 18, x, 23, 31
$(\text{중앙값})=\dfrac{18+x}{2}=20$이므로 $18+x=40$
따라서 $x=22$

4 변량을 작은 값부터 크기순으로 나열하면
5, 5, 7, 8, 10, 11, 14
변량의 개수가 홀수이므로 중앙값은 8이고, 자료의 변량 중에서 5가 가장 많이 나타나므로 최빈값은 5이다.
따라서 $a=8$, $b=5$이므로 $a+b=13$

5 주어진 자료의 최빈값은 75이므로
$\dfrac{75+80+75+85+65+x+75}{7}=75$
$x+455=525$
따라서 $x=70$

6 ① 평균, 자료의 수가 짝수개일 때의 중앙값은 자료에 없는 값일 수 있다.
② 최빈값은 자료가 수량으로 주어지지 않을 때도 사용할 수 있다.
③ 1, 2, 2, 2, 3의 경우, 평균, 중앙값, 최빈값이 모두 2이다.
④ 중앙값은 자료의 변량을 작은 값부터 크기순으로 나열했을 때, 한가운데에 있는 값이다.

Ⅳ. 통계

11 자료의 정리와 해석(1)

01 줄기와 잎 그림

본문 234쪽

원리확인

❶ 십, 일 ❷ 2

1 8, 3, 3, 7, 1

☺ 자료

2

6	2 5 7 8
7	0 3 5 6 7
8	2 6 8 8
9	4 6 6

3

1	5 8
2	0 4 5 6 7 9
3	2 5 5 6 8
4	0 3 4 9
5	4 5 8

4

16	2 4 6 8
17	2 2 5 7 8
18	0 2 4
19	0 3

5 (1) 7, 8, 9 (2) 4 (3) 15명 (4) 3명 (5) 46세
6 (1) 3 (2) 22명 (3) 5명 (4) 19.5분
7 (1) 47점 (2) 11명 (3) 38점 (4) 25점 (5) 27점
8 (1) 8명 (2) 73세 (3) 46세 (4) 53세
9 (1) 33 (2) 8명 (3) 21 (4) 5회, 24회
10 ④
11 (1) 12명 (2) 11명 (3) 7 (4) 35점 (5) 8명
12 (1) 17명, 16명 (2) 1반 (3) 1반 (4) 43시간
13 ⑤

5 (3) 전체 잎의 개수가 $3+9+3=15$이므로 은서네 반 전체 학생 수는 15명이다.
(4) 줄기가 5인 잎이 3개이므로 아버지 연세가 50세 이상인 학생 수는 3명이다.
(5) 자료의 변량 중에서 46이 가장 많이 나타나므로 최빈값은 46세이다.

6 (2) 전체 잎의 개수가 $5+6+7+4=22$이므로 명준이네 반 전체 학생 수는 22명이다.
(3) 줄기가 0인 잎이 5개이므로 통학 시간이 10분 미만인 학생 수는 5명이다.

(4) 변량의 개수가 짝수이므로 중앙값은 $\frac{19+20}{2}=19.5$(분)

7 (2) 줄기가 1인 잎이 4개, 줄기가 2인 잎이 7개이므로 과학 수행 평가 점수가 30점 미만인 학생 수는
$4+7=11$(명)
(5) 변량의 개수가 홀수이므로 중앙값은 27점이다.

8 (1) 줄기가 6인 잎이 4개, 줄기가 7인 잎이 4개이므로 60세 이상인 성인의 수는 $4+4=8$(명)
(4) 변량의 개수가 짝수이므로 중앙값은 $\frac{52+54}{2}=53$(세)

9 (4) 자료의 변량 중에서 5, 24가 가장 많이 나타나므로 최빈값은 5회, 24회이다.

10 ② 전체 잎의 개수가 $4+6+5+5=20$이므로 전체 회원 수는 20명이다.
④ 독서 시간이 30시간 이상인 회원 수는 5명이므로 전체의 $\frac{5}{20}\times100=25(\%)$
⑤ 독서 시간이 가장 적은 회원과 가장 많은 회원의 독서 시간의 합은 $4+39=43$(시간)
따라서 옳지 않은 것은 ④이다.

11 (1) 시현이네 반 남학생 수는 $2+5+3+2=12$(명)
(2) 시현이네 반 여학생 수는 $1+3+4+3=11$(명)
(3) 줄기가 6인 잎이 $2+1=3$(개), 줄기가 7인 잎이 $5+3=8$(개), 줄기가 8인 잎이 $3+4=7$(개), 줄기가 9인 잎이 $2+3=5$(개)이므로 잎이 가장 많은 줄기는 7이다.
(4) 수학 성적이 가장 높은 학생의 점수는 98점, 가장 낮은 학생의 점수는 63점이므로 점수의 차는
$98-63=35$(점)
(5) 수학 성적이 88점 이상인 남학생 수는 $1+2=3$(명), 여학생 수는 $2+3=5$(명)이므로 수학 성적이 88점 이상인 학생 수는 $3+5=8$(명)

12 (1) 1반의 학생 수는 $4+5+3+5=17$(명),
2반의 학생 수는 $5+3+4+4=16$(명)
(3) 컴퓨터 사용 시간이 21시간 이하인 1반의 학생 수는 $4+2=6$(명), 2반의 학생 수는 5명이므로 1반이 더 많다.

13 남자 중 등산 횟수가 가장 많은 회원의 등산 횟수는 28회이고, 여자 중 등산 횟수가 가장 적은 회원의 등산 횟수는 3회이므로 등산 횟수의 차는 $28-3=25$(회)

02 도수분포표

본문 238쪽

1 3, 5, 6, 4 **2** 8, 7, 8, 4, 3

3

140이상 ~ 150미만	5
150 ~ 160	7
160 ~ 170	5
170 ~ 180	3

4

0이상 ~ 10미만	8
10 ~ 20	8
20 ~ 30	4
30 ~ 40	3
40 ~ 50	3
50 ~ 60	1

5 (1) 3, 3 (2) 4 (3) 4 (4) 3, 6 (5) 20 (6) 6, 8, 14
6 (1) 2권 (2) 5 (3) 2권 이상 4권 미만 (4) 3명
(5) 5명 (6) 13명 (7) 4권 이상 6권 미만
7 (1) 5명 (2) 4 (3) 25명 이상 30명 미만 (4) 3일
(5) 4일 (6) 13일 (7) 15명 이상 20명 미만
8 (1) 9 (2) 5명 (3) 12명 (4) 30점 이상 40점 미만
(5) 20점 이상 30점 미만 (6) 10 %
☺ 100
9 (1) 11 (2) 7 (3) 19 (4) 350 g 이상 400 g 미만
(5) 250 g 이상 300 g 미만 (6) 50 %

6 (1) 계급의 크기는 $4-2=2$(권)
(2) 계급은 0권 이상 2권 미만, 2권 이상 4권 미만, 4권 이상 6권 미만, 6권 이상 8권 미만, 8권 이상 10권 미만의 5개이다.
(4) 도수가 가장 작은 계급은 0권 이상 2권 미만인 계급이고, 이 계급에 속하는 학생 수는 3명이다.
(5) 읽은 책이 5권인 학생이 속하는 계급은 4권 이상 6권 미만이므로 구하는 도수는 5명이다.
(6) 읽은 책이 0권 이상 2권 미만인 학생 수는 3명, 2권 이상 4권 미만인 학생 수는 10명이므로 읽은 책이 4권 미만인 학생 수는 $3+10=13$(명)
(7) 읽은 책이 6권 이상인 학생 수는 $8+4=12$(명)
4권 이상 6권 미만인 계급의 도수가 5명이므로 읽은 책이 15번째로 많은 학생이 속하는 계급은 4권 이상 6권 미만이다.

7 (1) 계급의 크기는 $15-10=5$(명)
(2) 계급은 10명 이상 15명 미만, 15명 이상 20명 미만, 20

명 이상 25명 미만, 25명 이상 30명 미만의 4개이다.

(4) 도수가 가장 작은 계급은 10명 이상 15명 미만이고, 이 계급의 날의 수는 3일이다.

(5) 방문자 수가 15명인 날이 속하는 계급은 15명 이상 20명 미만이므로 구하는 도수는 4일이다.

(6) 방문자 수가 20명 이상 25명 미만인 날의 수는 5일, 25명 이상 30명 미만인 날의 수는 8일이므로 방문자 수가 20명 이상인 날의 수는 $5+8=13$(일)

(7) 방문자 수가 20명 미만인 날의 수는 $3+4=7$(명)
따라서 방문자 수가 7번째로 적은 날이 속하는 계급은 15명 이상 20명 미만이다.

8 (1) 전체 학생 수가 30명이므로
$2+5+11+A+3=30$
따라서 $A=9$

(3) 게임 점수가 30점 이상 40점 미만인 학생 수는 9명, 40점 이상 50점 미만인 학생 수는 3명이므로 게임 점수가 30점 이상인 학생 수는 $9+3=12$(명)

(5) 게임 점수가 20점 미만인 학생 수는 $2+5=7$(명)
20점 이상 30점 미만인 계급의 도수가 11명이므로 게임 점수가 10번째로 낮은 학생이 속하는 계급은 20점 이상 30점 미만이다.

(6) 게임 점수가 40점 이상 50점 미만인 학생 수가 3명이고 전체 학생 수가 30명이므로
$\frac{3}{30}\times 100=10(\%)$

9 (1) 전체 사과의 개수가 50이므로
$8+A+14+7+10=50$
따라서 $A=11$

(3) 무게가 150 g 이상 200 g 미만인 사과의 개수는 8, 200 g 이상 250 g 미만인 사과의 개수는 11이므로 무게가 250 g 미만인 사과의 개수는 $8+11=19$

(5) 무게가 300 g 이상인 사과의 개수는 $7+10=17$
250 g 이상 300 g 미만인 계급의 도수가 14개이므로 무게가 20번째로 무거운 사과가 속하는 계급은 250 g 이상 300 g 미만이다.

(6) 무게가 200 g 이상 300 g 미만인 사과의 개수는 $11+14=25$이고, 전체 사과의 개수는 50이므로
$\frac{25}{50}\times 100=50(\%)$

03 히스토그램

본문 242쪽

1
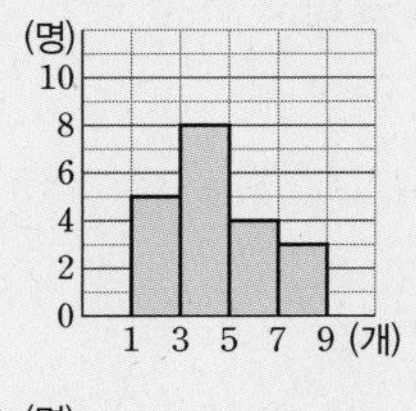

2
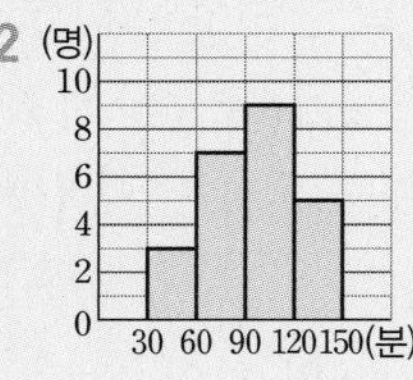

3
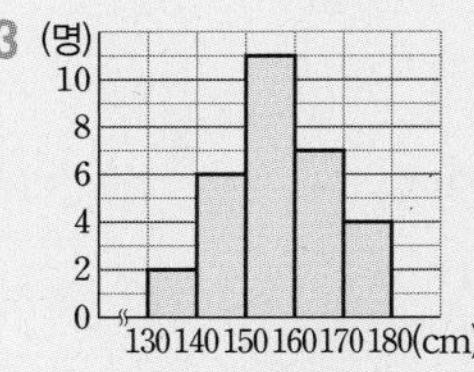

4
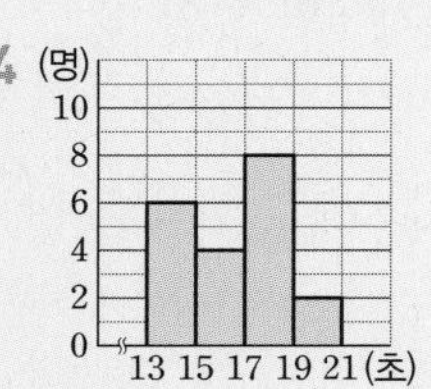

5 (1) 가로, 10, 5 (2) 개수, 6 (3) 세로, 9 (4) 20, 25
(5) 6, 9, 15 (6) 5, 11, 40

☺ 도수, 계급, 크기

6 (1) 1시간 (2) 5 (3) 4명 (4) 4시간 이상 5시간 미만
(5) 12명 (6) 20명

☺ 개수, 크기, 도수

7 (1) 40명 (2) 12권 이상 15권 미만 (3) 18명
(4) 9권 이상 12권 미만 (5) 15권 이상 18권 미만
(6) 5 %

8 (1) 30 (2) 280 g 이상 300 g 미만 (3) 10
(4) 260 g 이상 280 g 미만 (5) 30 %

9 (1) ○ (2) ○ (3) × (4) × (5) ○

10 ⑤ **11** (1) 50 (2) 30 (3) 150 (4) 15

☺ 크기, 도수, 크기, 도수

12 (1) 500 (2) 130 (3) 20 (4) 110

13 ② **14** 10명 **15** 14봉지 **16** 11명

17 (1) 32명 (2) 8명 (3) 12명

18 (1) 4일 (2) 30일 (3) 9일

6 (1) (계급의 크기)=(직사각형의 가로의 길이)
$=5-4=1$(시간)

(2) (계급의 개수)=(직사각형의 개수)=5

(3) (6시간 이상 7시간 미만인 계급의 도수)
=(해당 계급의 직사각형의 세로의 길이)=4(명)

(5) 하루 수면 시간이 7시간 이상 8시간 미만인 학생 수는 7명, 8시간 이상 9시간 미만인 학생 수는 5명이므로 하루 수면 시간이 7시간 이상 9시간 미만인 학생 수는 $7+5=12$(명)

(6) 선호네 반 전체 학생 수는 $1+3+4+7+5=20$(명)

7 (1) 독서 동호회 전체 회원 수는

$2+5+8+10+9+6=40$(명)

(3) 대여한 책이 6권 이상 9권 미만인 회원 수는 8명, 9권 이상 12권 미만인 회원 수는 10명이므로 대여한 책이 6권 이상 12권 미만인 회원 수는 $8+10=18$(명)

(6) 대여한 책이 0권 이상 3권 미만인 회원 수가 2명이고 전체 회원 수가 40명이므로

$\frac{2}{40}\times 100=5(\%)$

8 (1) 한 상자에 들어 있는 사과의 개수는

$3+2+7+8+6+4=30$

(3) 무게가 300 g 이상 320 g 미만인 사과의 개수는 6, 320 g 이상 340 g 미만인 사과의 개수는 4이므로 무게가 300 g 이상인 사과의 개수는 $6+4=10$

(4) 무게가 260 g 미만인 사과의 개수는 $3+2=5$

260 g 이상 280 g 미만인 계급의 도수가 7개이므로 무게가 7번째로 가벼운 사과가 속하는 계급은 260 g 이상 280 g 미만이다.

(5) 무게가 240 g 이상 280 g 미만인 사과의 개수는 $2+7=9$이고 전체 사과의 개수가 30이므로

$\frac{9}{30}\times 100=30(\%)$

9 (1) 중학교 1학년 전체 학생 수는

$3+5+7+8+9+6+2=40$(명)

(3) 체험학습을 12일 이상 신청한 학생 수는 $6+2=8$(명)

(4) 체험학습을 3번째로 적게 신청한 학생이 속하는 계급은 2일 이상 4일 미만이다.

(5) 체험학습을 6일 미만 신청한 학생 수는 $3+5=8$(명)

이므로 전체의 $\frac{8}{40}\times 100=20(\%)$

10 ⑤ 만족도가 2점 미만인 이용자는 6명이므로 전체의

$\frac{6}{40}\times 100=15(\%)$

따라서 옳지 않은 것은 ⑤이다.

11 (1) (직사각형의 넓이)=(계급의 크기)×(계급의 도수)

$=5\times 10=50$

(2) 이 계급의 도수는 6명이므로

(직사각형의 넓이)=(계급의 크기)×(계급의 도수)

$=5\times 6=30$

(3) 도수의 총합이 $3+6+10+6+3+2=30$(명)이므로

(모든 직사각형의 넓이의 합)

=(계급의 크기)×(도수의 총합)

$=5\times 30=150$

(4) 점수가 34점인 학생이 속하는 계급은 30점 이상 35점 미만이고 이 계급의 도수는 3명이므로

(직사각형의 넓이)=(계급의 크기)×(그 계급의 도수)

$=5\times 3=15$

12 (1) 도수의 총합이 $2+5+9+13+11+7+3=50$(명)이므로

(모든 직사각형의 넓이의 합)

=(계급의 크기)×(도수의 총합)

$=10\times 50=500$

(2) 도수가 가장 큰 계급은 30세 이상 40세 미만이고 이때의 도수는 13명이므로

(직사각형의 넓이)=(계급의 크기)×(계급의 도수)

$=10\times 13=130$

(3) 도수가 가장 작은 계급은 0세 이상 10세 미만이고 이때의 도수는 2명이므로

(직사각형의 넓이)=(계급의 크기)×(계급의 도수)

$=10\times 2=20$

(4) 도수가 가장 큰 계급의 직사각형의 넓이는 130, 도수가 가장 작은 계급의 직사각형의 넓이는 20이므로 넓이의 차는

$130-20=110$

13 도수가 가장 큰 계급의 직사각형의 넓이는 $10\times 10=100$이고, 도수가 가장 작은 계급의 직사각형의 넓이는 $10\times 2=20$이므로 그 합은

$100+20=120$

14 도수의 총합이 40명이므로 구하는 계급의 도수는

$40-(4+9+11+6)=10$(명)

15 도수의 총합이 35봉지이므로 구하는 계급의 도수는

$35-(3+3+7+5+3)=14$(봉지)

16 도수의 총합이 45명이므로 구하는 계급의 도수는

$45-(4+7+8+7+6+2)=11$(명)

17 (1) 전체 학생 수를 x명이라 하면 키가 170 cm 이상 180 cm 미만인 학생 4명이 전체의 12.5 %이므로

$x\times \frac{12.5}{100}=4$ 즉 $x=32$

따라서 준희네 반 전체 학생 수는 32명

(2) 전체 학생 수가 32명이므로 키가 160 cm 이상 170 cm 미만인 학생 수는

$32-(2+7+11+4)=8$(명)

(3) $8+4=12$(명)

18 (2) 전체 날의 수를 x일이라 하면 기온이 23℃ 이상 24℃ 미만인 6일이 전체의 20 %이므로 $x\times\frac{20}{100}=6$

즉 $x=30$

따라서 조사한 전체 날의 수는 30일이다.

(3) 전체 날의 수가 30일이므로 기온이 20℃ 이상 21℃ 미만인 날의 수는 $30-(2+6+4+6+3)=9$(일)

04 도수분포다각형

본문 248쪽

1 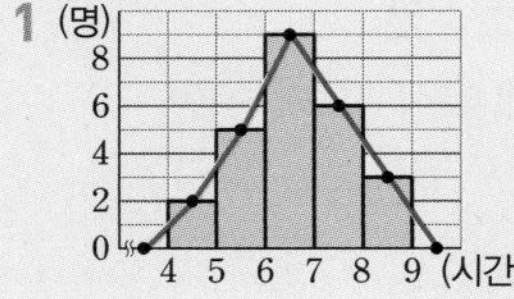

2 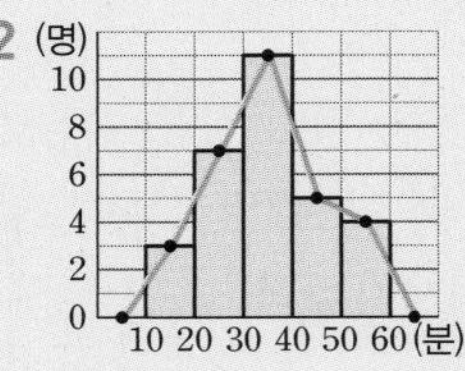

3 (1) 10, 10 (2) 6 (3) 3 (4) 30, 40 (5) 4, 5 (6) 3, 4, 23

4 (1) 2시간 (2) 6 (3) 7명 (4) 13시간 이상 15시간 미만 (5) 13명 (6) 34명

5 (1) 25명 (2) 30 m 이상 35 m 미만 (3) 8명 (4) 7명 (5) 25 m 이상 30 m 미만 (6) 40 %

6 (1) × (2) ○ (3) ○ (4) × (5) ×

7 ① **8** (1) 300 (2) 300

☺ 히스토그램, 크기, 도수

9 300 **10** 1450 **11** 3300

12 11명 **13** (1) 14송이 (2) 40 % ☺ 총합, 도수

14 (1) 6명 (2) 24명 (3) 8명

15 (1) 3명 (2) 30명 (3) 5명

4 (1) 계급의 크기는 $5-3=2$(시간)

(5) 댄스 연습 시간이 3시간 이상 5시간 미만인 회원 수는 5명, 5시간 이상 7시간 미만인 회원 수는 8명이므로 댄스 연습 시간이 3시간 이상 7시간 미만인 회원 수는 $5+8=13$(명)

(6) 댄스 동호회 전체 회원 수는 $5+8+10+7+3+1=34$(명)

5 (1) 종현이네 반 전체 학생 수는 $3+5+7+6+4=25$(명)

(3) 공 던지기 기록이 15 m 이상 20 m 미만인 학생 수는 3명, 20 m 이상 25 m 미만인 학생 수는 5명이므로 기록이 25 m 미만인 학생 수는 $3+5=8$(명)

(4) 공 던지기 기록이 28 m인 학생이 속하는 계급은 25 m 이상 30 m 미만이므로 이 계급의 도수는 7명이다.

(5) 공 던지기 기록이 25 m 미만인 학생 수는 8명이고, 25 m 이상 30 m 미만인 계급의 도수가 7명이므로 기록이 11번째로 짧은 학생이 속하는 계급은 25 m 이상 30 m 미만이다.

(6) 공 던지기 기록이 30 m 이상인 학생 수는 $6+4=10$(명)이므로 전체의 $\frac{10}{25}\times 100=40(\%)$

6 (1) 유진이네 반 전체 학생 수는 $2+3+5+11+4+3=28$(명)

(3) 점수가 40점 이상 60점 미만인 학생 수는 $2+3=5$(명)

(4) 점수가 6번째로 낮은 학생이 속하는 계급은 60점 이상 70점 미만이다.

(5) 점수가 80점 이상인 학생 수는 $4+3=7$(명)이므로 전체의 $\frac{7}{28}\times 100=25(\%)$

7 ① 계급의 개수는 5이다.

⑤ 전체 관람객은 $8+10+14+11+7=50$(명)이고, 나이가 40세 이상인 관람객은 $11+7=18$(명)이므로 전체의 $\frac{18}{50}\times 100=36(\%)$

따라서 옳지 않은 것은 ①이다.

8 (1) 도수의 총합이 $2+8+12+5+3=30$(명)이므로

(히스토그램에서 모든 직사각형의 넓이의 합)

=(계급의 크기)×(도수의 총합)=10×30=300

(2) (도수분포다각형과 가로축으로 둘러싸인 부분의 넓이)

=(히스토그램에서 모든 직사각형의 넓이의 합)

=300

9 도수의 총합이 $8+5+6+9+2=30$(명)이므로

(도수분포다각형과 가로축으로 둘러싸인 부분의 넓이)

=(계급의 크기)×(도수의 총합)

=10×30=300

10 도수의 총합이 $3+7+10+7+2=29$(그루)이므로

(도수분포다각형과 가로축으로 둘러싸인 부분의 넓이)

=(계급의 크기)×(도수의 총합)

=50×29=1450

11 도수의 총합이 $4+8+10+6+5=33$(명)이므로

(도수분포다각형과 가로축으로 둘러싸인 부분의 넓이)

=(계급의 크기)×(도수의 총합)

=100×33=3300

12 도수의 총합이 30명이므로 구하는 계급의 도수는
$30-(3+5+8+2+1)=11$(명)

13 (1) 도수의 총합이 35송이이므로 구하는 계급의 도수는
$35-(6+7+5+3)=14$(송이)
(2) $\frac{14}{35}\times 100=40(\%)$

14 (2) 전체 학생 수를 x명이라 하면 $x\times\frac{25}{100}=6$
즉 $x=24$
따라서 전체 학생 수는 24명이다.
(3) 도수의 총합이 24명이므로 앉은키가 82 cm 이상 86 cm 미만인 학생 수는
$24-(3+4+6+3)=8$(명)

15 (2) 전체 학생 수를 x명이라 하면 $x\times\frac{10}{100}=3$
즉 $x=30$
따라서 전체 학생 수는 30명이다.
(3) 도수의 총합이 30명이므로 봉사 활동 시간이 20시간 이상 25시간 미만인 학생 수는
$30-(4+8+10+3)=5$(명)

TEST 11. 자료의 정리와 해석(1)

본문 253쪽

1 ④	**2** 1	**3** 30 %
4 ②, ⑤	**5** 8명	**6** 10명

1 전체 잎의 개수가 $4+7+6+3=20$이므로 한얼이네 반 전체 학생 수는 20명이다.

2 계급의 크기는 $10-5=5$(시간)이므로 $a=5$
계급의 개수는 4이므로 $b=4$
따라서 $a-b=5-4=1$

3 홈런을 15개 이상 친 선수는 $6+3=9$(명)이므로 전체의
$\frac{9}{30}\times 100=30(\%)$

4 ② 도수가 가장 큰 계급은 150 cm 이상 155 cm 미만이다.
④ 전체 학생 수는 $4+10+12+8+4+2=40$(명)
⑤ 모든 직사각형의 넓이의 합은 $5\times 40=200$
따라서 옳지 않은 것은 ②, ⑤이다.

5 전체 학생 수를 x명이라 하면 점수가 20점 미만인 학생 수가 9명이므로
$x\times\frac{36}{100}=9$, 즉 $x=25$
따라서 점수가 20점 이상 30점 미만인 학생 수는
$25-(9+5+2+1)=8$(명)

6 도수의 총합이 30명이므로 구하는 계급의 도수는
$30-(2+5+8+4+1)=10$(명)

12 자료의 정리와 해석(2)

Ⅳ. 통계

01 상대도수

본문 256쪽

원리확인

❶ 2, 0.2 ❷ 30, 60, 0.6 ❸ 27, 0.27

1 (1) ○ (2) ○ (3) × (4) ○ (5) ○

2 (1) 0.15 (2) 0.5 (3) 0.2 (4) 0.36

3 (1) 72 (2) 8 (3) 20 (4) 7 ☺ 도수, 도수

4 (1) 50 (2) 15 (3) 40 (4) 20 (5) 25 (6) 32

5 ③

1 (제주도를 방문한 남자 회원 수)$=60\times0.7=42$(명)
(제주도를 방문한 여자 회원 수)$=40\times0.8=32$(명)
따라서 (상대도수)$=\frac{42+32}{60+40}=\frac{74}{100}=0.74$

2 (1) (상대도수)$=\frac{3}{20}=0.15$ (2) (상대도수)$=\frac{9}{18}=0.5$
(3) (상대도수)$=\frac{12}{60}=0.2$ (4) (상대도수)$=\frac{18}{50}=0.36$

3 (1) (도수)$=100\times0.72=72$ (2) (도수)$=40\times0.2=8$
(3) (도수)$=25\times0.8=20$ (4) (도수)$=50\times0.14=7$

4 (1) (전체 도수)$=\frac{10}{0.2}=\frac{100}{2}=50$
(2) (전체 도수)$=\frac{6}{0.4}=\frac{60}{4}=15$
(3) (전체 도수)$=\frac{14}{0.35}=\frac{1400}{35}=40$
(4) (전체 도수)$=\frac{1}{0.05}=\frac{100}{5}=20$
(5) (전체 도수)$=\frac{3}{0.12}=\frac{300}{12}=25$
(6) (전체 도수)$=\frac{8}{0.25}=\frac{800}{25}=32$

5 (제주도를 방문한 남자 회원 수)$=60\times0.7=42$(명)
(제주도를 방문한 여자 회원 수)$=40\times0.8=32$(명)
따라서 (상대도수)$=\frac{42+32}{60+40}=\frac{74}{100}=0.74$

02 상대도수의 분포표

본문 258쪽

원리확인

8, 10, 0.5, 1

1 0.08, 0.12, 0.2, 0.28, 0.32

2 0.1, 0.15, 0.3, 0.25, 0.2

3 0.05, 0.1, 0.25, 0.4, 0.2

4 2, 6, 5, 4, 3 5 3, 5, 7, 9, 1

6 2, 7, 21, 10, 8, 2 ☺ 1

7 (1) 0.28 (2) 28 % (3) 28 % (4) 40 %

8 (1) 0.08 (2) 12 (3) 26 % (4) 0.3 (5) 44 %

9 (1) 20명 (2) $A=0.35$, $B=1$ (3) 65 % (4) 30 %
(5) 0.2

10 (1) 120명 (2) $A=1$, $B=0.2$, $C=36$ (3) 35 %
(4) 0.25 (5) 55 %

11 (1) ○ (2) × (3) ○ (4) × (5) ○ (6) ×

12 ⑤

7 (2) 지하철 탑승 횟수가 3회 이상 6회 미만인 계급의 상대도수는 0.28이므로 전체의 $0.28\times100=28(\%)$
(3) 지하철 탑승 횟수가 9회 이상인 계급의 상대도수는 $0.22+0.06=0.28$이므로 전체의 $0.28\times100=28(\%)$
(4) 지하철 탑승 횟수가 6회 미만인 계급의 상대도수는 $0.12+0.28=0.4$이므로 전체의 $0.4\times100=40(\%)$

8 (1) $A=\frac{4}{50}=0.08$
(2) $B=0.24\times50=12$
(3) 가족과 대화한 시간이 40분 미만인 계급의 상대도수는 $0.08+0.18=0.26$이므로 전체의 $0.26\times100=26(\%)$
(4) 가족과 대화한 시간이 40분 이상 60분 미만인 계급의 도수는 $0.3\times50=15$(명)
따라서 가족과 대화한 시간이 15번째로 적은 학생이 속하는 계급은 40분 이상 60분 미만이므로 구하는 상대도수는 0.3이다.
(5) 가족과 대화한 시간이 80분 이상 100분 미만인 계급의 상대도수는 $\frac{10}{50}=0.2$
따라서 가족과 대화한 시간이 60분 이상인 계급의 상대도수는 $0.24+0.2=0.44$이므로 전체의 $0.44\times100=44(\%)$

9 (1) 예진이네 반 전체 학생 수는 $\frac{6}{0.3}=20$(명)

(2) $A=\frac{7}{20}=0.35$, $B=0.05\times20=1$

(3) 수학 점수가 70점 미만인 계급의 상대도수는 $0.35+0.3=0.65$이므로 전체의 $0.65\times100=65(\%)$

(4) 수학 점수가 70점 이상 80점 미만인 계급의 상대도수는 $\frac{4}{20}=0.2$

따라서 수학 점수가 70점 이상 90점 미만인 계급의 상대도수는 $0.2+0.1=0.3$이므로 전체의 $0.3\times100=30(\%)$

(5) 수학 점수가 80점 이상 90점 미만인 계급의 도수는 $0.1\times20=2$(명)

따라서 수학 성적이 4번째로 좋은 학생이 속하는 계급은 70점 이상 80점 미만이므로 구하는 상대도수는 0.2이다.

10 (1) 지현이네 학교 전체 학생 수는 $\frac{18}{0.15}=120$(명)

(2) 상대도수의 총합은 1이므로 $A=1$

$B=\frac{24}{120}=0.2$, $C=0.3\times120=36$

(3) 뮤지컬 관람 횟수가 15회 이상인 계급의 상대도수는 $0.2+0.15=0.35$이므로 전체의 $0.35\times100=35(\%)$

(4) 뮤지컬 관람 횟수가 5회 미만인 계급의 도수는 $0.1\times120=12$(명)

따라서 뮤지컬 관람 횟수가 20번째로 적은 학생이 속하는 계급은 5회 이상 10회 미만이므로 구하는 상대도수는 $\frac{30}{120}=0.25$

(5) 뮤지컬 관람 횟수가 5회 이상 15회 미만인 계급의 상대도수는 $0.25+0.3=0.55$이므로 전체의 $0.55\times100=55(\%)$

11 (2) 하나의 도수분포표에서 상대도수가 같으면 도수도 같다.

(4) 도수가 가장 큰 계급은 상대도수도 가장 크다.

(6) 어떤 계급의 도수는 전체 도수와 그 계급의 상대도수를 곱한 값이다.

12 전체 토끼 수는 $\frac{12}{0.24}=50$(마리)

따라서 수명이 8년 이상 12년 미만인 계급의 상대도수는 $\frac{18}{50}=0.36$, 12년 이상 16년 미만인 계급의 상대도수는 $\frac{14}{50}=0.28$이므로 수명이 8년 이상인 토끼는 전체의 $(0.36+0.28)\times100=64(\%)$

03 상대도수의 분포를 나타낸 그래프

본문 262쪽

1

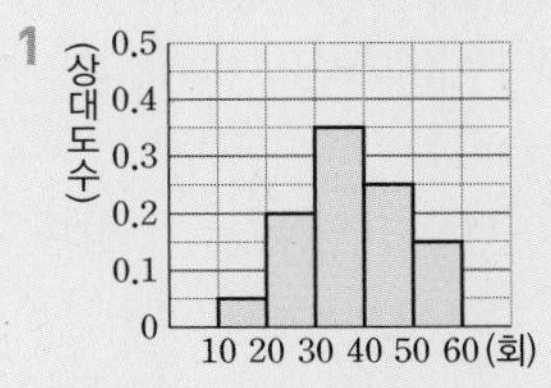

2

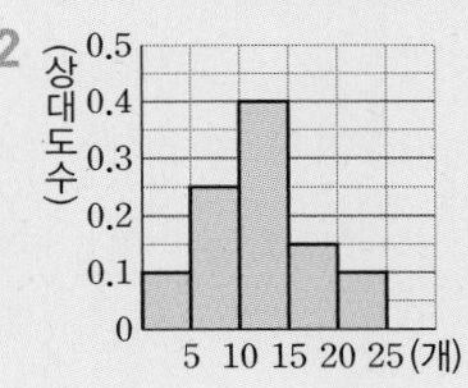

☺ 도수, 상대도수

3 (1) 40점 이상 50점 미만 (2) 12명 (3) 20 % (4) 32 % (5) 64명

4 (1) 120 cm 이상 140 cm 미만 (2) 28명 (3) 15 % (4) 20 % (5) 16명

5 (1) 40명 (2) 4명 (3) 8명 (4) 10명 (5) 40권 이상 50권 미만

6 (1) 150명 (2) 51명 (3) 27명 (4) 39명 (5) 60분 이상 90분 미만

7 (1) 0.35 (2) 7명

8 (1) 0.45 (2) 27명

9 (1) 0.3 (2) 400명

10 (1) 0.34 (2) 50명

3 (1) 도수와 상대도수는 서로 정비례하므로 도수가 가장 작은 계급은 상대도수가 가장 작다. 따라서 구하는 계급은 40점 이상 50점 미만이다.

(2) 영어 점수가 40점 이상 50점 미만인 계급의 상대도수는 0.06이므로 구하는 학생 수는 $0.06\times200=12$(명)

(3) 영어 점수가 60점 이상 70점 미만인 계급의 상대도수는 0.2이므로 전체의 $0.2\times100=20(\%)$

(4) 영어 점수가 80점 이상인 계급의 상대도수는 $0.18+0.14=0.32$이므로 전체의 $0.32\times100=32(\%)$

(5) 영어 점수가 80점 이상인 계급의 상대도수는 0.32이므로 구하는 학생 수는 $0.32\times200=64$(명)

4 (1) 도수와 상대도수는 서로 정비례하므로 도수가 가장 큰 계급은 상대도수가 가장 크다. 따라서 구하는 계급은 120 cm 이상 140 cm 미만이다.

(2) 기록이 120 cm 이상 140 cm 미만인 계급의 상대도수는 0.35이므로 구하는 학생 수는 $0.35\times80=28$(명)

(3) 기록이 140 cm 이상 160 cm 미만인 계급의 상대도수는 0.15이므로 전체의 $0.15\times100=15(\%)$

(4) 기록이 100 cm 미만인 계급의 상대도수는 $0.05+0.15=0.2$이므로 전체의 $0.2\times100=20(\%)$

(5) 기록이 100 cm 미만인 계급의 상대도수는 0.2이므로 구하는 학생 수는 $0.2\times80=16$(명)

5 (1) 구입한 도서가 20권 이상 30권 미만인 계급의 상대도수가 0.15이므로

(전체 회원 수)$=\frac{6}{0.15}=40$(명)

(2) 구입한 도서가 10권 이상 20권 미만인 계급의 상대도수는 0.1이므로 구하는 도수는 $0.1\times40=4$(명)

(3) 구입한 도서가 50권 이상 60권 미만인 계급의 상대도수는 0.2이므로 구하는 회원 수는 $0.2\times40=8$(명)

(4) 구입한 도서가 30권 미만인 계급의 상대도수는 $0.1+0.15=0.25$이므로 구하는 회원 수는 $0.25\times40=10$(명)

(5) 구입한 도서가 50권 이상 60권 미만인 회원 수는 8명, 40권 이상 50권 미만인 회원 수는 $0.25\times40=10$(명)이므로 구입한 도서가 11번째로 많은 회원이 속하는 계급은 40권 이상 50권 미만이다.

6 (1) 청취 시간이 90분 이상 120분 미만인 계급의 상대도수가 0.22이므로

(전체 직원 수)$=\frac{33}{0.22}=150$(명)

(2) 청취 시간이 60분 이상 90분 미만인 계급의 상대도수는 0.34이므로 구하는 도수는 $0.34\times150=51$(명)

(3) 청취 시간이 30분 이상 60분 미만인 계급의 상대도수는 0.18이므로 구하는 직원 수는 $0.18\times150=27$(명)

(4) 청취 시간이 120분 이상인 계급의 상대도수는 $0.12+0.08+0.06=0.26$이므로 구하는 직원 수는 $0.26\times150=39$(명)

(5) 청취 시간이 30분 이상 60분 미만인 직원 수는 27명, 60분 이상 90분 미만인 직원 수는 51명이므로 청취 시간이 46번째로 짧은 직원이 속하는 계급은 60분 이상 90분 미만이다.

7 (1) 구하는 계급의 상대도수는

$1-(0.15+0.25+0.2+0.05)=0.35$

(2) 구하는 학생 수는 $0.35\times20=7$(명)

8 (1) 구하는 계급의 상대도수는

$1-(0.05+0.25+0.15+0.1)=0.45$

(2) 구하는 회원 수는 $0.45\times60=27$(명)

9 (1) 구하는 계급의 상대도수는

$1-(0.12+0.26+0.18+0.14)=0.3$

(2) (전체 학생 수)$=\frac{120}{0.3}=400$(명)

10 (1) 구하는 계급의 상대도수는

$1-(0.06+0.1+0.3+0.2)=0.34$

(2) (전체 회원 수)$=\frac{17}{0.34}=50$(명)

04 도수의 총합이 다른 두 자료의 비교

본문 266쪽

1 (1)

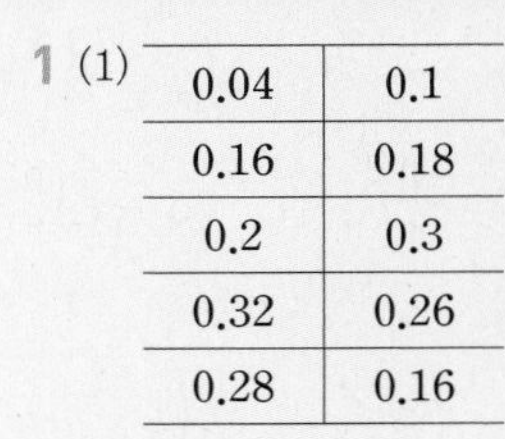

0.04	0.1
0.16	0.18
0.2	0.3
0.32	0.26
0.28	0.16

,

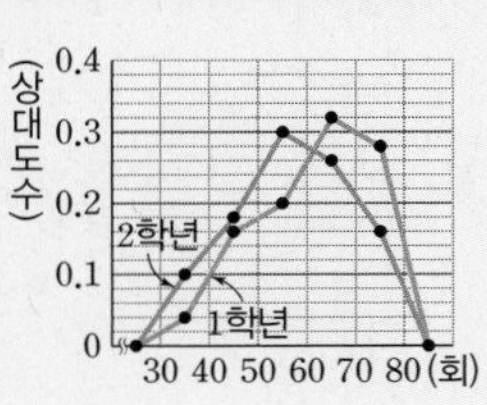

(2) 1학년 (3) 2학년 (4) 1학년

2 (1) A 중학교 (2) A 중학교 (3) 128명 (4) 168명 (5) B 중학교

3 (1) 남학생 (2) 여학생 (3) 90명 (4) 36명 (5) 여학생

4 (1) × (2) ○ (3) ○ (4) × (5) ○

☺ 상대도수

5 (1) ○ (2) × (3) × (4) ○ (5) ○

1 (2) 60회 이상 70회 미만인 계급의 상대도수는 1학년이 0.32, 2학년이 0.26이므로 1학년이 2학년보다 높다.

(3) 60회 미만인 계급의 상대도수는 1학년이 $0.04+0.16+0.2=0.4$이고, 2학년이 $0.1+0.18+0.3=0.58$이므로 2학년이 1학년보다 높다.

(4) 1학년의 그래프가 2학년의 그래프보다 전체적으로 오른쪽으로 치우쳐 있으므로 줄넘기를 상대적으로 1학년이 더 많이 하였다.

2 (1) 6시간 이상 8시간 미만인 계급의 상대도수는 A 중학교가 0.4, B 중학교가 0.3이므로 A 중학교가 B 중학교보다 높다.

(2) 6시간 미만인 계급의 상대도수는 A 중학교가 $0.12+0.2=0.32$이고, B 중학교가 $0.04+0.1=0.14$이므로 A 중학교가 B 중학교보다 높다.

(3) A 중학교에서 6시간 이상 10시간 미만인 계급의 상대도수는 $0.4+0.24=0.64$이므로 구하는 학생 수는 $0.64\times200=128$(명)

(4) B 중학교에서 8시간 이상인 계급의 상대도수는
$0.36+0.2=0.56$이므로 구하는 학생 수는
$0.56\times300=168$(명)

(5) B 중학교의 그래프가 A 중학교의 그래프보다 전체적으로 오른쪽으로 치우쳐 있으므로 휴대전화를 상대적으로 B 중학교가 더 많이 사용하였다.

3 (1) 30분 이상 40분 미만인 계급의 상대도수는 남학생이 0.3, 여학생이 0.28이므로 남학생이 여학생보다 높다.

(2) 40분 이상인 계급의 상대도수는 남학생이 0.1, 여학생이 $0.48+0.14=0.62$이므로 여학생이 남학생보다 높다.

(3) 남학생에서 30분 미만인 계급의 상대도수는
$0.18+0.42=0.6$이므로 구하는 남학생 수는
$0.6\times150=90$(명)

(4) 여학생에서 20분 이상 40분 미만인 계급의 상대도수는
$0.08+0.28=0.36$이므로 구하는 여학생 수는
$0.36\times100=36$(명)

(5) 여학생의 그래프가 남학생의 그래프보다 전체적으로 오른쪽으로 치우쳐 있으므로 통학 시간은 상대적으로 여학생이 더 오래 걸린다.

4 (1) 도수의 총합은 알 수 없다.

(4) 도수의 총합을 알 수 없으므로 읽은 책이 4권 이상 6권 미만인 학생 수를 알 수 없다.

5 (1) 상대도수의 총합은 1로 같다.

(3) 상대도수는 도수에 정비례하므로 1학년에서 도수가 가장 큰 계급은 50 kg 이상 55 kg 미만이다.

(4) 2학년에서 50 kg 미만인 계급의 상대도수는
$0.1+0.16=0.26$이므로 전체의 $0.26\times100=26(\%)$

TEST 12. 자료의 정리와 해석(2)

본문 269쪽

1 ②	**2** ⑤	**3** ④
4 0.38	**5** 80명	**6** 36명

1 (상대도수)$=\frac{4}{25}=0.16$

2 5시간 미만인 계급의 상대도수는 $0.15+0.2=0.35$이므로 구하는 학생 수는
$0.35\times40=14$(명)

3 전체 근무자 수는 $\frac{10}{0.2}=50$(명)이므로
$A=0.16\times50=8$, $B=\frac{13}{50}=0.26$
따라서 $A+B=8+0.26=8.26$

4 (순댓국을 좋아하는 남학생 수)$=0.4\times30=12$(명)
(순댓국을 좋아하는 여학생 수)$=0.35\times20=7$(명)
이므로 (상대도수)$=\frac{12+7}{30+20}=\frac{19}{50}=0.38$

5 70회 이상 75회 미만인 계급의 상대도수는 0.25이므로 전체 방문자의 수는 $\frac{20}{0.25}=80$(명)

6 40점 이상 50점 미만인 계급의 상대도수는
$1-(0.08+0.3+0.4+0.04)=0.18$
이므로 구하는 계급의 도수는
$0.18\times200=36$(명)

대단원 TEST Ⅳ. 통계

본문 270쪽

1 ⑤	**2** 9점	**3** ②
4 ④	**5** ②	**6** ④
7 5 %	**8** ②	**9** ④
10 ⑤	**11** 120명	**12** ③

1 (평균)$=\frac{8+3+5+4+8+7+5+8}{8}=6$(개)

변량을 크기순으로 나열하면 3, 4, 5, 5, 7, 8, 8, 8

변량의 개수가 짝수이므로 중앙값은 $\frac{5+7}{2}=6$(개)

자료의 변량 중에서 8이 가장 많이 나타났으므로

최빈값은 8개이다.

따라서 $a=6$, $b=6$, $c=8$이므로

$a+b+c=6+6+8=20$

2 영어 성적이 8번째로 높은 학생의 점수는 81점, 수학 성적이 3번째로 높은 학생의 점수는 90점이다.

따라서 그 차는 $90-81=9$(점)

3 $A+5=40\times\frac{40}{100}=16$에서 $A=11$

$B=40-(11+5+11+4)=9$

따라서 $A-B=11-9=2$

4 핸드폰 사용 시간이 60분 이상인 학생 수는 6명,

50분 이상인 학생 수는 $8+6=14$(명)

따라서 핸드폰 사용 시간이 12번째로 많은 학생이 속하는 계급은 50분 이상 60분 미만이다.

5 전체 학생 수는 $10+14+12+8+6=50$(명)

핸드폰 사용 시간이 40분 미만인 학생 수는

$10+14=24$(명)

따라서 $\frac{24}{50}\times100=48(\%)$

6 ④ 두 집단의 전체 도수가 다르면 도수가 같아도 상대도수는 다르다.

7 40 m 미만인 학생이 전체의 75 %이므로

40 m 이상인 계급들의 상대도수의 합은

$1-0.75=0.25$

따라서 40 m 이상 50 m 미만인 계급의 상대도수는

$0.25-(0.15+0.05)=0.05$

즉 5 %이다.

8 전체 학생 수는 $\frac{8}{0.4}=20$(명)

따라서 키가 155 cm 이상 160 cm 미만인 계급의 상대도수는 $\frac{2}{20}=0.1$

9 25회 이상 30회 미만인 계급의 상대도수는 0.26이므로

25회 이상 30회 미만인 학생 수는 $0.26\times50=13$(명)

30회 이상 35회 미만인 계급의 상대도수는 0.1이므로

30회 이상 35회 미만인 학생 수는 $0.1\times50=5$(명)

따라서 25회 이상 35회 미만인 학생 수는

$13+5=18$(명)

10 ⑤ 자료에 따라 최빈값은 없거나 여러 개일 수 있다.

11 나이가 22세 이상인 주민 수는

$40+30+30=100$(명)

나이가 22세 미만인 주민 수를 x명이라 하면

$x:100=2:1$, 즉 $x=200$

따라서 나이가 18세 이상 22세 미만인 주민 수는

$200-(30+50)=120$(명)

12 남학생의 키가 155 cm 이상 155 cm 미만인 계급의 도수가 6명, 상대도수가 0.3이므로

(전체 남학생 수)$=\frac{6}{0.3}=20$(명)

여학생의 키가 155 cm 이상 155 cm 미만인 계급의 도수가 6명, 상대도수가 0.2이므로

(전체 여학생 수)$=\frac{6}{0.2}=30$(명)

따라서 예주네 반 전체 학생 수는

$20+30=50$(명)

개념 확장

최상위수학

수학적 사고력 확장을 위한
심화 학습 교재

심화 완성

개념부터 심화까지

수학은 개념이다